Die Entwickelung

des

Niederrheinisch-Westfälischen Steinkohlen-Bergbaues

in der zweiten Hälfte des 19. Jahrhunderts.

Herausgegeben vom

Verein für die bergbaulichen Interessen im Oberbergamtsbezirk Dortmund
in Gemeinschaft mit der Westfälischen Berggewerkschaftskasse
und dem Rheinisch-Westfälischen Kohlensyndikat.

VII.

Berieselung, Grubenbrand, Rettungswesen, Beleuchtung, Sprengstoffwesen, Versuchsstrecke.

Mit 363 Textfiguren und 3 Tafeln.

1904.

Verlagsbuchhandlung von Julius Springer in Berlin.

ISBN 978-3-642-51893-5 ISBN 978-3-642-51894-2 (eBook)
DOI 10.1007/978-3-642-51894-2

Softcover reprint of the hardcover 1st edition 1904

Inhaltsverzeichnis.

Seite

2. Kapitel: Die Zündung der Sprengschüsse.

VI. Abschnitt. Die berggewerkschaftliche Versuchsstrecke und Versuchsanstalt für Sicherheitslampen in Bismarck i. W.

Verzeichnis der Tafeln.

Benutzte Litteratur.

Zeitschrift für das Berg-, Hütten- u. Salinen-Wesen im preussischen Staate.
Berggeist.
Glückauf.
Zeitschrift für Bergrecht.
Bergbau.
Dinglers Polytechnisches Journal.
Jahrbuch für das Berg- und Hüttenwesen im Königreich Sachsen.
Oesterreichische Zeitschrift für das Berg- und Hüttenwesen.
Festschrift zum VIII. Allgemeinen Deutschen Bergmannstag.
Hauptbericht der Preussischen Schlagwetterkommission nebst Anlagen.
Lamprecht: Die Grubenbrandgewältigung.
Demanet: Traité d'exploitation des mines de houille.

Die Litteratur zum Abschnitt Beleuchtung ist auf S. 414 ff. ausführlich zusammengestellt.

Berieselung.

Von Bergassessor Stein.

I. Einleitung.

Der schädliche Einfluss des feinen Kohlenstaubes bei der Entstehung und Verbreitung von Schlagwetterexplosionen in Steinkohlenbergwerken ist zuerst vor etwa 50 Jahren von englischen und französischen Ingenieuren mit Sicherheit konstatiert worden. Ende der 70er Jahre fanden sodann namentlich in England eingehende Versuche über die Entzündungsfähigkeit des Kohlenstaubes statt, durch deren Resultate die Preussische Schlagwetterkommission hauptsächlich veranlasst wurde, sich ebenfalls mit dieser Frage zu beschäftigen. Durch zahlreiche Versuche in der Versuchsstrecke zu Neunkirchen, bei denen auch verschiedene Staubsorten von westfälischen Gruben zur Verwendung kamen, wurde die Gefährlichkeit des Kohlenstaubes bei Anwesenheit von Grubengas vollauf bestätigt und festgestellt, dass in Schlagwettergruben selbst an solchen Betriebspunkten, die bei der Untersuchung mit der Sicherheitslampe als wetterfrei befunden werden, in der Regel noch hinlängliche Mengen von Gas vorhanden sind, um in Verbindung mit einem feinen und leicht zersetzbaren Kohlenstaub beim Zusammentreffen ungünstiger Umstände unheilvolle Explosionen zu veranlassen. Ferner ergab sich, dass ausblasende Sprengschüsse den Staub gewisser Fettkohlensorten, z. B. denjenigen der Zechen Pluto und Neu-Iserlohn, auch **ohne** Mitwirkung schlagender Wetter zur Explosion bringen können.*)

Wie schon im Jahre 1875 von Vital betont wurde, sind als die gefährlichsten Staubsorten diejenigen anzusehen, welche entsprechende **physikalische** Eigenschaften besitzen, d. h. welche fein, trocken und imstande sind, die eingeschlossenen Gase leicht abzugeben. Denn das Zustandekommen einer Kohlenstaubexplosion ist so zu erklären, dass durch die bei einer Schlagwetterexplosion oder durch einen Loch-

*) Anlagen zum Hauptbericht der Schlagwetterkommission, Bd. IV.

pfeifer entstandene Hitze der aufgewirbelte Kohlenstaub entgast wird, so dass ein explosives Gasgemenge entsteht, welches durch die ursprüngliche Explosionsflamme, bezw. den Feuerstrahl des Lochpfeifers entzündet wird. Eine Kohlenstaubexplosion ist also nichts anderes, als eine Schlagwetterexplosion, bei welcher das Grubengas erst kurz vor der Explosion erzeugt wird.

Das Ergebnis der erwähnten Versuche und die bei einer Explosion auf Zeche Neu-Iserlohn am 8. Juni 1880 zum erstenmal im Ruhrkohlenbecken in grösserem Umfange nachgewiesene Mitwirkung des Kohlenstaubes riefen das Interesse an Vorbeugungsmassregeln gegen die Kohlenstaubgefahr auch in diesem Bezirke wach. Nach dem Vorschlage der Schlagwetterkommission legte man hier zunächst Wert darauf, diejenigen Ursachen zu vermeiden, welche die Aufwirbelung und Entzündung des Kohlenstaubes herbeiführen können, und ging daher zu einer Beschränkung der Schiessarbeit und zum Verbot der Verwendung von Schwarzpulver, Gelatine-Dynamit und Sprenggelatine in denjenigen Flötzen über, die zur Staubbildung in besonders hohem Grade neigten. So wurde z. B. in dem Flötz No. 8 Norden der Zeche Pluto Schacht Thies im Jahre 1882 jede Schiessarbeit verboten.

Die Beseitigung des in den Grubenbauen vorhandenen Kohlenstaubes trat zunächst in den Hintergrund, denn nachdem die Kommission festgestellt hatte, dass der Feuchtigkeitsgehalt der Grubenwetter auf das Vorhandensein von Kohlenstaub keinen Einfluss habe, und demnach die einfache Anreicherung der Luft an Wasserdampf keinen Erfolg verspräche, war man über die Wahl der zu ergreifenden Mittel in Verlegenheit. Die Kommission selbst vertrat den Standpunkt, dass nur die mechanische Niederschlagung des Staubes durch Besprengen, Bespritzen oder Begiessen mit reichlichen Wassermengen vor Ort sowohl, wie in den Hauptförder- und Abbaustrecken einen Erfolg versprechen könnte. Sie empfahl, eine solche Besprengung in allen trockenen und staubigen Steinkohlengruben mittelst fahrbarer besonderer Vorrichtungen so weit als möglich einzuführen, verhehlte sich indessen nicht, dass eine derartige Massr gel in der Praxis auf den wenigsten Gruben durchzuführen sei. Versuchsweise wurde eine Kohlenstaubbefeuchtung nach diesem Vorschlage Anfangs der 80er Jahre u. A. auf Schacht Thies der Zeche Pluto für einzelne Teile der Grube eingerichtet, wobei man sich kleiner Handfeuerspritzen bediente. Auf anderen Zechen wurden mehrfach Wasserwagen und Giesskannen angewandt. Es lag aber in der Natur der Sache, dass die Beschaffung des erforderlichen Spritzwassers in den meisten Fällen sehr umständlich und zugleich unzulänglich war, und dass daher diese Veranstaltungen abgesehen von sonstigen Schwierigkeiten schon aus diesem Grunde ihren Zweck nur unvollkommen erfüllten.

Ein wirklicher Erfolg in der Bekämpfung des Kohlenstaubes wurde erst erzielt, als sich Ende der 80er und Anfangs der 90er Jahre mehrere grössere Zechen, nach dem Vorbilde einiger Saarbrücker Gruben, zur Anlage einer Wasserleitung in dem Grubengebäude entschlossen, aus der man jederzeit und an allen Stellen, wo es nötig erschien, das zur Anfeuchtung des Kohlenstaubes nötige Wasser entnehmen konnte. Als erste versuchte die Zeche Pluto auf Schacht Thies im Flötz 8 Norden auf der III. Sohle die Herstellung einer Rohrleitung, sodann folgte im Jahre 1890 die Zeche Hibernia. Diese Zeche wurde durch eine grössere Explosion im Jahre 1891, bei der der Kohlenstaub eine wichtige Rolle spielte, zum beschleunigten Ausbau der Spritzwasserleitung gedrängt, sodass noch in demselben Jahre die Berieselung in allen Flötzen der Ess- und Fettkohlenpartie zur Durchführung kam. Ungefähr gleichzeitig wurde auch auf Wilhelmine Victoria eine Spritzwasserleitung hergestellt, während in den nächsten Jahren u. a. die Zechen Consolidation und Hansa folgten.

Auch die Bergbehörde entschloss sich, in Verbindung mit einer Verschärfung der Vorschriften über die Wetterführung auf den Zechen mit starker Schlagwetterentwickelung zu weiteren Massnahmen gegen die Kohlenstaubgefahr und forderte auf einer grösseren Zahl von Gruben für besonders gefährliche Teile des Betriebes die Berieselung. Sie sollte in denjenigen Bauabteilungen und Flötzen vorgenommen werden, in denen feiner, trockener Kohlenstaub vorhanden und zugleich die Schlagwettergefahr gross war, und zwar sollte sie sich nicht nur auf die eigentlichen Betriebspunkte, sondern unter Umständen auch auf Förderstrecken, Bremsberge, Bremsschächte und Querschläge erstrecken. In Gruben mit geringer Schlagwetterentwickelung wurde die Berieselung dagegen selbst dann nicht für notwendig erachtet, wenn Kohlenstaub in grossen Mengen vorhanden war, sondern man begnügte sich in diesem Falle wie bisher mit einer Beschränkung in der Wahl der Sprengstoffe oder höchstens mit einem Verbot der Schiessarbeit, um einer Entzündung des Kohlenstaubes durch einen ausblasenden Sprengschuss vorzubeugen.

Unter Durchführung dieser Grundsätze gelangte man bis zum Juli 1895 dahin, dass auf 14 Fettkohlengruben eine vollständige und auf 9 weiteren Gruben eine teilweise Berieselung des Kohlenstaubes stattfand. Indessen hatte man keineswegs überall ein vollständiges Rohrnetz in der Grube verteilt, sondern begnügte sich mehrfach mit einfacheren Hülfsmitteln. So wurden z. B. auf Zeche Shamrock die Grubenwasser an den oberen Enden einzelner Bremsberge durch Dämme abgefangen und sodann in den Bremsbergen durch Rohrleitungen abwärts geführt, die an jedem Anschlagpunkte mit einem Hahn zum Abzapfen versehen waren. Zur Befeuchtung der Abbaustrecken und Oerter dienten einfache Wasserkästen, die mit einer Spritze versehen waren und mit Haken an den Rand eines Förderwagens angehängt wurden. Sie wurden an den Bremsbergen aus der Wasserleitung gefüllt, und ihr Inhalt nach Bedürfnis in den Strecken oder vor Ort versprengt.

Während man durch diese Massregeln der durch den Kohlenstaub drohenden Gefahr in ausreichendem Masse zu begegnen glaubte, erfolgte am 17. Februar 1898 auf Zeche Carolinenglück eine Explosion, bei der 116 Bergleute ihren Tod fanden und die somit die folgenschwerste war, von welcher der rheinisch-westfälische Bergbau bisher betroffen wurde. Wie die Untersuchung ergab, hatte bei diesem Unglück der Kohlenstaub eine ausserordentlich unheilvolle Rolle gespielt, indem er die Ausbreitung einer kleinen, durch geringe Mengen schlagender Wetter verursachten Explosion über einen grossen Teil des Grubengebäudes zu Wege gebracht hatte. Die in diesem befindlichen Bergleute waren teils direkt von der Explosionsflamme betroffen worden, teils in den ebenfalls von dem Kohlenstaub erzeugten ungeheuren Mengen von Nachschwaden zu Tode gekommen. Gerade die Zeche Carolinenglück gehörte aber zu denjenigen Gruben, die bis dahin weder in Bezug auf Grubengas noch in Bezug auf Kohlenstaub als bedenklich angesehen worden waren. Es war also der Beweis geliefert, dass die Kohlenstaubgefahr nicht auf diejenigen Gruben beschränkt ist, die mit einer starken Entwickelung von Kohlenwasserstoffgasen zu kämpfen haben, und dass die Entzündbarkeit des Kohlenstaubes selbst noch immer gründlich unterschätzt worden war.

Diese Erkenntnis forderte zugleich zur beschleunigten Einführung von Verhütungsmassregeln heraus. Bereits im März 1898 wurde seitens des Oberbergamtes zu Dortmund der Entwurf einer Bergpolizeiverordnung fertiggestellt, welche die Befeuchtung des Kohlenstaubes auf allen Gruben, auf denen überhaupt schlagende Wetter vorkommen, zum Gegenstand hatte, und am 12. Juli 1898 wurde diese Verordnung förmlich erlassen. Das Oberbergamt ging von dem Standpunkte aus, dass in allen trockenen Grubenbauen genügend Kohlenstaub vorhanden ist, um für die Ausdehnung einer lokalen Explosion über grössere Strecken ausreichende Nahrung zu bieten, und es erblickte das einzige Mittel zur Beseitigung dieser Gefahr darin, dass die Kohlenstösse, das Haufwerk vor den Betriebspunkten und der Kohlenstaub selbst, der bei den Gewinnungsarbeiten oder bei der Förderung entstanden ist und sich in den Strecken niedergeschlagen hat, gründlich befeuchtet werden. Eine solche Befeuchtung war aber nur mittels einer Spritzwasserleitung möglich, denn alle anderen Mittel, wie Wasserwagen, Kübel, Giesskannen und Handspritzen reichten bei der grossen räumlichen Verbreitung des Staubes in den Grubenbauen nicht aus, und ihre Anwendung war wegen der Schwierigkeit der Wasserbeschaffung zu umständlich. Daher wurde für alle Schlagwettergruben die Anlage einer Spritzwasserleitung zur Regel gemacht, und die Unterlassung der Befeuchtung, umgekehrt wie bisher, nur noch als Ausnahme geduldet. Ausgenommen wurden nämlich, vorbehaltlich der Entscheidung der Behörde in jedem einzelnen Falle, nur solche Grubenbaue, die genügende natürliche Feuchtigkeit besitzen, oder in denen aus anderen Gründen die Ansammlung von Kohlenstaub ausgeschlossen ist, oder endlich in denen eine derartige Lockerung des Nebengesteins unter dem Einfluss des Wassers nachzuweisen ist, dass nach Einrichtung der Berieselung vermehrte Unfälle durch Stein- und Kohlenfall befürchtet werden müssten.

Die Bedenken, die zuerst gegen die Durchführung einer Bestimmung von so einschneidender Bedeutung laut wurden, waren nicht unerheblich. Namentlich wurde die dauernde finanzielle Belastung, welche die Zechen infolge der Berieselungspflicht zu tragen hätten, gefürchtet, weil sie in Zeiten einer ungünstigen wirtschaftlichen Konjunktur im Verein mit manchen anderen zur Sicherung gegen Gefahr geschaffenen Auflagen recht drückend werden könnte. Indessen bestanden die wesentlichsten Leistungen in den Ausgaben für die erste Anlage, die allerdings sehr hohe Beträge erforderte. Um diese weniger fühlbar zu machen, und die Beschaffung des Materials zu erleichtern, wurde seitens des Oberbergamtes der äusserste Termin zur Fertigstellung der Berieselung in Fettkohlenflötzen bis zum 1. Juli 1899 und in allen übrigen Flötzen bis zum 1. Januar 1900 hinausgeschoben. Diese Termine erwiesen sich jedoch als unzureichend. Die Ueberhäufung der Röhrenwalzwerke mit Aufträgen, teils durch die Einführung der Berieselung, teils aber auch infolge der allgemeinen günstigen Lage der Eisenindustrie, war eine derartige, dass es sich als unmöglich herausstellte, Rohre in genügender Menge zu beschaffen. Die Nachfrage war so stark, dass manche Werke Aufträge auf Lieferung von Rohren in dieser Zeit überhaupt ablehnten. Allgemein wurden die eingegangenen Lieferfristen überschritten und teilweise auch infolge der überstürzten Herstellung schlechtes Material zur Ablieferung gebracht, welches sich später als unbrauchbar herausstellte. So sahen sich einzelne Zechen, z. B. Graf Beust und Carolus Magnus, gezwungen, bereits eingebaute Rohrleitungen wieder zu entfernen und durch neue zu ersetzen. So kam es, dass zu dem festgesetzten Zeitpunkte am 1. Juli 1899 nur im Revier Gelsenkirchen, wo bereits vor Erlass der Polizeiverordnung die Berieselung ziemlich weit durchgeführt war, sämtliche Fettkohlenflötze mit Spritzwasserleitungen versehen waren. In den übrigen Bergrevieren waren von 90 Gruben, die hierbei in Frage kamen, nur 22 rechtzeitig mit dem Einbau fertig geworden; 68 befanden sich dagegen im Rückstand, und von diesen hatten 4 überhaupt noch nicht mit der Herstellung der Leitung begonnen weil sie keine Rohre hatten erhalten können. Auf den 90 Gruben waren bis 1. Juli 1899 1 154 622 m Rohrleitung hergestellt worden, während noch der Einbau von 487 756 m auszuführen blieb. Erst bis zum Ende des

Jahres 1899 gelang es, die Rückstände zum grössten Teil zu beseitigen. Bis zu dieser Zeit war auch der Termin für die Nichtfettkohlengruben abgelaufen. Eine Zusammenstellung vom 15. Januar 1900 schliesst daher auch diese bereits mit ein. Sie ergab, dass von 116 Gruben, die zur Berieselung verpflichtet waren, 87 die Rohrleitungen fertiggestellt hatten, 29 dagegen noch nicht damit zu Ende gekommen waren. Unter letzteren befanden sich 13 Fettkohlenzechen, bei denen meist nur noch geringe Rohrlängen fehlten. In der ersten Hälfte des Jahres 1900 dürften die Berieselungsanlagen auf allen Gruben vollendet worden sein.

Dass die bedeutenden Geldopfer, die für die Herstellung der Spritzwasserleitungen aufzuwenden waren, fast durchweg bereitwillig und ohne grossen Widerspruch getragen wurden, dazu wirkte der Eindruck des Massenunglückes auf Zeche Carolinenglück erheblich mit, weil es die Zechenverwaltungen zu erhöhten Sicherheitsmassnahmen geneigt machte. Nicht unerheblich trug aber auch der Umstand dazu bei, dass die Einführung der Berieselung in eine Zeit raschen wirtschaftlichen Aufschwunges der Kohlenindustrie fiel und dass infolge der Steigerung der Kohlenpreise und des Absatzes die Bestreitung der grossen Anlagekosten im allgemeinen ohne Schmälerung der bisherigen wirtschaftlichen Erträgnisse der Gruben möglich war. Ein günstigerer Zeitpunkt für die Durchführung einer so einschneidenden polizeilichen Massregel hätte daher wohl kaum gefunden werden können.

Die Bestimmungen über Anlage und Handhabung der Berieselung, wie sie zuerst aufgestellt wurden, haben sich durchaus bewährt. Daher sind sie bei Erlass einer neuen Wetter-Polizeiverordnung vom 12. Dezember 1900 nahezu wörtlich in diese übernommen worden (§ 33 bis 36). Nur sind bei dieser Gelegenheit einige Härten, die sich in der Praxis herausgestellt hatten, beseitigt worden. Die wesentlichste derselben war, dass beim Abbau von Pfeilerresten und fast verhauenen Bauabteilungen mangels einer bezüglichen Ausnahmebestimmung keine Möglichkeit bestand, trotz der kurzen Lebensdauer dieser Betriebe, von der Anlage einer Berieselungsleitung Abstand zu nehmen. In diesen und ähnlichen Fällen gibt nunmehr ein allgemeiner Ausnahmeparagraph dem Oberbergamt die Ermächtigung, aus Billigkeitsgründen und wenn durch besondere Umstände jegliche Gefahr ausgeschlossen ist, das Prinzip der Berieselung zu durchbrechen. Andererseits unterscheidet die neue Wetter-Polizeiverordnung nicht mehr zwischen Schlagwetter- und Nichtschlagwettergruben, und damit ist auch für die Berieselung diese Teilung fortgefallen. Eine Befeuchtung des Kohlenstaubes muss daher nach dem Wortlaut der Vorschriften auf allen Gruben des Bezirkes vorgenommen werden. Diese Verallgemeinerung hat deshalb ihre Berechtigung, weil durch Versuche auf der Versuchsstrecke in Bismark bewiesen worden ist, dass durch einen ausblasenden Sprengschuss der Kohlenstaub aller Flötze auch bei Abwesenheit von Grubengas zur Explosion gebracht werden kann. In vielen Fällen konnten aber gerade die Magerkohlenzechen, in denen ein Auftreten von Grubengas fast unbekannt ist und deren Kohlenstaub am ungefährlichsten ist, von der Verpflichtung zur Berieselung entbunden werden, weil bei ihnen infolge des fehlenden Deckgebirges die Tagewasser leichten Zutritt haben, und daher die natürliche Feuchtigkeit zur Beseitigung des Kohlenstaubes ausreicht.

II. Einrichtung der Berieselungsanlagen.

1. Beschaffung und Menge des Spritzwassers.

Das zur Berieselung erforderliche Wasser wird meist beim Grubenbetriebe selbst gewonnen, und zwar zapft man entweder an einer geeigneten Stelle im Schacht Mergelwasser hinter der Schachtverkleidung ab, (z. B. auf Zeche Victor), oder man führt einen Teil des eigentlichen Grubenwassers, das durch die Pumpen zu Tage gehoben wird, aus der Steigleitung wieder in die Grubenbaue zurück (z. B. auf Zeche Sälzer und Neuack). Einige Zechen sammeln auf den oberen Sohlen die dort zufliessenden, hauptsächlich aus dem Deckgebirge stammenden Wasser in Bassins (z. B. Zeche Neu-Iserlohn) oder fangen das Wasser, welches durch Undichtigkeiten in der Schachtverkleidung hindurchsickert, mittelst Traufbühnen auf (z. B. Zeche Anna).

Das Wasser kann von mechanischen Verunreinigungen in ausreichender Weise durch Filtrieren befreit werden. Wenn es dagegen einen hohen Gehalt an löslichen festen Bestandteilen besitzt, wird es für die Berieselung unbrauchbar, weil sich das enge Rohrnetz durch Ansätze leicht verstopft, und dadurch Betriebsstörungen entstehen. Bei dem Gruben- und Mergelwasser im Ruhrbezirk ist häufig der Kochsalzgehalt ein Hindernis für die Verwendung zur Berieselung gewesen. Die Schachtwasser des Kölner Bergwerksvereins enthielten z. B. in 100 000 Teilen 96 bis 105 Teile fester Stoffe und zwar sowohl Gyps, wie Salz gelöst; die Mergelwasser von Zeche Minister Stein enthielten 1,65 g im Liter, diejenigen von Zeche Dahlbusch II/V 5,34 g. Diese Wasser erwiesen sich für die Berieselung als durchaus brauchbar. Auch auf Hibernia liess ein Salzgehalt von 3,73 Proz. während einer vierjährigen Betriebszeit keine nachteilige Wirkung erkennen. Dagegen waren bei Versuchen auf Zeche Consolidation mit Grubenwasser von 6 % Salzgehalt die Rohre bereits nach 5—6 Monaten derartig inkrustirt, dass kein Wasser mehr hindurchging. In einigen Fällen musste auch von der Verwendung des Wassers wegen seines Säuregehaltes abgesehen werden, weil es auf die Rohre trotz eines Schutzüberzuges zerstörend einwirkte.

Wenn das Mergel- und Grubenwasser für die Berieselung nicht geeignet oder nicht in genügender Menge vorhanden ist, dient als Ersatz Ruhrwasser, welches der Wasserleitung über Tage entnommen wird und wegen seiner Reinheit sehr zweckmässig ist, aber andererseits ziemlich erhebliche Kosten verursacht, während das Grubenwasser frei zur Verfügung steht. Auf Zeche Consolidation ergab sich bei einem durchschnittlichen Tagesbedarf von 236 cbm und einem Preise von 6 Pf. je cbm Wasser eine tägliche Ausgabe von 14,16 M., auf Erin betrug der Bedarf etwa 500 cbm und die Kosten 27,50 M. je Tag.

Mergel- und Ruhrwasser haben vor dem Grubenwasser den Vorzug, dass sie weniger Schmutz enthalten. Nach einer Statistik des Allgemeinen Knappschaftsvereins zu Bochum wurde im Jahre 1901 auf 20 Schachtanlagen ausschliesslich Grubenwasser zur Berieselung benutzt, auf 32 Schachtanlagen daneben auch noch anderes Wasser und auf 100 Schachtanlagen nur Mergel- oder Ruhrwasser.

Der Wasserverbrauch einer Grube für die Berieselung allein ist in der Regel schwer festzustellen, weil das Wasser aus derselben Rohrleitung meist auch zum Betriebe von Motoren für die Sonderventilation und für sonstige Arbeitsleistungen, sowie zum Tränken der Pferde in mehr oder weniger grossem Umfange gebraucht wird. Auf vielen Gruben übertrifft die zu Kraftzwecken benutzte Wassermenge weitaus die Menge des eigentlichen Berieselungswassers. Die letztere hängt von der Beschaffenheit und Menge des Kohlenstaubes, der Art der Spritzeinrichtungen, ihrer Handhabung und dem Grade der Trockenheit der Grubenbaue ab und ist daher sehr verschieden.

Der gesamte Wasserverbrauch betrug auf Zeche Anna des Kölner Bergwerksverein täglich etwa 100 cbm und auf Zeche Carl 65 cbm, das ist bei einer Förderung von 566 t bez. 875 t aus den mit Berieselungseinrichtungen versehenen Flötzen 180 bezw. 74 Liter je t Förderung. Auf Zeche Shamrock III/IV ergab sich ein Verbrauch von 80—90 Liter je t geförderter Kohlen und auf Dahlbusch II/V von 143 Litern. Auf Hibernia stieg die Menge nach den Angaben von Behrens auf 288,8 cbm je Tag oder etwa 340 Liter je t Kohlen und auf Erin sogar auf etwa 500 cbm oder 353 Liter für 1 t Förderung. Für die Staubbefeuchtung allein waren auf Hibernia 28,8 cbm je Tag oder 34 Liter je t Kohlenförderung erforderlich. Auf Zeche Consolidation hingegen, wo die Verwendung von Ruhrwasser jedenfalls das Bestreben wachrief, eine unnötige Wasserverschwendung zu vermeiden, kam man je t Förderung mit 46 Liter Wasser aus und davon entfielen nur etwa $^1/_3$ bis $^1/_4$, d. i. etwa 12 bis 15 Liter je t auf die Staubbefeuchtung selbst.

Eingehende Versuche sind auf Zeche Shamrock I/II angestellt worden, um den Wasserverbrauch zu ermitteln. Man benutzte dazu zunächst das Flötz Dickebank, in dem bei 6 belegten Arbeitspunkten insgesamt 1081 m Abbaustrecken und 610 m Überhauen zu befeuchten waren und täglich etwa 77 t Kohlen gewonnen wurden. Apparate für Kraftwasser waren dort nicht angeschlossen. Die Messungen ergaben in einer Woche bei 12 Förderschichten einen Wasserverbrauch von 17,3 cbm und in der folgenden Woche bei 10 Förderschichten von 10,8 cbm, d. i. im ersten Falle eine Wassermenge von 18,7 Liter, im zweiten von 14,0 Liter je t Kohlen. In einer anderen Abteilung derselben Grube, in der 680 m Streckenlänge und 195 m Überhauen zu befeuchten waren, stellte sich bei einer Tagesförderung von 46 t der Wasserbedarf auf 50 l je t Förderung. Endlich wurden neuerdings in den Flötzen Sonnenschein und Dickebank auf der III und IV Sohle in 7 Arbeitstagen bei einer täglichen Förderung von 141 t 31,42 l Wasser je t Kohlen zum Berieseln verwandt.

Die Ergebnisse schwanken also in weiten Grenzen, und es dürfte schwer halten, eine einigermassen zutreffende Durchschnittsangabe zu ermitteln. Nur soviel dürfte feststehen, dass durch das Berieselungswasser allein eine Erhöhung der Pumpenleistungen im allgemeinen nicht erforderlich wird. Dieses Wasser wird, soweit es nicht von dem Nebengestein und dem Grubenausbau aufgesaugt wird, oder im Wetterstrom verdampft, mit den Kohlen zu Tage gehoben. Auf Zeche Hibernia wurde sogar durch die Verwendung des Grubenwassers zur Berieselung eine Abnahme der Pumpenleistungen von 331,2 auf 192 cbm je Tag festgestellt. Erst bei ausgiebiger Benutzung des Wassers für Kraftzwecke tritt eine Vermehrung der Zuflüsse zu den Wasserhaltungsmaschinen ein. Auf Zeche Shamrock I/II betrug die Steigerung etwa $^1/_3$ cbm in der Minute und auf Zeche Consolidation etwa $^1/_4$ cbm.

2. Das Rohrsystem.

Das Berieselungswasser wird mittels eines durch die Grubenbaue verzweigten Rohrnetzes den Verbrauchsstellen zugeführt. Gewöhnlich schliesst man das Rohrnetz nicht direkt an die Wasserquelle, die Steigleitung der Pumpe oder den Teil der Schachtwandung, hinter der sich die wasserführenden Schichten befinden, an, sondern schaltet zwischen beide grössere Wasserbehälter ein. Diese sollen den regelmässigen und unabhängigen Betrieb der Berieselungsanlage sichern und müssen daher einen genügenden Wasservorrat aufnehmen können. Sie dienen ferner zur Reinigung des Wassers und zur Herstellung eines zweckmässigen Druckes in der Wasserleitung, weil die Wasserquelle selbst sich häufig zu hoch über den Betriebspunkten befindet. Die Behälter werden entweder andauernd oder nach Bedarf, in letzterem Falle häufig unter Zuhülfenahme selbstthätiger Ventile gespeist.

Wenn sich die Grubenbaue in nicht zu grosser Teufe bewegen, oder bei Verwendung von Ruhrwasser, legt man wohl einen Wasserbehälter über Tage an, obwohl die Kosten dafür ziemlich hoch sind. Ein derartiges Bassin befindet sich auf Zeche Shamrock III/IV, deren Bausohle 265 m und deren Wettersohle 180 m unter der Erdoberfläche liegt.

Meist befinden sich aber die Behälter in der Grube. Man benutzt dazu verlassene Grubenbaue auf höheren Sohlen, nämlich alte Sumpfstrecken, Umbruchstrecken, Pferdeställe und Querschläge, die durch Mauerdämme abgesperrt und häufig auch im Innern ausgemauert oder mit Cement verputzt werden. Mehrere Zechen haben für die einzelnen Grubenabteilungen selbständige Wasserleitungen und demgemäss auch mehrere verteilt liegende Reservoire hergestellt. Die Wasserbehälter können in der Grube leicht so gross angelegt werden, dass sie mehr als den Tagesbedarf an Berieselungswasser aufzunehmen vermögen. Die Zeche Hibernia giebt bei einem täglichen Verbrauch von etwa 289 cbm den Inhalt ihres Behälters auf 520 cbm an. Auf Zeche Carl beträgt der Fassungsraum 205 cbm, das ist das Dreifache der an einem Tage erforderlichen Wassermenge.

Um die Bassins reinigen zu können, werden an der tiefsten Stelle Abflussrohre eingeschaltet, die für gewöhnlich geschlossen sind. Ferner müssen in entsprechender Höhe Überlaufrohre oder andere demselben Zweck dienende Öffnungen vorhanden sein, damit die Wasserhöhe und damit der Druck auf die absperrenden Mauerdämme und die Rohrleitung in der Grube nicht zu gross wird.

Wenn für die Berieselung Grubenwasser benutzt wird, ist in der Regel eine mechanische Reinigung des Wassers erforderlich. Dazu teilt man das Bassin in mehrere Abschnitte und lässt das Wasser aus einem in den anderen überlaufen. Oder man füllt die Behälter teilweise mit Filtermasse aus und lässt das Wasser an einer Seite eintreten und an der entgegengesetzten nach Passieren des Filters wieder austreten. Als Filtermaterial benutzt man gesiebten Brechkoks oder Kies. Andere Zechen verwenden Siebe zur Reinigung des Wassers; so sind z. B. auf Zeche Sälzer und Neuack mehrere feine Messingsiebe vor dem Auslaufrohr hintereinander geschaltet.

Das Niveau, in dem die Wasserbehälter anzulegen sind, richtet sich nach der Teufe der Grubenbaue. Man hat dafür zu sorgen, daß das Wasser die Reibung in dem weitverzweigten Rohrnetz überwinden kann und auch an den obersten und entferntesten Betriebspunkten noch mit ausreichendem Drucke austritt. Andererseits empfiehlt es sich, den Druck nicht unnötig gross zu machen, weil dann die Rohre und sämtliche Armaturen entsprechend stärker sein müssen und sich dadurch die Anlagekosten erhöhen. Aus diesem Grunde hat z. B. die Zeche Consolidation vorgezogen, für jede Bausohle ein besonderes Wasserbassin anzulegen, und zwar auf der II. Sohle für die Baue über der IV. Sohle, auf der III. Sohle für die Baue zwischen der IV. und V. Sohle und auf der IV. Sohle für die Baue zwischen der V. und VI. Sohle. Die Zuleitung des frischen Wassers erfolgt durch eine gemeinsame Speiseleitung von Tage her, während die Ableitung zu den Betrieben je ein besonderes Rohrnetz erfordert; es liegen daher im Schachte 3 Rohrleitungen neben einander.

Je nach dem Höhenunterschied zwischen den oberen und unteren Betriebspunkten der Grube und der Entfernung vom Schachte ist der Wasserdruck an den einzelnen Verbrauchsstellen sehr verschieden. In den meisten Fällen sind die Berieselungsanlagen so eingerichtet, dass über den tiefsten Betriebspunkten eine Wassersäule von etwa 200—300 m ansteht, während die höchsten häufig nur 40—60 m unterhalb des Wasserbassins liegen. In folgender Tabelle sind die Wasserdruckverhältnisse auf einigen Gruben ohne Berücksichtigung der Reibungsverluste in der Rohrleitung angegeben.

Tabelle 1.

Name der Zeche	Höchster Wasserdruck m	Geringster Wasserdruck m
1. Concordia II	470	220
2. Erin	460	220
3. Neu-Iserlohn	310	—
4. Concordia I	272	104
5. Hibernia	270	90
6. Shamrock III/IV	265	180
7. Minister Stein	240	120
8. Anna	220	54
9. Königin Elisabeth-Schacht Hubert	210	70
10. Pluto-Schacht Wilhelm	202	81
11. Holland	200	100
12. Consolidation	200	90
13. Pluto-Schacht Thies	200	—
14. Dahlbusch II/V	187	82
15. Carl	171	50
16. Sälzer und Neuack	160	40

Das Rohrnetz selbst wird aus schmiedeeisernen Rohren zusammengesetzt, die einen hohen Druck aushalten können. In der Regel werden sie vor dem Gebrauch zur Probe einer Pressung von 40—50 Atmosphären unterzogen. Ausnahmsweise kommt für einzelne Teile, die nicht unter Druck stehen, Gusseisen zur Verwendung, so z. B. auf Zeche Shamrock III/IV für eine Leitung über Tage von dem Wasserbehälter bis zum Schacht. Auf einigen Gruben, z. B. Holland sind stellenweise Stahlrohre eingebaut worden, die sich gut bewährt haben. Unter gewöhnlichen Umständen werden sie aber wegen des höheren Preises nicht in Betracht kommen.

Die schmiedeeisernen Rohre von grösserem Querschnitte bis zu $1\,^1/_4$ Zoll = 33 mm lichter Weite abwärts sind Siederohre, die mittels überlappter Schweissung im Walzwerk hergestellt sind. Sie zeichnen sich infolge der breiten Schweissnaht und der hohen Pressung bei der Herstellung durch grosse Widerstandsfähigkeit gegen inneren Druck aus. An beiden Enden sind sie mit festen Bunden mit Vor- und Rücksprung versehen, die ent-

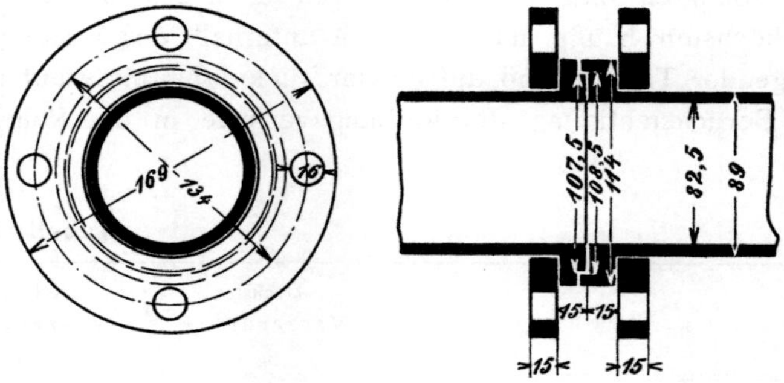

a b

Fig. 1.

Verbindung der schmiedeeisernen Flanschenrohre auf Zeche Shamrock III/IV.

weder aufgelötet, oder aufgeschweisst sind. Die Verbindung unter einander erfolgt mittels loser Flanschen und Schrauben (Fig. 1 a und b) unter Benutzung einer ringförmigen Scheibe aus Leder oder Gummi zur Abdichtung.

Für Leitungen von geringeren Dimensionen verwendet man stumpfgeschweisste Rohre. Hierbei hat eine Reihe von Zechen statt der gewöhnlichen Gasrohre den sogenannten Dampfrohren den Vorzug gegeben. Dieselben haben grössere Wandstärke und ihre Naht ist infolge grösserer Breite haltbarer als diejenige der Gasrohre. Die Dampfrohre sind durch ihre grössere Wandstärke auch widerstandsfähiger gegen Rosten und mechanische Beschädigung in der Grube. Aber auch die Gasrohre haben sich mehrfach als genügend widerstandsfähig gegen inneren Druck erwiesen, doch müssen sie zur Sicherheit vor dem Einbau einzeln einer Druckprobe unterzogen werden.

Die stumpfgeschweissten Rohre werden statt durch lose Flanschen und Bunde mehrfach durch feste, teils aufgeschraubte teils aufgeschweisste Flanschen an einander geschlossen. Eine andere Verbindung wird mittels Gewinde und Muffen hergestellt. Da aber hierbei nicht einzelne Rohre aus einer festverlegten Leitung herausgenommen werden können, wendet man in der Grube Rohrverschraubungen (Fig. 2—6), statt der einfachen Muffen an, oder lässt sie wenigstens mit diesen abwechseln. Zur vollständigen Abdichtung werden mit Mennige getränkte Hanffäden auf das Gewinde der Rohre aufgelegt und miteingeschraubt, und außerdem zwischen beide Rohrenden Gummi- oder Lederringe eingelegt. Voraussetzung für eine gute Verbindung durch Verschraubung ist eine exakte Ausführung der Gewinde und genau parallele Abdrehung der Dichtungsflächen sowie grosse Sorgfalt bei der Verlegung. Die Rohrverschraubung besitzt dann

Fig. 2.

Fig. 3.

Fig. 4.

Rohrverschraubungen von Gebr. Inden-Düsseldorf.

Fig. 5.

Fig. 6.

Rohrverschraubungen von F. Boniver-Mettmann.

vor der Flanschenverbindung den Vorteil, dass sie weniger Platz einnimmt und billiger ist als diese. Der Preis für Rohre mit Verschraubung stellte sich im Jahre 1898 z. Z. der Herstellung der meisten Berieselungsanlagen um etwa 45 Pfg. je laufenden Meter niedriger als der für Rohre mit Flanschenverbindung. Auch nach längerem Betriebe liess sich die Verbindung leicht lösen, um Rohre anzubauen oder auszuwechseln, wenn die Gewindegänge der Überwurfmutter zum Schutz gegen das Rosten gut mit Talg eingefettet waren. Ein nicht unbedeutender Vorzug der Rohrverschraubungen ist endlich, dass sich die Gewinde auch in der Grube leicht in die Rohre einschneiden lassen, namentlich wenn die Wandungen so stark sind wie bei den Dampfrohren. Man ist daher in der Lage, die erforderlichen Passstücke an Ort und Stelle durch Abschneiden der Rohre auf entsprechende Länge und Einfräsen des Gewindes ohne Zeitverlust herzustellen, während das Aufschweissen oder Auflöten von Bunden bei der Flanschenverbindung nur über Tage erfolgen kann. Daher müssen entweder Flanschenrohre von bestimmter Länge jedesmal nach Mass in der Werkstatt angefertigt werden, oder, wie es vielfach auf den Gruben üblich ist, Passstücke von den verschiedensten Längen im Magazin vorrätig gehalten werden.

Zum Schutz gegen das Rosten werden die Rohre meist innen und aussen verzinkt. Dieser Ueberzug hat sich namentlich dann bewährt, wenn die Rohre mit sauerem Wasser in Berührung kommen. Es ist aber empfehlenswert, sich vor dem Einbauen bei jedem einzelnen Rohr zu überzeugen, dass die richtige lichte Weite überall vorhanden ist, weil sich das Zink bei schlechter Ausführung des Ueberzuges zuweilen in dicken Klumpen im Innern ansetzt.

Einige Zechen, darunter insbesondere Mont Cenis, haben sogenannte schwarze Rohre, die nur einen Teerüberzug besitzen, in der Grube verlegt. Für die Abbaustrecken bevorzugt neuerdings auch Zeche Holland die schwarzen Rohre.

Die lichte Weite der Leitungsrohre nimmt vom Schachte aus nach dem Innern der Grubenbaue in dem Masse ab, wie sich die Verzweigung des Rohrnetzes steigert. Während aber einzelne Zechen, wie z. B. Dahlbusch II/V, mit nur 2 verschiedenen Rohrsorten zur Bildung des Netzes auskommen, giebt es andere Zechen, die 6 bis 7 verschiedene Rohrdurchmesser verwenden. Zur Vereinfachung des Materialienwesens empfiehlt es sich, die Zahl der Abmessungen auf etwa 3—4 zu beschränken, da zu den einzelnen Rohrweiten zahlreiche Zubehörteile und Armaturen gehören.

Bei einem bestimmten zur Verfügung stehenden Wasserdruck richtet sich die lichte Weite, die man den Rohrleitungen geben muss, nach der Grösse des Wasserverbrauches, der Ausdehnung und dem Umfange des Betriebes und dem Druck, den man an der Arbeitsstelle ausnutzen will. Dann lassen sich nach den Formeln über die Bewegung des Wassers in Rohrleitungen*) die Reibungsverluste, die man in dem Rohrnetz zu erwarten hat, berechnen.

Die Zeche Sälzer und Neuack hatte sich z. B. die Bedingung gestellt, dass an 40 Stellen in der Grube gleichzeitig je 25 Liter Wasser in der Minute zum Sprengen entnommen werden können, und dass an den entferntesten Enden des Rohrnetzes noch ein Druck von 2,5 Atmosphären vorhanden sein müsse. Die Dimensionen des Rohrnetzes wurden nun so gewählt, dass sich bei diesem Wasserverbrauch in den äussersten Teilen des Grubenfeldes nach der Berechnung ein Reibungsverlust von 46 m

*) Vergl. Weissbach, Teil I, § 454 ff. Die Hütte, Abt. I, Abschnitt II, VI c.

Wasserhöhe ergab. Dazu kamen 25 m als Betriebsdruck, so dass also insgesamt 71 m Druckhöhe im ungünstigsten Falle erforderlich waren.

Auf Zeche Shamrock III/IV wurden für die entferntesten Bauabteilungen folgende Druckverluste in den Leitungen berechnet: Man nahm zunächst an, dass in zwei Bauabteilungen je 16 Flötze in Betrieb stehen, und in jedem Flötze 6 Betriebspunkte belegt sein würden. Der Wasserverbrauch wurde auf höchstens 12 l in der Sekunde bei einem Gesamtbedarf von 600 cbm je Tag geschätzt. Dann ergaben sich bei den in Aussicht genommenen lichten Weiten der Rohrleitung und unter Annahme zahlreicher Krümmungen in derselben Reibungsverluste in der Tages- und Schachtleitung von 3,3 m Wassersäule, in den Richtstrecken und Hauptquerschlägen von 15,0 m, in den Abteilungsquerschlägen von 63,2 m, in den Stapeln von 5,6 m, in den Ortsquerschlägen von 2,4 m und in den Ortsstrecken, wenn zwei Kameradschaften in jedem Stapel gleichzeitig spritzen, von 46 m Wassersäule. Die Summe der Reibungswiderstände in den einzelnen Teilen der Leitung ergab also einen Wert von 135,5 m Wassersäule, dazu wurden 25% als Sicherheitskoeffizient in Ansatz gebracht, sodass mit einem gesamten Verlust von 170 m gerechnet wurde. Bei der Lage des Wasserbehälters zu den Grubenbauen blieb unter diesen Verhältnissen nach Annahme der Zeche noch an den entferntesten Betriebspunkten ein solcher Druck übrig, dass das Wasser mit einer ausreichenden Geschwindigkeit ausgespritzt werden konnte.

Bei der Anlage eines Rohrnetzes sind derartige Berechnungen von grosser Wichtigkeit, weil sie die Sicherheit geben, dass die Rohrdimensionen dem Bedürfnis entsprechen. Auf verschiedenen Zechen, wo sie unterlassen wurden, mussten Teile der Rohrleitung, welche zu eng ausgefallen waren, später ausgebaut und durch solche von grösserer Weite ersetzt werden. Auf anderen Gruben sind die Querschnitte der Rohrleitungen reichlich gross bemessen und man hat sich dadurch unnötig hohe Anlagekosten auferlegt.

Ueber die thatsächlich in dem Rohrnetz entstehenden Druckverluste und die Schwankungen während des Betriebes lassen sich mit Hilfe eines an einen Schnellverbinder angeschlossenen Manometers leicht Versuche anstellen, doch liegen vollständige Resultate derartiger Messungen nicht vor.

Die Weite der Rohre beträgt auf den meisten Zechen bei Schachtleitungen 80—125 mm. Verschiedene Zechen, so z. B. Sälzer und Neuack und Minister Stein, sind aber damit bis auf 150 mm hinaufgegangen. In den Hauptquerschlägen und Richtstrecken schliessen sich zwei- bis dreizöllige Rohre an, die etwa 50—80 mm inneren Durchmesser besitzen. Sälzer und Neuack ist mit 125 mm auch hier wieder besonders hoch. In den Abteilungsquerschlägen und Sohlenstrecken findet man meist auch noch Rohrweiten von 2 Zoll = etwa 50 mm, die sich auf manchen Gruben sogar bis in die Bremsberge und Stapel hinein erstrecken. Andere Zechen legen dagegen in die zuletzt genannten Baue Rohre von besonderem Durchmesser, der meist 30—40 beträgt. Für die Abbaustrecken endlich nimmt man $^3/_4$ oder 1zöllige Rohre von 20 oder 26 mm Weite und vereinzelt sogar solche von $1^1/_4$ Zoll = 33 mm. Nur auf wenigen Gruben sind für die äussersten Zweige des Netzes 13 mm-Rohre in Gebrauch. Sie mögen bei Verwendung reinen Wassers vielleicht dann ausreichend sein, wenn der Wasserverbrauch, wie auf Zeche Minister Stein, unter Ausschliessung der Verwendung zu Kraftzwecken auf die Berieselung beschränkt ist. Auf Zeche Consolidation hingegen ist man mit diesen $^1/_2$zölligen Rohren nicht zufrieden gewesen, weil sie sich trotz der Verwendung von Ruhrwasser zu schnell verstopften. Man hat sie daher überall durch $^3/_4$zöllige Rohre ersetzt und beabsichtigt nunmehr sogar diese allmählich verschwinden zu lassen und an deren Stelle Rohre von 26 mm Weite einzuführen.

Die Wandstärke der Rohre richtet sich ausser nach dem Material und der Fabrikationsweise hauptsächlich nach dem Durchmesser und dem zu erwartenden Wasserdruck. Auf Zeche Sälzer und Neuack werden die Wandstärken beispielsweise auf 5 mm für 150 mm-Rohre, $4^1/_2$ mm für 125 mm-Rohre, $3^1/_4$ mm für 67 mm-Rohre und $2^1/_2$ mm für 27 mm-Rohre angegeben. Dampfrohre haben, wie bereits erwähnt, stärkere Wandungen. So ist z. B. das Material bei den 25 mm-Rohren des Kölner Bergwerksverein noch 4 mm dick. Die Länge der einzelnen Rohre beträgt in der Regel 3—6 m. Man schreibt bei der Bestellung keine fixen Längen vor, sondern nimmt die Rohre, des billigeren Preises halber, so wie sie von den Fabriken hergestellt werden. Auch werden auf den Zechen aus Rohren, die beschädigt sind, die guten Stücke herausgeschnitten und weiter benutzt.

Die Rohre werden in der Grube meist an der Firste der Strecken angebracht. In Grubenbauen, die mit Zimmerung versehen sind, werden sie mittelst Draht an die Thürstöcke, Kappen oder sonstigen Teile des Ausbaues angebunden oder mit Haken, Klammern oder eisernen Bändern daran befestigt. In freistehenden Strecken werden Holzpflöcke in das Gestein eingetrieben und daran die Rohrleitungen aufgehängt. Auf mehreren Gruben hat man neuerdings die Rohre einfach auf den Boden der Strecken gelegt und zwar teils unmittelbar über die Wasserseige, teils auf die andere Seite der Schienenbahn und in Flötzen auf das Liegende. In dieser Lage sind die Leitungen in der Regel weniger hinderlich als an der Firste. Auch sind sie besser gegen Beschädigungen bei einem Streckenbruch geschützt, denn die Gefahr, dass die fest aufliegenden Rohre durch herabfallendes Gestein zertrümmert werden, ist bei ihrer grossen Wandstärke nicht erheblich. Viel leichter kann ein Rohrbruch eintreten, wenn die an der Firste verlegte Leitung plötzlich auf grössere Länge herabgerissen wird.

Zu dem eigentlichen Rohrnetz gehört eine Reihe von eisernen Verbindungsstücken, die den Uebergang von der einen in eine andere

Fig. 7. *Fig. 8.*

Schmiedeeiserne Rohrkrümmer von Gebr. Inden-Düsseldorf.

Fig. 9.

Krümmer von F. Boniver-Mettmann.

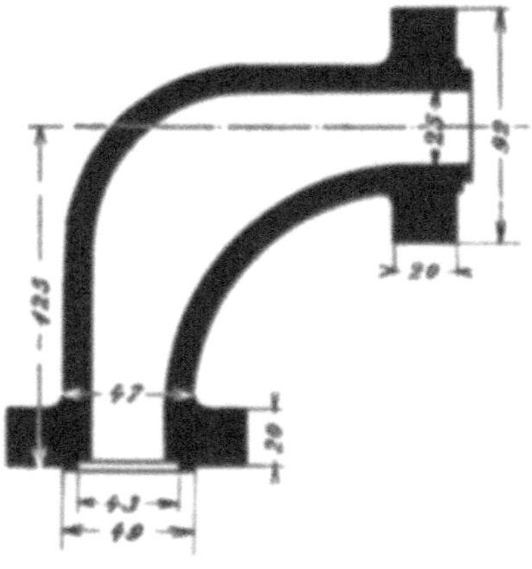

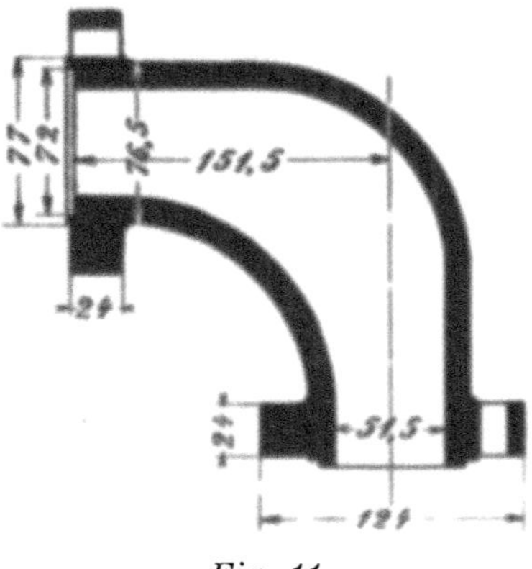

Fig. 10. *Fig. 11.*

Rohrkrümmer auf Zeche Shamrock III/IV.

Richtung und zwischen verschiedenen Rohrweiten vermitteln. Eine Anzahl gebräuchlicher Façonstücke sind in den Figuren 7—27 abgebildet. Man benutzt Krümmer und Bogenstücke von den verschiedensten Radien, um die

Fig. 12.

Fig. 13.

Fig. 14.

Fig. 15.

Fig. 16.

Kreuz- und T-Stücke von F. Boniver-Mettmann aus schmiedbarem Weichguss, teilweise verjüngt.

Fig. 17.

Fig. 18.

T- und Kreuz-Stücke in Temperguss von Gebr. Inden-Düsseldorf.

Fig. 19.

Fig. 20.

Schmiedeeiserne Kreuz- und T-Stücke von Gebr. Inden-Düsseldorf.

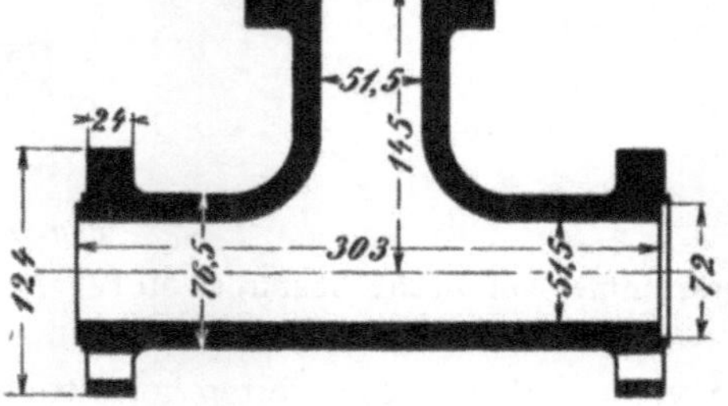

Fig. 21.

T-Stück auf Zeche Shamrock III/IV.

Leitung dem wechselnden Verlauf der Grubenwege anpassen zu können (Fig. 7—11). Die Rohre selbst entsprechend zu biegen ist nicht zweckmässig, weil dadurch ihre spätere Verwendung an einer anderen Stelle erschwert, die Haltbarkeit beeinträchtigt und auch der Zinküberzug an der Biegungsstelle leicht zerstört wird. Die auf Zeche Shamrock III/IV gebräuchlichen Bogenstücke (Fig. 10 und 11) besitzen an der Biegungsstelle einen erweiterten Querschnitt, um die Druckverluste, die der Wasserstrom bei der Richtungsänderung erfährt, zu vermindern.

Zur Herstellung von Abzweigungen werden Kreuz- und T-Stücke in das Rohrnetz eingeschaltet (Fig. 12—24), teils mit gleichbleibender Weite, teils unter gleichzeitiger Verminderung des lichten Durchmessers in den Abzweigungen. Erwähnt seien hier die in einem Guss hergestellten „Fittings“ (Fig. 24 a—e), bei denen sich zwischen dem eigentlichen Gusskörper und den festen Bunden keine Löt- oder Schweissstellen befinden. Die Flansche bestehen hierbei aus zwei Teilen, die auf das Rohr aufgeschoben und dann ineinander gesetzt werden.

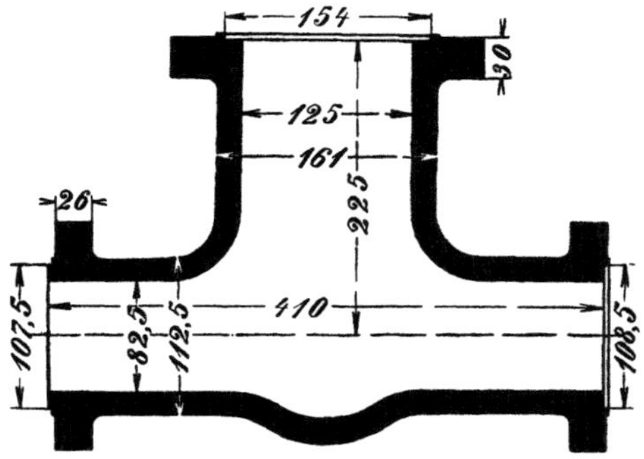

Fig. 22.

T-Stück auf Zeche Shamrock III/IV.

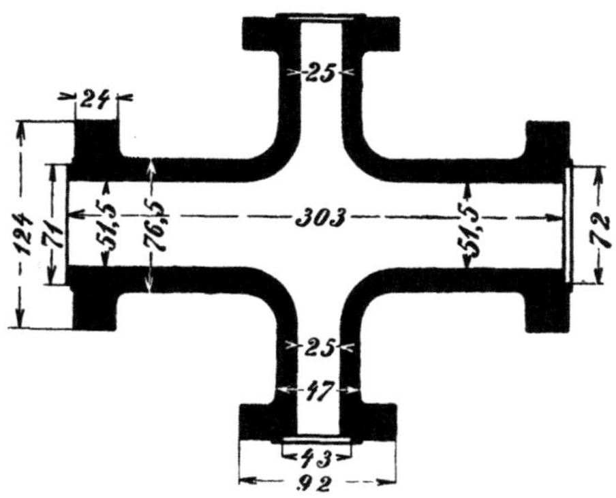

Fig. 23.

Kreuzstück auf Zeche Shamrock III/IV.

Für Querschnittsverminderungen in geraden Strecken giebt es besondere Reducierstücke (Fig. 25 und 26). Den Abschluss einer Rohrleitung bilden Blindflansche oder man benutzt die mit einer Oeffnung ver-

Fig. 24.
Fittings von F. Boniver-Mettmann.

Fig. 25.

Fig. 26.

Reducierstücke von F. Boniver-Mettmann.

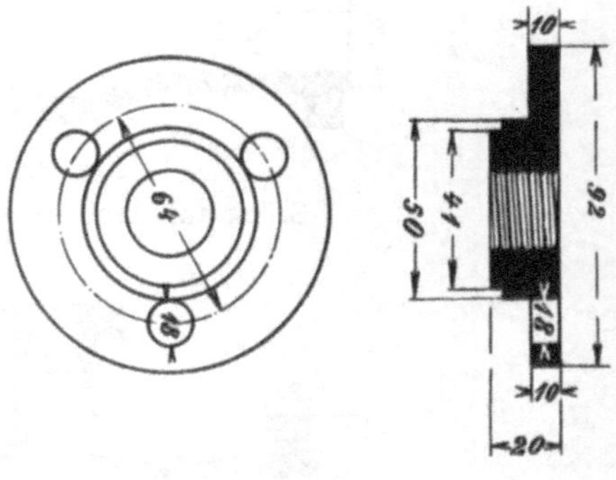

Fig. 27.
Hydrantenflansch auf Zeche Shamrock III/IV.

sehenen Hydrantenflansche (Fig. 27 a u. b), wenn Berieselungsarmaturen unmittelbar angeschlossen werden sollen.

In Bezug auf das System, welches bei Anlage des Rohrnetzes befolgt wird, bestehen auf den Gruben grundsätzliche Abweichungen. Häufig wird die Leitung im Schachte bis zur Bausohle abwärts geführt.

Sie folgt auf dieser den Aus- und Vorrichtungsstrecken und steigt in den einzelnen Flötzen zu den Betriebspunkten auf. Bei dieser Methode fällt die Herstellung des Rohrnetzes mit derjenigen der Grubenwege unmittelbar zusammen. Es fehlt aber dabei eine Leitung auf der Wettersohle, die also nicht befeuchtet werden kann. Auch wird es bei starker Wasserentnahme an den unteren Betriebspunkten vorkommen, dass auf den höher gelegenen zeitweise Wassermangel eintritt. Andere Gruben haben daher die Wettersohle zur Verlegung der Hauptleitungen benutzt und zweigen von dieser die Stränge für die Betriebe der nächst tieferen Bausohle nach unten ab. Sie erreichen dadurch eine nicht unerhebliche Verkürzung der Rohrleitung und ausserdem eine Verminderung der Druckverluste. Auch sind die einzelnen Betriebspunkte bei grossem Wasserverbrauch ziemlich gleichmässig gestellt. Die Hauptförderwege, in denen durch die umgehende Förderung besonders leicht Kohlenstaub abgesetzt wird, sind aber dabei ohne Berieselungseinrichtungen. Beide Methoden der Rohrverzweigung können also nur dann in Betracht kommen, wenn die Grundstrecken der nicht mit Rohrleitung versehenen Sohlen einer regelmässigen Befeuchtung nicht bedürfen. Dieselbe Bedingung gilt auch für ein weiteres System, bei dem das Hauptrohrnetz auf einer mittleren Sohle verlegt wird, und von dieser aus Leitungen für die höheren Betriebe bis zur Wettersohle nach oben und für die Baue einer tieferen Sohle nach unten abgezweigt werden. Hierbei wird man allerdings in Bezug auf Rohranschaffungen die grössten Ersparnisse machen können.

Während in einem auf diese Weise gebildeten Rohrnetz die Betriebspunkte immer nur nach einer Seite, nämlich nach unten oder oben an die Berieselungsleitung angeschlossen sind, findet man auf vielen Gruben, dass auf jeder Sohle eine vollständige Leitung angelegt ist, und dass diese auf dem Wege über die Betriebspunkte mit einander in Verbindung stehen. Das Rohrnetz bildet demnach einen in sich geschlossenen Kreis. Wenn die Grundstrecken auf beiden Sohlen in grossem Umfange der Berieselungspflicht unterworfen sind, ist dieses System am Platze, denn die Anlage einer Leitung auf jeder Sohle ist dann nicht zu umgehen und es sind, um den Kreislauf herzustellen, nur noch kurze Anschlussstücke in den Flötzen anzulegen, die keine grossen Mehrkosten verursachen. Dafür hat man den Vorteil einer guten Verteilung des Wasserdrucks in der Grube, man vermindert die Kraftverluste in der Leitung und ist ferner im Stande überall Reparaturen vorzunehmen und Rohre auszuwechseln, ohne das Wasser von einem Teil der Betriebe absperren zu müssen. Für die Berieselung ist demnach ein derartiges geschlossenes Rohrnetz, das u. a. auf den Zechen Sälzer u. Neuack und Shamrock III/IV besteht, das Vollkommenste. Allerdings sind die Anlagekosten infolge des grösseren Rohrbedarfs höher als bei einfachen Leitungen.

Neben der Art der Verteilung der Rohrleitung in der Grube ist die Ausdehnung der Grubenbaue selbst in streichender und querschlägiger Richtung und ausserdem die Konzentration des Betriebes und zwar sowohl in Bezug auf die Anzahl der in Förderung stehenden Bausohlen, als auch hinsichtlich der Ergiebigkeit der einzelnen Bauabteilungen und Betriebe für die Ausdehnung des gesamten Rohrnetzes von Bedeutung. Endlich ist es von Wichtigkeit, ob Teile des Grubenfeldes von der Berieselungspflicht ausgenommen sind und welchen Umfang diese haben. Dadurch weist die Länge der Berieselungsleitung auf den einzelnen Gruben grosse Unterschiede auf.

Die Gesamtlänge der Druckwasserleitungen im ganzen Bezirke lässt sich nicht genau feststellen, weil auf vielen Gruben die Ausdehnung des Rohrnetzes nicht bekannt ist. Bergassessor Hundt schätzte sie Anfang 1899 nach Ermittelungen der Bergrevierbeamten auf etwa 4000 km. Inzwischen dürften sich aber die Berieselungsanlagen noch erheblich weiter ausgedehnt haben. Von einer Anzahl Gruben ist die Länge der eingebauten Rohre in nachstehender Tabelle aufgeführt, und ihr zum Vergleich die Förderung im Jahre 1901 gegenübergestellt worden:

Tabelle 2.

Zeche	Rohrlänge	Jährliche Förderung	Auf 1000 t Förderung entfallen an Rohrlänge:
	m	t	m
1. Consolidation	179 000	1 451 178	123
2. Shamrock I/II	136 717	743 531	184
3. Pluto Scht. Wilhelm	91 668	350 300	262
4. Holland	80 280	750 393	107
5. Shamrock III/IV	ca. 70 000	798 211	88
6. Concordia II	70 000	686 137	102
7. Erin	62 000	425 440	146
8. Pluto Scht. Thies	57 000	460 575	124
9. Ver. Rosenblumenstelle	42 734	233 280	183
10. Ver. Wiesche	42 390	284 576	148
11. Ver. Hagenbeck	40 750	388 859	105
12. Concordia I	32 560	258 207	126
13. Königin Elisabeth Scht. Hubert	26 156	227 680	115
14. Sälzer und Neuack	25 000	318 156	79
15. Kölner Bergwerks-Verein Scht. Carl	24 728	279 711	88
16. Kölner Bergwerks-Verein Scht. Anna	21 000	221 266	95
17. Dahlbusch II/V	15 620	293 150	53
18. Kaiserstuhl	83 100	678 555	122 *)
19. Hibernia	50 000	265 357	189 *)

*) Ältere Angaben aus der Litteratur.

3. Armaturen.

Das Rohrnetz für die Berieselung wird mit verschiedenartigen Armaturen ausgerüstet, die teils dem Abschluss des Wassers dienen, wie Ventile, Hähne und Absperrschieber, teils eine zweckmässige Verteilung und Ausnutzung des Wasserstrahles bezwecken. Zu den Armaturen der letzteren Art sind hauptsächlich die Berieselungsschläuche zu rechnen, die an der einen Seite mittelst besonderer Vorrichtungen an den Rohren befestigt werden, und an der anderen Seite meist Brausen, Düsen, Wasserzerstäubungs- und Verteilungsapparate tragen, durch die der Austritt des Wassers geregelt wird. Die Menge der Berieselungsarmaturen ist so gross, dass es nicht möglich ist, auf alle Konstruktionseinzelheiten einzugehen, sondern nur ein Ueberblick über eine Anzahl gebräuchlicher Armaturen gegeben werden kann.

Die Absperrvorrichtungen, welche in die Rohrleitungen eingeschaltet werden, kommen zum Teil nur vorübergehend in Gebrauch, wenn Reparaturen oder sonstige Veränderungen vorzunehmen sind, und stehen daher in der Regel offen. Ein anderer Teil schliesst die Oeffnungen ab, aus denen das Berieselungswasser austreten soll; er ist daher meist geschlossen und wird nur für den vorübergehenden Gebrauch geöffnet.

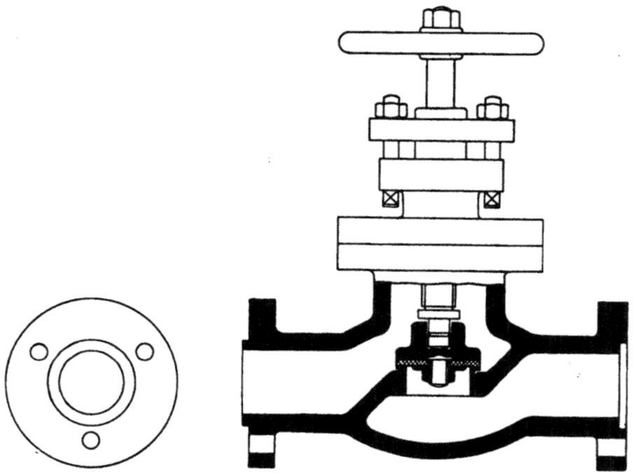

a Massstab 1:5. b

Fig. 28.

40 mm-Durchgangsventil mit Lederdichtung von H. Müller-Bochum.

Zum Absperren der Rohre von grösserer Weite, der Hauptleitungen, verwendet man Ventile oder Schieber, deren äusserer Körper aus Gusseisen besteht, während die Dichtungsteile meist aus Rotguss hergestellt sind. (Fig. 28—32.) An beiden Seiten befinden sich feste Flanschen zur Verbindung mit der Rohrleitung.

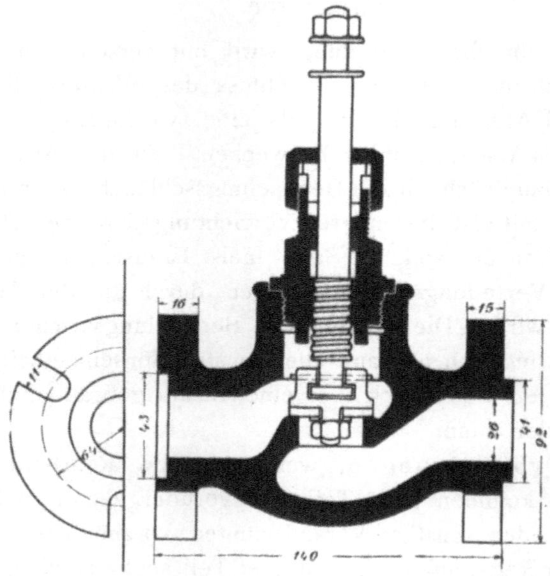

Fig. 29.

Durchgangsventil aus Gusseisen mit Rotgussarmatur. Zeche Shamrock III/IV.

Fig. 30.

Absperrventil von J. Patrick-Frankfurt.

Zu beachten ist bei der Verbindung von Gussteilen mit schmiedeeisernen Röhren stets, dass erstere eine grössere Wandstärke besitzen müssen, um dem gleichen Wasserdruck widerstehen zu können. Daher muss der Lochkreis der losen Flanschen auf den Röhren so gross sein, dass er demjenigen auf den gusseisernen Armaturen entspricht, damit die Verschraubung beider Teile keine Schwierigkeiten macht; oder man fügt kurze Passstücke ein, die an einem Ende einen Flansch mit kleinem Lochkreis und an dem andern einen solchen mit grossem Lochkreis tragen. Statt dessen kann man auch die Armaturen so einrichten, dass sie auf die Röhrenflansche passen. Man giebt ihnen dazu eine verlängerte Baulänge (Fig. 28) oder Schlitzflansche (Fig. 29), um die Verbindungsschrauben auch bei geringerem Lochkreisdurchmesser bequem in die Löcher einführen zu

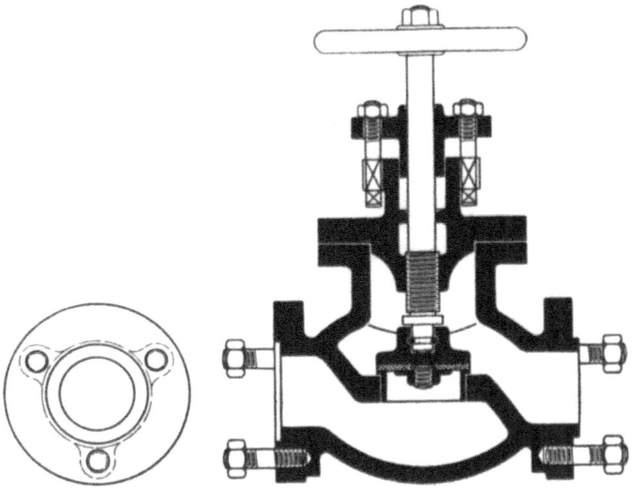

a Massstab 1 : 5. b

Fig. 31.

55 mm-Durchgangsventil mit Lederdichtung von H. Müller-Bochum.

können. Die Schrauben selbst erhalten nur halben Kopf. (Fig. 30). Seltener werden Armaturen mit Stiftschrauben verwandt (Fig. 31), weil ihr Ausbau aus einer zusammenhängenden Leitung schwierig ist. Derselbe Uebelstand ergiebt sich, wenn die Schrauben in warmem Zustande in die Flanschen eingezogen worden sind. Nicht zu empfehlen ist es endlich, den äusseren Halsdurchmesser der Armaturen zu vermindern, weil damit eine Verengung der Durchgangsöffnung verbunden ist, damit die Wandstärke beibehalten werden kann.

Die Schieber haben vor den Ventilen den Vorzug, dass sie dem Wasser den vollen Durchgangsquerschnitt der Rohrleitungen gewähren und keinen Richtungswechsel nötig machen, Umstände, die bei Bestimmung des Druckverlustes in Betracht zu ziehen sind. Ventile hingegen geben in der Regel einen dichteren Abschluss, stehen weniger hoch im Preise und sind bei Undichtigkeiten leichter auszubessern. Sie werden daher den Schiebern meist vorgezogen. Die Gewindegänge von Schiebern und Ventilen werden häufig in das Innere des Gehäuses verlegt, damit sie nicht beschädigt werden, oder sich mit Schmutz und Staub zusetzen; doch darf dies nur geschehen, wenn das Berieselungswasser nicht sauer ist. Ferner ist es bei diesen wie bei allen anderen Absperrvorrichtungen wünschenswert, dass die Spindel am oberen Ende in einem Vierkant

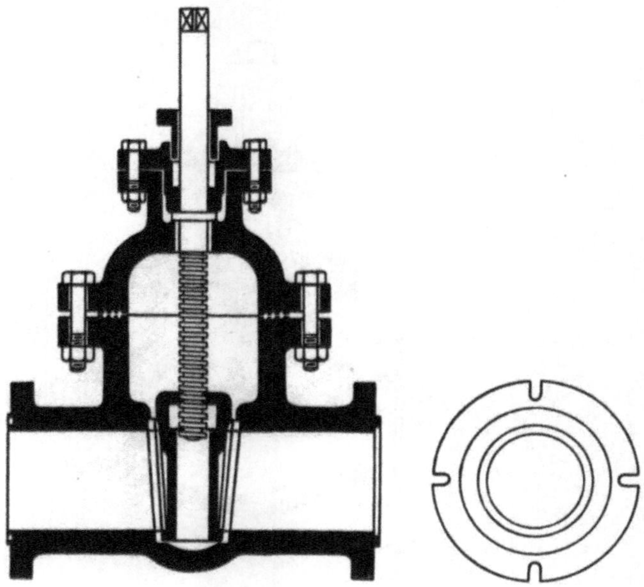

a *Fig. 32.* b

Hochdruckschieber aus Gusseisen mit Rotgussarmatur. Zeche Shamrock III/IV.

endigt (Fig. 32) oder mit Schlüsselhülsen versehen ist, damit sie nur mittelst eines passenden Schlüssels gedreht werden kann. Bei festen Handgriffen und Handrädern lässt sich das Oeffnen und Schliessen durch Unbefugte nicht verhindern.

Für die Leitungen in den Abbaustrecken und Örtern, deren lichte Weite in der Regel 26 mm nicht übersteigt, kommen Wasserschieber nicht mehr in Betracht. Statt dessen benutzt man Ventile (Fig. 33 und 34) oder Hähne (Fig. 35—37). Zuweilen werden Ventile in gleicher Ausführung wie bei Hauptleitungen, nur in kleineren Abmessungen benutzt. Häufig verwendet man aber Armaturen, die ganz aus Messing oder Rotguss hergestellt sind, weil sie haltbarer sind, als die eisernen Armaturen,

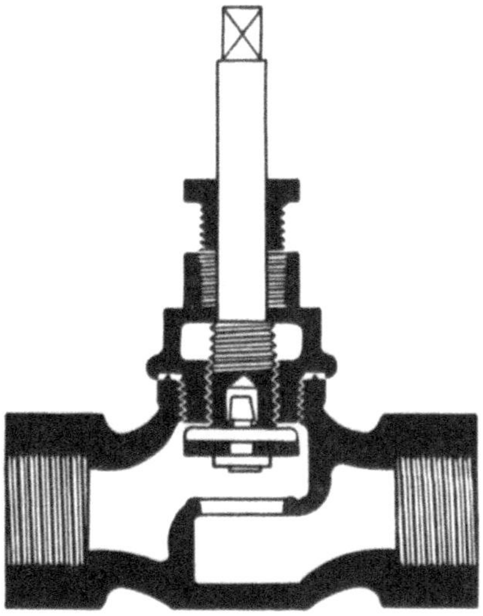

Fig. 33.

$^3/_4$ mm-Durchgangsventil von C. W. J. Blanke & Co.-Merseburg.

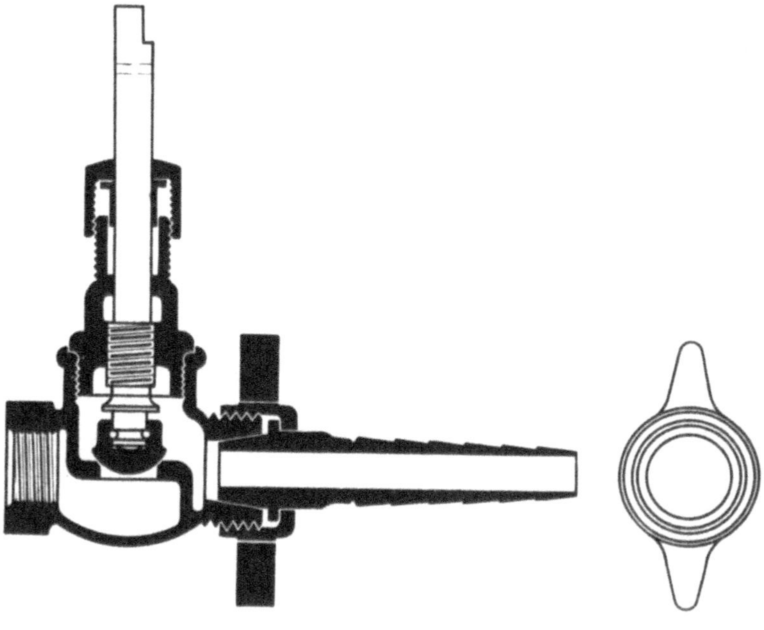

a b

Fig. 34.

13 mm-Berieselungsventil von Flottmann & Co.-Bochum.

und in dieser Grösse keine wesentlich höheren Anschaffungskosten verursachen. Die Ventile haben den Vorteil, dass sie bei den grossen in Betracht kommenden Pressungen gut dicht zu halten sind, da sich die aus Leder oder Gummi bestehenden Dichtungsscheiben leicht auswechseln lassen. Sie werden auf den meisten Gruben den Hähnen vorgezogen. Letztere haben zwar geraden Durchgang für das Wasser und verstopfen

Fig. 35.

Fig. 36.

Absperrhähne von E. Schmieding-Dortmund.

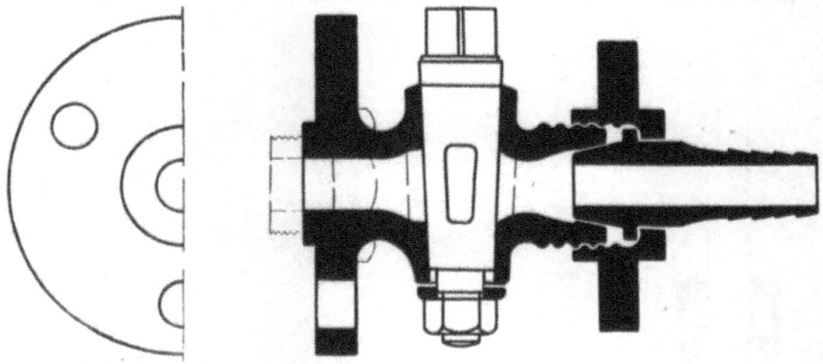

Fig. 37.
Spritzhahn in Rotguss von Flottmann & Co.-Bochum.

sich weniger leicht wie Ventile, lassen sich aber bei starkem Wasserdruck nur schwer öffnen. Auch schliessen sie den Wasserstrom zu plötzlich ab und verursachen dadurch jedesmal einen Rückstoss in der Rohrleitung.

Der Anschluss an die Berieselungsrohre und -Schläuche erfolgt bei den Absperrarmaturen auf verschiedene Weise. Wenn sie lediglich zum Abschluss des Wassers an einer Stelle in der Mitte der Leitung dienen, erhalten sie an beiden Enden Flanschen oder Gewindestücke, je nachdem, ob bei den Rohren selbst Flanschen- oder Schraubenverbindung angewandt wird (Fig. 38 bezw. 33). Ventile und Hähne, die an den äussersten Enden der Leitung vor den Betriebspunkten angesetzt werden, besitzen häufig an einer Seite gleich ein passendes Anschlussstück zur Befestigung des Berieselungsschlauches oder zur Verbindung mit der Schlaucharmatur. Sie werden dann Berieselungs- oder Spritzventile bezw. Hähne genannt (Fig. 34, 37 und 38). Zwischen Ventil und Schlaucharmatur kann man auch noch eine Abschlussscheibe einschalten (Fig. 38). Man erhält dadurch die Möglichkeit, die Rohrleitung hinter dem Ventil noch um ein Stück zu verlängern und den Wasserabschluss auf diese Weise vom Arbeitspunkte

Fig. 38.
Berieselungsventil mit Anschlussscheiben und Schlaucharmatur von J. Patrick-Frankfurt.

nach rückwärts zu verlegen. Eine Besonderheit ist ferner die Einführung eines Schon-Nippels zwischen Ventil und Schlauchverschraubung (Fig. 39). Dadurch wird bezweckt, dass bei einer Beschädigung des vorderen Gewindestückes, die eine Verbindung mit der Schlauchverschraubung unmöglich macht, nicht das ganze Ventil ausgewechselt zu werden braucht, sondern nur der Nippel durch einen neuen zu ersetzen ist.

Für die Streckenberieselung ist eine etwas andere Einrichtung der Armaturen erforderlich, weil sie sich in der Mitte der Leitung befinden und dem Wasser nach der Seite Austritt verschaffen sollen, ohne den geraden Durchgang zu hindern. Man kann hierzu Dreiwegehähne verwenden (Fig. 40), die an zwei gegenüberliegenden Oeffnungen mit

Flanschen oder Muffen versehen sind, während an der dritten Seite der Berieselungsschlauch befestigt wird. Viel gebräuchlicher sind aber kurze eiserne T-Stücke, die in die Rohrleitung eingeschaltet werden, und deren

Fig. 39.

Berieselungsventil mit Schon-Nippel und Schlauchverschraubung von J. Patrick-Frankfurt.

seitliche Oeffnung durch Armaturen, wie sie an den Enden der Rohrleitung verwandt werden, abgeschlossen wird. Am einfachsten sind bei Rohrleitungen mit Flanschenverbindung Einschaltringe und Einschalt-

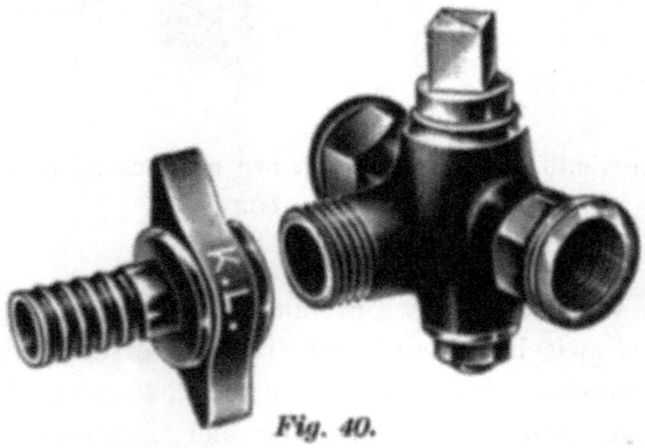

Fig. 40.

Dreiwegehahn von J. Patrick-Frankfurt.

T-Stücke (Fig. 41—48), die mittelst längerer Schrauben zwischen die Bunde von zwei benachbarten Röhren eingeklemmt werden (Fig. 48) und nach einer Seite eine einfache Oeffnung mit Schraubengewinde oder kurzes Ansatzstück besitzen, um die Armaturen daran anzubringen.

a b

Fig. 41.

Einschaltring von E. Schmieding-Dortmund.

Fig. 42. *Fig. 43.*

Einschaltring und Einschalt-T-Stück von F. Boniver-Mettmann.

Fig. 44. *Fig. 45.*

Einschaltring und Einschalt-T-Stück von J. Patrick-Frankfurt.

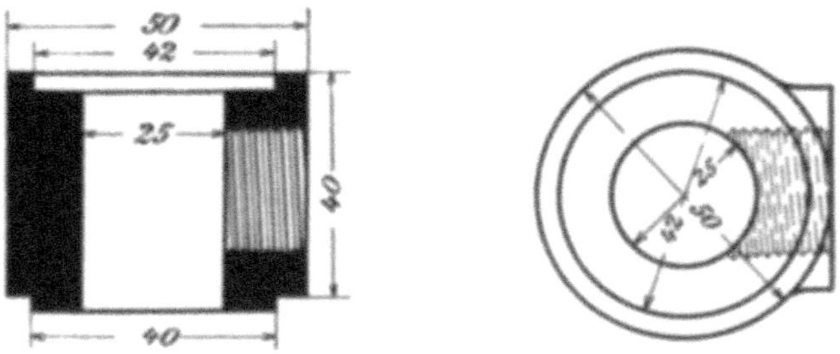

a b

Fig. 46.

Einschalt-T-Stück für 25 mm Rohre. Zeche Shamrock III/IV.

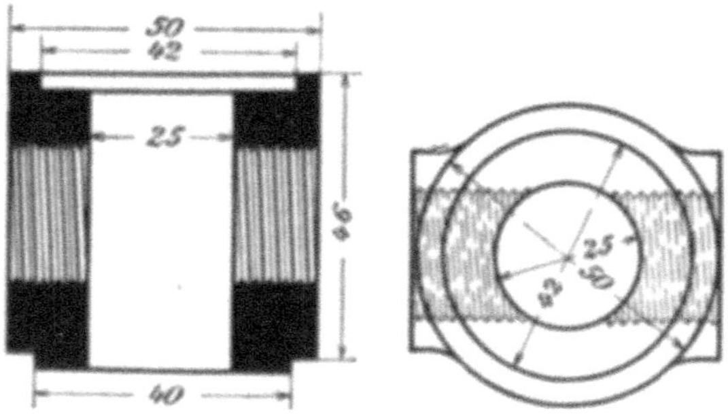

a b

Fig. 47.

Einschalt-+-Stück für 25 mm Rohre. Zeche Shamrock III/IV.

Fig. 48.

Einschaltring der Armaturenfabrik Westfalia.

Zum Anschluss eines Berieselungsschlauches an die Rohrleitung ist es erforderlich, dass ersterer mit einem Metallrohr fest verbunden wird. Man bedient sich vielfach der bereits erwähnten, teilweise mit äusseren Vorsprüngen versehenen Schlauchtullen (Fig. 34 und 37—40). Die Schläuche werden mit der Hand auf diese aufgezogen und sodann mit Draht festgebunden. Bei glatten Tullen werden Schellenbänder statt des Drahtes angewandt, weil dadurch der Schlauch mehr geschont wird. Die Verbindungen zeichnen sich indes nicht durch grosse Haltbarkeit aus, auch hat man in der Grube nicht immer das Werkzeug zur Hand, um einen neuen festen Einband herzustellen. Ihre Nachteile werden vermieden, bei einer drahtlosen Schlauchbindung, System Meyer-Shamrock (Fig. 49). Sie besteht aus einem Anschlussstück, welches an einer Seite in einen Doppelkonus a endigt. Der Schlauch d wird über den Konus hinübergezogen,

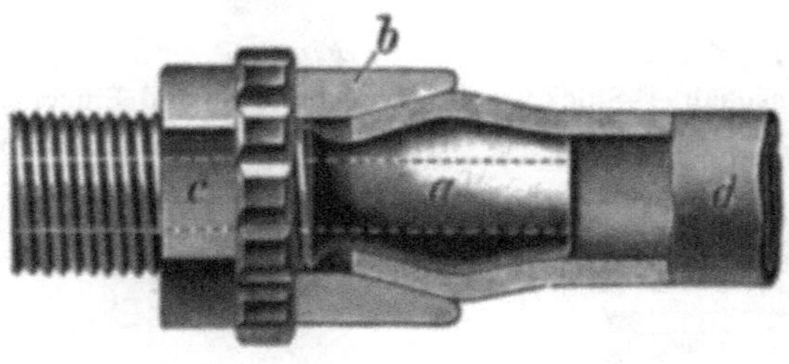

Fig. 49.

Drahtlose Schlauchbindung, System Meyer-Shamrock. (Armaturenfabrik Westfalia.)

die konisch ausgebohrte Hülse b von hinten über das Schlauchende gestülpt und dann die Mutter c darauf festgeschraubt. Der Schlauch wird dadurch zwischen Konus a und Hülse b wasserdicht eingeklemmt, ohne dass er bei dieser Befestigung sehr zu leiden hätte.

Das mit dem Schlauch zu verbindende Rohrstück hängt entweder fest mit einem Berieselungsventil zusammen oder es endigt nach rückwärts in eine Verschraubung (Fig. 38—40), mit der es auf einem entsprechenden Gewindestück der Absperrarmaturen befestigt werden kann. Für die Berieselung an den Betriebspunkten entspricht eine derartige Befestigung des Schlauches in ausreichender Weise ihrem Zwecke, weil der Schlauch dauernd an der Rohrleitung belassen werden kann. Für die Streckenberieselung aber, bei der ein Schlauch bald an dieser bald an jener Stelle angeschlossen werden soll, empfehlen sich Schlauchverbindungen, deren Anbringen weniger Zeit in Anspruch nimmt, nämlich die sogenannten Schnellverbinder. Bei diesen genügt ein Handgriff, um eine dichte Verbindung zwischen Schlauch und Rohr herzustellen. Ausserdem sind sie weniger empfindlich gegen Beschädigungen und Verschmutzungen wie gewöhnliche Schraubengewinde und werden daher auch vor Ort mit Vorteil angewandt. Bei dem System Feller (Fig. 50 a—d) ist der Auslauf A der Rohrarmatur etwas konisch geformt und auf der oberen Hälfte mit einem halbkreisförmigen Vorsprung a versehen,

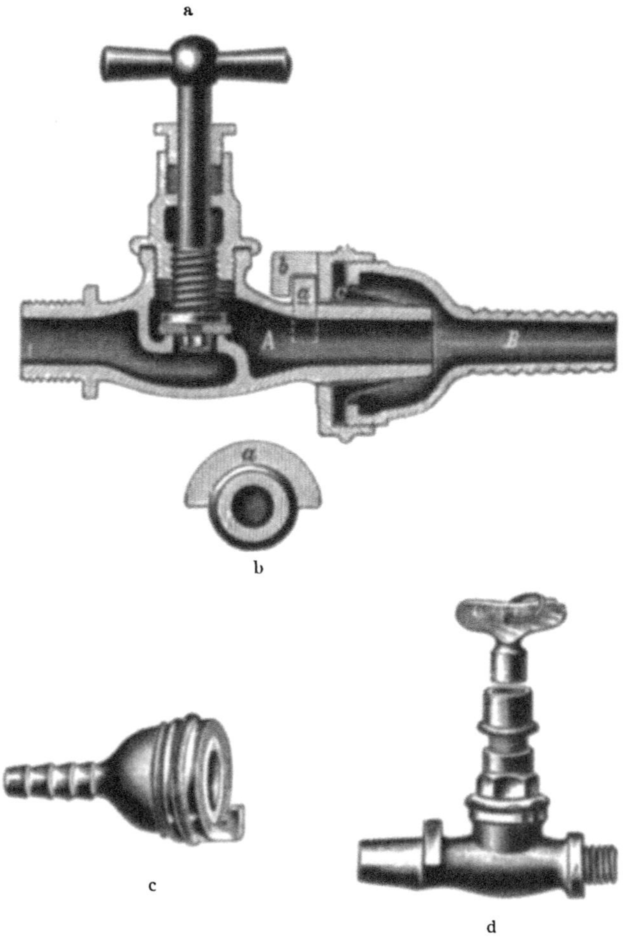

Fig. 50.

Schnellverbinder, System Feller.

während der Schnellverbinder B einen darüber passenden Haken b besitzt. Zum Anschluss der Tulle B, an welcher der Schlauch befestigt ist, an das Ventil wird der Schnellverbinder einfach soweit über den Auslauf geschoben bis der Haken b hinter a eingreifen kann und darauf um 90° gedreht. Wenn nun das Ventil geöffnet wird, tritt das Wasser in den ringförmigen Hohlraum, der durch Auslauf und Schnellverbinder gebildet wird und presst die hier angebrachte Gummimanschette c gegen den ersteren an. Dadurch wird ein Wasserabschluss an der Verbindungsstelle erreicht, der um so dichter wird, je stärker der Wasserdruck ist. Ein anderer Schnellverbinder, System Patrick (Fig. 51 a und b), besitzt zwei Haken, wird aber sonst in ähnlicher Weise auf das Ausflussstück des Ventils geschoben und

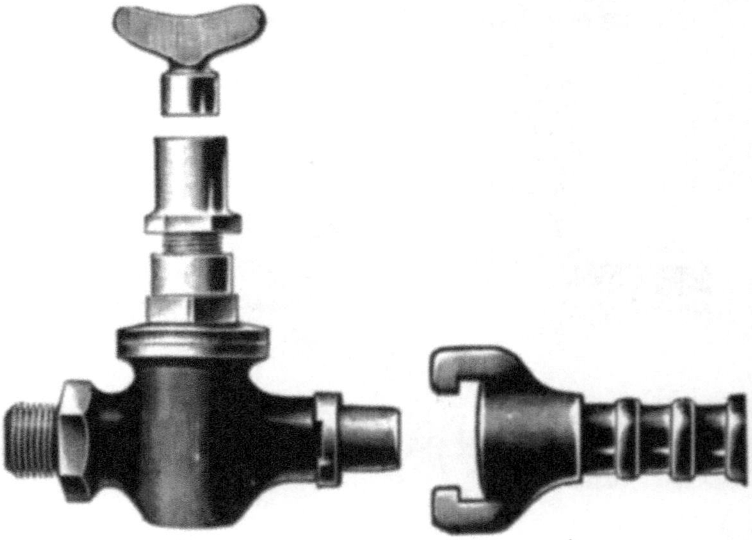

a b

Fig. 51.

Schnellverbinder, System Patrick.

gedreht. Das Ventil ist mit einem Gegenflansch versehen, der entsprechende Aussparungen zum Durchlassen der beiden Haken und Sicherheitsanschlagstellen besitzt, damit der Verbinder nicht übergedreht werden kann. Die Abdichtung wird bei dieser Verbindung durch eine eingepresste Gummischeibe bewirkt.

Auch an der anderen Seite der Berieselungsschläuche, an welcher der Wasserstrahl austritt, werden meistens Armaturen angebracht. Zwar lässt man auf verschiedenen Zechen das Wasser ohne weitere Vorrichtung aus dem Schlauch ausspritzen, wobei die Regulierung des Strahles von dem Arbeiter durch Zusammenpressen des Schlauchendes mit der Hand bewirkt wird; bei starkem Wasserdrucke wird aber infolge Ermüdung der Handmuskulatur die Berieselung leicht ungleichmässig und es wird auch unnötig viel Wasser verbraucht. Auf anderen Zechen bindet man nur Strahlrohre vorne in den Berieselungsschlauch ein (Fig. 52 und 53). Eine Spritzvorrichtung, die mehrfach benutzt wird, besteht aus einem dünnen vorne zugespitzten eisernen Rohr von etwa 25 cm Länge. Der Schlauch wird darauf mit

Draht oder Schellenbändern befestigt, so dass nur die Spitze herausragt aus der das Wasser austritt. Mit einem Hammer kann die Oeffnung in der Spitze breitgeschlagen und dadurch dem Wasserstrahl eine zweckmässige Form gegeben werden.

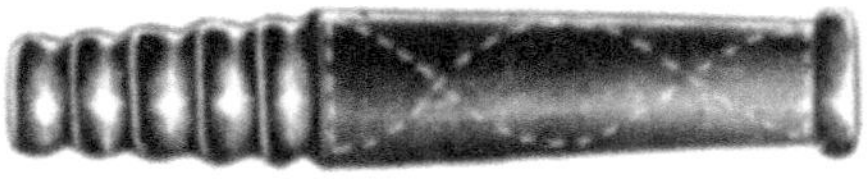

Fig. 52.

Strahlrohr aus Messing. (Frankfurter Metallwerk, J. Patrick.)

Fig. 53.

Strahlrohr aus Eisen mit Messingkopf. (Frankfurter Metallwerk, J. Patrick.)

Für eine gleichmässige Verteilung des aus dem Schlauche austretenden Wassers sorgen Wasserzerstäuber verschiedener Systeme. Am einfachsten sind wohl die geschlitzten Zerstäubungsringe »Westfalia« (Fig. 54a—c), die über das Schlauchende geschoben und mittelst einer

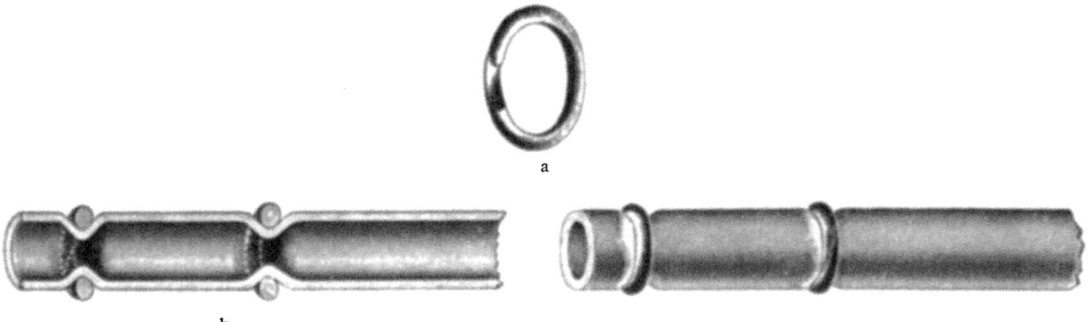

Fig. 54.

Zerstäubungsringe Westfalia.

Zange festgedrückt werden. Es fällt also die umständliche Schlauchverbindung fort und man kann auch den Durchmesser der Schlauchöffnung nach Belieben verkleinern, muss aber häufiger die Ringe erneuern. Vielfach benutzt wird ferner die Spritzvorrichtung »System Winkhaus« (Fig.

55 a und b), die aus 2 Teilen, einem Anschlussrohr an den Schlauch und einem darauf aufgeschraubten Kopfstück besteht. Für gewöhnlich tritt das Wasser in einem kräftigen Strahl aus der vorderen Oeffnung heraus (Fig. 55a). Wenn man aber eine kleine mit 2 schrägen Einschnitten versehene Zer-

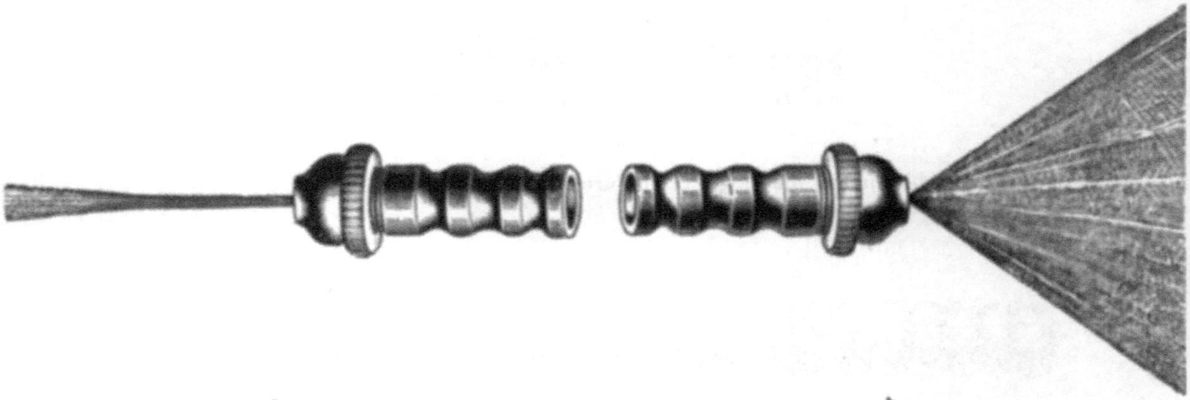

Fig. 55.

Strahlrohr und Zerstäuber, System Winkhaus. (Armaturenfabrik Westfalia.)

stäubungsplatte in das Kopfstück einlegt, erzielt man eine vollständige Verteilung des Wassers zu einem feinen Regen (Fig. 55b). Bei einem anderen Zerstäuber »System Steeg« (Fig. 56) ist das Kopfstück zahnartig ausgebildet und die Einschnitte zwischen den Zähnen sind mit

Fig. 56.

Zerstäuber, System Steeg. (Armaturenfabrik Westfalia.)

kleinen Löchern versehen. Der Apparat »System Patrick« (Fig. 57 a u. b) wirkt durch Breitdrücken des Schlauchendes und ersetzt demnach einfach die Arbeit der Hand. Er ermöglicht eine beliebig starke Regulierung des Wasseraustrittes mittelst der Presse und kann bei festem Zusammenschrauben auch als Absperrvorrichtung für die Schlauchmündung dienen. Auch Streudüsen (Fig. 58 und 59), die in erster Linie als Strahlapparate für die Sonderventilation bestimmt sind, finden bei der Berieselung als Schlauchmundstücke Verwendung. Man lässt aber häufig im Innern die Schnecke fort, welche die Verteilung des Wassers bewirkt. Ebenso wird bei dem Winkhaus-Zerstäuber die Zerstäubungsplatte auf einigen Zechen nicht mehr benutzt, weil sich ein kräftiger, weittragender Strahl ohne Zerstäubung für die Berieselung als zweckmässiger erwiesen hat, als ein feiner Wasserregen.

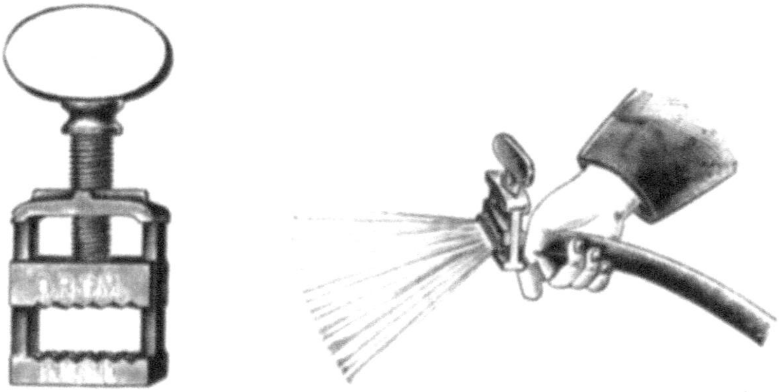

a b

Fig. 57.

Wasserzerstäubungsapparat, System Patrick.

Endlich sind die *Berieselungsschläuche* ein nicht unwichtiger Teil der Armaturen, weil sie durch schnellen Verschleiss einen erheblichen Prozentsatz der jährlichen Unterhaltungskosten der Berieselungsanlage verursachen. Von gewöhnlichen Wasserleitungsschläuchen unterscheiden sie

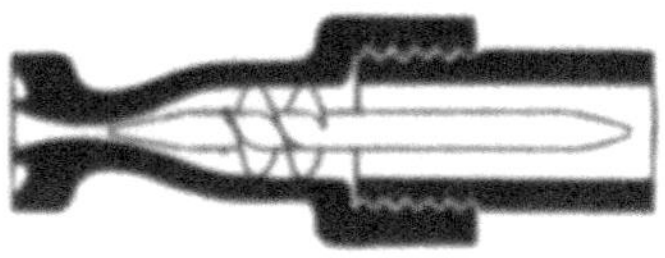

Fig. 58.

Streudüse von Gebr. Körting-Hannover.

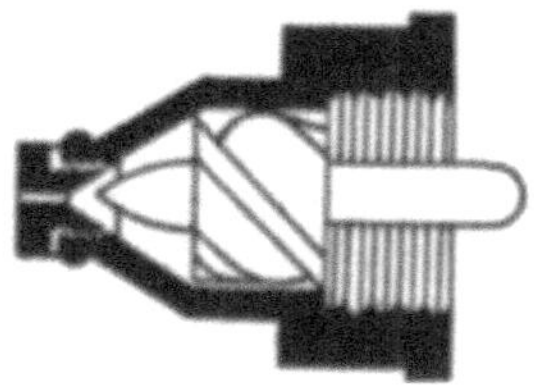

Fig. 59.

Streudüse Westfalia.

sich dadurch, dass sie einen viel höheren Druck aushalten müssen als diese. Die Brauchbarkeit eines Schlauches hängt in erster Linie von der guten Beschaffenheit des zur Verwendung kommenden *Gummimaterials* ab, und zwar sowohl in Bezug auf Qualität der Rohstoffe als auf sorgfältige Arbeit bei ihrer Mischung; bei den Berieselungsschläuchen ist hierauf ganz besonders Rücksicht zu nehmen. Die Verwendung von künstlichem Gummi ist trotz des geringeren Preises nicht angebracht. Hinsichtlich des äusseren Aussehens werden die dunkleren Schläuche den hellfarbigen vorgezogen, weil der die schwarze Färbung verursachende Zusatz von Bleiglätte die Eigenschaften des Gummis günstig beeinflusst.

Eine wesentliche Verstärkung wird den Schläuchen dadurch erteilt, dass man Einlagen aus Baumwollgeweben in die Gummischichten einwickelt. Gegen den hohen Druck der Berieselungsanlagen versagte aber die Widerstandskraft dieser Einlagen. Man versuchte anfangs sich dadurch zu helfen, dass man grosse Wandstärken und mehrere Einlagen über einander anwandte, damit die Schläuche den Anforderungen des Grubenbetriebes gewachsen wären. Dadurch wurde aber nicht nur das Gewicht beträchtlich erhöht, sondern die Kosten stiegen auch in entsprechendem Masse. Schläuche, die auf Zeche Consolidation früher benutzt wurden, hatten bei 19 und 13 mm innerer Weite 6—7 mm Wandstärke und reichten doch nur für 20 Atmosphären Druck aus. Erst als man geklöppelte Einlagen mittelst Umflechtmaschinen aus einzelnen Baumwollfäden herstellte, die die inneren Gummischichten als festes gestricktes Gewebe umgeben und zusammenhalten, gelang die Herstellung von Schläuchen, die ohne grossen Materialverbrauch für den hohen Druck einer Berieselungsanlage geeignet sind. Günstige Ergebnisse wurden auch erzielt, wenn man gewickelte und gewebte Einlagen in einem Schlauch vereinigte. Die Anzahl der Einlagen und ihre Aufeinanderfolge ist bei den einzelnen Fabrikaten verschieden. Als Beispiel für die Widerstandsfähigkeit solcher Schläuche sei erwähnt, dass eine von den vereinigten Gummifabriken Harburg-Wien angefertigte Sorte die bei 13 mm lichter Weite nur 3 mm Wandstärke und 0,239 kg Gewicht je Meter besass, bei Versuchen an der Königlichen mechanisch-technischen Versuchsanstalt in Charlottenburg über 60 Atmosphären Druck ausgehalten hat. Obwohl nach diesem Ergebnis gute Schläuche mit Wandstärken von 3 mm den Druck in einer Berieselungsleitung vollkommen aushalten können, ziehen die meisten Gruben mit Recht Schläuche mit 4—6 mm dicken Wandungen vor, unter Berücksichtigung des Umstandes, dass auch das Aeussere der Schläuche in der Grube einer starken Beanspruchung insbesondere durch häufige Knickungen ausgesetzt ist und aus diesem Grunde eine Verstärkung geboten erscheint.

Der innere Durchmesser der Schläuche braucht nicht dem Durchmesser der Rohrleitung selbst zu entsprechen, denn die Verluste an Wasserdruck sind in den kurzen Schläuchen nicht gross, selbst wenn ihre Weite gering ist, Verengungen durch Absatz fester Bestandteile aus dem Wasser sind bei der kurzen Lebensdauer der Schläuche nicht zu befürchten und Verstopfungen wird man entweder leicht beseitigen können oder man muss im ungünstigsten Falle ein neues Schlauchstück in Benutzung nehmen. Nur vereinzelt hat man daher an einzöllige Rohre Schläuche von 26 mm innerem Durchmesser angeschlossen, und ist wegen der grossen Kosten und der geringen Haltbarkeit dieser Schläuche bald wieder davon abgekommen. Auch Schläuche von 16—19 mm lichter Weite werden nur noch auf wenigen Gruben verwendet, in den meisten Betrieben sind ausschliesslich Durchmesser von 13 mm zu finden.

Mehrfach hat man versucht, die Schläuche zum Schutz gegen äusseren Verschleiss mit Ueberzügen zu versehen. So sind sie mit geteerten Hanfkordeln, Drähten oder Eisenbändern spiralförmig umwickelt und umsponnen worden. Derartige Schutzhüllen erhöhen aber das Gewicht der Schläuche, vermindern die Biegsamkeit und vergrössern die Herstellungskosten. Daher zieht die Mehrzahl der Zechen einfache Gummischläuche vor. Auf mehreren Gruben hat man aber in der äusseren Armierung der Schläuche einen Vorteil gefunden, weil dadurch ihre Haltbarkeit bedeutend erhöht wird.

Neben den Gummischläuchen hat man auch andere Schläuche für die Berieselung in der Grube benutzt. Dazu gehören Baumwollschläuche, die aus einem dicken Gewebe bestehen, welches den Druck auszuhalten hat, und im Innern nur eine dünne Gummischicht besitzen, welche den Durchgang des Wassers durch das Gewebe verhindert. Diese Schläuche ertragen etwa 30 Atm. Druck und bei doppeltem Baumwollmantel bis zu 40 Atm. Sie besitzen geringes Gewicht und sind nicht teuer. Aber für die Verwendung in der Grube eignen sie sich aus dem Grunde nicht besonders, weil die Baumwolle der starken Inanspruchnahme von aussen nicht gewachsen ist und leicht durchschleisst oder an einzelnen Stellen verletzt wird. Dieser Nachteil tritt um so stärker hervor, als das Baumwollgewebe sich voll Wasser saugt und dadurch leichter der Fäulniss preisgegeben ist.

Ferner hat man in neuerer Zeit biegsame Metallschläuche in der Grube anzuwenden versucht. Sie halten zwar den hohen Druck gut aus, aber ihre Biegsamkeit ist geringer als diejenige der Gummischläuche und die Abdichtung der Metallbänder aneinander nicht besonders haltbar. Auch können Ausbesserungen durch Zusammenlöten der einzelnen Teile in der Grube nicht ausgeführt werden. Ob das dünne Metall in der feuchten Grubenluft dem Rost genügend widersteht und diese Schläuche eine dem hohem Preise angemessene längere Lebensdauer besitzen als Gummischläuche kann erst längere Erfahrung zeigen.

Für den Betrieb in der Grube sollte man stets möglichst kurze Schläuche verwenden um die Betriebsausgaben zu ermässigen, denn je länger die Schläuche sind, desto mehr werden sie über den Boden geschleift und geknickt.

Die Schlauchlänge, welche notwendig ist, um von einem Spritzventil aus eine bestimmte Strecke anzufeuchten, hängt von der Stärke des verfügbaren Wasserdruckes ab. Dabei ist zu berücksichtigen, dass man mit dem in einer Richtung ausgespritzten Wasserstrahl den Grubenausbau nur an der Seite, die dem Strahl zugewandt ist, nass machen kann. Um die entgegengesetzte Seite ebenfalls zu besprengen, müsste man einen Wasserstrahl in umgekehrter Richtung wirken lassen und demnach entweder einen Schlauch anwenden, der dazu lang genug ist, oder den Wasseranschluss an einem anderen Spritzventil nehmen. Zu einer wirksamen Befeuchtung des Kohlenstaubes ist es aber keineswegs erforderlich, dass die Wasserstrahlen von beiden Seiten sich vollständig kreuzen, denn bei genügendem Druck wird das Wasser in den Strecken beim Anprall an die Stösse und die Zimmerung derartig umhergespritzt, dass auch die Rückseite der letzteren, wenn auch nicht gerade nass, so doch in der Regel ausreichend angefeuchtet wird. Daher genügt es meist, wenn nur die äussersten mit einem Strahle erreichbaren Teile der Strecke auch noch von der entgegengesetzten Seite befeuchtet werden können.

Unter diesen Umständen wird man vor Ort zur Anfeuchtung der Strecken in dem Umfange, wie sie durch die Ortsältesten vorgenommen werden soll, das ist auf etwa 20 m vom Ortsstoss, meist ganz kurze Schläuche verwenden können und nur in ungünstigen Fällen Längen von 10 m anwenden müssen. Es muss aber dafür gesorgt sein, dass die Rohrleitungen regelmässig verlängert werden und nicht hinter dem Fortschritt der Ortsstösse zurückbleiben. Wenn aber von der Leitung in den Strecken aus Pfeiler oder sonstige Abbaubetriebe von grösserer flacher Höhe mitberieselt werden sollen, sind entsprechend längere Schläuche erforderlich. Dazu sind auf verschiedenen Zechen Schläuche bis zu 40 m Länge in Gebrauch. Auf anderen Zechen hat man aber die Rohrleitung mit Vorteil bis in die Abbaubetriebe hinein verlängert und berieselt in diesen selbst mit kurzen Schläuchen. Selbst wenn die Leitung nach kurzer Zeit wieder verlegt werden muss hat sich dieses Verfahren mehrfach bewährt, weil es zur Verminderung des Schlauchsverbrauchs beiträgt.

Bei der Berieselung der Strecken hängt die Schlauchlänge von dem Abstande ab, den die in die Rohrleitung eingebauten Spritzventile von einander haben. Ihre Entfernung beträgt meist 40 m zuweilen sogar 50 m. Auf verschiedenen Zechen hat man aber den Abstand bis auf 30 m und sogar auf 20 m verringert. Damit wächst zwar die Zahl der Berieselungsventile, aber diese verursachen nur eine einmalige Ausgabe, weil eine Abnutzung bei ihnen nicht in Betracht kommt; andererseits vermindert man die Länge der Schläuche, die nicht nur beim Schleifen auf der Sohle, sondern auch beim Transport in engen Grubenbauen zu leiden haben, wenn sie nicht mit genügender Sorgfalt zusammengelegt worden sind.

Schläuche von 20 m Länge und mehr, die den Spritzmeistern häufig mitgegeben werden, sind zu schwer und sollten durch solche von höchstens 10 m ersetzt werden. Auf den Zechen des Kölner Bergwerksvereins hat man bei 30 m Ventilabstand die Länge der Schläuche auf etwa 4 m beschränkt und vermag demnach bei einer Strahllänge von mindestens 14 m nach jeder Seite von dem Ventil aus die Strecken etwa 18 m weit zu befeuchten. Die von beiden Seiten kommenden Wasserstrahlen kreuzen sich also nur auf eine Länge von etwa 6 m. Trotzdem lässt sich auf diese Weise der ganze Streckenraum zwischen zwei Ventilen in völlig ausreichender Weise berieseln. Nach diesem Beispiel sollte man versuchen, die Ausgaben für Schläuche zu ermässigen, die auf vielen Zechen grosse Summen ausmachen und mehrfach über 25 Proz. der gesamten Unterhaltungskosten für die Berieselung betragen.

III. Betrieb der Berieselungsanlagen.

Das Meissnersche Verfahren der unmittelbaren Einführung des Druckwassers in die Kohlenstösse zur Verhütung der Staubbildung, welches sich in Saarbrücken bei weicher Kohle mit wenigen Schlechten und gutem Nebengestein bewährte, hat im Ruhrkohlenbezirk wenig Erfolg gehabt. Auf Zeche Hibernia hat man zur Einführung des Wassers in den Stoss Bohrlöcher von 1,20 m Tiefe hergestellt und in diese ein Rohr von 13 mm Durchmesser und 75 cm Länge hineingesteckt, das von einem konischen Holzstopfen von $^1/_2$ m Länge umgeben war. Nur in wenigen Fällen gelang es, dadurch die Entstehung von Kohlenstaub zu verhindern. Meist floss das Wasser ohne ausreichende Wirkung gleich durch die Schlechten ab, oder es drang bei fester Kohle überhaupt nicht in den Stoss ein, während bei hohem Drucke häufig die Verbindungsschläuche platzten.

Nur in vereinzelten Fällen hat man ferner Berieselungsbrausen ständig in Betrieb stehen, um den Staub niederzuschlagen, weil unmittelbar vor Ort, wo er sich hauptsächlich entwickelt, aus Rücksicht auf die daselbst beschäftigten Arbeiter ein steter Wasserregen nicht angebracht ist und in den Strecken eine zeitweise Befeuchtung ausreicht. Auf Zeche Consolidation hat man z. B. in sehr staubreichen Flötzen in den Abbaustrecken etwa 10 m vor Ort Staubbrausen angebracht, deren Oeffnung auf den Ortsstoss gerichtet ist und die an dieser Stelle möglichst den ganzen Querschnitt mit einem ununterbrochenen feinen Wassernebel erfüllen sollen. Demselben Zweck dient auch der im folgenden Abschnitt näher beschriebene „Wasserschleier“-Apparat, System Meyer-Shamrock, sowie ein neuerdings von J. Patrick, Frankfurt, in den Handel gebrachter Nebelerzeuger „Udus.“

Die zeitweise Benutzung der Berieselungsanlagen in dem Masse, wie es zur Beseitigung des Kohlenstaubes notwendig ist, bildet demnach die allgemeine Regel. Man unterscheidet dabei zwei Methoden: die Unterhaltung nasser Zonen von grösserer Länge zwischen den einzelnen Wetterabteilungen, um eine etwa entstandene Explosion auf einen kleinen Teil des Grubengebäudes zu beschränken, und die vollständige Berieselung sämtlicher der Ausrichtung, Vorrichtung und dem Abbau dienenden Grubenbaue. Die erste Methode ist durch Bergpolizeiverordnung vom 2. April 1892 für die mit gefährlichem Kohlenstaub behafteten fiskalischen Gruben an der Saar vorgeschrieben worden. Ein Teil dieser Gruben ging aber bereits damals in seinen Einrichtungen über das geforderte Mass hinaus und strebte die vollständige Berieselung an, die zweifellos zu einer gründlichen Beseitigung des Kohlenstaubes geeigneter ist. Im Ruhrkohlenbezirk ist die letztere Methode von Anfang an durch die Polizeiverordnung vom 12. Juli 1898 vorgeschrieben worden und hat auf den Gruben allgemeinen Eingang gefunden. Die §§ 2 und 3 dieser Verordnung, die später in die §§ 34 und 35 der Wetterpolizeiverordnung vom 12. Dezember 1900 übernommen worden sind, unterscheiden zwischen »den Betriebspunkten einschliesslich ihrer nächsten Umgebung« einerseits, und »den aufgefahrenen Strecken, die zur Förderung, Fahrung oder Wetterführung dienen«, andererseits. Alle diese Teile des Grubengebäudes sind so zu befeuchten, dass eine Ablagerung von trockenem Kohlenstaub nicht vorkommt.

Die Arbeit des Berieselns ist geteilt worden, indem vor Ort und bis auf 20 m Entfernung von dem Arbeitsstoss die Kameradschaft, welche dort beschäftigt ist, unter Verantwortlichkeit der Ortsältesten für eine ausgiebige Befeuchtung zu sorgen hat; auf vielen Gruben ist auch die regelmässige Verlängerung der Rohrleitung beim Vorrücken des Betriebes dieser Kameradschaft übertragen worden als eine Arbeit, die, wie die Verzimmerung des Betriebspunktes, mit in das Gedinge einbegriffen ist, und ohne besondere Vergütung ausgeführt werden muss. In den Strecken dagegen einschliesslich der Bremsberge, Ueberhauen und anderer Grubenbaue, in denen Kohlenstaub vorkommen kann, wird die Berieselung von besonders zu diesem Zweck angestellten Arbeitern, den sogenannten Spritzmeistern ausgeführt. Sie erfüllen ihre Arbeit nach Massgabe einer schriftlichen Instruktion, in der ihnen insbesondere die Befeuchtung des hinter Stempeln, auf Kappen, hinter Wetterscheidern und an den Stössen vorhandenen Kohlenstaubes und die Berieselung der gestundeten Betriebe zur Pflicht gemacht wird. Vielfach sorgen sie auch für die regelmässige Instandhaltung und Verlängerung der Spritzwasserleitung, soweit dieselbe nicht vor den Betriebspunkten den Hauern obliegt. Als durchschnittliche Arbeitsleistung beim Einbauen einer Berieselungsleitung wird auf Zeche Carl des Kölner Bergwerksvereins die Herstellung einer Leitung von 60 m Länge je Mann und Schicht angegeben.

Für jede Steigerabteilung sind je nach der Ausdehnung des Betriebes ein oder mehrere Spritzmeister dauernd erforderlich. Auf Zeche Holland waren im Jahre 1902 insgesamt 24 und auf Shamrock I/II 50 Mann mit der Befeuchtung des Kohlenstaubes in den Strecken beschäftigt. Daneben sind auf vielen Zechen Grubenschlosser angestellt, die teils nur die schwierigeren Arbeiten an der Rohrleitung ausführen, teils aber auch die gesamte Unterhaltung der Anlage übernehmen, während den Spritzmeistern dann nur das Wassersprengen übrig bleibt. Auf Zeche Minister Stein war 1 Schlosser und auf Zeche Shamrock I/II waren 1 bis 2 Schlosser in jeder Steigerabteilung tätig. Ausserdem wird auf jeder Grube das Personal der Schmiede über Tage in mehr oder weniger starkem Masse für die Zwecke der Berieselung herangezogen; der Umfang dieser Tätigkeit entzieht sich jedoch meist der Beurteilung, weil sie nicht von derjenigen für andere Zwecke zu trennen ist.

Die Beaufsichtigung der Berieselungsanlagen endlich und die Sorge für die vorschriftsmässige Ausübung der Kohlenstaubbefeuchtung liegt nach der Polizeiverordnung den Abteilungssteigern ob. Daneben hat die Zeche Shamrock I/II einen besonderen Aufsichtsdienst eingerichtet, der bei dem grossen Umfange des Rohrnetzes der Zeche wohl angebracht erscheint. Er besteht aus einem Fahrsteiger, der für den betriebsfähigen Zustand und den Weiterausbau der ganzen Anlage zu sorgen hat und dem zwei im Schlosserhandwerk ausgebildete Rohrmeister zur Seite stehen, von denen einer einen Maschinensteigerkursus an der Bergschule, der andere eine Maschinenbauschule absolviert hat.

IV. Kosten der Berieselungsanlagen.

1. Herstellungskosten.

Die Berechnung der Herstellungskosten, welche für die Berieselungsanlagen aufgewandt sind, hat insofern keine grosse Bedeutung mehr für die Praxis, als die Zechen nunmehr alle mit den erforderlichen Einrichtungen versehen sind. Wo aber später Neuanlagen oder Erweiterungen notwendig sind, werden die alten Preise kaum massgebend sein können, weil sie durch die günstige Geschäftslage der Eisenindustrie und die Zwangslage der Zechen, die zur Vollendung der Berieselungsleitungen in bestimmten Fristen verpflichtet waren, in die Höhe getrieben waren. Die Kosten werden ferner nach den jeweiligen Grubenverhältnissen stets sehr verschieden ausfallen. Um aber zu beurteilen, welche Mittel die Zechen in verhältnismässig kurzer Zeit zur Erhöhung der Betriebssicherheit aufgewandt haben, sind in folgender Tabelle 3 eine Anzahl Angaben über die Herstellungskosten der Berieselungsanlagen zusammengestellt worden, die teils von den Zechen selbst geliefert, teils der Litteratur entnommen sind.

Anlagekosten der Berieselung. Tabelle 3.

No.	Zeche	Summe der Ausgaben M.	Gesamte Rohrlänge m	Kosten für 1 m Rohrlänge M.
1	Concordia I	92 456	32 560	2,84
2	Consolidation . :	360 000	127 000	2,83
3	Hibernia	136 244	50 000	2,72
4	Carl (Köln. Bergwerks-Verein). .	66 663	24 728	2,70
5	Shamrock I/II	366 594	136 717	2,68
6	Concordia II	184 600	70 000	2,64
7	Anna (Köln. Bergwerks-Verein) .	38 469	15 686	2,45
8	Shamrock III/IV	169 000	70 000	2,41
9	Kaiserstuhl I	60 000	25 550	2,35
10	Dahlbusch II/V	35 469	15 620	2,27
11	Holland	181 343	80 280	2,26
12	Constantin der Grosse I/II . . .	50 503	23 150	2,18
13	Erin	123 000	62 000	1,98
14	Kaiserstuhl II	93 580	57 550	1,63

Unbedingte Genauigkeit können diese Zahlen nicht beanspruchen, weil es nicht immer möglich ist, die Herstellungskosten von den Unterhaltungskosten scharf zu trennen, indem z. B. Spritzmeister teils bei der Verlegung neuer Rohre, teils bei der Spritzarbeit selbst beschäftigt werden. Ferner ist es oft schwierig, Erweiterungen des Rohrnetzes von der durch den regelmässigen Betrieb gebotenen Ausdehnung der Leitung zu unterscheiden. Doch zeigt sich mit bemerkenswerter Regelmässigkeit, dass die Herstellungskosten für 1 m Rohrleitung, einschliesslich der Kosten für Wasserbehälter usw. fast überall zwischen 2 und 3 M. betragen. Entnimmt man daraus einen durchschnittlichen Anlagewert von 2,50 M. je laufendes Meter und legt ferner der Berechnung die Hundtsche*) Schätzung der Gesamtlänge der Druckwasserleitungen von etwa 4000 km zu Grunde, so ergiebt sich, dass die gesamten Mittel, welche von den Zechen für die Einführung der Berieselung in den Jahren 1898—1900 aufzubringen waren, sich auf ungefähr 10 Mill. M. belaufen dürften.

Auf manchen Zechen sind die Kosten der ersten Anlage nicht für sich allein ermittelt worden, sondern man hat alle Ausgaben für Berieselungszwecke ohne Unterschied, ob sie die Herstellung oder Unterhaltung des

*) Festschrift zum VIII. Allgem. deutschen Bergmannstag, S. 120.

Rohrnetzes oder den Betrieb betrafen, aus sämtlichen Jahren auf einem Conto vereinigt. So erforderte die verhältnismässig kleine Zeche Hibernia für den Zeitraum von Juli 1890 bis zum Januar 1898 die Summe von 357 446 M. Auf Zeche Pluto wurde seit Einrichtung der Berieselung am 1. Juli 1893 bis zum 1. November 1902 ein Aufwand von 693 382 M. festgestellt und auf Zeche Consolidation betrugen die gesamten Kosten der seit dem Jahre 1892 geschaffenen Berieselungsanlagen einschliesslich des Betriebes nach einem Abschluss am 1. August 1902 916 997 M.

2. Betriebskosten.

Ueber die ständigen Ausgaben für Unterhaltung und Betrieb der Berieselungsanlagen erhält man aus nachfolgenden von den Zechenverwaltungen gemachten Angaben einen Ueberblick. (Tabelle 4 auf Seite 48.)

Bei manchen Selbstkostenberechnungen wurde auf den Zechen ausser den baren Ausgaben ein bestimmter Prozentsatz des Anlagekapitals als jährliche Amortisationsquote eingesetzt. Dieser Zuschlag hat in den ersten Betriebsjahren eine Berechtigung, weil ein Verschleiss an Material eintritt, ohne dass ein Ersatz dafür vorhanden wäre und der Wert der Anlagen also in dieser Zeit abnimmt. Bei längerem Betriebe tritt aber ein Beharrungszustand ein, weil dem regelmässigen Verschleiss der ganzen Anlage der Ersatz einzelner völlig aufgebrauchter Teile durch neue Stücke gegenübersteht. Die Kosten der letzteren sind aber in den Ausgaben für Materialien enthalten. Daher ist die Einsetzung einer jährlichen Amortisationsquote entbehrlich und auch bei der vorstehenden Berechnung unterblieben.

Dagegen gehört eine angemessene Verzinsung des aufgewandten Kapitals zur vollständigen Selbstkostenberechnung. Sie ist indessen in der Tabelle 4 nicht enthalten, weil in verschiedenen Fällen die Höhe der Anlagekosten nicht genau festzustellen war und es hier hauptsächlich auf einen Vergleich der direkten jährlichen Ausgaben ankam.

Beim Vergleich der Angaben für die einzelnen Zechen überraschen namentlich die Zahlen der Zeche Shamrock III/IV durch ihre Geringfügigkeit, die wohl daraus zu erklären ist, dass wegen der starken Konzentration des Betriebes die Länge der Strecken sowie der Rohrleitungen und damit zugleich die Unterhaltungs- und Betriebskosten in sehr mässigen Grenzen geblieben sind.

Im allgemeinen ergeben sich für die einzelnen Zechen sehr erhebliche Unterschiede. Im Mittel betragen die Kosten nach diesen Angaben zur Zeit etwa 10 Pfg. je Tonne, wobei nur die Förderung aus denjenigen Flötzen in betracht gezogen ist, die mit Berieselungsanlagen ausgerüstet sind. Es ist indessen nicht wahrscheinlich, dass die Berieselungskosten dauernd auf dieser Höhe sich halten werden.

Tabelle 4.

Betriebs- und Unterhaltungskosten der Berieselungsanlagen.

No.	Zeche	Zeitraum für die Berechnung	Ausgaben für Materialien M	Ausgaben für Löhne M.	Summe der Ausgaben M.	Kohlenförderung aus den mit Berieselung versehenen Flötzen t	Kosten je Tonne Förderung Pfg.	Rohrlänge insgesamt m	Jährliche Kosten je m Rohrlänge M.
1	Shamrock III/IV	vom 1. 1. 01 — 1. 1. 02	9 274	11 703	20 977	742 126	2,8	70 000	0,30
2	Ver. Wiesche	„ 1. 1. 02 — 1. 1. 03	1 666	5 658	7 324	222 226	3,30	42 390	0,17
3	Kölner Bergw.-Verein (Schacht Carl)	„ 1. 1. 02 — 1. 1. 03	7 493	12 177	19 670	268 707	7,32	28 638	0,69
4	Kölner Bergwerks-Verein (Schacht Anna)	„ 1. 1. 02 — 1. 1. 03	6 036	8 896	14 932	203 287	7,35	21 376	0,70
5	Concordia II	„ 1. 1. 01 — 1. 7. 02	17 650	39 200	56 850	742 164	7,66	70 000	0,86
6	Pluto (Schacht Thies)	„ 1. 1. 01 — 1. 11. 02	13 275	57 892	71 167	878 836	8,10	57 000	1,25
7	Concordia I	„ 1. 1. 01 — 1. 7. 02	6 150	25 896	32 046	370 929	8,64	32 550	0,98
8	Ver. Hagenbeck	„ 1. 1. 02 — 1. 1. 03	2 731	13 581	16 312	184 700	8,83	40 750	0,40
9	Hibernia	„ 1. 1. 97 — 1. 1. 98	6 000	17 434	23 434	255 764	9,16	50 000	0,47
10	Shamrock I/II	„ 1. 1. 00 — 1. 1. 02	—	—	159 010	1 617 522	9,83	136 717	1,16
11	Ver. Rosenblumendelle	„ 1. 1. 02 — 1. 1. 03	11 972	9 186	21 158	213 612	9,91	42 734	0,50
12	Consolidation	1 Jahr	—	—	160 526	1 539 312	10,43	127 000	1,26
13	Dahlbusch II/V	vom 1. 1. 01 — 1. 7. 02	9 154	19 861	29 015	257 134	11,28	15 620	1,81
14	Kaiserstuhl	„ 1. 1. 01 — 1. 7. 02	49 844	78 044	127 888	988 073	12,94	83 100	1,54
15	Königin Elisabeth (Schacht Hubert)	„ 1. 1. 01 — 1. 7. 02	31 537	12 194	43 731	337 367	12,96	26 156	1,67
16	Pluto (Schacht Wilhelm)	„ 1. 1. 01 — 1. 11. 02	27 811	64 471	92 282	673 177	13,71	91 668	1,00
17	Holland	„ 1. 1. 01 — 1. 1. 02	37 490	57 676	95 166	692 620	13,74	80 280	1,19
18	Erin	„ 1. 1. 01 — 1. 7. 02	50 836	56 740	107 576	637 544	16,87	62 000	1,73

In den ersten Jahren des Bestehens der Anlagen mussten Erfahrungen über die zweckmässige Einteilung des ganzen Betriebes gesammelt und die Brauchbarkeit der Armaturen und sonstigen Bestandteile geprüft werden; auch für Neuanschaffungen und Erweiterungen waren noch grössere Mittel erforderlich, die häufig in die Betriebskosten einbegriffen worden sind. Es kann daher eine Abnahme der jährlichen Ausgaben mit der Zeit erwartet werden. Auf Zeche Pluto haben sich auch bereits die Berieselungskosten auf Schacht Thies, die in den Jahren 1898—1900 zwischen 11,5 bis 12,7 Pfg. je Tonne schwankten auf 8,6 Pfg. im Jahre 1901 und 7,5 Pfg. in den ersten 10 Monaten des Jahres 1902 vermindert. Auf Schacht Wilhelm dieser Zeche fand in denselben Zeiten eine Abnahme von 17,0 bis 19,7 Pfg. auf 14,5 bezw. 12,8 Pfg. statt. Die Zeche Holland berechnet ferner für das Jahr 1901 die Betriebs- und Unterhaltungskosten nur noch auf 13,74 Pfg. je Tonne gegen 17,66 Pfg. im Vorjahr. Auch auf den Zechen Königin Elisabeth (Schacht Hubert), Kölner Bergwerks-Verein (Schacht Carl) und anderen ist eine Verminderung festzustellen.

Dagegen ist aber auch zu berücksichtigen, dass in den aufgeführten Zahlen die Verzinsung des Kapitals noch nicht enthalten ist und dass ferner ein grosser Teil der durch die Berieselung erwachsenden Kosten nicht in Geld zu veranschlagen ist. So ist der Zeitverlust, der den Arbeitern vor Ort durch das Befeuchten des Kohlenstaubes entsteht, nicht berücksichtigt; er findet vielmehr in der Höhe des Gedingesatzes seinen Ausdruck. Der Transport der Rohre und sonstigen Materialien über Tage und im Schachte abwärts sowie die Verwaltung der Bestände erfordert Arbeitsleistungen die nicht von andern zu trennen sind. Auch die Thätigkeit der Schmiede für die Zwecke der Berieselung lässt sich gewöhnlich nicht für sich allein feststellen. Endlich ist auch der Einfluss des Berieselungswassers auf das Nebengestein und der Aufwand, der dadurch für einen stärkeren und unter Umständen wiederholten Ausbau der Strecken erwächst, nicht annähernd zu ermessen. Daher ergeben die aus Arbeitslöhnen und Materialverbrauch zusammengestellten Berieselungskosten kein zutreffendes Bild von dem finanziellen Einfluss der Kohlenstaubbefeuchtung, sondern sind zu gering, selbst wenn man einige Vorteile in Rechnung setzt, die die Gruben durch Anlage einer Druckwasserleitung in Bezug auf die Bewetterung der Baue und die Abkühlung der Wetterströme gewinnen.

V. Vor- und Nachteile der Berieselung.

Die allgemeine Einführung der Berieselung in den Gruben hat auf die Sicherung gegen Explosionen, namentlich aber auf die Beschränkung ihrer Ausdehnung auf kleine Teile der Grube unzweifelhaft grossen

Einfluss ausgeübt. Zwar ist der Zeitraum des Bestehens der Berieselung noch zu gering, als dass der einwandsfreie Nachweis dieser Vorteile durch die Explosionsstatistik möglich wäre, doch ist immerhin die plötzliche Abnahme der durch Explosionen verursachten tötlichen Unfälle seit der Herstellung der Spritzwasserleitungen bemerkenswert, denn im Durchschnitt der Jahre 1899 bis 1901 kamen dadurch von je 1000 Arbeitern jährlich nur 0,117 Mann zu Tode, während der Durchschnitt der Jahre 1890 bis 1898, sich auf 0,450 Todesfälle auf je 1000 Arbeiter stellte. Ausserdem weisen, soweit die Statistik zurückreicht, d. h. während einer Periode von mehr als 40 Jahren die beiden aufeinanderfolgenden Jahre 1899 und 1900, weitaus die günstigsten Ziffern in Bezug auf tötliche Verunglückungen durch schlagende Wetter, auf und auch das Jahr 1901 gehört zu den drei besten Jahren in diesem Zeitraum.

Wenn demnach der mit der Berieselung zunächst beabsichtigte Zweck anscheinend voll erreicht wird, so ist andererseits doch zu untersuchen, ob nicht dieser Vorteil durch ihren Einfluss auf die Zahl der Verunglückungen durch Stein- und Kohlenfall wieder aufgehoben wird. Die Befürchtung, dass durch die regelmässige Befeuchtung der Grubenbaue eine Vermehrung dieser Unfälle, die an sich schon weitaus den breitesten Raum in der Unfallstatistik einnehmen, eintreten könnte, war bei Erlass der Polizei-Verordnung über die Kohlenstaubbefeuchtung nicht von der Hand zu weisen, zumal in dem Saarbrücker Bezirk ihre Zahl seit der Einführung der Berieselung thatsächlich zugenommen hatte und auf englischen Gruben aus Rücksicht auf die Beschaffenheit des Nebengesteins von einer wirksamen Bekämpfung der Kohlenstaubgefahr Abstand genommen worden war. Allerdings war keineswegs erwiesen, dass die Zunahme der Unfälle durch Stein- und Kohlenfall in Saarbrücken mit der Befeuchtung des Kohlenstaubes in ursächlichem Zusammenhang stand. Zuverlässige Erfahrungen über den Einfluss des Wassers auf das Nebengestein lagen überhaupt noch nicht vor. Andererseits musste man von Anfang an darauf bedacht sein, die Berieselung möglichst vollständig durchzuführen, damit sie ihren Zweck auch wirklich erfüllte. Daher wurden Ausnahmen von der Verpflichtung zur Befeuchtung des Kohlenstaubes — nicht aber von derjenigen zum Einbau einer Rohrleitung —, nur in solchen Betrieben gewährt, in denen eine erhebliche Vermehrung der Stein- und Kohlenfallgefahr infolge der durch die Befeuchtung eintretenden Lockerung des Nebengesteins nachzuweisen war. Solche Ausnahmen stellten sich in der Praxis fast nur unter bestimmten Voraussetzungen als notwendig heraus, nämlich in denjenigen Flötzen, die bei steiler, fast senkrechter Lagerung ein quillendes, in Schalen sich ablösendes Liegendes besitzen. Unter dem Einfluss des Wassers fingen die Schalen an abzurutschen, wenn sie auf grössere Höhe blossgelegt wurden. Man konnte daher keine haltbare Verzimmerung mehr herstellen, weil kein sicherer Untergrund dafür vorhanden war. Unter diesen Verhältnissen hat man meist von der Berieselung der Pfeiler Abstand genommen, in den Abbaustrecken solcher Flötze wird der Kohlenstaub jedoch regelrecht angefeuchtet. Beispiele solcher Ausnahmen finden sich mehrfach auf den Zechen Consolidation und Shamrock.

Wenn umgekehrt bei gutem Liegenden das Hangende eines steil gelagerten Flötzes sich als schlecht und gebräch erweist, ist die Berieselung von geringerem Einfluss, weil sich durch den Ausbau immer noch eine genügende Unterstützung des Hangenden herstellen lässt und zudem das aufgespritzte Wasser darin weniger einzudringen vermag, als in die liegenden Schichten.

Ein nachteiliger Einfluss des Wassers auf das Nebengestein, wenn dieses von thoniger Beschaffenheit ist, lässt sich nun zwar häufig auch bei flacherer Flötzlagerung beobachten. Er macht sich durch stärkeren Gebirgsdruck oder durch Quillen der Schichten bemerkbar. Eine Vermehrung der Unfälle durch Stein- und Kohlenfall ist aber nicht eingetreten, sondern der Einfluss liegt nur auf wirtschaftlichem Gebiete, indem der Grubenausbau verstärkt und häufiger erneuert werden muss und die Strecken oft nachträglich der Erweiterung bedürfen. Bereits im Jahre 1898 hat Behrens für die Zeche Hibernia auf Grund sechsjähriger Erfahrung in der Berieselung diese Einwirkung des Wassers auf Flötze mit schlechtem Nebengestein geschildert,*) aber dabei ausdrücklich betont, dass die Zahl der Unfälle durch Stein- und Kohlenfall in dieser Zeit nicht zugenommen habe. Auch die Unfallstatistik des ganzen Bezirkes lässt vorläufig nicht auf eine Vermehrung der Unfälle schliessen, denn durch Stein- und Kohlenfall kamen von je 1000 beschäftigten Arbeitern in den Jahren 1899 bis 1901 durchschnittlich jährlich 0,873 Mann und in den Jahren 1890—1898 0,855 Mann zu Tode. Es ist dies bei Berücksichtigung der kurzen Zeitperioden, die kein genaues Durchschnittsbild geben können, ein sehr gleichmässiges Resultat.

Inzwischen ist aber die Vermutung aufgetaucht, dass die Befeuchtung des Kohlenstaubes auf einem ganz anderen Gebiete eine nachteilige Rolle spiele, indem sie die Verbreitung der Wurmkrankheit unter den Bergleuten befördere. Diese wahrscheinlich durch ausländische Arbeiter eingeschleppte Krankheit hat thatsächlich seit Einführung der Berieselung in Besorgnis erregender Weise zugenommen. Während die Zahl der behandelten Krankheitsfälle bis zum Jahre 1899 jährlich etwa 100 betrug, stieg sie im Jahre 1900 auf 275, im Jahre 1901 auf 1030 und in den ersten neun Monaten des Jahres 1902 bereits auf 1355. Dabei darf aber nicht übersehen werden, dass die Untersuchung der Belegschaft jetzt ungleich strenger gehandhabt wird, als früher. Jedenfalls wurde die Ausdehnung der Krankheit mit der Berieselung in Zusammenhang gebracht und zwar nahm man an, dass die in einem Teile der Grube durch die Abgänge erkrankter Grubenarbeiter angesammelten Wurmkeime durch das Berieseln in den Strecken weiter ausgebreitet und versprengt würden. Man nahm ferner an, dass sie mit dem Berieselungswasser zusammen in den Sumpf der Wasserhaltung gelangten und bei Verwendung von Grubenwasser zur Berieselung durch das Rohrnetz auch in solche Teile des Grubengebäudes getragen würden, die noch nicht infiziert sind. Verstärkt wurde diese Ansicht dadurch, dass das Vorhandensein und die Lebensfähigkeit der eingekapselten Wurmlarven in dem Sumpfwasser thatsächlich festgestellt wurde. Man glaubte daher in dem Kreislauf des Wassers aus den Sumpfstrecken durch die Rohrleitung zu den Betriebspunkten und zurück durch die Wasserseige eine Hauptursache für die Ausbreitung der Krankheit suchen zu müssen.

Diese Meinung lässt sich indessen kaum noch aufrecht erhalten, weil das Berieselungswasser im allgemeinen nicht in den Grubensumpf gelangt, sondern von Kohle, Nebengestein und Wetterstrom aufgesaugt wird.

Wohl aber befördert zweifellos die Berieselung an sich, gleichviel welches Wasser dazu verwandt wird, die Bildung von Grubenschlamm in den Bauen und schafft damit einen für die Entwicklung der Keime günstigen Boden. Die Verbreitung der letzteren hingegen dürfte hauptsächlich dem Verkehr der Menschen in der Grube zuzuschreiben sein, indem die an die Stiefel sich ansetzenden Keime fortgetragen und an anderen noch nicht infizierten Stellen wieder abgelagert werden.

Die inzwischen von der Bergbehörde auf einigen stark verseuchten Gruben (Shamrock, Holland, Julia u. a. m.) gemachten Versuche, den Einfluss der Berieselung durch Einstellung derselben in einzelnen Abteilungen festzustellen, haben kein greifbares Resultat ergeben. Die betreffenden Zechen haben daher z. T. selbst die Wiederaufhebung des Befreiungsbeschlusses beantragt.

Zu erwähnen sind ferner noch einige Vorteile, welche die Berieselung für die Arbeiter gebracht hat, nämlich die Abkühlung des Wetterstromes vor den Betriebspunkten, die Beseitigung des in der Luft schwebenden dicken Staubes und dadurch zugleich eine erhöhte Leuchtkraft der Grubenlampen. Auf Zeche Shamrock I/II wird an zahlreichen Betriebspunkten durch ständig in Betrieb stehende Brausen die Temperatur um mehrere Grade heruntergedrückt. Andererseits macht sich die durch das Berieselungswasser entstehende Feuchtigkeit zuweilen beim Arbeiten in liegender Stellung unangenehm bemerkbar und es ist ferner bei Flötzen mit steilem Einfallen in Betracht zu ziehen, dass sich infolge der durch das Wasser erzeugten Glätte die Gefahr des Ausrutschens und Abstürzens für die in den Pfeilern befindlichen Personen erhöht.

---

*) Glückauf 1898, S. 338.

Der Einfluss, den die Kohlenstaubberieselung in wirtschaftlicher Beziehung für die Gruben besitzt, zeigt sich in erster Linie in der Höhe der Anlage- und Betriebskosten. Dazu kommen die Ausgaben für stärkeren Grubenausbau infolge der Lockerung des Nebengesteins und für Nachreissen der Strecken infolge Quillens der Gebirgsschichten unter dem Einflusse des Wassers, sowie sonstige bereits erwähnte Leistungen, die sich dem zahlenmässigen Nachweis entziehen.

Demgegenüber ergeben sich aber auch einige wirtschaftliche Vorteile für den Grubenbetrieb. Zunächst hat man in allen Teilen der Grube das Druckwasser als Betriebskraft zur Verfügung ohne besondere Anlagekosten aufwenden zu müssen, weil das Rohrnetz schon für die Berieselung notwendig ist. Hinsichtlich der Betriebskosten stellt sich diese Kraft weit günstiger als Druckluft, denn die letztere erfordert neben einem besonderen Rohrnetz noch eine Generatoranlage über Tage; überdies ist eine Kraftübertragung auf grössere Entfernungen durch Druckluft äusserst unökonomisch und kostspielig. Die Verwendung des Wassers der Berieselungsleitung zu Kraftzwecken ergiebt dagegen nur einen grösseren Arbeitsaufwand bei den Wasserhaltungsmaschinen, welcher verhältnismässig gering anzuschlagen ist, weil bei dem günstigen Wirkungsgrad dieser Maschinen die Kosten in einem guten Verhältnis zu der erzielten Leistung stehen.

Die Ausnutzung der Wasserkraft im Grubenbetriebe hat zum Zwecke der Separatventilation am meisten Eingang gefunden, und zwar stehen namentlich Düsen- und Strahlapparate in grosser Zahl in Gebrauch, um den Wetterzug in einer Luttenleitung zu verstärken. So hat die Zeche Shamrock I/II allein über 70 Düsen in Betrieb stehen. Zur Erzeugung grösserer Pressungsunterschiede reichen allerdings diese Apparate nicht aus. Dazu müssen kleine Ventilatoren aufgestellt werden, zu deren Antrieb man bisher meist der Druckluft den Vorzug gegeben hat. In den Turbinen und Wasserrädern verschiedener Konstruktion, welche immer mehr an Stelle der Druckluftmotoren eingeführt werden, besitzt man aber geeignete Mittel, um auch Ventilatoren direkt mittelst Wasserkraft anzutreiben.

Auch für andere Zwecke hat man sich des Druckwassers aus der Berieselungsanlage häufig bedient. So wurde auf Zeche Shamrock I/II ein Unterwerksbau, in dem Wasserzuflüsse auftraten, durch mehrere über einander angeordnete Düsenapparate entwässert, die sich gegenseitig das Wasser zuhoben. Auf derselben Zeche wurde ein Wetterstrom, der eine Maschinenkammer auf der V. Sohle durchströmte und sich darin bis auf 33,5° erwärmte, durch Brausen um mehr als 10° abgekühlt, sodass er im Betriebe weiter benutzt werden konnte.

Ziemlich allgemein verbreitet ist das Ausspülen der Bohrlöcher beim maschinellen Bohrbetriebe mittelst eines der Berieselungsleitung entnommenen ständigen Wasserstrahles, da es den Fortschritt der Arbeit beschleunigt.

Ferner ist als Vorteil zu erwähnen, dass man im Falle eines Grubenbrandes überall Wasser zu Löschzwecken zur Verfügung hat.

Demnach lässt sich die Berieselungsanlage in recht mannigfacher Art ausnutzen und bietet namentlich, wenn sie gleichzeitig als Kraftquelle zu Arbeitszwecken dient, nicht zu unterschätzende Vorteile. Indessen sind diese allein kein Äquivalent für die wirtschaftliche Belastung, die den Gruben durch die Verpflichtung zur Herstellung einer Berieselungsanlage auferlegt worden ist. Sie findet ihre Begründung lediglich in der erhöhten Sicherheit des Betriebes und der Einschränkung der verderblichen Massenunglücke.

Grubenbrand.

Von Bergassessor Herbst.

Einleitung.

Dem niederrheinisch-westfälischen Steinkohlenbergbau sind im Laufe der Zeit eine ganze Reihe Schwierigkeiten erwachsen, welche in anderen Bergbaubezirken entweder ganz unbekannt sind oder dort in viel geringerem Grade auftreten und welche bewirkt haben, dass die Bergbautreibenden des Ruhrbezirks sich zur Anwendung aller verfügbaren Hülfsmittel entschliessen mussten, und dass dadurch dieser Bergbau allmählich die jetzige hohe Stufe erreicht hat. Mit einer Gefahr jedoch, welche in manchen anderen Bergbaubezirken sehr häufig auftritt, nämlich derjenigen der Grubenbrände, hat der niederrheinisch-westfälische Bezirk bisher nur in geringem Masse zu kämpfen gehabt. Daher haben sowohl die zur Verhütung wie auch die zur erfolgreichen Bekämpfung solcher Brände und ihrer Folgen erforderlichen Massregeln im Ruhrkohlenbecken nur vereinzelt die zielbewusste Ausgestaltung und Durchführung erfahren, welche denselben in anderen Bergwerksbezirken notgedrungen zu teil geworden ist.

Anders verhält es sich dagegen mit den im weiteren Sinne ebenfalls in diesen Abschnitt zu rechnenden Bränden der Tagesgebäude: derartige Brände sind in früheren Jahrzehnten häufig auf den Gruben des Ruhrbezirks vorgekommen und haben vielfach grosse Ausdehnung angenommen. Dementsprechend hat sich auch diesen Bränden gegenüber eine zielbewusste und erfolgreiche Durchführung der verschiedensten Verhütungs- und Bekämpfungsmassregeln herausgebildet, die in mancher Hinsicht vorbildlich sind.

1. Kapitel: Grubenbrände unter Tage.*)

Der Begriff »Grubenbrand« umfasst zwei Hauptgruppen von Bränden. Auf der einen Seite stehen die durch Selbstentzündung der Kohle verursachten Brände, welche eine dem Kohlenbergbau eigentümliche Gefahr darstellen. Zur anderen Gruppe gehören alle diejenigen innerhalb des Grubengebäudes ausgebrochenen Brände, welche auf anderweitige Entstehungsursachen zurückzuführen sind.

Die Besprechung der Grubenbrände wird sich zunächst mit der Entstehung derselben und sodann mit den zur Abwehr dieser Gefahren und ihrer Folgen getroffenen Massnahmen zu beschäftigen haben.

I. Ursachen der Grubenbrände.

1. Wesen und Entstehung der durch Selbstentzündung verursachten Brände.

a) Allgemeines.

Nachdem längere Zeit hindurch die Ansichten über die Ursachen der Entstehung von Bränden in der Kohle geteilt gewesen waren, hat sich in den letzten Jahrzehnten die Erkenntnis Bahn gebrochen, dass derartige Brände in erster Linie auf die Selbstentzündung der Kohle infolge von Sauerstoffaufnahme zurückzuführen sind. Zu diesem Ergebnis haben u. a. auch die häufig vorkommenden Brände auf Kohlenschiffen hingeleitet, welche mehrfach zur Einsetzung besonderer staatlicher Kommissionen, die mit der Prüfung dieses Gegenstandes beauftragt wurden, geführt haben. Ausser den Arbeiten dieser Kommissionen haben namentlich die umfassenden wissenschaftlichen Untersuchungen von Richters Klarheit auf diesem strittigen Gebiete gebracht. Das Ergebnis sämtlicher Versuche und Erfahrungen ist kurz das folgende:

Da die auf die allmähliche Vermoderung pflanzlicher Stoffe zurückzuführende Bildung der Kohle unter Luftabschluss erfolgt ist, so erklärt sich die Erscheinung, dass die wieder blossgelegte Kohle begierig Sauerstoff absorbiert, und zwar innerhalb dreier Tage unter günstigen Bedingungen etwa das Dreifache ihres Volumens. Diese, zunächst nur mechanische Sauerstoffaufnahme ist mit Wärmeentwickelung verbunden und führt zu einer chemischen Verbindung des Sauerstoffs mit dem

*) Unter teilweiser Benutzung eines Manuskripts von Prof. Dr. Broockmann.

Kohlenstoff, welche wiederum die Wärme steigert. Durch die Erwärmung gewinnt die Kohle in verstärktem Masse die Fähigkeit, Sauerstoff zu absorbieren. Sauerstoffaufnahme und Erwärmung steigern sich somit gegenseitig und, falls die Wärme nicht durch eine genügend starke Luftbewegung immer wieder abgeleitet wird, kann die Kohle auf die Entzündungstemperatur gebracht werden. Da diese Vorgänge um so lebhafter auftreten, je grösser die dem Sauerstoffzutritt ausgesetzte Oberfläche ist, so ist die Gefahr der Selbstentzündung bei der Feinkohle am grössten, wie denn auch in Flötzen, welche zu Brand neigen, bei schwachem Wetterwechsel bereits in dem beim Vorhieb gefallenen Kohlenklein die Erwärmung sich oft deutlich bemerkbar macht. Damit hängt auch die Thatsache zusammen, dass stark schlingernde Kohlenschiffe, in denen also viel Feinkohle gebildet wird, die meisten Brände zu verzeichnen haben; daher hat das durch seine Stürme bekannte Kap Horn auch in dieser Hinsicht eine traurige Berühmtheit erlangt.

Der Schwefelkies, dem früher, nach dem Vorgange Liebigs eine ausschlaggebende Bedeutung beigemessen wurde, kommt nur mittelbar in Betracht, und zwar in dreifacher Hinsicht.*) Einmal nämlich liefert die Zersetzung des Schwefelkieses zu Eisenvitriol, welche bei Gegenwart von Wasser erfolgt, selbst Wärme, welche sich der Kohle mitteilt und die Aufnahmefähigkeit derselben für Sauerstoff steigert. Ferner führt dieser Zersetzungsvorgang, welcher sich durch die Bildung weisser Blättchen auf den Kluftflächen der Kohle bemerklich macht, ein allmähliches Zerfallen der Kohle, d. h. eine Vergrösserung ihrer Oberfläche, herbei, welche ihrerseits wieder eine Verstärkung der wechselseitigen Einwirkung zwischen Kohle und Sauerstoff zur Folge hat. Endlich hat das als Enderzeugnis der Verwitterung des Schwefelkieses gebildete Eisenoxyd in noch höherem Masse als Kohle die Fähigkeit, Sauerstoff aufzunehmen und sich dadurch zu erhitzen.

Dass schwefelkiesreichere Kohle in der That im angefeuchtetem Zustande wesentlich mehr Sauerstoft aufnimmt als schwefelärmere, hat Richters durch Versuche festgestellt, welche z. B. in einem Falle ein Verhältnis der von zwei Kohlenarten absorbierten Sauerstoffmengen von 6,5 : 3,8 ergeben haben.

Um die Vorstellungen über den Einfluss der Zersetzung des Schwefelkieses auf das richtige Mass zurückzuführen, sei hier noch angeführt, dass Richters die durch diese Zersetzung bewirkte Temperaturerhöhung bei einem Schwefelgehalt der Kohle von 1 % unter den günstigsten, im Gruben-

*) Vergl. Beyling: Ueber oberschlesische Grubenbrände durch Selbstentzündung von Kohle und Massregeln zu ihrer Bekämpfung. Zeitschr. f. d. B. H. und S. Wesen 1902, Bd. L B, S. 108 ff.

betriebe niemals vorliegenden Bedingungen (plötzliche und adiabatische Oxydation) auf nur 72° C. berechnet hat.

Diese Laboratoriumsversuche sind durch zahlreiche Erfahrungen im praktischen Betriebe bestätigt worden, welche ergeben haben, dass ein Zusammenhang der Brandgefährlichkeit der Flötze mit ihrem grösseren oder geringeren Schwefelkiesgehalte nicht nachzuweisen ist. Demgegenüber kann u. a. die beim Fanny-Flötz der Fanny-Chassée-Grube in Oberschlesien gemachte Wahrnehmung,*) dass beim Aufstürzen in Halden über Tage nicht die Kohle des Flötzes selbst, wohl aber der auf demselben lagernde, stark schwefelkieshaltige Brandschiefer sich entzündete, nicht als ausreichender Gegenbeweis angesehen werden.

Neben dem Schwefelkies wurde früher auch der Einwirkung der Feuchtigkeit ein weitgehender Einfluss auf die Selbstentzündung der Kohle beigemessen. Diese Ansicht ist ebenfalls z. T. auf Liebig zurückzuführen, welcher erklärte, dass er »ohne Gegenwart von Wasser (Nässe oder feuchtes Lager) bisher keine Selbstentzündung wahrgenommen«. Dieselbe schien eine Bestätigung in der oben erwähnten Häufung der Brände in schlingernden Kohlenschiffen zu finden, da bei unruhiger See viel Wasser übergenommen wird. Abgesehen davon jedoch, dass die Steigerung der Brandgefahr unter solchen Verhältnissen sich ungezwungen auch durch die beim Stampfen eines Schiffes eintretende Bildung von Feinkohle erklären lässt, haben genauere Untersuchungen ergeben, dass die Feuchtigkeit nur bei Anwesenheit von Schwefelkies erwärmend wirkt, indem sie die Zersetzung desselben begünstigt, dass dagegen in schwefelkiesarmer Kohle die Feuchtigkeit die Wärmebildung eher beeinträchtigt, indem sie zahlreiche Poren verstopft und dadurch die Zahl der Angriffspunkte für den Sauerstoff verringert.**)

Endlich muss noch einer verschiedentlich geäusserten Ansicht entgegengetreten werden, nach welcher auch durch die Gaseinschlüsse in der Kohle (CO, CH_4 u. dgl.) Brände verursacht werden sollen. Denn abgesehen von den wenigen, an der Luft sich selbst entzündenden Gasen, welche hier, weil in der Kohle nicht auftretend, nicht in Frage kommen können, zeigt sich selbst bei Temperaturen bis zu 300° stets nur eine nicht von Wärmeentwickelung begleitete Mischung der Gase mit der Luft.

b) Selbstentzündung der Kohlen in westfälischen Gruben.

Da als die Hauptursache der Selbstentzündung der Kohle die Sauerstoff-Aufnahme derselben zu bezeichnen ist, so muss ein Flötzbrand um so

*) Fiebig: Der Grubenbrand auf der Steinkohlenzeche Fanny-Chassée bei Laurahütte O.-S. in der Zeitschr. f. d. B. H. u. S. W. 1890 Bd. XXXVIII, S. 291.

**) Bericht der englischen Untersuchungskommission in der Zeitschr. f. d. B. H. u. S. W. 1897 Bd. XXV B, S. 298 ff.

eher eintreten, je mehr Gelegenheit zur Sauerstoff-Aufnahme einerseits und zur Aufspeicherung der dabei erzeugten Wärme andererseits geboten ist. Daher ist der Ausbruch eines Brandes in erster Linie dort zu befürchten, wo grosse Kohlenmengen auf verhältnismässig kleinen Flächen abgelagert sind, oder wo sich Feinkohle in einiger Menge gebildet hat, falls ausserdem der Wetterzug gerade stark genug ist, um eine fortwährende Erneuerung des Sauerstoffs zu ermöglichen, ohne jedoch die zur Abführung der entstehenden Wärme notwendige Stärke zu besitzen.

Daraus ergiebt sich von selbst, dass der Ruhrkohlenbezirk, im Gegensatz namentlich zu Oberschlesien, dieser Gefahr nur wenig ausgesetzt sein kann. Denn die im Ruhrkohlenbecken abgelagerten Flötze sind durchweg nur wenig mächtig, indem Flötzstärken von weniger als 2 m die Regel bilden und Mächtigkeiten von 4, 6 und 8 m nur ganz ausnahmsweise und auf geringe Erstreckungen auftreten. Diese geringe Flötzmächtigkeit hat zunächst zur Folge, dass keine grossen Kohlenmassen auf einen verhältnismässig geringen Flächenraum zusammengedrängt sind und dass namentlich im alten Mann, auch beim Abau ohne Bergeversatz, sich immer nur mässige Anhäufungen von Kohlenklein bilden können. Ferner ergiebt sich aus der geringeren Mächtigkeit der raschere Verhieb der einzelnen Bauabteilungen, welcher die günstige Folge hat, dass den Ursachen der Selbstentzündung nur verhältnismässig wenig Zeit zur Entfaltung ihrer vollen Kraft gelassen wird. Dazu kommt, dass der Wetterwechsel, auf die Oberflächeneinheit der Kohle bezogen, wegen der geringeren Streckenquerschnitte lebhafter ist als in Oberschlesien, und dass sich aus demselben Grunde auch, im Abbau sowohl wie in Strecken, weniger leicht »tote Ecken« bilden, die vom Wetterzuge nicht bestrichen werden.

Im übrigen entsprechen die im Ruhrkohlenbezirk beobachteten Erscheinungen hinsichtlich der Entstehung von Grubenbränden den auch in anderen Bergbaugegenden auf diesem Gebiete gemachten Erfahrungen. In erster Linie sind es die m ä c h t i g e n Flötze, welche zu Brand neigen. Namentlich in früheren Jahrzehnten waren grössere Flötzmächtigkeiten in dieser Beziehung gefährlich, da man solche Flötze, teils wegen der Kosten, teils wegen technischer Schwierigkeiten, vielfach nur teilweise abbaute, sei es in der Weise, dass man eine Bank ganz anbaute, oder dass man nur einzelne Abschnitte, zwischen denen grössere Kohlenpfeiler stehen blieben durch eine Art Raubbau gewann. Solche Verhältnisse lagen z. B. bei dem Brande vor, welcher im Jahre 1861 auf dem 6 m mächtigen unreinen Flötze No. 0 der Zeche Carlsglück*) ausbrach und nur mit grosser Anstrengung erstickt werden konnte. Auch gegenwärtig bedürfen solche mächtigen Flötze, trotz der Vervollkommnung der Abbauverfahren und der immer strengeren

*) Berggeist 1861, S. 395.

Durchführung des Grundsatzes, möglichst rein abzubauen, noch besonderer Aufmerksamkeit und Vorsicht. Namentlich sind hier die Zechen Massen und Courl zu nennen, von denen die erstere u. a. auf einem steileinfallenden Flötze von 6,5 m, die letztere auf einem ebenfalls steil gelagerten Flötze von 7—8 m Mächtigkeit Abbau führt, und welche in diesen Flötzen bereits eine grössere Anzahl von Bränden zu verzeichnen gehabt haben.

Abgesehen von diesen Flötzen, deren Mächtigkeiten im Ruhrkohlenbecken vereinzelt dastehen, sind verschiedene 2—3 m mächtige Flötze als brandgefährlich bekannt. (Vergl. Tabelle 7 auf S. 64.)

Eine Abhängigkeit der Neigung eines Flötzes zu Brand von den chemischen Eigenschaften der Kohle und von der Stellung des betreffenden Flötzes im Schichtensystem lässt sich nicht nachweisen. Allerdings besitzt das Flötz Dickebank eine besondere Neigung zum Brand; jedoch erklärt sich das zur Genüge durch die Mächtigkeit dieses Flötzes, durch die physikalische Beschaffenheit der Kohle sowie auch aus dem Umstande, dass dieses Flötz auf den meisten Gruben des Reviers gebaut wird und deshalb demselben auch am meisten Gelegenheit zur Entzündung geboten worden ist. Im übrigen sind sowohl in Flötzen der Mager- wie in solchen der Gaskohlenpartie, also in Flötzen, welche Kohle von ganz verschiedenartiger chemischer Zusammensetzung führen, eine Reihe von Bränden vorgekommen, wie nachstehende Übersicht über die Verteilung von 156 durch Selbstentzündung entstandenen Bränden auf die einzelnen Flötzgruppen ergiebt:

Tabelle 5.

Magerkohlenpartie	Fettkohlenpartie untere (Sonnenschein—Röttgersbank einschl.)	Fettkohlenpartie obere (Röttgersbank—Catharina)	Gaskohlenpartie
9	73	11	63

Von diesen Bränden entfallen u. a.

auf Flötz Sonnenschein . . 6,
» » Dickebank . . . 42,
» » Präsident 9,
» » Röttgersbank . . 13.

Eine ausschlaggebende Bedeutung des Schwefelkiesgehaltes der Kohle lässt sich im Ruhrkohlenbezirk, wie auch anderswo, nicht feststellen, da unter den brandgefährlichen Flötzen auch solche mit geringem Schwefelkiesgehalte sich befinden (gerade das sehr zur Selbstentzündung neigende Flötz Dickebank ist meist schwefelkiesarm), während andererseits z.B. ein Flötz der Magerkohlenpartie, welches wegen seines hohen Gehaltes an Schwefelkies »Eiserner Heinrich« genannt worden ist, sich noch niemals entzündet hat. Dass allerdings unter Umständen der Schwefelkiesgehalt einigen Einfluss hat, scheint z. B. aus der auf Zeche Courl gemachten Erfahrung zu folgen, dass das hier schwefelkiesreiche Flötz No. 5 (Dickebank) leichter an feuchten als an trockenen Stellen brennt.

Den physikalischen Eigenschaften der Kohle muss dagegen nach den bisherigen Erfahrungen ein gewisser Einfluss auf die Entzündungsgefahr eingeräumt werden. Namentlich ist die grössere oder geringere Härte der Kohle und ihre grössere oder geringere Neigung zur Bildung von Klüften und Ablösungsflächen von Bedeutung. Flötze mit weicher Kohle entzünden sich wegen der häufigen Bildung von Kohlenklein leicht, wie namentlich das Beispiel des sehr brandgefährlichen Flötzes Dickebank zeigt, da dessen Kohle meist von milder Beschaffenheit ist. Jedoch kann, wie zahlreiche Beispiele — u. a. das Flötz No. 1 von General Blumenthal und die Flötze No. 7 und 8 von Mont Cenis — lehren, auch harte Kohle brandgefährlich werden, wenn sie klüftig ist.

Eine Übersicht über die Verteilung von 104 durch Selbstentzündung entstandenen Bränden nach der Beschaffenheit der Kohle giebt folgende Tabelle.

Tabelle 6.

Die Festigkeit der Kohle war		Der Schwefelkiesgehalt war	
gross	gering	gross	gering
in Fällen		in Fällen	
55	49	67	37

Die natürlichen Verhältnisse können in mannigfaltiger Weise die grössere oder geringere Neigung eines Flötzes zur Selbstentzündung bedingen, so dass der Einfluss, den die Beschaffenheit der Kohle selbst hat, dadurch mehr oder weniger verwischt wird. Die Lagerungsverhältnisse können z. B. in der Richtung wirken, dass sie der Entstehung von Wärme im allgemeinen, dem Zurückbleiben von Kohle im alten Mann, der Zerkleinerung der Kohle, der Entstehung des gefährlichen schwachen Wetterzuges und dergleichen mehr Vorschub leisten. So entzündet sich die Kohle in Flötzen mit druckhaftem Nebengestein verhältnismässig leicht, einmal weil durch starken Gebirgsdruck infolge der Gebirgsbewegungen auf mechanischem Wege Wärme erzeugt, ferner die reine Ausgewinnung der Kohle erschwert, die Bildung von Feinkohle sowie von zahlreichen Ablösungsflächen, die dem Sauerstoff Zutritt gewähren, begünstigt und ausserdem das Dichthalten von Dämmen und Verschlägen, welche den alten Mann abschliessen sollen, erschwert wird. Derartige Beobachtungen sind auf einer ganzen Reihe von Gruben gemacht worden.

Bemerkenswert ist ferner, dass im Ruhrkohlenbezirk die Flötzstücke mit steilem Einfallen weitaus die meisten Brände aufzuweisen haben, wie nachstehende Übersicht über die Verteilung von 122 durch Selbstentzündung entstandenen Bränden nach den Lagerungsverhältnissen ersichtlich macht.

Tabelle 7.

Flötzmächtigkeit			Einfallen		Lagerung	
unter 1,5 m	1,5–2 m	über 2 m	unter 30°	über 30°	gestört	ungestört
2	26	94	22	100	73	49

Dieser Zusammenhang zeigt sich besonders deutlich auf der Zeche Mont Cenis, wo in den beiden am meisten zu Brand neigenden Flötzen No. 7 und 8 bisher nur in den steil gelagerten Flügeln Brände aufgetreten sind. Zur Erklärung dieser Erscheinung kann angeführt werden, dass in steil stehenden mächtigen Flötzen der in früherer Zeit hier vorherrschende streichende Pfeilerbau grössere Abbauverluste in Gestalt von preisgegebenen Abschnitten und stehenbleibenden, unter Umständen bis zu 3—4 m breiten Schweben mit sich brachte und dass im alten Mann sich leicht stärkere Anhäufungen von Feinkohle bilden, wogegen bei flachem Einfallen die im alten Mann zurückbleibenden Kohlenmengen sich mehr verteilen. Bei dem Flötze Dickebank im besonderen ist ein Grund für die grössere Häufigkeit der Brände bei steilem Einfallen auch darin zu suchen, dass die Oberbank dieses Flötzes an vielen Stellen dazu neigt, sich abzulösen und in Gestalt von Feinkohle herunter zu rutschen: diese Neigung, welche die so gefährliche Anhäufung grösserer Mengen von Feinkohle in hohem Masse begünstigt, ist naturgemäss um so schärfer ausgeprägt und wirkt um so schädlicher, je steiler das Flötz einfällt.

Weiterhin wird die Entstehung von Grubenbrand verschiedentlich dadurch begünstigt, dass auf dem Flötze Nachfallpacken oder sonstige leicht sich ablösende Gesteinsbänke lagern, welche häufig vorzeitig hereinbrechen und dadurch zur Zurücklassung eines Teils der Kohle in dem betreffenden Bauabschnitte nötigen. In dieser Weise sind im Flötz No. 8 der Zeche Courl durch eine das Hangende bildende, sich leicht ablösende Gesteinsschicht von 3 m Stärke, mehrere Brände entstanden; ebenso ist ein Brand in dem sonst nicht zur Selbstentzündung neigenden Flötze Kreftenscheer der Zeche Engelsburg, welches an der Brandstelle mittels Strebbau abgebaut wurde, auf Hereinbrechen des gebrächen, 50 cm mächtigen Nachfallpackens zurückzuführen. Auch das Flötz No. 7 der Zeche Mont Cenis neigt hauptsächlich deshalb zu Brand, weil über demselben eine Kohlenbank von 1 m Stärke liegt, die durch ein 1 m mächtiges Bergmittel vom Hauptflötz getrennt ist und angebaut wird; das Bergmittel kann beim

Abbau mit Versatz gehalten werden, während es sonst mit der Oberbank hereinbricht.

Sehr bedeutend ist naturgemäss der Einfluss von Gebirgsstörungen, in deren Nähe die meisten Brände vorgekommen sind (vergl. Tabelle 7 auf vorniger Seite). Als hier in Betracht kommende schädliche Wirkungen der Störungen sind vornehmlich anzuführen: weiche und mulmige Beschaffenheit der Kohle, Erhöhung des Gebirgsdruckes, Abbauverluste in der Umgebung der Störungsklüfte, unkontrollierbare Wetterzugänge (infolge der Zerklüftung des Gebirges) aus abgebauten oder noch in Bau stehenden Nachbarflötzen. Bei kleinen Ueberschiebungen kann noch hinzukommen, dass in der Nähe der Störung die Flötzmächtigkeit stark anwächst. Die letztere Erscheinung hat beispielsweise einen im Februar 1903 im Flötz No. 1 der Zeche General Blumenthal ausgebrochenen Brand veranlasst: das Flötz war infolge einer kleinen Ueberschiebung an der Brandstelle 6—7 m mächtig.

Starke Faltenbildung begünstigt ebenfalls erfahrungsgemäss die Entstehung von Brand. Die Ursachen für diese Erscheinung sind den bei den Störungen erwähnten ähnlich: bröcklige und zur Feinkohlenbildung Anlass gebende Beschaffenheit der Kohle infolge örtlicher Zusammenstauchung des Flötzes, grössere Kohlenmächtigkeit, Zerklüftung des Gebirges und erhöhter Druck. Als Beispiele seien hier angeführt 2 Brände im Flötze Dickebank auf Zeche Borussia, welche in der Nähe eines Hauptsattels bezw. einer kleinen Spezialfalte ausgebrochen waren, und ein Brand im Flötze No. 6 der Zeche Courl in der Nähe einer Muldenwendung; an beiden Brandstellen war die Kohlenmächtigkeit ungewöhnlich gross.

Natürliche Feuchtigkeit kann insofern bei der Selbstentzündung der Kohle mitwirken, als sie bei Anwesenheit grösserer Mengen von Schwefelkies durch Beschleunigung der Zersetzung desselben die Wärmeentwickelung steigert (vergl. die auf Zeche Courl beobachtete Erscheinung, oben, Seite 63). Namentlich ist dies der Fall, wenn das Wasser, wie es im Ruhrkohlenbezirk häufig vorkommt, Chlornatrium enthält.

Die Deckgebirgsverhältnisse spielen ebenfalls in etwa mit, indem die Kreidemergelüberlagerung im nördlichen Teile des Bezirkes eine Erhöhung der natürlichen Wärme in den Grubenbauen zur Folge hat.

Verbindungen der Grubenbaue mit der Erdoberfläche durch Klüfte und Bruchspalten und das durch dieselben veranlasste unbeabsichtigte Zuströmen frischer Wetter zu abgedämmten Brandfeldern oder zum alten Manne haben in anderen Bergbaubezirken mehrfach der Entstehung von Bränden Vorschub geleistet und ihrer Erstickung fast unüberwindliche Schwierigkeiten in den Weg gelegt. Dieselben spielen jedoch im Ruhrkohlenbecken in dieser Hinsicht glücklicherweise keine Rolle, obwohl in seinem südlichen Teile an Bergabhängen, in Wegeinschnitten und dergl. vielfach die Flötze ohne die sonst schützende Lehmdecke zu Tage ausgehen und obwohl in dem ganzen Gebiete, welches keine oder eine nur schwache Mergelüberlagerung besitzt, Erdrisse infolge des Abbaus keine seltene Erscheinung sind.

Brände von jahrzehnte-, ja jahrhundertelanger Dauer, also Erscheinungen, wie der »brennende Berg« bei Dudweiler und derjenige bei Planitz (Zwickau), der Brand des Fanny-Flötzes auf der Fanny-Chassée-Grube*) (Oberschlesien), des Hauptflötzes am Breuner-Schachte**) (Südungarn) u. a. m., welche auf derartige Verbindungen zwischen Grube und Tagesoberfläche zurückzuführen sind, hat daher der rheinisch-westfälische Bergbau nicht kennen gelernt.

Alle diese natürlichen Verhältnisse begünstigen vorwiegend die Entstehung von Flötzbränden im alten Mann. Nur vereinzelt haben dieselben auch den Ausbruch eines Brandes im frischen Kohlenstoss zur Folge gehabt, wie z. B. in dem 8 m mächtigen Flötze der Zeche Courl infolge von Ablösungen grösserer Kohlenblöcke an Drucklagen.

Bei denjenigen Bränden dagegen, welche der Hauptsache nach den Betriebsverhältnissen zur Last zu legen sind, tritt die Selbstentzündung der Kohle auch im Bereiche des frischen Wetterstromes ein. Als eine besondere Gruppe sind hier die (auch in Oberschlesien vielfach beobachteten) sogenannten »Firstenbrände« anzuführen. Dieselben entstehen dadurch, dass in Flötzstrecken die durch den Ausbau nicht genügend gehaltene Firste nachbricht und sich als Feinkohle auf dem Vorzuge anhäuft, also an einer Stelle, welche dem Wetterzuge nicht unmittelbar ausgesetzt ist, dabei aber doch gerade die zur langsamen Verbrennung und Entzündung erforderliche Sauerstoffmenge erhält. Wie gefährlich die Folgen solcher unscheinbaren Ursachen unter Umständen werden können, zeigen u. a. Beispiele von den Zechen Erin und Shamrock I/II: auf der ersteren führte ein Firstenbrand in einer Flötz-Wetterstrecke zu offenem Feuer; auf der letzteren Anlage brach ein derartiger Brand sogar am Füllort eines Hilfsförderschachtes aus und nahm, indem er sich in dem Flötze innerhalb des Schachtsicherheitspfeilers in die Höhe frass, solchen Umfang an, dass man, um die Förderschächte nicht zu gefährden, den Betrieb einige Tage einstellen und den Brand ersäufen musste.

Eine Reihe von Bränden ist dadurch entstanden, dass Kohlenstösse unter zunehmendem Gebirgsdruck längere Zeit von einem schwachen Wetterzuge bestrichen wurden. In dieser Hinsicht bilden die Durchhiebe beim streichenden Pfeilerbau bei einiger Länge der Bauabteilungen eine nicht zu unterschätzende Gefahrenquelle, da dieselben gegen Schluss des Abbaues stark in Druck geraten und häufig ganz zusammengequetscht

---

*) Fiebig in der Zeitschr. f. d. B. H. S. W. 1890, Bd. XXXVIII B, S. 291 ff.
**) Lamprecht, Die Grubenbrandbewältigung, S. 3.

werden, der Verschlag am Fusse der Ueberhauen aber auf die Dauer nicht genügend wetterdicht bleibt, um den Luftzutritt ganz fernhalten zu können. In ähnlicher Weise hat sich in brandgefährlichen Flötzen Brand dann eingestellt, wenn Bremsberge und andere Strecken lange Zeit in einem schwachen Wetterzuge offen gehalten wurden, wie es z. B. vorkommt bei sofortiger Herstellung der Kohlenbremsberge auf ihre volle Höhe, während nur der untere Teil vorläufig für die Förderung benutzt wird. Ein bezeichnendes Beispiel für diese Gruppe von Bränden liefert auch der Flötzbrand auf der Zeche Constantin d. Gr. im Jahre 1899: hier war zwischen 2 mit Bergeversatz abgebauten Pfeilern im Flötze Dickebank ein Kohlenpfeiler sitzen geblieben, welcher naturgemäss in sehr starken Druck geriet und schliesslich bei dem Versuch, ihn noch abzubauen, in die untere Strecke hineinrutschte, worauf alsbald die Entzündung eintrat.

Auch die Ansammlung von Feinkohle auf Bühnen am Fusse von Ueberhauen, die im Aufhauen begriffen waren, hat schon zur Entstehung von Brand Anlass gegeben.

Auch ein grosser Teil der im alten Mann ausgebrochenen Flötzbrände ist ausser den ungünstigen Flötz- und Gebirgsverhältnissen der Art und Weise des Betriebes zur Last zu legen. Hierhin gehören in erster Linie die schädlichen Folgen der Kohlenverluste beim streichenden Pfeilerbau: einerseits müssen in steil einfallenden mächtigen Flötzen die Schweben über den einzelnen Pfeilerabschnitten stellenweise Stärken bis zu 3 und 4 m erhalten; dieselben schiessen dann nach kurzer Zeit durch und bilden im alten Mann grosse Haufen von Kohlenklein; diese gefährliche Erscheinung kann noch in wesentlich verstärktem Masse dort auftreten, wo, wie z. B. auf der Zeche Mont Cenis (Flötz No. 7), über dem abgebauten Flötze eine durch eine Gesteinsbank von demselben getrennte, nicht mit abgebaute Oberbank liegt, welche im alten Mann ebenfalls mit hereinbricht. Andererseits können die Bremsberg- und Grundstrecken-Sicherheitspfeiler vielfach, und zwar gerade in den mächtigen und daher besonders brandgefährlichen Flötzen, nur zum kleinen Teile abgebaut werden. Ausserdem kann, wenn die Baulängen zu gross genommen werden, der Druck unter Umständen so gross werden, dass ganze Bauabteilungen kurz nach Beginn des Pfeiler-Rückbaus schon wieder aufgegeben werden müssen, sodass die Abbauverluste bis auf 60—80 Prozent der anstehenden Kohlenmenge steigen.

Aber auch beim Abbau mit Bergeversatz sind Brände im alten Mann keineswegs ausgeschlossen. Dieselben sind dann stets auf das Zurückbleiben von Feinkohle im alten Bau zurückzuführen, wie es z. B. eintreten kann, wenn bei starkem Gebirgsdruck der Versatz nicht genügend dicht nachgeführt wird oder der Ausbau ungenügend ist und infolgedessen ein Bauabschnitt zu Bruche geht, oder wenn ein auf dem Flötze liegender

Nachfallpacken nach Herstellung eines Schramschlitzes hereinbricht und einen Teil der Kohle unter sich begräbt, oder wenn in der Nähe von kleinen Ueberschiebungen oder an sonstigen Stellen von besonderer Flötzmächtigkeit ein Teil des Flötzes angebaut werden muss.

2. Entstehung von Grubenbränden aus anderen Ursachen.

Der Selbstentzündung als einer wesentlichen Gefahrenquelle stehen verschiedenartige andere Ursachen gegenüber, welchen im Ruhrkohlenbezirk, wo die Neigung der Kohle zur Selbstentzündung ja nicht sonderlich stark ausgeprägt ist, ein grösserer Anteil an der Gesamtzahl der Brände zukommt als in anderen Bergbaugebieten.

Die durch offenes Feuer oder Licht hervorgerufenen Brände fallen naturgemäss zum überwiegenden Teile in die weiter zurückliegende Zeit, in welcher man wegen geringer Schlagwettergefahr Feuerungsanlagen in der Grube noch nicht so sorgfältig zu vermeiden brauchte, und in welcher auch die Verwendung offenen Lichtes die Regel bildete.

Mehrfach sind Brände durch Wetteröfen (1865 auf Zeche Präsident im Flötze Sonnenschein*), 1873 auf Zeche Neu-Iserlohn) und unterirdische Kesselfeuerungen (1864 auf der Zeche Flora**), wo der Rauchkanal für eine die Förderung aus einem Abhauen vermittelnde Haspelanlage im Flötze Sonnenschein lag, 1869 auf Zeche Carolus Magnus***), wo die Funken einer Lokomobile die Schuld trugen) veranlasst worden. Ebenso hat der Gebrauch offener Lampen verschiedentlich Brände im Gefolge gehabt, namentlich, wenn die sonstigen Verhältnisse den Ausbruch eines Brandes begünstigten. Im Jahre 1872 brach auf der Zeche Hibernia †) in einem Hauptabhauen des Flötzes No. 3, in welchem die Dampfzuleitungsrohre für eine unterirdische Maschine verlagert waren, ein Brand aus, welcher auf unvorsichtige Handhabung der Lampe durch einen Reparaturhauer zurückgeführt wurde und in der ausgetrockneten Strecke so reiche Nahrung fand, dass schliesslich beide Schächte der Zeche 10 Tage lang zugedeckt werden mussten. Besonders günstigen Boden finden derartige Brände in den nicht feuersicher ausgebauten unterirdischen Maschinenkammern, in welchen stets grössere Mengen von abgetropftem oder abgespritztem Schmieröl vorhanden sind, so dass ein einmal ausgebrochener Brand mit grosser Schnelligkeit um sich greifen muss. So nahmen die durch Explosionen von offenen Petroleumlampen auf den Zechen Friedrich Wilhelm (1876) ††)

*) Zeitschr. f. d. B. H. S. W. 1866, XIV A, S. 175.
**) Ebenda 1865, Bd. XIII A, S. 112.
***) Berggeist 1869, S. 182.
†) Zeitschr. f. d. B. H. S. W. 1873, Bd. XXI A, S. 98.
††) Zeitschr. f. d. B. H. S. W. 1877, Bd. XXV A, S. 91.

und Bruchstrasse (1894)*) in unterirdischen Maschinenkammern veranlassten Brände schnell einen verhältnismässig grossen Umfang an. Wie gefährlich gerade diese Art von Bränden werden kann, zeigt der grosse, so verhängnisvoll gewordene Grubenbrand auf Zollern (1898), welcher ebenfalls in einem unterirdischen Maschinenraum ausbrach und durch unvorsichtige Handhabung einer offenen Grubenlampe herbeigeführt wurde.

Durch Sprengarbeit in der Kohle sind verschiedentlich Brände veranlasst worden, indem trockene Hölzer, Wettertücher oder Kohlenklein durch die Schussflamme oder durch eine kleine, von derselben herbeigeführte Kohlenstaubexplosion in Brand gesetzt wurden. Namentlich konnte diese Wirkung beim Schiessen mit Dynamit eintreten, solange die Verwendung desselben in der Kohle noch gestattet war. Grösseren Umfang haben diese Brände jedoch nie angenommen; einige Schwierigkeiteu verursachten sie nur, wenn ihre Bekämpfung verspätet aufgenommen wurde. In dieser Beziehung hat sich verschiedentlich die vielfach herrschende Gewohnheit der Hauer, den letzten Schuss erst am Ende der Schicht abzuthun, um von den Sprenggasen nicht mehr belästigt zu werden, als gefährlich erwiesen, da es dann, wenn nicht in 3 Schichten gearbeitet wird, leicht vorkommen kann, dass ein durch den Schuss verursachter kleiner Brand sich die ganze nächste Schicht oder auch mehrere Schichten hindurch unbemerkt weiter ausdehnen kann.

Schlagwetterentzündungen haben nur vereinzelt zu Bränden geführt. Einer der ersten von den bekannt gewordenen Bränden dieser Art entstand im Jahre 1854**) auf der Zeche Am Schwaben bei Dortmund durch Anzündung eines Bläsers. Ein auf der Zeche Holland 1869 im Flötze Wilhelm***) ausgebrochener Grubenbrand wurde ebenfalls auf eine Schlagwetterentzündung zurückgeführt. Auch die grosse Schlagwetterexplosion auf Zeche General Blumenthal im Jahre 1896 hatte mehrere kleine Brände im Gefolge. Grössere Grubenbrände wurden in den Jahren 1868 und 1873 auf der Zeche Neu-Iserlohn durch die grossen Schlagwetter-Explosionen veranlasst. Ebenso entstand auf der Zeche Friedrich der Grosse im Jahre 1876 im Flötze No. 1 ein grosser Brand durch Entzündung schlagender Wetter.

Auf Neu-Iserlohn lagen die Verhältnisse für die Entstehung eines Brandes im Anschluss an eine Explosion ausnahmsweise günstig, indem die Explosion im letzten Teil der ausziehenden Wetterwege entstand, sodass die Flamme zum Schachte herausschlagen konnte, die Nachschwaden abziehen und stets neue Grubengasmengen dem Feuerherde zuströmen

---

*) Bergbau, Bd. VII, No. 29 S. 8.
**) Zeitschr. f. d. B. H. S. W. 1877, Bd. XXV A, S. 97.
***) Berggeist 1869, S. 517.

konnten. Bei der Explosion im Jahre 1873 (s. weiter unten) kam es unter solchen Verhältnissen sogar so weit, dass längere Zeit eine hohe Schlagwetterflamme aus dem Schornstein des Wetterschachtes herausbrannte und denselben stark erhitzte, sodass die den Brand speisenden Grubengasmengen mit verstärkter Gewalt zum Brandfelde hingezogen wurden.

In den meisten Fällen aber, in welchen derartige besondere Umstände nicht vorlagen, haben die grossen Schlagwetter- und Kohlenstaub-Explosionen im Ruhrkohlenbezirk keine grösseren Brände nach sich gezogen, was sich dadurch erklärt, dass die durch diese Explosionen gebildeten Nachschwaden kleinere Brände, welche etwa zunächst durch die Explosionsflamme veranlasst wurden, schnell erstickten.

Eine für den Ruhrkohlenbergbau besonders in Betracht kommende Gefahrenquelle, welche allerdings, der Umgestaltung der Abbauverhältnisse entsprechend, erst in der neueren Zeit Bedeutung gewonnen hat, bilden die saigeren Bremsschächte (Stapelschächte), welche für die Förderung aus einer ganzen Flötzgruppe benutzt und in der Regel mit Scheibenbremsen ausgerüstet werden. Da in diesen Schächten eine grosse Anzahl von Wagen (bis zu 700 in einer Schicht) heruntergebremst werden müssen und durch die beim Bremsen entstehende Reibung eine grosse Wärme erzeugt wird, andererseits aber in der Regel nur ein schwacher Wetterstrom durch die Stapelschächte streicht, der diese Wärme nur teilweise abführen kann, so trocknet namentlich in der Bremskammer, falls nicht genügend natürliche Feuchtigkeit vorhanden ist, der Holzausbau auf die Dauer stark aus. Ausserdem kann sich bei längerer Betriebsdauer in trockenen Schächten Kohlenstaub in einer mehrere Centimeter dicken Schicht auf dem Holzausbau ablagern. Da ausserdem immer etwas Schmieröl vorhanden ist, so findet ein etwa entstehender Brand stets einen sehr günstigen Nährboden. Die unmittelbare Veranlassung zu einem Brande kann aber leicht dadurch gegeben werden, dass von den meist hölzernen Bremsklötzen Funken abspringen oder ein zur Erhöhung der Reibung in die Nut der Bremsscheibe gelegtes Hanfseil zum Glimmen kommt. Auf solche Ursachen sind eine ganze Anzahl von Bränden der neueren Zeit zurückzuführen.

Durch Mängel an elektrischen Leitungen sind bisher im Ruhrkohlenbecken noch keine grösseren Brände verursacht worden, was zum Teil damit zusammenhängt, dass die Verwendung von Elektrizität unter Tage bisher wegen der Schlagwettergefahr sich in engen Grenzen bewegt hat.

Erwähnt sei noch ein vereinzelt dastehender Fall, in welchem ein Brand in einer Förderstrecke dadurch verursacht worden ist, dass Kesselasche, welche noch nicht ganz ausgebrannt war und zur Beschotterung der Sohle verwendet werden sollte, an einem Sonnabend in einem grösseren Haufen aufgeschichtet wurde; da die Asche dann während des ganzen

Sonntags unbeachtet liegen blieb, trat eine Entzündung der Streckenzimmerung ein.

Die Möglichkeit einer Uebertragung von Bränden über Tage auf die Grubenbaue ist im Ruhrbezirk im Laufe der Jahre immer geringer geworden, weil für den Schachtausbau sowohl wie für die unmittelbar am einziehenden Schacht stehenden Gebäude, namentlich die Seilscheibengerüste, in immer wachsendem Umfange Mauerung und Eisen an die Stelle des feuergefährlichen Holzes getreten sind. Aber auch in den früheren Jahren, wo die Verhältnisse meist für die Fortpflanzung eines Brandes in die Grube günstiger lagen, sind grössere Grubenbrände dieser Art nicht eingetreten, obwohl Brände der Schachtgebäude keine Seltenheit waren. Bei dem Brande der Tagesanlagen auf Zeche Barillon im Jahre 1872 (siehe weiter unten) lag zwar diese Gefahr vor, da der Schachtausbau schon Feuer gefangen hatte, jedoch gelang es, sie durch geeignete Massnahmen abzuwenden.

II. Verlauf und Begleiterscheinungen der Grubenbrände.

Hinsichtlich der Art der Grubenbrände, ihrer Ausdehnung und der dabei auftretenden Erscheinungen sind in erster Linie die auf Selbstentzündung zurückzuführenden Grubenbrände im engeren Sinne bemerkenswert, da die durch anderweitige Ursachen hervorgerufenen Brände kaum nennenswerte Besonderheiten gegenüber denjenigen anderer Bergbaugebiete zeigen.

Ein in der Entstehung begriffener Brand macht sich, wie überall in Steinkohlengruben, durch einen benzin- oder petroleumartigen Geruch bemerkbar. Die Zeit, welche von der Wahrnehmung dieses Geruches bis zum Ausbruch des offenen Feuers — bei nicht genügend kräftiger Abwehr — verstreicht, wird je nach den besonderen Umständen mit 3—6 Tagen angegeben. Die Entdeckung eines Brandes durch den Geruch wird erschwert, wenn der Brand in einer abgelegenen Wetterstrecke, welche in den Hauptwetterstrom einmündet, ausbricht, da dann die Brandgase sofort in den Hauptwetterweg gelangen, durch denselben stark verdünnt werden und sich deshalb zunächst der Wahrnehmung durch den Geruch entziehen.

Der Brand besteht zuerst in einem langsamen Schwelen, also einer teilweisen trockenen Destillation der Kohle, auf welche ja auch der eben erwähnte eigentümliche Geruch hindeutet. Werden die Gegenmassregeln genügend schnell getroffen, so gelingt es in der Regel, das Hervorbrechen der offenen Flamme zu verhüten.

Ueber die bei westfälischen Grubenbränden entstehenden Gase geben die nachstehenden Tabellen 8 und 9 Auskunft, welche gleichzeitig für die

Art der Flötzbrände bezeichnend sind. Die betreffenden Analysen sind im berggewerkschaftlichen Laboratorium zu Bochum ausgeführt worden.

Brandgase von Westfälischen Gruben.

Tabelle 8.

	I	II	III	IV	V	VI	VII	VIII	IX	X	
N	80	81	82	83	84	85	86	87	88	89	N
CO_2	14	14	15	16	16	13	13	11	11	11	CO_2
O	6	5	3	1	0	2	1	2	1	0	O
	100	100	100	100	100	100	100	100	100	100	

Brandgase von Westfälischen Gruben.

Tabelle 9.

	I	II	III	IV	V	VI	
N	90	89	77	76	40	10	N
CO_2	4	5	12	11	4	3	CO_2
O	—	1	2	1	—	—	O
CH_4	6	5	7	10	56	87	CH_4
H	—	—	2	2	—	—	H
	100	100	100	100	100	100	

In beiden Tabellen sind die Analysen nach den Stickstoffgehalten der Brandgase geordnet. In Tabelle 8 sind Gasgemenge mit hohen Kohlensäure-, in der Tabelle 9 solche mit Kohlensäure- und Grubengasgehalt zusammengestellt. Die in der ersteren wiedergegebenen Analysen haben allerdings auch Beimengungen von CO und CH_4 ergeben; jedoch sind diese Gase in so geringfügigem Masse — oft nur in Spuren — vorhanden gewesen, dass dieselben, um die Uebersicht nicht zu stören, weggelassen werden konnten. Die Summe der Gehalte an CO_2 und O in dieser Tabelle müsste annähernd 21 $^0/_0$ betragen. Dies ist jedoch nicht der Fall, weil ein Teil der entstandenen Kohlensäure durch Grubenwasser absorbiert ist, ferner weil die warme Kohle bedeutende Mengen Sauerstoff absorbiert, ohne die entsprechende Menge Kohlensäure damit zu bilden, und drittens weil der freie Wasserstoff der Kohlensubstanz einen Teil des Sauerstoffs für sich in Beschlag nimmt, indem er durch denselben zu Wasser verbrannt wird.

Die Tabelle 9 zeigt, dass infolge des Hinzutretens von Destillationsprodukten der Kohle und des Austritts von Gasen, welche in der letzteren eingeschlossen waren, der Stickstoffgehalt der Brandgase unter denjenigen der atmosphärischen Luft herabsinken kann. Das Gas No. VI wird man wohl kaum als »Brandgas«, sondern eher als fast reines Destillationsprodukt ansprechen oder als eine Mischung von ausgetriebenen Gasen, welche in der Kohle eingeschlossen waren, mit einer geringen Menge von Verbrennungsgasen.

Auf zwei Eigentümlichkeiten der Verbrennungsgase, welche sich aus den hier mitgeteilten Analysen ergeben, sei noch besonders aufmerksam gemacht: auf den überraschend geringen Kohlenoxyd-Gehalt*) und auf die Armut an Sauerstoff.

Da Kohlenoxyd sich sehr leicht bildet, und zwar durch Zersetzung von Kohlensäure durch glühenden Kohlenstoff, so muss aus den Ergebnissen der Analysen geschlossen werden, dass bei einem Grubenbrande entweder der Sauerstoff reichlich genug zuströmt, um eine regelrechte vollständige Verbrennung zu unterhalten, oder aber bei mangelhafter Sauerstoffzufuhr (sei es infolge natürlicher Verhältnisse, sei es infolge künstlicher Abdämmung) nur zum Teil eine Verbrennung, in der Hauptsache aber eine Destillation der Kohle eintritt, sodass die Temperaturerhöhung nicht ausreicht, um die Zersetzung der Kohlensäure nach der Gleichung

$$CO_2 + C = 2\ CO$$

zu ermöglichen.

Der geringe Sauerstoffgehalt der Brandgase aber erklärt die auf den ersten Blick auffällige Tatsache, dass Grubenbrände im Ruhrbezirk fast nie Schlagwetterexplosionen nach sich gezogen haben, obwohl viele Brände auf schlagwetterreichen Flötzen stattgefunden haben und mehrfach in unmittelbarer Nähe des offenen Feuers Ansammlungen von Grubengas beobachtet worden sind. Kein einziges der durch die Analysen nachgewiesenen Gase ist explosibel, auch die Gase III und IV der Tabelle 9 mit den gefährlichen CH_4-Gehalten von 7 % und 10 % nicht. Der Sauerstoff wird eben durch den Verbrennungsvorgang beschlagnahmt; soweit das aber nicht der Fall ist und er mit Grubengas explosible Gemenge bilden kann, werden dieselben durch Beimengung genügender Mengen Kohlensäure unschädlich gemacht und ausserdem von dem offenen Feuer durch eine über letzterem sich ausbreitende Kohlensäureschicht getrennt. Nur wenn, wie das im Jahre 1873 auf Zeche Neu-Iserlohn der Fall war, infolge Zerklüftung des Gebirges die Abdämmung eines in einem gasreichen Flötzteil ausgebrochenen Brandes sehr schwierig ist und so ein lebhafter Wetter-

*) Vergl. auch Bd. VI, S. 125.

strom durch das Brandfeld getrieben wird oder wenn, wie auf Zeche General Blumenthal*), in ein abgedämmtes Brandfeld nachträglich frische Wetter eindringen, können explosible Gasgemische gebildet werden.

Da Grubenbrände in Fett- und Gaskohlenflötzen stets von Destillationserscheinungen begleitet werden, so sind Koksbildungen in Brandfeldern häufig wiederkehrende Erscheinungen.

Was den Umfang der Grubenbrände und deren Bedeutung für den Betrieb anlangt, so führten dieselben in der älteren Zeit häufig grosse Betriebsstörungen herbei, da man auf ihre Bekämpfung nicht eingerichtet war und ausserdem die Wetterwirtschaft nach heutigen Begriffen häufig in sehr schlechter Verfassung war, die ganze Art des Abbaus und Betriebes aber das Umsichgreifen eines Brandes begünstigte. Ein im Juni 1861 auf dem Flötze 0 der Zeche Carlsglück ausgebrochener Brand konnte erst im Jahre 1862 erstickt werden. Ein Grubenbrand auf Zeche Hibernia im Jahre 1873 nötigte, wie bereits erwähnt, dazu, beide Schächte 10 Tage lang abzudecken, und durch einen auf dem Flötze Mathilde der Zeche Erin im Jahre 1874 ausgebrochenen Brand kam die ganze Zeche für 4 Wochen ausser Betrieb. Der oben erwähnte Brand im Flötze No. 1 der Zeche Friedrich der Grosse machte für 6 Wochen den grössten Teil der Baue unzugänglich. Der bereits mehrfach erwähnte grosse Grubenbrand auf der Zeche Neu-Iserlohn, dessen Erstickung ganz ausserordentliche Anstrengungen erforderte, muss auch hier wieder als Beispiel angeführt werden.

In der neueren Zeit dagegen sind die Verhältnisse, wenigstens was den Betrieb angeht, wesentlich günstiger geworden, sodass die Ausdehnung eines Grubenbrandes erschwert, die Bekämpfung desselben aber wesentlich erleichtert ist. Daher sind die durch Brände hervorgerufenen Betriebsstörungen jetzt meistens geringfügiger Natur und treffen nur kleine Bauabteilungen, sodass z. B. die Schachtanlage Shamrock I/II, obwohl auf derselben eine grosse Anzahl Brandfelder hat abgedämmt werden müssen, ihren Betrieb ungestört fortführen kann. Demgemäss sind auch die durch die Abdämmungen von Brandfeldern bedingten Kohlenverluste jetzt in der Regel nur gering, zumal in sehr vielen Fällen nach einiger Zeit die Brandabteilung wieder in Betrieb genommen oder doch durch Zurücksetzen der Dämme zum grossen Teil dem Abbau wieder geöffnet werden kann.

Grössere Opfer an Menschenleben haben die Grubenbrände im Ruhrbezirk bisher, abgesehen von dem Brandunglück auf Zeche Zollern im Jahre 1898, glücklicherweise nicht gefordert.

---

*) Zeitschr. f. d. B. H. S. W. 1877, Bd. XXV B, S. 313.

III. Massregeln zur Verhütung und Bekämpfung von Grubenbränden.

Die gegen Grubenbrände zu ergreifenden Massnahmen lassen sich einteilen in

1. solche, welche die Entstehung von Bränden verhüten sollen, und
2. solche, welche auf die Bekämpfung ausgebrochener Brände abzielen.

Unter 2 könnte man noch unterscheiden:

a) Massnahmen zur Löschung des Brandes und
b) Massnahmen zur Abschwächung der Folgen des Brandes und Beschränkung desselben auf einen möglichst kleinen Herd.

Diese letztere Unterscheidung hat jedoch für sehr viele eigentliche »Flötzbrände« wenig praktische Bedeutung, da in den meisten Fällen die Löschung des Brandes eben durch Erstickung desselben mittels Abdämmung herbeigeführt wird, wodurch gleichzeitig das Brandfeld nach Möglichkeit eingeengt wird.

1. Vorbeugungsmassregeln.

a) Gegenüber den auf Selbstentzündung beruhenden Flötzbränden.

Das wichtigste Mittel, um die Selbstentzündung der Kohle in der Grube zu verhindern, ist das Einbringen von Bergeversatz beim Abbau, eine Massregel, welche in anderen Kohlenrevieren vielfach gerade wegen der Brandgefahr eingeführt worden ist. Der Abbau mit Versatz ermöglicht einerseits eine viel reinere Kohlengewinnung als derjenige ohne Versatz, weil der grösste Teil der Strecken- und Bremsbergsicherheitspfeiler sowie die Schweben wegfallen und ausserdem das Zurücklassen von Kohlenmengen im alten Mann infolge von Gebirgsstörungen, starkem Druck, Zubruchegehen einzelner Bauabschnitte und dgl. einen wesentlich geringeren Umfang annimmt, — andererseits aber auch eine wirksamere Absperrung des alten Mannes mit den etwa noch darin verbliebenen Kohlenresten. Der Bergeversatz selbst bildet, wenn er zusammengedrückt und genügend kleinstückig ist, einen guten Abschluss; Absperrungsdämme, welche den Zutritt von Wettern in den alten Mann verhüten sollen, können besser dicht gehalten werden, weil der Gebirgsdruck in dem betreffenden Flötze aufhört, sobald das Hangende sich auf den Versatz gesetzt hat. Bei Verwendung grobstückiger Berge allerdings lässt der Abschluss in manchen Fällen zu wünschen übrig; auch kann hier bei Abdämmungsarbeiten im Falle eines Brandes der Uebelstand eintreten, dass durch den Versatz, um den dichten Damm herum, sich frische Wetter durchdrücken.

Im übrigen ist freilich zu bemerken, dass der Abbau mit Bergeversatz für die westfälischen Verhältnisse schon so zahlreiche anderweitige Vorteile bietet, dass dagegen die Rücksicht auf die Verhütung eines Grubenbrandes, welche ja im Ruhrkohlenbezirk überhaupt nur eine geringe Rolle spielt, meist zurücktritt und es nur in wenigen Fällen, wie z. B. in einzelnen Bauabteilungen der Zechen Massen*), Shamrock I/II, Recklinghausen II, diese Rücksicht allein gewesen ist, welche die Einführung des Abbaus mit Versatz veranlasst hat. Das gilt auch bezüglich des Ersatzes der Bremsberg- und Grundstrecken-Sicherheitspfeiler durch Bergeversatzpfeiler. Diese Massregel trägt zwar sehr zur Verhütung der Selbstentzündung bei, indem sonst gerade in diesen unter immer höheren Gebirgsdruck kommenden Kohlenpfeilern verhältnismässig günstige Bedingungen für die Entstehung von Bränden vorliegen und hier auch vielfach schon Brände ausgebrochen sind; jedoch spielen auch hier wieder anderweitige Erwägungen die Hauptrolle, wie das Bestreben, die Kohlen dieser Sicherheitspfeiler in stück- und gasreicherer Beschaffenheit zu gewinnen und die zu schützenden streichenden und schwebenden Strecken vor weiterem Gebirgsdruck nach dem Zusammendrücken des Bergeversatzes zu bewahren.

Was den Bergeversatz selbst betrifft, so haben sich besondere Vorsichtsmassregeln bezüglich der Wahl des Versatzmaterials im allgemeinen als unnötig erwiesen. Das Versetzen mit Bergen, die beim Nachreissen der Strecken gewonnen werden und die z. B. in Anina (Ungarn) wegen ihres Bitumengehaltes vom Versatze ausgeschlossen sind**), hat fast nie bedenkliche Folgen gehabt. Nur dort, wo das Nebengestein ganz besonders bituminös war, sind auch durch den Versatz selbst Brände verursacht worden, wie z. B. auf der Zeche Victoria Mathias in zwei Fällen, wo man in dem 1,2 m mächtigen Flötze Catharina das von Kohlenschmitzchen durchsetzte Liegende nachgerissen und zur Ausfüllung eines »Dammes« benutzt hatte; die Entstehung eines Brandes wurde hier beide Male dadurch begünstigt, dass nur ein schwacher Wetterzug durch die Strecke hindurchging. Auch das Versetzen von Waschbergen, welche an Kohle und Schwefelkies reich sind, hat, soviel mir bekannt ist, noch in keinem Falle zu Brand geführt. Das erklärt sich einerseits daraus, dass der Kohlenstoffgehalt doch nicht gross genug ist, um eine Selbstentzündung zu ermöglichen, und andererseits aus dem Umstande, dass diese feinkörnigen Berge sich bei einigermassen steilem Einfallen so dicht zusammendrücken, dass der Luftzutritt fast völlig ferngehalten wird, während bei geringerer Flötzneigung Waschberge überhaupt nicht oder doch nur mit anderen Versatzmaterialien gemischt verwendet zu werden pflegen.

---

*) Vgl. Band II dieses Werkes S. 312.

**) Lamprecht, Die Grubenbrandgewältigung, S. 4.

Als ein Beispiel sei hier die Schachtanlage Alma angeführt, auf welcher bereits seit 1894 die Waschberge zum Versatz benutzt werden, ohne dass dieselben jemals zu Brand Veranlassung gegeben hätten; aus anderweitigen Ursachen dagegen sind hier bereits verschiedentlich Brände entstanden. Eine merkliche Erhitzung des aus Waschbergen bestehenden Versatzes ist allerdings, wie überall, so auch hier festgestellt worden. Eine Gefahrenquelle stellt der Versatz mit Waschbergen nur insofern dar, als ein in der Nähe ausgebrochener Brand in den Waschbergen Nahrung zu längerer Fortdauer finden kann.*)

Ausser dem Einbringen von Bergeversatz kommt auch eine zweckmässige Einteilung des Baufeldes als vorbeugende Massregel in Betracht, weil bei zu grossen Baulängen der Abbau einer Abteilung zu lange dauert und ausserdem der Gebirgsdruck, welcher zur Erhöhung der Temperatur beiträgt, den reinen Abbau erschwert und die Bildung des brandgefährlichen Kohlenkleins begünstigt, gegen Ende des Abbaus sehr gross wird. Auch in dieser Hinsicht jedoch kann meist nicht von einer lediglich gegen die Brandgefahr gerichteten Massregel gesprochen werden, weil bei einigermassen druckhaftem Gebirge schon die Rücksicht auf die Strecken-Unterhaltungskosten und die Furcht vor grossen Kohlenverlusten eine Verringerung der Baulängen erheischt, bei guter Gebirgsbeschaffenheit aber, wo dieser Gesichtspunkt zurücktritt, auch die Gefahr der Selbstentzündung meist nur unbedeutend ist. Daher ist es nur vereinzelt, wie z. B. auf den Schachtanlagen Shamrock I/II und Recklinghausen II, vorwiegend die Rücksicht auf die Brandgefahr gewesen, welche zu einer Beschränkung der streichenden Baulängen der einzelnen Flügel auf ca. 100 m geführt hat.

Im Zusammenhang mit dieser Regel steht auch der Grundsatz, eine einmal in Angriff genommene Bauabteilung möglichst schnell zu verhauen, allerdings auch wieder vorwiegend mit Rücksicht auf die anderweitigen Vorteile, die sich aus dem schnellen Abbau ergeben. Bei flachem Einfallen führt dieses Streben nach beschleunigtem Verhieb zur Einlegung von Teilsohlen, über denen gleichzeitig Abbau geführt werden kann. Wie schädlich Verzögerungen im Abbau wirken können, zeigt der Brand auf Zeche Constantin der Grosse, Schacht II (vgl. die Beschreibung weiter unten), welcher in einem Kohlenpfeiler ausbrach, dessen Abbau sehr lange hinausgeschoben war. Liegt ein verhältnismässig langsamer Verhieb in der Natur des angewandten Abbauverfahrens, wie das z. B. beim Stossbau der Fall ist, so muss in brandgefährlichen Flötzen wenigstens das unnötige Voreilen der Vorrichtungsbetriebe vor dem Abbau vermieden werden. Die Nichtbefolgung dieser Vorsichtsmassregel hat sich z. B. auf der Zeche

*) G. A. Meyer, Festschrift zum VIII. Allgem. Deutschen Bergmannstage, S. 130.

Prinz von Preussen gerächt, wo im Flötze Röttgersbank ein Brand dadurch veranlasst wurde, dass der Kohlenbremsberg, statt erst mit dem Vorrücken des Abbaus nach oben hin entsprechend erlängt zu werden, von vornherein in seiner ganzen Höhe hergestellt wurde und infolgedessen in seinem oberen Teile, welcher ausserdem nur schwach bewettert wurde, stark in Druck kam.

Da wiederholt Brände von den Stellen, an welchen Flötze durchörtert und dadurch der Berührung mit der Luft ausgesetzt wurden, ausgegangen sind, so werden zur Verhütung dieses gefährlichen Luftzutrittes vielfach brandgefährliche Flötze überall dort, wo sie querschlägig durchörtert sind, durch Mauerwerk, welches zuweilen einen in sich geschlossenen Ring bildet, abgedämmt; die Absperrung sämtlicher Zugänge zu abgebauten Feldesteilen durch wetterdichte Dämme, welche ebenfalls die Entstehung von Grubenbrand verhindert, erfolgt vorzugsweise zur Verhütung des Austritts schädlicher Gase aus dem alten Mann.

b) Vorbeugungsmassregeln gegen anderweitige Grubenbrände.

Die oben hervorgehobene Brandgefährlichkeit saigerer Bremsschächte, namentlich der Stapelschächte, hat auf verschiedenen Zechen zu besonderen Vorbeugungsmassregeln Anlass gegeben.

Da die Austrocknung der Zimmerung durch den starken Bremsbetrieb in solchen Schächten, wenn dieselben nicht von Natur feucht sind, eine grosse Gefahr bildet, so verwendet man vielfach die zur Feuchthaltung der Zimmerung bestimmte sog. »Stapelbrause« (Fig. 60a u. b) der Armaturen-Manufaktur Westfalia in Gelsenkirchen. Die Brause wird an die Berieselungsleitung angeschlossen und oberhalb der Bremsscheibe angebracht; sie lässt die Wasserstrahlen in einem Kranze austreten, sodass die Bremse selbst vor Nässe geschützt ist. In anderen Fällen, wie z. B. auf Consolidation und Alma, wo man nicht so weitgehende Vorsichtsmassregeln zu treffen braucht, wird wenigstens darauf gehalten, dass trockene Stapelschächte mit einer Abzweigung von der Berieselungsleitung ausgerüstet und ausserdem jedesmal beim Schichtwechsel sorgfältig nachgesehen werden.

Um das Uebel an der Wurzel anzugreifen, gebraucht man auf Zeche Shamrock I/II an Stelle der hölzernen Bremsbacken, von denen bei starkem Betriebe leicht Funken abspringen, nur noch gusseiserne Backen, welche ausserdem fortwährend berieselt werden. Dabei verschleisst allerdings das Bremswerk stärker, jedoch können die Backen leicht ausgewechselt werden. Ausserdem werden hier ebenso wie neuerdings auf Zeche Prosper die Bremskammern meist in Eisen und Mauerung gesetzt. In einem sehr stark beanspruchten Stapelschachte auf Zeche Neu-Iserlohn, in

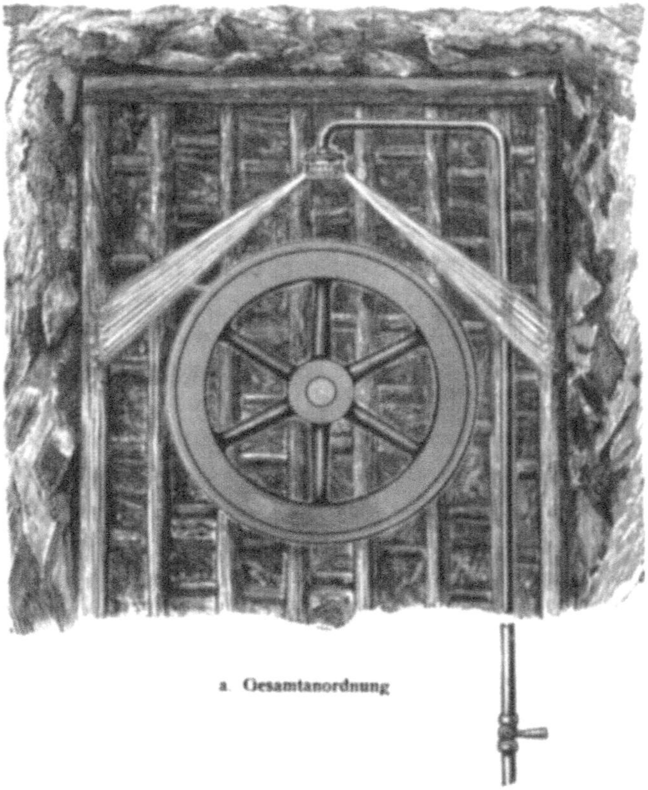

a. Gesamtanordnung

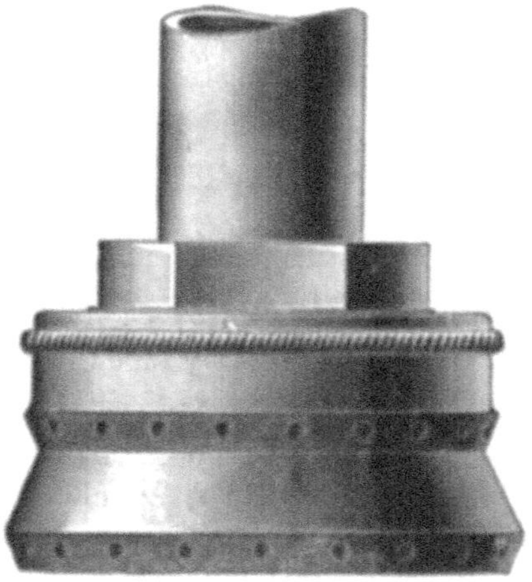

b. Mundstück.

Fig. 60.

Stapelbrause der Armaturenfabrik Westfalia.

welchem bis zu 700 Wagen in der Schicht auf 80 m Teufe mittels einer Trommelbremse abgebremst werden mussten, hat man die Trommel auf jeder Seite mit einem Bremskranze versehen; das Bremsen geschah mittels Bandbremsen unter fortwährender Berieselung der Bremsscheiben. Ein Bremskranz wurde nur immer etwa $1/2$ Stunde lang ununterbrochen benutzt; nach Ablauf dieser Zeit wurde, um der erhitzten Bremsscheibe Zeit zum Abkühlen zu lassen, auf dem anderen Ringe gebremst. Wegen des starken Verschleisses, der durch die Reibung von Eisen auf Eisen eintrat, wurde die Bremsfläche auf den Bremskränzen durch aufgeschraubte gusseiserne Backenstücke gebildet, welche leicht ausgewechselt werden konnten.

Am besten ist es jedenfalls, wenn, wie auf Shamrock I/II, nicht nur eiserne Bremsbacken benutzt und durch Wasser fortgesetzt kühl gehalten werden, sondern auch beim Ausbau der Bremskammern Holz möglichst vermieden wird. Die dadurch erwachsenden Mehrausgaben können um so leichter getragen werden, als ja ein solcher saigerer Bremsschacht mehrere einzelne Bremsberge und deren Bremseinrichtungen ersetzt und daher stets für längere Dauer berechnet ist.

Weniger bemerkenswert sind die Massnahmen zur Verhütung anderweitiger Grubenbrände*), da dieselben nur wenig von den Vorbeugungs-Massregeln gegenüber der Brandgefahr über Tage abweichen.

Mit der Verwendung feuersicher imprägnierten Holzes sind bisher noch keine befriedigenden Erfahrungen in grösserem Umfange gemacht worden: einerseits ist der Preis dieser Hölzer verhältnismässig hoch, andererseits muss es noch einer eingehenden Prüfung vorbehalten bleiben, ob die Imprägnierung nicht die Festigkeit und die sonstigen Eigenschaften des Holzes beeinträchtigt.

Bränden in unterirdischen Maschinenkammern sucht man jetzt durch möglichst grosse Vorsicht in der Behandlung feuergefährlicher Materialien, wie Putzwolle und Schmieröl, vorzubeugen, indem man die erstere in verschlossenen Blechgefässen aufbewahrt und transportiert und das Oel beim Maschinenbetriebe sorgfältig auffängt.

Was die Beleuchtung von Füllörtern, Schächten und unterirdischen Maschinenräumen betrifft, so ist man in der neueren Zeit vorsichtiger geworden. Während man früher sich an den Füllörtern und in den Maschinenkammern meist mit offenen Petroleumlampen begnügte, durch deren Explosion verschiedentlich Brände herbeigeführt worden sind (vgl. die oben angeführten Beispiele), geht man neuerdings mehr und mehr zur Verwendung geschlossener Laternen über, welche zweckmässig mit einer grossen, nur mit einem besonderen Schlüssel zu

*) G. A. Meyer, Festschrift zum VIII. Allgemeinen Deutschen Bergmannstage, S. 130 ff.

öffnenden Thür zum Einsetzen und Herausnehmen der Lampen versehen werden und einen als Gefäss ausgebildeten Boden erhalten, der im Falle eines Leckwerdens des Lampentopfes den ganzen Inhalt des letzteren aufnehmen kann.

Die Beleuchtung der Schächte bei Schachtreparaturen erfolgte früher durch die bekannten kleinen westfälischen Oellampen. Obwohl durch dieselben bereits mehrfach Brände (u. a. auch der grosse Brand auf Zollern) herbeigeführt worden sind, hat man sich doch zu einer gänzlichen Beseitigung dieser an sich praktischen Lampen noch nicht entschliessen können, da Sicherheitslampen zu leicht erlöschen, zuviel Schatten werfen und daher die Trittsicherheit der Schachthauer zu sehr beeinträchtigen, elektrische Akkumulatorlampen aber wegen ihres grossen Gewichts die Leute bei Schachtreparaturarbeiten zu stark behindern und nur beim Abteufen zweckmässig Verwendung finden können. In neuester Zeit hat eine mit Benzin gespeiste Schachthauer-Sicherheitslampe mit Schutzschirmen verschiedentlich mit gutem Erfolge Anwendung gefunden, da sie einerseits einem sehr starken Wetterzuge genügend widersteht, andererseits die Beobachtung einer etwaigen Aureole gestattet. Allerdings wird durch den Schutzschirm das Gewicht erhöht und die Leuchtkraft verringert; auch haftet diesen Lampen, ebenso wie den gewöhnlichen Sicherheitslampen, der Nachteil eines starken Schattenkegels an.

2. Bekämpfungsmassregeln.

Die zur Bekämpfung von Grubenbränden angewandten Mittel sollen einesteils einen entstandenen Brand löschen oder ersticken, anderenteils die im Gefolge eines solchen Brandes auftretenden schädlichen Wirkungen möglichst abschwächen.

Die Verwendung von Wasser als Löschmittel, welches bei Bränden über Tage fast ausschliesslich in Frage kommt, tritt, der Eigenart unterirdischer Brände entsprechend, unter Tage ziemlich in den Hintergrund. Eine Bekämpfung des Feuers durch einfaches Bespritzen mit Wasser pflegt im Ruhrbezirk, wie auch in anderen Kohlenbergbaugebieten, vorzugsweise dort versucht zu werden, wo es sich um Brände handelt, die auf andere Ursachen als auf Selbstentzündung der Kohle zurückzuführen sind. Derartige Löschversuche hatten allerdings in der älteren Zeit wegen des Fehlens von Wasserleitungen unter Tage wenig Aussicht auf Erfolg. Sie sind jedoch jetzt durch die Einführung der Berieselung, welche den Einbau eines fast überallhin reichenden und stets in gebrauchsfähigem Zustande erhaltenen Rohrnetzes bedingt, wesentlich erleichtert worden.

Ein zweckmässiges Hilfsmittel bei der Bekämpfung von Bränden mittels eines an die Berieselungsleitung angeschlossenen Schlauches ist der von Bergwerksdirektor G. A. Meyer angegebene sog. »Wasserschleier-Apparat» (Fig. 61 a u. b), welcher bereits auf verschiedenen Zechen des hiesigen Reviers in Anwendung steht (Shamrock, Hibernia, Bonifacius).

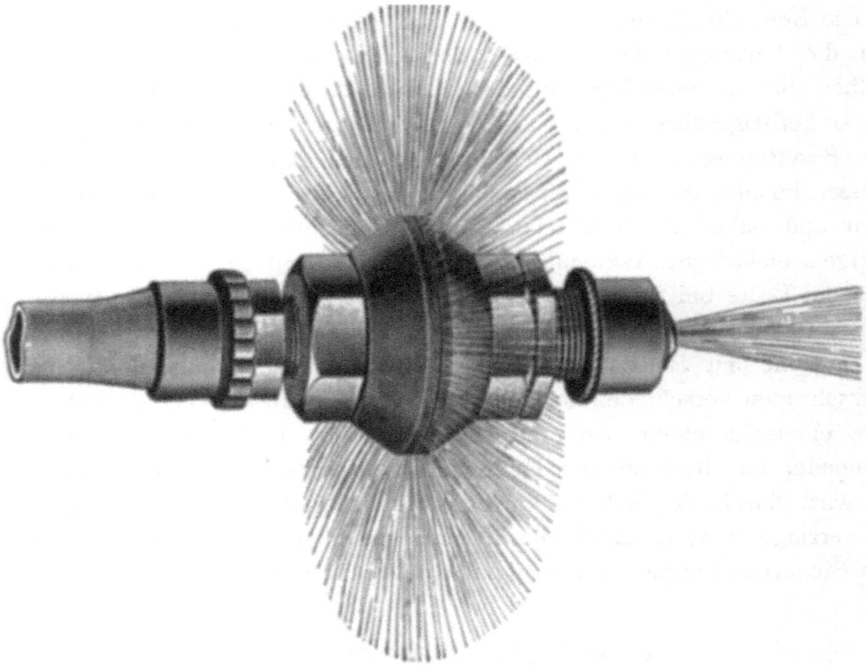

a. Gesamtansicht.

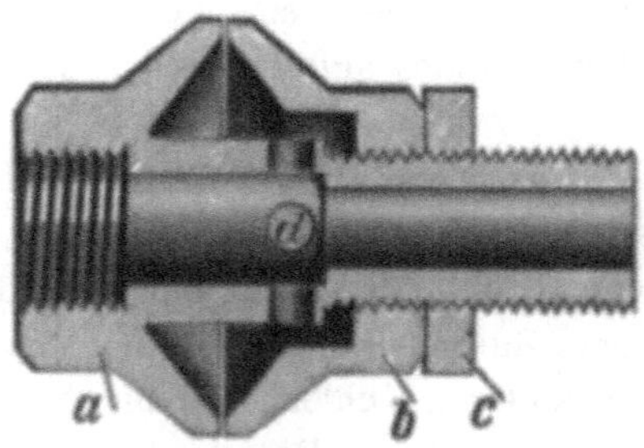

b. Schnitt durch das Mundstück.

Fig. 61.

Wasserschleier-Apparat, System Meyer-Shamrock.

Derselbe besteht aus 2 hohlkegelförmig ausgebildeten Teilen a und b, welche einander mit Hilfe eines Schraubengewindes beliebig genähert und in jeder Stellung durch Anziehen einer Gegenmutter c festgehalten werden können; dabei verbleibt zwischen beiden nur noch ein schmaler, ringförmiger Spalt. Aus letzterem tritt das Druckwasser, nachdem es durch die Bohrungen d in den Hohlraum zwischen den beiden Hohlkegeln gelangt ist, in einer dünnen Scheibe aus, deren Durchmesser bei richtiger Einstellung und genügendem Wasserdruck bequem auf 10 m gebracht werden kann.

Der Apparat war zunächst dazu bestimmt, die Entstehung von Kohlenstaub-Explosionen beim Schiessen in der Kohle zu verhüten, und zwar durch den Abschluss der Strecke mit Hilfe einer den ganzen Querschnitt derselben einnehmenden Wasserscheibe. Er ist aber auch als ein zweckmässiges Hilfsmittel für Feuerlöschzwecke zu bezeichnen, wobei er in der Weise verwendet wird, dass er auf ein Strahlrohr aufgeschraubt wird, welches seinerseits mit Hilfe eines Schlauchstückes, eines Schnellverbinders »System Feller« und eines Zwischenstückes (vgl. den Abschnitt »Berieselung« S. 35) an jeder beliebigen Verbindungsstelle an die Rohrleitung angeschlossen werden kann. Dabei dient der durch den Apparat erzeugte Wasserschleier dazu, den Schlauchführer wirksam gegen die strahlende Wärme, gegen sprühende Funken und gegen Verbrennungsgefahr zu schützen.

Bei dem Brande auf Zollern wurde die Löschung mit Wasser dadurch ermöglicht, dass die Pressluftleitung in eine Wasserleitung umgewandelt wurde.

Für die Löscharbeit an denjenigen Stellen, zu welchen die Berieselungsleitung nicht hingeführt ist, sind auf verschiedenen Zechen Feuerspritzen vorgesehen. Auf Schacht II der Zeche Deutscher Kaiser ist eine kleine Spritze in Gebrauch, welche auf einem Rädergestell mit Förderwagen-Spurweite verlagert ist und über Hindernisse mit Hilfe von zwei an ihr angebrachten Handgriffen hinweggehoben werden kann. Sie ist 720 mm hoch 670 mm lang und 530 mm breit; das Untergestell hat 300 mm Höhe. Zur Bedienung sind ausser dem Schlauchführer zwei Mann nötig. Der Strahl reicht bis 15 m Höhe.

Eine Feuerspritze kleinster Art ist der auch über Tage in Gebäuden häufig benutzte »Annihilator«, meist System Bauer, Bonn, welcher meist in Bremskammern und unterirdischen Maschinenräumen aufgestellt wird. Derselbe (Fig. 62) besteht aus einer kleinen Handspritze und einem einfachen Zylinder, welcher im Verwendungsfalle mit Feuerlöschmasse gefüllt wird; der Spritze strömt die Flüssigkeit durch Vermittlung eines Siebfusses zu. Die Kolbenstange ist hohl und dient als Windkessel. Der Strahl reicht

Fig. 62.

10—15 m weit. Die Löschmasse kann während des Betriebes nachgefüllt werden. Eine solche kleine Löschvorrichtung kann naturgemäss nicht zur Bekämpfung eines Brandes von einiger Ausdehnung verwendet werden; sie kann vielmehr nur dazu dienen, kleine Brände rechtzeitig im Keime zu ersticken.

Bei Schachtbränden hat man mehrfach (so z. B. bei dem Brande auf Zollern) Wasser in grösserem Massstabe als Löschmittel in der Weise verwendet, dass man die von einer Gestängewasserhaltung gehobenen Wasser nicht bis zu Tage drücken, sondern im Schachte selbst wieder ausfliessen liess.

Gegenüber den durch Selbstentzündung der Kohle entstandenen Bränden wird die Bekämpfung durch Bespritzen mit Wasser nur selten versucht. Denn in der Regel werden solche Brände erst dann entdeckt, wenn sie schon ziemlichen Umfang gewonnen haben. Dann ist aber die Löschung durch Wasser schon sehr schwierig, weil der Brand unter der Oberfläche immer weiter frisst, auch der Brandherd vielfach nicht scharf genug bestimmt werden kann und überdies die Belästigung der Löschmannschaften durch die Feuergase und die entstehenden heissen Wasserdämpfe, welche hier nur langsam abziehen können, unerträglich werden kann. Dabei läuft man Gefahr, durch nutzlose Löschversuche kostbare Zeit zu verlieren, während deren man den Brand durch sofortiges Abdämmen auf einen kleinen Herd hätte beschränken können.

Indessen wird auf Zeche General Blumenthal in sehr vielen Fällen mit Wasser gelöscht, zu welchem Zwecke schon vor der Einführung der Berieselungspflicht ein mit Mergelwasser gespeistes Rohrnetz in das Haupt-Brandfeld gelegt wurde. Die Verhältnisse liegen hier nämlich in der Regel für die Löscharbeit günstig, indem die Brände infolge des starken Gebirgsdruckes, welcher auf dem Haupt-Brandflötz (No. 1) lastet, meist schon im frischen Stoss in Strecken und Durchhieben ausbrechen, so dass denselben leicht beizukommen ist und auch mit einfachen Mitteln ein geregelter Wetterzug an der Brandstelle hergestellt werden kann. Bei einem auf dieser Zeche in der Nähe einer kleinen Ueberschiebung ausgebrochenen Brande trieb man, um den Brandherd zu erreichen, streichende und querschlägige Strecken in die hier 6—7 m mächtige Kohle hinein; wegen des starken Gebirgsdruckes und der milden Beschaffenheit der Kohle musste mit Abtreibezimmerung auf dem ganzen Umfange der Strecken vorgegangen werden; trotz dieser Schwierigkeiten gelang die Löschung.

Da im Falle der Selbstentzündung von Feinkohle oder von Kohlenresten im Bergeversatz der Brandherd stets im Innern liegt, wo die abkühlende Wirkung des Wetterzuges sich nicht bemerklich machen kann, so wendet man bei derartigen Bränden wohl besondere Hilfsmittel an, um mit dem Schlauch möglichst tief eindringen zu können: z. B. Einrammen von Rohren, Befestigung von Schlangenbohrern an den Strahlrohren, um so die letzteren in die Massen hineinzuschrauben.

Wesentlich aussichtsreicher als das einfache Löschverfahren ist die Bekämpfung eines Brandes durch Wasser in der Weise, dass das ganze Brandfeld unter Wasser gesetzt wird. Dieses Verfahren ist daher auch von jeher bei grösseren Bränden angewendet worden und wird auch jetzt noch in schwierigeren Fällen zu Hilfe genommen. Am bequemsten ist es dann, wenn in einem Unterwerksbau Brand ausbricht, da dann keine unteren Dämme geschlagen zu werden brauchen. Bei Bränden über der Sohle wird die Ersäufung meist nur in besonders hartnäckigen Fällen angewendet, wenn die einfache Abdämmung des Brandfeldes nicht zum Ziele geführt hat oder wenn, wie bei dem Brande in der Nähe der Schächte auf Zeche Shamrock I/II (vgl. die Beschreibung dieses Brandes am Schlusse dieses Abschnittes), Gefahr im Verzuge ist. Bei dem Brande, welcher beim Abbau des 6 m mächtigen Flötzes der Zeche Massen im Bergeversatz ausbrach, konnte nur dadurch der Abbau der betreffenden Bauabteilung zu Ende geführt werden, dass der Versatz der abgebauten Stösse dauernd unter Wasser gesetzt wurde*).

Die Ersäufung eines Brandes auf Zeche Pluto erfolgte dadurch, dass ein Teil des Dorneburger Mühlenbaches in den abgedämmten Feldesteil geführt wurde.

Nach Möglichkeit hat man sich indessen stets mit dem einfachen Abdämmen eines Brandes begnügt, da es einfacher und für die spätere Wiederaufnahme des Betriebes günstiger ist. Denn das Wasser richtet erheblichen Schaden an und beeinträchtigt den Wert der Kohle bedeutend; auch hat man häufig die Erfahrung gemacht, dass kurze Zeit nach der Wiedereröffnung des Betriebes der Brand an derselben Stelle wieder ausbrach.

Die zur Ersäufung nötigen Dämme werden in der Regel mit Zementmörtel gemauert, und zwar naturgemäss in grösserer Stärke als die zur einfachen Absperrung eines Brandfeldes dienenden Dämme; in dem vorhin angezogenen Falle auf Zeche Massen hat man den unteren Querschlag in der Gegend des Flötzes mit Tubbings ausgebaut.

Das Ersäufen ganzer Schachtanlagen zwecks Bewältigung eines Grubenbrandes ist bisher im rheinisch-westfälischen Steinkohlenbergbau noch nicht notwendig geworden.

Vereinzelt ist man Bränden in der frischen Kohle durch Hereingewinnung der Kohle in der Umgebung des Brandherdes zu Leibe gegangen. Auf der Zeche Schlägel und Eisen ist es in einem Falle gelungen, einen in der Entstehung begriffenen Brand innerhalb eines Bremsbergs-Sicherheitspfeilers durch schleunigen Abbau des Pfeilers und Einbringung von Berge-

*) Vgl. Band II dieses Werkes, S. 312.

versatz hintanzuhalten. In ähnlicher Weise konnte man auf der Zeche Engelsburg einem Brande, welcher durch Entzündung des Haufwerks infolge eines vor Ort abgethanen Schusses ausgebrochen war, dadurch Einhalt thun, dass man die glühenden Massen abräumte und in Förderwagen wegförderte. Auch bei einem Brande im Damme einer Strecke auf Zeche Viktoria Mathias gelang die Bekämpfung durch Herausreissen der in Brand geratenen Versatzmassen.

Im allgemeinen aber lässt man sich, wenigstens bei den auf Selbstentzündung zurückzuführenden Bränden, nicht erst auf Lösch- und andere unmittelbare Bekämpfungsmassregeln ein, sondern geht, wie auch in anderen Bergbaubezirken, ohne weiteres dazu über, das Brandfeld durch Dämme, die möglichst dicht an die Brandstelle herangerückt werden, wetterdicht abzuschliessen. Die Zweckmässigkeit dieses Verfahrens ergiebt sich schon aus der Betrachtung der auf S. 72 angeführten Analysen von Brandgasen, welche zeigen, dass die letzteren wegen ihres geringen Sauerstoffgehaltes als Feuerlöschmittel angesehen werden können. Daher hat man im Ruhrbezirk auch niemals eine Erstickung von Bränden durch Einleitung von Kohlensäure oder schwefliger Säure in das abgedämmte Brandfeld versucht, wie das wohl anderwärts geschehen ist;*) nur Wasserdampf hat man hin und wieder, z. B. bei einem Grubenbrande auf Zeche Hibernia i. J. 1872**), eingeführt, aber ohne grossen Erfolg.

Die Abdämmung eines Brandfeldes ist naturgemäss um so einfacher, je kleiner dasselbe ist und je weniger Zugänge es hat. Als Grundregeln für die Abdämmungsarbeiten sind anzuführen: möglichst schnelle und möglichst weitgehende Einengung des Brandfeldes und zweckmässige Wahl der Aufstellungsorte für die Dämme. Die letzteren müssen in möglichst gesundes Gebirge gesetzt werden.

Die bei Schlagwettergefahr wichtige Frage, wo mit der Herstellung der Branddämme zu beginnen sei, ist von belgischen Bergtechnikern vor längerer Zeit***) dahin beantwortet worden, dass das Brandfeld zunächst am oberen Ende abgedämmt werden müsse, weil dann die Zurückstauung der Verbrennungsgase auch bei Entwickelung von Grubengas im Brandfelde Explosionen unmöglich mache, während andernfalls die Verbrennungsgase abzögen, so dass ein explosibles Gemisch entstehen könne.

Demgegenüber lässt sich für den Beginn der Abdämmung am unteren Ende anführen, dass es in erster Linie auf die Unterbindung der Luftzufuhr ankommt und dass diese ohne Zweifel wirksamer erfolgt, wenn zunächst der Einziehstrom zurückgehalten wird. Tritt dann im Brandfelde

*) Vergl. Demanet, Traité d'exploitation des mines de houille, Bd. III, S. 80 bis 82.

**) Zeitschr. f. d. B. H. S. W. 1873, Bd. XXI A, S. 98.

***) Demanet, Traité d'exploitation des mines de houille, Bd. III, S. 70.

eine Sonderung der Gase nach dem spezifischen Gewichte ein, so muss sich ganz oben, d. h. in der grössten Entfernung vom Feuerherde, das Grubengas ansammeln, und nach oben entweichen, während die vor Explosionen Schutz gewährende Kohlensäure dicht über den brennenden Massen lagert und sich so die Wetter mehr und mehr an Kohlensäure anreichern.

In der That bildet es bei der Bekämpfung der Grubenbrände im Ruhrkohlenbecken die Regel, dass mit der Abdämmung unten begonnen wird. Jedoch lässt man stets die Abdämmung am oberen Ende so bald als möglich nachfolgen. Auf verschiedenen Zechen wird, um die Mannschaft gegen plötzliche starke Gasausströmungen und gegen Explosionen nach Möglichkeit zu schützen, darauf gehalten, dass das Brandfeld nicht einseitig, sondern oben und unten annähernd gleichzeitig geschlossen wird. Das geschieht entweder dadurch, dass die Uhren beider Abteilungen verglichen werden, und ein bestimmter Zeitpunkt für die Vollendung des Abschlusses festgesetzt wird, oder in der Weise, dass beide Dämme zunächst bis auf eine kleine Oeffnung fertiggestellt werden und nun die letztere auf ein Zeichen gleichzeitig oben und unten geschlossen wird.

Um die Bekämpfung eines Grubenbrandes durch Abdämmung möglichst schnell aufnehmen zu können, muss streng darauf gehalten werden, dass jeder Brand unverzüglich zur Kenntnis des technischen Grubenleiters gebracht wird. Es besteht nämlich häufig bei den Arbeitern und Unterbeamten die Neigung, einen Brand zu verheimlichen, um Unannehmlichkeiten aus dem Wege zu gehen, und zu versuchen, das Feuer auf eigene Faust zu ersticken. Gerade die wirksame Bekämpfung eines Grubenbrandes erfordert aber wegen der möglichen Gefährdung benachbarter Baue eine grössere Umsicht und Uebersicht und macht vielfach Massregeln notwendig, welche über die Befugnis eines Fahrhauers oder Abteilungssteigers hinausgehen, z. B. vorübergehende Verstärkung des Wetterzuges in der betreffenden Bauabteilung auf Kosten einer anderen, Zurückziehung der Belegschaft auch aus den nicht unmittelbar betroffenen Bauen derselben Wetterabteilung. Daher ist ein Löschversuch, welcher mit den unzureichenden Mitteln eines Unterbeamten unternommen wird, bedenklich und kann leicht nicht nur grössere Kohlenverluste, sondern auch Gefährdung von Menschenleben nach sich ziehen.

Um nach erfolgter Meldung eines Brandes möglichst schnell den Brandherd vorläufig absperren zu können, werden in der Regel zunächst Hilfsdämme geschlagen, welche für's erste einen wetterdichten Abschluss bilden und die Aufführung der eigentlichen Abschlussdämme in grösserer Ruhe und Sicherheit gestatten. Diese Hilfsdämme (Fig. 63) werden meist durch doppelte Bretterverschläge gebildet, welche an 2 Stempelreihen befestigt und genügend tief in die Stösse eingeschlitzt werden und zwischen welche dann Letten oder Lehm gestampft wird. Zur Erzielung grösserer Dichtigkeit werden die Bretter auch wohl dachziegelartig über einander gelegt. Auch feine Waschberge können zur Herstellung eines Hilfsdammes benutzt werden. In manchen Fällen hat man sich auch mit Rasendämmen oder mit Holzpfeilern, die mit Letten ausgestampft wurden, zunächst geholfen.

Der Wagner'sche Sicherheitsdamm,*) welcher aus einem durch Druckluft aufzublasenden Beutel aus wetterdichtem Stoff besteht und sich allen Unebenheiten der Stösse anpasst, ist im Ruhrkohlenbezirk noch nicht praktisch erprobt worden. Ob er sich hier einführen wird, bleibt abzuwarten; bis jetzt ist wegen der Seltenheit und der verhältnismässig lang-

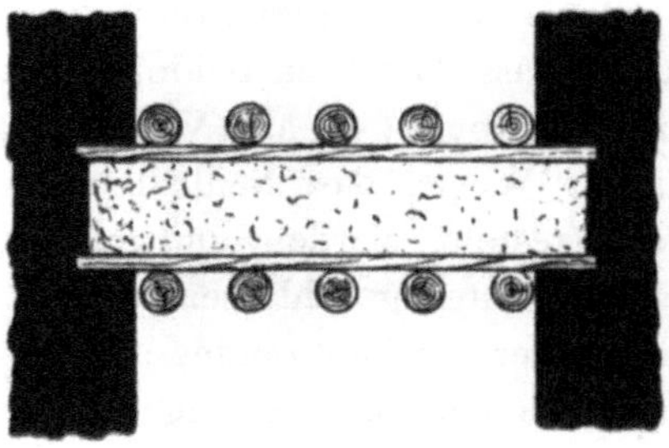

Fig. 63.
Hilfsdamm.

samen Ausbreitung der Grubenbrände sowie wegen der verhältnismässig geringen Streckenquerschnitte noch kein sonderliches Bedürfnis nach einem solchen, eine beschleunigte vorläufige Abdämmung ermöglichenden Hilfsmittel hervorgetreten.

Der endgültige Abschluss erfolgt in der Regel durch Querdämme aus Ziegelsteinmauerwerk. Vereinzelt hilft man sich auch in der Weise, dass man starke Bergemauern aufführt, zu denen Lehm als Mörtel verwendet wird, oder mehrere Bergemauern hinter einander herstellt und die Zwischenräume mit Letten ausstampft. Allerdings werden Lehm und Letten durch Eintrocknung rissig; jedoch können solche Dämme dafür dem Gebirgsdruck leichter nachgeben, durch den auch die entstehenden Risse wieder geschlossen werden. Holzdämme oder grössere Lettendämme, welche sich bei starkem Gebirgsdruck als vorteilhaft erwiesen haben und z. B. bei dem durch Grubenbrände stark gefährdeten Bergbau in Anina (Süd-Ungarn)**) bevorzugt werden, haben im Ruhrkohlenbergbau nur wenig Verwendung gefunden.

*) Vergl. »Glückauf« 1895, S. 1315 ff.
**) Lamprecht, Die Grubenbrandgewältigung, S. 88/89.

Da Zementmörtel in der Regel nicht zur Verfügung steht, werden die Mauerdämme meist mit gewöhnlichem Kalkmörtel hergestellt; nur auf solchen Zechen, welche auf die Bekämpfung von Grubenbränden besonders eingerichtet sind, wird Zementmörtel vorrätig gehalten. Die Dämme werden an der Aussenseite gewöhnlich mit Letten oder Zement verputzt, auch wohl mit Kalk beworfen: das geschieht teils zur Erzielung einer möglichst grossen Dichtigkeit, teils, um feine Risse im Mauerwerk rechtzeitig entdecken und verschmieren zu können. Wegen der Porosität der Ziegelsteine wird sorgfältig darauf gehalten, dass »mit vollen Fugen« gemauert wird, d. h., dass die Steine, wie bei der wasserdichten Schachtmauerung, vollständig in den Mörtel eingebettet werden.

Bei der Herstellung der endgültigen Abschlussdämme wird vor allen Dingen darauf gesehen, dass dieselben in möglichst gesundes Gebirge zu stehen kommen, da sonst ein völlig dichter Abschluss nicht zu erzielen ist. Die Beobachtung dieser Vorsichtsmassregel führt namentlich beim Abbau ohne Bergeversatz häufig dazu, die Dämme innerhalb der Bremsberg-Sicherheitspfeiler herzustellen, da weiter im Felde die Kohle durch den Gebirgsdruck schon zu stark zerklüftet ist. Auf diese Weise müssen grössere Kohlenverluste in den Kauf genommen werden, als an sich nach Lage des Brandherdes notwendig erscheint; jedoch ist andererseits zu berücksichtigen, dass die Brände der Regel nach erst gegen Ende des Abbaus eines Flügels ausbrechen, sodass dann die noch anstehenden Kohlenvorräte meist nur geringfügig sind. Bei Flötzmächtigkeiten von 6—8 m, wie z. B. auf Zeche Courl, werden die Dämme in den Querschlägen hergestellt, wodurch allerdings, wenn das Brandfeld nicht wieder in Bau genommen werden kann, die Kohlenverluste noch erheblich steigen.

Die Rücksicht auf möglichst festes Gebirge in der Umgebung der Dämme nötigt auch dazu, die letzteren mehr oder weniger tief in die Stösse einzuschlitzen. Namentlich in der Kohle muss streng auf das Entfernen der losen Schalen und der sogen. Drucklagen gehalten werden. Je nach der Beschaffenheit des Gebirges und dem Gebirgsdruck schwankt die Tiefe der Schlitze von wenigen Centimetern bis zu 3—4 m. Muss ein Damm auf grobstückigen, noch nicht stark zusammengedrückten Bergeversatz gesetzt werden, so muss man unterhalb des Dammes den Bergeversatz mit Cement ausgiessen.

Bei genügender Festigkeit der Kohle und des Nebengesteins kommt man mit einfachen Scheibenmauern von 2—4 Stein Stärke aus. Dieselben werden vielfach, um den ersten Abschluss nach Möglichkeit zu beschleunigen, zunächst nur 1 Stein stark hochgeführt, um dann durch Vormauerung verstärkt zu werden. In Querschlägen oder in Strecken mit gesunder Kohle hat man sich vereinzelt damit begnügen können, einen zum vorläufigen Abschluss geschlagenen Bretterdamm einfach durch mehrere vorgemauerte Rollschichten zu verstärken. Ist hingegen der Gebirgsdruck gross oder die Kohle und das Gebirge klüftig, oder handelt es sich um die Absperrung eines brennenden Flötzes gegen einen Querschlag, so müssen Gewölbe hergestellt werden, welchen mitunter eine grosse Länge gegeben werden muss. Bei einem Brande auf Zeche Fürst Hardenberg musste der Damm, obwohl er bis zu 4 m tief in die Stösse eingeschlitzt wurde, ca. 30 m lang gemacht werden, weil die Brandgase immer wieder durchbrachen. Auf Zeche Alma stellt man derartige längere Dämme dadurch her, dass man auf Scheibenmauern I-Träger legt und zwischen diesen mit Querkappen wölbt, welche letzteren durch Mauerwerk an die Auskesselungen der Firste angeschlossen werden. Auch auf Zeche Erin werden unter die Firste eiserne Träger gelegt und der Raum zwischen diesen und der Firste durch Mauerwerk ausgefüllt.

Bei den unteren Dämmen werden manchmal, wenn dieselben eine grössere Stärke erhalten sollen, weite Lutten mit eingemauert, sodass auf beiden Seiten gleichzeitig gemauert werden kann und die im Brandfelde arbeitenden Leute zuletzt sich durch das Mannlochrohr zurückziehen können, welches letztere dann durch Zumauern, Vorschrauben eines Flansches oder Einsetzen einer mit Lehm abgedichteten Klappe ebenfalls geschlossen wird. Dieses Verfahren kann auch angewendet werden, wenn gleichzeitig mit der Herstellung eines Hilfsdammes schon der endgültige Damm geschlagen werden soll.

Die Herstellung der oberen Dämme, welche in der Regel mit derjenigen der unteren Verdämmung Hand in Hand geht, verursacht naturgemäss wegen der stärkeren Belästigung durch die Brandgase weit grössere Schwierigkeiten als der Bau der im einziehenden Strome zu setzenden Dämme. Man sucht daher die obere Abdämmungsmannschaft dadurch zu schützen, dass man eine Luttenleitung oder einen Wetterscheider bis zum Damme führt und so einen starken Wetterstrom an die betreffende Stelle leitet.

Auf verschiedenen Zechen hat man umgekehrt in den zunächst mit 1 Stein Stärke hochgeführten Damm eine bis zum ausziehenden Wetterstrom reichende Lutte (Fig. 64) eingebaut, durch welche die Brandgase während des Zumauerns entweichen konnten; der Verschluss dieser Lutte erfolgte z. B. auf Zeche Courl dadurch, dass eine in derselben auf der Brandseite angebrachte Klappe nach Vollendung des Dammes von vorn mit Hilfe eines langen Hakens geschlossen wurde.

Reichen diese Schutzmittel nicht aus, so müssen die an den oberen Dämmen beschäftigten Leute mit Atmungsapparaten (s. diese) ausgerüstet werden. Nicht selten muss die Mannschaft auch gegen die strahlende Wärme des Feuers geschützt werden. Hierbei kann der bereits erwähnte Wasserschleier-Apparat mit Vorteil verwendet werden, indem mit

Hilfe desselben ein oder mehrere Wasserschleier zwischen dem Brandherde und den Arbeitern gebildet werden.

Bemerkenswert ist ferner in dieser Beziehung besonders die Bekämpfung eines im Jahre 1895 im Flötze Dickebank auf Zeche Shamrock I/II ausgebrochenen Brandes, welche mit aussergewöhnlichen Schwierigkeiten verknüpft war, aber erfolgreich durchgeführt werden konnte. Das Flötz war in der Firste eines Abteilungsquerschlages ausgelaufen, sodass sich über der Zimmerung in dem Kohlenklein ein »Firstenbrand« entwickelte. Bei der Abdämmung dieses Brandes, welcher schnell um sich griff, war die Notwendigkeit massgebend, den Querschlag als Förderweg offen zu halten. Daher ging man mit eisernen Abtreibepfählen durch das Brandfeld

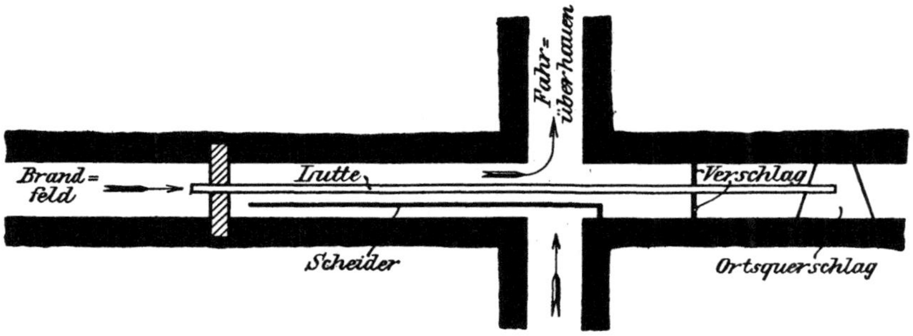

Fig. 64.

Bewetterung eines Brandortes und Abführung der Brandgase.

hindurch, während die Herstellung eines vollständig geschlossenen Mauergewölbes der Abtreibearbeit auf dem Fusse folgte. Bei dieser Arbeit wurden die Leute durch Bespritzen mit Wasser kühl gehalten, welches aus einer innerhalb 24 Stunden vom Schachte aus bis an die Brandstelle gelegten Rohrleitung entnommen wurde. Das Gewölbe wurde in 55 m Länge hergestellt; die ganze Arbeit dauerte 9 Tage.

Andere Abdämmungsarbeiten, welche an die im ungarischen Bergbau vielfach üblichen Streckenauskleidungen*) erinnern, sind im Ruhrkohlenbecken nur vereinzelt vorgenommen worden. Einen auf der Zeche Shamrock I/II vorgekommenen Fall dieser Art veranschaulicht Fig. 65. Es handelte sich um einen Firstenbrand in einer alten, seit längerer Zeit nur schwach bewetterten Strecke zwischen einer Störung auf der einen und einem Ueberhauen auf der anderen Seite. Die Abdämmung erfolgte in der Weise, dass in dem Ueberhauen, von der Sohle beginnend, ein starker Bretterverschlag hochgeführt und mit Letten hinterstampft wurde;

*) Lamprecht, Die Grubenbrandgewältigung, S. 90.

auch die Sohle der oberen Strecke wurde nach Entfernung der obersten Kohlenschicht teilweise mit Letten ausgefüllt.

Ein ähnlicher Abdämmungsversuch wurde bei einem Brande auf der Zeche Fürst Hardenberg vorgenommen: der in einem Bremsberg angebaute und dort an einer Stelle in Brand geratene Brandschieferpacken im Flötze No. 4 wurde hereingewonnen; sodann wurden die Kappen mit Bohlen verschalt und der Raum zwischen dieser Verschalung und dem Hangenden mit Lehm ausgestampft, um den unteren Teil des Bremsberges noch zur Förderung benutzen zu können. Dieser Versuch scheiterte jedoch an der

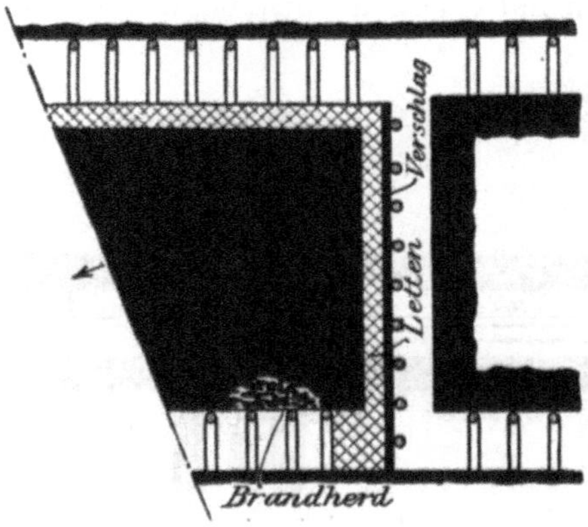

Fig. 65.

Abdämmung eines Brandfeldes mittels Letten auf Zeche Shamrock I/II.

Klüftigkeit der Kohle: der Brand frass sich 80 m weit um die Abdämmung herum, sodass schliesslich ein 30 m langes und sehr tief in die Stösse eingelassenes Mauergewölbe hergestellt werden musste.

Ein vollständig dichter Abschluss des Brandfeldes ist nicht zweckmässig. Einerseits würde ein solcher die Gefahr einer Sprengung der Branddämme durch den Ueberdruck der im Brandfelde sich entwickelnden Gase oder einer damit zusammenhängenden Schlagwetterexplosion in sich bergen. So sind auf den Zechen Courl und General Blumenthal dichte Branddämme durch Zubruchegehen des Hangenden im Brandfelde oder durch kleine Explosionen innerhalb des letzteren herausgeschleudert worden. Ferner würde die dichte Absperrung es unmöglich machen, dem Brandfelde nach Belieben Gasproben zu entnehmen und so den Verlauf des Brandes zu verfolgen. Auch ist es vorteilhaft, einige Zeit nach dem Abschluss, wenn das Erlöschen des Brandes als wahrscheinlich angesehen werden kann, in bequemer Weise eine Bewetterung des Brandfeldes zwecks Austreibung der Brandgase einleiten zu können, ohne sich der Möglichkeit zu begeben, im Falle eines Wiederausbruches des Brandes augenblicklich den Verschluss wieder herzustellen. Aus diesen Gründen werden in vielen Fällen in die Haupt-Branddämme, sowohl an der unteren als auch an der oberen Grenze des Brandfeldes, Rohre eingemauert. Die unteren Rohre werden fest verschlossen. Die Rohre in den oberen Dämmen können mit Ventilen versehen werden, welche entweder nicht ganz dicht geschlossen werden oder nach Art der Sicherheitsventile gebaut sind und so bei etwaigem starkem Gasüberdruck im Brandfelde die Dämme entlasten. Den letzteren Zweck erreicht man auch wohl dadurch, dass man im oberen Damm einige Steine nicht ganz fest einsetzt.

Vereinzelt hat man auch das auf belgischen Gruben übliche Verfahren*) angewendet, in den oberen Damm ein mit einem Ventil versehenes Knierohr (Fig. 66) einzusetzen und dieses in ein Gefäss mit Wasser tauchen zu lassen. Dadurch erreicht man den doppelten Vorteil, zunächst ein

Fig. 66.

Obere Abdämmung eines Brandfeldes nach Demanet.

gefährliches Anwachsen des Gasdruckes zu vermeiden, und später, wenn das Brandfeld zu erkalten und daher in demselben der Gasdruck unter den atmosphärischen Druck zu sinken beginnt, selbsttätig Wasser in das Brandfeld eintreten lassen zu können; zu dem letzteren Zwecke ist allerdings eine sorgfältige Beobachtung erforderlich, damit das verbrauchte Wasser rechtzeitig ersetzt wird. In anderen Fällen wiederum hat man sich damit begnügt, in den oberen Damm ein zweizölliges Rohr einzubauen, welches durch einen Holzpflock verschlossen gehalten wurde. Oder es werden, wie z. B. auf Zeche Pluto, einfache Wasserhähne an die oberen Dämme angeschlossen.

Stets ist eine sorgfältige Ueberwachung der Dämme erforderlich, um etwa entstandene Undichtigkeiten möglichst schnell beseitigen zu können. Zur Verfolgung der Gasdruckänderungen im Brandfelde werden vielfach Manometer eingebaut.

Die Figuren 67 und 68 veranschaulichen einfache Abdämmungsarbeiten, wie sie für westfälische Verhältnisse bezeichnend sind.

*) Demanet, Traité d'exploitation des mines de houille, Bd. III, S. 77.

Ein Brand, welcher infolge eines Schusses im Ortsstoss des gasreichen Flötzes No. 12 Süden auf der I. Sohle (der damaligen Wettersohle) der Zeche Pluto (vergl. Fig. 67 a und b) vor der Herstellung eines Durchschlages in diesem Flötze ausbrach, griff sehr schnell um sich, weil die Bewetterung dieses Ortes durch hölzerne Lutten von Flötz No. 11 aus erfolgte, welche Feuer fingen. Auch nach Beseitigung der Lutten hörte

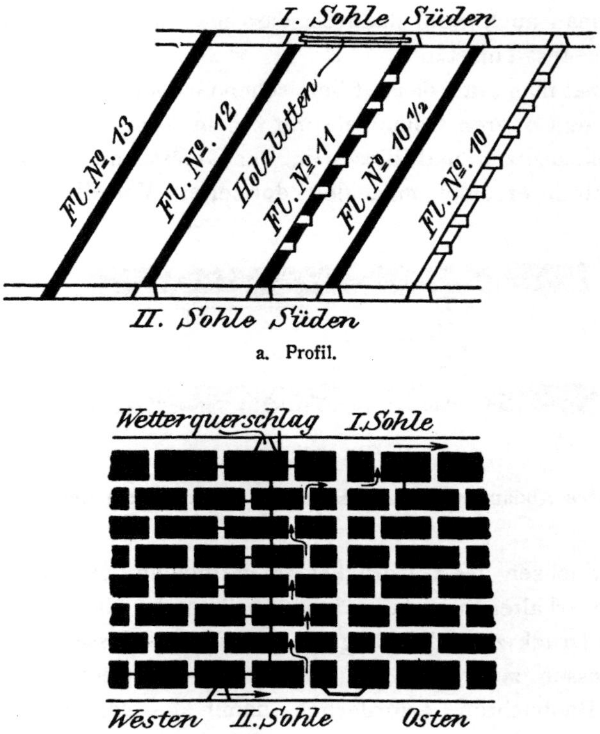

a. Profil.

b. Aufriss des Flötzes No. 11, Süden.

Fig. 67.

Abdämmung eines Brandfeldes auf Zeche Pluto.

die Luftzuführung zum Brandherde nicht auf, da die aus Flötz No. 11 kommenden kühleren Wetter auf der Sohle des Wetterquerschlages nach No. 12 strömten, während die heissen Brandgase unter der Firste des Querschlages abzogen. Infolgedessen war eine Abdämmung im Hangenden des Flötzes No. 11, durch welche das Brandfeld am meisten hätte eingeengt werden können, nicht mehr möglich. Vielmehr mussten nun erst im Flötze No. 11, in welchem die Vorrichtungsstrecken zum Pfeilerbau getrieben wurden, alle westlichen Strecken, einschliesslich der Wettersohlenstrecke, und das oberste Stück des Fahrüberhauens abgeblendet werden, um die Luftzufuhr zum Wetterquerschlage und damit zum Brandherde abzuschneiden. Die Ausführung dieser Arbeiten wurde dadurch ermöglicht, dass auch das Flötz No. 10, welches im Abbau stand, unten abgeblendet und nun der ganze Wetterstrom, welcher sonst die Betriebe dieses Flötzes und des Flötzes No. 11 bestrich, im westlichen Fahrüberhauen mitgenommen und dadurch dem Rückstau der Brandgase entgegengewirkt wurde. Nun erst konnte man daran gehen, im Hangenden des Flötzes No. 10 den Wetterquerschlag abzudämmen.

Auch in diesem Falle wurde demnach die Regel befolgt, zuerst unten und dann oben abzudämmen. Im übrigen lässt dieses Beispiel deutlich erkennen, welche Nachteile unter Umständen die Verzögerung der

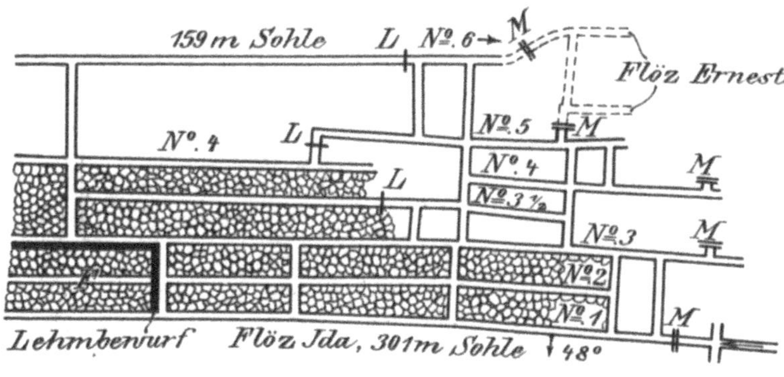

Fig. 68.

Abdämmung eines Brandfeldes auf Zeche Alma.

Abdämmung einerseits und der Mangel an Atmungsapparaten andererseits haben kann: hätte mit Hilfe eines einfachen derartigen Apparates sofort mit der Herstellung eines Dammes im Wetterquerschlag im Hangenden des Flötzes No. 11 begonnen werden können, so wären, da im Flötz No. 12 noch kein Durchschlag vorhanden war, nicht nur alle Abdämmungsarbeiten im Flötze No. 11, sondern auch die Einstellung der Betriebe in diesem und dem Nachbarflötze unnötig gewesen.

Im Flötze Ida der Zeche Alma (Fig. 68), welches vom Nachbarflötze Ernestine aus durch Ortsquerschläge gelöst war, neigte an einer Stelle der Bergeversatz zu Brand, da wegen der Unreinheit des Flötzes ziemlich viel Kohle in den Versatz geriet. Ein dadurch im November 1900 entstandener Brand wurde in der Weise erstickt, dass der Bergeversatz im Streichen und Einfallen mit Lehm beworfen wurde. Jedoch machten sich im Mai 1902 wieder Brandgase, und zwar auf Ort 4, bemerklich. Die Abdämmung erfolgte zunächst durch die Dämme L, welche mit Rücksicht auf den Gebirgsdruck aus Lehm hergestellt wurden; sodann wurden durch die 1,5 m starken Mauerdämme M die Sohlenstrecke und die Ortsquerschläge nach Flötz Ernestine abgeschlossen. Die Abdämmungsarbeiten wurden mit Hilfe von Atmungsapparaten vorgenommen.

Für die Rolle, welche die Bekämpfung von Bränden durch Abdämmung im Vergleich zu den anderen Bekämpfungsmassregeln spielt, sind die Erfahrungen auf Zeche Shamrock I/II bezeichnend. Hier ging man in 36 Fällen unter 49 mit Abdämmen vor; Löschversuche mit Wasser wurden in 9 Fällen, darunter 8 Mal ohne Erfolg, gemacht; in 2 Fällen wurden mit Erfolg die brennenden Massen abgerissen und weggefördert; Löschmasse wurde einmal ohne Erfolg, Ersäufen des Brandes ebenfalls einmal, und zwar erfolgreich, angewendet. Dabei beanspruchte die Bekämpfung in 6 Fällen von 41 weniger als 1 Tag, in 24 Fällen eine Zeit bis zu 5 Tagen und in 11 Fällen mehr als 5 Tage.

Nur in seltenen Fällen pflegt man im rheinisch-westfälischen Steinkohlenbergbau in besonders brandgefährlichen Flötzen schon zu Beginn des Abbaus einer Bauabteilung der in Zukunft etwa notwendig werdenden Abdämmung vorzuarbeiten, in ähnlicher Weise, wie das z. B. in Oberschlesien (in Nachahmung des auf der Fannygrube angewendeten Verfahrens) in grösserem Umfange geschieht: nämlich bereits während der Vorrichtung oben und unten Mauerdämme herzustellen, welche mit einer im Notfalle schnell zu verschliessenden Fahr- und Förderöffnung versehen sind. Derartige Mauer-Rahmen werden z. B. auf Zeche Shamrock I/II für jede Bauabteilung im Flötze Dickebank von vornherein eingebaut; die Oeffnung kann im Falle eines Brandes sofort durch Zuschlagen einer eisernen Thür geschlossen werden und wird dann schnell ausgemauert; die zum Ausmauern nötigen Materialien müssen immer bereit liegen. Auf Zeche Prinz von Preussen mauert man derartige Sicherheitsdämme im Flötze Röttgersbank gleich mit Verzahnung, um einen guten Verband mit dem im Notfalle in die Oeffnung einzubringenden Mauerwerk zu erzielen.

Auf der vielfach genannten Zeche Shamrock I/II ist man sogar früher, solange noch in dem besonders brandgefährlichen Flötze Dickebank streichender Pfeilerbau umging, zur Vermeidung unberechenbarer Kohlenverluste und zur Ermöglichung einer schnellen und wirksamen Abdämmung noch einen Schritt weiter gegangen. Man hat hier, wie z. B. auf der Ferdinand-Grube *) die einzelnen Bauabteilungen von einander durch rd. 20 m starke Kohlenpfeiler getrennt, welche so wenig wie möglich durchörtert wurden und daher nach Abdämmung dieser wenigen Durchörterungsstrecken das Ueber-

*) Beyling, Ueber oberschlesische Grubenbrände durch Selbstentzündung der Kohle und Massregeln zu ihrer Bekämpfung, Zeitschr. f. d. Berg-, Hütten- u. Salinenwesen 1902 B,S. 131.

greifen eines Brandes aus dem einen Baufeld in das benachbarte verhüteten. In ähnlicher Weise ist man früher auf Zeche Consolidation verfahren, als dort noch mittels Pfeilerbaus abgebaut wurde. Auch auf Zeche Courl hat man vereinzelt zu diesem Mittel gegriffen. Bei dem gegenwärtigen Stande des Ruhrkohlenbergbaus und den jetzt dort massgebenden technischen Grundsätzen kann dieses Verfahren als überwundener Standpunkt bezeichnet werden, weil dasselbe beträchtliche Kohlenverluste auch dann bedingt, wenn kein Brand ausbricht, und ausserdem die im alten Mann zurückbleibenden grossen Kohlenmassen ihrerseits wieder eine ständige Quelle der Brandgefahr bilden.

Zur Ausarbeitung eines ins Einzelne gehenden Planes und zum Erlass bestimmter Vorschriften für die Bekämpfung von Grubenbränden liegt auf den Bergwerken des Ruhrkohlenbezirks in der Regel keine Veranlassung vor, da hier Brände so selten vorkommen, dass ihre Bekämpfung nicht von vornherein in Erwägung gezogen, sondern erst im Notfalle, so gut es geht, in Angriff genommen wird. Nur auf einigen Zechen, welche mit einer gewissen Regelmässigkeit von Grubenbränden heimgesucht werden, bestehen Betriebsvorschriften, welche ein planmässiges Vorgehen und Zusammenarbeiten der Beamten und Arbeiter bei der Bekämpfung von Bränden zum Gegenstande haben. Dieselben bezwecken naturgemäss vor allem eine möglichst grosse Beschleunigung der Bekämpfung, welche gerade gegenüber Grubenbränden ganz besonders notwendig ist, schon wegen der Gefährdung der Belegschaft — ganz abgesehen von Betriebsstörungen und Kohlenverlusten.

Mustergültig sind auf diesem Gebiete die Vorschriften, welche von der Betriebsleitung der Zeche Shamrock I/II erlassen sind, welche durch die grosse Anzahl der im Laufe der Zeit vorgekommenen Brände eine reiche Erfahrung gewonnen hat. Um zu verhüten, dass die Unterbeamten zunächst auf eigene Faust die Bekämpfung eines Brandes versuchen und dadurch, wie zahlreiche Beispiele gezeigt haben, demselben erst recht Gelegenheit geben, weiter um sich zu greifen, wird jeder, sei er Arbeiter oder Beamter, welcher einen von ihm wahrgenommenen Brand nicht sofort der Betriebsleitung anzeigt, ohne weiteres entlassen. Ausserdem fährt in jeder der 3 Schichten von Samstag Abend bis Sonntag Abend auf jeder der 3 Fördersohlen eine Brandwache, bestehend aus 1 Beamten und 1 Aufseher, an, weil die sonntägliche Betriebspause leicht zu einer gefährlichen Ausdehnung eines kurz vorher entstandenen Brandes Anlass geben kann. Für die grösstmögliche Beschleunigung von Abdämmungsarbeiten ist dadurch gesorgt, dass in dem für die Aufbewahrung der Rettungsapparate bestimmten Raume jederzeit eine genügende Anzahl von Brettern vorhanden und ausserdem an einer leicht erreichbaren Stelle des Zechenplatzes ein eiserner Vorrat von 10 000 Stück Ziegelsteinen nebst der nötigen Mörtel- und Lettenmenge aufgestapelt ist, für dessen Erhaltung der Materialienverwalter zu sorgen hat. Ferner ist die hauptsächlich gefährdete Bauabteilung mit einer Telephonanlage ausgerüstet, während beim Ausbruch eines Brandes in irgend einem anderen Teile der Grube fliegende Fernsprechleitungen zur Brandstelle nachgeführt werden, bestehend aus der Sprechvorrichtung und einer kleinen Kabeltrommel, welche letztere an feste Kontakte in der Nähe des Schachtes angeschlossen wird. Einige Rollen mit zus. 2000 m Draht werden für diese Fernsprechleitung stets im Magazin bereit gehalten. Auf diese Weise wird die grösstmögliche Beschleunigung bei der Nachsendung der etwa noch fehlenden Materialien und Gezähe oder der Arbeitskräfte gewährleistet. Auf das Eintreten grösserer Schwierigkeiten bei den Abdämmungsarbeiten wird stets von vornherein Rücksicht genommen, indem bei jeder Meldung vom Ausbruche eines Brandes die Bereithaltung eines Schlauch-Atmungsapparates ohne weiteres angeordnet wird, zu welchem sich dann im Bedarfsfalle noch die Pneumatophoren gesellen. Auf den Einbau von Mauer-Rahmen, welcher eine wesentliche Beschleunigung in der Herstellung eines Abschlusses gestattet, ist bereits hingewiesen worden.

IV. Beschreibung einzelner, besonders bemerkenswerter Brände.

1. Der Brand auf Zeche Neu-Iserlohn im Juli 1873.*)

Dieser Grubenbrand verdient besondere Beachtung sowohl wegen seines Zusammenhanges mit Schlagwetterexplosionen als auch besonders wegen seines Umfanges und der Schwierigkeiten, welche seine Bekämpfung verursachte und welche schliesslich ganz aussergewöhnliche Massregeln erforderlich machten.

Die natürlichen Verhältnisse waren für den Betrieb sehr ungünstig: Der in Betracht kommende Feldesteil lag zwischen zwei großen Ueberschiebungen und war stark gestört. Daher herrschte einerseits ein starker Gebirgsdruck, welcher bei dem in Anwendung stehenden Abbau ohne Versatz das Anstehenlassen grösserer Kohlenmengen mit sich brachte, andererseits entwickelten sich viele Schlagwetter.

Der Ausbruch des Brandes ist auf die Entzündung von Schlagwettern an den Funken in den Rauchgasen eines Wetterofens zurückzuführen. Letzterer stand im Querschlag der Wettersohle, 6 m nördlich des Flötzes

*) Zeitschr. f. d. B. H. S. W. 1873, Bd. XXI B, S. 197 ff.

No. 5 (Fig. 69). Zu seiner Speisung dienten frische Wetter, welche ihm vom nördlichen Hauptschachte aus zugeführt wurden. Die Rauchgase hatten zunächst im Flötze No. 5 nach Westen 80 m streichend und darauf 90 m schwebend zurückzulegen, um schliesslich durch den südlichen Luftschacht, über welchem ein Schornstein von 27 m Höhe errichtet war, zu Tage auszuströmen. Die verbrauchten Grubenwetter wurden von der unteren Sohle her durch blinde Schächte hinter dem Ofen der Wetterstrecke zugeführt. Der an den Wetterofen sich anschliessende Teil des Wetterweges war bis auf 6 m unterhalb der Mergelgrenze ausgemauert. Die Abkühlung der Ofengase auf diesem Wege hatte sich im gewöhnlichen Betriebe als genügend erwiesen, um eine Entzündung des Russes im Wetterkanale sowie des nicht ausgemauerten Streckenstückes im Flötz No. 5 zu verhüten. Am 24. Juni jedoch stiegen, wahrscheinlich aus abgebauten Teilen des Flötzes No. 6, durch den alten Mann der Flötze No. 5 und 6 grössere Schlagwettermengen auf, traten in den Wetterkanal ein und entzündeten sich dort mit solcher Gewalt, dass die Flamme 7—8 m hoch aus dem Schornstein des Luftschachtes herausschlug.

Eine unmittelbare Erstickung des Brandes durch Abdämmung

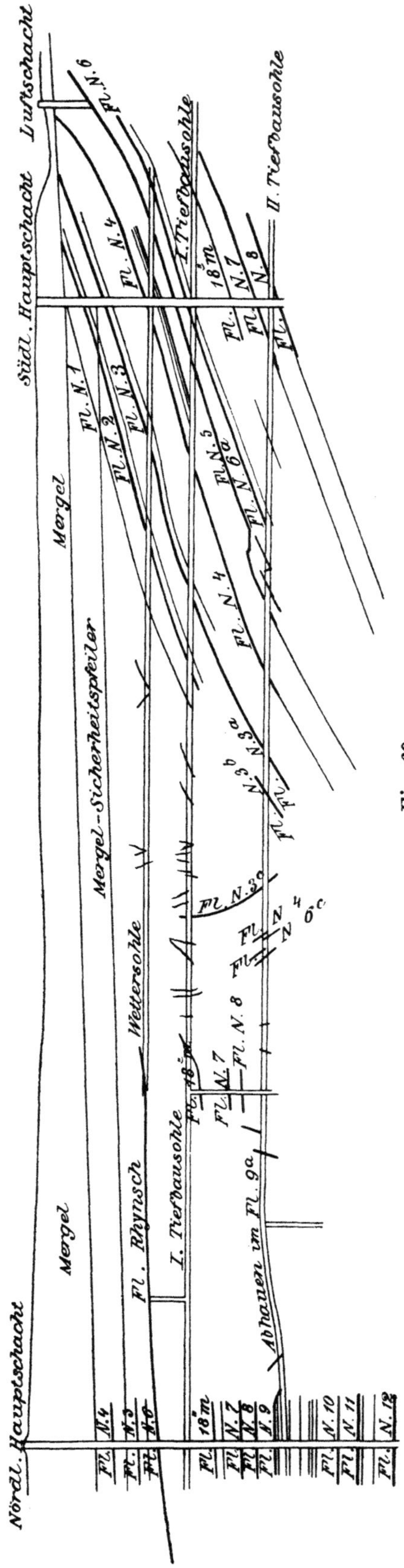

Fig. 69.
Querprofil der Zeche Neu-Iserlohn.

war wegen der zahlreichen Störungsklüfte im Gebirge und wegen der umliegenden Abbau-Hohlräume nicht möglich. Man musste vielmehr in erster Linie die Verbreitung des Feuers nach dem südlichen Hauptschacht hin, dem Wetterstrom entgegen, zu verhindern suchen. Zu dem Zweck wurde dieser Schacht zunächst durch 8 Dämme gegen den nördlichen Hauptschacht abgesperrt und sodann selbst durch zwei Bühnen geschlossen, welche in 3 und 24 m Teufe aus Bohlen mit Lehmschüttung hergestellt wurden. Der Erstickung des Brandes wirkten aber einerseits die Notwendigkeit entgegen, die Gestänge-Wasserhaltung im südlichen Hauptschachte in Betrieb zu halten und zu diesem Zwecke in den beiden Bühnen Oeffnungen für das Gestänge zu lassen, sowie andererseits der durch die starke Erhitzung des südlichen Luftschachtes hervorgerufene lebhafte Wetterzug. Da sich der erstgenannte Uebelstand nicht beseitigen liess, so suchte man wenigstens das Feuer zu löschen und dadurch die Hitze im Schachte möglichst herabzudrücken. Zu diesem Zwecke liess man eine Wassermenge von 1 cbm in der Minute in den Schacht einströmen. Nachdem es auf diese Weise gelungen war, den Brand zu löschen, wurde der Querschnitt des Luftschachtes auf etwa ein Drittel verringert; den Schacht ganz abzusperren wagte man nicht mit Rücksicht auf das dann zu befürchtende starke Anwachsen des Gasdruckes im Brandfelde.

Das Vordringen zum Brandherde erfolgte im südlichen Luftschachte unter Mitführung eines hölzernen Wetterscheiders, welcher in dem Wetterschornstein seinen Anfang nahm und mit Hülfe einer schwebenden Bühne hergestellt wurde. Weiter in den Wetterkanal einzudringen, war jedoch ohne Atmungsapparate nicht möglich.

Da nun einerseits wegen der Oeffnungen in den beiden Verbühnungen des Hauptschachtes der Zutritt frischer Luft zum Brandherde nicht verhindert werden konnte, andererseits aber die aus dem Wetterschornstein herausbrennende Flamme, welche früher durch fortgesetzte Verbrennung des nachströmenden Grubengases eine Ansammlung desselben verhindert hatte, erloschen war, so bildete sich im Brandfelde nach einiger Zeit ein explosibles Gasgemenge, welches, durch das noch vorhandene Feuer entzündet, 3 Explosionen (eine am 11. und zwei am 17. Juni) zur Folge hatte, welche die Verbühnung im südlichen Hauptschachte zerstörten und schliesslich auch den ferneren Betrieb der Wasserhaltung unmöglich machten.

Nunmehr entschloss man sich, den südlichen Hauptschacht mit Haldenbergen und Lehm zuzustürzen, den südlichen Wetterschacht luftdicht abzudecken und die Wasser im nördlichen Hauptschacht mittels Wasserkasten zu fördern. Ausserdem wurden die vorher hergestellten Dämme noch verstärkt, sodass dieselben aus je 4 rundherum eingespitzten Mauern mit dazwischengefüllten Lehmmassen bestanden.

Dieser Grubenbrand zeigt die Gefährlichkeit von Brand-Bekämpfungsarbeiten in Schlagwettergruben, wenn die Absperrung des frischen Wetterstromes nicht vollständig gelingt. Er giebt ein deutliches Bild von den Schwierigkeiten, welchen die Erstickung eines Brandes in einer ohne Bergeversatz bauenden Schlagwettergrube mit einer grösseren Anzahl gleichzeitig in Angriff genommener Flötze begegnet.

2. Der Brand auf Zeche Zollern*) im Mai 1898.

Dieser Brand, welchem 44 Bergleute zum Opfer fielen, ist für die Verhältnisse im Ruhrbezirk seiner Entstehung nach eine Ausnahme-Erscheinung, da er durch eine offene Lampe veranlasst wurde.

Der Herd desselben war die Maschinenkammer eines neben dem Hauptförderschachte stehenden blinden Hilfsschachtes, welcher der Hauptfördersohle die Kohlen von der tieferen Sohle aus zuführte und mit einer Treibscheibenförderung versehen war (Fig. 70 und 71). Dieser Schacht war gegen seine Maschinenkammer durch eine Holzbühne abge-

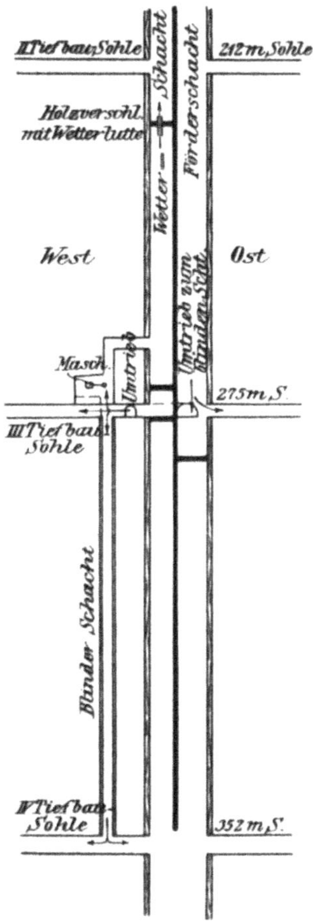

Fig. 70.
Schachtprofil von Zeche Zollern.

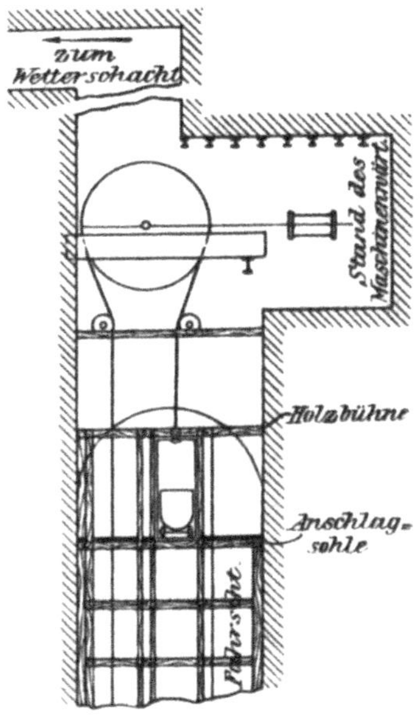

Fig. 71.
Schnitt durch den Hülfsschacht auf Zeche Zollern.

*) Zeitschr. f. d. B. H. S. W. 1898, Bd. XXXXVI B, S. 294 ff.

schlossen, welche nur durch ein Fahrtrumm und durch die Oeffnungen für das Förderseil durchbrochen war. Die Bewetterung des Maschinenraumes erfolgte durch einen frischen Zweigstrom, dessen Stärke durch eine in einen Holzverschlag im Wettertrumm eingebaute Lutte beschränkt war. Unterhalb der Holzbühne fielen die für die Bewetterung der IV. Sohle bestimmten Wetter (1700 cbm i. d. Min.) in dem blinden Schachte ein.

Die Verhältnisse lagen hier für die Entstehung und das Umsichgreifen eines Brandes günstig. Die den Hilfsschacht oben abschliessende Holzbühne war mit darauf getropftem Schmieröl bedeckt und davon durchtränkt. Ferner war zur Erzielung einer genügenden Reibung in die Nut der Treibscheibe ein Stück Hanfseil gelegt, welches durch den Förderbetrieb eine zunderartige Beschaffenheit erhalten musste. Die Beleuchtung des Maschinenraumes endlich erfolgte durch offene Petroleumlampen, wie denn auch in dem blinden Schachte mit offenen Lampen gearbeitet werden durfte.

Veranlasst wurde der Brand durch eine offene Schachthauerlampe, welche während des Einlassens von Grubenschienen in der Nachtschicht an dem Seileinband des Förderkorbes aufgehängt, mit dem letzteren nach dem Abladen der Schienen wieder hochgezogen wurde und oben ein Stück des eingelegten Hanfseils, welches durch die Seilöffnung in der Bühne herabhing, in Brand setzte. Da das Feuer sofort die ölgetränkte Holzbühne ergriff und die Löschung des Brandes nicht gelang, so fuhr ein Arbeiter aus und benachrichtigte den Betriebsführer. Dieser veranlasste in richtiger Erfassung der Sachlage sofort das Stillsetzen des Ventilators, um das weitere Vordringen der Brandgase zu verlangsamen.

Die Bekämpfung des Brandes und die Rettungsarbeit wurde sehr erschwert durch zwei Umstände. Einerseits gelang es wegen der Rauchmassen nicht, auf der III. Sohle den nördlichen und südlichen Querschlag abzudämmen; nur der Verschlag im Wettertrumm unterhalb der II. Sohle (s. Fig. 70) konnte entfernt werden, wodurch einem Teile der Brandgase der Abzug ermöglicht wurde. Andererseits dauerte der durch die Stillsetzung des Ventilators geschaffene Stillstand der Wetterbewegung nur knapp 4 Stunden; gegen 6 Uhr morgens schlug der Wetterzug um, sodass nunmehr auch das Fördertrumm mit Rauchmassen sich füllte und das Füllort der I. Sohle unzugänglich wurde. Deshalb sah man sich genötigt, den Ventilator wieder in Betrieb zu setzen, um einen Brand des Schachtes selbst zu verhüten. Dadurch wurden naturgemäss die Brandgase nunmehr in grösseren Massen in die Baue getrieben.

Die Entwickelung des Rettungsdienstes in der Neuzeit prägte sich darin aus, dass bei diesem grossen Brande Atmungsapparate zur Verwendung kamen. Allerdings waren solche Apparate auf der Zeche nicht vorhanden, jedoch wurden von der Bergwerksgesellschaft Hibernia Rettungsmannschaften zu Hülfe geschickt, die mit Pneumatophoren ausgerüstet waren. Dieselben trafen zwar zu spät ein, um in die Rettungsarbeiten mit Erfolg eingreifen zu können, leisteten aber bei der Löschung der in Brand geratenen Querschlagzimmerung gute Dienste. Bei dem Vordringen der Rettungsleute in die Baue der Wettersohle versagten 2 Apparate, sodass ihre Träger bewusstlos wurden und herausgeschafft werden mussten.

Ein rechtzeitiges und zielbewusstes Eingreifen einer mit Atmungsapparaten ausgerüsteten Rettungsmannschaft würde hier ohne Zweifel von grossem Nutzen gewesen sein, da dann u. a. wohl die Abdämmung des Förderschachtes gegen den blinden Schacht auf der III. Sohle sich hätte bewerkstelligen lassen und das Wiederanlassen des Ventilators hätte vermieden werden können.

3. Der Brand auf Zeche Constantin der Grosse II. im Dezember 1899*).

Die Entstehung dieses Brandes ist auf die Abbauverhältnisse zurückzuführen. Unterhalb der IV. Sohle (Fig. 72) war im Flötze Dickebank ein Stoss mit Bergeversatz abgebaut worden, unter welchem dann noch ein

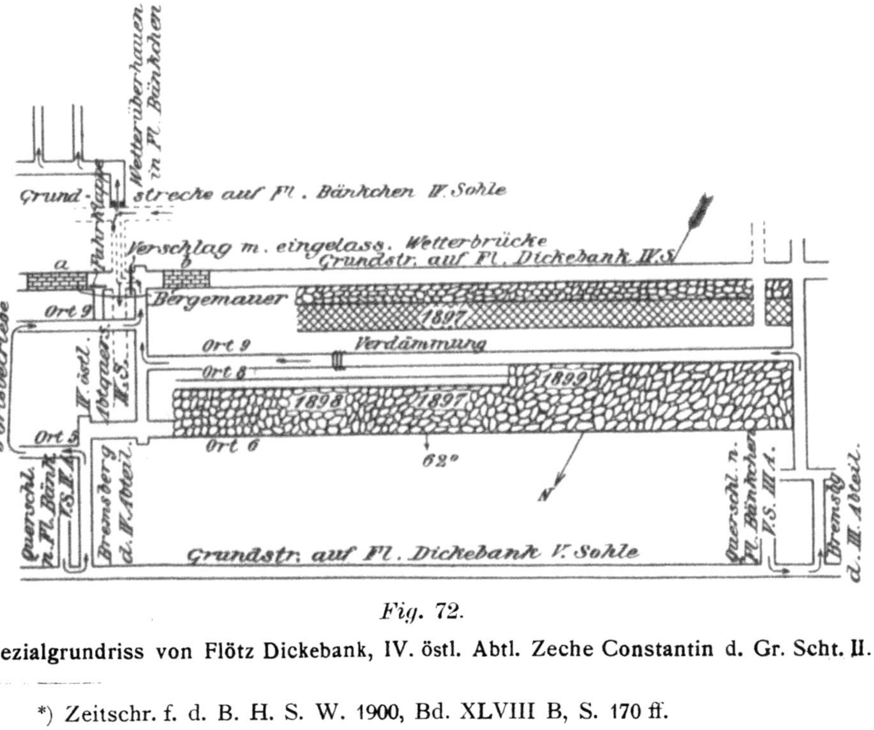

Fig. 72.

Spezialgrundriss von Flötz Dickebank, IV. östl. Abtl. Zeche Constantin d. Gr. Scht. II.

*) Zeitschr. f. d. B. H. S. W. 1900, Bd. XLVIII B, S. 170 ff.

Pfeiler ohne Bergeversatz gewonnen worden war. Als man nun von Ort 6 aus das Flötzstück zwischen den beiden Bremsbergen mittels Stossbaues abbaute, hatte man auf Ort 8 wegen der geringen Stärke des darüber noch anstehenden Kohlenpfeilers mit so starkem Druck zu kämpfen, dass man beschloss, den noch anstehenden Teil des Stosses über Ort 8 von dem Bremsberge der III. Abteilung aus, den Pfeiler über Ort 9 aber je zur Hälfte von den Bremsbergen der III. und IV. Abteilung aus, und zwar ohne Bergeversatz, abzubauen. Zu diesem Zwecke wurde eine Verbindungsstrecke zwischen beiden Bremsbergen getrieben, die aber sofort so stark zusammengedrückt wurde, dass sie von neuem aufgewältigt werden musste.

Demnach lagen hier die Verhältnisse — Vorhandensein von Kleinkohle in der verbrochenen Strecke, grosse Flötzmächtigkeit, starker Gebirgsdruck, schwacher Wetterzug — für die Entstehung eines Brandes ganz besonders günstig. In der That machte sich auch bald ein aus dem verbrochenen Teil der Strecke No. 9 kommender Brandgeruch bemerklich. Die sofort vorgenommenen Abdämmungsarbeiten waren zunächst erfolgreich, sodass der Betrieb in den Nachbarflötzen Wilhelm, Franziska und Leonhard aufrecht erhalten werden konnte. Bald aber machte sich die Einwirkung des früheren Abbaus ungünstig geltend: der zu stark geschwächte Pfeiler No. 9 war sehr in Druck geraten, lief aus und veranlasste dadurch nicht nur den erneuten Zutritt frischer Wetter zum Brandherde, sondern auch das Durchdrücken der hinter den Dämmen angesammelten Brandgase durch den alten Mann zur IV. Sohle hin sowie den Rückstau dieser Gase, welche durch die enge Wetterbrücke und die engen beiden Wetterüberhauen im Flötze Bänkchen nicht schnell genug abströmen konnten, durch die Holzblende an der Wetterbrücke und die Fahrklappe des östlichen Fahrüberhauens in den Querschlag der IV. Sohle. Von hier aus gelangten die Brandgase in den frischen Wetterstrom und mit diesem in die eben genannten Nachbarflötze, deren Belegschaft sie gefährdeten.

Zur Ermöglichung der Rettungs- und Abdämmungsarbeiten wurde einerseits der Eintritt der Brandgase in den frischen Wetterstrom durch Verstopfen der Fugen in dem Holzverschlage der Wetterbrücke und in der Fahrklappe des Überhauens sowie durch Abblenden der Wetterzufuhrstrecke im Flötze Bänkchen V. Sohle mit Segeltuch und Lehm verhindert, andererseits der durch den Querschlag der IV. Sohle gehende frische Strom bedeutend verstärkt. Der endgültige obere Abschluss des Brandfeldes gegen diesen Querschlag erfolgte dann durch einen 6 m dicken Damm.

4. Der Brand in der Schachtmulde des Flötzes Dickebank auf Zeche Shamrock I/II, Februar 1898 bis Mai 1901.

Dieser ebenfalls durch Selbstentzündung entstandene Brand bietet ein bemerkenswertes Beispiel für die Gefährlichkeit der sogenannten Firstenbrände. Derselbe brach aus infolge der Selbstentzündung von Kohlenklein, welches sich in einer Strecke im Muldentiefsten unterhalb der III. Sohle in dem 3 m mächtigen Flötze Dickebank auf der Zimmerung gesammelt hatte. (Fig. 73a und b.) Da Löschversuche erfolglos blieben, wurde unter Benutzung eines bereits vorhandenen Mauerrahmens das Flötz im Querschlage abgewölbt und vorsichtshalber auch die ganze Strecke a-b-c bis zum Schachte I ringsherum ausgemauert. Zur Sicherung der beiden Förderschächte I und II und des Wetterschachtes VI wurde ausserdem in allen drei Schächten an der Stelle, wo das Flötz durchsetzte, ein 3 m starker Mauerring hergestellt. Da durch Brandgasproben und Temperaturmessungen nach einiger Zeit festgestellt wurde, dass der Brand noch nicht erloschen war, wegen der Nähe der Schächte aber ganz besondere Vorsicht beobachtet werden musste, so entschloss man sich dazu, zunächst den Brand durch Ersäufen zu ersticken und dann die ausgebrannten Flötzteile mit Mauerwerk und Beton auszufüllen. Zu diesem Zwecke wurde ein Rohr von 33 mm l. W. eingebaut und dann mit dem Einlassen von Wasser begonnen, wobei die eingelassenen sowohl, wie die in den Schächten austretenden Wasser gemessen und ausserdem der Wasserdruck gegen die unteren Dämme und die Temperatur des abfliessenden Wassers festgestellt wurden. Mittlerweile wurde vom Wetterschachte aus unterhalb der III. Sohle der Muldensüdflügel des Flötzes Dickebank durch einen Hülfsquerschlag d gelöst, welcher das Flötz oberhalb von Ort No. 3 erreichte. Von hier aus wurde die Strecke e streichend bis zum alten Bremsberg f aufgefahren, welcher dann durch Ausmauerung der Strecke abgesperrt wurde. Nachdem ca. 67 300 cbm Wasser eingelassen worden waren, wurde der Wasserzufluss abgestellt. Nunmehr stellte man von der neuen Strecke aus ein Abhauen bis zur Sohlenstrecke her, sümpfte die Wasser und begann mit dem Ausmauern und Ausbetonieren. des durch den Brand entstandenen Hohlraumes. Dabei wurden vorsichtshalber in dem Lösungsquerschlage d zwei Wetterthüren t_1 t_2 eingebaut, die im Falle eines starken Auftretens von Brandgasen sofort geschlossen werden sollten. Die Bewetterung der Arbeiten wurde durch die Nähe des Wetterschachtes erleichtert, welcher oberhalb der III. Sohle aus-, unterhalb derselben einzog und in dessen ausziehendes Stück eine Luttenleitung von 400 mm Durchmesser eingebaut und in das Brandfeld nachgeführt wurde, sodass durch den so hergestellten »Kurzschluss« ein starker Druckunterschied nutzbar gemacht werden konnte. Dennoch stieg während dieser

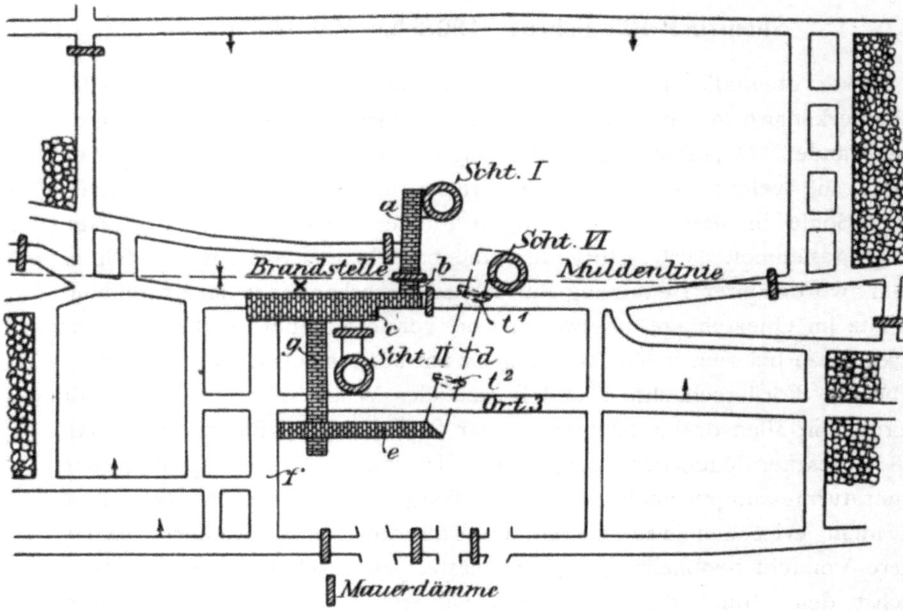

a. Grundriss.

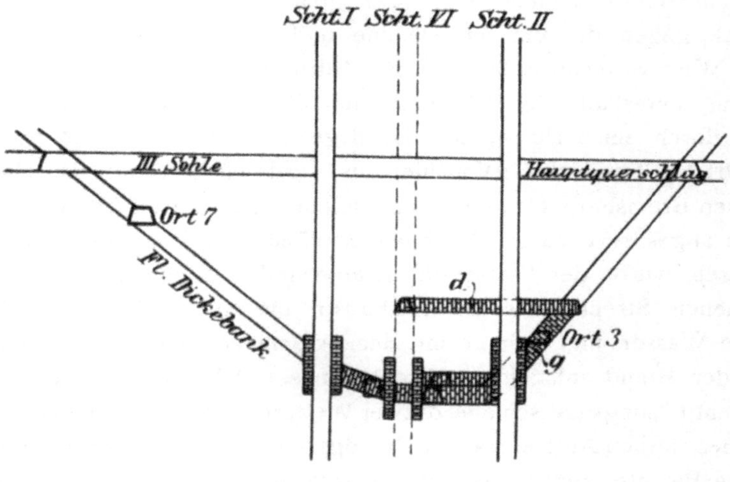

b. Profil.

Fig. 73 a u. b.

Flötzbrand in der Schachtmulde von Flötz Dickebank auf Zeche Shamrock I / II.

Arbeiten wegen des Luftzutritts die Temperatur im Brandfelde wieder wesentlich — die losen Kohlen hatten zuerst eine Temperatur von etwa 38° C., später eine solche von ca. 58°C. —, jedoch wurde trotzdem die Mauerung mit Erfolg durchgeführt. Schliesslich wurde auch das Abhauen noch zugemauert und die im Flötz neu aufgefahrene Strecke mit Bergen dicht versetzt, womit dieser langwierige und gefährliche Brand endgültig unschädlich gemacht war.

2. Kapitel: Brände der Tagesanlagen.

I. Ursachen und Folgen von Bränden der Tagesanlagen.

Während die eigentlichen Grubenbrände im Ruhrkohlenbezirk immer nur eine untergeordnete Rolle gespielt haben, sind Brände über Tage hier häufig vorgekommen und haben oft einen grossen Umfang erreicht. Jedoch zeigt sich gerade dieser Gefahr gegenüber, bei welcher die natürlichen Verhältnisse im Gegensatz zu den Grubenbränden von ganz geringer Bedeutung sind, der technische Fortschritt der Neuzeit in hellem Lichte, indem trotz des stark gewachsenen Umfangs der Tagesanlagen und des Tagesbetriebes und trotz des Hinzutretens besonders feuergefährlicher Betriebe (Gewinnung der Nebenprodukte beim Kokereibetriebe, Füll- und Reinigungsräume für die Benzinlampen usw.) die Brandgefahr in der neueren Zeit auf ein sehr bescheidenes Mass zurückgedrängt worden ist.

In früheren Jahrzehnten war nicht nur die Gefahr des Ausbruchs eines Brandes, sondern auch die im Gefolge eines solchen drohende Gefahr wesentlich grösser als jetzt. Eine Fortpflanzung des Brandes in den einziehenden Schacht oder in das einziehende Schachttrumm war bei dem damals die Regel bildenden hölzernen Schachtausbau leicht möglich und konnte nicht nur die in der Grube befindliche Belegschaft unmittelbar gefährden, sondern auch bei dem vielfach herrschenden Einschacht-System die Ausfahrt der Belegschaft am Seil sowohl wie auch (event. nach Zerstörung des Wetterscheiders) auf den Fahrten unmöglich machen. Dazu kam in manchen Fällen noch, dass zur Schachtförderung Pflanzenfaserseile dienten, welche selbst vom Feuer ergriffen werden konnten, sodass dadurch die zur Rettung der Belegschaft verbleibende Zeit noch weiter abgekürzt wurde. Ein derartiger Fall trat z. B. im Jahre 1872 bei einem Brande auf Zeche Barillon (jetzt Julia) ein, wo zur Förderung Aloeseile dienten, die nach Ausförderung eines Teiles der Belegschaft durchbrannten;

hier hatte dieser Umstand allerdings glücklicherweise keine schlimmen Folgen, weil es gelang, durch Absperrung des Wetterkanals und die dadurch bewirkte Unterbrechung des Wetterzuges, sowie durch Berieselung der Schachtzimmerung das Eindringen des Brandes in die Grubenbaue zu verhüten.

Eine fernere Gefahr, welche in früherer Zeit im Gefolge eines Brandes über Tage auftreten konnte, lag darin, dass die Wasserwältigung durch Gestängemaschinen erfolgte, welche unmittelbar neben dem Schachte aufgestellt waren und deren Betrieb durch ein ausbrechendes Feuer unmöglich gemacht werden konnte, sodass ein gänzliches oder teilweises Ersaufen der Grube eintrat.

Da in früheren Jahren die Tagesgebäude vorwiegend Holzbauten waren, so konnte ein Brand, namentlich im Sommer, leicht entstehen und ein einmal ausgebrochener Brand schnell um sich greifen. Es kann daher nicht wundernehmen, dass solche Brände vielfach erst mit der Einäscherung fast der ganzen Tagesanlagen aufhörten, zumal für Löscharbeiten gar nicht oder nur mangelhaft vorgesorgt war.

Eine starke Gefahrenquelle bildeten die alten hölzernen Kohlensiebereien wegen des in grossen Massen in ihnen abgelagerten trockenen Kohlenstaubes. Da diese Gebäude meist in unmittelbarem Anschluss an den Schacht gebaut waren, so konnte der letztere durch einen Brand in der Sieberei leicht in Mitleidenschaft gezogen werden. Derartige Brände machen einen starken Prozentsatz der in früheren Jahrzehnten vorgekommenen Tagesbrände aus und sind auch in den letzten Jahren auf Zechen mit hölzernen Separationsgebäuden noch mehrfach vorgekommen. Als Beispiele seien hier ausser dem bereits genannten Brande auf Barillon angeführt die Brände auf Neu-Wesel (1858), Graf Beust (1870), Constantin der Grosse II (1871), Caroline (1881), Carlsglück (1883), Heinrich Gustav (1883), Shamrock I/II (1887), Pluto (1892), Dannenbaum II (1896), Constantin der Grosse I (1898) und Pauline (1899).

Der Brand auf Zeche Barillon*) z. B. brach im Monat Mai in dem Maschinenhäuschen eines an die Sieberei sich anschliessenden Kohlenaufzugs aus, griff mit grosser Schnelligkeit auf die Sieberei über, welche ganz aus Holz gebaut war, und wurde von dem herrschenden Winde gerade auf den Schacht zu getrieben. Die in der Umgebung des Schachtes gelegenen Gebäude brannten gänzlich ab.

Auf der Zeche Caroline**) verbreitete sich das Feuer von der Sieberei aus über die hölzerne Kohlentransportbrücke, zu dem Schachtgebäude, und zwar so schnell, dass trotz baldiger Aufnahme der Lösch-

*) Glückauf 1872 No. 20.

**) Glückauf 1881 No. 84.

arbeiten alles Brennbare in beiden Gebäuden in ca. $1^1/_2$ Stunden vernichtet war. Da die Gestängewasserhaltung durch den Brand betriebsunfähig gemacht worden war, musste schnell ein Hülfsfördergerüst errichtet werden, um die Grubenwasser mit Hülfe der Fördermaschine zu Sumpfe halten zu können.

Bei dem Brande auf Schacht II der Zeche Constantin der Grosse sprang infolge der Hitze der Balancier der Gestänge-Wasserhaltung, sodass die Wasserwältigung vorübergehend durch Förderung mit Wasserkasten erfolgen musste.

Neben den Kohlensiebereien waren es besonders die wenig feuersicher gebauten und durch abgetropftes Schmieröl brandgefährlich gemachten Maschinengebäude, welche zu Bränden vielfach Veranlassung gaben.

Ein Brand auf Zeche Bonifacius, durch welchen im Mai 1898 ein Schachtturm zerstört wurde, brach im Gefolge von Reparaturarbeiten an den Seilscheiben aus; die hölzernen Träger, auf denen die Seilscheiben verlagert und welche mit Kohlenstaub bedeckt waren, fingen durch abspringende Funken Feuer. Auch hier wurde die Wasserhaltung für einige Tage betriebsunfähig gemacht.

II. Vorbeugungs- und Bekämpfungsmassregeln gegenüber den Bränden über Tage.

Der Entstehung von Bränden in den Tagesgebäuden, welche zwar in der Regel keine Gefährdung der unterirdischen Belegschaft zur Folge hatten, dafür aber den Betrieb oft in sehr empfindlicher Weise und für längere Zeit störten, hat man in der Neuzeit dadurch vorgebeugt, dass man das Uebel an der Wurzel fasste: die Verwendung des Holzes für Baulichkeiten über Tage wurde mehr und mehr eingeschränkt und die allgemeine Anordnung und innere Einrichtung der Tagesanlagen zweckmässiger gestaltet. Das Aushülfsmittel der Imprägnation des Holzes, welches in Oesterreich eine grössere Rolle spielt, hat nur vereinzelt Anwendung gefunden. Allerdings ist hier ebenso wie oben bei der Besprechung der Einführung des Bergeversatzes hervorzuheben, dass diese neuzeitlichen Verbesserungen nur zum Teil durch das Bestreben, die Brandgefahr zu verringern, geboten wurden, zum Teil aber auf anderweitige betriebstechnische Rücksichten, in erster Linie auf die stark gewachsenen Ansprüche an die Festigkeit und Dauerhaftigkeit der Tagesgebäude, zurückzuführen waren. Auch wurde die Durchführung dieser Grundsätze durch die Verbilligung der an die Stelle des Holzes tretenden Baumaterialien — des Mauerwerks durch den zunehmenden Betrieb von Ziegeleien auf eigene Rechnung, des Eisens durch die Erstarkung der einheimischen Eisenindustrie —, welcher auf der anderen Seite die steigenden Holzpreise gegenüberstanden, begünstigt.

Eine grosse Bedeutung für die Abwendung der Brandgefahr ist ferner der neuerdings durchgeführten sorgfältigen Herstellung und Ausstattung der Maschinengebäude beizumessen. Dieselben waren früher häufig dunkel und eng, hatten, wenn auch selbst nicht aus Holz gebaut, viel Holzwerk in Gestalt von Schränken, Fussböden und Treppen aufzuweisen und waren vielfach ohne genügende Vorkehrungen zum Auffangen des abtropfenden und abspritzenden Schmieröls. In der neueren Zeit dagegen werden sie hell und geräumig in Stein und Eisen gebaut und erhalten in der Regel einen Fliesen-Fussboden, welcher leicht sauber gehalten werden kann. In erhöhtem Masse ist diese Vorsicht den in der neueren Zeit noch hinzugekommenen besonders feuergefährlichen Gebäuden — den Lampenkauen und den Anstalten für die Gewinnung der Nebenprodukte des Kokereibetriebes — zu teil geworden, indem hier alles Holz vermieden und durch zahlreiche eiserne Thüren für die Möglichkeit der schnellen Absperrung eines Brandherdes gesorgt ist. Daher sind Brände, welche hier hin und wieder ausgebrochen sind, neuerdings fast stets ohne schlimmere Folgen geblieben.

Infolge dieser Verbesserungen der Tagesanlagen haben die Brände über Tage nach Zahl und Umfang auf ein geringes Mass herabgedrückt werden können. Bereits im Jahre 1878 konnte J. Mayer*) mit Bezug auf neuere westfälische Anlagen schreiben:

»Es ist gewiss, dass bei diesen elegant ausgebauten, zumeist freistehenden Anlagen, denen auch andere feuergefährliche Bauobjekte möglichst ferngehalten werden, nahezu eine absolute Feuersicherheit erreicht ist, da selbst — wie dies wohl bei vielen westfälischen Zechen und in den Saarbrücker Revieren etc. üblich — die Fussböden der Schachtetagen, der Maschinenstuben, sämtliche Dachkonstruktionen und dergl. aus einem feuersicheren Materiale hergestellt sind. Der wohl etwas teuerere Ausbau solcher Schächte kontrastiert sehr wohlthuend gegen jene barackenartigen Holzbauten, die noch so häufig angetroffen werden.«

Wegen dieser Verringerung der Brandgefahr ist es nicht erforderlich geworden, die Verwendung des Eisens zu Seilscheibengerüsten irgendwie einzuschränken. Dieser Vorschlag, der im Einklang steht mit dem Misstrauen, welches neuerdings auf Grund verschiedener Erfahrungen vielfach der weitgehenden Verwendung des Eisens beim Häuserbau entgegengebracht wird, wurde nämlich im »Glückauf« im Jahre 1872 gemacht und war veranlasst worden durch verschiedene grössere Brände, namentlich durch den bereits erwähnten Brand auf Zeche Barillon,

*) Oesterr. Zeitschr. f. Berg- u. Hüttenwesen 1878, S. 223 ff.

bei welchem das eiserne Fördergerüst stark gelitten hatte: es wurde daraufhin die Errichtung gemauerter Schachttürme (der bekannten »Malakoff-Türme«) befürwortet, welche als einzige Holzteile die Spurlatten enthalten, möglichst freistehend gebaut und gegen die Sieberei durch eiserne Thüren abgesperrt werden sollten.

Der ebenfalls früher gemachte Vorschlag, zur Sicherung der unterirdischen Belegschaft für den Fall eines Brandes des Schachtgebäudes besondere »Zubaustollen« herzustellen, welche eine ausserhalb des Schachtgebäudes liegende Tagesöffnung erhalten und als Fluchtweg dienen sollten, ist durch die Abschaffung des Einschachtsystems gegenstandslos geworden.

Hand in Hand mit der feuersicheren Herstellung der Tagesanlagen ging das Bestreben, das Feuerlöschwesen wirksamer auszubilden. Früher begnügte man sich mit der Schaffung von Löschgelegenheit für die besonders gefährdeten oder in erster Linie zu schützenden Gebäude. So wurde z. B. auf Zeche Friedrich Ernestine bereits im Jahre 1876 im Schachtturm ein grosser Wasserbehälter mit den notwendigen Rohrleitungen zum Schutz des Schachtgebäudes eingebaut. Neuerdings aber sind die grösseren Zechen zur Einrichtung von regelrechten Zechenfeuerwehren und zur Beschaffung der nötigen Spritzen, Schläuche, Stand- und Strahlrohre, Leitern und sonstigen Gerätschaften übergegangen.

Als Beispiel für diese Zechenfeuerwehren seien hier diejenigen der Gelsenkirchener Bergwerks-Aktiengesellschaft angeführt. Diese Gesellschaft unterhält auf jeder ihrer Schachtanlagen eine freiwillige und von den Polizeibehörden anerkannte Feuerwehr, welche in der Regel aus einem Führer und seinem Stellvertreter, je einem Führer für die Steiger- und für die Spritzenmannschaft, 8 Steigern, 12 Leuten für die Bedienung der Spritzen und 2 Hornisten besteht. Zur Ueberwachung der einzelnen Mannschaften und ordnungsmässigen Instandhaltung ihrer Geräte ist das gesamte Feuerschutzwesen der Gesellschaft einem besonderen Brandinspektor unterstellt. Die Wehren halten, ausgenommen in den Wintermonaten, alle 8 bis 14 Tage Uebungen ab, wozu teils eigene Steigertürme, teils diejenigen der benachbarten Gemeinden benutzt werden.

In ähnlicher Weise wie bereits 1878 auf dem Hermenegild-Schachte in Mährisch Ostrau Speisepumpen durch Angliederung eines Windkessels gleichzeitig für Feuerlöschzweck tauglich gemacht waren, haben auf den einzelnen Schachtanlagen der Gesellschaft viele kleine Dampfpumpen Einrichtungen zum Anschrauben von Schläuchen erhalten, so dass sie nötigenfalls als Dampfspritzen benutzt werden können. Auf den Anlagen zur Gewinnung der Nebenprodukte sind auch Dampfspritzenschläuche von 75 mm l. W. vorhanden.

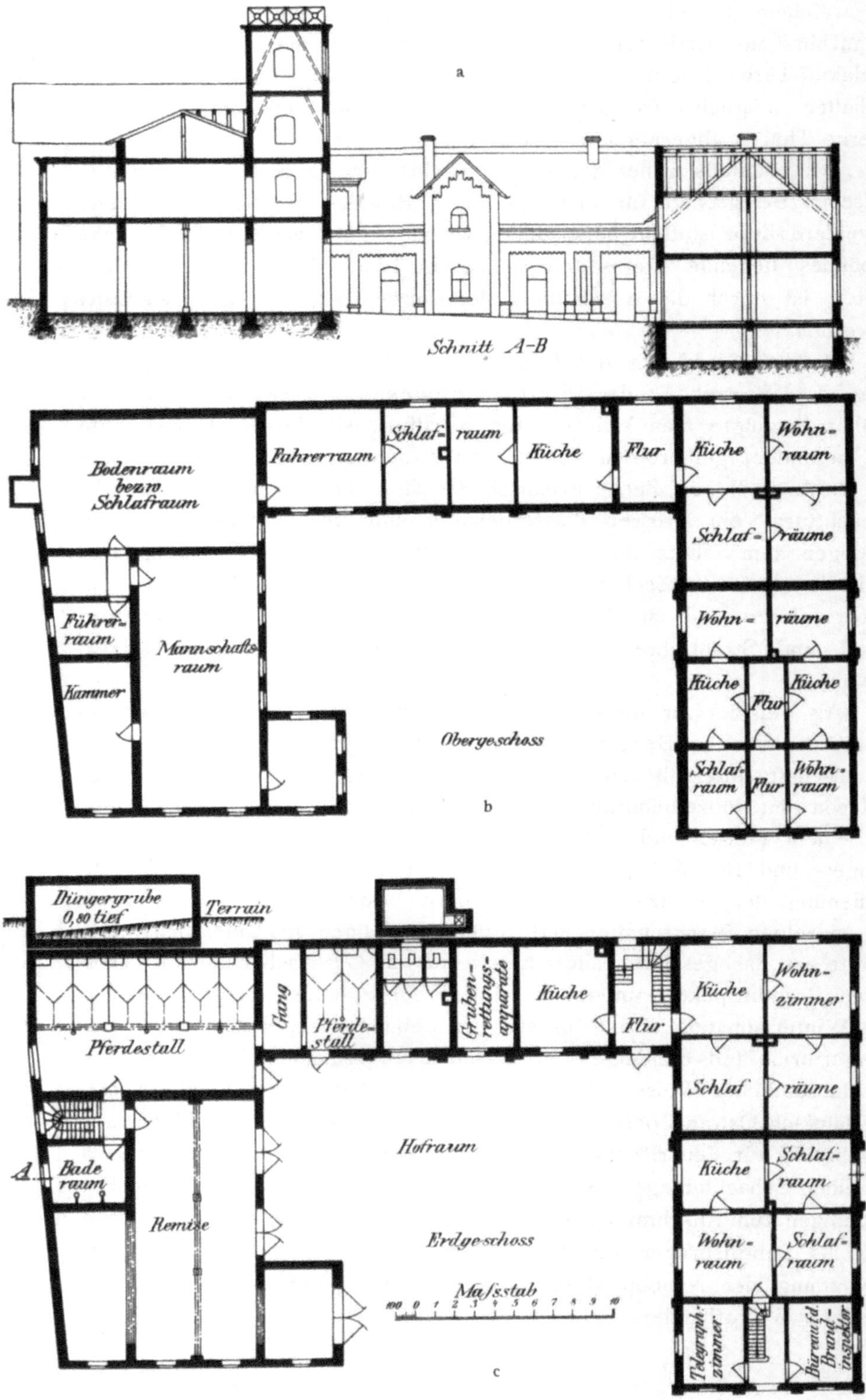

Fig. 74 a—c.
Feuerwache auf Zeche Rheinelbe III.

Die sämtlichen Hydranten einer jeden Anlage sind ihrer Lage nach auf einem Plan verzeichnet. Ausserdem ist in der allgemein üblichen Weise die Lage jedes Hydranten durch eine Tafel an dem nächstgelegenen Gebäude oder dergleichen ersichtlich gemacht.

Sämtliche Zechenfeuerwehren der Gesellschaft sind durch eigene Telegraphenanlagen mit besonderem Draht mit dem Haupt-Verwaltungsgebäude verbunden, in dessen unmittelbarer Nähe der Brandinspektor wohnt, der seinerseits auch Telephonanschluss hat. Ausserdem haben die einzelnen Schachtanlagen gruppenweise Privat-Fernsprecherverbindung miteinander. In der Nähe jeder Fernsprechercentrale befindet sich eine zur Alarmierung der Feuerwehr dienende Dampfpfeife oder dergleichen. In der Nähe der Schachtanlage Rheinelbe III ist jetzt eine grosse Feuerwache nach dem Vorbild grossstädtischer Wachen eingerichtet (Fig. 74a—c). Dieselbe enthält im Erdgeschoss eine geräumige Remise mit Mannschafts- und Gerätewagen, Schlauchwagen, Feuerspritzen, Schläuchen, einer Magirus-Leiter, Anzügen für 40 Mann u. dgl., ferner Stallung, Küche, Diensträume, im Obergeschoss Schlafräume für 6 Mann, Mannschaftsspeiseraum (über der Remise) u. s. w. und ist mit einem Turm zum Aufhängen der Schläuche versehen. Ferner ist hier eine regelrechte Alarm-Telegraphenanlage geschaffen, die mit einem System von 8 Strassen-Feuermeldern, 7 Innenmeldern und 39 Weckern für die Feuerwehrleute (in 2 Kreisen) verbunden ist und für 3 Schachtanlagen dient.

Ende 1901 besass die Gesellschaft im ganzen 2 Wagen für Mannschaften und Geräte, 4 Gerätewagen, 106 Leitern verschiedener Art, 14 Handspritzen, 15 Schlauchwagen, 84 Strahlrohre, 37 Standrohre, 9265 m Schläuche (teils Hanf-, teils gummierte Schläuche von 52 bezw. 75 mm Durchmesser), 17 Rettungsgeräte und 23 Annihilatoren.

Besondere Aufmerksamkeit ist den Anstalten für die Gewinnung der Nebenprodukte wegen ihrer besonderen Feuergefährlichkeit zugewendet worden: hier ist für ausreichenden Schutz ausser durch Aufstellung von Annihilatoren und Anbringung von Feuerhähnen auch noch durch Aufstapelung von Sand- und Lehmvorräten sowie durch Einführung von Dampf-Auslassrohren in die Fabrikräume gesorgt.

Die Wehren der Gesellschaft sind bereits in zahlreichen Fällen mit Erfolg thätig gewesen und haben auch bei der Löschung von Bränden in Wohnhäusern u. dergl. vielfach mitgewirkt. Ausserdem hat die Gesellschaft durch diese Ausbildung des Feuerlöschwesens den Vorteil eines 10prozentigen Rabatts auf die Feuerversicherungsprämien erzielt.

Ebenso wie die Gefahr von Bränden über Tage ist auch die Gefahr der Fortpflanzung eines über Tage ausgebrochenen Brandes durch den einziehenden Schacht in die Grubenbaue, welche in anderen Bergbaubezirken schon so verhängnisvolle Folgen gehabt hat*) und früher auch im Ruhrkohlenbezirk in hohem Masse bestand, hier mehr und mehr in den Hintergrund getreten. Auch hier ist es das Holz, welches früher in dieser Hinsicht gefährlich war und welches jetzt mehr und mehr durch Eisen und Mauerwerk verdrängt worden ist. Bei den Einstrichen und Schachtleitungen überwiegt allerdings die Verwendung des Holzes noch bei weitem; dagegen bestand der Ausbau der Schächte im Jahre 1900 bei nur etwa 30 % der gesamten Schachttiefe noch aus Holz; ganz mit Holz ausgebaut waren nur noch 51 Schächte von insgesamt 478, wogegen 107 Schächte ganz in Mauerung und 135 teils in Mauerung, teils in Eisenausbau standen.**)

Trotz dieser wesentlichen Verringerung der Gefahr des Brandes in Einziehschächten hat das Oberbergamt zu Dortmund auf Veranlassung des Handelsministers im Hinblick auf die Gefahren, welche bei dem heutigen Umfang der Grubenbetriebe die Fortpflanzung eines oberirdischen Brandes durch den einziehenden Schacht mit sich bringen kann, dieser Gefahr auch seinerseits durch Erlass einiger zweckentsprechenden bergpolizeilichen Bestimmungen nach Möglichkeit entgegen gearbeitet. Dieselben sind namentlich durch das grosse Brandunglück auf Zeche Zollern (s. oben S. 101 ff.) angeregt worden und lehnen sich an die Vorschläge an, welche der K. K. Bergrat Mayer nach dieser Richtung hin gemacht hat.***) Es gehören dahin die Vorschriften, für schnell zu bethätigende Verschlussvorrichtungen an der Hängebank der einziehenden Schächte zu sorgen (§ 110 der Bergpolizei-Verordnung vom 28. März 1902) und an den Füllörtern eiserne Thüren einzubauen oder dort Baustoffe zur Herstellung von Mauerdämmen bereit zu halten, um auf die eine oder andere Weise die Grubenbaue gegen den einziehenden Schacht absperren zu können (§ 111), ausserdem aber auch Hydranten an den Hängebänken und den nicht genügend feuersicheren Füllörtern der einziehenden Schächte anzulegen und in betriebsfähigem Zustande zu erhalten (§ 112).

Der Vorschrift des § 110 wird in verschiedener Weise Genüge geleistet. Auf einer Reihe von Schachtanlagen sind eiserne Klappen vorgesehen, welche etwas unterhalb der Hängebank angeordnet sind und sich um Gelenkbolzen drehen, die auf den Einstrichen verlagert sind. Die Klappen werden in ihrer gewöhnlichen, vertikalen Stellung durch Riegel festgehalten, nach deren Lösung sie herabfallen und den Schacht verschliessen. Diese Klappen, welche für jedes einzelne Fördertrumm vorgesehen sind, können ein- oder zweiflügelig sein. Im ersteren Falle müssen

*) Vgl. z. B. Oesterr. Zeitschr. f. Berg- u. Hüttenwesen 1862, No. 11, 12, 13, 14 und Zeitschr. f. d. B., H.- u. Sal.-Wesen 1902, Bd. LB, S. 92 ff.

**) Vgl. Bd. III dieses Werkes S. 30.

***) Oesterr. Zeitschr. f. Berg- u. Hüttenwesen 1898, S. 525 ff.

vor dem Schliessen der Klappen erst beide Förderkörbe zu Tage gezogen werden, wenn nicht die Klappen mit einem Schlitz für das Förderseil versehen sind; wird mit Unterseil gefördert, so werden nur Klappen der letzteren Art oder zweiflügelige Klappen verwendet. Auf vielen Zechen begnügt man sich mit eisernen Deckeln, welche beim Ausbruch eines Brandes schnell über die Fördertrumme gelegt und durch Bewerfen mit Lehm gedichtet werden können; verschiedentlich hält man auch Schienen- oder I-Träger bereit, welche über einen solchen Schachtverschluss gelegt werden sollen, um den Schacht gegen ein Abstürzen der Seilscheiben im Falle eines besonders heftigen Brandes zu schützen.

Die im § 111 a. a. O. geforderte Absperrvorrichtung am Füllort besteht in der Regel aus einer eisernen Drehthür. Erwähnenswert ist, dass eine derartige Sicherheitsthür auf der Zeche Wiesche schon im Jahre 1875*) und zwar am Ende des Füllorts, eingebaut wurde. Verschiedentlich hat man aber auch Schiebethüren vorgezogen, welche sich mit Rollen auf

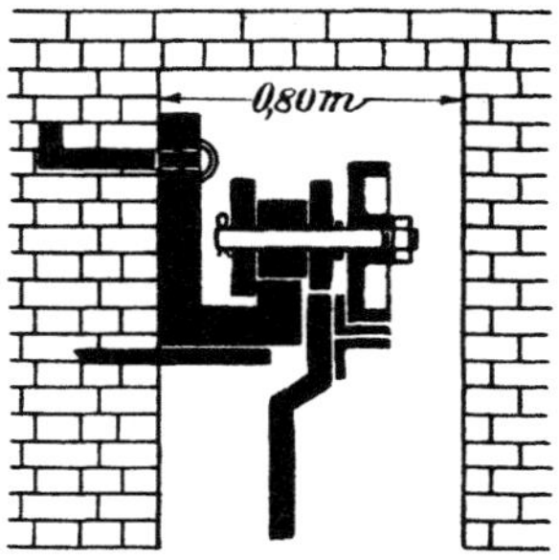

Fig. 75.

einem gegen die Firste abgedichteten ⊔-Eisen-Träger führen und für gewöhnlich in eine Sackstrecke zurückgezogen werden (vgl. Fig. 75, welche die Aufhängevorrichtung einer solchen eisernen Schiebethür für einen Querschnitt von 3,5 × 2,0 m darstellt).

Für die Benutzung eiserner Thüren liegen die Verhältnisse dort ungünstig, wo eine mechanische Streckenförderung vorhanden ist, deren Seile dem schnellen Schliessen der Thüren hinderlich sind. Jedoch wird das andere Mittel, die Bereithaltung von Ziegelsteinen und Mörtel zur Abdämmung des Füllorts im Notfall, nur selten ergriffen, da eine solche Abmauerung verhältnismässig zeitraubend ist. Meist wird dieses Aushülfsmittel nur bei druckhaftem Gebirge angewendet, wo ein starkes Verziehen und Festklemmen eiserner Thüren zu befürchten stände; jedoch muss dann

*) Zeitschr. f. d. B.-, H.- u. Sal.-Wesen 1876, Bd. XXIV B, S. 168.

für häufige Erneuerung des Mörtels gesorgt werden, da derselbe durch längeres Lagern unwirksam wird.

Dem weitergehenden und auf verschiedenen Schachtanlagen in Mährisch-Ostrau durchgeführten Mayerschen Vorschlage*), durch einen den oben (S. 111) erwähnten »Zubaustellen« ähnlichen, jedoch dem Zwecke nach verschiedenen Hülfskanal unterhalb der Hängebank für die unbehinderte Zuführung frischer Wetter auch im Falle der Abdeckung des Einziehschachtes Sorge zu tragen, ist in der genannten Bergpolizeiverordnung nicht stattgegeben worden, da diese Massregel durch die geringe Feuergefährlichkeit westfälischer Gruben nicht gerechtfertigt werden kann. Dagegen ist hier auf

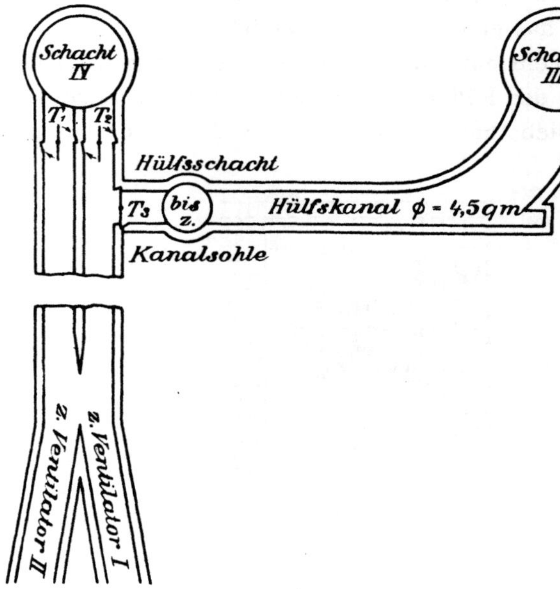

Fig. 76.

Anordnung der Wetterversorgung auf Zeche Shamrock III/IV.

eine bemerkenswerte, zweckmässige Anordnung auf der Schachtanlage Shamrock III/IV aufmerksam zu machen**), welche nicht nur die Fortdauer der Wetterversorgung im Falle eines Brandes über Tage oder im Einziehschachte gewährleistet, sondern auch eine Umkehrung des Wetterzuges ohne Schwierigkeit ermöglicht. Die Schächte III und IV sind durch einen Hülfskanal (Fig. 76) verbunden, der etwa 6 m unter der Tagesoberfläche liegt und mit der letzteren durch einen kleinen Hülfsschacht verbunden ist. Der einziehende Schacht III kann im Notfalle durch eiserne Klappen ver-

*) Oesterr. Zeitschr. f. Berg- u. Hüttenwesen 1898, S. 540.

**) Glückauf 1904, S. 6 und 760.

schlossen werden, wogegen der Ausziehschacht IV für gewöhnlich durch eine Haube gegen die Atmosphäre abgesperrt ist. Der Hülfsschacht ist der Regel nach offen, kann aber im Notfalle durch eine ähnliche Haube geschlossen werden. T_1—T_3 sind doppelflügelige Drehthüren.

Durch diese Einrichtung kann sowohl einem Brande über Tage als auch einem solchen im Schachte III begegnet werden. Im ersteren Falle braucht nur der Schacht III abgedeckt und dafür die Haube des Hülfsschachtes geöffnet zu werden, so dass die frischen Wetter jetzt durch den letzteren einfallen. Brennt es dagegen im Schachte III selbst, so werden die Klappen am Schachte III und die Thüren T_1—T_2 geschlossen, dagegen die Haube von Schacht IV und die Thür T_3 geöffnet, worauf ohne weiteres, da die Haube des Hülfsschächtchens geschlossen bleibt, Schacht IV ein- und Schacht III auszieht. Eine Erprobung dieser Einrichtung hat ergeben, dass der Abschluss des Schachtes III (im Falle eines Brandes über Tage) durch die Klappen nicht mehr als 10 Minuten und die vollständige Umstellung des Wetterzuges (im Falle eines Brandes im Schacht III) weitere 6 Minuten erfordert.

Da auf zahlreichen Schachtanlagen des Ruhrkohlenbezirks die Verhältnisse ähnlich liegen, so könnte hier diese mit verhältnismässig geringen Kosten verbundene Einrichtung vielfältige Nachahmung finden.

Rettungswesen.

Von Bergassessor Herbst.

Einleitung.

Wie in grossen Städten eine umsichtige Verwaltung mehr auf gesundheitliche Massnahmen bedacht ist und bedacht sein muss als in Kleinstädten, so hat auch der moderne Grossbetrieb im Steinkohlenbergbau die Aufmerksamkeit in immer höherem Masse auf die Verhütung von Betriebsunfällen gelenkt; allerdings ist es hier nicht der Uebergang zum Grossbetrieb allein, sondern in wesentlichem Masse auch die mit dem Vorrücken in grössere Teufen und unter mächtigere Deckgebirgsschichten verbundene Erhöhung der Unfallgefahr gewesen, welche den Unfallverhütungsvorschriften eine immer steigende Bedeutung verschafft hat. Da aber auch bei der grössten Vollkommenheit und sorgfältigsten Handhabung aller Sicherheitsmassnahmen eine gewisse Zahl von Unfällen immer eintreten wird, so hat sich, dem Zuge der Zeit entsprechend, neuerdings ein immer stärkeres Bestreben in den grösseren Bergbaugebieten und insbesondere im Ruhrkohlenbezirk dahin geltend gemacht, wenigstens die Folgen eines Unfalles für den Verletzten durch sofortige sachgemässe Behandlung möglichst zu mildern. Daher hat das Rettungswesen, welches in der älteren Zeit kaum eine Rolle spielte, in neuerer Zeit immer mehr eine zielbewusste, planmässige Durcharbeitung erhalten und ist jetzt zu einem wichtigen Zweige der Bergbautechnik geworden.

Eine besondere Stellung nehmen in dieser Hinsicht die grossen Massenunglücke, also die Schlagwetter- und Kohlenstaub-Explosionen und die Grubenbrände ein, nicht allein wegen der grösseren Zahl der davon Betroffenen, sondern namentlich wegen der Schwierigkeiten und Gefahren, die bei der Ausdehnung der modernen Grubengebäude mit der blossen Aufsuchung und Bergung der Opfer aus den mit unatembaren Gasen erfüllten Räumen verknüpft sind. Daher sind in der neueren Zeit eine Reihe von Vorrichtungen erfunden worden, welche das Eindringen in Räume, die mit Stickwettern gefüllt sind, ermöglichen. Derartige »Rettungsapparate« können aber, wo sie einmal vorhanden sind, auch in anderen Fällen, wo unatembare Gase eine Rolle spielen, ohne dass Menschenleben auf dem Spiele stehen, also als »Atmungsapparate« überhaupt, namentlich bei der Bekämpfung von Grubenbränden, vorteilhaft Verwendung finden, sodass eine scharfe Trennung zwischen den Apparaten, welche lediglich das Atmen ermöglichen, und denjenigen, welche besonders für Rettungsarbeiten vorgesehen sind, sich nicht durchführen lässt.

Sind sonach in diesem Abschnitt an erster Stelle die Atmungs-Apparate im weiteren Sinne zu behandeln, so muss der zweite Teil desselben den für die Fortschaffung und erste Behandlung der Verletzten getroffenen Massregeln gewidmet sein, welche bei Unfällen aller Art Anwendung finden.

1. Kapitel: Atmungsapparate.

Das Bedürfnis nach Hülfsmitteln, welche das Vordringen in Grubenräume, die mit nicht atembaren Gasen angefüllt sind, sowie die Beleuchtung dieser Räume ermöglichen, hat sich beim Bergbau verhältnismässig früh geltend gemacht. Gegen Ende des 18. Jahrhunderts erfand Pilâtre de Rozier seine Rauchmaske, als deren Verbesserung der von A. v. Humboldt während seiner Thätigkeit als Oberbergmeister in den fränkischen Fürstentümern um das Jahr 1795 angegebene und mit einer nicht verlöschenden Lampe ausgerüstete Apparat sich darstellt.

Im Ruhrkohlenbezirk ist man erst ziemlich spät zur Verwendung derartiger Apparate übergegangen. Während auf manchen anderen Gebieten des technischen Fortschritts der rheinisch-westfälische Bergbau in Deutschland die Führung übernahm und als Vorbild diente, ist er in der Verwendung und Verbesserung von Atmungsapparaten früher hinter anderen Bergbaubezirken zurückgeblieben. Der Grund dafür ist in erster Linie in dem geringen Bedürfnis zu suchen, welches beim Ruhrkohlenbergbau früher in dieser Beziehung bestand.

Die in diesem Bergbaubezirke zuerst zur Verwendung gekommenen Apparate waren, wie auch anderwärts, lediglich »Atmungsapparate« im weiteren Sinne, d. h. Hülfsmittel, welche zu Abdämmungs- und Löscharbeiten bei Grubenbränden, zu Durchschlägen in matten Wettern oder in hochprozentigen Schlagwettergemischen und dergl. benutzt werden konnten. Erst gegen das Ende des vorigen Jahrhunderts verschafften sich mit der zunehmenden Gefährlichkeit des in immer grössere Teufen vordringenden Steinkohlenbergbaus die »Rettungsapparate« im engeren Sinne Eingang, welche zur Rettung von Menschenleben während grosser Grubenbrände oder nach Schlagwetterexplosionen dienen sollen.

Einen starken Anstoss zur allgemeineren Einführung solcher Apparate gaben mehrere grössere Schlagwetter- und Kohlenstaub-Explosionen der

1890er Jahre mit den daran sich anschliessenden Untersuchungen über die Todesursache bei den einzelnen Verunglückten. In erster Linie sind hier die gründlichen Forschungen des englischen Arztes Dr. J. Haldane*) zu nennen, welche sich mit den Opfern dreier auf englischen Gruben im Jahre 1896 vorgekommener Explosionen beschäftigten; dieselben führten zu dem Ergebnis, dass von den Verunglückten im Gesamt-Durchschnitt 77 %, auf einer Zeche sogar 90 % in den Nachschwaden umgekommen waren und dass bei 35 % derselben keinerlei Verbrennungen oder sonstige äussere Verletzungen von einiger Bedeutung nachgewiesen werden konnten, und beleuchteten weiterhin den grossen Anteil des bei Kohlenstaub- und gemischten Explosionen sich bildenden Kohlenoxyds als Todesursache, woraus dann wieder die für die Rettungsarbeiten sehr ermutigende Thatsache folgte, dass die Rettungsversuche nicht lediglich unmittelbar nach der Explosion, sondern unter Umständen noch 1—2 Stunden nach derselben Aussicht auf Erfolg haben.

Die Atmungs- und Rettungs-Apparate**) lassen sich in 4 Gruppen einteilen, nämlich:

I. Respiratoren,
II. Schlauchapparate,
III. Reservoir-Apparate und
IV. Regenerations-Apparate.

Diese 4 Gruppen können auch nach den Eigentümlichkeiten der betreffenden Apparate in 2 Haupt-Abteilungen zusammengefasst werden, nämlich***)

A. (Gruppe I. und II.) Apparate für begrenzte Entfernung, aber unbegrenzte Verwendungsdauer (»Atmungs-Apparate«);

B. (Gruppe III und IV) Apparate für unbegrenzte Entfernung, aber begrenzte Verwendungsdauer (»Rettungs-Apparate«).

Im folgenden soll zunächst eine Beschreibung der einzelnen Apparate und dann eine kurze Kritik derselben gegeben werden.

I. Respiratoren.

Die Vorrichtungen, welche der Gruppe I angehören, beschränken sich darauf, die einzuatmende schlechte Luft durch Filtration nach Möglichkeit von ihren schädlichen Bestandteilen zu befreien und so für die Atmung geeignet zu machen. Derartige einfache Hülfsmittel, wie Schwämme,

*) Vergl. den Auszug des amtlichen Berichtes im Glückauf, 1897, S. 653 ff.
**) Kreischer in Sächs. Jahrb. 1886, S. 148.
***) Fillunger in Oesterr. Zeitschr. f. Berg- u. Hüttenwesen, 1896, S. 582.

Wattekissen oder Tücher, die mit Essig oder Kalkmilch getränkt sind, haben im Ruhrkohlenbezirk hier und da Verwendung gefunden, spielen aber eine so geringe Rolle, dass sie, zumal sie auch keine bemerkenswerten Besonderheiten bieten, hier nicht weiter behandelt zu werden brauchen. Auch die verbesserten Loeb'schen Respiratoren, welche mit Schnüren am Kopfe befestigt werden und Nase und Mund überdecken, können hier ausser Betracht bleiben.

II. Schlauchapparate.

Die Schlauchapparate sind dadurch gekennzeichnet, dass sie dem Träger das Einatmen schädlicher Gase unmöglich machen und ihn durch einen Schlauch in Verbindung mit dem frischen Wetterstrom erhalten. Man hat hier zu unterscheiden zwischen Saug- und Druck-Schlauchapparaten. Bei den ersteren verschafft der Mann sich selbst durch das Atmen frische Luft aus dem Schlauche, bei den Druckschlauchapparaten hingegen wird ihm die Atmungsluft mit Hülfe einer Luftpumpe zugeführt.

1. Saug-Schlauchapparate.

Während der hierher zu rechnende Apparat von Pilâtre de Rozier im Ruhrkohlenbezirk keinen Eingang gefunden hat, sind die Apparate von Brasse (Deutz), Loeb (Köln) und von Bremen (Kiel) verschiedentlich verwendet worden.

Bei dem Brasse'schen Apparat (Fig. 77a—c) erfolgte die Atmung lediglich durch den Mund, und zwar mit Hülfe des zwischen Lippen und Zähne eingeklemmten und ausserdem mit den Zähnen festgehaltenen Mundstücks S, während die Nase durch eine Klemme, bestehend aus einer Stahlfeder mit Kautschukpolster, verschlossen gehalten wurde. Das Oeffnen und Schliessen der Ein- und Ausatmungswege wurde durch Vermittelung eines »Atmungsregulators« bewirkt, welcher als der Hauptteil des Apparates anzusehen ist. Derselbe bestand aus einer leichten Messingbüchse mit drei durch Zwischenwände gebildeten Abteilungen, von denen die mittlere dem Einatmen diente, während die beiden Seitenkammern die Ausatmung vermittelten. Jede dieser Abteilungen war mit einem Ventil (f bezw. g g) ausgerüstet, welches aus 2 an den Rändern teilweise zusammengeklebten Kautschukblättchen bestand. Die frische Luft wurde durch den Schlauch l dem Einatmungsventil f zugeführt und gelangte aus diesem in den zum Munde führenden Schlauch o; die ausgeatmete Luft trat durch die Ventile g g und die siebartig durchlöcherten Kappen h h ins Freie.

Das Gewicht des Regulators mit Mundschlauch betrug etwa 0,9 kg, der Preis des vollständigen Apparates im Jahre 1875 ca. 310 M.

Der Brasse'sche Apparat wurde in der ersten Hälfte der 1870er Jahre auf verschiedenen westfälischen Gruben (z. B. auf Centrum) beschafft und im allgemeinen, namentlich wegen seines geringen Gewichtes,

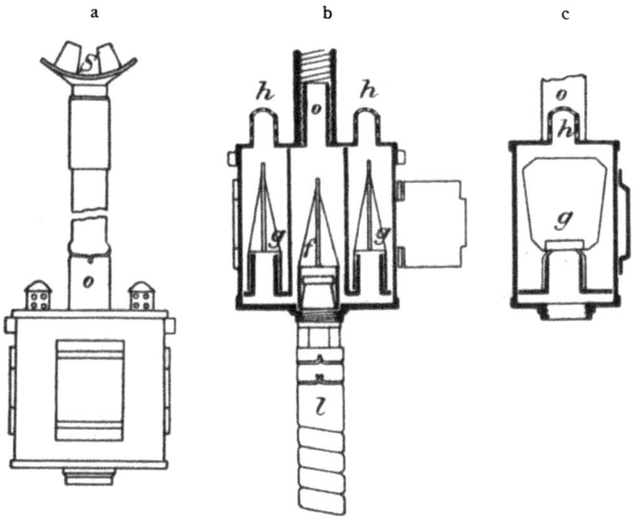

Fig. 77 *a—c.*

Saug-Schlauchapparat von Brasse.

günstig beurteilt. Jedoch ist über eine praktische Verwendung desselben im Ruhrkohlenbezirk nichts bekannt geworden, wogegen man auf österreichischen Gruben sich seiner auf geringe Entfernungen mit Vorteil bedient hat.*)

Der Atmungsapparat von Loeb (Fig. 78a und b) beruht auf demselben Grundgedanken wie der vorbeschriebene, ist aber wesentlich leichter. Der Atmungsregulator hat hier 3 aus Pockholz hergestellte Einatmungsventile d und ein Ausatmungsventil i. Die Ausblaseöffnung k kann durch Druck auf den Knopf n mit der Pfeife l verbunden werden, wodurch die Abgabe von Signalpfiffen ermöglicht wird. Später wurde jedoch zu demselben Zwecke dem Apparat ein besonderer Ballon beigegeben. Das Mundstück ist dem Brasse'schen ähnlich. Das Gewicht

*) Vergl. Oesterr. Zeitschrift für Berg- und Hüttenwesen, 1875, S. 223 ff., wo die Benutzungsdauer mit höchstens 1/2 Stunde, die Entfernung vom frischen Wetterstrome mit höchstens 60 m angegeben wird.

des Regulators wird zum grossen Teil von dem elastischen Verbindungsschlauch f aufgenommen, welcher an das Filter 3 angeschraubt ist, das seinerseits mit der an dem Leibgurt sitzenden Metallführung 4 verbunden ist. An das andere Ende des Filters wird der Luftzuführungsschlauch 5 geschraubt.

Der Loeb'sche Apparat kostete nur 45 M., wozu dann noch die Kosten für den Luftzuführungsschlauch mit 5 M. je lfd. Meter kamen.

Mundstück.

a b

Fig. 78 a und b.

Atmungsapparat von Loeb.

Dieser Atmungsapparat hat sich im Ruhrkohlenbezirk ein weit grösseres Verwendungsgebiet erobert als der Brasse'sche, dem er durch Handlichkeit und Betriebssicherheit überlegen war. Er wurde u. a. beschafft von der Bochumer Bergschule für ihre Ausbildungskurse, sowie von den Zechen Westfalia, Westhausen, Präsident, Carlsglück, Hannover, Consolidation, Victoria Mathias, General Blumenthal, und fand verschiedentlich praktische Anwendung, hauptsächlich zu Abdämmungsarbeiten bei Grubenbränden. Auf General Blumenthal ist der Apparat auch in der neuesten Zeit noch verschiedentlich gebraucht worden.

Der »Aktionsradius« ist beim Loeb'schen Atmungsapparat, wie bei allen Saug-Schlauchapparaten, wegen des starken Widerstandes des Zuführungsschlauchs naturgemäss gering. Auf General Blumenthal liess man den Träger des Apparates nie weiter als 20 m vom frischen Wetterstrom aus vordringen und beobachtete ausserdem die Vorsicht, durch einen Beamten ständig den regelrechten Verlauf der Atmung des Arbeitenden überwachen zu lassen.

Eine s. Zt. von Fels in Barmen vertriebene Abänderung des Loeb'schen Apparates, welche zum Eindringen in Dynamitgase unmittelbar nach dem Wegtun der Schüsse empfohlen wurde, hat keine Bedeutung erlangt.*)

Bei dem Saug-Schlauchapparate »Selbstsauger« der Firma von Bremen (Fig. 79a– d) ist die Ventilbüchse am Gürtel befestigt und durch einen Schlauch mit dem frischen Wetterstrom, durch einen zweiten mit dem Munde des Arbeitenden verbunden. Diese aus Eisenblech bestehende Büchse wiegt knapp $^1/_2$ kg und enthält das Einatmungsventil a und

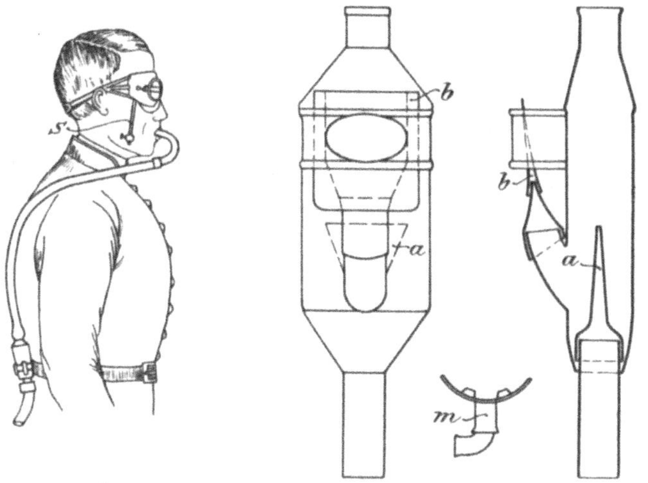

a b c d

Fig. 79 a—d.

Saug-Schlauchapparat von v. Bremen.

das Ausatmungsventil b, welche beide durch je zwei an den Seitenrändern zusammengeklebte Kautschukblättchen gebildet werden und von denen das erstere in der Längsachse der Büchse, das letztere seitlich angeordnet ist. Das Mundstück m ist dasselbe wie beim Loeb'schen Apparat. Die Nase wird durch eine einfache Klemme mit zwei kleinen Kautschukpolstern verschlossen gehalten, welche nur das Ausatmen gestattet, das Einziehen von Luft dagegen verhindert. Soll der Träger des Apparats auch gegen Rauch, Funken und dergl. geschützt werden, so tritt an die Stelle des Nasenverschlusses die aus Fig. 79a ersicht-

*) Glückauf 1881, No. 43.

liche Brillenmaske, welche gleichzeitig die Nase verschliesst. Dieselbe besteht aus gummiertem Stoff und legt sich mit Hülfe eines Luftkissenähnlichen Gummiringes, in welchen durch den Stutzen s Luft eingeblasen wird, dicht, aber weich an das Gesicht an.

Der »Selbstsauger« soll nach Angabe der Firma mit einem Spiralschlauch von ca. 2 cm l. W. auf 50 m Entfernung bequem brauchbar sein, jedoch wird man in der Grube nie soweit gehen mit Rücksicht auf die starke Anstrengung beim Atmen, auf die Knickungen, die der Schlauch leicht unterwegs erleiden kann, und auf die Gefahr, in welcher der Mann im Falle des Versagens eines Ventils schwebt.

Der Preis eines vollständigen Apparates mit Reserveteilen beträgt 50 M.; der Schlauch kostet 6 M. je Meter und die Brillenmaske 22,50 M.

2. Druck-Schlauchapparate.

Von weit grösserer Bedeutung als die Saug-Schlauchapparate sind diejenigen Atmungsapparate für den Bergbau geworden, bei denen dem Arbeiter die frische Luft mit Hülfe einer besonderen Luftpumpe zugeführt wird. Diese Apparate sind im Laufe der Zeit bis in die Gegenwart hinein immer weiter vervollkommnet worden.

Eine genauere Vergleichung der auf diesem Gedanken beruhenden Vorrichtungen führt zu einer Gliederung dieser Gruppe in

a) Apparate, bei denen nur durch den Mund, und

b) Apparate, bei denen durch Mund und Nase geatmet werden kann.

a) Atmung nur durch den Mund.

Im Ruhrbezirk ist von den Druck-Schlauchapparaten zuerst der bekannte Apparat von Rouquayrol und Denayrouze zur Anwendung gekommen. Derselbe erregte zuerst 1867 auf der Pariser Weltausstellung allgemeines Aufsehen und wurde bald danach in den wichtigsten deutschen Steinkohlenbergbaubezirken erprobt. Die Einführung der Rouquayrol-Denayrouze'schen Apparate in Deutschland wurde durch die Firma L. von Bremen in Kiel vermittelt.

Bei den älteren Einrichtungen dieser Art wurde die Atmungsluft dem Manne mit Hülfe einer Luftpumpe durch Vermittelung des einen wesentlichen Bestandteil bildenden Atmungsregulators zugeführt.

Die Luftpumpe (Fig. 80) war mit 2 beweglichen Stiefeln ausgerüstet, welche sich über feststehenden Kolben auf- und abbewegten; die letzteren wurden durch Manschetten mit Wasserliderung dicht gehalten. Hinter der Pumpe wurde die Luft durch ein aus Filzplatten bestehendes Filter gedrückt.

Der im wesentlichen noch bei den jetzigen Ausführungen beibehaltene Regulator (Fig. 81) soll den Druck der von der Luftpumpe gelieferten Luft selbstthätig stets auf der für die Atmung geeigneten Höhe erhalten. Er besteht aus 2 voneinander durch eine Blechwand getrennten Räumen A und B, welche von einem gemeinsamen Blechgehäuse umgeben sind und durch ein Ventil v abwechselnd getrennt und verbunden werden können. In den Raum A mündet die von der Pumpe kommende Luftleitung, während aus dem mit einer Kautschuk-Kappe K bedeckten Behälter B der Arbeitende die Luft mit Hülfe eines angeschlossenen Rohr-

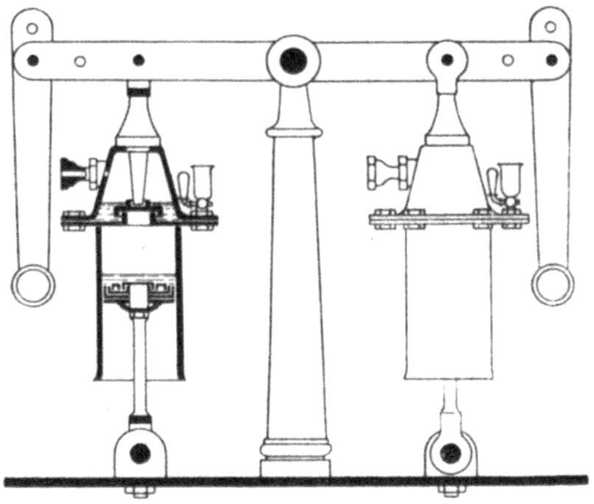

Fig. 80.

Luftpumpe zum Atmungsapparat von Rouquayrol-Denayrouze.

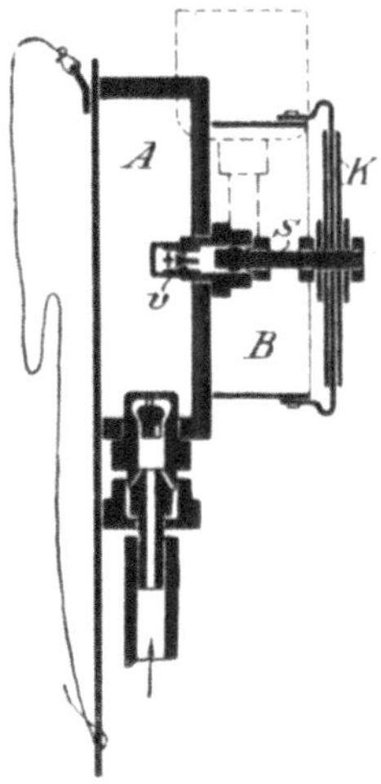

Fig. 81.

Regulator des Atmungsapparates Rouquayrol-Denayrouze.

stutzens entnimmt. Während der Einatmung und der infolgedessen in der Kammer B entstehenden Luftverdünnung drückt der äussere Luftdruck die Kautschukhaube etwas ein, wodurch das von der letzteren vermittelst des Stiftes s bewegte Ventil sich öffnet und aus der Kammer A Luft eintreten lässt, bis die Kammer B wieder gefüllt ist und das Ventil sich wieder schliesst. Die Ausatmung erfolgt in bekannter Weise durch Vermittelung eines auf einen Querstutzen gesetzten Ventils, welches aus zwei mit den Rändern zusammengeklebten Kautschukblättchen besteht.

Mit dem Atmungsregulator war der Regulator für die Beleuchtung (Sicherheitslampe) verbunden, dessen Einrichtung (Fig. 82a und b) derjenigen des vorbeschriebenen ganz ähnlich ist, nur dass hier, weil das Spiel des Atmens wegfällt, die Kappe, welche die Kautschukhaube überdeckt, hermetisch abgeschlossen und nur mit einer Oeffnung zur Einführung von Pressluft versehen ist. Die Stärke des Luftüberdruckes kann durch Drosselung mit Hülfe einer Schraube genau eingestellt werden, sodass das Ventil immer ein wenig geöffnet bleibt und ein ruhiges Brennen der Lampe ermöglicht wird. Die letztere (Fig. 83) erhält ihre Luft von dem Beleuchtungsregulator mit Hülfe eines an den Brennstoffbehälter angeschlossenen Rohrstutzens. Um das Erglühen des Drahtkorbes infolge von Aureolenbildung in Schlagwettern zu verhüten, ist der Verbrennungsraum

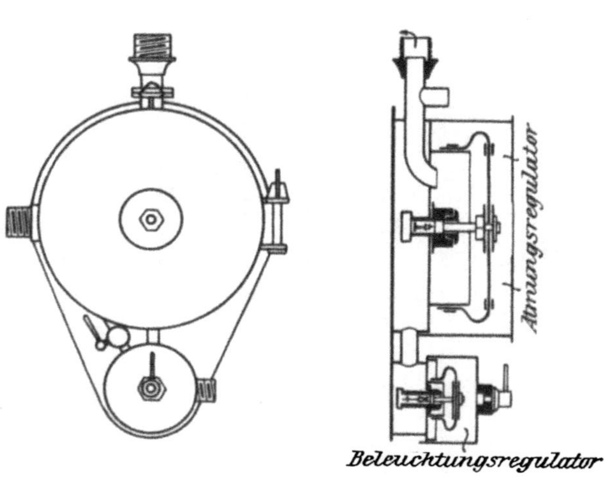

Fig. 82 a und b.

Beleuchtungs- und Atmungsregulator zum Apparat von Rouquayrol-Denayrouze.

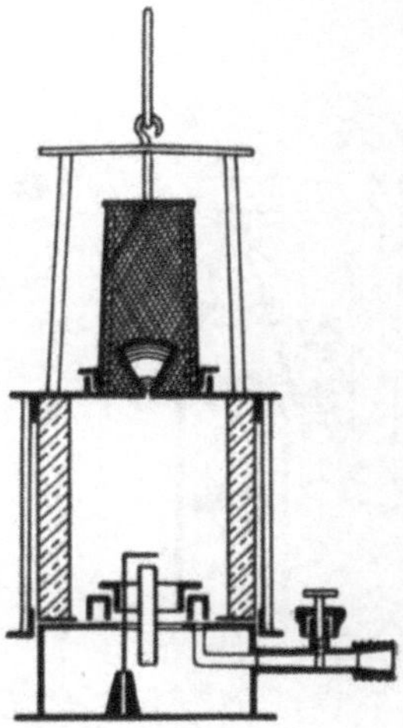

Fig. 83.

Wetterlampe für den Atmungsapparat von Rouquayrol-Denayrouze.

nach oben durch einen Blechschornstein geschlossen, aus dem die Verbrennungsgase erst bei entsprechendem Ueberdruck durch ein Kegelventil entweichen können.

Die Vorzüge des für die damalige Zeit einen grossen Fortschritt bedeutenden Rouquayrol'schen Apparates veranlassten den Verein für die bergbaulichen Interessen im Oberbergamtsbezirk Dortmund im Jahre 1871, einen solchen Apparat zu beschaffen und mit demselben in einem auf der Zeche Carolinenglück zu diesem Zwecke eingerichteten und künstlich mit schädlichen Gasen erfüllten Raume Versuche anstellen zu lassen, welche befriedigend ausfielen. Dieselben wurden dann 1873 in grösserem Massstabe in Gegenwart von Vertretern der Bergbehörde auf der Zeche Präsident wiederholt, wo man feststellte, dass bei Benutzung des Apparates ein längerer Aufenthalt in einer künstlich hergestellten Stickluft ohne Beschwerden möglich war. Im Anschluss daran wurde auch die zugehörige Sicherheitslampe im Laboratorium der Bergschule zu Bochum geprüft und zeigte sich dabei den weitestgehenden Anforderungen betreffs Sicherheit in explosiblen Gasgemischen gewachsen.

Auch im Betriebe unter Tage haben die Rouquayrol'schen Apparate in damaliger Zeit erfolgreiche Verwendung gefunden. Auf der Zeche ver. Hummelbank bei Dortmund gelang es (1872), in eine wegen eines Grubenbrandes mehrere Monate abgedämmt gewesene Wetterstrecke ein-

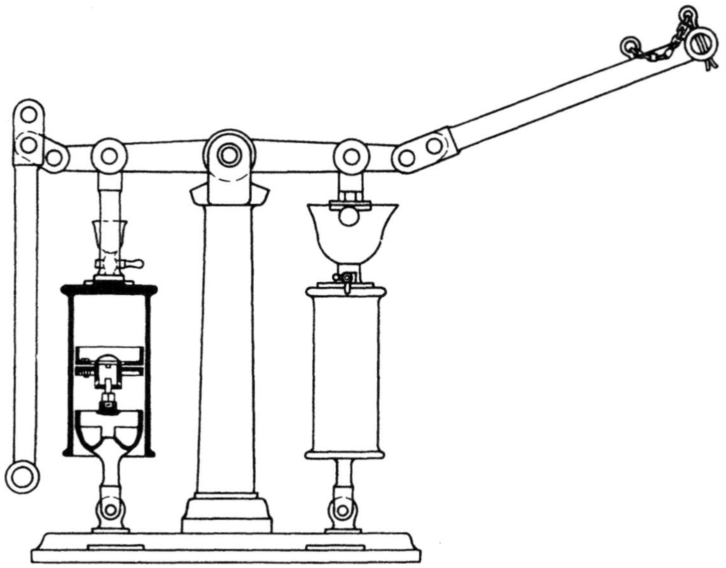

Fig. 84.

Neuere Luftpumpe für den Atmungsapparat von Rouquayrol-Denayrouze.

und während eines mehrstündigen Aufenthaltes in derselben bis zur glühenden Kohle vorzudringen. Auf Schacht Anna des Kölner Bergwerksvereins wurde der Apparat nebst Sicherheitslampe bei der Abdämmung eines Grubenbrandes mit Erfolg verwendet.

Der Preis eines Rouquayrol'schen Atmungsapparates für 1 Arbeiter betrug damals rund 1900 M.

Diese von der Firma L. von Bremen in Kiel noch jetzt vertriebenen Apparate haben im Laufe der Zeit einige Verbesserungen erfahren. Eine Luftpumpe neuerer Bauart zeigt Figur 84. Der Regulator für die Atmung wird jetzt mit demjenigen für die Beleuchtung auf einer gemeinsamen Grundplatte verlagert und diese auf eine besondere

Weste aufgenäht, welche der Arbeiter anzieht, sodass er diese Teile bequem tragen kann (Fig. 85; vergl. auch Fig. 82 auf Seite 130). Ueber den Docht der Lampe ist eine Messingkuppel gedeckt, welche nur einen Schlitz für den Docht hat und, wenn die Lampe angezündet werden soll, zunächst abgeschraubt wird, um der atmosphärischen Luft genügenden Zutritt zu verschaffen. Eine mit einem Nasenklemmer verbundene Schutzbrille ist aus Figur 100 auf Seite 143 ersichtlich.

Fig. 85.

Neuere Ausführung des Atmungsapparates von Rouquayrol-Denayrouze.

Trotz dieser Verbesserungen hat der Rouquayrol'sche Apparat, wenngleich er s. Zt. sehr gelobt wurde, im Ruhrkohlenbezirk sich nicht allgemein Eingang verschaffen können und ist später durch andere Schlauchapparate und durch die Regenerationsapparate ganz in den Hintergrund gedrängt worden. Der Grund dafür ist in erster Linie in dem hohen Preise der ganzen Einrichtung zu suchen, welcher bei der geringen Nachfrage nach Atmungsapparaten im Ruhrkohlenbergbau den meisten Zechen es als zweckmässiger erscheinen liess, sich für den Notfall auf das Entleihen eines Apparates von einer anderen Zeche oder der Bochumer Bergschule zu verlassen. Auch hat die von den umgebenden Wettern unabhängige Sicherheitslampe, welche für die frühere Zeit sehr wichtig war, seit der Herstellung brauchbarer elektrischer Handlampen ihre Bedeutung verloren.

b) Atmung durch Nase oder Mund.

Die Apparate, welche ihrem Träger das gewohnte Atmen, nach Belieben durch die Nase oder auch durch den Mund, ermöglichen sollen, bedingen die Verwendung eines Helmes oder einer Gesichtsmaske, welche an die Luftzuleitung angeschlossen und mit einem Rückschlagventil zum Ausatmen versehen werden.

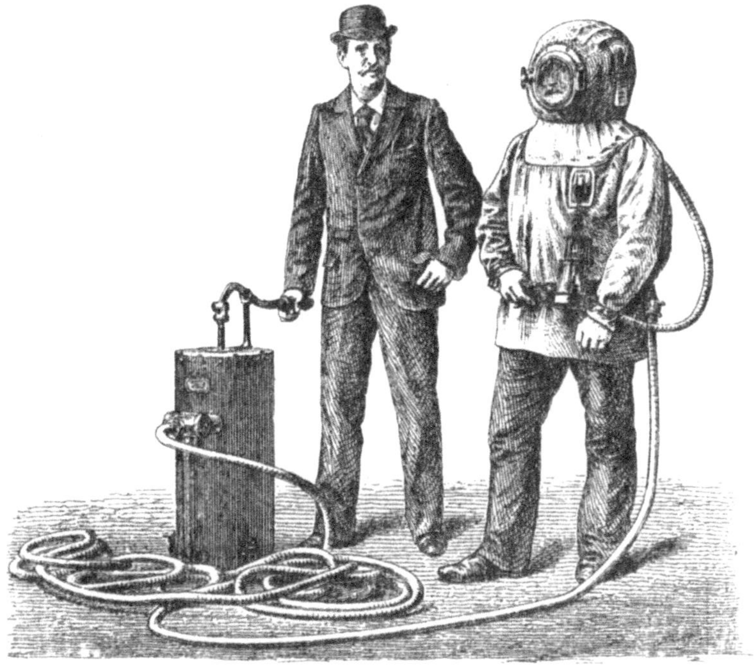

Fig. 86.

Rauchmaske von L. von Bremen.

Nach Lamprecht: Die Grubenbrandgewältigung. Taf. I, Fig. 1.

Auch innerhalb dieser Gruppe ist der Rouquayrol-Denayrouze'sche Apparat vertreten: Derselbe wird zu diesem Zwecke in derselben Form wie bei der Taucherei, nämlich in Verbindung mit einem vollständigen Taucheranzuge mit Helm, benutzt. Auch die Apparate dieser Art haben für den rheinisch-westfälischen Bergbau keine Bedeutung erlangt. Jedoch sei hier wieder die Bochumer Bergschule erwähnt, deren Taucherausrüstungen auch zum Vordringen in stickige Gase und zur Vornahme von Lösch- und Abdämmungsarbeiten verschiedentlich ausgeliehen wurden.

Da jedoch diese Anzüge zu schwer und unhandlich waren, hat die Firma L. von Bremen sich deren bessere Anpassung an die Verhältnisse des Bergbaus angelegen sein lassen. Die verbesserte Ausrüstung (Fig 86) ist dem für Feuerwehrzwecke von dieser Firma gelieferten vollständigen Anzuge ähnlich. Sie schliesst den Kopf in einen leichten Helm ein, welcher aus einem Rohrgestell mit mehrfachem Leinwandüberzug besteht. Der Helm wird mit einem an ihn sich anschliessenden Stoffkragen

Fig. 87.

Fig. 88.

Rauchmaske von Stolz.

Nach Lamprecht: Die Grubenbrandgewältigung, Taf. I, Fig. 5.

auf eine an den Aermeln luft- und wasserdicht abgeschlossene Jacke aufgenäht, welche in der Nähe des Gürtels eine Führungsöse trägt, durch welche der Luftzuführungsschlauch mit dem Atmungsschlauch verbunden wird.

Die Luft wird durch besondere Kanäle im Helm so verteilt, dass sie den Kopf des Mannes möglichst gleichmässig bestreicht. An den Luftzuführungsschlauch kann auch eine Sicherheitslampe mit der oben beschriebenen Einrichtung angeschlossen werden, welche an einem in die Jacke eingenähten Ringe aufgehängt werden kann. Die Schläuche bestehen aus Gummi mit eingelegten Drahtspiralen und einem als Schutz gegen äussere Beschädigungen dienenden Ueberzug aus starkem Gewebe. Ein im Helme angebrachtes grosses Glasfenster gewährt dem Arbeiter ein hinreichendes Gesichtsfeld; es kann, wenn keine unmittelbare Gefahr vorliegt, geöffnet und gereinigt werden.

Der Apparat wird in der Regel für Schlauchlängen bis zu 100 m geliefert, kann aber auch zum Vordringen bis auf 200 m benutzt werden. Der Preis der ganzen Einrichtung beträgt bei 100 m Schlauchlänge rd. 1100 M.

Eine weit grössere Bedeutung hat für den Ruhrbezirk die bekannte Rauchmaske des Magdeburger Branddirektors Stolz erlangt. Diese aus Messingblech hergestellte Maske (Fig. 87 und 88) ist mit Augenöffnungen, die mit Drahtgaze überzogen sind, sowie mit Gummirohrpolstern versehen, welche zum gasdichten Anschluss an das Gesicht dienen. Die Luftzuführung erfolgt zu beiden Seiten des Gesichts durch die beiden Gummischläuche b und b_1, die auf dem Rücken des Mannes sich vereinigen und hier an den

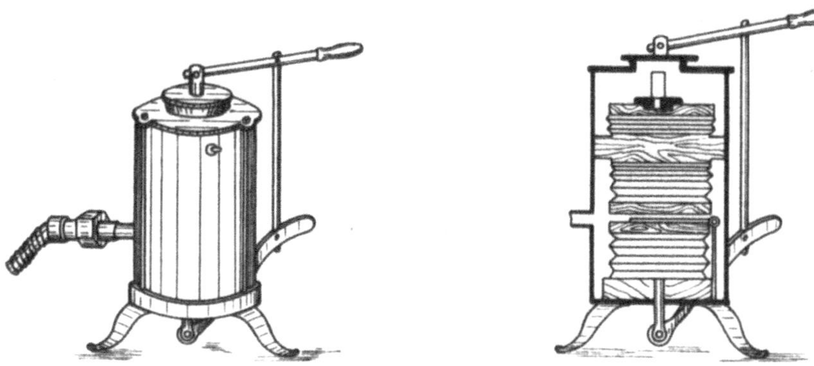

a b

Fig. 89.

Doppeltwirkender Cylinder-Blasebalg.

Luftleitungsschlauch c angeschlossen werden. Die Einmündungen der Luftzuführungsschläuche in die Maske sind durch Blechhauben h mit Schlitzen überdeckt, sodass die einströmende Luft parallel zur Wandung der Maske austritt. Dadurch, sowie durch die Zweiteilung der Luftzuführung, wird das Gesicht wirksam gekühlt. Der Zuleitungsschlauch, ein Spiralschlauch, welcher mittels des Hakens d an dem Gurte des Arbeiters befestigt werden kann, führt nach einem doppeltwirkenden Zylinder-Blasebalg (Fig. 89a und b), welcher durch einen Hebel betätigt wird. Die ausgeatmete sowie die durch den Blasebalg dem Arbeiter zugeführte überschüssige Luft tritt nicht durch irgendwelche Ventile, sondern lediglich durch die Augenöffnungen der Maske aus, sodass dadurch gleichzeitig der Träger der Maske gegen das Eindringen schädlicher Gase in die letztere geschützt wird. Durch Einschaltung eines Gabelstückes g in den Luftzuleitungsschlauch kann der Anschluss von zwei Arbeitern an den letzteren ermöglicht werden.

Wertvoll ist die stete Betriebsbereitschaft der ganzen Einrichtung, welche dadurch gewährleistet ist, dass die Masken nebst Blasebalg, Anschlussschläuchen, Gabelstück, 100 m Luftzuführungsschlauch und elektrischer Lampe in einem hölzernen Kasten untergebracht werden, der seinerseits auf ein Rädergestell gesetzt werden kann.

Fig. 90.

Rauchhelm von König.

Die Stolz'sche Rauchmaske hat in zahlreichen Fällen bei der Löschung von Stapelbränden und der Abdämmung von Brandfeldern gute Dienste geleistet. Bemerkenswert ist, dass sie verschiedentlich mit gutem Erfolge statt an den Blasebalg, an die vorhandene Pressluftleitung angeschlossen worden ist (siehe unten Seite 139).

Seit Anfang der 1890er Jahre hat auch der Rauchhelm von König in Altona sich im Ruhrkohlenbergbau Eingang verschafft. Derselbe wird in zwei Formen geliefert, nämlich als Helm im engeren Sinne (Fig. 90) und als leichte Rauchschutzkappe (Fig. 91). Beide sind mit zwei grossen Fensterklappen ausgerüstet, welche aus Glimmer bestehen und daher gegen strahlende Wärme genügend widerstandsfähig sind. Der Atmungsschlauch, welcher zwecks gleichmässiger Gewichtsverteilung geteilt ist, mündet dem Munde des Mannes gegenüber in eine dort angebrachte Magnalium-Hülse. Helm und Kappe werden mit Hülfe von ledernen Kragen auf den Schultern befestigt; der Abschluss erfolgt durch Zusammenziehen des Leders mittels Riemen. Unbedingt wetterdicht braucht dieser Abschluss nicht zu sein, da bei regelrechtem Betriebe des Gebläses im Helm ein genügend hoher Ueberdruck erzeugt wird, um die schädlichen Gase fernzuhalten. Bei nicht ganz dichtem Abschluss braucht auch das oben auf dem Helm befindliche Ausblaseventil nur selten in Thätigkeit zu treten.

Der Luftzuführungsschlauch wird auch hier wieder durch eine Oese am Gürtel geführt, um vom Arbeiter leicht nachgezogen werden zu können. Die Luft wird von einem in einem geschlossenen Kasten verlagerten Blasebalg geliefert, welcher mittels eines in der Vertikalebene schwingenden Hebels betrieben wird und mit einer Luftkammer verbunden ist, die als

Fig. 91.

Rauchschutzkappe von König.

Windkessel dient. (Fig. 91.) Der Schlauch ist auf eine Trommel aufgewickelt und an die hohle Achse derselben angeschlossen, in welche andererseits das vom Gebläse kommende Schlauchstück mündet.

Fig. 92.

König'scher Rauchhelm mit Reichel'scher Sprechvorrichtung.

Eine Neuerung bei der König'schen Einrichtung ist die Reichel'sche Sprechvorrichtung (Fig. 92), bestehend in einem Mundstück mit Glimmer-Membran, von welchem aus ein Schlauch zu einem in den Haupt-Luftschlauch einzuschaltenden Zwischenstücke führt. Die Vorrichtung soll eine Verständigung des Vordringenden mit dem Zurückbleibenden ermöglichen. Ihr Nutzen ist allerdings nicht zu überschätzen, da die Verständigung bereits bei etwa 60 m schwierig wird.

Auf Zeche Julia werden neuerdings die zum König'schen Apparate gehörigen Schläuche noch mit Sicherheitskuppelungen (Fig. 93) versehen, bei denen ein Sperrad in eine durch eine kräftige Feder festgehaltene Nockenscheibe eingreift und welche das selbstthätige Lösen der Verbindung

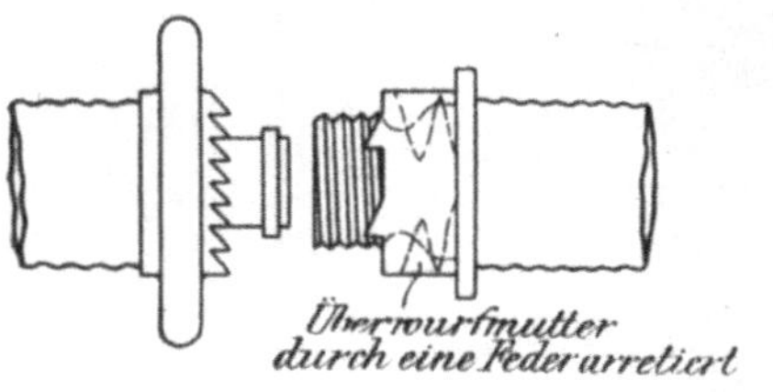

Fig. 93.
Sicherheits-Schlauchkuppelung von Zeche Julia.

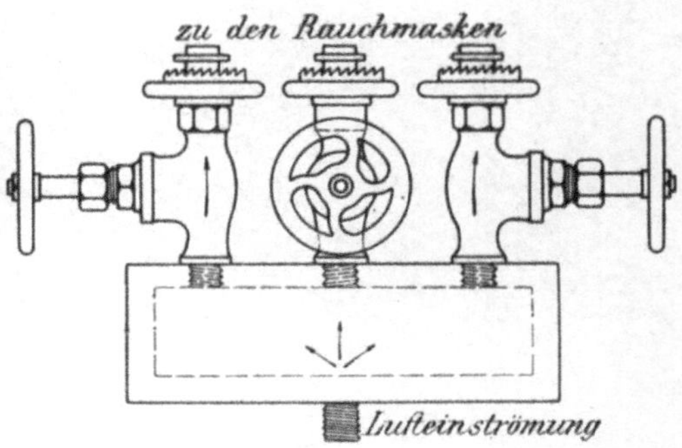

Fig. 94.
Verbindungsstück zum Anbringen von 3 Luftschläuchen. Zeche Julia.

bei starkem Klankenwerfen verhüten. Ausserdem hat man hier Querstücke für den gleichzeitigen Anschluss von drei Mann (Fig. 94) mit gutem Erfolg verwendet.

Die Rauchhelme mit allem Zubehör (Kastengebläse, Schlauchhaspel und Sprechvorrichtung) können bei zweckmässiger Form des Kastens in einem Förderwagen untergebracht und daher sehr bequem und schnell an Ort und Stelle geschafft werden, auch dort sofort in Thätigkeit treten, ohne dass man Gebläse und Schlauchhaspel erst herauszunehmen braucht.

In neuester Zeit ist vereinzelt auch der Rauchschutz-Apparat von J. G. Lieb in Biberach a. d. Ries beschafft worden. Die Maske (Fig. 95) besteht aus einem aus starkem Leder gepresstem Visier, welches mit einem Gummi-Ringwulst an das Gesicht angeschlossen wird und mit einem grossen Glasfenster für beide Augen versehen ist. Auch hier ist die Luftzuführung zweiseitig; für den Austritt der verbrauchten Luft ist eine kleine Oeffnung vorgesehen. Die Luft wird von einem Blasebalge oder (auf grössere Längen) von einer Luftpumpe geliefert, welche mit dem Schlauchhaspel zusammen auf einem zweiräderigen Gestell nachgefahren wird.

Wie oben angedeutet wurde, hat man verschiedentlich mit gutem Erfolge die fahrbaren Blasebälge und Luftpumpen der Druckschlauchapparate durch Anschluss der letzteren an die Pressluftleitung ersetzt. Derselbe erfolgt auf Zeche Shamrock*) vermittelst Einschaltringe (Fig. 96), an welchen seitlich ein Hahn sitzt, an dessen freies Ende der Luftschlauch angeschraubt wird.

Fig. 95.

Rauchschutz-Apparat von J. G. Lieb.

In sehr einfacher Weise und mit grosser Schnelligkeit wird der Anschluss an die Pressluftleitung nach einem von Bergwerksdirektor G. A. Meyer vorgeschlagenen Verfahren**) hergestellt: an der Stelle, wo der Anschluss erfolgen soll, wird um die Rohrleitung ein Schellenband (Fig. 97) gelegt; die eine Hälfte desselben hat eine mit Gewinde versehene Oeffnung, in welche ein vorn spitz zulaufender Stahldorn passt. Nachdem das Band festgeklemmt ist, wird durch Eintreiben des Dornes die Rohrwand durchgeschlagen und nunmehr in die Gewindeöffnung der für den Anschluss dienende Ventilhahn eingeschraubt. Die Schellenbänder sind, entsprechend den Rohrdurchmessern, in drei verschiedenen Grössen vorrätig.

*) Glückauf 1904, S. 1159.

**) Glückauf 1904, S. 1180.

Noch einen Schritt weiter ist man auf der Schachtanlage Shamrock III/IV*) gegangen, und zwar mit Rücksicht darauf, dass nach der allgemeinen Einführung der Berieselung ein zu allen Betriebspunkten führendes und daher weiter als die Pressluftleitung reichendes Wasserrohrnetz vorhanden ist. Man hat hier an bestimmten Stellen, die nach sorg-

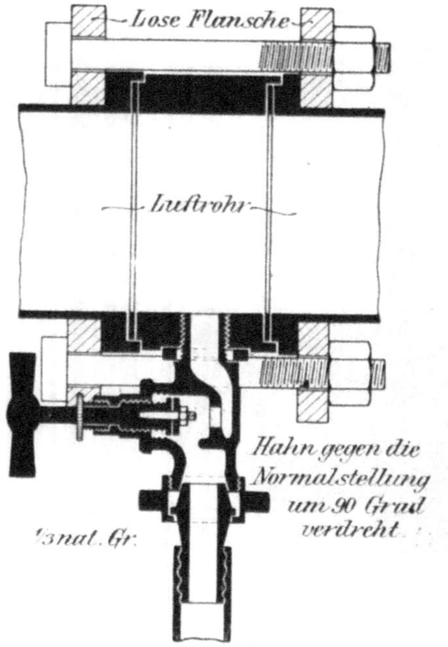

Fig. 96.

Einschaltring für den Anschluss eines Schlauches an die Pressluftleitung.

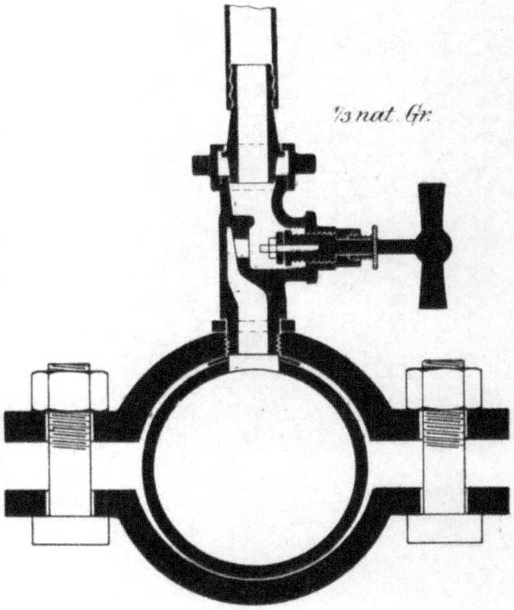

Fig. 97.

Rohrschelle für den Anschluss eines Schlauches an die Pressluftleitung.

fältiger Prüfung als zweckmässig befunden sind, Verbindungen zwischen beiden Rohrnetzen hergestellt, in welche Rückschlagventile (Fig. 98) eingebaut sind, die für gewöhnlich durch den Wasserdruck geschlossen gehalten werden. Soll ein Schlauchapparat angeschlossen werden, so lässt man mittels der alle 40 m eingebauten Hähne für die Berieselung das Wasser der betreffenden Rohrstrecke, welche zu diesem Zwecke durch ein Absperrventil gegen den übrigen Teil der Rohrleitung abgeschlossen wird, abfliessen, worauf der nunmehr vorhandene Luftüberdruck das erwähnte Rückschlagventil öffnet, sodass jetzt aus der Wasserleitung Pressluft austritt. Da anfangs noch etwas Wasser mitgeschleudert wird, so

*) Glückauf 1904, S. 435.

empfiehlt es sich, diesem in einem zwischen Leitung und Rauchmaske eingeschalteten Behälter Gelegenheit zu geben, sich niederzuschlagen.

Der Vorteil der Verwendung von Pressluft liegt vor allen Dingen darin, dass der Träger der Rauchmaske auf eine grössere Entfernung vordringen kann, als wenn die Luft durch eine verhältnismässig schwache Luftpumpe geliefert wird. Der starke Druck in der Pressluftleitung kann andererseits nicht schädlich werden, da er unter Beobachtung eines eingeschalteten Manometers nach Belieben abgedrosselt werden kann und ausserdem die Rauchmasken Austritts- oder Abblase-Oeffnungen haben.

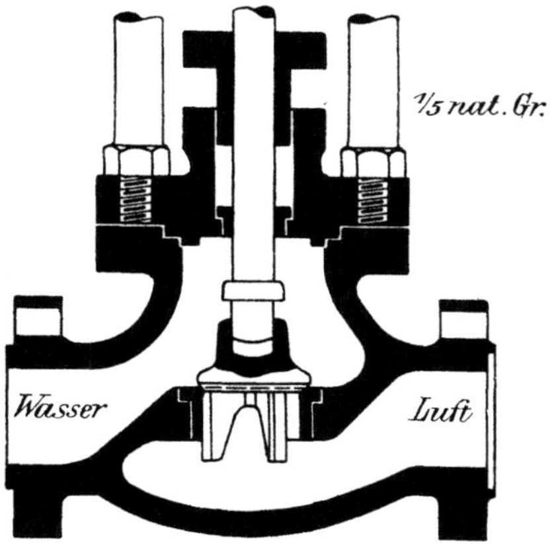

Fig. 98.

Absperr- und Rückschlagventil zwischen Wasser- und Pressluftleitung.

Bei dieser Gelegenheit möge an eine andere von Pelzer im Jahre 1894*) angeregte Verwendung der Druckluftleitung erinnert werden: er schlug vor, für den Fall einer Explosion oder eines Grubenbrandes Rettungssäcke bereit zu halten, welche mit einer Anzahl von schlauchartigen Ansätzen versehen sein und an die Pressluftleitung angeschlossen werden sollten; die Seitenschläuche sollten von den Arbeitern über den Kopf gezogen werden, damit dieselben bis zum Abzug der Nachschwaden in der frischen Luft atmen könnten.

Praktische Gestalt hat dieser Vorschlag damals nicht angenommen. Jedoch ist in neuester Zeit auf Zeche Deutscher Kaiser ein ähnliches Verfahren versucht worden: Der in die schädlichen Gase Vordringende wird an eine Tuch-Wetterluttenleitung angeschlossen, indem er seinen Kopf in ein besonders gearbeitetes Kopfstück der Luttenleitung hinein-

*) Glückauf 1894, S. 577.

steckt. Dieses Luttenstück (Fig. 99) ist ausser mit den gewöhnlichen Querrippen auch noch mit Längsversteifungen versehen und in gebogener Form hergestellt, um einen Knick beim Anschluss der nächsten Lutte zu vermeiden; es hat eine Oeffnung für den Kopf, welche mit einer nach dem Durchstecken des Kopfes zuzuziehenden Schleife versehen und deren Umgebung gepolstert ist. Das Kopfstück wird mittels Achselriemens und Leibgurts an den Oberkörper des Mannes angeschnallt. Auf diese Weise

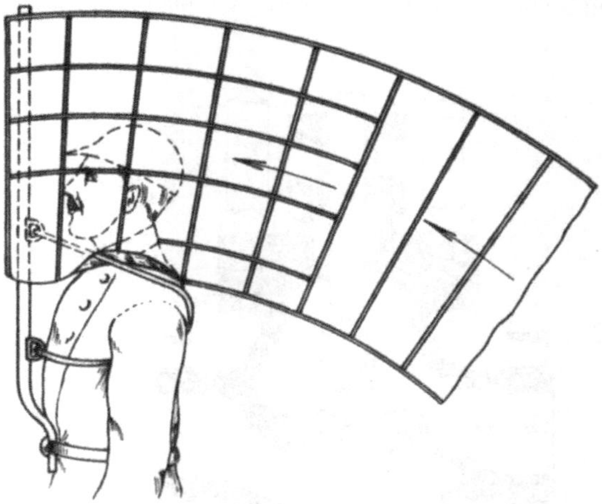

Fig. 99.

Kopfstück einer Tuchwetterleitung für Rettungsarbeiten.

befindet der letztere sich immer in dem frischen Wetterstrome, welcher von einem kleinen Ventilator erzeugt wird. Diese Einrichtung kann jedoch nur für ganz geringe Entfernungen und einfache Arbeiten, z. B. Oeffnen oder Schliessen einer Wetterthür in stickigen Gasen oder Herausholen eines Mannes aus den letzteren, in Betracht kommen. Durch Versuche ist festgestellt worden, dass ein Mann rund 70 m Tuchlutten nachziehen kann, und dass zum Vordringen auf diese Länge etwa fünf Minuten erforderlich sind.

III. Reservoir-Apparate.

Das Wesen der sogenannten Reservoir-Apparate besteht darin, dass der Atmungsschlauch an einen mitgeführten Luftbehälter angeschlossen wird. Die ausgeatmete Luft geht entweder, wie bei dem Apparat von Galibert, in den Behälter zurück oder ins Freie; im ersteren Falle verschlechtert die Atmungsluft sich fortwährend, während in den Apparaten der zweiten Art ein entsprechender Vorrat von Druckluft mitgenommen wird, deren Druck sich während des Gebrauchs immer mehr verringert.

Von diesen Apparaten ist hier in erster Linie die als »Hochdruck-Apparat« bezeichnete Abart des Rouquayrol-Denayrouze'schen Atmungsapparates zu erwähnen, welche ebenfalls von der Firma L. von Bremen in Kiel geliefert wurde. Die Atmungsluft wurde in sechs durch einen Rahmen zusammengehaltenen, einzeln auswechselbaren Behältern (Fig. 100), welche auf einen Förderwagen geladen werden konnten, nachgefahren und

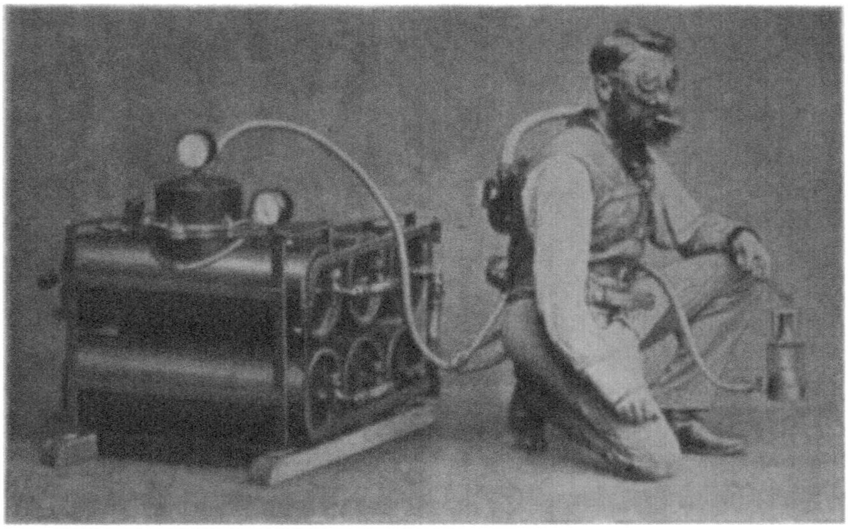

Fig. 100.

Hochdruckapparat von Rouquayrol-Denayrouze.

stand in denselben unter einem Druck von 25—40 Atmosphären, welcher für die Atmung durch den oben (S. 129) beschriebenen Regulator auf den atmosphärischen Druck herabgemindert wurde. Die Behälter wurden dem Arbeitenden durch einen Hülfsarbeiter nachgefahren, welcher durch Beobachtung eines Manometers die Abnahme des Luftdrucks verfolgte.

Auf demselben Gedanken beruht der eine Erleichterung der Bewegung des Arbeiters bezweckende »Tornisterapparat« derselben Erfinder (Fig. 101), bei welchem die unter einem Drucke von 20—30 Atm. stehende Atmungsluft auf dem Rücken in einem Tornister von 12,5 kg Gewicht mitgenommen wurde. Derselbe bestand aus drei Abteilungen A, B, C, welche unter sich durch die Röhrchen R in Verbindung standen. Die durch das Ventil V hineingepumpte Luft trat zuerst aus der rechten

Abteilung C in den Regulator in der Vorkammer D, von dort durch das Verbindungsrohr E in die Kammer F und aus dieser zum Mundschlauch. Der Austritt der Luft in die Kammer F geschah durch das Blättchen-Ventil G, welches während der Ausatmung durch das von einer Kautschuk-Membrane aus bewegte Hebelwerk H verschlossen wurde. Der Tornister ermöglichte einen Aufenthalt von 30—45 Minuten in unatembaren Gasen.

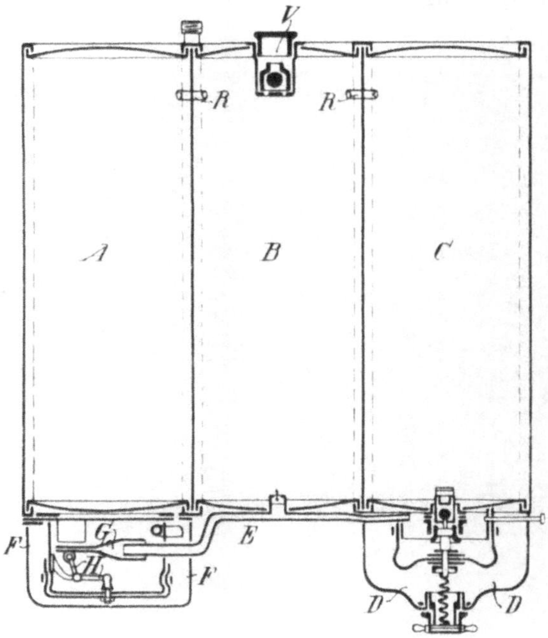

Fig. 101.

Tornisterapparat von Rouquayrol-Denayrouze.

Der Rouquayrol'sche Hochdruckapparat hat im Ruhrkohlenbezirk nur ganz vorübergehend versuchsweise Verwendung gefunden; z. B. ist für die Bochumer Bergschule ein solcher Apparat beschafft worden. Der Preis eines Apparates für einen Arbeiter betrug mit allen Zubehörteilen 2950 M., derjenige eines Tornisterapparates 2140 M.

In neuester Zeit ist ein ebenfalls hierher gehörender Apparat von E. Nattier in Paris aufgetaucht, welcher auf der Pariser Weltausstellung von 1900*) ausgestellt war. Derselbe ist als eine Abänderung des Galibert-schen Apparates anzusehen und besteht aus einem einfachen, auf dem

*) Zeitschrift für das Berg-, Hütten- und Salinen-Wesen, 1901, Bd. XLIX B, Seite 202 ff.

Rücken zu tragenden fassförmigen Luftsack, welcher vor dem Gebrauche durch einen besonders dazu angefertigten Blasebalg mit rd. 150 l Luft gefüllt wird, und unter dessen oberem Boden der Mundschlauch für den Träger mündet.

Ein Exemplar des Nattier'schen Atmungssackes ist von der Gelsenkirchener Bergwerks-Aktien-Gesellschaft für die Zeche Zollern beschafft worden, hat sich aber bei den damit angestellten Versuchen nicht bewährt. Ueberhaupt hat dieser Apparat, welcher die Bewegungsfreiheit des Trägers noch mehr als der Pneumatophor (s. d.) behindert und dabei doch nur einen kurzen Aufenthalt in Stickwettern gestattet, im Ruhrkohlenbergbau keine Zukunft.

IV. Regenerations-Apparate.

Als »Regenerations-Apparate« bezeichnet man diejenigen Atmungsapparate, bei welchen die ausgeatmete Luft in einem Kreislaufe ständig dem Atmungsschlauche wieder zufliesst, wobei ihr die durch den Atmungsvorgang gebildete Kohlensäure entzogen und der dabei verbrauchte Sauerstoff ständig ergänzt wird. Derartige Apparate können, je nachdem eine Nasenklemme oder eine Gesichtsmaske damit verbunden wird, zur Atmung durch den Mund oder durch die Nase eingerichtet werden.

1. Aeltere Apparate.

Obwohl dieser Gedanke bereits in einem von Prof. Schwann im Jahre 1854 der belgischen Akademie der Wissenschaften auf deren Preisausschreiben hin vorgelegten Atmungsapparat praktische Gestalt gewonnen hatte, sind diese Apparate doch erst im Laufe der zweiten Hälfte der 1890er Jahre im rheinisch-westfälischen Bergbau zur Verwendung gekommen. Der Grund dafür ist in der mangelhaften Beschaffenheit der älteren Apparate zu suchen: Der Schwann'sche Apparat hat überhaupt nicht, der als Verbesserung desselben zu betrachtende Apparat des Engländers Fleuss*) nur vereinzelt (z. B. anfangs der 1880er Jahre bei Arbeiten in unatembaren Gasen auf Durhamer Kohlengruben) und mehr versuchsweise**) im Bergbau Anwendung gefunden.

Der an sich richtige Grundgedanke des letzteren, die Absorption der Kohlensäure dadurch möglichst ausgiebig zu gestalten, dass die ausgeatmete Luft das Absorptionsmittel nicht bloss oberflächlich berührt, sondern

*) D. R. P. 16343. Dinglers polyt. Journal Bd. 243, Seite 267.

**) Vergl. die Saarbrücker Versuche 1886, Zeitschrift für das Berg-, Hütten- und Salinen-Wesen, Band XXXIV B, Seite 272 ff.

durch dasselbe hindurchgesaugt wird, hatte eine unzweckmässige Ausführung gefunden, indem das Atmen durch die Einrichtung des Apparates und die Anordnung des Absorptionsmittels zu sehr erschwert, auch die Sicherheit durch die Anwendung von Ventilen, deren Versagen nicht ausgeschlossen war, beeinträchtigt wurde. Dazu kam, dass der damalige Stand der Technik keine starke Kompression des Sauerstoffs ermöglichte, und dass deshalb zur Mitnahme eines genügenden Sauerstoffvorrats ein starker und unverhältnismässig schwerer Kupfercylinder von 16 cm Durchmesser und 32 cm Länge erforderlich war, sodass das Gesamtgewicht des Apparates 14,5 kg betrug.

2. Der Pneumatophor von v. Walcher-Gaertner.

Erst der im Jahre 1896 an die Oeffentlichkeit gebrachte sogenannte »Pneumatophor« von Walcher Ritter von Uysdahl und Dr. Gustav Gaertner, dessen Erfindung durch die grossen Karwiner Grubenkatastrophen in den Jahren 1894 und 1895 veranlasst worden war, vermochte sich infolge seiner besseren Anpassung an die Eigenart des Bergbaubetriebes allgemeineren Eingang zu verschaffen.

Die ursprüngliche Form des Pneumatophors, in welcher derselbe auch im Ruhrkohlenbergbau zunächst versuchsweise erprobt worden ist, wird durch Figur 102a und b veranschaulicht. Als Absorptionsmittel für die Kohlensäure diente 25 prozentige Natronlauge. Die Laugeflasche L sowohl wie die Sauerstoff-Stahlflasche S waren im oberen Teile des aus gasdichtem Stoffe hergestellten Atmungsbeutels untergebracht. Der letztere war im Innern mit Barchent ausgekleidet; von dieser Auskleidung ging ausserdem eine Anzahl kulissenartig angeordneter Barchent-Scheidewände aus, wodurch eine grosse Aufsauge-Oberfläche gebildet wurde. Der mitgenommene Sauerstoff-Vorrat betrug bei einem Inhalt der Stahlflasche von 0,6 l und einem Gasdrucke von 100 Atm. 60 l.

Der Beutel hing auf der Brust des Arbeiters, welcher durch einen Mundschlauch mit dem Beutel verbunden war; die Nase wurde durch eine Klemme verschlossen gehalten.

Das Gewicht des ganzen Apparats betrug rd. 4,5 kg.

Beim Gebrauch des alten Pneumatophors wurde zunächst der Atmungsbeutel umgeschnallt und der Mundschlauch erfasst, sodann mittelst der Schraube s die Glasflasche, welche die Natronlauge enthielt, zertrümmert und dadurch die Lauge zum Ausfliessen gebracht. Hierauf wurde die Sauerstoffflasche geöffnet und die Nasenklemme aufgesetzt, (bis zum Einlassen von Sauerstoff in den Beutel musste durch die Nase geatmet werden). Zur Verhütung von Kohlensäure-Ansammlungen im Atmungssack musste die in dem letzteren befindliche Lauge von Zeit zu Zeit geschüttelt werden.*)

Dieser Vorläufer der modernen Regenerationsapparate war zwar von verschiedenen Mängeln der älteren Apparate frei, indem er keine Ventile hatte und die als Absorptionsmittel sehr zweckmässige und bis zum Gebrauch unter Luftabschluss gehaltene Natronlauge benutzte, auch die

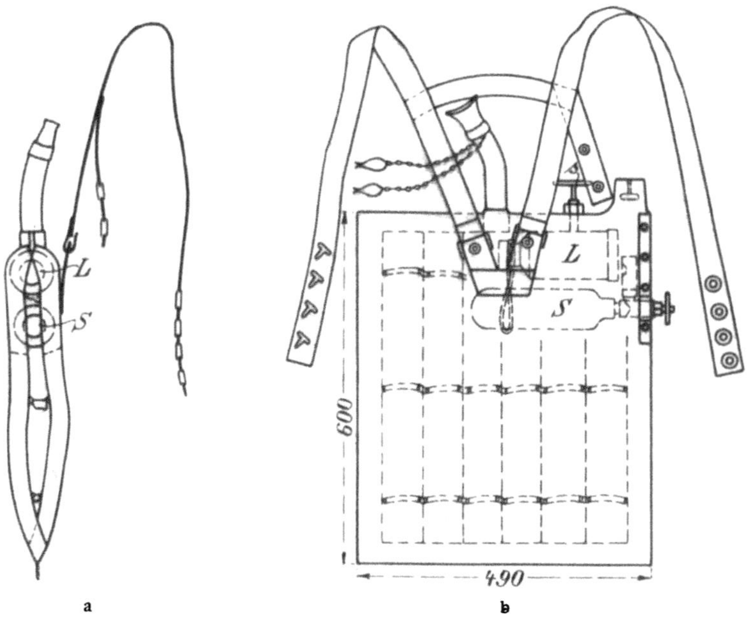

Fig. 102.

Pneumatophor von v. Walcher-Gärtner.

Fortschritte der Technik auf dem Gebiete der Aufspeicherung von Gasen unter hohem Druck sich zu Nutze machte. Er zeigte sich jedoch nach verschiedenen Richtungen hin verbesserungsbedürftig und wurde in der That bald durch die Bemühungen des Bergwerksdirektors G. A. Meyer von Zeche Shamrock I/II mit einer Reihe wichtiger Verbesserungen ausgerüstet.

*) Vergl. Oesterr. Zeitschrift für Berg- und Hüttenwesen 1896, Seite 591 ff. Die Beschreibung des Apparates ist hier wegen der geringen Bedeutung, welche er insbesondere für den Ruhrkohlenbezirk erlangt hat, kurz gehalten.

3. Shamrock-Type des Pneumatophors.

Bei den Bestrebungen zur Verbesserung des Pneumatophors wurde der ursprüngliche Gedanke der Erfinder, jedem Arbeiter einen Pneumatophor als Selbstrettungs-Apparat mit in die Grube zu geben, wie in Oesterreich, so auch im Ruhrkohlenbezirk fallen gelassen, da der Durchführung desselben zu grosse Schwierigkeiten — hohe Kosten,

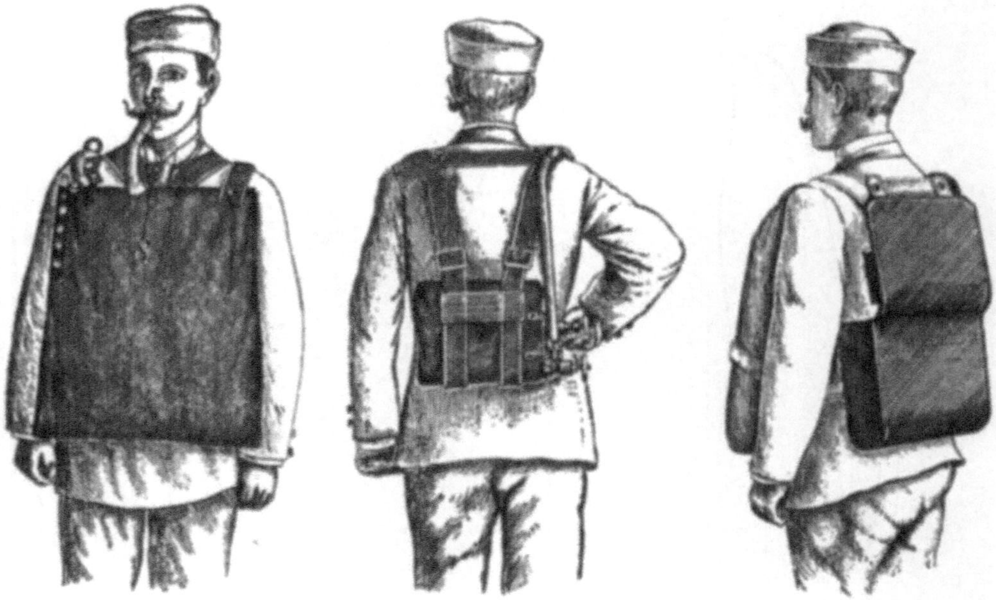

a b c

Fig. 103.

Shamrock-Type des Pneumatophors von G. A. Meyer.

Nach Lamprecht: Die Grubenbrandgewältigung, Taf. I, Fig. 10—12.

schwierige Instandhaltung der Apparate wegen der doch immerhin seltenen Benutzung derselben, unzureichendes Verständnis der meisten Arbeiter für die zweckmässige Behandlung des Apparates, sowie überhaupt mangelnde Vertrautheit der Leute mit demselben — im Wege standen. Statt dessen wurde als einstweilen anzustrebendes Ziel die Umgestaltung zu einem in jeder Hinsicht brauchbaren Schutzmittel für eine besonders auszubildende Rettungstruppe ins Auge gefasst.

Der von dem Arbeiter mitzunehmende Sauerstoff-Vorrat wurde von 60 l auf 120 l erhöht, und zwar wurde es für vorteilhafter gehalten, diesen Vorrat auf zwei kleinere Stahlflaschen (Fig. 103b) zu verteilen, einerseits, um dem Apparat eine handlichere Gestalt zu geben, andererseits, um dem Arbeiter einen Ueberblick über den noch verfügbaren Sauerstoffvorrat zu ermöglichen und ihn nach Leerung der ersten Flasche an die Notwendigkeit des Rückzugs zu erinnern. In dieser Absicht wurden auch die beiden zur Oeffnung der Sauerstoffventile dienenden Handräder verschieden gestaltet: die eine Flasche erhielt ein glattes, die andere ein geripptes Handrad, um durch das Gefühl eine Unterscheidung der beiden Flaschen zu ermöglichen.

Die Laugeflasche wurde weggelassen mit Rücksicht darauf, dass es im Bedarfsfalle immer leicht möglich sein wird, eine Flasche mit Lauge an Ort und Stelle zu bringen und letztere in den Atmungssack zu giessen. Zum Transport der Laugeflasche und einiger Werkzeuge wurde eine besondere Packtasche (Fig. 103c) angefertigt, welche über die Sauerstoffflaschen (s. unten) gezogen und bei der Ankunft an der Arbeitsstelle abgestreift wird. Der grösseren Sauerstoffmenge entsprechend wurde der Inhalt der Laugeflasche von 425 auf 1100 cbcm erhöht. Zum Aufsaugen der Lauge im Beutel wurden mit gutem Erfolge Luffahfaser-Kissen an Stelle des Barchentgewebes verwendet. Ferner wurde das frühere glatte, trichterförmige Hornmundstück für den Atmungsschlauch durch ein zwischen Lippen und Zähne zu klemmendes und von letzteren festzuhaltendes Mundstück ersetzt, wie es auch schon zu älteren Apparaten (vergl. oben S. 125, Fig. 77) benutzt worden war.

Eine wesentliche Verbesserung war auch die veränderte Tragweise und Gewichtsverteilung. Während bei der Urform des Pneumatophors das ganze Gewicht auf der Brust des Mannes ruhte, wurde jetzt nur der Atmungsbeutel auf der Brust gelassen, während die beiden Sauerstoffflaschen für sich, in einer Segeltuch-Umhüllung, auf dem Rücken des Trägers hingen (Fig. 103b). Die von der Brust aus unter den Achseln durchgehenden und auf der Brust sich wieder vereinigenden Tragriemen, welche die Brust beengten, fielen fort; das ganze Gewicht wurde jetzt in vorteilhafter Weise durch Schulter-Tragbänder und durch den Leibgurt aufgenommen. Die Folge dieser Umgestaltungen war, dass, obwohl durch die verschiedenen Verbesserungen das Gesamtgewicht des Apparates von 4,5 auf 8,7 kg gesteigert wurde, derselbe doch dem Träger weniger Beschwerden verursachte als der ursprüngliche Apparat.

Die Ausrüstung wurde dann noch durch Beigabe einer Schutzbrille und einer Signalpfeife vervollständigt.

Die durch diese Pneumatophoren verursachten Ausgaben wurden von Meyer*) unter der Voraussetzung, dass 10 Apparate für eine Grube beschafft und damit 20 Leute ausgebildet werden, welche vierteljährlich einmal oder in Gruppen von je 10 Mann alle sechs Wochen einmal üben, auf 170 M. Anschaffungs- und 71,65 M. jährliche Unterhaltungs- und Gebrauchs-

*) Glückauf 1897, Seite 957.

kosten je Apparat berechnet. Der so verbesserte Pneumatophor, welcher unter dem Namen »Shamrock-Type« oder »Zweiflaschenapparat« bekannt geworden ist, hat sich bei den damit angestellten Uebungen gut bewährt und z. B. bei den Versuchen auf Shamrock I/II einen längsten Aufenthalt von 111—132 Minuten in Stickwettern gestattet, während die Benutzungsdauer der älteren Apparate nur auf rd. eine Stunde bemessen werden konnte.

Auch im praktischen Betriebe hat der Meyer'sche Pneumatophor bereits mehrfach erfolgreiche Anwendung gefunden. Im Jahre 1897 wurde auf der Zeche Shamrock I/II ein Grubenbrand im Flötze Dickebank mit Hülfe von Pneumatophoren wirksam abgedämmt, nachdem die Stolz'sche Rauchmaske versagt hatte, weil es nicht möglich gewesen war, die Luftpumpe in frischen Wettern aufzustellen. Einige Zeit später gelang es auf derselben Zeche, mit diesen Apparaten ein längere Zeit abgedämmt gewesenes Brandfeld wieder zu öffnen und durch Zurücksetzen der Dämme den Brand auf einen kleinen Flötzabschnitt zu beschränken, wozu ein tagelanges Arbeiten in Stickwettern notwendig war; auch hier hatte die Stolz'sche Rauchmaske versagt. Die letztere Arbeit ist insofern besonders bemerkenswert, als der dadurch erzielte Gewinn an Kohle von der Betriebsleitung auf rd. 13000 M. geschätzt wurde — eine Thatsache, welche die Beschaffung solcher Apparate auch vom wirtschaftlichen Standpunkte aus als vorteilhaft erscheinen lässt.

Bei dem Grubenbrande auf Zeche Zollern (siehe Seite 101) fanden Pneumatophoren bei der Löschung der brennenden Querschlag-Zimmerung erfolgreich Verwendung.

Bei einem Brande auf Zeche Recklinghausen I*) gelang es mit Hülfe der Pneumatophoren zunächst, bis dicht an den Brandherd vorzudringen und die mitgenommenen Wasserschläuche dort anzuschliessen. Sodann bewährte die mit den Apparaten ausgerüstete Rettungsmannschaft sich durchaus bei der Schliessung und späteren Wiederöffnung einer im dichtesten Qualm stehenden Dammthür; diese Thür musste nachher nochmals mit Hülfe der Pneumatophoren geschlossen werden, und zwar unter sehr schwierigen Verhältnissen, da die Gummidichtung in der Sohle schwer anzubringen war und die mittlerweile warm gewordene Thür nur mit Mühe bewegt werden konnte. Auch bei der Wiederöffnung des Brandfeldes und der Bergung einer Leiche aus demselben trat die Rettungsmannschaft mit Erfolg in Thätigkeit.

4. Rettungsapparat von Mayer-Pilař.

Ein anderer aus der Urform der Pneumatophoren hervorgegangener Rettungsapparat ist der österreichische von Mayer-Pilař (Fig. 104a—c).

*) Glückauf 1900, S. 593 ff.

Dieser unterscheidet sich von den oben beschriebenen Apparaten in erster Linie dadurch, dass er dem Manne das Atmen in gewohnter Weise durch die Nase ermöglicht. Der Atmungsbeutel A A_1 A_2 ist nämlich mit einer

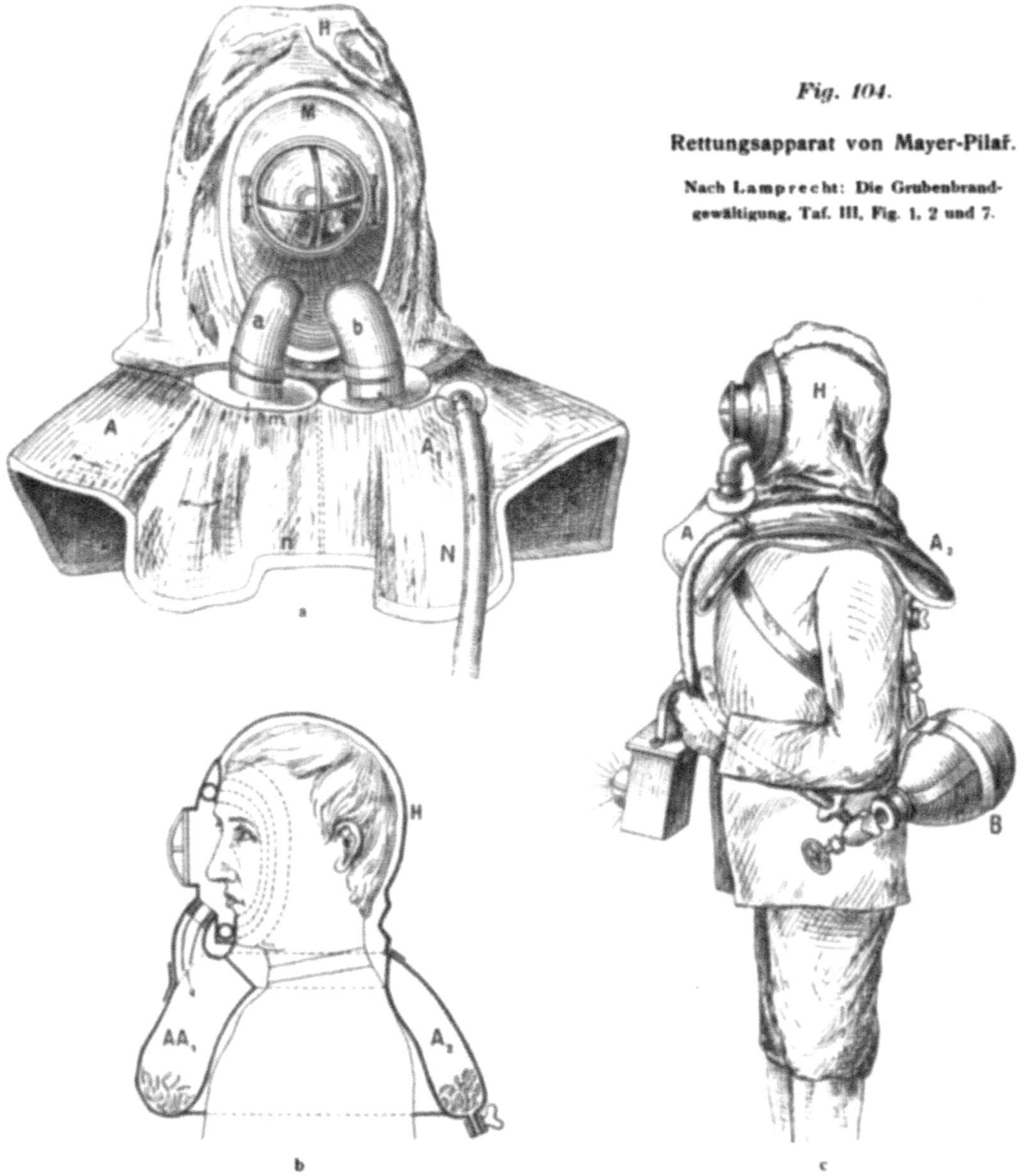

Fig. 104.

Rettungsapparat von Mayer-Pilaf.

Nach Lamprecht: Die Grubenbrandgewältigung, Taf. III, Fig. 1, 2 und 7.

durch Gummiringe dicht an das Gesicht angeschlossenen Maske M verbunden, welche ihrerseits, um dem Arbeiter Schutz gegen strahlende Wärme zu geben, noch mit einer Rauchkappe H aus gummiertem Stoff oder Leder versehen ist. Der Atmungsbeutel ist auf Rücken und Brust verteilt und zum Teil mit Aetzkali in Stangen angefüllt; er steht mit der Rauchkappe durch zwei mit Ventilen ausgerüstete Rohre in Verbindung, von denen das eine zum Einatmen, das andere zum Ausatmen dient. Der Sauerstoffbehälter wird durch eine kugelförmige, in der Hüftengegend getragene Stahlflasche B gebildet.

Diese Form des Pneumatophors ist im Ruhrkohlenbezirk bisher nur zu Versuchszwecken, und zwar auf der Schachtanlage Shamrock I/II, benutzt und dort mit dem Zweiflaschenapparat verglichen worden. Das Ergebnis dieser Versuche ist die Ueberlegenheit des letzteren gewesen. Oesterreichische Fachleute beurteilen allerdings den Mayer'schen Apparat günstiger; auch ist die von Mayer vorgeschlagene Verwendung eines festen Absorptionsmittels — bei Mayer Aetzkali — in den neueren Apparaten beibehalten worden.

5. Rettungsapparat von Giersberg.

In den letzten Jahren ist der Pneumatophor abermals, und zwar zunächst durch den Branddirektor Giersberg in Berlin, nach verschiedenen Richtungen hin verbessert worden, und zwar sind nacheinander zwei Ausführungsformen des Giersberg'schen Apparates entstanden.

Der ältere Apparat (Modell »Berliner Feuerwehr«) hatte einen durch eine vertikale Scheidewand in zwei Kammern geteilten Atmungssack aus Gummistoff und enthielt als Absorptionsmittel Natronkalk (eine Verbindung von Aetznatron und Aetzkalk), durch den die Atmungsluft hindurchgeführt wurde. Eine weitere Eigentümlichkeit des Apparates war die Atmung durch Nase oder Mund mit Hülfe eines mit zwei Ventilen versehenen Atmungsschlauches, welcher in ein Nase und Mund bedeckendes Stück auslief, wobei der Nase die Atmungsluft durch olivenförmige, mit Durchbohrungen versehene Gummistücke zugeführt wurde, welche an das Mundstück angeschlossen waren. Auf diese Weise wurde an die Stelle der äusseren Abdichtung des Mund- und Nasenstückes, welche sich bei den Versuchen als sehr schwierig erwiesen hatte, die innere Abdichtung gesetzt.

Dieser ältere Apparat konnte sich jedoch im Bergbau nicht Eingang verschaffen. Allerdings war der schon in dem Apparat von Fleuss (siehe Seite 145) durchgeführte Gedanke, die Atmungsluft durch das Absorptionsmittel hindurchzusaugen und dadurch wirksamer von Kohlensäure zu reinigen, richtig; auch schien das Mund- und Nasenstück auf den ersten Blick die Nachteile der Mundatmung einerseits und der Maske andererseits geschickt zu vermeiden. Jedoch wurde auf der anderen Seite die Atmung durch die Ventilbewegung und durch die Notwendigkeit, die Luft durch den Natronkalk hindurchzusaugen, sehr erschwert. Endlich erwiesen die in die Nasenlöcher gesteckten Gummistücke sich nur dann als brauchbar, wenn sie genau nach der Nase des Trägers gearbeitet waren.

Diese Nachteile sucht der verbesserte Giersberg'sche Apparat (»Modell 1901«) zu vermeiden. Die Hauptunterschiede dieses Apparats von dem Pneumatophor »Shamrock-Type« sind folgende:

1. Für die Absorption der Kohlensäure dient der aus Fig. 105 ersichtliche sogenannte »Regenerator«, bestehend aus zwei Blechzylindern,

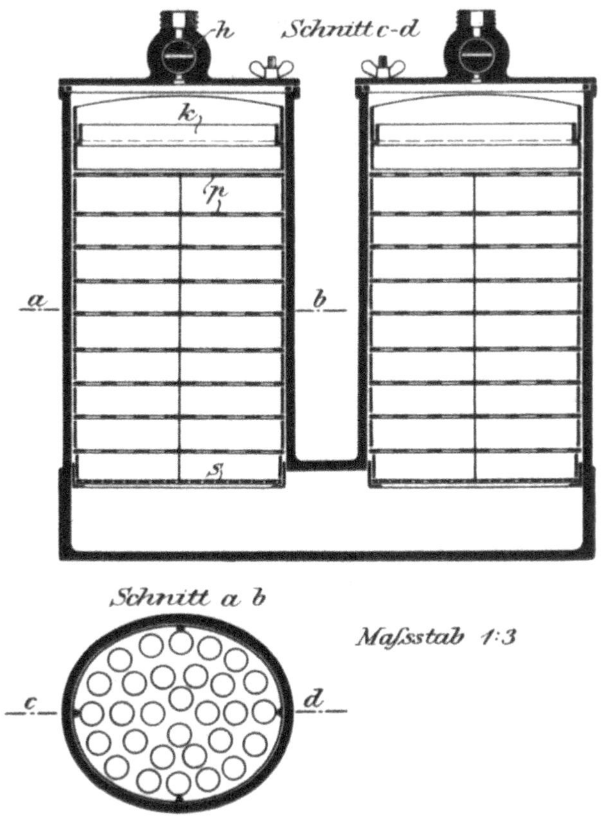

Fig. 105.

Regenerator des Giersberg'schen Rettungsapparates.

in deren vertikalen Röhrensystemen, gebildet durch zahlreiche gelochte Blechplatten p, das Absorptionsmittel untergebracht und in die oben und unten (in die Blechschachtel k bezw. auf den Siebboden s) noch eine dünne Schicht Kieselguhr gefüllt ist, welche die Feuchtigkeit der Atmungsluft zurückhalten soll. Auch hier kommt wieder in der Anordnung des Absorptionsmittels der Grundsatz zum Ausdruck, die zu regenerierende Luft vollständig durch dasselbe hindurchzuführen. Der dadurch bedingte grössere Kraftaufwand für die Kreislaufbewegung, der Luft fällt wegen der Einführung der selbsttätigen Luftzuführung (siehe unter 2) nicht ins Gewicht.

Damit der Regenerator jederzeit sofort gebrauchsfertig ist und das Absorptionsmittel nicht erst kurz vor dem Gebrauch eingefüllt zu werden braucht, ist der Regenerator mit luftdicht schliessenden Hähnen versehen, welche gestatten, die Absorptionsmasse in den Cylindern selbst luftdicht zu lagern.

Als Absorptionsmittel wurde früher Natronkalk verwendet. Da die Beschaffenheit desselben jedoch sehr von der Fabrikationsweise abhängt und der nicht sehr sorgfältig hergestellte Natronkalk leicht durch den Gebrauch eine harte Kruste erhält, welche den Kern ausser Wirkung setzt, und ausserdem einen feinen Staub bildet, der den Atmungsorganen schadet und die Düse des Injektors verstopft, so hat die Fabrik neuerdings den Natronkalk durch Aetzkali in Stücken oder in Stangenform ersetzt.

2. Sehr bemerkenswert ist der in dem neuen Apparate durchgeführte Gedanke, den Sauerstoffzutritt selbstthätig zu regeln und gleichzeitig auch den Luftkreislauf mechanisch erfolgen zu lassen. In die zum Munde des Mannes zurückführende Luftleitung ist nämlich da, wo sie den Regenerator verlässt (vergl. das Schema in Figur 106 und die Figur 107), eine Düse i eingeschaltet, durch welche der aus dem Reduzierventil kommende Sauerstoff hindurchströmt und so etwa das Siebenfache seines Volumens an Luft aus dem Regenerator durch das Rohr r ansaugt. Durch diese Anordnung wird also die regelmässige Oeffnung des Sauerstoffventils durch den Träger des Apparates unnötig gemacht und die Lunge des Trägers beim Atmen vollständig entlastet, indem durch den Injektor die Atmungsluft nebst dem selbsttätig zugesetzten Sauerstoff in einem beständigen Kreislaufe durch den Apparat getrieben wird.

Zu bemerken ist dazu, dass die Einschaltung eines Reduzierventils, welches die Regelung der Sauerstoffzufuhr durch den Mann selbst entbehrlich machen sollte, bereits früher angestrebt worden war. Jedoch stiess die Durchführung dieses Gedankens auf erhebliche Schwierigkeiten: einerseits war die Herstellung eines für einen so starken Spannungsabfall mit voller Sicherheit brauchbaren Reduzierventils schwierig wie auch der zuerst nach diesem Grundsatz angefertigte Mayer-Neupert'sche Apparat mit mangelhaftem Reduzierventil zeigte; andererseits musste man entweder den Atmungsbeutel geschlossen und den Mann unter Druck atmen lassen, was natürlich bedenklich war und die Leistungsfähigkeit wesentlich beeinträchtigte, oder eine Entlastungsöffnung im Atmungssack vorsehen und damit dem Sauerstoff auch während der Ausatmung Gelegenheit zum Entweichen geben, wodurch ein starker Sauerstoffverlust herbeigeführt und die Benutzungsdauer wesentlich verkürzt wurde. Erst durch die Einschaltung des Injektors mit der Entlastung des Mannes durch die selbstthätige Absaugung der ausgeatmeten Luft wurden die auf jenem Gedanken beruhenden Apparate brauchbar.

Der Injektor wird so eingestellt, dass er dem Manne 2 l Sauerstoff je Minute zuführt, und dass durch seine Saugwirkung 14 l gereinigte

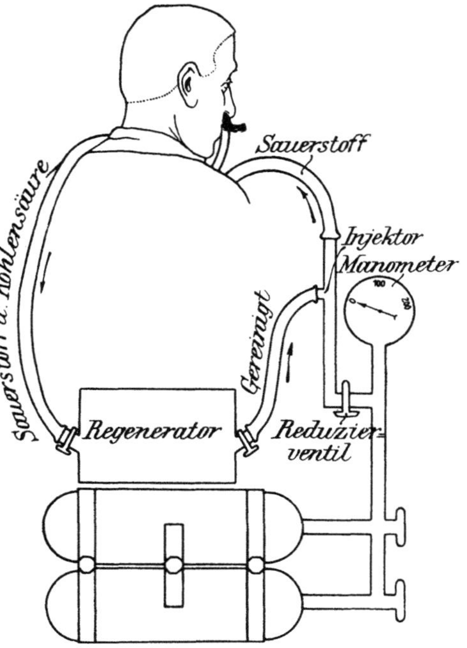

Fig. 106.

Schema des verbesserten Giersberg'schen Apparates.

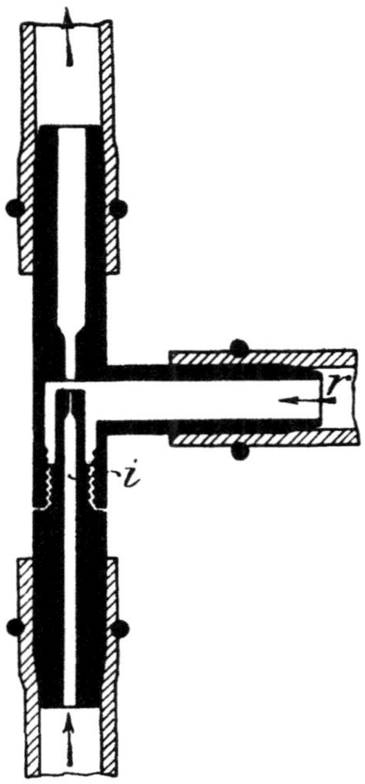

Fig. 107.

Injektor des verbesserten Giersberg'schen Apparates.

Luft in der Minute angesaugt werden; da nun der Mensch nur etwa 6 l in der Minute ausatmet, kann die Atmungsluft nahezu dreimal durch den Regenerator getrieben werden, ehe sie dem Munde wieder zuströmt. Ausserdem wird auf diese Weise auch die Bildung eines sog. »schädlichen Raumes«, d. h. einer Ansammlung von Kohlensäure vor dem Munde, verhütet.

3. Mit diesen Aenderungen hängt die feste Verbindung der beiden Sauerstoffflaschen durch Schellenbänder zusammen, welche zur Erzielung einer unbedingt festen Verbindung mit dem Reduzierventil notwendig war. Die so verbundenen Flaschen werden gemeinsam dem Apparat entnommen und wieder in ihn eingelegt; dabei ist aber das »Zweiflaschensystem« in dem Sinne, dass jede Flasche mit einem besonders gekennzeichneten

Handrade versehen ist, damit die eine Flasche für den Hinweg, die andere für den Rückweg benutzt wird, beibehalten.

4. Um eine ständige Kontrolle des Gasdrucks in den Sauerstoffflaschen zu ermöglichen, ist ein Manometer hinzugefügt worden, welches horizontal angebracht ist und durch einen besonderen Aufsichtsmann beobachtet werden soll.

5. Um die für den Atmenden lästige Erhitzung der Atmungsluft durch die kräftige Wirkung des Regenerators möglichst zu beseitigen, war anfangs auch eine Kühlvorrichtung durch Kohlensäureschnee vorgesehen, welche aus einer nach Belieben einzuschaltenden ovalen Blechbüchse mit cylindrischem Einsatz bestand, in welchen die feste Kohlensäure eingefüllt wurde, während die Atmungsluft den Raum zwischen diesem Cylinder und der äusseren Blechwand durchstrich. Diese Kühlvorrichtung hat man jedoch später wieder fallen gelassen.

Der Atmungssack besteht beim Giersberg'schen Apparat aus zwei Hälften, aus deren linker die verbrauchte Luft durch einen über dem Boden liegenden durchlöcherten Schlauch abgesaugt wird; die frische Luft wird nicht in den Atmungssack selbst, sondern unmittelbar in die Verlängerung des Mundschlauchs nach unten hin eingeführt. Uebrigens kommt dem Atmungsbeutel bei diesem wie bei den späteren, auf dem Injektorprinzip beruhenden Apparaten nicht mehr die frühere Bedeutung zu, da jetzt die ausgeatmete Luft nicht mehr Ansammlungen im Beutel bilden kann, sondern sofort wieder abgesaugt wird, sodass der »schädliche Raum« wesentlich verringert wird. Der Beutel erfüllt jetzt vorzugsweise die Aufgabe eines elastischen Zwischengliedes zwischen Mund und Sauerstoffbehälter und nimmt als solches einen etwaigen Sauerstoff-Ueberschuss auf.

Für die Nasenatmung wird dem Apparat ein Rauchhelm beigegeben, der mit einem kleinen, durch eine Lederdecke geschützten Atmungssack durch ein Gelenk verbunden wird. Derselbe besteht aus Messingmaske mit Lederhaube. Die erstere dichtet gegen das Gesicht mit einem Gummischlauch ab, der mittels eines kleinen Schlauches vom Träger aufgeblasen wird. Die frische Luft tritt oberhalb des breiten Glimmerfensters durch ein mit kleinen Seitenlöchern versehenes Rohr aus, die verbrauchte Luft wird in der vorhin beschriebenen Weise aus dem Atmungssacke abgesaugt.

Das Gewicht des Giersberg'schen Apparates, welcher von der Sauerstoff-Fabrik Berlin, G. m. b. H., geliefert wird, beträgt rd. 10 kg, sein Preis 225 M.

Der Apparat ist im Ruhrkohlenbergbau z. Zt. im allgemeinen noch nicht über das Versuchsstadium hinausgekommen. Jedoch hat vor einiger Zeit ein an der Bochumer Bergschule für Uebungszwecke benutzter Apparat bei einem Grubenbrande auf Zeche Engelsburg mit Erfolg Verwendung gefunden; der mit ihm ausgerüstete Tauchermeister konnte in einem mit Brandgasen angefüllten Ueberhauen während eines Aufenthaltes von 20 Minuten ohne Beschwerden einen zwei Stein starken Mauerdamm aufführen.

Die Aussagen der Mitglieder der Rettungstruppen auf verschiedenen Zechen lauten meist dahin, dass der Apparat »Giersberg, Modell 1901« dem Apparate »Shamrock-Type« vorzuziehen sei.

Dass aber auch mit diesem Apparat die Erfinderthätigkeit auf dem Gebiete der Regenerationsapparate noch nicht zum Stillstand gekommen ist, vielmehr der hier zum ersten Male erfolgreich durchgeführte neue Gedanke der selbstthätigen Sauerstoff-Zufuhr erst die Grundlage für weitere Verbesserungsbestrebungen bildet, zeigen die auf demselben Prinzip beruhenden neuen Rettungsapparate der Firma Drägerwerk (Heinrich und Bernh. Dräger) in Lübeck und der Sauerstoff-Fabrik Berlin G. m. b. H (Type 1903/4 nach den Vorschlägen von Bergwerksdirektor G. A. Meyer in Herne ausgeführt).

6. Rettungsapparat des Drägerwerks.

Der Dräger'sche Apparat*) (Fig. 108—114) hat die Konstruktion des Giersberg'schen Apparates »Modell 1901« in der Gesamtanordnung beibehalten, weist jedoch erhebliche Verbesserungen in der Ausführung der einzelnen Teile auf.

Das Zweiflaschensystem ist geblieben, ebenso die Vereinigung der Sauerstoff-Flaschen mit dem Regenerator nebst Injektor und Reduzierventil auf dem Rücken, sodass auf der Brust nur der Atmungssack hängt. Jedoch kann der Apparat auch mit nur einer Flasche benutzt werden und soll alsdann für eine Stunde ausreichen, während ein Zweiflaschenapparat für zweistündige Benutzungsdauer bestimmt ist. Jede Flasche hat ca. 37 cm Länge, 7 cm Durchmesser und 1,1 l Inhalt, fasst daher bei 110 Atm. Druck rd. 120 l Sauerstoff, was bei Zugrundelegung eines Verbrauchs von 2 l in der Minute eine einstündige Benutzungsdauer ergiebt. Beide Flaschen werden wieder durch Schellen zusammenhalten (Fig. 108); ihre Verbindung am Kopfende erfolgt etwas einfacher als beim Giersberg'schen Apparat, nämlich in der Ebene der Achsen beider Flaschen durch eine einzige Ueberwurfmutter an Stelle des bei jenem benutzten Doppel-Kniestücks mit zwei Verschraubungen.

Erheblich umgestaltet worden ist der Regenerator. Er wird jetzt in Gestalt einer fertigen, plombierten »Patrone« geliefert, in welcher

*) Glückauf 1904, S. 1150 ff.

das als Absorptionsmittel dienende Aetzkali sich unter luftdichtem Abschluss befindet, und zwar liegt es (Fig. 109 und die schematische Darstellung in Fig. 110) auf einer Anzahl von Eisenblechtellern a und b ausgebreitet, welche übereinander aufgestapelt und durch Drahtnetz-Zwischenlagen voneinander getrennt sind; durch regelmässige Aussparungen in diesen Blech-

Fig. 108.

Dräger'scher Atmungsapparat mit 2 Sauerstoffflaschen und 2 Kalipatronen.

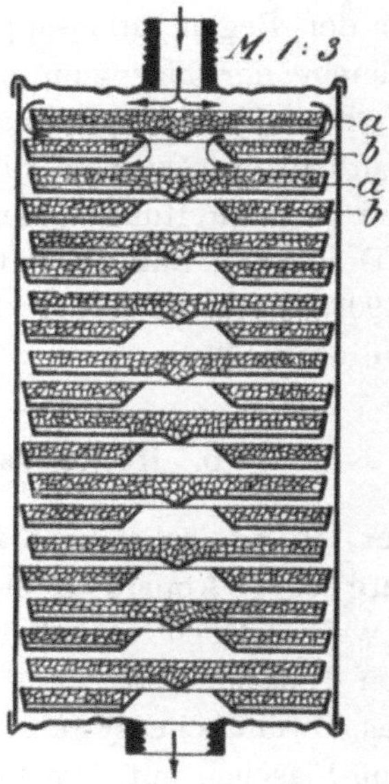

Fig. 109.

Regenerator des Dräger'schen Apparates.

schalen wird die Atmungsluft zu einer Zickzackbewegung an dem Aetzkali entlang gezwungen, wodurch eine sehr wirksame Absorption erzielt wird. Die kräftige Wirkung dieser »Patrone« ist schon äusserlich an der starken Erhitzung derselben zu erkennen: bei einem Versuche wurde z. B. nach ca. einstündiger Benutzung eine Temperatur von 75° C gemessen, später nahm die Wärme wieder ab. Da während des Gebrauches das Aetzkali zerfliesst, so lässt eine schon gebrauchte Patrone sich von einer frischen leicht durch Abschwächung oder gänzliches Aufhören des beim Schütteln einer neuen Patrone entstehenden rasselnden Geräusches unterscheiden.

Das entstehende Karbonat wird durch Fliesspapier aufgesaugt, welches die Unterlage der Aetzkalistückchen bildet, und auch die ausgeatmete Feuchtigkeit zurückhält.

Durch die beschriebene Einrichtung des Regenerators wird die Gefahr ausgeschlossen, dass durch zerfliessendes Aetzkali die Luftwege verstopft werden oder dass gar Kalilauge in die Atmungsrohre gelangt.

Jede Patrone reicht bequem für eine etwa einstündige Atmung aus. Soll der Apparat daher nicht länger als eine Stunde benutzt werden, so wird an Stelle der zweiten Patrone ein einfaches Verbindungsrohr E ein-

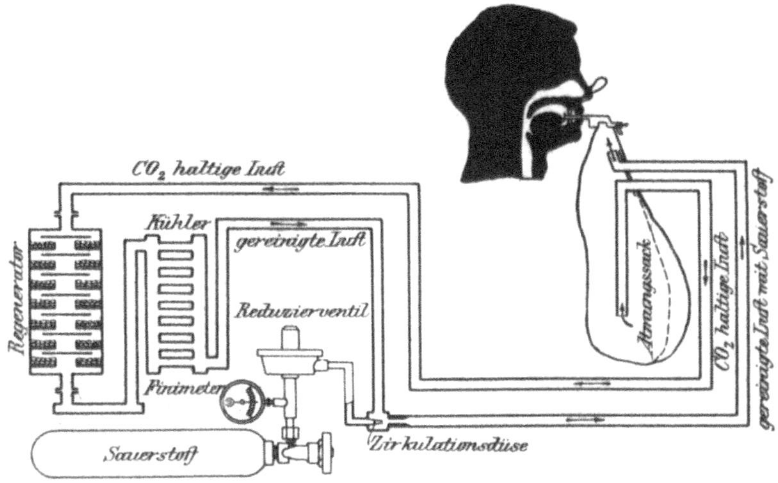

Fig. 110.

Schematische Darstellung der Wirkungsweise des Dräger'schen Apparates.

geschaltet (Fig. 111), während bei zweistündiger Gebrauchsdauer ebenso wie zwei Sauerstoffflaschen auch zwei Patronen eingesetzt werden (Fig. 108).

Die Erhitzung der Luft im Regenerator wird unschädlich gemacht durch einen sehr wirksamen Mantel-Ringkühler (Fig. 108, 111 und das Schema in Fig. 110), bestehend aus zwei ineinander gesetzten Blechzylindern die nur einen schmalen, ringförmigen Spalt zwischen sich lassen, durch den die Luft hindurchströmt; auf diese Weise tritt eine sehr grosse Kühloberfläche in Wirksamkeit. Die Erhöhung der Reibungswiderstände durch die Einschaltung dieser Kühlvorrichtung und durch die Vermehrung der Schlauchlängen ist wegen der starken Saugwirkung des Injektors nicht von Belang.

Der Injektor — »Zirkulationsdüse« von Dräger-Michaëlis (D. R. P. No. 132 021) — ist im wesentlichen der des Giersberg'schen Apparates (vergl. Fig. 107 auf Seite 155); nur ist seine Verbindung mit dem Reduzierventil einfacher gestaltet, indem beide Teile jetzt nicht mehr miteinander verschraubt werden, sondern ein einziges Stück bilden. Mit dem Reduzierventil ist, wie beim Giersberg'schen Apparat, das Manometer (Finimeter) F in horizontaler Stellung verbunden (Fig. 108 und 111).

Fig. 111.

Dräger'scher Atmungsapparat mit 1 Sauerstoffflasche und 1 Kalipatrone.

Fig. 112.

Dräger'scher Atmungsapparat, Vorderansicht.

Auch beim Drägerschen Apparat ist wie beim Giersbergschen Apparat der ebenfalls aus gummiertem Stoff mit Leder-Schutzdecke hergestellte Atmungssack (Fig. 112) nur klein. Er wird an zwei Lederstrippen auf der Brust getragen. Die Luftzuführung erfolgt am oberen Ende des Beutels durch das Rohr d—e (Fig. 113a und b), und zwar so, dass die Luft unmittelbar in den Mund hineingeführt wird; abgesaugt wird die Luft aus dem Sacke mit Hülfe eines in diesen hineinragenden seitlich durchlöcherten Schlauches c und das daran anschliessende Rohr b. Eine zweckmässige Neuerung ist der Ersatz des Mundschlauches durch das aus Figur 113 ersichtliche Halsstück mit innerer Drahtspirale, an dessen oberem Ende ein kleines Lüftungsventil mit Speichelfang zum Abblasen überschüssiger Luftmengen vorgesehen und an dem auch die Nasenklemme befestigt ist. Das ganze Verbindungsstück ist sehr biegsam bei grosser Widerstandsfähigkeit gegen Knickung.

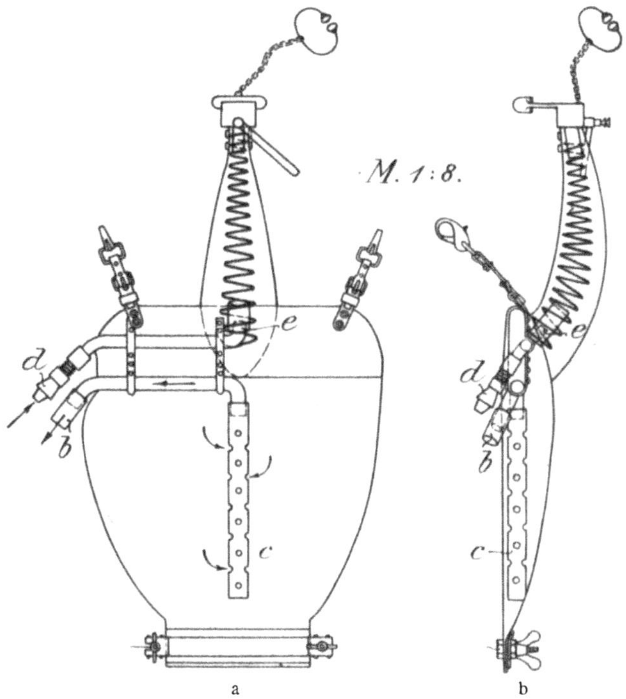

Fig. 113.
Luftzuführung beim Drägerschen Apparat.

Fig. 114.
Rauchhelm zum Drägerschen Atmungsapparat.

Für den Aufenthalt in Brandgasen wird dem Apparat ein dem Giersbergschen ganz ähnlicher Rauchhelm (Fig. 114) beigegeben, bestehend aus einer Magnalium-Gesichtsmaske mit grossem Glimmerfenster und Luftkissenpolsterung für Gesicht und Kopf, welche nicht, wie beim Giersbergschen Helm, mit dem Munde, sondern durch Druck auf einen im Atmungssacke liegenden Gummiball aufgeblasen wird und durch Oeffnung eines Abblase-Ventilchens entleert werden kann. Die frische Luft wird in mittlerer Höhe durch einen seitlichen, nach vorn gegen das Fenster sich öffnenden Schlitz zugeführt, die verbrauchte Luft in der oben beschriebenen Weise aus dem unteren Teil des Atmungsbeutels abgesaugt. Helm und Beutel werden durch einen Hebelverschluss nach Art der Verschlüsse der Mineralwasserflaschen fest miteinander verbunden.

Sowohl beim Giersbergschen als auch beim Drägerschen Apparat werden Metall-Verbindungsschläuche benutzt.

7. Rettungsapparat der Sauerstoff-Fabrik Berlin.

Während der Drägersche Apparat sich unmittelbar an denjenigen von Giersberg anlehnt und lediglich eine weitere Durchbildung desselben darstellt, greift G. A. Meyer mit seinem neuen von der Sauerstofffabrik Berlin ausgeführten Rettungsapparat, der aus den Bedürfnissen des Bergbaues heraus entstanden und der Eigenart des unterirdischen Betriebes ganz besonders angepasst ist, wieder auf seinen im »Zweiflaschenapparat« zum Ausdruck kommenden Gedanken einer möglichst zweckmässigen Verteilung der Last auf Brust und Rücken und einer möglichst geringen Breite des Apparates zurück. Er bringt nämlich den Regenerator wieder, wie bei dem Apparat »Shamrock-Type«, im Atmungsbeutel auf der Brust unter und setzt an die Stelle der beiden langen Sauerstoff-Flaschen des Giersberg-Drägerschen Apparates drei kurze Flaschen. Daneben aber ist der Meyersche Apparat gekennzeichnet durch die Erzielung einer möglichst grossen Absorptions-Oberfläche im Regenerator und durch die Verwendung eines trockenen Absorptionsmittels, nämlich des von Joh. Mayer eingeführten Aetzkalis, welches auch hier den Natronkalk verdrängt hat; jedoch ist das Aetzkali etwas wasserhaltig, um das sich bildende Karbonat gleich abfliessen zu lassen und dadurch die Absorptionswirkung immer auf derselben Höhe zu erhalten.

Der Apparat wird in ähnlicher Weise wie die vorbeschriebenen Rettungsapparate nach Art eines Tornisters umgeschnallt (Fig. 115—118). Auf dem Rücken des Trägers befindet sich nur das Sauerstoffmagazin, bestehend aus drei kurzen Flaschen von je 0,77 l Inhalt, welche, wie bei den eben beschriebenen beiden Apparaten, durch Flacheisenbänder zusammengehalten werden. Es ist also hier der Grundsatz, zwei Flaschen zu verwenden, um dadurch den Träger des Apparates auf die Notwendigkeit des Rückzuges hinzuweisen, wieder verlassen worden, und zwar deshalb, weil bei den Uebungen sich gezeigt hatte, dass die Leute, wenn der Sauerstoff der ersten Flasche verbraucht war, das Oeffnen der zweiten Flasche regelmässig vergassen, wodurch im Ernstfalle bedenkliche Schwächezustände herbeigeführt werden können. Uebrigens hat bei der selbstthätigen Regelung der Sauerstoffzufuhr durch den Injektor, welche alle neueren Apparate kennzeichnet, das Warnungszeichen nicht mehr die frühere Bedeutung, da jetzt der minutliche Sauerstoffverbrauch fest begrenzt ist und daher die

Beobachtung der Uhr und des Manometers durch den Führer der Rettungsmannschaft genügt, um die Umkehrzeit richtig innezuhalten.

In die an die Sauerstoff-Flaschen angeschlossene Leitung ist, wie beim Giersberg-Drägerschen Apparat, das Reduzierventil und der

Fig. 115.

Fig. 116.

Meyerscher Rettungsapparat, Type 1904.

Injektor eingeschaltet. Der letztere wird durch Fig. 119 veranschaulicht. Vor der Düse ist eine Vertikalwand i eingebaut, an der etwaige Verunreinigungen sich niederschlagen können.

Die Sauerstoff-Flaschen werden nebst dem Reduzierventil, dem Injektor und dem Manometer von einer Ledertasche umschlossen, welche das

Hängenbleiben mit vorspringenden Teilen verhüten soll. In der Tasche befindet sich eine starke Glasscheibe an der dem Manometer entsprechenden Stelle, sodass letzteres von aussen abgelesen werden kann (Fig. 117 und 118).

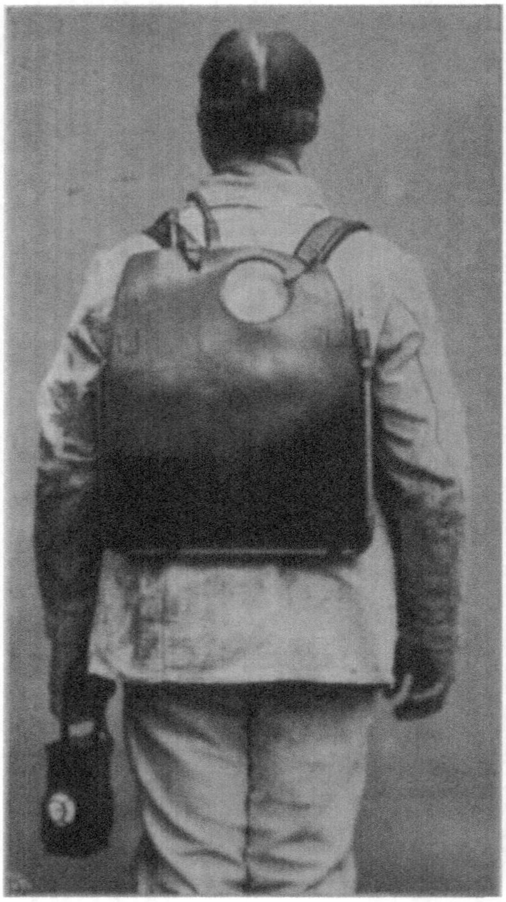

Fig. 117.

Fig. 118

Meyerscher Rettungsapparat, Type 1904.

Die Absorptionsvorrichtung besteht aus einem in mehrere Abteilungen geteilten Drahtnetzbehälter (Fig. 120), welcher der ausgeatmeten Luft an seiner ganzen Aussenfläche Zutritt gestattet und mit einer Reihe von horizontalen, gegeneinander verspringenden Böden ausgerüstet ist, welche die Luft zu einem Zickzackwege über das Aetzkali hinweg nötigen. Unter dem Boden ist noch ein Drahtnetzbehälter b angebracht, welcher die zum Aufsaugen der Feuchtigkeit bestimmte, in groben Stücken eingebrachte Kieselguhrmasse aufnimmt. An der Vorderseite wird der Regenerator durch die Schieber s_1—s_3 verschlossen.

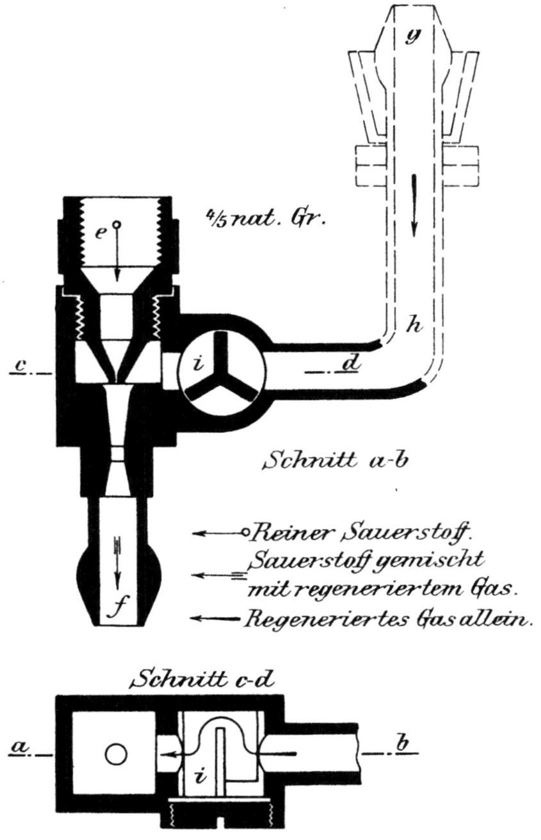

Fig. 119.

Injektor des Meyerschen Rettungsapparates.

Der Regenerator schmiegt sich vermöge seiner flach bogenförmigen Gestalt der Brust an und wird in einen besonderen Beutel aus gummiertem Stoff geschoben, welcher eine Abteilung des Atmungsbeutels bildet und mit diesem durch mehrere Oeffnungen in Verbindung steht.

In den grossen Atmungssack mündete bei der ersten Ausführung des neuen Meyerschen Apparates — Type 1903 — ausser dem Mundschlauch auch die Zuleitung der gereinigten Luft (Fig. 122 links). Diese Anordnung

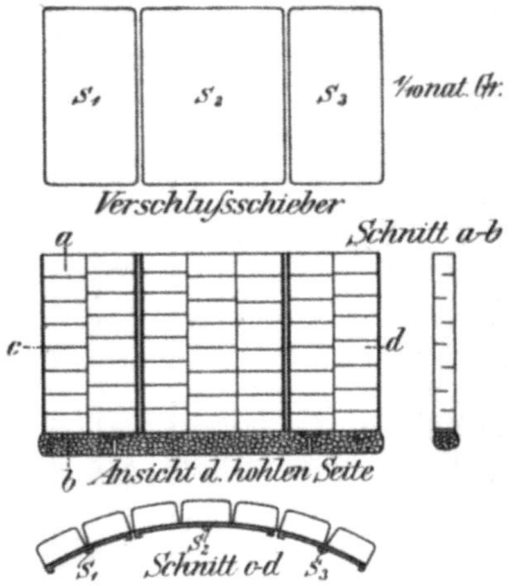

Fig. 120.
Absorptions-Vorrichtung des Meyerschen Rettungsapparates.

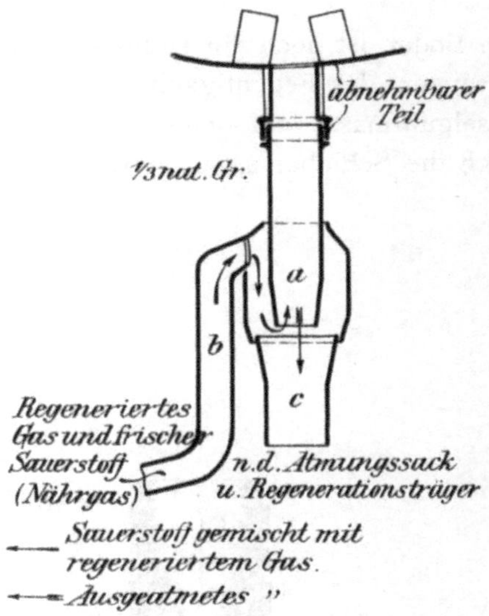

Fig. 121.
Mundstück des Meyerschen Rettungsapparates, Type 1904.

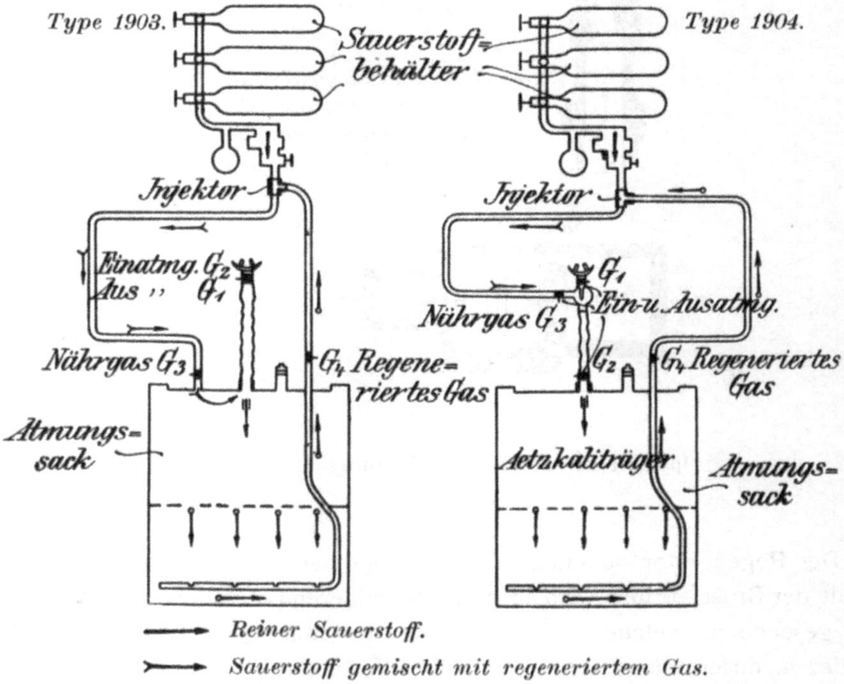

Fig. 122.
Schema des Meyerschen Rettungsapparates.

ist jedoch jetzt — Type 1904 —, um die Atmungsluft dem Munde möglichst unmittelbar zuzuführen, durch die aus Fig. 121 und der schematischen Figur 122 rechts ersichtliche Einrichtung ersetzt worden: die gereinigte Luft strömt dicht vor dem Mundstück in den Mundschlauch seitlich ein, sodass nur der letztere mit dem Atmungsbeutel verbunden und bis zum Regenerator verlängert ist. Die Absaugung der von Kohlensäure befreiten Luft erfolgt auch hier wieder durch einen Schlauch mit seitlichen Oeffnungen, welcher auf dem Boden des Atmungssackes liegt, um etwa nicht absorbierte Kohlensäurereste sofort wieder abzusaugen und dem Kreislaufe zuzuführen und so stärkere Ansammlungen von Kohlensäure auf dem Boden des Sackes zu verhüten.

Das Abblaseventil, welches auch bei diesem Apparat zur Verhütung einer zu grossen Spannung an dem Atmungsbeutel angebracht ist, wird durch Fig. 123 veranschaulicht.

Die Kühlung der gereinigten Luft erfolgt in der Weise, dass sie in dem an den Atmungssack anschliessenden Metallschlauche fünfmal an der Aussenseite des ganzen Apparates entlang geführt wird, d. h. eine Rohrleitung von rd. 50 m Länge durchströmen muss, ehe sie zum Injektor gelangt.

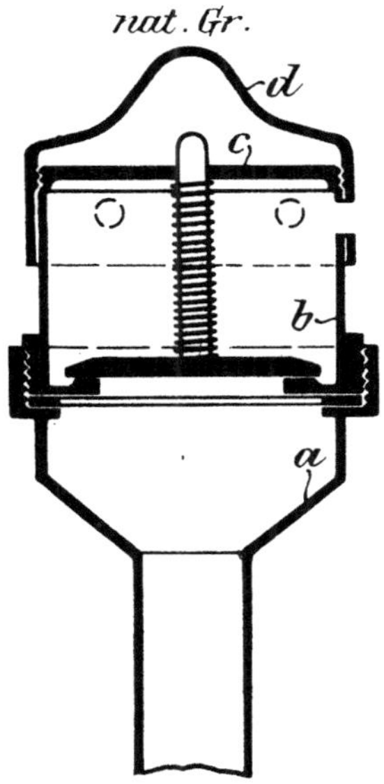

Fig. 123.
Abblaseventil.

Die Versuche mit dem Apparat in den Uebungsräumen der Zechen Shamrock I/II und Julia haben erst vor kurzem begonnen. Die Ergebnisse sind bisher gut gewesen, namentlich haben chemische Analysen von Proben der gereinigten Luft, die kurz vor dem Mundstück entnommen wurden, einen wesentlichen Fortschritt gegen den älteren Apparat »Shamrock-Type« nachgewiesen: der Durchschnittsgehalt an CO_2 und O betrug 3,87% bezw. 31,2% gegen 6,06% bezw. 26,8% bei dem älteren*) Apparat.

Der Apparat ist in neuester Zeit schon wieder umgestaltet worden, indem ohne grössere Raumbeanspruchung der Sauerstoffvorrat (240 l) in 2 Stahlflaschen untergebracht und dadurch das Gesamtgewicht auf 14,6 kg herabgedrückt worden ist.

Der Preis des Apparates beträgt für zweistündige Benutzungsdauer 295 Mk. einschliesslich Schutztornister.

*) Glückauf 1904, S. 1132—1135.

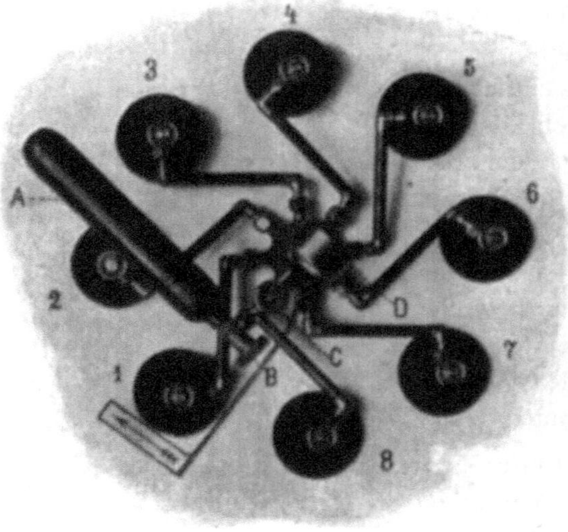

a. Grundriss.

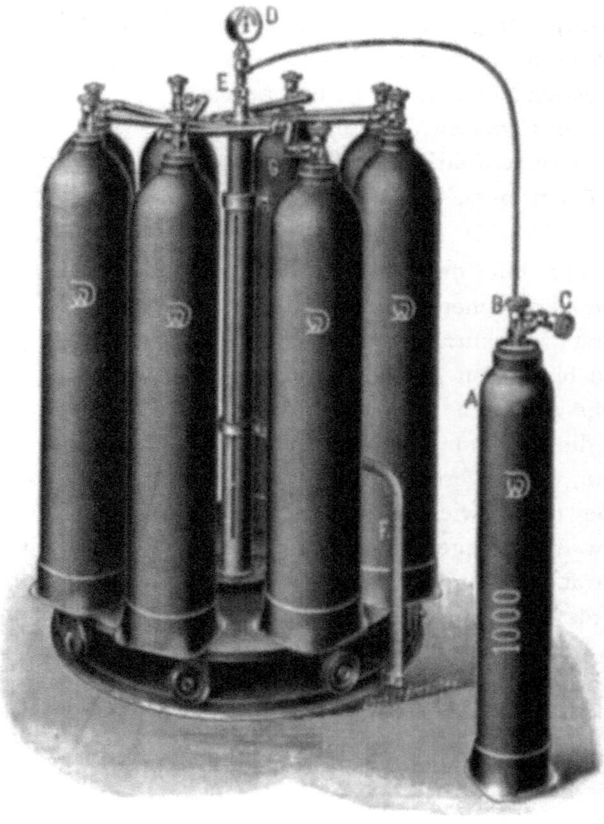

b. Seitenansicht.

Fig. 124.

Sternapparat des Drägerwerks, Lübeck.

8. Instandhaltung und Aufbewahrung der Regenerations-Apparate.

Der für die Regenerations-Apparate notwendige Sauerstoff wird meist von der Sauerstoff-Fabrik, Berlin, G. m. b. H., in grossen, auf 250 Atm. geprüften Stahlflaschen von 10—40 l Fassungsraum geliefert und aus diesen in die kleinen Flaschen umgefüllt. Die leeren Cylinder müssen zur Füllung an die Fabrik zurückgeschickt werden, da eine Central-Füllstation wie sie vor einigen Jahren für Oberschlesien angeregt wurde*), für den Ruhrkohlenbezirk noch nicht besteht.

Die unmittelbare Füllung der Sauerstoff-Flaschen aus den grossen Cylindern ist naturgemäss nur solange möglich, als zwischen Cylinder und Flasche ein Druckunterschied besteht. Daraus ergiebt sich der Uebelstand, dass es umständlich ist, einen Cylinder ganz zu leeren, weil es zu diesem Zwecke nötig ist, eine Reihe von Flaschen nacheinander mit Cylindern von jedesmal entsprechendem Druck zu verbinden und so den Druck in den letzteren stufenweise herabzumindern. Diese stufenweise Füllung wird allerdings wesentlich erleichtert durch die sogenannten »Sternapparate«, wie sie von der »Sauerstoff-Fabrik Berlin« und dem »Drägerwerk« geliefert werden. Fig. 124a und b stellt einen Apparat der letzteren Firma dar. Eine Mittelflasche ist mit sämtlichen zu entleerenden Flaschen durch kurze Knierohrstücke verbunden, sodass man nur die zu füllende kleine Flasche an dieselbe anzuschliessen und nun der Reihe nach, zu immer höheren Drücken aufsteigend, die Ventile der einzelnen Flaschen zu öffnen braucht.

Entbehrlich gemacht wird eine solche Vorrichtung durch hydraulische Ueberfüll-Vorrichtungen, wie sie von den verschiedenen Fabriken geliefert werden. Eine solche, von der Sauerstoff-Fabrik Berlin gelieferte Einrichtung**) auf der Zeche Shamrock I/II zeigt Fig. 124. Die zu füllende kleine Flasche G wird unter Zwischenschaltung einer kleinen, zum Abtropfen des mitgerissenen Wassers bestimmten und auf einem Gestell verlagerten Flasche F, an die ein Manometer C angeschlossen ist, durch ein Kupferrohr D mit dem grossen Cylinder verbunden. Der letztere steht nach der anderen Seite hin durch ein zweites Kupferrohr A, welches bei den älteren Ausführungen ebenfalls an das obere Ventil angeschlossen war, jetzt aber wegen der Empfindlichkeit des letzteren von einem unteren Halse ausgeht, mit einer kleinen Wasserdruckpumpe in Verbindung, die ebenfalls mit einem Manometer J ausgerüstet ist und durch einen Handhebel in Gang gesetzt wird. Um den Druck in der grossen Flasche ablesen zu können,

*) Glückauf 1899, S. 957. Der Vorschlag ist nicht ausgeführt worden.

**) Vergl. auch Oesterreichische Zeitschrift 1899, Seite 409 ff. (Neupertscher Umfüllapparat).

wird dieselbe geöffnet und dadurch mit dem Manometer C in Verbindung gesetzt. Hierauf wird solange gepumpt, bis der durch das Manometer J angezeigte Druck etwas höher als der auf C abgelesene ist, und nunmehr das Wassereinlaufventil nach dem grossen Cylinder hin geöffnet und weiter gepumpt, wodurch der Sauerstoff aus der grossen Flasche allmählich heraus- und in die kleine hineingetrieben wird. Allerdings lassen sich bei diesem Verfahren Verluste nicht vermeiden, da die Ventile und der Kolben der Druckpumpe den hohen Drücken gegenüber nicht ganz dicht schliessen und

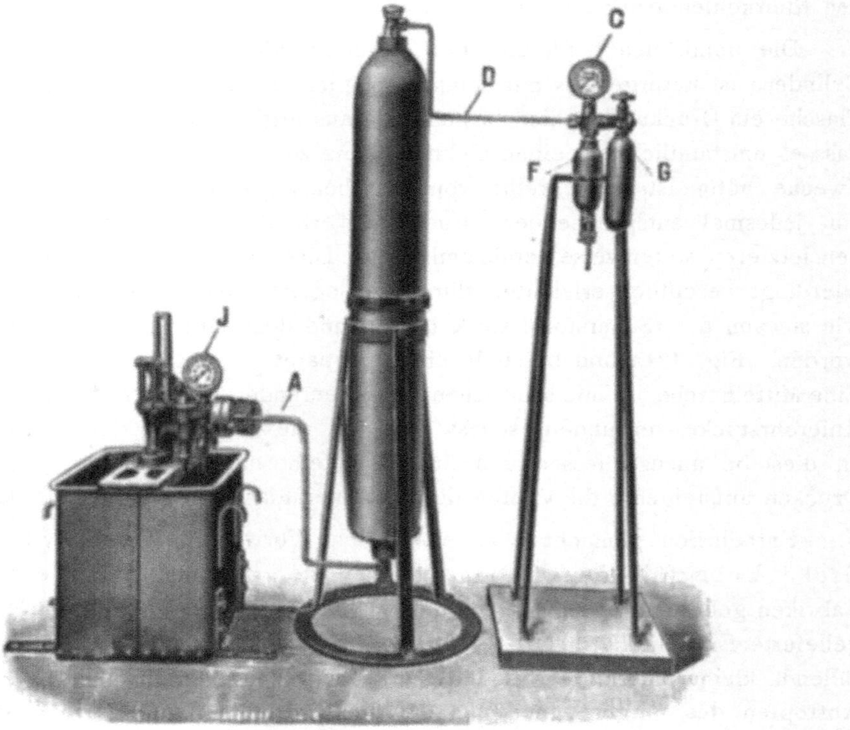

Fig. 125.

Hydraulische Sauerstoff-Überfüllvorrichtung der Sauerstoff-Fabrik Berlin.

ausserdem auch das Wasser einen Teil des Sauerstoffes absorbiert. Neuerdings ist diese Einrichtung mit Rücksicht auf die Gefährdung des Bedienungsmannes durch Zerplatzen eines Manometers oder Ventils dahin abgeändert worden, dass die horizontal gelegten Manometer durch Spiegel abgelesen werden (Fig. 126) und die ganze Anlage in ein starkes Eisenblechgehäuse eingeschlossen ist.

Zur Prüfung der Gebrauchs-Bereitschaft gehört bei den neueren Apparaten besonders die Prüfung der Saugwirkung des Injektors. Eine

Prüfung nach dem Gefühl kann man dadurch vornehmen, dass man zunächst durch Oeffnen des Flaschenventils Sauerstoff allein austreten lässt und die seitliche Ansaugeöffnung mit dem Finger verschlossen hält, dann aber die letztere freigiebt, dadurch Luft ansaugen lässt und die Stärke dieses Luftstroms annähernd beurteilt. Die genaue Erprobung geschieht durch Anschluss des seitlichen Stutzens an ein einfaches Wassermanometer (Fig. 127), und zwar erzeugt der Giersberg-Drägersche Injektor 30—40 cm, der Meyersche 70—80 cm Depression bei vollem Druck.

Fig. 126.

Neuere Konstruktion der hydraulischen Sauerstoff-Überfüllvorrichtung.

Die Aufbewahrung der älteren Pneumatophoren erfolgte auf besonderen Lattengestellen. In dem Aufbewahrungsraum auf der Schachtanlage Shamrock I/II liegen auf den untersten Lattenboden die beiden Sauerstoffflaschen nebst dem Tornister, im Mittelfach wird der Atmungsbeutel (das Mundstück nach vorn) aufbewahrt, während auf dem obersten Boden die mit Natronlauge gefüllte zugehörige Flasche steht. Durch diese Art der Aufbewahrung wird für genügenden Luftzutritt gesorgt. Ausserdem muss ein Knicken der Gummiteile sorgfältig vermieden werden. Um die nötige Betriebsbereitschaft zu gewährleisten, werden einige Apparate, die in unbedingt gebrauchsfähigem Zustande sind, unter Verschluss aufbewahrt, zu welchem sowohl der Betriebsführer als auch der Führer der Rettungstruppe (siehe unten!) einen Schlüssel hat.

Die neueren Rettungsapparate mit ihrem starren, die Hauptteile vereinigenden Gestell und ihrer Verwendung fester Absorptionsmasse, sowie

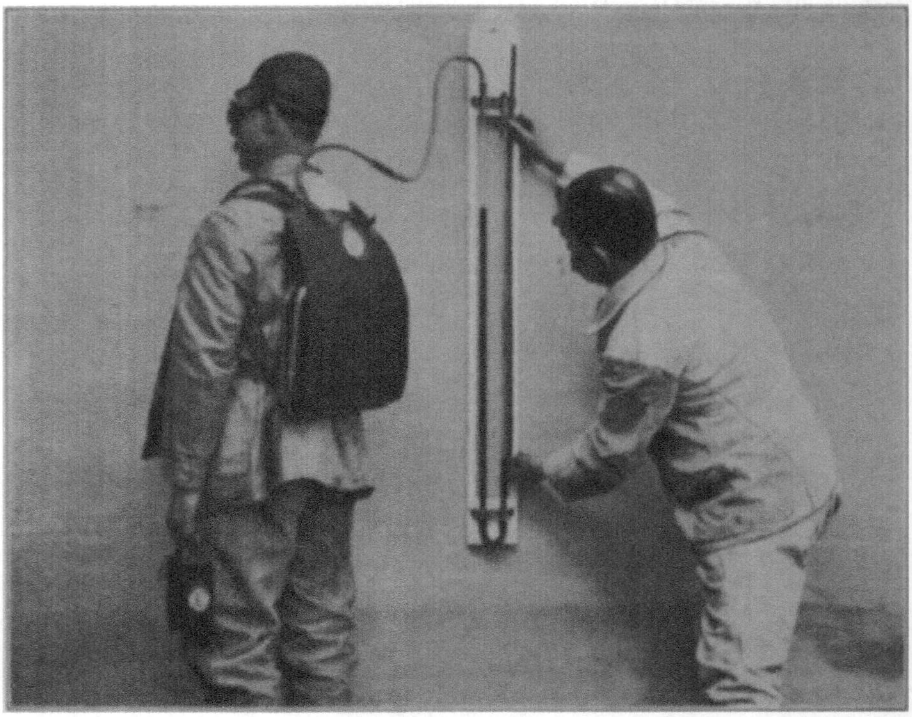

Fig. 127.

Prüfung des Injektors mittels Wassermanometers.

ihren Metallschläuchen bedürfen einer so umständlichen und vorsichtigen Aufbewahrung nicht, sondern können einfach an starken Haken an der Wand aufgehängt werden.

9. Uebungen mit Rettungsapparaten.

Die Pneumatophoren und die auf demselben Grundgedanken beruhenden neueren Rettungsapparate stellen an die Intelligenz und Leistungsfähigkeit der damit ausgerüsteten Leute hohe Anforderungen und setzen ausserdem, wenn sie mit Erfolg verwendet werden sollen, eine vollkommene Vertrautheit des Rettungsmannes mit seinem Apparat und eine möglichst genaue Bekanntschaft mit den in Betracht kommenden Grubenbauen voraus (daher die Misserfolge mit den Pneumatophoren bei den Rettungsarbeiten auf Zollern und Constantin II). Daraus ergab sich nach der Einführung dieser Rettungsapparate die Notwendigkeit, nicht nur die Leute, welche für das Arbeiten mit denselben im Notfall bestimmt sind, sorgfältig aus der Belegschaft auszuwählen, sondern denselben auch durch öftere Uebungen Gelegenheit zu geben, sich mit der Handhabung und den Eigentümlichkeiten der Apparate genau vertraut zu machen. Infolgedessen ging man dazu über, besondere »Rettungsmannschaften« in regelmässigen Uebungen auszubilden.

Derartige Uebungen sind bereits 1878*) von Waydowicz in Wieliczka vorgeschlagen und mit dem Rouquayrolschen Hochdruckapparat angestellt worden. Mit grösserem Nachdruck wurde die Notwendigkeit der Ausbildung einer besonderen Rettungstruppe nach den mit dem Fleuss-Apparat im englischen Bergbau gemachten guten Erfahrungen durch Hedley in England und durch Kreischer in Sachsen**) betont. Aber erst nach Einführung der wesentlich verbesserten modernen Sauerstoff-Apparate ging man, wie anderwärts, so auch im Ruhrbezirk, mehr und mehr zur Einübung besonderer Rettungsmannschaften über.

Auf diesem Gebiete sind die beiden grossen Bergwerksgesellschaften »Hibernia« und »Harpener Bergbau-Aktiengesellschaft« bahnbrechend vorgegangen, denen sich Ende 1900 auch die »Gelsenkirchener Bergwerks-Aktiengesellschaft« angeschlossen hat, nachdem die auf deren Schachtanlage Zollern I im Anschluss an den grossen Brand im Jahre 1898 veranstalteten Uebungen wegen ihres unregelmässigen Betriebes ohne rechten Erfolg geblieben waren. Namentlich die Bergwerksgesellschaft Hibernia, und zwar in erster Linie die Direktion der Schachtanlage Shamrock I/II, ist bestrebt gewesen, diese Uebungen möglichst ihrem Zwecke entsprechend auszugestalten.

Die genannten drei grossen Gesellschaften und die übrigen Verwaltungen, welche sich ihnen im Laufe der letzten Jahre angeschlossen haben, haben eine grössere Anzahl von Rettungsapparaten beschafft, mit welchen regelmässige Uebungen veranstaltet werden; und zwar ist man von der früheren Anschauung, dass es genüge, wenn an einzelnen, leicht erreichbaren Stellen Rettungsstationen für eine grössere Anzahl von Gruben errichtet würden, von denen im Falle der Not die erforderlichen Apparate und Rettungsleute

---

*) Oesterreichische Zeitschrift für Berg- und Hüttenwesen 1878, Seite 245 ff.
**) Sächsisches Jahrbuch 1886, Seite 160 ff.

abgegeben würden*) — eine solche Centralstelle war z. B. längere Jahre hindurch die Taucherei-Abteilung der Bochumer Bergschule — wieder abgekommen. Die Veranlassung dazu haben die Erfahrungen der letzten Jahre gegeben, welche wiederholt gezeigt haben, dass der Nutzen einer Rettungstruppe nur gering ist, wenn sie mit den Grubenbauen der betreffenden Zeche nicht wenigstens einigermassen vertraut ist. Es werden also jetzt auf den einzelnen Schachtanlagen selbst die dort zur Hülfeleistung bestimmten Mannschaften ausgebildet und die nötigen Apparate in Bereitschaft gehalten. Die zu den Uebungen herangezogenen Leute werden aus Freiwilligen ausgewählt und für die Uebungen nach Stunden bezahlt, während die überwachenden oder ebenfalls übenden Beamten durch Gewährung von Gratifikationen entschädigt werden.

Für diese Uebungen sind auf den einzelnen Schachtanlagen besondere kleine Räume hergerichtet, welche durch Fenster von aussen beobachtet werden können. In diesen werden durch Verbrennen von Putzwolle, Horn, Leder u. dergl. Stickwetter erzeugt und Vorkehrungen getroffen, um eine zweckmässige Beschäftigung der Uebungsmannschaften mit Arbeiten, wie sie im Ernstfalle vorkommen, zu ermöglichen. Besondere Erwähnung verdient der auf Zeche Shamrock I/II eingerichtete Uebungsraum (Fig. 128), welcher den Bedingungen des praktischen Betriebes nach Möglichkeit angepasst ist. Der Raum ist zweigeschossig. Auf ebener Erde ist eine künstliche Strecke hergestellt, welche durch einen Bruch (Haldenberge), über den der Uebende hinwegkriechen muss, grösstenteils versperrt ist. Daneben liegen Mauerungsmaterialien, die bei den Uebungen zur Aufführung eines Branddammes benutzt werden. Zum Obergeschoss führen an 2 Stellen Fahrten hinauf, welche beide mit einem Holzverschlage von dem Querschnitte eines ziemlich engen Ueberhauens umgeben sind und von denen, um auch den verschiedenen Lagerungsverhältnissen Rechnung zu tragen, die eine flach, die andere steil gestellt ist; hier hat also der Uebende Gelegenheit, sich an geschickte Bewegung in engen Räumen zu gewöhnen.

Ausser mit Herstellung von Branddämmen werden in den verschiedenen Uebungsräumen die Mannschaften beschäftigt mit dem Transport von Verletzten oder von schweren Gegenständen, mit dem Setzen von Thürstöcken, der Herstellung von Verschlägen, Aufhängen von Wetterlutten u. dgl.

Zur Prüfung der Kraftanstrengung, deren der Uebungsmann bei Atmung mit Hülfe des Apparats fähig ist, und zur Verfolgung der Fortschritte, welche bei den Uebungen in dieser Beziehung gemacht werden,

*) Vergl. auch das englische Ministerial-Cirkular bei Kreischer im Sächs. Jahrb. 1886, Seite 160, wo die Einrichtung solcher Stationen mit derjenigen von Rettungsboot-Stationen verglichen wird.

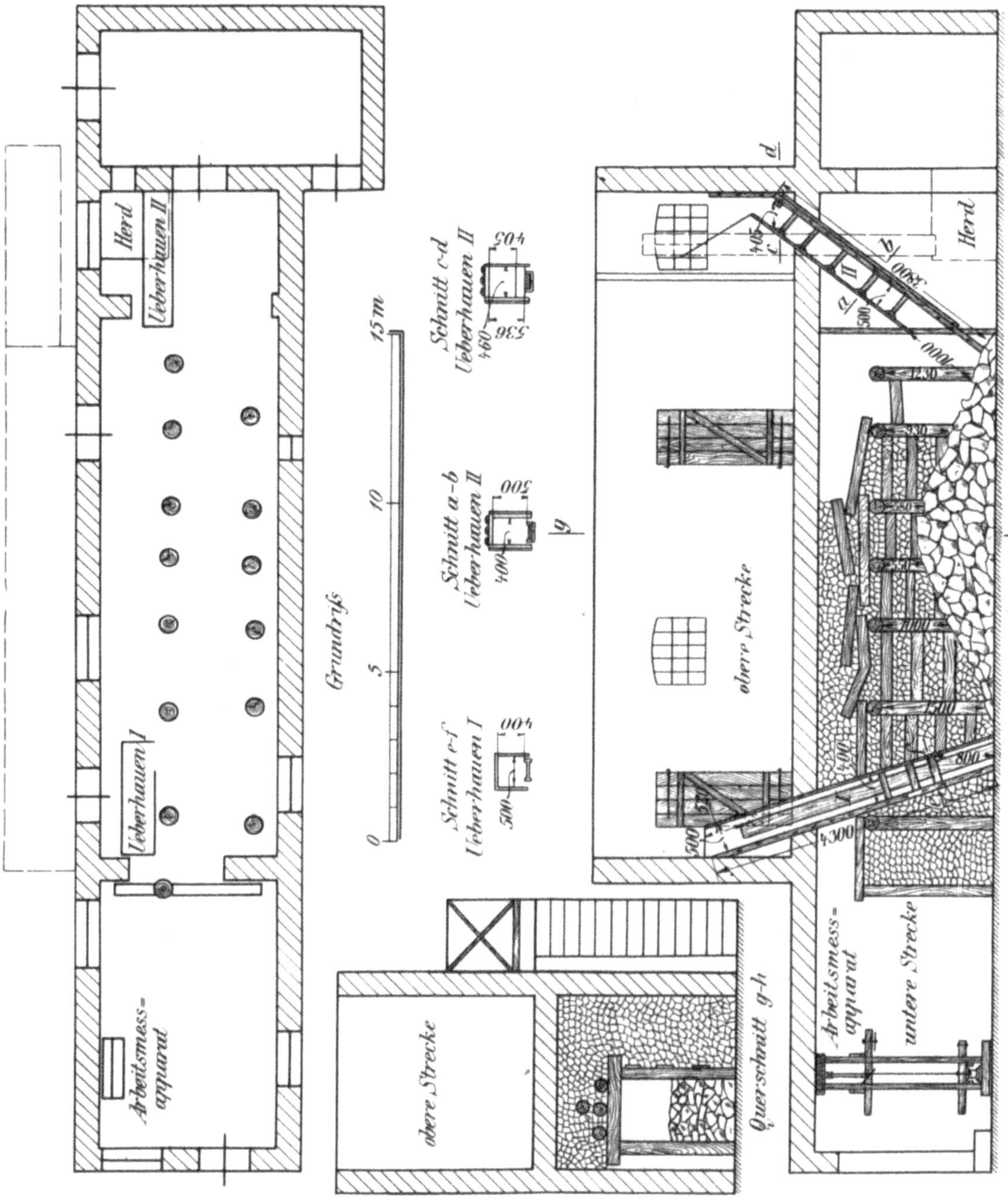

Fig. 128. Uebungsraum auf Zeche Shamrock I/II.

ist in verschiedenen Uebungsräumen ein einfaches Gestell mit einer oben angebrachten Rolle aufgestellt, über welche ein Seil läuft, an dem ein entsprechend schweres Gewicht befestigt ist; das letztere ist mit einem Hammer verbunden, der bei jedem vollen Schlage eine oben angebrachte Blechplatte trifft und dadurch dem aussen stehenden Beobachter das Zählen der Schläge ermöglicht. Durch Multiplikation der Anzahl der Schläge mit der Hubhöhe und der Schwere des Gewichtes ergiebt sich die von den Uebenden geleistete Arbeit in Meterkilogrammen.

Noch einen Schritt weiter ist in neuester Zeit die Verwaltung der Herner Zechen der Harpener Bergwerks-Akt.-Ges. gegangen indem sie alle 8 bis 14 Tage regelrechte Uebungen unter Tage nach Art der militärischen Felddienstübungen veranstalten lässt. Einer solchen Uebung wird irgend eine Annahme, z. B. die einer Schlagwetterexplosion vor einem entlegenen Betriebspunkte, als »Generalidee« zu Grunde gelegt, nach welcher vorgegangen wird. Dabei wird darauf gesehen, dass eine gewisse Mannigfaltigkeit an vorzunehmenden Arbeiten erreicht wird, wie Aufwältigen verbrochener Streckenstücke, Herstellung von Holz- und Mauerdämmen, Bergung Verletzter, die über Hindernisse hinweg zu tragen sind, Ueberklettern von Förderwagen sowie überhaupt Bewegungen in ungünstigen Stellungen und engen Querschnitten. Ueber die Uebungen werden seitens der Truppenführer Berichte ausgearbeitet, welche vom Betriebsführer mit einer Randbeurteilung versehen und der Direktion eingereicht werden.

Ueber sämtliche Uebungen werden Verzeichnisse geführt, welche die Namen der Uebenden, die Zeitdauer der Uebungen, die verbrauchte Sauerstoffmenge, die von dem einzelnen geleistete Arbeit, die körperlichen Erscheinungen im Verlauf der Uebung u. dgl. enthalten. Als Beispiel möge nebenstehend ein Auszug aus den auf Zeche Shamrock I/II und Julia geführten Listen folgen (Tabelle 10).

Die darin enthaltenen Zahlen über den Sauerstoffverbrauch bei den älteren Apparaten zeigen starke Schwankungen, was sich durch die verschiedene Leistungsfähigkeit, Geschicklichkeit und Körperbeschaffenheit der Uebenden erklärt. Bei den neueren Apparaten dagegen sind die Schwankungen wegen der gleichmässigen Regelung der Sauerstoffzufuhr durch den Injektor nur ganz gering.

Die Zahlen über die Dauer der einzelnen Uebungen lehren, dass ein zweistündiger Aufenthalt in Stickwettern bei gleichzeitiger Arbeitsleistung jetzt mit Sicherheit zu erreichen ist.

Eine Stärke der Rettungstruppe von 20 Mann für eine Schachtanlage wird im allgemeinen für erforderlich und ausreichend gehalten. Die Truppe wird einem Oberführer unterstellt; ausserdem wird für je 4 Mann ein Unterführer ausgebildet, welcher im Ernstfalle mit den auszuführenden Arbeiten selbst sich nicht zu befassen, sondern in erster Linie über die Sicher-

Uebungen mit Rettungsapparaten.

Tabelle 10.

1.	2.	3.	4.	5.	6.		7.		8.
No.	Bezeichnung des Apparats	Ort des Versuchs	Dauer in Minuten	Arbeitsleistung während des Versuchs in Meterkilogramm	Inhalt d. Sauerstoffflaschen am Anfang des Versuches	Inhalt d. Sauerstoffflaschen am Ende des Versuches	Sauerstoffverbrauch im ganzen	Sauerstoffverbrauch je Minute	Temperatur
					l	l	l	l	°C.
1	Shamrock-Type	Versuchsraum über Tage auf Zeche Julia	125	[1]	81	0	81	0,64	+27
2	desgl.	unter Tage (Wetterstrecke)	125	[2]	82	0	82	0,65	+27
3	desgl.	Versuchsraum über Tage auf Zeche Julia	122	6875	96,5	13,7	82,8	0,67	+32
4	desgl.	desgl.	123	3625	101	9	92	0,74	+24
5	desgl.	desgl.	105	6750	82	0	82	0,78	+29
6	desgl.	desgl.	125	16375	101	0	101	0,80	+25
7	desgl.	desgl.	120	—	128	25	103	0,85	+32½
8	desgl.	desgl.	122	5250	113	0	113	0,93	+33
9	desgl.	desgl.	121	8800	114	0	114	0,94	+32
10	desgl.	desgl.	122	[3]	120	0	120	0,98	+30½
11	desgl.	desgl.	120	3000	123	0	123	1,0	+22½
12	Giersberg, Modell 1901	desgl.	90	3000	216	20	196	2,1	+21
13	desgl.	desgl.	107	[4]	216	0	216	2,01	+27
14	Meyer-Giersberg	unter Tage	123	[4]	246,5	0	246,5	2,00	+27½
15	desgl.	Versuchsraum über Tage auf Zeche Julia	64	2025	206	64	142	2,3	+21
16	desgl.	desgl.	82	[3]	166,2	0	166,2	2,03	+25
17	desgl.	desgl.	93	3750	186	0	186	2,00	+24
18	desgl.	desgl.	123	[5]	245	0	245	1,99	+27½
19	desgl.	Versuchsraum über Tage auf Zeche Shamrock I/II	110	6300	228	0	228	2,07	—
20	desgl.	desgl.	120	6300	228	0	228	1,90	—
21	desgl.	desgl.	120	6000	238	0	238	1,98	—
22	desgl.	desgl.	120	5040	240	0	240	2,00	—
23	desgl.	desgl.	120	6000	240	0	240	2,00	—
24	Dräger	desgl.	120	5250	264	70	194	1,61	—
25	desgl.	desgl.	103	7500	264	68	196	1,90	—
26	desgl.	desgl.	120	2220	264	0	264	2,20	—
27	desgl.	desgl.	120	6000	264	0	264	2,20	—
28	desgl.	desgl.	120	6000	264	0	264	2,20	—

[1]) Herstellung eines Bretterverschlages. — [2]) Transport von fingierten Kranken auf Tragbahren, Schieben von Förderwagen, Fahrtenklettern, Fahren in niedrigen Strecken, Ueberklettern von Wetterbrücken. — [3]) Aufführung eines Branddamms. — [4]) Kolonnenführer. — [5]) Aufführung eines Branddamms und Setzen von Thürstöcken.

heit der Leute und den Sauerstoffverbrauch zu wachen hat, welch letztere Kontrolle bei den neueren Apparaten einfach durch Beobachtung des Manometers erfolgen kann. Zweckmässig wird ausserdem, wie das auf Zeche Shamrock I/II geschieht, jeder Führer mit einer Sauerstoff-Inhalationsblase (s. unten) und anderen Hülfsmitteln zur möglichst schnellen Wiederbelebung Bewusstloser ausgerüstet. Da im allgemeinen die Uebungsräume für das gleichzeitige Ueben von 4 Mann Platz bieten, so können, unter der Voraussetzung, dass die Uebungen wöchentlich stattfinden und je 5 Uebungen für den einzelnen erforderlich sind, um die nötige Vertrautheit mit dem Apparat zu erlangen, halbjährlich rd. 20 Mann ausgebildet werden.

Auf Zeche Shamrock I/II wird Wert darauf gelegt, dass die zur Rettungstruppe gehörenden Leute sich auf die 3 Schichten möglichst gleichmässig verteilen, damit im Ernstfalle in jeder Schicht möglichst schnell Hülfe zur Stelle sein kann. Die ausgebildeten Leute erhalten hier besondere Kontrollmarken, welche sich nach Form und Farbe deutlich von den Kontrollmarken der übrigen Arbeiter unterscheiden. Ausserdem ist für die Möglichkeit einer schnellen Benachrichtigung dieser Leute dadurch gesorgt, dass unter den Kontrollmarken derselben auf der Markentafel ein ins Auge fallendes, stets hängen bleibendes Metallzeichen befestigt ist und ein Verzeichnis der ausgebildeten Mannschaften nebst Angabe ihrer Wohnung und Markennummer auf dem Dienstzimmer des technischen Direktors und des Betriebsführers und in der Stube des Markenkontrolleurs hängt.

V. Vergleich der verschiedenen Arten von Atmungsapparaten.

Wenn man unter Berücksichtigung der westfälischen Verhältnisse die einzelnen Atmungsapparate miteinander vergleicht, so kann man zunächst die Respiratoren aus der Betrachtung ausscheiden lassen, da sie für den Ruhrkohlenbergbau keine Bedeutung erlangt haben.

Die Reservoirapparate, bei welchen einfach ein bestimmter Vorrat von Atmungsluft in gepresstem Zustande mitgeführt wurde, haben zur Zeit ihres Erscheinens in dem genannten Bergbaubezirk nur eine ganz unbedeutende Rolle gespielt, da sie zu teuer und zu unhandlich waren und doch nicht einen genügend langen Aufenthalt in unatembaren Wettern gestatteten. Auch der Tornisterapparat, welcher gegen den älteren Rouquayrolschen Hochdruckapparat eine wesentliche Verbesserung bedeutete, weil er verhältnismässig bequem mitgeführt werden konnte und seinen Träger von Schlauchverbindungen nach rückwärts unabhängig machte, erlangte keine Verbreitung, woran ausser dem hohen Preise die bereits erwähnte geringe Benutzungsdauer und das Vorhandensein von

Ventilen, welche wegen des immerhin möglichen Versagens im Ernstfalle bedenklich waren, wohl die Hauptschuld tragen mochten. Mit dem Aufkommen der Regenerationsapparate traten diese älteren Apparate vollständig zurück und erscheinen heute für die Fälle, in denen es sich um möglichst langes Ausharren und möglichst weites Vordringen in Stickwettern handelt, lediglich als unvollkommene und teure Vorläufer der neuen Apparate. Indessen muss anerkannt werden, dass sie für die damalige Zeit einen beträchtlichen Fortschritt bedeuteten.

Hiernach kommen für den praktischen Gebrauch heute nur noch die Schlauchapparate einerseits und die Regenerationsapparate andererseits in Betracht.

Die Schlauchapparate haben längere Zeit hindurch das Feld allein beherrscht. Sie sind auch heute noch als vollwertige, innerhalb ihres Wirkungsbereiches den Pneumatophoren durchaus ebenbürtige Hülfsmittel anzusehen und keineswegs etwa als von den letzteren überholt zu betrachten; das prägt sich darin aus, dass z. B. die »Gelsenkirchener Bergwerks-Aktiengesellschaft« noch ganz neuerdings für ihre Schachtanlagen die Königsche Ausrüstung beschafft hat und verschiedene Zechen sowohl Schlauch- als auch Regenerationsapparate angeschafft haben und beide neben einander für die Übungen der Rettungstruppe verwenden.

Als wesentliche Vorzüge der Schlauchapparate haben sich erwiesen: ihr geringes Gewicht, ihre bequeme Handhabung, schnelle Betriebsbereitschaft und ihr einfacher Transport. Von Bedeutung ist ferner die Möglichkeit einer langen Benutzungsdauer, welche namentlich bei langwierigen Arbeiten in Stickwettern ins Gewicht fällt und deren Wichtigkeit sich z. B. bei den monatelangen, äusserst schwierigen Gewältigungsarbeiten auf dem Wilhelm-Schachte in Polnisch-Ostrau in hellem Lichte gezeigt hat. Auch ist das Arbeiten mit diesen Apparaten einfach, sodass, wenngleich die Verwendung besonders eingeübter Mannschaften stets vorzuziehen ist, zur Not auch ungeübte Leute mit denselben vordringen können.

Nachteilig ist andererseits, dass die Verwendung der Schlauchapparate auf geringe Entfernungen beschränkt ist. Für die Apparate mit Luftpumpe oder Blasebalg liegt die Grenze des Vordringens bei etwa 200 m. Jedoch bietet der Anschluss eines Schlauchapparates an die Pressluftleitung die Möglichkeit einer genügenden Beschaffung von Atmungsluft auf grosse Entfernungen, vorausgesetzt, dass die Rohrleitungen in der betreffenden Strecke noch gebrauchsfähig und nicht, wie das nach Explosionen und dergleichen häufig der Fall sein wird, durch Steinfall oder andere Einwirkungen teilweise zerstört sind. Aber die Möglichkeit, weit vorzudringen, hängt nicht lediglich von der Lieferung genügender Luftmengen ab; vielmehr ist auch die Schlauchlänge von wesentlichem Einfluss. Die Schwierigkeit, mit der das Nachziehen des Schlauches verbunden ist, wächst mit der Entfernung, nicht nur wegen des Gewichts des Schlauches selbst, sondern besonders wegen der mancherlei Streckenkrümmungen und der Widerstände durch Brüche, umgeworfene Zimmerung u. dgl., mit denen beim Vordringen zu rechnen ist. Diese Widerstände können den Mann nicht nur zum Stillstehen zwingen, sondern auch seinen Rückweg gefährden, wenn z. B. durch einen nachträglich gefallenen Bruch der Schlauch festgeklemmt worden ist und nicht wieder aufgewickelt werden kann. Auch ist es trotz der Versteifung der Schläuche durch kräftige Drahtspiralen nicht unbedingt ausgeschlossen, dass ein Schlauch durch ein darauf fallendes Gesteinsstück zerstört oder doch stark zusammengequetscht und dadurch der Mann in die grösste Gefahr gebracht wird.

Die Eigentümlichkeiten der Schlauchapparate lassen es erklärlich erscheinen, dass man sie vorwiegend für das Vordringen in unbeschädigten Strecken auf geringe Entfernungen benutzt und sich ihrer hier mit gutem Erfolge bedient. Derartige Gebrauchsfälle sind namentlich die Arbeiten an Branddämmen, die an der Ausziehseite eines Brandfeldes geschlagen werden sollen, sowie Herstellung von Abdämmungen in matten Wettern, Öffnen oder Schliessen von Wetterthüren in unatembaren Gasen, Bergung Bewusstloser aus nicht zu grosser Entfernung, Löscharbeiten bei Grubenbränden u. dgl.

Was diese Apparate im Einzelnen angeht, so haben diejenigen von Rouquayrol, Brasse und Loeb, sowie der »Selbstsauger« der Firma von Bremen alle die Nachteile, welche mit der Mundatmung verknüpft sind: unbequemes und ungewohntes Atmen, sowie die Notwendigkeit, das Mundstück festzuhalten, und dadurch Ablenkung der Aufmerksamkeit des Mannes von seiner Arbeit; schwierige, weil nur durch Signalpfeifen u. dgl. mögliche Verständigung der Vordringenden unter sich und mit den Zurückgebliebenen. Allerdings macht bezüglich der Verständigung die Firma von Bremen in ihrer Gebrauchsanweisung den Vorschlag, tief Atem zu holen, um dann das Mundstück herauszunehmen und während des Ausatmens zu sprechen; jedoch ist dieses Verfahren nur bei grösserer Uebung möglich und bleibt immer ein bedenkliches Aushülfsmittel.

Die eben erwähnten Nachteile werden vermieden bei den Helm- und Maskenapparaten (von Bremen, Koenig, Stolz, Lieb), welche das Atmen in der gewohnten Weise gestatten, Kopf und Gesicht gegen strahlende Wärme und sprühende Funken schützen und dabei doch eine starke Erhitzung des Gesichts durch die kühlende Wirkung der zuströmenden Luft verhüten, welche letztere im Ueberschuss zugeführt werden und, soweit sie nicht verbraucht wird, durch Undichtigkeiten oder Abblaseventile wieder entweichen kann. Diese Apparate haben dafür zwar den Uebelstand, dass sie das Gesichtsfeld, auch bei Verwendung grösserer Fenster, beengen und die freie Bewegung des Mannes behindern. Jedoch kann der letztere sich, wenn die schädlichen Gase nicht zu stark gegen sein Gesicht gewirbelt werden, dadurch einen freieren Ueberblick verschaffen, dass er von Zeit zu Zeit das Fenster öffnet und dann sein Gesicht dem Schutze des innerhalb des Helms herrschenden geringen Ueberdruckes anvertraut.

Diese Vorzüge der Helm- und Maskenapparate haben ihnen im Ruhrkohlenbezirk im Laufe der Zeit mehr und mehr den Vorrang vor den Schlauchapparaten mit Mundatmung verschafft.

Im übrigen ist noch hervorzuheben, dass die »Selbstsauger« wegen der Widerstände, denen das Ansaugen der Atmungsluft in den Schlauchleitungen und den vorgeschalteten Filtern begegnet, naturgemäss nur auf kurze Entfernungen (etwa 20 m) verwendet werden können. Da diese Entfernung in sehr vielen Fällen nicht ausreichen wird, andererseits die Mitführung der oben beschriebenen zweckmässig und leicht gearbeiteten Blasebälge auch in engen Grubenbauen keine nennenswerten Schwierigkeiten verursacht, sodass diese Apparate ebenso schnell betriebsfertig sein können als die Saugschlauchapparate, und da ausserdem die für die Bedienung der Gebläse erforderlichen Arbeitskräfte im Ernstfalle keine Rolle spielen, so erklärt sich zur Genüge die Bevorzugung der Druck-Schlauchapparate. Von diesen letzteren haben im Ruhrbezirk vorzugsweise Eingang gefunden die Stolzsche Rauchmaske und der Koenigsche Helm, während der Liebsche Helm noch ganz vereinzelt dasteht und die von Bremenschen Apparate nicht die Verbreitung gewonnen haben, welche man nach den günstigen Erfahrungen, die namentlich in Oesterreich mit denselben gemacht worden sind, hätte erwarten können.

Die Stolzsche Einrichtung empfiehlt sich durch ihre Einfachheit und Leichtigkeit, wogegen der Koenigsche Apparat sich durch den bequemen Sitz des Rauchhelms oder der Rauchschutzkappe sowohl von dem Stolzschen als auch von dem von Bremenschen vorteilhaft unterscheidet. Die Stolzsche Maske lässt sich nur durch kräftiges Anziehen den verschiedenen Gesichtsformen einigermassen anpassen, während der von Bremensche Korbhelm etwas unbehilflich ist und die Schultern drückt. Der Koenigsche Apparat zeichnet sich ausserdem durch seine sorgfältige Anpassung an die schwierigen Transportverhältnisse unter Tage und durch seine jederzeitige Betriebsbereitschaft aus.

Die Regenerationsapparate haben den Schlauchapparaten gegenüber den wesentlichen Vorzug, dass sie an eine bestimmte Entfernung innerhalb der Zeit, für welche der Sauerstoff-Vorrat ausreicht, nicht gebunden sind und dass der Träger des Apparates nicht von der Unversehrtheit eines Zwischenstückes, wie es der Schlauch bei den eben behandelten Apparaten ist, abhängt, auch nicht durch die Notwendigkeit, den Schlauch nachzuziehen, in seiner Bewegungsfreiheit beeinträchtigt wird. Ein solcher

Apparat gestattet vor allem das Vordringen auf grössere Längen. Nun wird allerdings vielfach die Ansicht vertreten, dass ein weiteres Vordringen als es die Schlauchapparate zulassen, praktisch nicht erforderlich oder nutzlos sei. In der That kommen auch zahlreiche Fälle vor, in denen mit den letzteren Apparaten dasselbe geleistet werden kann wie mit den Pneumatophoren. Jedoch sind andererseits auch sehr wohl Verhältnisse denkbar, in denen es sich um grössere Entfernungen handelt, z. B. Wiederherstellung einer wichtigen, durch eine Explosion zerstörten Wetterthür oder Oeffnen einer durch Brandgase unzugänglich gewordenen Thür, Bergung bewusstlos gewordener Flüchtlinge aus langen Wetterstrecken u. dgl. Früher hegte man bezüglich des letzteren Punktes meist die Ansicht, dass nach Explosionen ein Vordringen auf grössere Entfernungen zur Rettung von Leuten zwecklos sei, weil dieselben entweder von der Explosion selbst getötet seien oder vor Eintreffen der Hülfsmannschaften in den Nachschwaden erstickt sein müssten. Diese Auffassung ist durch die oben angeführten Ergebnisse der neueren Forschung, in erster Linie der Untersuchungen Haldanes, als irrig nachgewiesen, da hiernach der grösste Teil der bei einer Explosion Verunglückenden den Nachschwaden zum Opfer fällt und bei diesen, nicht unmittelbar von der Explosion betroffenen, sondern in den Nachschwaden liegen gebliebenen Leuten unter Umständen noch zwei Stunden nach der Katastrophe Rettung möglich ist.

Aber auch auf kürzere Entfernungen verleiht das Fehlen des Schlauches den Pneumatophoren eine gewisse Ueberlegenheit, die namentlich dann zur Geltung kommt, wenn infolge einer Explosion grössere Brüche gefallen sind, bei denen das Nachziehen des Schlauches erschwert wird und die Anwendung von Gewalt leicht Undichtigkeiten der Schlauchverbindungen herbeiführt, auch der Vordringende wegen der Möglichkeit der nachträglichen Festklemmung, Zerdrückung oder Quetschung des Schlauches durch neue Brüche in steter Gefahr schwebt.

Während für die Schlauchapparate die Bezeichnung »Atmungsapparate« schlechthin die passendste ist, verdienen daher die Sauerstoffapparate in erster Linie den Namen »Rettungsapparate«, indem sie sich vorzugsweise für solche Fälle eignen, in denen Menschenleben gefährdet und grössere Zerstörungen im Grubengebäude eingetreten sind, also für die Arbeiten nach Schlagwetter- und Kohlenstaub-Explosionen und bei grossen Grubenbränden. Naturgemäss können sie aber da, wo sie einmal vorhanden sind, auch für kleine Löschungs- und Abdämmungsarbeiten vorteilhaft Verwendung finden, wie das ja die praktische Erfahrung mehrfach gezeigt hat.

Nachteilig ist bei den Pneumatophoren ihre begrenzte Benutzungsdauer, welche mittelbar auch die Entfernung, bis zu welcher vorgegangen werden kann, beschränkt. Dazu kommt als fernerer Uebelstand das verhältnismässig grosse Gewicht und der Umfang der Apparate, wodurch die

Arbeitsfähigkeit des Trägers beeinträchtigt und seine Bewegung in engen Strecken und Ueberhauen stark behindert, unter Umständen der Mann sogar in gefährlicher Weise festgeklemmt wird. Auch ist zu berücksichtigen, dass bei diesen Apparaten die Beseitigung der Mundatmung mit ihren oben geschilderten Mängeln, im Gegensatz zu den Schlauchapparaten, nach den im Ruhrkohlenbezirk gemachten Erfahrungen auf grosse Schwierigkeiten stösst: entweder schliesst die Maske oder Haube dicht und belästigt dann den Träger durch den Druck und durch die Erhitzung und Schweissbildung bis zur Unerträglichkeit, oder der Abschluss ist undicht, und der dann eintretende starke Verlust an Atmungsluft, welcher bei den Schlauchapparaten ohne Bedeutung ist, kürzt die Benutzungsdauer des Pneumatophors sehr wesentlich ab. Dräger führt allerdings*) das Hitzegefühl des Helmträgers auf eine andere Ursache, nämlich auf die Erschwerung der Atmung durch die Gegenwart von Kohlensäure, zurück; da aber eine Verunreinigung der Einatmungsluft durch Kohlensäure nie ganz zu vermeiden ist, beim Fehlen des Helmes aber diese Hitzewirkung nicht eintritt, so bleibt trotzdem die Abneigung gegen den Helm berechtigt.

Daher wird neuerdings im Ruhrbezirk höchstens der Führer der Rettungstruppe mit dem Helm ausgerüstet.

Infolge der notwendigen Mundatmung, des Gewichts und Umfangs der Apparate und der Sachkenntnis, welche deren Behandlung erfordert, stellen die Pneumatophoren an die damit ausgerüsteten Leute hohe Anforderungen. Die Ausbildung einer mit diesen Apparaten genau vertrauten Rettungsmannschaft ist daher eine unabweisbare Notwendigkeit, wogegen mit einem Schlauchapparat zur Not auch ganz ungeübte Leute vorgeschickt werden können. Auch muss bei Rettungsarbeiten mit Pneumatophoren darauf gesehen werden, dass nicht ein einzelner Mann vordringt; die neueren Erfahrungen machen ausserdem die Begleitung und Beaufsichtigung der Leute durch einen besonderen Führer wünschenswert.

Hinsichtlich der verschiedenen, zu dieser Gruppe gehörenden Apparate ist im einzelnen folgendes zu bemerken.

Von den älteren Sauerstoffapparaten hat im Ruhrkohlenbezirk nur der unter dem Namen »Shamrock-Type« bekannt gewordene Zweiflaschenapparat in einigem Umfange praktische Verwendung gefunden, da der ursprüngliche v. Walchersche Pneumatophor durch diesen Apparat sehr bald überholt und verdrängt wurde. Die neueren Sauerstoffapparate von Giersberg, Dräger und Meyer bedeuten ohne Zweifel gegen die älteren einen grossen Fortschritt, der sich auch bei den Übungen mit den Apparaten erkennen lässt, haben aber ihre Feuertaufe im Ernstfalle noch nicht erhalten

Die oben bei Besprechung des »Zweiflaschenapparates« hervor-

*) Glückauf 1904, S. 1334.

gehobenen Verbesserungen gegenüber dem alten Pneumatophor verliehen dem ersteren ein erhebliches Übergewicht über den letzteren. Die Benutzungsdauer wurde wesentlich verlängert, die dazu notwendige Erhöhung des Gewichts durch gleichmässige Verteilung desselben auf Brust und Rücken ausgeglichen, die Sauerstoff-Absorption wirksamer gemacht, die Gebrauchsbereitschaft erhöht und durch die zweite Flasche dem Träger ein Überblick über die von ihm verbrauchte Sauerstoffmenge ermöglicht. Andererseits hafteten allerdings auch dem Apparate »Shamrock-Type« noch verschiedene Mängel an: bei unvorsichtigen Bewegungen konnten Verbrennungen durch die Lauge eintreten, auch konnte der Mann durch Anreicherung des Kohlensäure-Gehaltes vor dem Munde gefährdet oder es konnten durch zu starke Sauerstoffzufuhr Kopfschmerzen und andere Beschwerden herbeigeführt werden. Versuche, welche hinsichtlich der Zusammensetzung der Luft im berggewerkschaftlichen Laboratorium zu Bochum mit diesem Apparate vorgenommen worden sind und bei denen in sehr sorgfältiger Weise aus dem Mundstück im Augenblicke der Einatmung Luftproben entnommen wurden, haben bei lebhafter, zeitweilig unterbrochener Thätigkeit des Mannes einen Durchschnittsgehalt von 5,9 % CO_2 und 27,4 % O ergeben. Den höchsten Kohlensäuregehalt (7,5 %) wiesen zwei Analysen mit 33,2 % bezw. 20,0 % Sauerstoff, den niedrigsten Sauerstoffgehalt (14 %) eine Analyse mit 5,9 % Kohlensäure auf. Allerdings musste, da bei der in Rede stehenden Übung der Träger des Apparates sich durchweg wohl befand, angenommen werden, dass die niedrigen Sauerstoff- und hohen Kohlensäuregehalte nur vorübergehend eintraten; immerhin aber bildete die Möglichkeit solcher Luftmischungen eine ständige Gefahrenquelle und machte sich auch bei den Übungen durch Kopfschmerzen, Übelkeit und Angstgefühl häufig bemerkbar.

Zu diesen Übelständen gesellte sich dann noch die unbequeme Mundatmung und die Notwendigkeit der Regelung des Sauerstoffzutritts durch den Arbeiter, welche dem letzteren das Arbeiten erschwerten, seine Aufmerksamkeit ablenkten und die zweckmässige Handhabung des Apparates und damit den Erfolg des Rettungsversuches von der Ruhe abhängig machten, die der Träger sich zu bewahren vermochte.

Die Verbesserung des v. Walcher-Gaertnerschen Apparates in der von Mayer-Pilař eingeschlagenen Richtung hat im Ruhrkohlenbezirk keinen Beifall gefunden, obwohl dieser Pneumatophor im österreichischen Bergbau sehr gelobt worden ist. Wenn auch die Verwendung der festen Absorptionsmasse als ein Fortschritt zu bezeichnen war, so erschien doch einerseits das Aufgeben des bewährten Zweiflaschensystems als nicht vorteilhaft, während andererseits die Verwendung der Maske die oben angeführten Übelstände im Gefolge hatte. Auch wurde die Einrichtung des ganzen Apparates durch die Ventile und durch zahlreiche Nähte, welche der Kragenbeutel erforderte, zu kompliziert und zu unsicher; ferner wirkte das Absorptionsmittel wegen seiner verhältnismässig geringen nutzbaren Oberfläche nicht kräftig genug.

Die neuen Pneumatophoren von Giersberg, Dräger und G. A. Meyer (Sauerstoff-Fabrik Berlin) bedeuten unzweifelhaft wegen der Einführung der selbstthätigen Sauerstoffzufuhr einen wesentlichen Fortschritt. Durch diese selbstthätige und kräftige Regelung des Luftumlaufs wurde zweierlei erreicht: die Verhinderung gefährlicher Kohlensäure-Ansammlungen vor dem Munde und die Entlastung der Atmungsorgane; der letztere Umstand hatte seinerseits wieder die günstige Wirkung, dass die Absorption wesentlich wirksamer gemacht werden konnte, weil ja der dadurch bedingte grössere Widerstand im Regenerator nicht von Bedeutung war, und dass aus demselben Grunde eine Kühlvorrichtung eingeschaltet werden konnte, welche die durch die stärkere Absorptionswirkung veranlasste Erhitzung der Atmungsluft wieder unschädlich machte. Der letztere Vorteil ist allerdings erst bei dem Drägerschen und dem Apparate »Giersberg, Modell 1904« ausgenutzt worden.

Weitere Vorzüge der neuen Apparate sind: der Ersatz der Gummischläuche durch Metallschläuche, die Verbesserung der Mundschläuche, welche ohne Beeinträchtigung der Dauerhaftigkeit wesentlich biegsamer gemacht wurden, sowie die Ermöglichung des Speichelabflusses.

Im einzelnen ist noch hervorzuheben, dass der Giersbergsche Apparat »Modell 1901« durch die beiden neueren Apparate bereits wieder überholt worden ist. Von den letzteren hat der Drägersche den Vorzug des geringeren Gewichtes und der sauberen und einfachen Behandlung, wie sie sich aus der Einsetzung der fertigen Kalipatrone ergiebt. Nachteilig sind andererseits die verschiedenen vorspringenden Teile, welche ein Hängenbleiben begünstigen, sowie die eine Beschädigung möglich machende Lage des Luftkühlers. Im Meyerschen Apparat ist die Gewichtsverteilung besser; der ursprünglich diesem Apparate anhaftende Nachteil des grösseren Gesamtgewichts würde, falls die oben (S. 167) erwähnte Verbesserung sich bewährt, fortfallen. Das Hängenbleiben wird durch die übergeschobene Packtasche, welche gleichzeitig den Apparat, namentlich das Manometer, vor Beschädigung schützt, verhindert; jedoch bildet der Luftkühler auch hier eine schwache Stelle, da er in seinen aussenliegenden Windungen der Gefahr einer Zusammendrückung oder teilweisen Zerstörung ausgesetzt ist. Ferner ist hervorzuheben die Verbesserung des Mundstücks, welches in gefahrloser und bequemer Weise die Nasenatmung ermöglicht.

Bezüglich der Mundatmung einerseits und der Rauchmaske bezw. des Helms andererseits gilt auch von den neuen Apparaten das bereits oben Gesagte.

2. Kapitel: Einrichtungen für die erste Behandlung Verletzter.

In früheren Jahrzehnten war im Ruhrkohlenbergbau für die erste Behandlung Verletzter wenig gesorgt, da der Umfang der einzelnen Betriebe gering, die Unfallgefahr mässig und die Unfallfürsorge überhaupt noch wenig entwickelt war. Neuerdings dagegen hat man diesem Gegenstande eine wesentlich grössere, noch stetig wachsende Aufmerksamkeit zugewendet.

Verschiedene treibende Kräfte haben hier zusammengewirkt. Zunächst hat der Umfang der einzelnen Betriebe sehr stark zugenommen und mit dem Vorrücken des Bergbaus in die Teufe die Unfallgefahr sich vergrössert, sodass jede Zeche eine grössere Anzahl von Betriebsunfällen im Laufe des Jahres zu verzeichnen hat und dadurch schon ohne weiteres zur Schaffung besonderer Einrichtungen für die Verletzten gedrängt wird. Von grossem Einfluss sind weiterhin die in unserer Zeit immer stärker hervortretenden humanitären Bestrebungen gewesen. Auch hat eine nicht unerhebliche Rolle die gesetzliche Unfallversicherung mit ihrer starken Belastung der Bergbautreibenden gespielt, welche der Ueberzeugung Bahn gebrochen hat, dass eine möglichst sorgsame Behandlung eines Unfallverletzten gerade in den ersten Stunden nach dem Unfall nicht nur für die Verletzten selbst sehr wohlthätig und nützlich, sondern auch für einen schnellen und nachhaltigen Erfolg des Heilverfahrens von grosser Tragweite ist.

Die auf diesem Gebiete gemachten Fortschritte betreffen, soweit sie hier zu besprechen sind, einerseits die Fortschaffung der Verletzten und andererseits die auf der Zeche für ihre erste Behandlung getroffenen Einrichtungen.

I. Transportvorrichtungen für Verletzte.

Die Einrichtungen zum Transport Verunglückter waren in der älteren Zeit einfach. Man begnügte sich meistens damit, den Verletzten durch einige Kameraden in einen vielfach teilweise mit Kohlengrus oder mit Stroh und Heu gefüllten oder mit Decken und Kleidungsstücken gepolsterten Förderwagen betten und in diesem zu Tage schicken zu lassen, wo er dann durch einfache Bahren, welche entweder gefahren oder, bei schwereren Fällen, getragen wurden, zu seiner Wohnung oder zum nächsten Krankenhause weiter befördert wurde. Noch im Jahre 1897 waren nach Ermittelungen des Allgemeinen Knappschaftsvereins nur auf 39 von 226 Schachtanlagen Tragbahren unter Tage vorhanden, während 17 Zechen auch über Tage keine Bahren u. dgl. besassen. Die Verbesserungen, welche sich später mehr und mehr Bahn gebrochen haben, sind sowohl dem Transport in der Grube wie demjenigen über Tage zugute gekommen.

1. Transport von Verletzten in der Grube.

Mit Recht hat man neuerdings gerade der Fortschaffung der Verletzten von der Unfallstelle bis zur Hängebank eine immer grössere Aufmerksamkeit zugewendet. Einerseits sind hier eine Menge Schwierigkeiten zu überwinden, welche in anderen, oberirdischen Betrieben gänzlich wegfallen: Mangel an Raum, ungünstige Transportwege wie Ueberhauen, Bremsberge und Schächte, spärliche, leicht ein Fehltreten der Träger veranlassende Beleuchtung, Behinderung durch die Förderung und dgl. Andererseits konnte gerade bei dieser ersten Fortschaffung von Verletzten am wirksamsten der Hebel angesetzt werden, um dem Verletzten eine möglichst bequeme Lage zu sichern und dadurch ihm nicht nur Schmerzen beim Betten und Befördern nach Möglichkeit zu ersparen, sondern auch der späteren ärztlichen Behandlung durch Vermeidung starker Erschütterungen und gezwungener Körper- und Gliederstellungen erfolgreich vorzuarbeiten. Aus diesen Erwägungen heraus hat das Oberbergamt Dortmund in der Bergpolizeiverordnung vom 12. März 1900 »betr. Massnahmen zum Schutze der Gesundheit der Bergleute sowie zur ersten Hülfeleistung bei Unglücksfällen« angeordnet, dass an geeigneten Stellen in der Grube Tragbahren — und zwar auf 100 Mann der Belegschaft mindestens eine — aufzubewahren sind.

Diese Beförderungseinrichtungen müssen nicht nur ihren Zweck, einen möglichst bequemen und schmerzlosen Transport zu ermöglichen, erfüllen, sondern auch für die unterirdische Aufbewahrung und Fortschaffung möglichst zweckmässig eingerichtet sein; daher muss für geringes Gewicht, geringen Raumbedarf und genügende Widerstandsfähigkeit gegen Feuchtigkeit gesorgt werden.

Die einfachen Tragbahren werden entweder auf den Zechen selbst hergestellt oder von den Firmen C. Maquet in Heidelberg, C. Henkel in Bielefeld, Wwe. Goercke und der das Berliner Medizinische Warenhaus vertretenden Firma Piepenbring & Co. in Dortmund, u. a. geliefert. Sie sind aus Holz oder aus Winkeleisen, Gas- oder Mannesmannstahlrohren zusammengesetzt und erhalten ein verstellbares Kopfbrett und als Füsse Holzständer oder angeschraubte oder -genietete Eisenbügel. Die Unterlage besteht meist aus einer Segeltuchbespannung; Matratzen mit Seegrasfüllung werden wegen der Gefahr des Faulens nur selten verwendet.

Eine einfache Holzbahre, aus zwei Langhölzern mit Querriegeln, mit Fuss- und verstellbarem Kopfbrett, Seitenständern und hohen Füssen zeigt

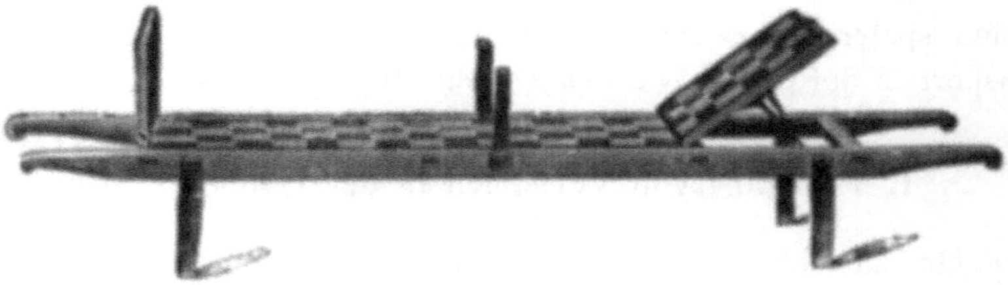

Fig. 129.

Tragbahre von Wwe. Görcke, Dortmund.

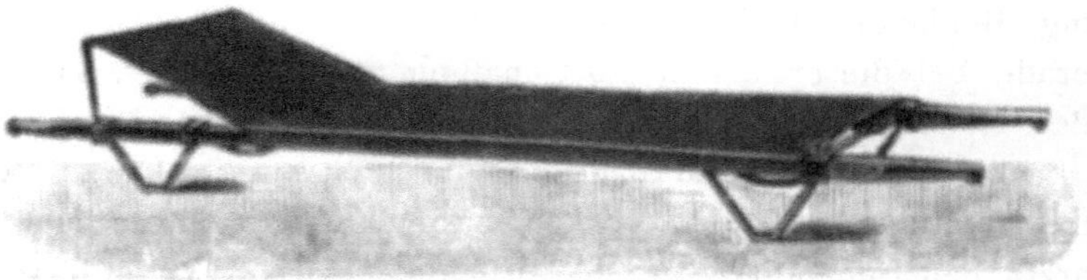

Fig. 130.

Tragbahre von Henkel, Bielefeld.

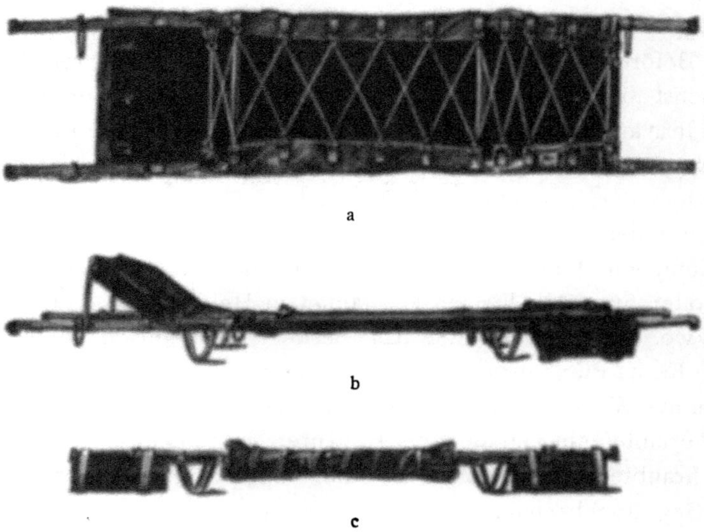

Fig. 131.

Tragbahre von Ww. Görcke, Dortmund.

Fig. 129; das Segeltuch wird durch Gurte getragen. Fig. 130 und 131 a—c veranschaulichen Bahren mit einschiebbaren Tragholmen und durch Kreuzverschnürung festgehaltenem Segeltuch. Die in letzterer Figur wiedergegebene Bahre, System Schlender, besteht aus Winkeleisen mit Gasrohrverbindung und kann schnell in der Querrichtung zusammengeschoben werden; in diesem Zustande hat die Vorrichtung nur einen Umfang von ca. 45 cm. An die Tragholme können kleine Taschen mit Verbandzeug und dgl. angeschnallt werden.

Eine sehr leichte, billige und ebenfalls zusammenlegbare Bahre (die sogenannte Percy-Lipowsky-Bahre) zeigt Fig. 132 a u. b: hier sind die Quer-

a

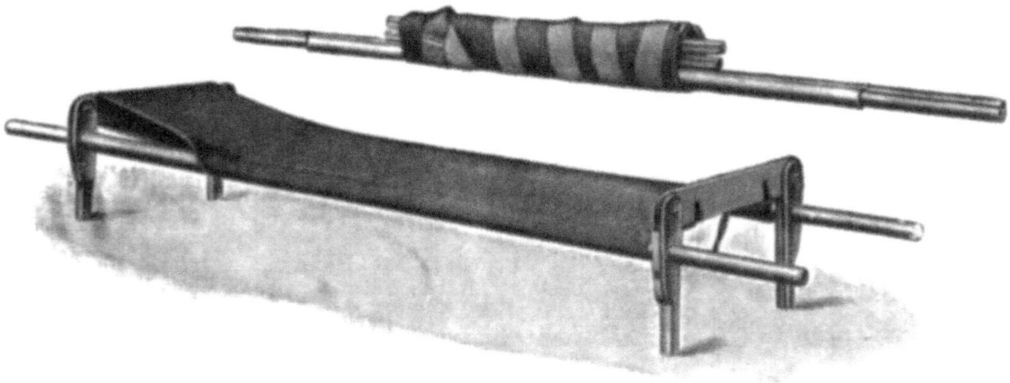

b

Fig. 132.

Tragbahre von Ww. Görcke, Dortmund.

riegel durch Gelenke mit den Fussständern verbunden und die letzteren mit Oeffnungen für die Tragholme versehen, sodass nach Benutzung die letzteren einfach herausgezogen, zusammengelegt und mit den gleichfalls zusammengeklappten Querriegeln und Fussständern gemeinsam in das Bahrtuch eingewickelt werden können. Dieser Grundgedanke ist bei einer anderen Bahrenform in der Weise ausgeführt worden, dass die Bahre Tragholme aus einschiebbaren Mannesmannrohren und Querböcke aus verzinktem Eisenblech erhalten hat, während das Bahrtuch ganz abgenommen und in einer beigegebenen Eisenblechbüchse aufbewahrt wird.

Zu diesen einfachen Tragbahren sind im Laufe der letzten Jahre einige Beförderungsvorrichtungen hinzugekommen, welche den schwierigen Transportbedingungen unter Tage in besonderem Masse Rechnung tragen und sowohl dem Verletzten als auch den Trägern die Fortschaffung erleichtern sollen. Zur Erreichung dieses Zieles sind verschiedene Wege beschritten worden.

Die von Bergwerksdirektor G. A. Meyer angegebene Tragbahre (Fig. 133 a und b) besteht aus zwei starken, hölzernen Längsträgern, welche durch gleichfalls hölzerne Querriegel mit einander verbunden sind. Das

a

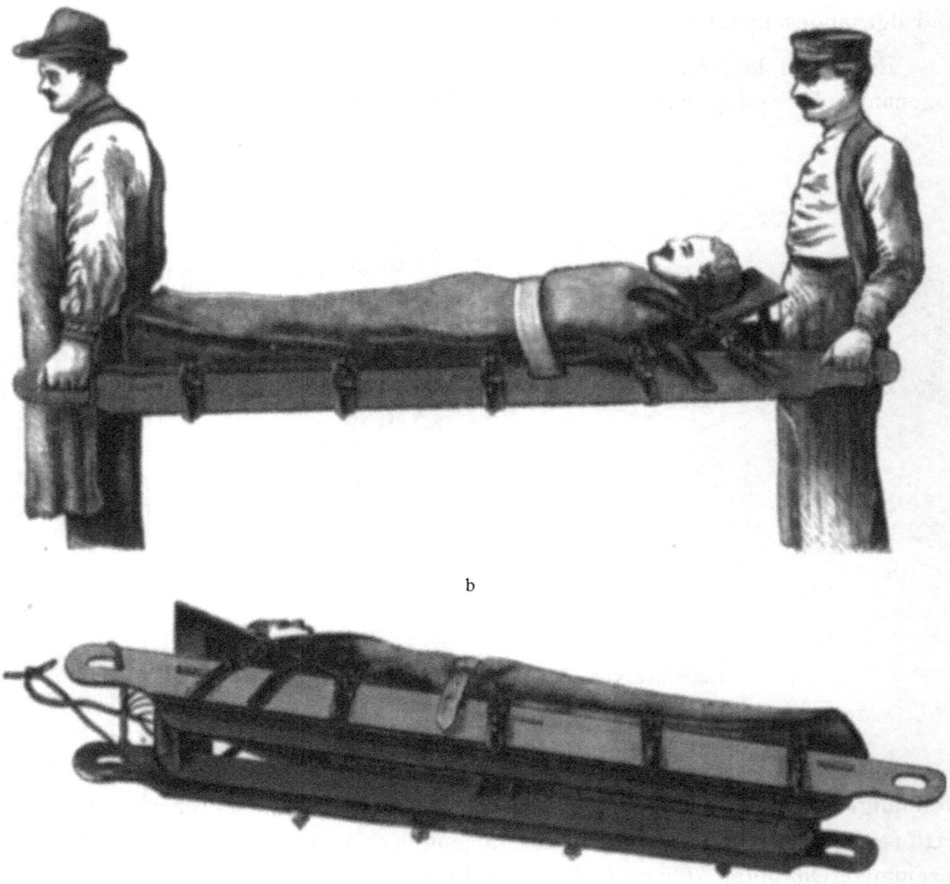

b

Fig. 133.

Tragbahre von G. A. Meyer.

dadurch gebildete Gestell ist mit Segeltuch bespannt und am oberen Ende mit verstellbarem Kopfbrett, am unteren mit Fussbrett versehen. An dem letzteren ist eine bis zum Halse des Verletzten reichende Segeltuchdecke befestigt, die den Körper eng umschliesst und an jeder Seite durch vier Riemen mit den Längsträgern verbunden ist. In Magenhöhe wird noch ein breiter Gurt übergeschnallt. Durch zwei be-

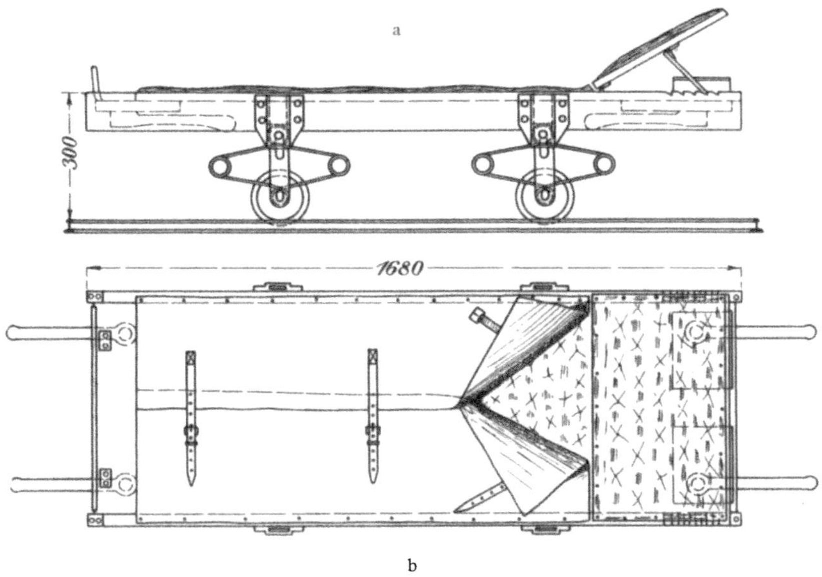

Fig. 134.

Fahrbare Tragbahre der Zeche Deutscher Kaiser.

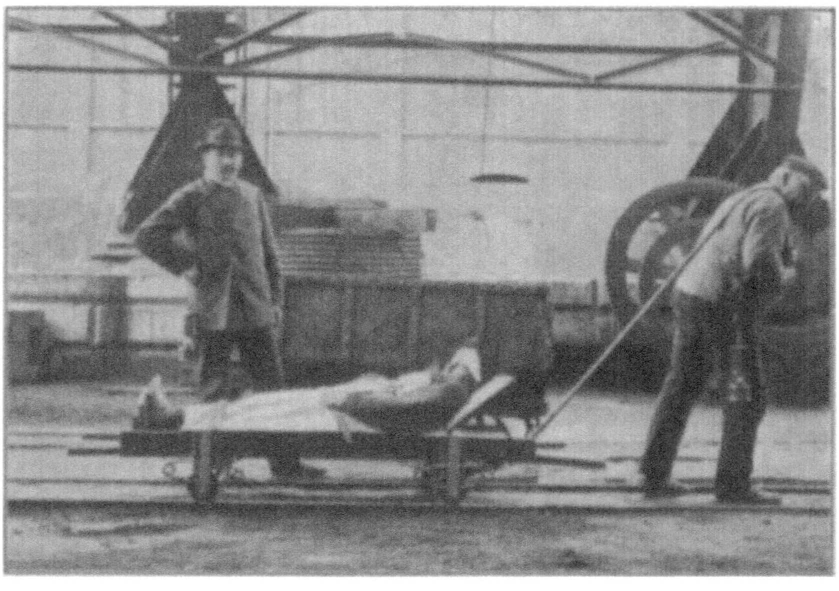

Fig. 135.

Fahrbare Tragbahre der Zeche Deutscher Kaiser.

sondere Vorrichtungen wird die Fortschaffung wesentlich erleichtert: einmal durch untergesetzte Schlittenkufen, welche zur bequemen und stossfreien Beförderung in niedrigen und engen Ueberhauen und Abbauen auf glatter Sohle benutzt werden; andererseits durch gepolsterte Riemen, welche unter den Achseln durchgezogen werden, sodass der Verletzte je nach seinem Zustande auf dem Fussbrett stehend oder in den Achselriemen hängend in stark geneigten Ueberhauen oder auch in seigeren Schächten bequem heruntergelassen werden kann. Vor dem Auflegen auf die Tragbahre wird der Verletzte in eine dicke wollene Decke eingehüllt.

Der Kranken-Transportwagen der Zeche Deutscher Kaiser (Fig. 134 und 135), welcher ebenfalls die Beförderung des Verletzten von der Unfallstelle bis zur Tagesoberfläche ohne Umbettung gestattet, eignet sich wegen seiner geringen Höhe (300 mm über Schienenoberkante) besonders für Gruben mit flachem Einfallen. Der mit einer Matratze belegte und mit Fuss- und verstellbarem Kopfbrett versehene Gestellrahmen ruht gut abgefedert auf sehr niedrigen Rädern mit Spurkränzen; die Spurweite ist natürlich diejenige der gewöhnlichen Förderwagen. Auf dem Rahmen ist beiderseits eine Segeltuchhülle festgenagelt, welche durch drei Riemen zusammengezogen werden kann. Unter dem Kopfbrett sind Taschen für Verbandszeug u. dergl. angebracht. Der Wagen ist mit Handgriffen versehen, mittels deren an Stellen, wo keine Schienen vorhanden sind oder der Wagen über Hindernisse hinweg gehoben werden muss, der ganze Wagen getragen wird, was wegen des geringen Gewichtes des Rädergestells keine Schwierigkeiten verursacht; für die Beförderung in Bremsbergen und Schächten können die Handgriffe seitlich eingeschwenkt werden.

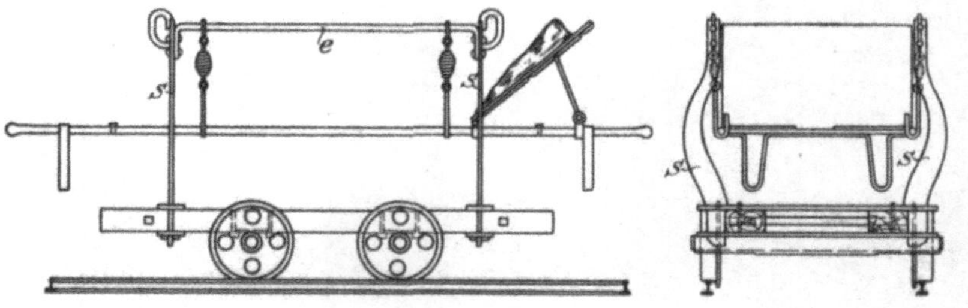

a b

Fig. 136.

Fahrbare Tragbahre zum Transport Verunglückter. Zeche Deutscher Kaiser.

Eine andere, ebenfalls auf Zeche Deutscher Kaiser in Gebrauch stehende Beförderungsvorrichtung, welche wiederum zum Fahren und Tragen eingerichtet ist, veranschaulicht Fig. 136 a und b. Die aus Stahlrohren zusammengesetzte und mit Handgriffen, Füssen und verstellbarem

Kopfbrett versehene Tragbahre hängt mit starken Schraubenfedern an Rundeisenstangen e, welche beiderseits an kräftige Stützen s angenietet sind, und kann, wenn das Tragen notwendig wird, ohne weiteres abgehoben werden.

Die Fortschaffung des Verletzten in bequemer, halb sitzender Stellung wird ermöglicht durch die Tragbahre nach Professor Löbker, welche von der Firma Piepenbring & Co. in Dortmund vertrieben wird und auf verschiedenen Zechen in Gebrauch ist. Diese Trage (Fig. 137 a u. b) erleichtert gleichzeitig wegen ihrer geringen Länge den Transport in Bremsbergen und in Förderschächten mit breiten, kurzen Fördergestellen. Da sie vermöge

a b

Fig. 137.

Tragbahre nach Professor Löbker.

der in den Querriegeln angebrachten Kniegelenke vollständig seitlich zusammengeklappt werden kann, so beansprucht sie zur Aufbewahrung einen sehr geringen Raum. Die Unterlage besteht aus einer Doppel-Spiralfedermatratze aus galvanisch verkupfertem Eisendraht, welche zwischen zwei geschweiften, patentgeschweissten Eisenrohren ausgespannt ist. In Brusthöhe ist ein Segeltuchgurt angebracht, welcher, über der Brust des Verletzten zusammengeschnallt, diesen festhält. Die Tragholme sind mit Füssen versehen. Die Handgriffe können der Raumersparnis halber umgeklappt werden.

Auf die alte Beförderung mittels des gewöhnlichen Förderwagens, welche an sich den Vorteil hat, dass die Fortschaffung geringe Kraft erfordert und im Notfalle durch einen Mann erfolgen kann, dass der Transport in Bremsbergen und Schächten einfach ist und dass der Verletzte nicht unter einem etwaigen Straucheln oder Ausgleiten seiner Träger zu leiden hat, greift der Vorschlag von Bergwerksdirektor Schmidt und Dr. med. Kranz zurück, den Verletzten in ein in den Förderwagen gehängtes Spiraldrahtnetz zu legen, welches sich der Körperform innig anschliesst. Dieses Netz, ein Geflecht aus 1,1 mm starkem, verzinktem Eisendraht (Fig. 138), welches rings von einem 8 mm-Drahtseil eingefasst ist, wird beiderseits mit je zwei starken Schraubenfedern bezw. Haken am Wagenrande aufgehängt. Am Fussende ist zwischen Haken und Feder eine Kette eingeschaltet, deren Glieder verschieden eingehakt werden können, wodurch es ermöglicht wird, die Füsse in beliebiger, möglichst bequemer Höhenlage festzuhalten. Das Netz lässt sich zusammenrollen, sodass für die Aufbewahrung ein Mindestmass von Raum genügt.

Fig. 138.
Spiraldrahtnetz zum Einhängen in Förderwagen.

Diese Vorrichtung ist zweifellos für den Transport in der Grube gut geeignet; auch sind die bisher im Ruhrkohlenbezirk damit gemachten Erfahrungen durchweg günstige gewesen. Ein Vorzug, den das Netz mit der gleichfalls ganz aus Metall bestehenden Löbkerschen Krankentrage teilt, ist die Möglichkeit der bequemen Reinigung und Desinfizierung. Nur muss wegen der Rostgefahr auf sorgfältige Ausführung der Verzinkung bezw. Verkupferung gehalten werden. Dagegen ist ein Nachteil des Netzes die Notwendigkeit, für den weiteren Transport über Tage den Verletzten erst wieder umzubetten, wogegen andere Tragbahren über Tage einfach auf ein Rädergestell gesetzt oder in einen Kranken - Transportwagen (s. unten) geschoben werden können; auch kann in den Förderstrecken der Transport durch Stockungen in der Förderung in unliebsamer Weise aufgehalten werden. Jedoch ist der erstgenannte Nachteil, da in zahlreichen Fällen der Verletzte erst noch in der Verbandsstube der Zeche (s. unten) gewaschen und verbunden wird und daher doch umgebettet werden muss, nicht von grosser Bedeutung.

Zu erwähnen ist hier auch noch das Schweitzersche Rettungsbrett, welches auf der Zeche Shamrock I/II in Gebrauch ist und vorzugsweise dazu dient, Betäubte möglichst schnell aus dem Bereich der Stickwetter zu bringen. Da der Mann durch einen breiten Gurt und mehrere Riemen auf das mit einer Fussleiste versehene Brett fest aufgeschnallt ist, so genügt bei ebener Sohle ein Mann zur Fortschaffung.

Mit Rücksicht auf die Wichtigkeit, welche gerade dem ersten Transport der Verletzten in der Grube wegen der bei den misslichen Transportverhältnissen unter Tage leicht möglichen Verschlimmerung seines Zustandes beizumessen ist, hat die Zeche Shamrock I/II als erste mit Recht die kleine weitere Ausgabe nicht gescheut, unter Tage in jedem Steigerrevier in einem besonderen kleinen Raum ausser der Tragbahre auch die notwendigsten Verbandstoffe und -Geräte aufzubewahren, nämlich eine dicke wollene Decke, welche in einem mit Blech ausgeschlagenen Holzkasten aufbewahrt wird, eine Strohmatte für die Einschienung gebrochener Gliedmassen und, in eine cylindrische Blechbüchse mit Filzdichtung staub- und wasserdicht eingeschlossen, sechs Holzschienen für Ober- und Unterarm- und Unterschenkelbrüche, vier breite und vier schmale Mullbinden und 100 g Verbandwatte.

2. Transport von Verletzten über Tage.

Die früher für die Fortschaffung der Verletzten über Tage ausschliesslich in Gebrauch stehenden Hülfsmittel waren Fahr- und Tragbahren. Wo beide Beförderungsmittel vorhanden waren, wurde

Fig. 139.

Krankenbahre von Mertz.

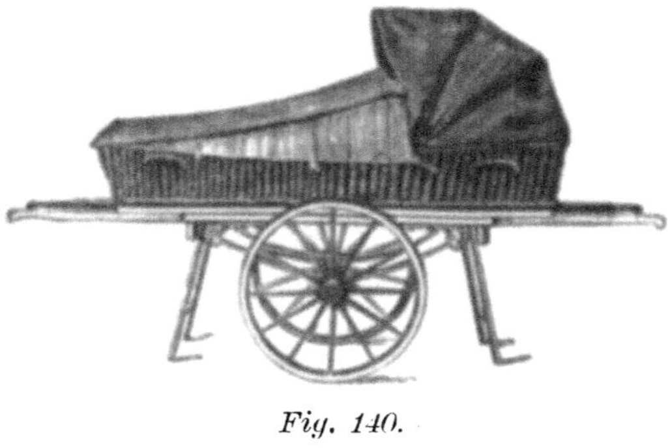

Fig. 140.

Krankenbahre von Maquet.

die Tragbahre für schwer, die Fahrbahre für leichter Verletzte benutzt. Später bürgerten sich die sowohl zum Fahren als auch zum Tragen brauchbaren Bahren ein, deren Oberteil nach Bedarf vom Rädergestell abgehoben und für sich getragen werden kann. Die Bahren werden

Fig. 141.

Krankenbahre von Maquet.

Fig. 142 a.

Kranken-Transportwagen von C. Maquet, Heidelberg.

aus Holz, Eisen oder Stahl (Winkeleisen, Gas- und Mannesmannröhren) hergestellt. Die Verwendung der letzteren Stoffe überwiegt wegen der mannigfachen Vorteile: geringes Gewicht, Sicherheit gegen Fäulnis und Möglichkeit der Desinfektion durch Dampf oder heisse Luft. Der letztere Vorzug kommt voll zur Geltung, wenn ausserdem eine Spiraldrahtmatratze als Unterlage verwendet wird. Der Verletzte wird meist durch ein aus Segeltuch bestehendes Schirmdach und eine an dieses angeknüpfte Segeltuchdecke geschützt. Die Bahre wird in der Regel von zwei Mann mittels Gabeldeichsel gefahren (Fig. 139 und 140); seltener werden Fahrbahren mit Gabeldeichsel für einen Mann (Fig. 141) oder mit Kreuzdeichsel verwendet.

Neuerdings sind im Ruhrbezirk mehr und mehr Krankentransportwagen für Pferdebespannung in Aufnahme gekommen, welche die für die Fortschaffung unter Tage benutzten oder besonders für die Beförderung im Wagen eingerichtete Tragbahren aufnehmen und in denen auch leichter Verletzte in sitzender Stellung untergebracht werden können. Während man nämlich früher vielfach sich damit begnügte, den

Fig. 142b.

Kranken-Transportwagen von C. Maquet, Heidelberg.

Fig. 143a.

Jacobischer Krankenwagen.

Verletzten in seine meist in der Nähe der Zeche gelegene Wohnung zu bringen, bildet jetzt bei schwereren Verletzungen die Ueberführung des Mannes in eines der von den Gemeinden, dem Allgemeinen Knappschaftsverein oder der Berufsgenossenschaft gebauten Krankenhäuser die Regel. Dazu sind aber häufig grössere Entfernungen zurückzulegen, namentlich von den im Norden belegenen Zechen aus, welche eine starke Belegschaft haben und in deren näherer Umgebung nur kleine Ortschaften ohne Krankenhäuser liegen.

Ausserdem gewähren diese Krankenwagen bei Verwendung von Tragbahren unter Tage den Vorteil, dass eine Umbettung des Verletzten nicht erforderlich ist, da derselbe sofort mit der Tragbahre, auf welcher er aus der Grube gebracht worden ist, in den Wagen gesetzt werden kann.

Diese Krankenwagen werden in der Regel in der sogenannten »Omnibusform« gebaut und zur Aufnahme von 1—5 Verletzten oder 1—4 Tragbahren eingerichtet. Einen Wagen der Vereinigten Fabriken C. Maquet,

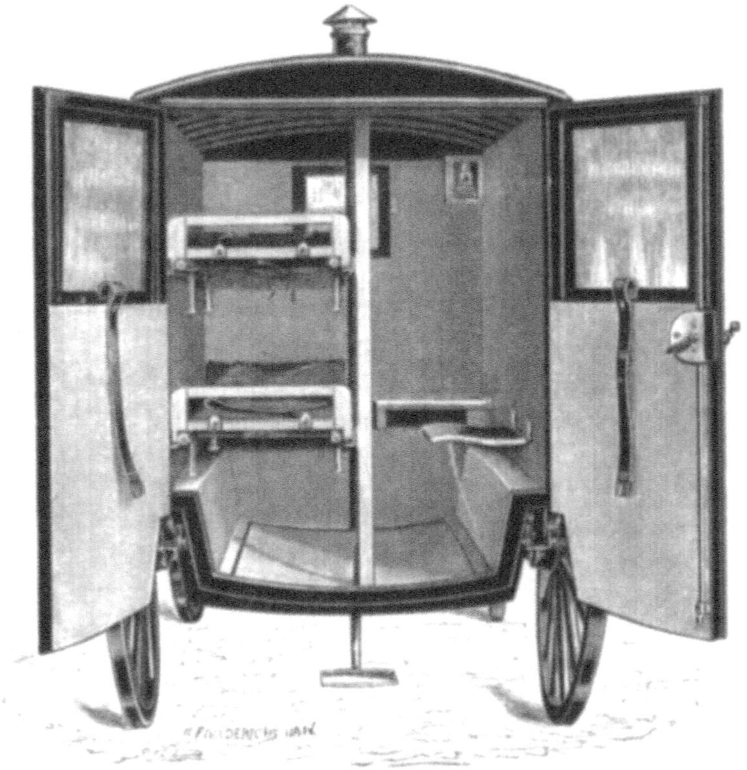

Fig. 143 b.
Jacobischer Krankenwagen.

G. m. b. H., Heidelberg-Berlin, veranschaulicht Figur 142 a u. b. Das Vorderteil ist durch gewöhnliche Doppel-Elliptikfedern abgefedert, während das Hinterteil auf Längs- und Querfedern ruht. Um den Wagenkasten nicht zu hoch setzen zu müssen und doch die Federn frei ausschwingen zu lassen, ist die hintere Achse nach unten gekröpft. Der Raum zwischen Kutschbock und Wagenkasten ist für die Unterbringung von Verbandstoffen und Medikamenten ausgenutzt. Der Wagenkasten selbst ist innen mit Emaillelack gestrichen, welcher steinhart wird und die Desinfizierung des Wageninneren gestattet. Der Wagen wird für die Aufnahme einer Tragbahre oder für zwei nebeneinander stehende Tragbahren eingerichtet, und zwar ruhen die Bahren ihrerseits, wie Fig. 142 b erkennen lässt, wieder auf besonderen Federgestellen. Das Einschieben der Bahren erfolgt von hinten durch eine Flügelthür; die Scheiben in derselben sowie in den Seitenwänden können herabgelassen werden; zur Verdunkelung des Wageninnern sind Vorhänge vorgesehen. Für die Begleitung sind zwei Klappsitze vorhanden.

Ein von H. Jacobi in Hannover-Linden gelieferter Krankenwagen (Fig. 143 a u. b) ist ähnlich gebaut und abgefedert, unterscheidet sich aber von dem vorbeschriebenen durch die Unterbringung der Bahren: der Wagen ist in der Längsrichtung geteilt; die eine Hälfte ist für zwei Bahren bestimmt, welche mit Gummirollen auf Winkeleisen laufen, sodass sie leicht bewegt werden können und andererseits auch bei stärkeren Schwankungen auf schlechten Wegen in ihrer Lage festgehalten werden; die andere Wagenhälfte dient für die Begleitung und ist mit einem festen und einem Klappsitz ausgerüstet. Im Wagendache sind Lüftungsvorrichtungen angebracht. Die Desinfizierung des Wagens wird hier dadurch ermöglicht, dass derselbe mit Zinkblech ausgeschlagen ist.

Auch die Krankenwagen von Ad. Mertz, St. Johann a. d. Saar (Fig. 144), sind auf verschiedenen Zechen im Gebrauch. Sie sind für die Aufnahme

Fig. 144.

Krankenwagen von Mertz.

von zwei Mertzschen Tragbahren (Fig. 139) eingerichtet, welche nebeneinander stehen und sich zwischen besonderen Führungsleisten einschieben lassen; zur Erleichterung der Bewegung sind unter den vorderen Füssen kleine Gummirollen angebracht. Der Kutscherbock ist besonders breit gebaut und mit einem grossen Schirmdach und hohem Spritzleder versehen; er kann im Notfalle drei Leichtverletzte aufnehmen, wenn der Fuhrmann nebenher geht. Ein Uebelstand dieses Wagens ist die hohe Lage des Wagenkastens, da die hintere Achse nicht gekröpft ist; infolgedessen liegt der Schwerpunkt hoch und der Wagen schaukelt ziemlich stark.

Ein von C. Beukelmann, Dortmund, für die Zeche Westhausen gelieferter Wagen von ähnlicher Bauart wie der Maquetsche mit Längs- und Querfederung unter dem Hinterteil bietet im Notfalle Raum für vier Tragbahren und zwar werden zwei auf den Boden gesetzt und zwei mit starken Lederriemen und Ketten an der Wagendecke aufgehängt. Für die gewöhnliche Benutzung ist ausserdem ein in Ketten hängender Klappsitz für einen Begleiter vorgesehen.

Andere Zechen helfen sich mit dem Zechenwagen oder einem vom Hauderer gestellten Wagen. Krankenwagen in Landauerform, wie sie z. B. von der Kruppschen Verwaltung und verschiedenen Stadtverwaltungen beschafft sind, stehen auf Ruhrzechen noch nicht in Gebrauch.

II. Vorläufige Behandlung von Verletzten.

Was die Behandlung der verschiedenartigen Verletzungen selbst betrifft, so ist es wichtig, wenn dieselbe in leichteren Fällen, wie bei einfachen Quetschungen, Blutungen, Brandwunden u. dgl. auf der Zeche selbst erfolgen, in schwereren Fällen aber hier wenigstens sachgemäss eingeleitet werden kann. Schon die Möglichkeit einer sorgfältigen Reinigung und Desinfizierung von Wunden ist sehr wertvoll, da erfahrungsmässig gerade die Vernachlässigung leichterer Verletzungen in der ersten Zeit den Heilungsprozess sehr verzögert, ja sogar oft ernstliche Lebensgefahr herbeiführt. Ausserdem können durch rechtzeitiges Eingreifen kundiger Hände unnötige Blutverluste vermieden, gebrochene Glieder in die richtige Lage gebracht und in dieser festgehalten, starke Fleischwunden kunstgerecht verbunden und dadurch Verschlimmerungen auf dem weiteren Transporte vermieden werden, ja, bei grösserer Entfernung vom nächsten Krankenhause und dem Vorhandensein der erforderlichen Einrichtungen kann die Thätigkeit des Arztes bereits auf der Zeche einsetzen.

Die grosse Wichtigkeit einer solchen vorläufigen Behandlung hat das Oberbergamt Dortmund veranlasst, in einem besonderen Abschnitte der zum Schutze der Gesundheit der Bergleute erlassenen Bergpolizeiverordnung vom 12. März 1900 Vorkehrungen für die erste Hülfeleistung bei Unfällen vorzuschreiben: ausser den bereits besprochenen Fortschaffungsvorrichtungen unter und über Tage wird hier die Bereithaltung gut vorgebildeter Hülfskräfte und die Einrichtung eines besonderen Verbandzimmers für jede selbständige Schachtanlage gefordert, für dessen Ausstattung nähere Vorschriften gegeben werden. Die infolgedessen in den letzten Jahren auf den einzelnen Schachtanlagen eingerichteten Krankenzimmer sind vorschriftsmässig mit Dampfheizung und (meist elektrischer) Beleuchtung, sowie mit Wasch- und Badeeinrichtung ausgerüstet und enthalten in der Regel einen gewöhnlichen Tisch, einen meist eisernen, fahrbaren Operationstisch (Fig. 145) mit Matratze, einen Schrank mit den not-

Fig. 145.

Operationstisch von Ww. Görcke, Dortmund.

Fig. 146.

Instrumententisch von Ww. Görcke, Dortmund.

wendigen Medikamenten, Instrumenten, Verbandstoffen, Gliederschienen, sowie die nötigen wollenen Decken, Bürsten und dgl. Bei reichlicherer Ausstattung treten noch fahrbare eiserne Instrumententische (Fig. 146) und Flaschen- (Irrigator-) Ständer (Fig. 147), wie sie die Dortmunder Firmen Ww. Görcke und Piepenbring & Co. liefern, hinzu.

Ein Bild von einer gut eingerichteten Verbandstube und ihren Kosten giebt das nachstehende Inventarverzeichnis einer solchen auf einer grösseren westfälischen Schachtanlage. (Tab. 11 auf folgender Seite.)

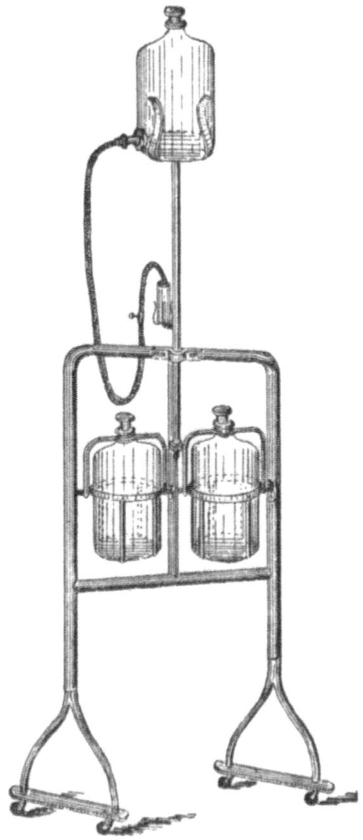

Fig. 147.

Flaschen- und Irrigatorständer von Ww. Görcke, Dortmund.

Als ein für manche Fälle wertvolles Hülfsmittel bei der ersten Behandlung Verunglückter ist hier die Sauerstoff-Einatmung zu erwähnen, welche auch im Ruhrbezirk neuerdings in Aufnahme gekommen ist und bereits mehrfach bei der Wiederbelebung von Leuten, die in Stickwettern bewusstlos geworden waren, gute Dienste gethan hat. Namentlich empfiehlt sich diese Behandlung gegenüber den schädlichen Folgen der Kohlenoxyd-Einatmung; der Sauerstoff ist hier, da das Kohlenoxyd für den menschlichen Organismus ein Gift ist, geradezu als »Gegengift« zu bezeichnen, wogegen bei Bewusstlosigkeit durch Einatmung von Kohlensäure oder Grubengas die künstliche Atmung der Sauerstoffbehandlung vorzuziehen ist.

Die unmittelbare Einatmung des Sauerstoffs aus den Stahlflaschen führt zwar auch zum Ziele und hat z. B. bei einem Brande in Niederschlesien*), wo man der Enge der Grubenräume wegen die Pneumatophoren zurückliess und nur die zu denselben gehörenden Sauerstoff-Flaschen mitnahm, gute Dienste geleistet. Da jedoch ein solches Verfahren immer nur ein unvollkommenes Aushilfsmittel ist, so sind neuerdings auf verschiedenen Zechen die für Deutschland von der Sauerstoff-Fabrik Berlin und von der Firma Drägerwerk, Lübeck, hergestellten vervollkommneten

*) Zeitschrift für das Berg-, Hütten- und Salinenwesen 1902. Band L, B, Seite 96.

Inventarverzeichnis einer Verbandstube. Tabelle 11.

Bezeichnung der Gegenstände	Stückzahl	Wert M.	Wert Pf.	Bezeichnung der Gegenstände	Stückzahl	Wert M.	Wert Pf.
Krankenwagen	1	350	—	Viereckige Eiterbecken	3	4	—
Krankentrage	2	8	—	Emaillierte Eiterbecken	2	1	—
Krankenkarre	1	12	—	Instrumentenkasten, enthaltend:	1	—	40
Krankendecken	5	15	—	Verbandscheren	4	4	—
Eimer	1	—	30	Kopersche Schere	4	5	—
Wagenschwamm	1	—	10	Unterbindungspincette	4	7	—
Fensterleder	2	—	50	Gewöhnliche Pincette	2	1	20
Elektrisierapparat	1	30	—	Hohlsonde	1	—	20
Operationstisch mit Matratze	1	20	—	Myrtenblattsonde	1	—	20
Gewöhnlicher Tisch	1	4	—	Rasiermesser	3	2	—
Waschtisch	1	2	—	Haarpinsel	2	—	10
Stühle	8	8	—	Trinkglas	1	—	10
Handtuchriegel	1	—	50	Irrigator mit Schlauch und Ansatzspitze	2	6	—
Kleiderriegel	1	—	30	Hakenpincette	2	—	50
Elektrische Lampen	5	10	—	Ansatzspitzen	2	—	30
Verbandschrank	1	10	—	Verbandschürzen	6	2	—
Verbandeimer	2	1	—	Hohlschiene für Vorderarme von Blech	1	2	—
Gestell zum Aufstellen der Eiterbecken	1	—	30	Hohlschiene fürs ganze Bein von Blech	1	3	50
Schiefertafel	1	—	10	Hohlschiene für Unterschenkel von Blech	1	1	50
Seifenkasten	2	1	—	Schiene aus Leder fürs ganze Bein	1	1	50
Bürstenkasten	2	1	—	Oberarmschien. a. Leder	2	1	20
Waschschwämme	2	—	30	Oberarmschien. a. Draht	2	—	50
Waschbecken	2	3	—	Drahtschiene fürs Bein	6	3	—
Haarbesen	1	—	50	Emaill. Waschbecken	1	2	—
Piassavabesen	1	—	20	Gewöhnl. mess. Pincette	—	—	—
Handfeger	1	—	10	Badewanne, emailliert	2	70	—
Wagenbürste	1	—	20	Operationsröcke	8	30	—
Schrubber	1	—	10	Spucknapf. Porzellan und emailliert	1	—	50
Matte	2	1	—	Kornzange	1	—	80
Abseifbürste	1	—	10	Bistouri	2	5	—
Bürste zur Antiseptik	4	—	80	Thermometer	1	2	—
Urinflasche von Glas	1	2	—	Badethermometer	1	1	—
Verbandkasten	2	1	—	Prawazsche Spritze	1	2	—
Grosse Glasflaschen	8	10	—	Wagenlaternen	2	4	50
Kleine Glasflaschen	10	2	—	Krankendecken	6	20	—
Einnehmeglas	1	10	—	Zinkbadewanne	1	30	—
Grosse viereckige Tücher	6	1	—				
Grosse dreieckige Tücher	3	—	50				
Hemden	5	2	—				
Schraubenaderpresse	1	5	—				
Nadelkissen	1	—	20	Summa	176	729	10

Einatmungsvorrichtungen beschafft worden, bei denen zwischen Sauerstoff-Flasche und Mundschlauch ein Ballon aus Kautschuk oder gummiertem Stoff eingeschaltet ist. Eine derartige Einrichtung nach Dr. Michaelis veranschaulichen die Figuren 148—150. An einen seitlichen Stutzen des Mundstücks der Sauerstoff-Flasche wird ein Schlauch angeschlossen und nach Oeffnung eines Quetschhahns der etwa 20 l fassende Gummisack gefüllt, wo-

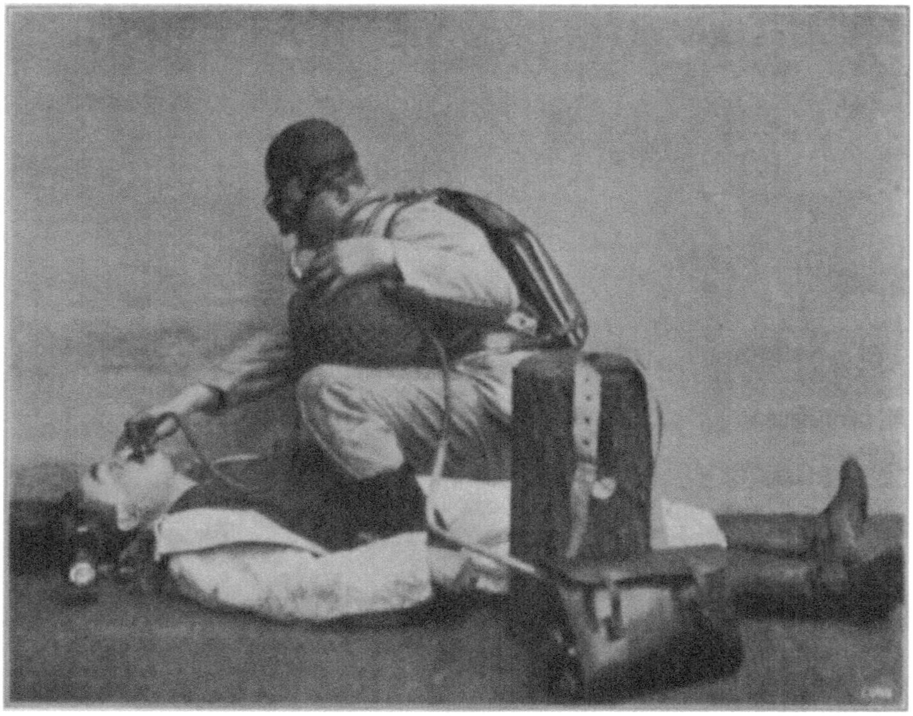

Fig. 148.

Apparat zur Wiederbelebung Verunglückter durch Einatmen von Sauerstoff. Zeche Shamrock.

rauf dessen Inhalt nach Schliessung des Quetschhahns und Oeffnung eines zweiten Hahnes eingeatmet wird. Die Atmung erfolgt entweder einfach durch die Nase (Fig. 148) oder mittels einer besonderen Maske (Fig. 149 und 150), welche mit breiten Bändern am Kopfe befestigt wird.

Eine etwas andere Einrichtung zeigt die neue Dräger-Michaelissche Einatmungsvorrichtung. Bei derselben ist an die Sauerstoff-Flasche zunächst das bei dem Giersberg-Drägerschen Apparate benutzte Reduzierventil mit Manometer angeschlossen. Mit diesem ist ein T-Stück verbunden, an dessen unterem Schenkel der Gummisack hängt, während an den obern der zur Maske führende Schlauch angeschlossen wird; in diesem oberen Anschluss ist ein Ventilchen angebracht, welches bei dem durch die Einatmung auf der Schlauchseite erzeugten Unterdruck sich öffnet und den Sauerstoff zum Munde treten lässt. Die Oeffnung des Reduzierventils

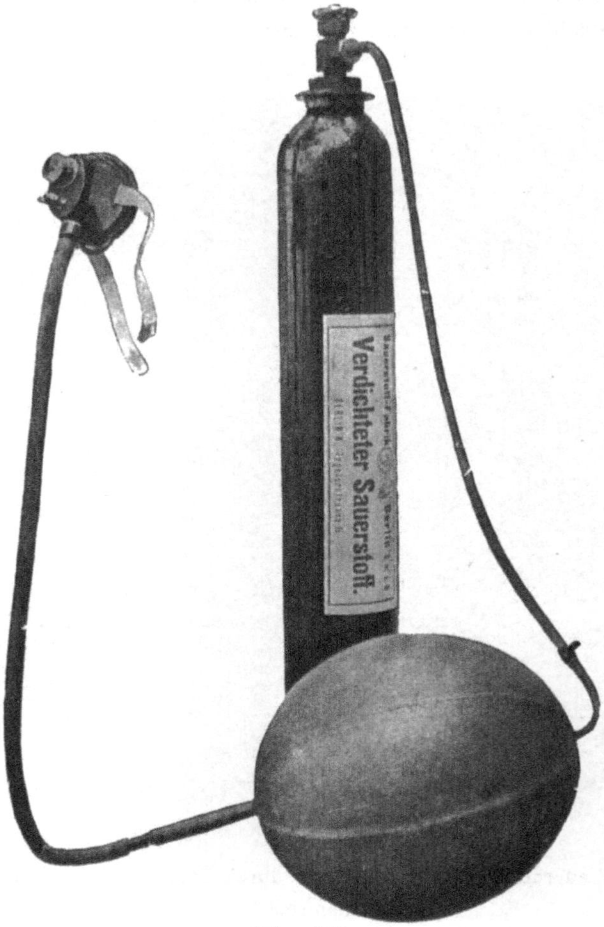

Fig. 149.

Vorrichtung zum Einatmen von Sauerstoff. Sauerstoff-Fabrik Berlin.

erfolgt in einfacher Weise mit Hülfe eines horizontal bewegten Stiftes, welcher durch eine mittels eines kleinen Handgriffs bewegte Exzenterscheibe zurückgeschoben wird. Die Maske (Fig. 151), aus vernickeltem Blech bestehend, wird mit Hülfe eines darüber gelegten Drahtringes und eines daran befestigten Gummibandes festgehalten und hat eine Ein- und eine Ausatmungsöffnung, welche letztere während der Einatmung durch ein kleines Glimmerplättchen p verschlossen gehalten wird.

Diese Einatmungsvorrichtungen werden zweckmässiger Weise in einem besonderen »Rettungskasten oder -Koffer« aufbewahrt (Fig. 150). In dem Drägerschen Kasten ist die Sauerstoff-Flasche am Deckel des Kastens durch Schellen befestigt. Im Gebrauchsfalle wird der Deckel einfach dachartig aufgeschlagen und durch eine Kniehebelstütze festgehalten, sodass der Kasten, ohne dass der Ballon herausgenommen zu werden braucht, sofort gebrauchsfertig ist.

Der Nutzen, den die Einrichtung einer Verbandstube bringt, kann erst dann zur vollen Geltung kommen, wenn auf der Zeche auch ein genügend geschultes Personal vorhanden ist, um bis zum Eintreffen des

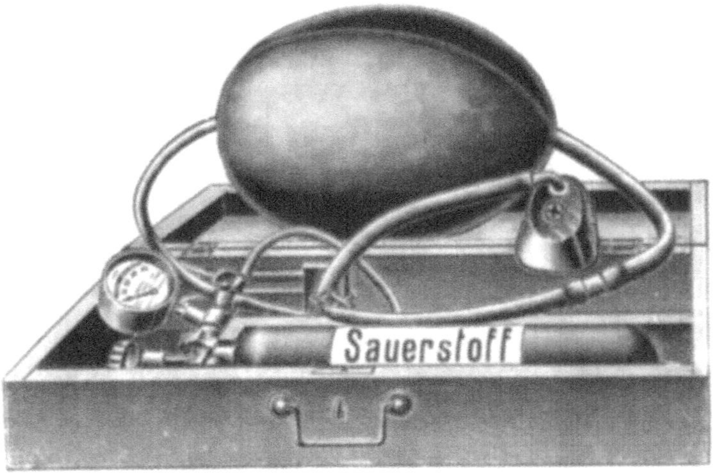

Fig. 150.
Rettungskasten der Sauerstoff-Fabrik Berlin.

Arztes oder vor der Ueberführung ins Krankenhaus dem Verletzten die erste Hülfe angedeihen lassen zu können. Diese Leute können dann auch schon beim ersten Transport in der Grube helfend eingreifen oder in solchen Fällen gute Dienste thun, wo es sich darum handelt, an Ort und Stelle Wiederbelebungsversuche bei Bewusstlosigkeit durch Einatmung schädlicher Gase oder durch einen elektrischen Schlag anzustellen. Daher verlangt folgerichtig die oben erwähnte neue Bergpolizeiverordnung, dass auf jeder selbständigen Schachtanlage mindestens zwei in dieser Hinsicht gründlich vorgebildete Personen vorhanden sind, von denen stets eine auf der Schachtanlage anwesend oder doch leicht erreichbar sein muss. Jedoch sind viele Zechenverwaltungen, namentlich die drei grossen Bergwerksgesellschaften, über dieses Mindestmass hinausgegangen und haben, dem Beispiele der Zeche Shamrock I/II folgend, eine besondere »Sanitäts-« oder »Samaritertruppe« ausgebildet. Eine solche besteht auf der genannten Schachtanlage seit 1893 und setzt sich aus 30—40 auf die einzelnen Schichten möglichst gleichmässig verteilten Freiwilligen zusammen, die von einem als Leiter der Truppe angestellten ehemaligen Oberlazarettgehilfen in regelmässigen Unterrichtsstunden an den Sonntagen unterwiesen werden und für den Besuch dieser Stunden eine Vergütung erhalten. Ausserdem sind, damit ein Verletzter nicht erst über Tage, sondern schon in der Grube in sachgemässe Behandlung genommen werden kann, mehrere zu-

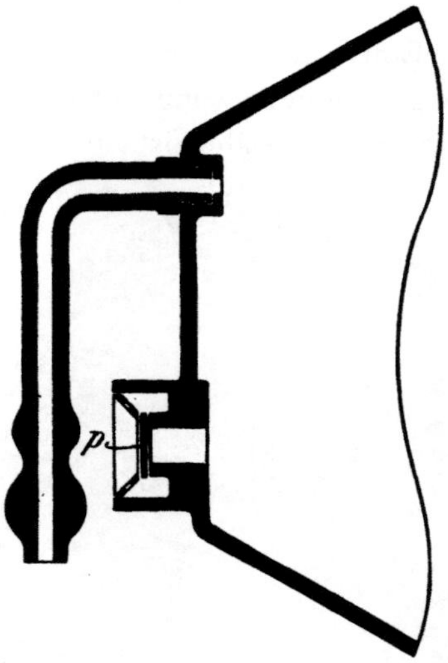

Fig 151.
Maske zum Einatmen von Sauerstoff.

verlässige Leute in jedem Steigerrevier — in der Regel Beamte und Aufseher, Schiess- und Spritzmeister — von dem Leiter der Sanitätsmannschaft in der ersten Hülfeleistung bei Unglücksfällen ausgebildet, sodass sie die ersten Verbände anlegen und bei Schwerverletzten den Transport in die Wege leiten und überwachen können. Die Truppe tritt bei jeder auch einer geringfügigen Verletzung in Thätigkeit; über die Art der Verletzungen und ihre Behandlung wird eine Eintragung in eine mit dem nachstehenden Kopfe versehene Liste gemacht.

Lfd. Nr.	Namen des Verletzten	Stand	Datum der Verletzung	Art der Verletzung	Ist die Verletzung schwer oder leicht	Ort der Verletzung
1	2	3	4	5	6	7

Auf den Zechen der Gelsenkirchener Bergwerks-Aktien-Gesellschaft werden auch einige Mannschaften der Feuerwehr im Samariterdienst ausgebildet. Ausserdem erhalten hier sämtliche Maschinenwärter und diejenigen Beamten und Arbeiter, welche mit elektrischen Starkstromanlagen und -Leitungen zu thun haben, Unterricht in der Wiederbelebung bewusstlos Gewordener.

Anhang.

Die Thätigkeit von Behörden und Korporationen bei der Bekämpfung des Grubenbrandes und im Rettungswesen.

Der zunehmenden Bedeutung, welche die Massregeln zur Verhütung und Bekämpfung von Grubenbränden und zur Rettung Verunglückter mit dem wachsenden Umfange der Grubenbaue und dem Vorrücken derselben in grössere Teufen gewonnen haben, entspricht die zunehmende Beteiligung der zuständigen Behörden und Korporationen des Ruhrkohlenbezirks an diesen Bestrebungen. Hervorzuheben ist hier die Thätigkeit des Königl. Oberbergamts zu Dortmund, des Vereins für die bergbaulichen Interessen, der Westfälischen Berggewerkschaftskasse, des Allgemeinen Knappschaftsvereins und der Sektion II der Knappschafts-Berufsgenossenschaft.

Das Königl. Oberbergamt hat sich in erster Linie in den von ihm erlassenen Bergpolizeiverordnungen mit diesen Gegenständen befasst. Es prägt sich in diesen Vorschriften, was zunächst die Bekämpfung der Brandgefahr anlangt, die geringe Bedeutung aus, welche früher im Ruhrkohlenbezirk den Grubenbränden — insbesondere den durch Selbstentzündung entstandenen — und ihren Folgen zukam, im Gegensatz zu verschiedenen anderen Bergwerksgebieten, für welche bereits frühzeitig diesbezügliche Vorschriften erlassen wurden. Zum Vergleich sei hier nur hingewiesen auf die Bergpolizeiverordnungen für den Steinkohlenbergbau im Oberbergamtsbezirk Clausthal und im Königreich

Ist in der Grube seitens einer geschulten Person Hülfe geleistet worden, welcher Art und durch wen?	Art des Transportes aus der Grube	Art der Behandlung in der Verbandstube	Transport aus der Verbandstube	Ueberwiesen nach	Behandelnder in der Verbandstube	Bemerkungen
8	9	10	11	12	13	14

Sachsen. Das Oberbergamt Clausthal verbot bereits in der Wetter-Polizeiverordnung vom 5. Juni 1869 (§§ 31—33) die Zuführung eines Wetterzuges zum alten Mann, wenn die Gefahr einer Selbstentzündung vorlag, sowie die Abdämmung und Oeffnung von Brandfeldern ohne Anwendung von Rettungsapparaten, während in den sächsischen Verordnungen von $\frac{1867}{1871}$ (Abschn. XI, §§ 58 und 59) Vorschriften über die Verhütung von Feuersgefahr beim Einhängen von Feuerkörben und bei unterirdischen Feuerungen aller Art, sowie über Abdämmungs- und Rettungsarbeiten gegeben wurden. Die Berg-Polizeiverordnung des Oberbergamts Dortmund vom 9. März 1863 dagegen, welche in den §§ 5 und 6 das Kesseln und den Betrieb von Wetteröfen unter Tage einschränkt, beschäftigt sich ebenso wie der für unterirdische Feuerungsanlagen die behördliche Genehmigung vorschreibende § 2 der Polizeiverordnung vom 12. Oktober 1887 nur insoweit mit derartigen Anlagen, als es die Rücksicht auf die Schlagwettergefahr notwendig macht.

Erst der § 3 der Polizeiverordnung vom 6. Oktober 1887 brachte die Bestimmung, dass an der Hängebank des einziehenden Schachtes stets Anordnungen zu treffen seien, welche beim Ausbruch eines Brandes die Fortpflanzung des Feuers und das Einziehen der Brandgase in den Schacht verhinderten, sowie dass Löschvorrichtungen vorzusehen seien. Diese Bestimmungen bilden in der neuen Berg-Polizeiverordnung über Betriebsanlagen vom 28. März 1902 den Grundstock eines besonderen Abschnitts »Grubenbrand« (§§ 110—115), in welchen noch mehrere andere Vorschriften aufgenommen worden sind, welche die Schutzmassnahmen gegen die Fortpflanzung von Tages- und Schacht-Bränden in die Grubenbaue näher umschreiben und besondere Grundsätze für den feuersicheren Ausbau und die feuersichere Einrichtung und Beleuchtung von Pferdeställen und Maschinenräumen unter Tage aufstellen. Ausserdem ist hier die Wetter-Polizeiverordnung vom 12. Dezember 1900 zu erwähnen, in welcher der älteren Bestimmung über die Verwendung des offenen Lichtes unter Tage, die nur auf die Schlagwettergefahr zugeschnitten war, im § 41, Abs. 1, ein Zusatz über die Beleuchtung durch offenes Licht in Maschinenräumen, Füllörtern und einziehenden Schächten angefügt worden ist, welcher die Feuersgefahr ausschliessen soll.

Besondere Aufmerksamkeit hat das Oberbergamt von vornherein der Anlage und Ueberwachung der Benzin-Lagerräume sowie der Füllung und Reinigung der Benzinlampen zugewendet. Die Benutzung der diesen Zwecken dienenden Anlagen wurde an eine besondere Betriebskonzession gebunden, die eine Reihe von Vorschriften enthielt, durch welche die Bauart der betreffenden Gebäude, deren Entfernung vom Schachte, ihre Heizung und Beleuchtung, die Ueberführung des Benzins aus den Lager- in die Füllgefässe, die Füllung und Reinigung der Lampen sowie das Verhalten der bei diesen Arbeiten beschäftigten Personen geregelt wurden. Diese Bestimmungen sind jetzt in die erwähnte neue Betriebs-Polizeiverordnung vom 28. März 1902 aufgenommen und mit Rücksicht auf die inzwischen gemachten Erfahrungen noch durch Anordnungen über die Trennung der Arbeiten zum Füllen von denjenigen zur Reinigung und Instandhaltung der Lampen und über die Beseitigung verbrauchter Putzstoffe und Zündstreifen vervollständigt worden (§§ 116—125).

Zu erwähnen ist noch die u. a. auch für Schachtbrände wichtige Aufhebung des Einschachtsystems durch die Berg-Polizeiverordnung vom 1. Oktober 1881 sowie die dem § 3 der Polizeiverordnung vom 12. Oktober 1887 entsprechende Bestimmung des § 8 der neuen Wetter-Polizeiverordnung, welche sich auf die Zurückziehung der Belegschaft aus den Bauen bei Gefährdung durch unatembare Gase bezieht und für den Fall eines Grubenbrandes wichtig ist.

Vorschriften aber, welche unmittelbar und ausdrücklich sich auf Grubenbrände beziehen, die durch Selbstentzündung entstanden sind, werden bezeichnenderweise auch in den neuen Polizeiverordnungen nicht gegeben.

Als der jüngsten Zeit angehörig sind hier ferner die auf das Rettungswesen bezüglichen Vorschriften des Oberbergamts zu nennen.

Die Erwägung, dass nach Explosionen oder bei Grubenbränden ein Teil der Leute auf der Flucht infolge der mangelhaften Kenntnis des zweckmässigen Fluchtweges umkommen kann und dass diese Gefahr mit der erheblich gewachsenen Ausdehnung der Grubengebäude einerseits und dem gerade im Ruhrkohlenbezirk so starken Wechsel der Belegschaft andererseits in der letzten Zeit erheblich grösser geworden ist, hat das Oberbergamt dazu veranlasst, in die Wetter-Polizeiverordnung vom Jahre 1900 (§ 50) Bestimmungen über die deutliche Bezeichnung wichtiger Stellen in der Grube, nämlich des Fusses der Bremsberge und der Kreuzungsstellen von Querschlägen und Flötzstrecken, sowie über die Kennzeichnung des Fluchtweges nach dem nächsten Schachte oder Notausgange aufzunehmen.

Die sonstigen, den Rettungsdienst betreffenden Vorschriften sind niedergelegt in den bereits oben angeführten Bestimmungen betr. die erste Hülfeleistung bei Unglücksfällen (Abschnitt V, §§ 11—16 der Bergpolizeiverordnung vom 12. März 1900 betr. Massregeln zum Schutze der Gesundheit der Bergleute, sowie zur ersten Hülfeleistung bei Unfällen), auf welche an dieser Stelle nur noch kurz hingewiesen zu werden braucht.

Das Oberbergamt hat sich noch nicht dazu entschliessen können, nach dem Beispiel der Berghauptmannschaft Wien bestimmte Vorschriften über die Beschaffung von Rettungsapparaten einerseits und über das Verhalten der Betriebsleitungen nach einem grösseren Grubenunglück andererseits zu erlassen*). Allerdings war in dem Entwurf der Wetter-Polizeiverordnung eine Bestimmung vorgesehen, welche den Zechenverwaltungen die Beschaffung von Rettungsapparaten bewährter Konstruktion in der Anzahl von 1 % der unterirdischen Belegschaft der Hauptschicht und die Ausbildung einer Rettungstruppe in einer Stärke von mindestens der doppelten Anzahl wie die der Apparate zur Pflicht machte; auch sollte eine Vorschrift des Inhalts aufgenommen werden, dass die Betriebsleitungen allgemeine Anordnungen über das Verhalten der Arbeiter und Beamten nach grösseren Explosionen oder Grubenbränden erlassen sollten. Jedoch ist von der Aufnahme derartiger Vorschriften in die Polizeiverordnungen einstweilen Abstand genommen worden. Was nämlich die Rettungsapparate betraf, so war bei dem derzeitigen Stande des Rettungswesens noch nicht zu entscheiden, welche Apparate als »bewährt« anzusehen seien, und da die Erfinder-Tätigkeit auf diesem Gebiete noch in vollem Fluss begriffen war, so wäre es nicht zweckmässig gewesen, durch frühzeitige Festlegung eines bestimmten Apparates die lebhaften Verbesserungsbestrebungen zu hemmen; andererseits lag die Befürchtung nahe, dass auf sehr vielen Gruben wegen der seltenen Anwendung der Apparate die Sorge für die Instandhaltung derselben und für die Ausbildung der Rettungsmannschaften bald erlahmen könnte, während doch auf der anderen Seite der Besitz der Apparate die Beamten in ein bedenkliches, weil nur zum Teil berechtigtes Sicherheitsgefühl hätte einwiegen können.

Bezüglich der nach Massenunglücken zu treffenden Massnahmen ist zu bemerken, dass eine Zusammenstellung derselben für die Betriebsleiter und die ihnen nachgeordneten Beamten ausser in der oben genannten österreichischen Verordnung auch in England, und zwar durch W. E. Garforth im Jahre 1897, gegeben worden ist. Jedoch hat das Oberbergamt Dortmund es nicht für zweckmässig gehalten, diesem Beispiele zu folgen, weil der Durchführung einer darauf abzielenden Polizeivorschrift verschiedene Schwierigkeiten entgegenstehen: derartige Vorschriften müssten entweder auf ganz bestimmte Fälle zugeschnitten oder aber, um all den verschiedenartigen denkbaren Möglichkeiten Rechnung zu tragen, so allgemein gehalten werden, dass sie nur noch wenig Wert haben würden; auch zeigt das Beispiel Garforths, welcher zu nicht weniger als 42 Regeln gelangt, dass das Verzeichnis geeigneter Massnahmen zu weitläufig und unübersichtlich wird, sobald man über die ganz allgemeinen Hauptregeln hinausgeht. Es ist daher für richtiger erachtet worden, bis auf weiteres in solchen Fällen der Umsicht und Geistesgegenwart der Betriebsbeamten zu vertrauen.

---

*) Vgl. die österreichische Verordnung für Ostrau-Karwin, vom 6. April 1897 (Zeitschr. f. Bergrecht 1898, S. 136 ff.).

Die gegen Ende des vorigen Jahrhunderts sich immer mehr zuspitzende Frage der Herstellung und Einführung brauchbarer Rettungsapparate und die lebhafte Erfinderthätigkeit auf diesem Gebiete haben das Oberbergamt dazu veranlasst, im Jahre 1901 eine aus Mitgliedern des Kollegiums und aus Vertretern des Vereins für die bergbaulichen Interessen gebildete Kommission einzusetzen, welche sich mit der näheren Prüfung dieser Angelegenheit befassen sollte. Dieselbe hielt zunächst eine Konferenz ab, in welcher die Vorzüge und Schattenseiten der im letzten Jahrzehnt hauptsächlich verwendeten Apparate von Coordts-von Bremen, Stolz, v. Walcher-Gaertner und seiner Verbesserung, der »Shamrock-Type«, sowie des damals neuen Pneumatophors von Mayer-Pilar erörtert wurden. Im Anschluss daran wurde eine Prüfung verschiedener neuerer Apparate im Uebungsraum der Zeche Zollern vorgenommen. Zu einem bestimmten Ergebnis haben jedoch die Arbeiten der Kommission bisher noch nicht geführt.

Der Verein für die bergbaulichen Interessen im Oberbergamtsbezirk Dortmund veranlasste bereits im Jahre 1871 die Beschaffung eines Niederdruckapparates von Rouquayrol—Denayrouze, welcher damals durch seinen Erfolg auf der Pariser Weltausstellung grosses Aufsehen erregt hatte, durch die Westfälische Berggewerkschaftskasse. Mit diesem Apparate wurden die oben (S. 130) erwähnten Versuche auf den Zechen Carolinenglück und Präsident angestellt. Da dieselben günstig ausfielen, wurde Ende 1873 auf Beschluss des Bergbauvereins und der Berggewerkschaftskasse ein Hochdruckapparat derselben Erfinder beschafft, der für den Rettungsdienst auf den Zechen des Bezirks, in ähnlicher Weise wie die Taucher-Ausrüstungen der Bochumer Bergschule, gegen eine bestimmte Gebühr ausgeliehen werden sollte, — ein Verfahren, das mit Rücksicht auf die hohen Kosten derartiger Apparate und auf deren seltene Inanspruchnahme als das zweckmässigste erschien. In dieser Weise wurde der Apparat — jedoch nicht als Hochdruck-, sondern als Niederdruck-Apparat — auf einer Reihe von Zechen bei Abdämmungsarbeiten an der oberen Grenze von Brandfeldern benutzt. Uebrigens wurden vereinzelt zu diesen Arbeiten auch gewöhnliche Taucher-Ausrüstungen ausgeliehen, und zwar arbeitete mit den Apparaten der berggewerkschaftliche Tauchermeister, welcher Posten im Jahre 1873 geschaffen worden war und dessen Unterhaltungskosten ebenso wie diejenigen der Taucherei-Einrichtungen bis Ende 1878 von dem bergbaulichen Verein in Gemeinschaft mit der Berggewerkschaftskasse, von da ab von der letzteren allein getragen wurden.

Der Rouquayrolsche Apparat bildete den Grundstock eines Rettungslagers, in welches später auch der Loebsche Apparat, die Stolzsche Rauchmaske, die von Bremenschen Saug- und Druckschlauchapparate und die verschiedenen Entwickelungsstufen des Pneumatophors aufgenommen wurden.

Eine andere Seite der Thätigkeit der Berggewerkschaftskasse auf diesem Gebiete ist die Ausbildung von Schülern der Bochumer Bergschule im Rettungsdienst und in der ersten Hülfeleistung bei Unglücksfällen. Zu den erstgenannten Uebungen wurden die im Laufe der Zeit beschafften verschiedenartigen Rettungsapparate benutzt. Die Uebungen werden durch den Tauchermeister geleitet und fanden zuerst auf der berggewerkschaftlichen Versuchsstrecke in Schalke, später in einem besonderen Raume an der Bergschule statt, welcher, wie die auf einer Anzahl von Zechen eingerichteten Uebungskammern, durch Verbrennung von Lumpen u. dgl. mit stickenden Gasen gefüllt wird. Die Leute werden in diesem Raume jetzt mit den im Ernstfalle zu erwartenden bergmännischen Arbeiten beschäftigt; ausserdem ist die bereits (S. 176) erwähnte einfache Vorrichtung vorhanden, welche die Messung der geleisteten Arbeit in Meterkilogramm gestattet. Auf diese Weise werden dem rheinisch-westfälischen Bergbau alljährlich eine Anzahl von Beamten zugeführt, welche nicht nur mit den verschiedenen Rettungsapparaten selbst vertraut sind, sondern sich auch über deren Wert und Verwendungsgebiet ein Urteil haben bilden können.

In der ersten Hülfeleistung bei Unglücksfällen sind bereits seit dem Jahre 1876 wiederholt eine Anzahl von Bergschülern durch verschiedene Bochumer Aerzte unterwiesen worden; jedoch wurde erst seit 1890 diese Ausbildung ein regelrechter Bestandteil des Schulunterrichts. Seit dieser Zeit wurde die Unterweisung anfangs durch den Leiter des Krankenhauses »Bergmannsheil«, später nach dessen Weisungen durch Assistenzärzte dieser Krankenanstalt erteilt, und zwar zuerst in den Räumen der letzteren, später an der Bergschule unter Zuhülfenahme geeigneter Modelle und sonstiger, zu diesem Zwecke beschaffter Lehrmittel. Die Teilnahme an dem Unterrichte war zuerst freiwillig, weshalb derselbe in Nebenstunden erteilt wurde; er ist aber seit 1900 mit Rücksicht auf die immer mehr gestiegene Wichtigkeit dieses Ausbildungszweiges, sowie auch wegen der oben mehrfach angezogenen Berg-Polizeiverordnung betr. Massregeln zum Schutze der Gesundheit usw., in der Weise geregelt, dass er im letzten Vierteljahr eines jeden Kursus in einer planmässigen Doppelstunde erteilt wird. Demgemäss stieg die Zahl der Ausgebildeten von 91—131 jährlich auf 386 bezw. 308 in den letzten zwei Jahren.

Die Thätigkeit des Allgemeinen Knappschaftsvereins zu Bochum auf dem in Rede stehenden Gebiete hat erst in den letzten Jahren eingesetzt. Der Verein hat das Oberbergamt Dortmund bei Erlass und Durchführung der mehrfach genannten Polizeiverordnung von 1900 verschiedentlich unterstützt. Schon vor der Veröffentlichung dieser Verordnung hat er im Jahre 1895 ein Rundschreiben an die Vereinsmitglieder bezüglich der bereits damals auf manchen Schachtanlagen vorhandenen Verbandstuben ergehen lassen, Ratschläge hinsichtlich derselben gegeben und empfohlen, für jede Schachtanlage mindestens zwei Mann durch die Knappschaftsärzte als Heilgehülfen ausbilden zu lassen. Der späteren Anregung, die Kosten für diese Verbandstuben auf die Knappschaftskasse zu übernehmen, ist allerdings nicht stattgegeben worden. Nachdem die genannte Polizeiverordnung ergangen war, wurde im Mai 1900 auf einer Konferenz, die vom Oberbergamt Dortmund, vom Allgemeinen Knappschaftsverein und von der Sektion II der Knappschafts-Berufsgenossenschaft beschickt war, beschlossen, die Knappschaftsärzte bei der Durchführung der Polizeiverordnung, namentlich des Abschnitts V (erste Hülfe bei Unfällen) zuzuziehen, und zwar sollte das in der Weise geschehen, dass jährlich zwei Revisionen der Verbandstuben durch Knappschaftsärzte vorgenommen und die Berichte darüber nebst den Randbemerkungen des Knappschafts-Oberarztes dem Oberbergamt eingereicht werden sollten. Später veranlasste das Oberbergamt noch die Zuziehung des zuständigen Bergrevierbeamten zu mindestens einer Revision, wodurch ein erspriessliches Zusammenarbeiten der privaten und der staatlichen Aufsicht herbeigeführt ist.

Ausserdem hat der Allgemeine Knappschaftsverein den Zechenverwaltungen verschiedene Erläuterungen zur Polizeiverordnung und Ratschläge betreffs der Beschaffung der darin geforderten Verbandstoffe und -Geräte gegeben und so die Stellung eines Vermittlers zwischen der Bergbehörde und den Bergbautreibenden eingenommen.

Die Sektion II der Knappschafts-Berufsgenossenschaft ist verschiedene Male in der Angelegenheit der Verbandstuben Hand in Hand mit dem Allgemeinen Knappschaftsverein gegangen und hat weiterhin, veranlasst durch den § 11 der mehrfach angezogenen Polizeiverordnung, im Krankenhause »Bergmannsheil« Kurse zur Ausbildung von Heilgehilfen für die Zechen veranlasst. Auf diese Weise sind ausgebildet worden

im Jahre 1900	in 8 Kursen	191
» » 1901	» 4 »	109
» » 1902	» 4 »	97

von den Zechenverwaltungen als geeignet bezeichnete Leute.

Den mehrfachen Anregungen des Reichsversicherungsamtes gegenüber, besondere Unfallverhütungsvorschriften auf Grund des § 78 des Unfallversicherungsgesetzes von 1884 bezw. des § 112 des Gewerbe-Unfallversicherungsgesetzes von 1900 zu erlassen, hat der Vorstand der Sektion II bisher sich ablehnend verhalten und zur Begründung seiner

Auffassung geltend gemacht, dass die Bergpolizeivorschriften vollkommen ausreichen, dass dieselben neuerdings stets zunächst allen beteiligten Kreisen im Entwurf vorgelegt werden — was ja bei den Berufsgenossenschaften schon nach § 81 des Unfallversicherungsgesetzes von 1884 bezw. § 117 des Gewerbe-Unfallversicherungsgesetzes notwendig ist —, dass die Durchführung dieser Vorschriften von einer s. E. vollständig ausreichenden Anzahl sachverständiger Beamten überwacht werde und dass der Erlass besonderer Vorschriften seitens der Sektion II auch die Anstellung besonderer Hülfskräfte neben den Bergaufsichtsbeamten bedingen und damit nicht nur eine unnötige Belästigung der Zechenverwaltungen herbeiführen, sondern auch zu unliebsamen Verwicklungen mit der Bergbehörde Gelegenheit geben würde.

Beleuchtung.

Einleitung.

Das beste Schutzmittel gegen die Gefahr der Explosion schlagender Wetter ist bekanntlich eine gute Bewetterung. Die Sicherheitslampe ist dagegen in erster Linie Beleuchtungsmittel, in zweiter Linie soll sie in ihrer Eigenschaft als das geeignetste Werkzeug zur Erkennung der schlagenden Wetter den Massstab für den Grad der Wetterbedürftigkeit der einzelnen Arbeitspunkte abgeben.

Erst wenn die Wetterführung versagt, wenn eine ausreichende Verdünnung des Grubengases nicht durchgeführt wird oder werden kann, fällt der Wetterlampe die Aufgabe der Sicherung zu.

Die hohe Bedeutung, welche der Beleuchtungsfrage im allgemeinen und der Sicherheitslampe im besonderen zuerkannt werden muss, wird in unzweideutiger Weise durch die Statistik der Schlagwetterexplosionen bestätigt. In dem 6 jährigen Zeitraum von 1894 bis 1899 einschliesslich haben sich im Oberbergamtsbezirk Dortmund 292 Schlagwetterexplosionen ereignet, von denen im ganzen 210 oder 71,9 % ihren Ausgang von der Lampenflamme genommen haben. 22 Explosionen oder 7,5 % waren auf den Nichtgebrauch der Sicherheitslampe zurückzuführen, während 188 Fälle oder 64,4 % ihre Entstehung in der Sicherheitslampe, in ihrer Beschaffenheit und Behandlung gefunden haben.

Diese Zahlen beweisen, dass eine Verminderung der Schlagwettergefahr ausser durch eine gute Wetterführung durch kein Mittel wirksamer herbeigeführt werden kann, als durch eine zweckmässige Konstruktion und eine sorgsame Behandlung der Sicherheitslampe.

1. Kapitel: Geschichtliches.

Von Berginspektor Fähndrich.

I. Entwickelung und Verbreitung der einzelnen Lampensysteme im Ruhrbezirk.

Über die Geschichte der Grubenbeleuchtung im rheinisch-westfälischen Steinkohlenbergbau finden sich in der älteren Litteratur nur sehr vereinzelte und wenig ausführliche Angaben. Erst die Berichte der Preussischen Schlagwetterkommission enthalten, ohne auf die Vergangenheit eingehend zurückzugreifen, ausführliche Einzelheiten über den Zustand des Sicherheitslampenwesens zur Zeit ihrer Tagung, also in der ersten Hälfte der 80er Jahre des vorigen Jahrhunderts.

Das zuerst in hiesiger Gegend bei den bergmännischen Arbeiten benutzte Geleuchte ist nach Husmann*) wahrscheinlich Talgkerzenlicht gewesen; denn auf einer der ältesten Zechen unseres Bezirks, der Zeche Hagenbeck, hat man vor einigen Jahrzehnten uralte Baue aufgeschlossen und in denselben Talgkerzenstümpfe gefunden, die, nachdem sie wohl Jahrhunderte lang im Schosse der Erde geruht hatten, angezündet weiter brannten.

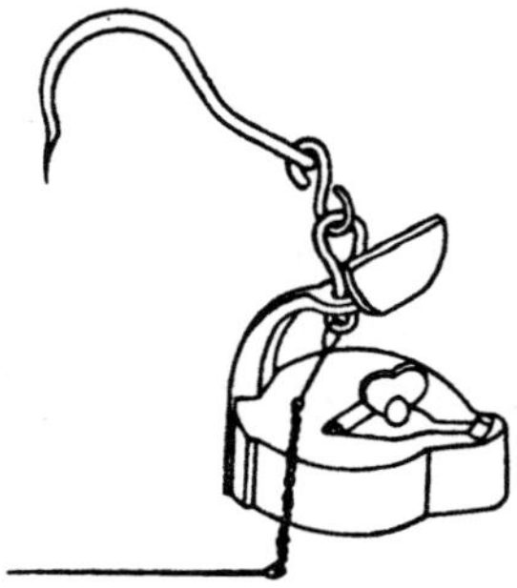

Fig. 152.

Alte westfälische offene Grubenlampe.

Später kam dann die mit Rüböl gespeiste offene Grubenlampe in Gebrauch, die jeder Bergmann sich selbst zu beschaffen und für deren Füllung und Instandhaltung er selbst zu sorgen hatte. Es ist auffallend, dass diese Lampe, welche heute noch bei Schachtreparaturen fast allgemein benutzt wird, und deren gebräuchlichste Konstruktion die nebenstehende Figur 152 veranschaulicht, sich so viele Jahre lang in ihrer ursprünglichen Form erhalten hat. In alten Bauen an der Ruhr gefundene Lampen zeigen fast genau dieselbe Form und dieselben Dimensionen wie die heutigen Lampen.

Erst neuerdings**) hat man die Leuchtkraft dieser Lampe, die von der Preussischen Schlagwetterkommission zu 1,40 N.-K. bestimmt wurde, dadurch

*) Vergl. Husmann, Das Beleuchtungswesen im Steinkohlenbergbau. Bergbau 1901, No. 31.

**) Glückauf 1898: Verbesserungen an offenen Grubenlampen.

zu vergrössern gesucht, dass man sie mit Luftzuführung in den innern Flammenkegel versah. Durch den Ölbehälter hindurch ist ein Röhrchen geführt, das mit seinem oberen Ende den inneren Teil des Brenners bildet, um welchen sich ringförmig der Docht legt, sodass die Verbrennungsluft wie bei einer Petroleumlampe auch dem Innern der Flamme zugeführt wird. Diese Lampen, von der Fabrik Karl vom Hofe in Lüdenscheid angefertigt und erfunden von dem Bergingenieur Ark, geben ein helleres Licht bei geringerer Russbildung, weil infolge der Luftzuführung von innen die Verbrennung eine vollkommenere ist. Der einzige Übelstand, der darin besteht, dass sich der Docht schwer regulieren lässt, ist der Einführung dieser Lampe leider sehr hinderlich gewesen.

Die offene Grubenlampe hat noch lange Zeit nach der denkwürdigen Erfindung der Drahtnetzlampe durch Davy*) im Jahre 1815 ihre ausschliessliche Herrschaft in Rheinland und Westfalen behauptet. Man begnügte sich nach wie vor damit, auf den schlagwetterreichen Flötzen nur einen beschränkten Betrieb zu führen und gefährliche Gasansammlungen durch periodisches Anzünden oder durch fortdauernde Unterhaltung einer sogenannten »ewigen Lampe« zu beseitigen.

Erst in den vierziger Jahren des vorigen Jahrhunderts sollen von dem Königlichen Bergmeister Herold in Bochum die ersten Sicherheitslampen aus England eingeführt worden sein. Es waren dies anscheinend die gewöhnliche Davylampe in der Form (Fig. 159 auf S. 226), wie sie später in Westfalen noch häufig zum Abprobieren auf schlagende Wetter angewandt wurde, und die an die Davylampe sich unmittelbar anschliessenden Konstruktionen der Boty- und Clannylampe (Fig. 156 und 157 auf S. 224 u. 225.)

Herold selbst konstruierte dann nach dem Vorbild der Botylampe eine Ölsicherheitslampe, die in Bochum hergestellt wurde und sehr bald eine für die damaligen Verhältnisse ausgedehnte Verwendung fand. Sie ist demnach die erste westfälische Sicherheitslampe, die nicht nur zum Abprobieren auf Schlagwetter, sondern auch als Arbeitslampe gebraucht wurde und deren Form für alle späteren Lampenkonstruktionen vorbildlich geworden ist.

Von der heute noch vielfach in Anwendung stehenden Ölsicherheitslampe unterscheidet sich die Heroldsche Lampe nur dadurch, dass sie weder Verschluss noch Zündvorrichtung besass und dass sie für den Eintritt der Verbrennungsluft von unten unterhalb des Glascylinders mit einer Reihe etwa 5 mm weiter Öffnungen versehen war, die zur Verhütung des Durchschlagens mit einem horizontalen Drahtnetze bedeckt wurden. Über dem horizontalen Drahtnetz befand sich ein kegelförmiges Messing-

*) Die Priorität der Erfindung ist in England streitig zwischen Sir H. Davy, Dr. Reid Clanny und George Stephenson. (Revue universelle des mines etc. I. Vol. 1877. S. 125.)

blech, welches als Reflektor diente und gleichzeitig den Zweck hatte, die Luft der Dochtflamme zuzuführen.

In Bezug auf mechanische Ausführung genügte die Heroldsche Lampe den weitgehendsten Ansprüchen ebenso, wie sie den Erfordernissen der Sicherheit in ausreichendem Masse Rechnung trug. Es ist deshalb zu bedauern, dass die Heroldsche Lampe so bald wieder verschwand und durch andere Lampenkonstruktionen ersetzt wurde, die ihr in vielen Beziehungen

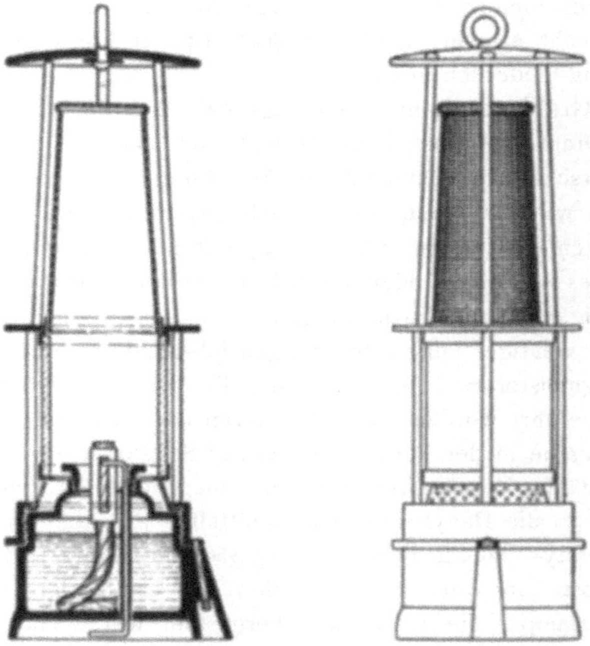

a *Fig. 153.**) b

Westfälische Wetterlampe.

nachstanden. Unter ihnen ist besonders die sogenannte Westfälische Wetterlampe (Fig. 153 a u. b) zu erwähnen, die in der Mitte der 50er Jahre auftauchte und auf einer grossen Anzahl von Gruben eingeführt wurde. Die Luftzuführung erfolgte bei ihr ebenfalls von unten und zwar vermittelst eines sogenannten Siebringes, welcher den Glascylinder trug und einfasste. Während aber Herold seine untere Luftzuführung durch Drahtnetze geschützt hatte, war bei der Westfälischen Lampe der leitende Grundsatz der Sicherheitslampe verlassen worden, wonach nur bei einem bestimmten

*) Diese und die nächstfolgenden Abbildungen von Wetterlampen sind entnommen aus dem Atlas zum Hauptbericht der Preussischen Schlagwetterkommission.

Verhältnis zwischen Öffnungsdurchmesser und Metallstärke ein Durchschlagen der Flamme verhütet wird. Die ersten Versuche der im Jahre 1881 ins Leben gerufenen Preussischen Schlagwetterkommission bewiesen die grosse Durchschlagsfähigkeit der Siebringlampe. Da die Versuche ferner ergaben, dass das Durchschlagen sofort aufhörte, wenn über dem Siebring ein horizontales Drahtnetz (Fig. 154) eingeschaltet wurde, so ist auf allen westfälischen Gruben die Anwendung des Siebringes ausgeschlossen und

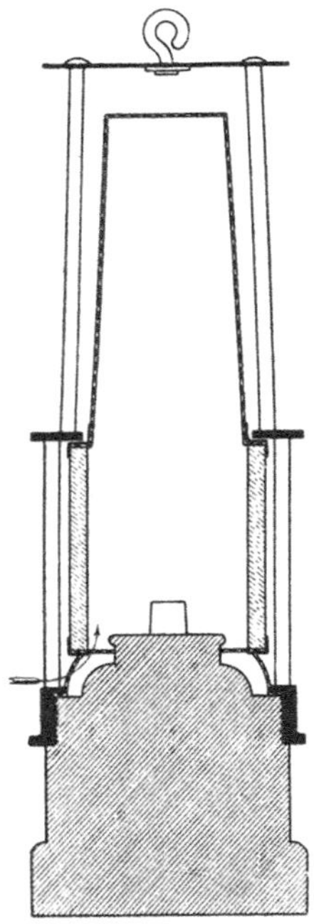

Fig. 154.

Westfälische Lampe mit geschütztem Siebring.

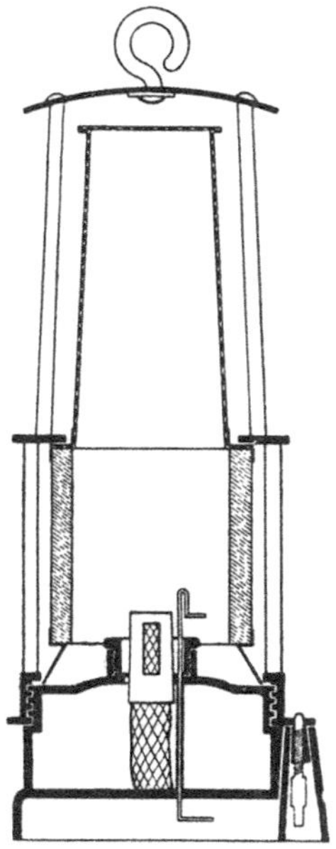

Fig. 155.

Westfälische Lampe mit geschlossenem Ring.

statt dessen ein nicht durchlöcherter Ring angebracht worden, sodass nunmehr die Lampe in ihrer abgeänderten Form (Fig. 155) der Botylampe ähnlich geworden ist.

In der Zeit von Mitte der 50er bis Ende der 80er Jahre sind nach den Mitteilungen der Preussischen Schlagwetterkommission ausser der Westfälischen Lampe mit und ohne Siebring noch folgende Lampenkonstruktionen zur Einführung gelangt:

1. Die Saarbrücker Lampe (Fig. 156a u. b). Sie ist mit der Botylampe identisch und stellt die einfachste, der Davylampe direkt sich

anschliessende, nur durch Hinzufügung des Glascylinders von ihr verschiedene Lampenform dar. Der Drahtkorb hatte an seinem unteren Ende gleichen Durchmesser mit dem Glascylinder und verjüngte sich leicht konisch nach oben (um 6 mm). Er war aus Eisendrahtgewebe hergestellt und besass an seinem oberen Teil eine mit Drahtgeflecht unterlegte Schutzkappe von Kupferblech, die mit einer entsprechenden Anzahl feiner runder Löcher versehen war. Die Luftzuführung wurde ausschliesslich durch den Drahtkorb vermittelt.

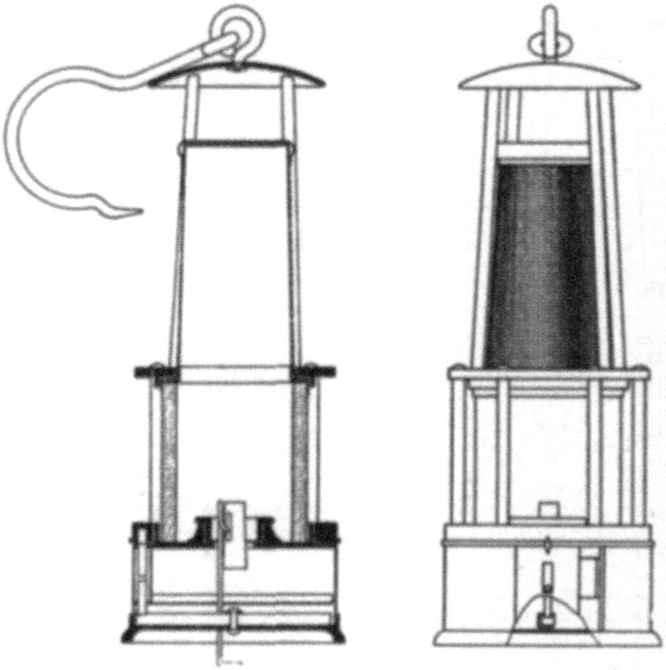

a b

Fig. 156.

Saarbrücker Lampe (Botylampe).

2. Die aus England eingeführte Clannylampe (Fig. 157) stand auf einer beschränkten Anzahl meist von englischen Unternehmern betriebener Gruben in Anwendung. Sie unterschied sich von der Saarbrücker Lampe dadurch, dass der Drahtkorb an seinem unteren Ende einen um 7—8 mm geringeren Durchmesser besass, als der Glascylinder und keine konische, sondern eine cylindrische Form hatte. Ausserdem hatte die Clannylampe allgemein die Einrichtung, dass Glascylinder und Drahtkorb durch einen horizontalen Schraubenschlussring einmal unter sich und sodann mit dem oberen Lampengestell fest verbunden waren, eine Verbindung, welche beim

Losschrauben des Oeltopfes nicht wie bei der Mehrzahl der übrigen Lampen aufgehoben wird, sondern bestehen bleibt und eine Gewähr für den festen Zusammenschluss der einzelnen Lampenteile bietet. Diese Einrichtung, soweit sie sich auf die Verbindung von Glascylinder und Drahtkorb mit dem Obergestell bezieht, findet sich heute noch bei einigen von der Firma Grümer & Grimberg in Bochum hergestellten Oellampen. Der obere Teil des cylindrischen Drahtkorbes der Clannylampe war durch

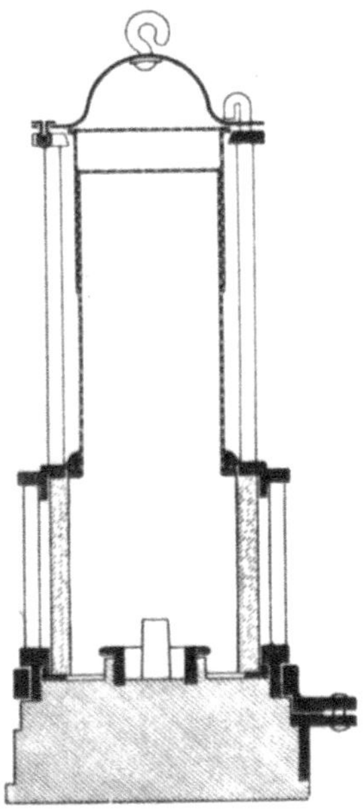

Fig. 157.

Clannylampe.

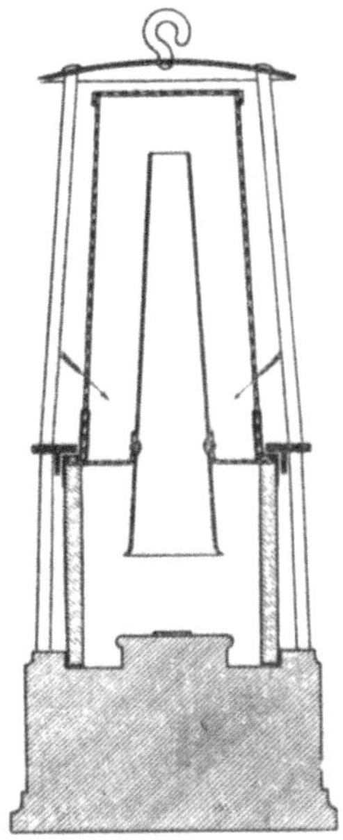

Fig. 158.

Müselerlampe.

eine etwas weitere Kappe aus Drahtnetz auf eine Höhe von 20 bis 35 mm geschützt. Die Luftzuführung erfolgte wie bei der Saarbrücker Lampe von oben her durch das Drahtnetz.

3. Die Müselerlampe (Fig. 158), bei welcher die Luft-Zu- und Abführung durch Einschaltung eines senkrechten, konischen Kamins aus Eisenblech und ein an der Oberkante des Glascylinders eingelegtes horizontales Drahtnetz (Diaphragma) geregelt wurde, stand nur auf wenigen meist im Besitz belgischer Gesellschaften befindlichen Zechen in Gebrauch, und zwar in einer Abänderung, welche nicht unwesentlich von der belgischen Normallampe abwich. Glascylinder und Drahtkorbweite stimmten bei beiden annähernd überein, dagegen hatte die westfälische Müselerlampe einen um 18 mm niedrigeren Drahtkorb und einen um 47 mm niedrigeren

Kamin als die belgische Lampe. Der belgische Kamin war ausserdem oben enger und ragte unterhalb des Diaphragmas etwas weiter in den Glascylinder hinein.

4. Die einfache Davylampe fand sich in Westfalen in zwei Abänderungen vor: zunächst in der Form (Fig. 159), wie sie in einzelnen Fällen zum Abprobieren auf schlagende Wetter angewandt wurde, sodann in der Konstruktion (Fig. 160), welche auf den Gruben Laura und Preussische Clus des Bergreviers Osnabrück auch bei der Arbeit verwendet wurde.

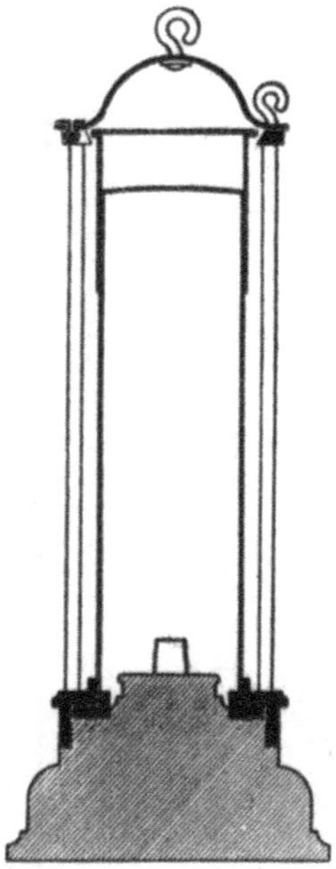

Fig. 159.
Davylampe (zum Abprobieren).

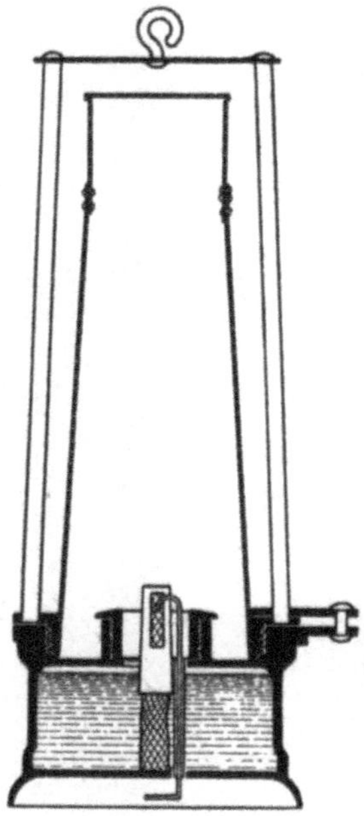

Fig. 160.
Davylampe (Arbeitslampe).

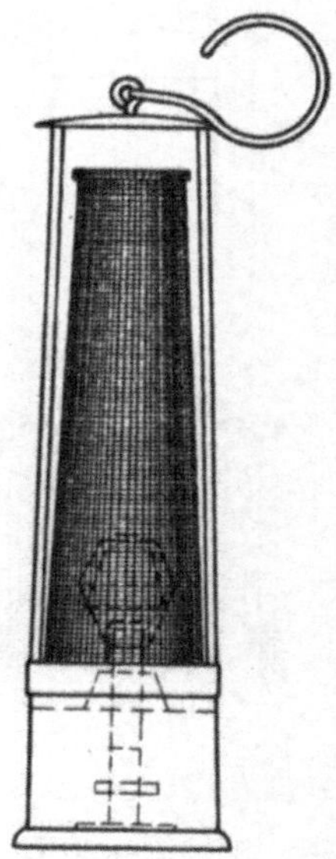

Fig. 161.
Pielerlampe.

5. Die vom Bergmeister Pieler behufs Erkennung von geringen Prozentsätzen schlagender Wetter konstruierte Lampe (Fig. 161), ist zu regelmässigen Untersuchungen bisher nur auf wenigen Gruben Westfalens in Anwendung gekommen. Sie ist eine Abänderung der Davylampe und soll nur zur Indikation dienen; gebrannt wird in der Pielerlampe absoluter Alkohol, dessen Flamme nur schwach leuchtet. Der Einwirkung auf das Auge des Beobachtenden wird die Flamme durch einen Eisenblechkonus entzogen. Um der Aureole die volle Entwicklung zu gestatten, ist der Drahtkorb höher gewählt als bei der gewöhnlichen Davylampe. Seine Höhe beträgt 200 mm bei 39 zu 54 mm Weite.

Im Jahre 1900 waren es etwa 40 Zechen, die sich der Pielerlampe zum Abprobieren in besonders wichtigen Fällen bedienten, sodass damals nur noch 47 Exemplare von dieser Lampenkonstruktion vorhanden waren. Im allgemeinen ist die Pielerlampe jetzt durch die genügend scharf indizierende Benzinlampe entbehrlich gemacht worden.

Im Jahre 1883 endlich kamen in Westfalen die ersten Benzinsicherheitslampen der Firma Friemann & Wolf in Zwickau zur Anwendung, welch letzterer das grosse Verdienst gebührt, das Benzin als Leuchtstoff und damit gleichzeitig die Zündvorrichtungen bei den Sicherheitslampen eingeführt zu haben. Die älteste Konstruktion der Wolfschen Benzinlampe unterschied sich von der jetzigen, abgesehen von der Zündvorrichtung und dem Verschluss, nur durch die grössere Höhe des Glascylinders, die 75 mm gegenüber 60 mm bei der heutigen Lampe betrug. Zwei spätere Konstruktionen, die auf westfälischen Gruben vereinzelt Anwendung fanden, waren mit unterer Luftzuführung in der durch Fig. 162 und 163 dargestellten Weise versehen.

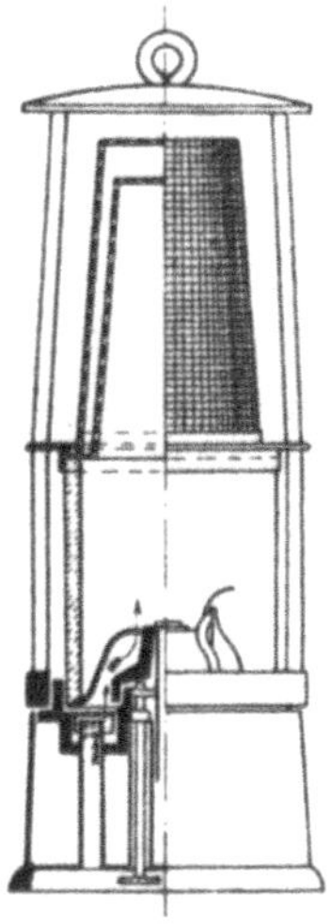

Fig. 162.

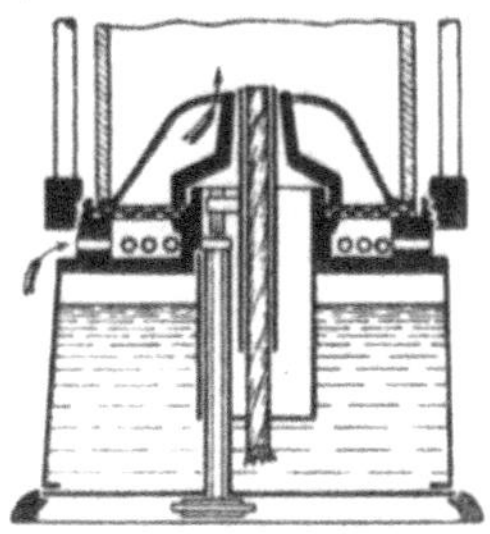

Fig. 163.

Wolfsche Benzinlampen mit unterer Luftzuführung.

Die Vorzüge des Benzins vor den anderen Leuchtstoffen sind bereits von der Preussischen Schlagwetterkommission gebührend hervorgehoben und, wiewohl sie später vielfach bestritten wurden, heute allgemein anerkannt. Sie bestehen darin, dass die Benzinflamme ein bedeutend helleres Licht giebt, und, wegen der geringen Inkrustierung des Dochtes, des Nichtrussens der Flamme und des daraus sich ergebenden Fortfalles der

Verstopfung des Drahtnetzes, ihre Leuchtkraft während der Schicht besser behält, als die mit anderen Brennstoffen gespeisten Lampen. Die Thatsache, dass Benzinlampen häufig mit ihrer vollen ursprünglichen Leuchtkraft aus der Grube gebracht werden, lässt die Ueberlegenheit des Benzinbrandes in Bezug auf Nachhaltigkeit der Leuchtkraft und die damit im Zusammenhange stehende einfache Behandlung der Lampe während der Schicht ausser allem Zweifel erscheinen.

In Bezug auf das Durchschlagen besteht bei den Benzinlampen eine erhöhte Gefahr nur dann, wenn die Lampe mit einer gefährlichen Zündvorrichtung ausgerüstet ist, wenn der Lampentopf Undichtigkeiten zeigt nicht genügend mit Watte gefüllt, oder mit einem zu dünnen Docht versehen ist, alles Fehler, die sich bei einiger Aufmerksamkeit und Sachkenntnis leicht vermeiden lassen.

Nach den Mitteilungen der Preussischen Schlagwetterkommission waren im Jahre 1885 im ganzen preussischen Staate etwa 6000 Stück Benzinlampen im Gebrauch. Im Jahre 1899 betrug deren Zahl allein im Oberbergamtsbezirk Dortmund rd. 150 000 Stück, während im ganzen preussischen Staate im gleichen Jahre etwa 220 000 Benzinlampen vorhanden gewesen sein dürften. Seit 1899 hat sich die Zahl der Benzinlampen auf Kosten der Oellampen weiter erheblich vermehrt und unter dem Einfluss der am 1. Januar 1902 in Kraft getretenen Bergpolizeiverordnung des Oberbergamts Dortmund*), welche im § 42d für alle Sicherheitslampen eine innere Zündvorrichtung vorschreibt, einen noch weiteren Aufschwung genommen. In absehbarer Zeit wird in Westfalen die Oellampe durch die Benzinlampe fast ganz verdrängt sein.

Zu erwähnen ist noch, dass bis zum Jahre 1885, abgesehen von den wenigen Wolfschen Benzinlampen, die sämtlich mit der alten Perkussionszündung (Fig. 193 auf Seite 277) ausgerüstet waren, Zündvorrichtungen an den Sicherheitslampen noch nicht vorhanden waren. Die Innenzündung hat zunächst nur mit der Einführung der Benzinlampen gleichen Schritt gehalten und ist dann später, nach Einführung der Paraffinzündstreifen durch die Firma Friemann & Wolf, auch auf den grössten Teil der Oellampen ausgedehnt worden.

Dagegen berichtet die Preussische Schlagwetterkommission, dass im Jahre 1885 bereits der bei weitem grösste Teil der Sicherheitslampen im ganzen preussischen Staate, nämlich 66 000 Stück, mit Verschlüssen versehen war. Von den 66 000 Verschlüssen waren ca. 18 000 Schraubenstiftverschlüsse, ca. 35 000 Bleiplombenverschlüsse verschiedener Kon-

*) Bergpolizeiverordnung vom 12. Dezember 1900, betreffend die Bewetterung der Steinkohlenbergwerke und die Sicherung derselben gegen Schlagwetter- und Kohlenstaubexplosionen.

struktion und ca. 9000 Magnetverschlüsse, während der Rest von 4000 sich auf 19 verschiedene Verschlussarten verteilte. Eine genaue Beschreibung der damals gebräuchlichen Verschlusskonstruktionen findet sich in den Anlagen zum Hauptbericht der Preussischen Schlagwetterkommission Band III S. 9 ff. Soweit dieselben heute noch im Gebrauch sind, sollen sie weiter unten erwähnt werden.

II. Einfluss der bergpolizeilichen Bestimmungen.

In bergpolizeilicher Hinsicht bestand bis zum Jahre 1887 für den Oberbergamtsbezirk Dortmund noch keine Bestimmung, welche die Sicherheitslampe für Steinkohlenbergwerke bezw. Schlagwettergruben allgemein vorschrieb. Die ausserordentliche Verschiedenheit in der Entwickelung der schlagenden Wetter auf den einzelnen Gruben hatte dazu geführt, dass man den Betriebsleitungen die Anordnungen über den obligatorischen Gebrauch der Sicherheitslampen überliess, indem man annahm, dass diese Anordnungen so häufigen Aenderungen unterliegen müssten, dass nur die Betriebsleitung in der Lage sei, den sich täglich verändernden Verhältnissen und dem augenblicklichen Bedürfnis Rechnung zu tragen. Da ferner fast allgemein und gewiss nicht mit Unrecht die Ansicht verbreitet war, dass die Oelsicherheitslampe ein für die gefahrvollen Arbeiten des Bergmannes ungenügendes Licht lieferte, so glaubte man mit Rücksicht auf die sonstigen Gefahren des Betriebes mit dem Vorschreiben der Sicherheitslampe nicht über das unbedingt notwendige Mass hinausgehen zu dürfen und gebrauchte daher noch häufig offene Lampen, wo die Sicherheitslampen am Platze gewesen wären.

Unter Beobachtung dieses Grundsatzes war noch im Jahre 1883 nur auf 39 Gruben des westfälischen Bezirks der Gebrauch der offenen Lampe überhaupt, und auf 41 Zechen teilweise d. h. in bestimmten Bauabteilungen, auf bestimmten Sohlen oder Flötzen oder auch nur vor aufsteigenden Betrieben, verboten. Gleichwohl waren von den 196 Betriebsanlagen im Jahre 1883 133 als Schlagwettergruben anzusprechen. Die Gesamtzahl der Sicherheitslampen im genannten Jahre betrug 50 700 gegenüber einer Belegschaft von rund 100 000 Mann.

Der Gebrauch der offenen Lampe neben der Sicherheitslampe, das sogenannte gemischte System, hat sich indessen als sehr verhängnisvoll erwiesen. Denn nach einer von der Preussischen Schlagwetterkommission aufgestellten Statistik sind im Oberbergamtsbezirk Dortmund in dem 22jährigen Zeitraum von 1861 bis einschliesslich 1882 von 1036 Explosionen 605 oder 58,4 % durch offenes Licht entstanden.

Die Bergbehörde hat deshalb und in Anerkennung des Grundsatzes, dass die örtlich und zeitlich ausserordentlich verschiedene, aber auch unberechenbare Entwickelung der Schlagwetter in den einzelnen Gruben gerade die ausschliessliche Anwendung der Sicherheitslampe erfordert, und dass der Grad der Sicherheit einer Schlagwettergrube von der Gewöhnung sämtlicher unter Tage beschäftigter Arbeiter an den Gebrauch der Sicherheitslampe in hohem Masse abhängig ist, durch die Polizeiverordnung vom $\frac{\text{12. Okt. 1887}}{\text{4. Juli 1888}}$ der Anwendung des gemischten Systems ein Ende gemacht. Sie schrieb in § 28 daselbst für alle Schlagwettergruben den ausschliesslichen Gebrauch der Sicherheitslampe vor, überliess dagegen den schlagwetterfreien Gruben die Wahl der Beleuchtungsart. Auf einem Teil der letzteren fanden sich Sicherheitslampen infolge freiwilliger Anordnung seitens der Zechenverwaltungen neben den offenen Lampen. Unter dem Einfluss der genannten Polizeiverordnung hat sich dann die Zahl derjenigen Gruben, auf welchen die offenen Lampen ausschliesslich oder teilweise benutzt wurden, von Jahr zu Jahr vermindert und im Jahre 1899 waren es nur noch 10 meist kleinere Betriebsanlagen, die zusammen etwa 3000 offene Lampen im Gebrauch hatten. Hierzu kamen noch etwa 350—400 weitere Exemplare, die auch auf Schlagwettergruben bei Schachtabteuf- und Reparaturarbeiten in denjenigen Fällen Anwendung fanden, in welchen eine Gefahr durch das Auftreten schlagender Wetter für ausgeschlossen galt.

Der Prozentsatz derjenigen Schlagwetterexplosionen, welche auf den Gebrauch offener Lampen zurückzuführen sind, hat sich infolge der obligatorischen Einführung der Sicherheitslampe, der Gewöhnung der Arbeiter an dieselbe, der verschärften Kontrolle und der Verbesserungen der Lampen im Laufe der Jahre erheblich vermindert. Immerhin waren in dem 6jährigen Zeitraum von 1894 bis einschliesslich 1899 von 292 Explosionen noch 22 oder 7,5 % durch offenes Licht entstanden.

Das Oberbergamt hat deshalb im § 41 der Bergpolizeiverordnung vom 12. Dezember 1900 die Anwendung des offenen Lichtes nunmehr für alle Steinkohlenbergwerke seines Verwaltungsbezirks untersagt und von diesem Verbot nur die zu Tage gehenden einziehenden Schächte und die im Bereiche der Einziehströme liegenden ausgemauerten Füllörter und Maschinenkammern ausgenommen.

III. Die Arbeiten der Preussischen Schlagwetterkommission und ihr Einfluss auf die Gestaltung des Sicherheitslampenwesens.

Die Preussische Schlagwetterkommission hat durch eine erschöpfende sachliche Prüfung aller auf dem Gebiete der Sicherheitslampen hervorgetretenen Erscheinungen und gemachten Erfahrungen, durch ihre wertvollen umfassenden Untersuchungen und die hieraus sich ergebenden Vorschläge Hervorragendes auf dem Gebiete des Lampenwesens geleistet, in vielen bis dahin offenen Fragen Klarheit geschaffen und die Grundsätze festgelegt, die für die Grubenbeleuchtung ausschlaggebend sein müssen, um eine relaliv hohe Sicherheit für die Schlagwettergruben zu gewährleisten.

Als Ergebnis ihrer zahlreichen Untersuchungen hat die genannte Kommission folgende für die Praxis besonders wichtige Grundsätze aufgestellt:

1. Die Hauptaufgabe einer Sicherheitslampe ist die Entwickelung einer ausreichenden Leuchtkraft während der ganzen Schichtdauer. Mit dieser Eigenschaft ist die Sicherheit

a) gegen das Durchschlagen, d. h. die Fortpflanzung innerer Explosionen ach aussen im ruhenden explosiven Gemisch,

b) gegen das Durchblasen, d. h. das mechanische Heraustreiben der Flamme in bewegten Wetterströmen,

sowie die Möglichkeit, gefahrdrohende Ansammlungen von Schlagwettern mit Leichtigkeit erkennen zu können, zu verbinden.

2. Allen bis jetzt brauchbaren Sicherheitslampen liegt der ursprüngliche Davysche Gedanke zu Grunde, dass ein Gemenge von Grubengas und Luft sich durch Rotglut von Eisen und anderen Metallen nicht oder nicht sofort entzündet, und dass sich die Entzündung durch enge Metallröhren, feine gelochte Bleche oder feine Drahtnetze nicht fortpflanzt.

Die sichernde Wirkung der Drahtkorblampe beruht darauf, dass das Metallgewebe infolge seiner hohen Wärmeleitungsfähigkeit und seiner hohen spezifischen Wärme, die durch das Brennen des Methans innerhalb der Lampe entstehende Wärme verhältnismässig schnell ableitet und durch Abkühlung der inneren Gasflamme unter die Entzündungstemperatur des Grubengases die Fortpflanzung der Flamme von innen nach aussen verhindert. Die Sicherheit einer Drahtnetzlampe muss daher um so grösser sein, je geringer die im Innern erzeugte Wärmemenge und je grösser die abkühlende Drahtnetzoberfläche ist, oder mit anderen Worten: die Sicherheit einer Lampe hängt ab von dem Werte, den das Verhältnis zwischen Oberfläche des Drahtkorbes und Inhalt der ganzen Lampe annimmt und zwar derart, dass sie mit steigendem Werte dieses Verhältnisses zunimmt.

In folgerichtiger Anwendung dieses Grundsatzes muss allen praktischen Ausführungen als erste Regel die Erzielung einer möglichst grossen Drahtnetzoberfläche bei einem möglichst geringen Fassungsraum der Lampe an explosiven Gasgemengen zu Grunde gelegt werden. Lampen ohne Glascylinder (Davylampen) sind daher wesentlich sicherer, wenigstens gegen das Durchschlagen, als Lampen mit Glascylinder. Die ersteren sind aber wegen ihrer geringeren Leuchtkraft für die Praxis nicht brauchbar. Immerhin ist der Inhalt des Glascylinders als schädlicher Raum so klein wie möglich zu bemessen. Die untere Grenze nach dieser Richtung wird durch die Natur des Brennstoffs und die Leuchtkraft gezogen, da einerseits für die Zufuhr der Verbrennungsluft und die volle Entwickelung der Dochtflamme ein gewisser nicht zu geringer Durchmesser des Cylinders erforderlich ist und andererseits die volle Ausnutzung der Leuchtkraft der Anwendung zu niedriger Glascylinder entgegensteht. Der Drahtkorb soll dagegen als unumgänglicher Bestandteil der Sicherheitslampe eine möglichst grosse wirksame Oberfläche erhalten. Die Umbördelungen am Deckel und an der Seite, sowie die Einfassungs- und Aufsatzringe sind so knapp zu bemessen, als es eine dauerhafte und dichte Verbindung des Gewebes nur eben gestattet.

3. Für die Beurteilung der relativen Sicherheit eines Drahtgewebes schlug die Preussische Schlagwetterkommission den Ausdruck

$$Q = \frac{D \, . \, M}{\sqrt{F}}.$$

vor, worin bedeutet Q den sog. Sicherheitsquotienten, D die Drahtdicke in Millimeter, M die Maschenzahl auf 1 qcm und F die freie Oberfläche auf 1 qcm in Quadratmillimeter. Aus dieser Gleichung geht hervor, dass die Sicherheit bei gleicher Drahtdicke mit zunehmender Maschenzahl, bei gleicher Maschenzahl mit zunehmender Drahtdicke wächst.

Im übrigen ist nach der Ansicht der Schlagwetterkommission die konische Korbform bei gleicher Oberfläche durchschlagsicherer als die cylindrische.

4. Nach den Untersuchungen der genannten Kommission sind ferner Lampen mit oberer Luftzuführung durchschlagsicherer als Lampen mit unterer Luftzuführung. Der Grund dieser Erscheinung liegt darin, dass bei der oberen Luftzuführung der Eintritt der frischen Luft und der Austritt der Verbrennungsprodukte nicht auf getrennten Wegen erfolgt. Die hierdurch bewirkte Vermischung der Verbrennungsprodukte mit etwa eintretenden Schlagwettergemischen vermindert die Explosionswirkung der letzteren, und es bildet sich, da die explosive Mischung nicht bis unter den Docht niedersteigt, am Boden des Glascylinders ein sehr nützliches unexplodierbares Polster. Die Lampen mit unterer Luftzuführung gestatten dagegen den explosiven Gemischen ein beständiges Durchströmen durch die ganze Lampe von unten nach oben.

5. In Bezug auf die Schutzmäntel, die bei einzelnen Lampenkonstruktionen, z. B. bei der Marsautlampe, den Drahtkorb umgeben, gelangte die Schlagwetterkommission auf Grund ihrer Versuche zu der Ansicht, dass dieselben infolge der durch sie bedingten Brechung des Luft-

stromes zwar das Durchblasen wesentlich erschweren, das Durchschlagen dagegen begünstigen, weil unter ihrem Einfluss das Drahtgewebe bereits beim normalen Zustande der Lampe allein durch die Dochtflamme stark erwärmt wird und hierdurch an abkühlender und sichernder Wirkung einbüsst. Ausserdem verlieren Lampen mit Schutzmantel einen Teil ihrer Indikationsfähigkeit.

6. Dagegen wird nach der Ansicht der Preussischen Schlagwetterkommission durch Anwendung von zwei übereinander gesetzten Drahtkörben das Durchschlagen fast unmöglich gemacht. Auch die Sicherheit gegen das Durchblasen wird durch doppelte Körbe wesentlich erhöht. Im übrigen erfolgt das Durchblasen nicht eher, als bis der Drahtkorb eine genügend hohe Glut erreicht hat, sodass man der Gefahr entgehen kann, wenn man die Lampe vorsichtig gegen den blasenden Strom schützt. Bemerkenswert ist auch das durch die Versuche der Kommission bestätigte Ergebnis, dass die Schlagwettergemische von maximaler Wirkungsfähigkeit nicht zugleich die grösste Durchblasefähigkeit besitzen, diese vielmehr geringwertigeren Gemischen eigen ist.

7. Ringförmige Oeffnungen, welche durch einen mangelhaften Zusammenschluss der einzelnen Lampenteile, namentlich zwischen Drahtkorb und Glascylinder, zwischen Glascylinder und Oeltopf, zwischen Oeltopf und Obergestell durch schlechte oder schlecht gewordene Schraubengewinde bedingt sind, vermehren die Durchschlagsfähigkeit einer Lampe so bedeutend, dass eine Sicherheit überhaupt nicht mehr vorhanden ist. Es sind deshalb von den vielen Einzelheiten, welche bei der Herstellung und Instandhaltung einer zweckentsprechenden Sicherheitslampe beobachtet werden müssen, die Verbindung und der dichte Anschluss der vorerwähnten Teile von ganz besonderer Bedeutung. Sie sind dauerhaft nur durch eine gute, mathematisch genaue Arbeit zu erreichen und zweckmässiger Weise durch Verdichtungsringe aus Leder oder Asbest usw. zu unterstützen. Auch auf die Herstellung der Glascylinder und Drahtkörbe und auf die untere Umbördelung der letzteren, die bei nicht sorgfältiger Ausführung sehr leicht Veranlassung zu Undichtigkeiten giebt, ist eine besondere Aufmerksamkeit zu richten.

Alles bei der Herstellung der Sicherheitslampe zur Verwendung kommende Material soll von bester Beschaffenheit sein und die mechanische Arbeit muss unter Zuhülfenahme genau arbeitender Werkzeugmaschinen untadelhaft ausgeführt sein.

Auf Grund ihrer Erfahrungen und Untersuchungen gelangte die Schlagwetterkommission schliesslich zu dem Endergebnis, dass für den Gebrauch auf Schlagwettergruben nur einfache Lampenkonstruktionen geeignet sind, deren tägliche Revision und Instandhaltung durchführbar ist, deren Behandlung und Beobachtung in der Grube geringe technische

Kenntnisse und Geschicklichkeit erfordert und deren gute Herstellung zu einem mässigen Preise möglich ist.

Die zahlreichen Lampenkonstruktionen, deren Zweck meistenteils darauf hinausläuft, die Einwirkung bewegter Wetterströme auf die Flamme abzuschneiden oder unschädlich zu machen, eignen sich teils wegen ihrer geringen Leuchtkraft, teils wegen ihres leichten Erlöschens, teils wegen ihrer grossen Durchschlagsfähigkeit in ruhenden Gemischen, insbesondere aber wegen ihrer komplizierten Einrichtung nicht zur allgemeinen Einführung.

Somit führen Erfahrung und Versuche auf die einfachste Lampenform zurück, welche sich unmittelbar an die alte Davylampe anschliesst und dem Drahtkorbe behufs Erhöhung der Leuchtkraft einen Gascylinder von gleichem Durchmesser hinzufügt: die Botylampe in der Form, wie sie unter der Bezeichnung »Saarbrücker Lampe« bekannt ist. Für die Konstruktion dieser Lampe im einzelnen hat dann die Kommission eine Reih von Normen angegeben, jedoch hierbei nicht den Zweck verfolgt, ein bestimmtes Lampenmuster zur obligatorischen Einführung vorzuschlagen, sondern nur die Masse festgelegt, die sich durch Erfahrungen als praktisch und sicher herausgestellt haben. Man hat hierbei die Grenzen der zulässigen Dimensionen so weit gegriffen, dass bei vollständiger Wahrung des Sicherheitsprinzips für etwaige Verbesserungen und Vervollkommnungen bezüglich der Leuchtkraft, des Wiederanzündens, der Abdichtung etc. hinreichender Spielraum bleibt.

Die Sicherheitslampe soll folgende Anforderungen erfüllen:

1. Die Abschliessung des Verbrennungsraumes ist so herzustellen, dass dieser Raum an keiner Stelle durch eine mehr als 0,25 qmm grosse Öffnung mit der Aussenluft in Verbindung steht.
2. Das zu verwendende Gewebe muss aus gleich starken Drähten von 0,37 bis 0,42 mm Durchmesser hergestellt sein, der Querschnitt einer Masche darf nicht über 0,25 qmm betragen.
3. Jede Sicherheitslampe muss mit Einrichtungen versehen sein, durch welche eine dichte Verbindung der einzelnen Teile unter einander sicher gestellt wird.
4. Jede Sicherheitslampe soll eine Leuchtkraft von mindestens 0,6 einer Normalkerze besitzen.
5. Die Lampe muss einen Verschluss erhalten, welcher eine Kontrolle des Öffnens thunlichst ermöglicht und durch welchen ein sicherer Zusammenschluss der einzelnen Lampenteile gewährleistet wird.
6. Die Verbrennungsluft ist bei Lampen und Glascylindern von oben her zuzuführen.

7. Der Glascylinder soll überall eine gleiche Wandstärke besitzen und aus bestem, aufs sorgfältigste gekühltem Glase bestehen. Seine Ränder müssen genau horizontal und rechtwinklig zur Achse der Lampe abgeschliffen sein. Seine Höhe soll 54 bis 60 mm, sein lichter Durchmesser 40 bis 50 mm, seine Wandstärke 6 bis 8 mm betragen.
8. Der Drahtkorb soll 95 bis 105 mm hoch, unten nicht enger als der Glascylinder sein und seine Verjüngung nach oben 10 mm nicht überschreiten.
9. Die Sicherheitslampen sind von der Grubenverwaltung anzuliefern, aufzubewahren und zu unterhalten. Sie sollen mit fortlaufenden Nummern versehen sein, und es ist darauf zu halten, dass jedem Arbeiter stets die nämliche Lampe übergeben wird.
10. Das Gewicht der leeren Lampe soll 1,2 kg, die Höhe 250 mm nicht übersteigen.

In den letzten anderthalb Jahrzehnten hat sich das Sicherheitslampenwesen streng nach den Grundsätzen der Preussischen Schlagwetterkommission entwickelt und nur in Bezug auf die Abmessungen der Drahtkörbe und die Wandstärken der Glascylinder finden sich zuweilen kaum zu rechtfertigende Abweichungen von den als normal angegebenen Formen. Man hat allgemein davon Abstand genommen, auch nur versuchsweise andere Lampenkonstruktionen als die Botylampe einzuführen und nur für besondere Verwendungszwecke dieselbe mit entsprechenden Vorrichtungen versehen, sodass der westfälische Bergbau sich zur Zeit im Besitze eines einheitlichen Lampensystems befindet.

Von den zahlreichen Lampenkonstruktionen*), die namentlich in England und Frankreich zur Verwendung gelangten, ist in Westfalen keine einzige einer eingehenden Beachtung seitens der Praxis gewürdigt worden. Gleichwohl hat es an vielfachen Bemühungen nicht gefehlt, die Sicherheitslampe nach verschiedenen Seiten hin zu verbessern. Fast alle diese Vorschläge beschränken sich aber auf die mechanische Ausführung der Lampe, auf die Zündvorrichtungen, Verschlüsse, Abdichtungen und auf die Erhöhung der Leuchtkraft, während die thatsächliche Sicherheit, wie sie hauptsächlich in der Gesamtanordnung der wichtigeren Lampenteile gesucht werden muss, naturgemäss weniger verbessert worden ist.

Bemerkenswert ist es, dass trotz der Bedenken, welche noch seitens der Preussischen Schlagwetterkommission gegen die Verwendung des

*) Heinzerling führt in seinem Buche »Schlagwetter und Sicherheitslampen«, Stuttgart 1891, 230 verschiedene Konstruktionen an, ohne damit ihre Zahl vollständig erschöpft zu haben.

Benzins als Leuchtstoff in sicherheitlicher Beziehung erhoben wurden, im Laufe von 15 Jahren der Benzinbrand den Oelbrand fast vollständig verdrängt hat. Die Verbesserungen in der mechanischen Ausführung der Lampen haben die Bedenken gegen die Gefahren des Benzins soweit zerstreut, dass sie gegenüber den praktischen Vorzügen desselben nicht mehr ins Gewicht fallen.

---

2. Kapitel: Der gegenwärtige Zustand des Sicherheitslampenwesens im Ruhrkohlenbezirk.

Von Berginspektor Fähndrich, ergänzt von Bergassessor Beyling.

I. Allgemeines über die Konstruktion der Sicherheitslampen.

Im Verwaltungsbezirke des Oberbergamts zu Dortmund standen im Jahre 1899, abgesehen von den Stand- und Füllortlampen, etwa 3500 offene Grubenlampen und 184 001 Sicherheitslampen in praktischer Anwendung. Von den letzteren waren 38 000 für Oelbrand- und ca. 146 000 für Benzinbrand eingerichtet, von denen sich die ersteren auf 58, die letzteren auf 141 Betriebsanlagen verteilten. Die Sicherheitslampen sind, wie bereits erwähnt, sämtlich einfache, auf dem Botyschen Prinzip beruhende Lampen mit Luftzuführung von oben, welche neben geringen Abweichungen in den Abmessungen der Drahtkörbe und Glascylinder und neben der Art des Verschlusses sich hauptsächlich durch die Konstruktion und Anordnung der inneren Zündvorrichtung von einander unterscheiden. Nach dem letzteren Gesichtspunkte kann man die Lampen, je nachdem die Zündvorrichtung dem Lampentopfe aufgelagert oder in seinem Innern untergebracht ist, in zwei Gruppen einteilen, in Lampen mit aufliegender und solche mit hochstehender Zündvorrichtung. Hierzu kommen noch als dritte Gruppe diejenigen Lampen, welche überhaupt keine Zündvorrichtungen besitzen. Von letzteren waren im Jahre 1899 noch ca. 7500 Stück vorhanden, welche sämtlich für Oelbrand eingerichtet waren.

Die angegebene Verschiedenheit in der Anordnung der Zündvorrichtungen bedingt auch gewisse Unterschiede in der Gesamtform der Lampen. Die Lampen mit aufliegender Zündvorrichtung sind, da zwischen Topf und Glascylinder noch die den Zündmechanismus bergende Kapsel eingeschaltet ist, durchweg etwas höher als die Lampen mit hochstehender Zündvorrichtung, bei welchen der Glascylinder direkt dem Topfdeckel

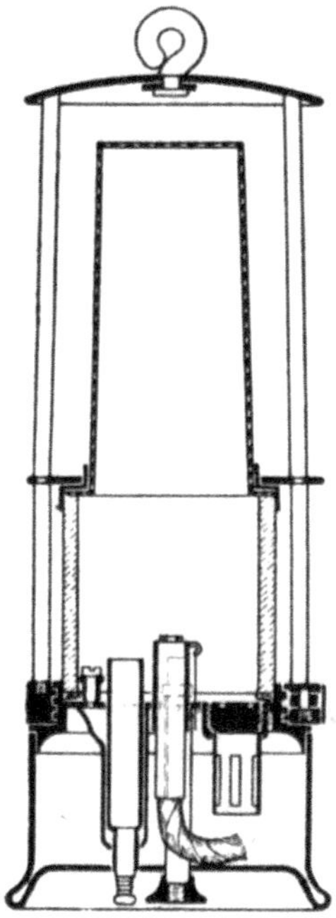

a

Fig. 164.

Sicherheitslampe für Benzinbrand. Reibzündvorrichtung ohne Feder. (Friemann & Wolf.)

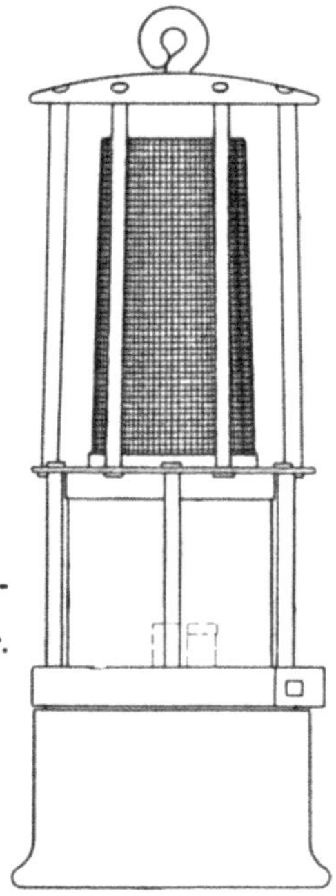

b

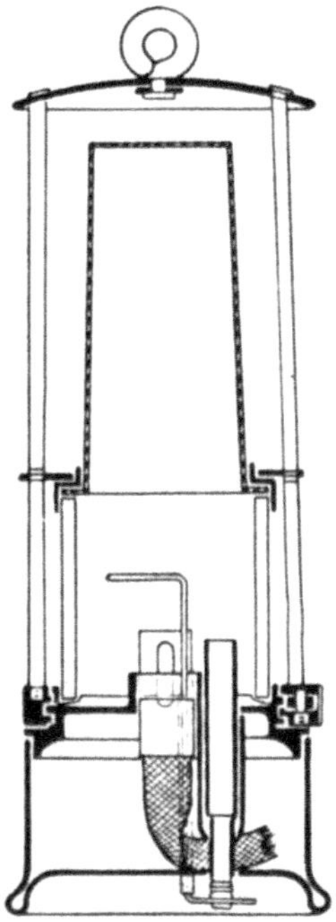

a

Fig. 165.

Sicherheitslampe für Oelbrand. Reibzündvorrichtung ohne Feder. (Friemann & Wolf.)

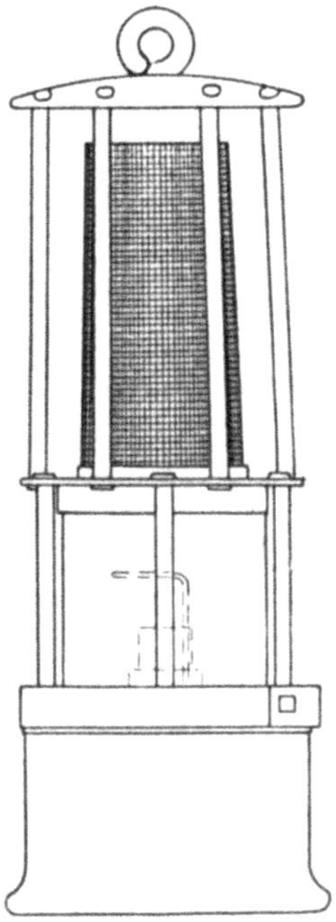

b

aufgelagert ist. Ein weiterer Unterschied besteht darin, dass bei den Lampen mit hochstehender Zündvorrichtung die Dochttülle um ca. $1^1/_2$ cm in den Glascylinderraum hineinragt, während sie bei der anderen Gruppe ungefähr in gleicher Höhe mit dem unteren Rande des Glascylinders abschneidet. Hieraus ergiebt sich, da die Dochtflamme hauptsächlich in ihrer oberen Hälfte leuchtend ist, eine etwas bessere Ausnutzung der Lichtquelle

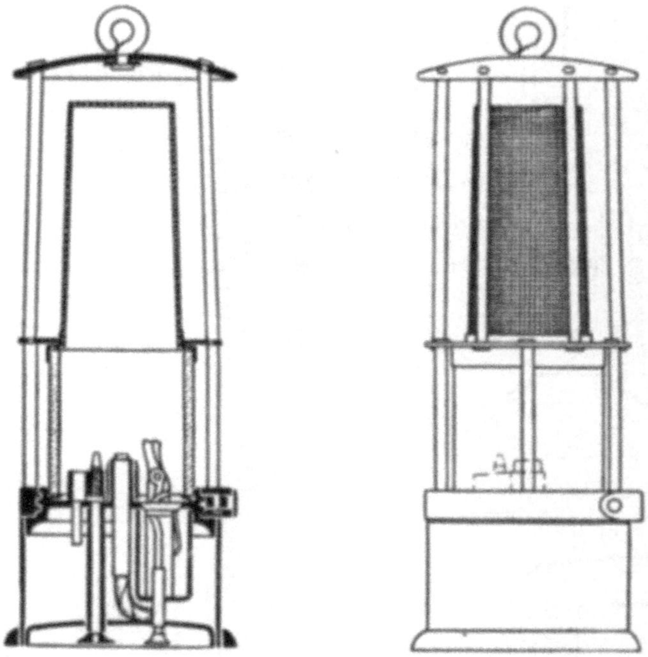

a b

Fig. 166.

Sicherheitslampe für Benzinbrand. Perkussionszündung. (Friemann & Wolf.)

bei den Lampen mit aufliegender Zündvorrichtung. Denn die höhere Lage des Glascylinders im Verhältnis zur Flamme gestattet bei an sich gleicher Leuchtkraft der Dochtflamme einen grösseren Teil der gelieferten Lichtmenge nutzbar zu machen.

Die z. Z. im Ruhrbezirk gebräuchlichsten Lampenkonstruktionen sind in den Figuren 164 bis 172 dargestellt. Figur 164 bis 167 sind Oel- und Benzinlampen der Firma Friemann & Wolf in Zwickau, sämtlich mit hochstehender Zündvorrichtung ausgerüstet. Fast genau übereinstimmend mit denselben sind die Lampen der Firmen Grümer & Grimberg in Bochum (Fig. 168 und 169) und Eduard Krohm & Co. in Gelsen-

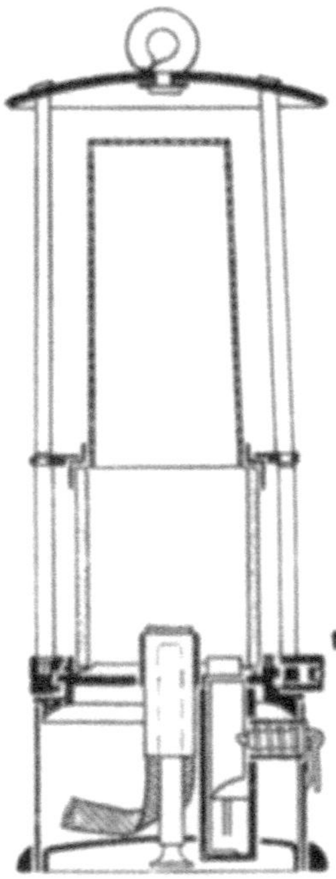

a

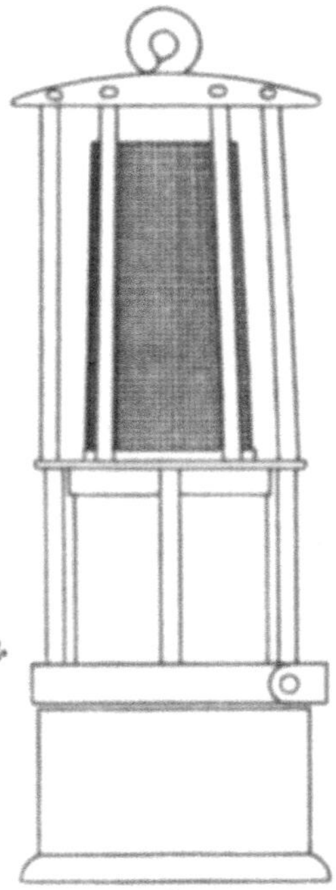

b

Fig. 167.

Sicherheitslampe für Benzinbrand. Rotierende Schlagzündung. (Friemann & Wolf.)

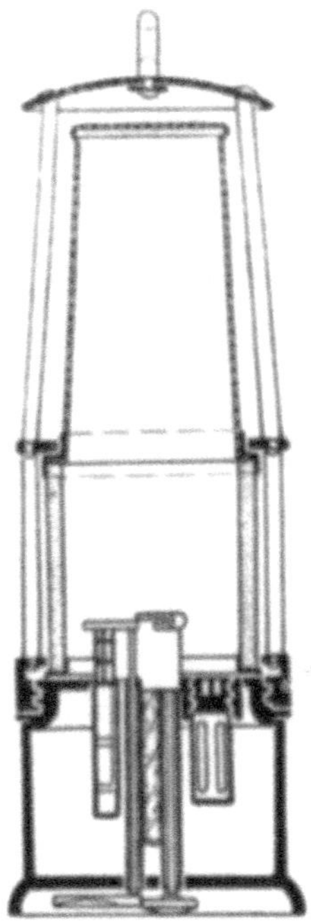

a

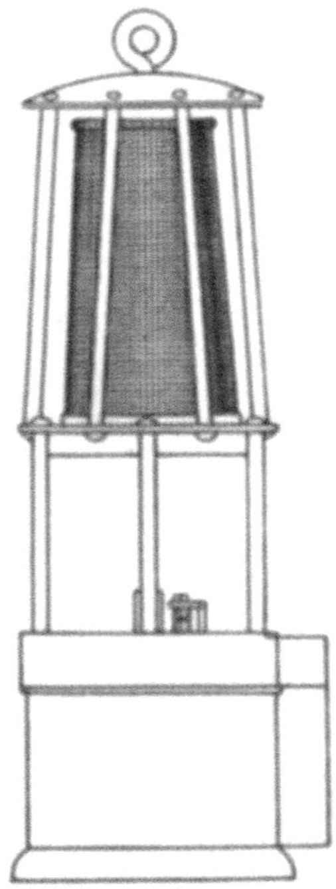

b

Fig. 168.

Sicherheitslampe für Benzinbrand. (Grümer & Grimberg.)

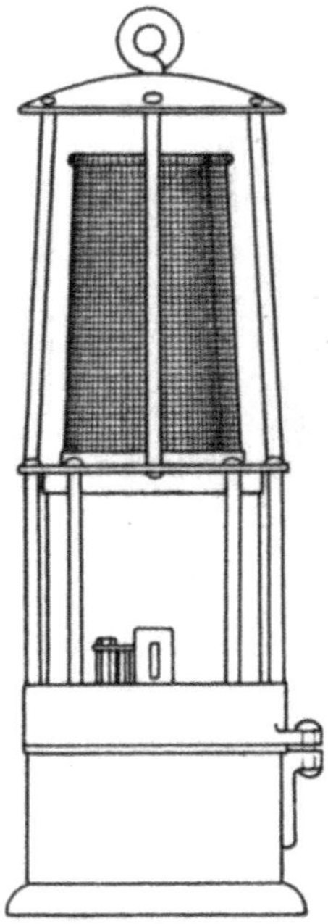

a

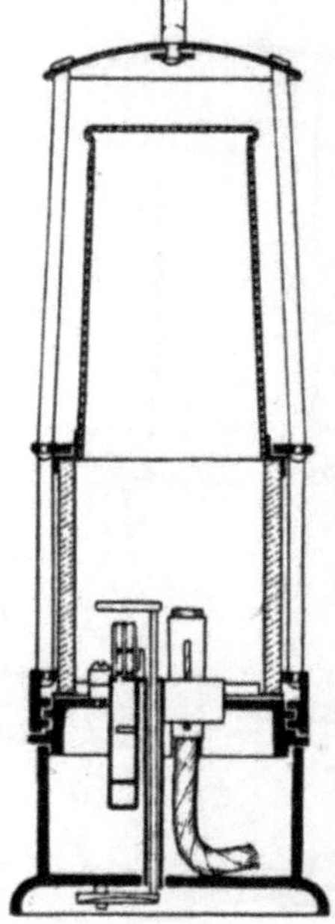

b

Fig. 169.

Sicherheitslampe für Oelbrand (Grümer & Grimberg.)

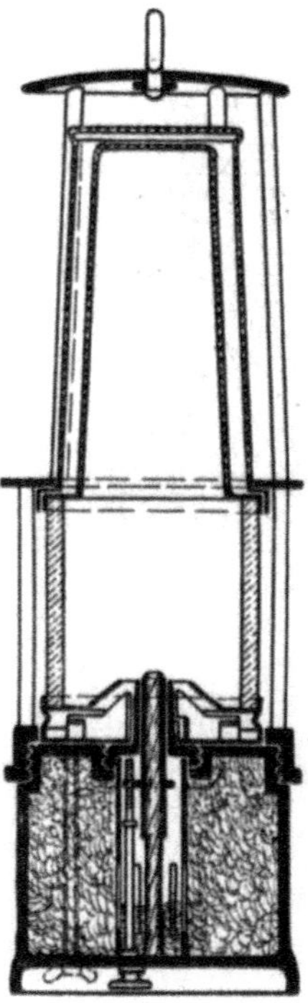

a

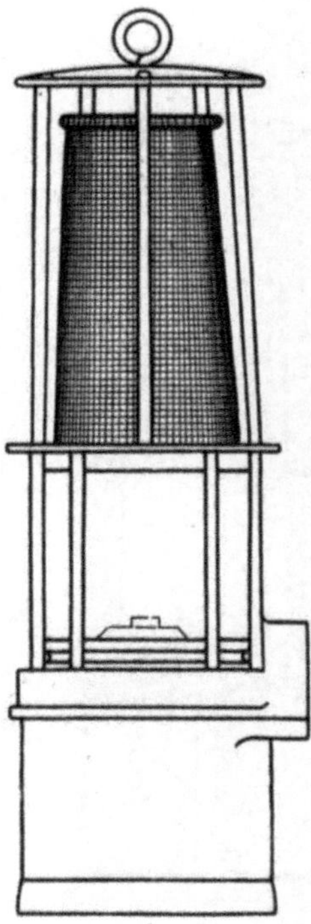

b

Fig. 170.

Sicherheitslampe für Benzinbrand (W. Seippel.)

kirchen konstruiert. Sie unterscheiden sich von den Wolfschen Lampen nur durch die Art des Verschlusses und der Zündvorrichtung.

Die folgende Form (Fig. 170) ist eine Lampe mit aufliegender Zündvorrichtung, und zwar stellt die Abbildung die Benzinlampe von W. Seippel in Bochum dar. Ganz ähnliche Lampen werden von der Bochumer Metallwarenfabrik, G. m. b. H., in Bochum (früher eine besondere Abteilung der

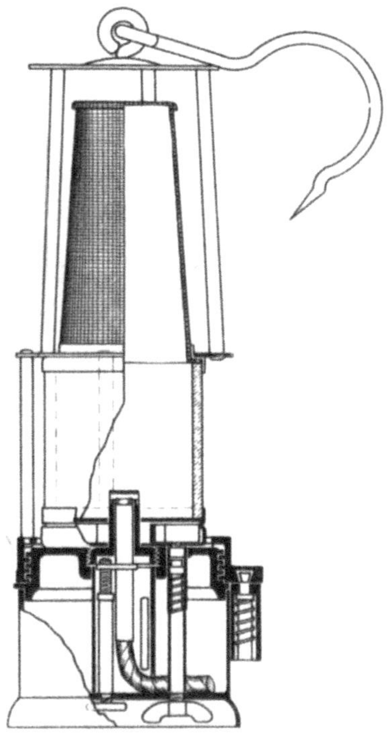

Fig. 171.

Sicherheitslampe für Benzinbrand.
(Wienpahl.)

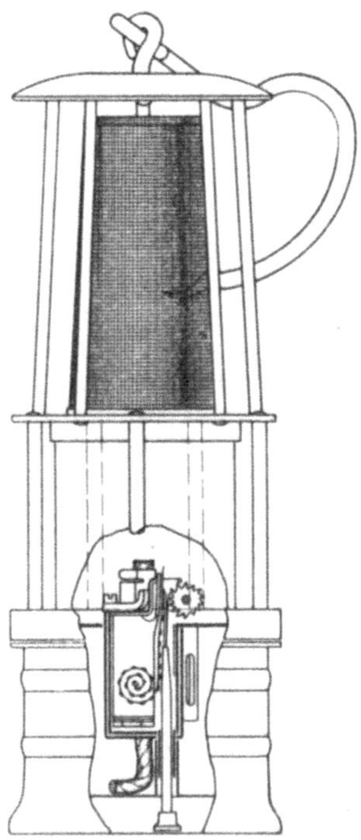

Fig. 172.

Sicherheitslampe für Benzinbrand.
(Bochumer Metallwarenfabrik.)

Rheinisch-Westfälischen Maschinenbauanstalt und Eisengiesserei daselbst) und von C. Koch in Linden (Ruhr) hergestellt. Der äusseren Einrichtung nach gehört hierher auch die Wienpahlsche Benzinlampe. (Fig. 171.) Dieselbe wird sowohl von der Firma W. Wienpahl in Camen, als auch von der Bochumer Metallwarenfabrik in Bochum fabriziert. Eine andere, von der Bochumer Metallwarenfabrik hergestellte Lampe (Fig. 172) nähert sich wieder mehr der Wolfschen Konstruktion.

Wie man sieht, unterscheiden sich die einzelnen Lampenformen nur wenig von einander, doch ergiebt sich ohne weiteres aus den Schnitten,

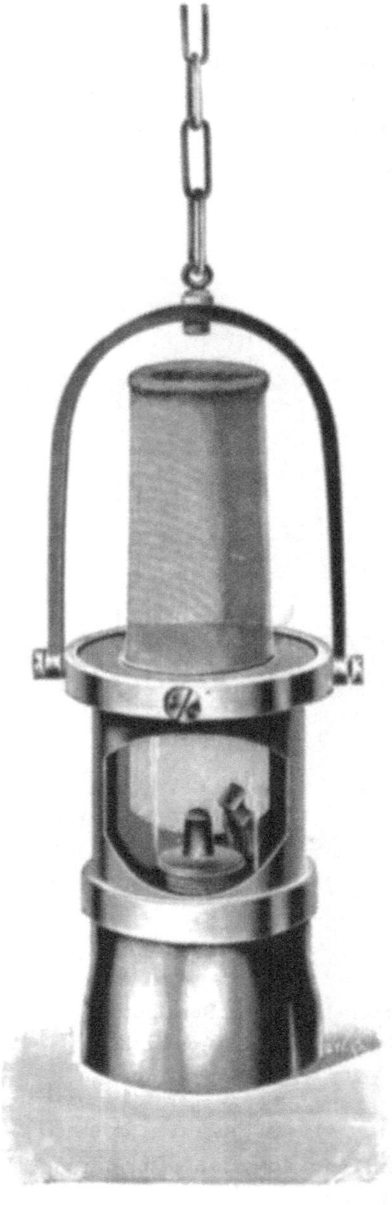

Fig. 173.

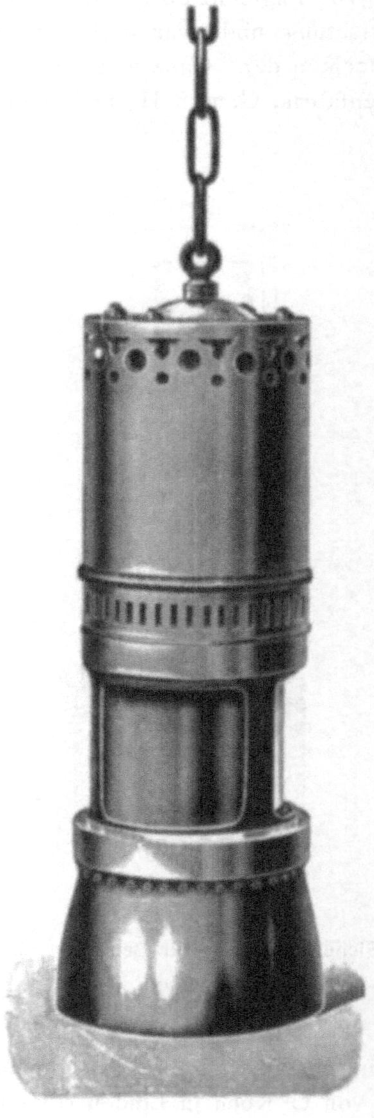

Fig. 174.

Markscheiderlampen von Friemann & Wolf.

dass die von Seippel und Wienpahl gewählte Anordnung der Zündvorrichtung ganz ausserhalb des Benzinbehälters eine wesentliche Vereinfachung des Mechanismus zulässt.

Am meisten verbreitet im Ruhrkohlenbezirk ist die in Fig. 164 dargestellte Wolfsche Benzinlampe mit Paraffinreibzündung und Magnetankerverschluss, die im Jahre 1899 in fast 78 000 Exemplaren vertreten war. Es folgt die Seippelsche Benzinlampe (Fig. 170) mit ca. 44 000 Exemplaren, hierauf

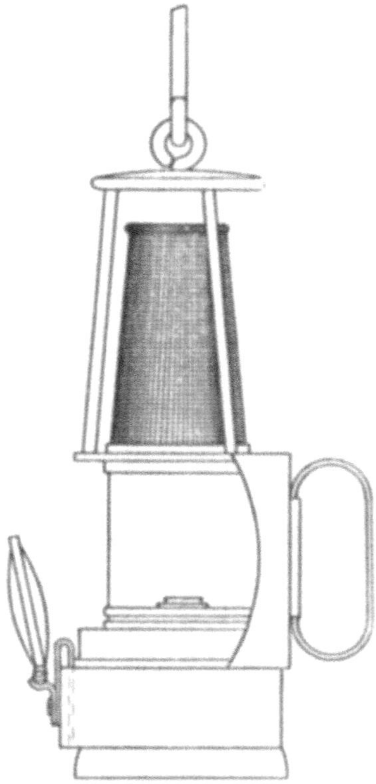

Fig. 175.

Markscheiderlampe von Seippel.

Fig. 176.

Markscheiderlampe von Friemann & Wolf.

die Wolfsche Oellampe (Fig. 165) mit ca. 19 000, die Wolfsche Benzinlampe mit Perkussionszündung (Fig. 166) mit ca. 16 000 Stück, die Oellampe von Grümer & Grimberg (Fig. 169) mit ca. 9000, die Wienpahlsche Benzinlampe (Fig. 171) mit 6000, die Krohmsche Benzinlampe mit 4000 und die mit Paraffinzündung versehene Oellampe von Seippel mit ca. 750 Exemplaren. Ausserdem waren noch ca. 6500 gewöhnliche Oellampen ohne Zündvorrichtung und 750 Oellampen, die weder Verschluss noch Zündvorrichtung besassen, im Gebrauch.

Die in den Figuren 173 bis 181 dargestellten Lampenkonstruktionen sind im westfälischen Bergbau niemals als eigentliche Arbeitslampen benutzt worden; sie dienen vielmehr besonderen Verwendungszwecken und sind deshalb auch nur in vereinzelten Exemplaren anzutreffen.

Fig. 177.

Markscheiderlampe mit Brathuhnschem Glasstab von Friemann & Wolf.

Fig. 173 und 174 sind Markscheidersignallampen von Friemann & Wolf. Sie sind vollständig eisenfrei gearbeitet und mit Aufhängevorrichtungen versehen, die so konstruiert sind, dass die Flamme sich stets senkrecht unter dem Aufhängpunkt befindet.

Die in Fig. 175 bis 177 dargestellten Lampen dienen ebenfalls markscheiderischen Zwecken. Die in der Nähe der Dochtflamme angebrachten Linsen und Gasstäbe sollen das Licht auf einen Punkt konzentrieren und hierdurch das Ablesen von Nonien erleichtern.

Fig. 178.

Oel-Sicherheitslampe mit Schutzmantel.

Die Schutzmantellampen (Fig. 178 bis 180) werden zuweilen bei Arbeiten in stark bewegten Wetterströmen, z. B. bei Reparaturarbeiten in Schächten und Wetterstrecken, verwendet, wobei dem Schutzmantel lediglich die Aufgabe zufällt, das Erlöschen der Dochtflamme zu verhindern. Wie bereits oben erwähnt wurde, vermindern die Schutzmäntel zwar die Gefahr des Durchblasens, indem sie die Geschwindigkeit des Gasstromes verlangsamen, erhöhen aber gleichzeitig die Durchschlagfähigkeit der Lampe, weil sie die wärmeausstrahlende Wirkung des Drahtkorbes beeinträchtigen. Man verwendet sie deshalb nicht an gefährlichen Punkten

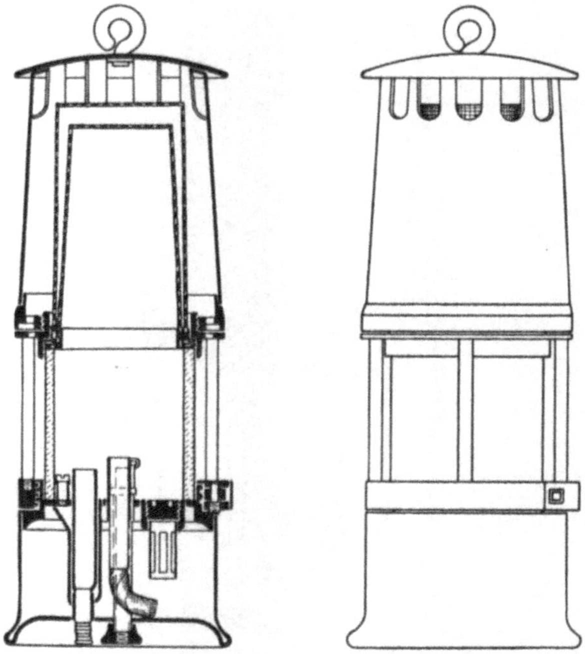

a b

Fig. 179.

Sicherheitslampe mit Marsaut-Schutzmantel von Friemann & Wolf.

sondern im Gegenteil gerade dort, wo die Gefahr des Auftretens, schlagender Wetter so gut wie ausgeschlossen ist. Fig. 178 stellt eine gewöhnliche Sicherheits-Oellampe mit abnehmbarem, unten durchlöchertem Schutzmantel aus Weissblech dar und Fig. 179 eine nach Marsautschem Prinzip umgeänderte Wolfsche Benzinlampe, bei welcher der obere Teil des Lampengestelles durch den Schutzmantel ersetzt ist. Letzterer ist mit dem Gestellmittelring entweder fest verbunden oder wie in Fig. 179 demselben aufgeschraubt. Die Luft wird durch die im Gestellmittelring und im Mantelring ausgesparten Schlitze der Dochtflamme von oben her zugeführt.

Die in Fig. 180 dargestellte Faltenschirmlampe von Friemann & Wolf besitzt einen gerippten, taschenförmig durchbrochenen Schutzmantel, der mit dem oberen Teil des Lampengestells fest verbunden ist und gemeinschaftlich mit diesem dem Gestellmittelring aufgeschraubt wird. Die Luftzuführung erfolgt von unten her durch Schlitze, welche innen mittels eines Drahtgeweberinges und aussen mittels eines dem Faltenschirm ähnlichen Blechringes geschützt sind.

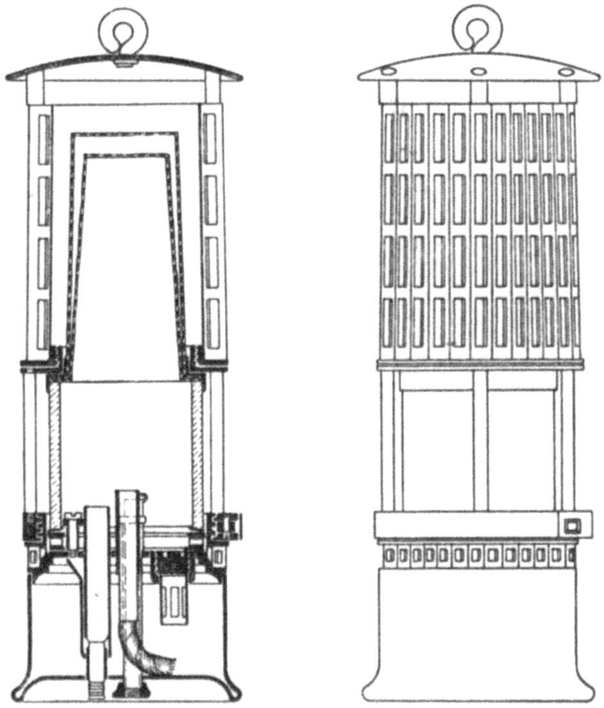

a b

Fig. 180.

Faltenschirmlampe mit geripptem Schutzmantel von Friemann & Wolf.

Die dem Bergwerksdirektor Meyer in Herne patentierte Schlitzschirmlampe (Fig. 181 a—c) ist eine Abänderung der Birckelschen Lampe.*) Letztere war mit zwei eng ineinander sitzenden, cylindrischen Blechmänteln versehen, von denen der innere mit dem Lampengestell fest verbunden war, während der äussere um 20 mm in horizontaler Richtung ge-

*) Vergl. Atlas zum Hauptbericht der Preussischen Schlagwetterkommission, Seite 35.

dreht werden konnte. Jeder der beiden Mäntel besass zwei gegenüberliegende 20 mm breite Schlitze, die so angeordnet waren, dass sie durch Drehung des Aussenmantels ganz oder teilweise geöffnet bezw. geschlossen wurden. Durch das Schliessen der Schlitze wurde die Luftzufuhr abgeschnitten und die Lampe sofort zum Erlöschen gebracht, während sie bei geöffneter Mantelstellung die Beobachtung des Drahtkorbes gestattete.

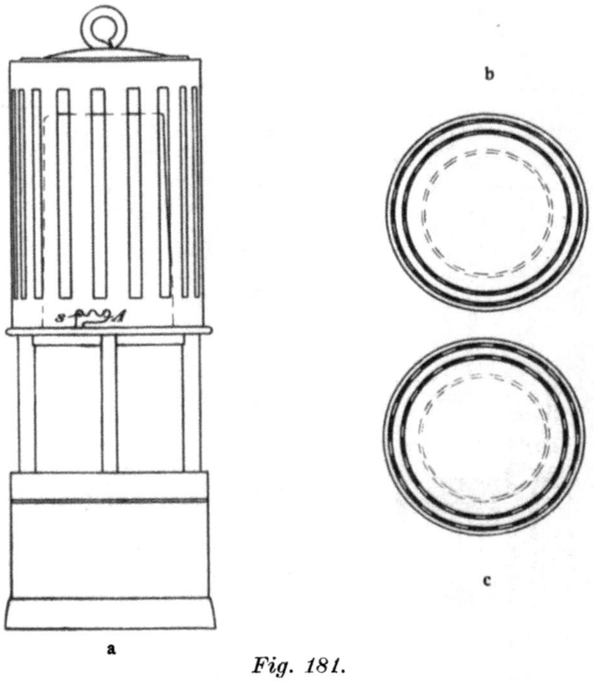

Fig. 181.

Schlitzschirmlampe von Meyer.

Bei der Meyerschen Lampe*) ist der Drahtkorb ebenfalls von zwei Blechmänteln umgeben, die aber wie die Figur zeigt, zwischen sich einen Zwischenraum lassen und beide eine grössere Anzahl Längsschlitze besitzen, welche so angeordnet sind, dass sie bei entsprechender Stellung (Fig. 181 b) einen geraden Weg zum Drahtkorb freigeben, während sie in anderer Stellung dies nicht thun. Der innere Mantel ist wie bei Birckel unverrückbar an der Lampe befestigt, der äussere lässt sich um seine Längsachse hin- und herdrehen, soweit dies der mit dem Lampengestell fest verbundene Stift s (Fig. 181 a) in dem Ausschnitt A gestattet. Dieser

*) Vergl. Glückauf 1901, No. 2, S. 31.

letztere ist so gestaltet, dass er den Mantel in einer von drei Stellungen festhält. In der einen Endstellung (Fig. 181 b) stehen sich die Schlitze beider Mäntel gegenüber, in der anderen Endstellung (Fig. 181 c) werden die Schlitze des inneren Mantels durch die undurchbrochenen Teile des äusseren verdeckt; in der mittleren Stellung sind die inneren Schlitze zur Hälfte frei.

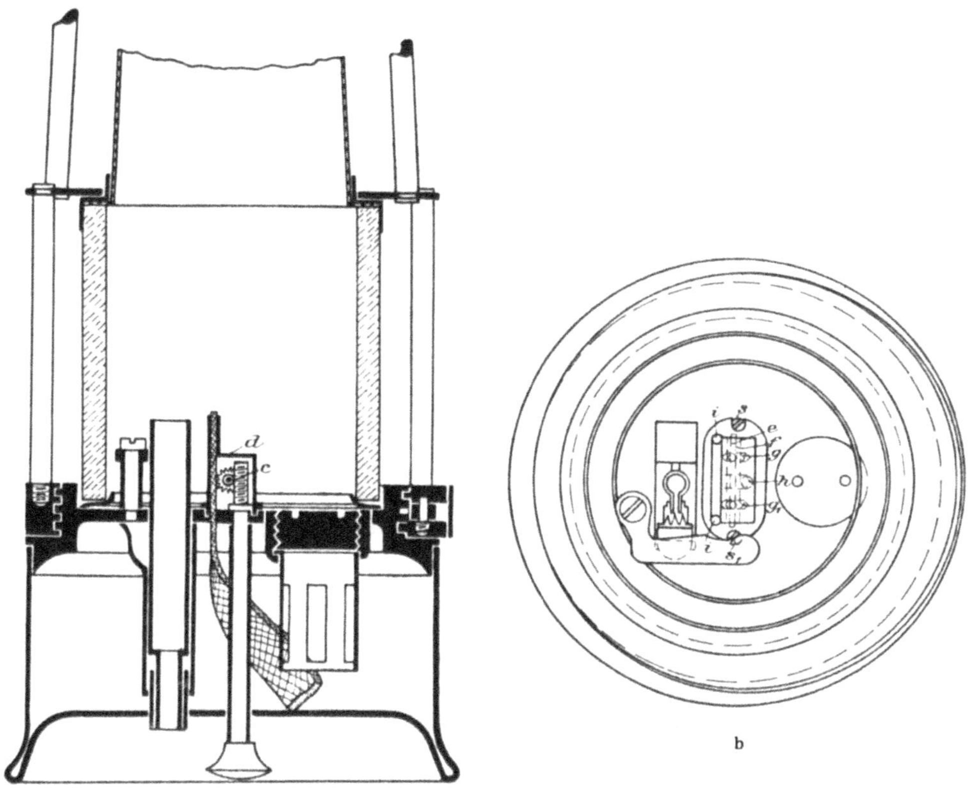

a b

Fig. 182.

Benzinlampe mit Flachdocht von Friemann & Wolf.

Die Lampe gestattet, ebenso wie die Birckelsche, die Beobachtung des Drahtkorbes bei ganz oder halb geöffneter Stellung der Schlitze. Dagegen ist der Hauptzweck der Birckellampe, die Dochtflamme im Falle der Gefahr auszulöschen, mit der Meyerschen Konstruktion nicht beabsichtigt.

Schliesslich sei noch erwähnt, dass sämtliche Benzinlampen mit Runddochten von ca. 7 mm Durchmesser, die Oellampen dagegen durchweg mit Flachdochten von 2—2$^1/_2$ mm Dicke und 9—16 mm Breite versehen sind. Die Dochtstellung erfolgt bei den Benzinlampen mittels Schraube, bei den Oellampen mittels Stocher.

Neuerdings wird von der Firma Friemann & Wolf eine Benzinlampe mit Flachdocht (Fig. 182a und b) empfohlen, die sich durch höhere Leuchtkraft vor den bisherigen Benzinlampen auszeichnen soll. Der ganze Brenner wird durch die beiden Schrauben s und s_1 fest auf den Topfdeckel aufgeschraubt und mittels einer untergelegten Dichtungsplatte gegen den Benzinbehälter abgedichtet. Die Reguliervorrichtung c ist dicht in das Brennergehäuse d eingebaut und zwar in der Weise, dass auf einer Welle e, welche in den Wandungen des Brenners dicht abschliessend verlagert ist, eine Hülse f sitzt, welche die beiden Transportierrädchen g und g_1 sowie das Schneckenrädchen h trägt. An den Seiten des Brenners befinden sich zwei Kanäle i und i_1, welche die zur Verbrennung gelangenden Gase nach aussen führen. Durch diese Anordnung soll die Flamme stets in gleicher Breite brennen. Die Lampe ist bisher weder durch die Praxis, noch durch Versuche erprobt werden.

II. Die Lampentöpfe.

Das für die Lampentöpfe verwendete Material ist Messing, Aluminium, Tempergussstahl oder Stahlblech. Die Stahlblechtöpfe sind entweder aus einem Stück gezogen (z. B. Fig. 164 und 165) oder aus zwei durch Lötung mit einander verbundenen Teilen, dem Topfmantel und dem Boden hergestellt (z. B. Fig. 166 und 167). Am zahlreichsten vertreten sind zur Zeit noch die aus Temperstahl gegossenen Töpfe (Fig. 169—172), von denen etwa 113 000 Stück in Rheinland-Westfalen im Gebrauch sind. Hierauf folgen mit etwa 60 000 Exemplaren die aus Stahlblech gezogenen Töpfe, die wegen ihres erheblich geringeren Gewichtes und der grossen Zähigkeit des Materials den gegossenen Töpfen mit Recht vorgezogen werden. Die aus zwei Teilen zusammengelöteten Stahlblechtöpfe sind nur noch in etwa 8000 meist älteren Exemplaren vorhanden. Neuerdings werden sie, wenigstens von den grösseren Lampenfabriken, nicht mehr hergestellt; dieselben verwenden gegenwärtig fast ausschliesslich gezogene Stahlblechtöpfe und liefern nur auf besonderen Wunsch der Abnehmer noch gegossene Töpfe. Die Verwendung von Messing- oder Aluminiumtöpfen, etwa 3000 an der Zahl, beschränkt sich auf Beamten- und Markscheiderlampen.

Die sämtlichen aus Stahlguss oder Stahlblech hergestellten Lampentöpfe sind auf der Innenseite verzinnt, auf der Aussenseite gleichfalls verzinnt oder lackiert.

III. Die Glascylinder.

Die Glascylinder der neueren Benzinlampen haben zum weitaus grössten Teil 60 mm Höhe, 50 oder 51 mm lichte Weite und 4,5 bezw. 5 mm Wandstärke, sodass der Inhalt derselben 118 ccm beträgt. Abweichungen von diesen Massen sind bei älteren Oellampen häufig, bei Benzinlampen selten anzutreffen. Im ganzen wechseln die Höhen zwischen 57,5 und 70 mm, die inneren Durchmesser zwischen 45 und 57 mm, die Wandstärken zwischen 3,75 und 6,5 mm die Kubikinhalte zwischen 95 und 162 ccm.

Was zunächst die Wandstärken betrifft, so sind diese wegen der häufig vorkommenden äusseren Einwirkungen fast durchweg zu gering. Dickere Cylinder haben den Vorteil, dass, abgesehen von der an sich grösseren Widerstandsfähigkeit, etwaige Sprünge die Wetterdichtigkeit der Lampe nicht beeinträchtigen. Die Wandstärken sollten aus diesem Grunde mindestens 5 mm, besser 6–8 mm betragen. Die Dimensionen, sowohl Höhe als Weite, sind im Interesse der Durchschlagssicherheit so niedrig zu bemessen, als es die volle Entwickelung und Nutzbarmachung der normalen Flamme irgend gestattet. In dieser Beziehung ist eine Höhe von 60 mm und eine lichte Weite von 48—50 mm als vollkommen ausreichend zu erachten, und es sollten diese Masse in keinem Falle überschritten werden, um so weniger als grössere Dimensionen die Eigenschaften der Lampe nach keiner Richtung hin verbessern, die Sicherheit dagegen erheblich vermindern.

Die bei der Beschaffung von Lampenersatzteilen häufig geübte Sparsamkeit ist bei den Glascylindern besonders übel angebracht. Die Herstellung eines guten Glascylinders erfordert eine so sorgfältige Arbeit, dass zu dem häufig geforderten Preise von 7—8 Pf. je Stück kein zuverlässiges Material zu erhalten ist. Ganz besonders ist bei der Anschaffung darauf zu achten, dass die Glascylinder aus möglichst durchsichtigem, aufs sorgfältigste gekühltem Glase bestehen, dass die Cylinderwände eine überall gleichmässige, nicht zu geringe Dicke besitzen, und dass die Ränder genau horizontal und rechtwinklich zur Achse abgeschliffen sind.

Der Verbrauch von Gascylindern ist im westfälischen Bergbau ein ausserordentlich hoher, denn die Gebrauchsdauer eines Lampenglases beträgt durchschnittlich bei Benzinlampen 18,4, bei Oellampen 34,7 Arbeitsschichten*). Hiernach sind auf jeden unterirdisch beschäftigten Arbeiter pro Jahr bei Benzinbrand 16,3 bei Oelbrand 8,6 Glascylinder zu rechnen, was einen Gesamtverbrauch von rund $2^1/_2$ Millionen Stück pro Jahr gleich-

*) Der grössere Verbrauch an Glascylindern bei Benzinbrand im Vergleich zu Oelbrand ist auf die höhere Temperatur der Benzinflamme zurückzuführen.

kommt. Wenn man nun erwägt, dass Lampencylinder im allgemeinen nur infolge Zerspringens ausgewechselt werden, und dass ein zersprungener Glascylinder den wesentlichen Zweck der Sicherheitslampe vollkommen vereitelt, sobald durch den Bruch Oeffnungen entstehen, so wird man ohne weiteres die Grösse der Gefahr beurteilen können, die mit dem Gebrauche der Sicherheitslampe lediglich infolge des unvermeidlichen Glascylinders verbunden ist.

Glücklicherweise ist die Gefahr jedoch nicht so gross, als es auf den ersten Augenblick scheinen möchte. Denn die Statistik der Schlagwetterzündungen ergiebt, dass in dem sechsjährigen Zeitraum von 1894 bis 1899 im Oberbergamtsbezirk Dortmund von 292 Explosionen nur 5 oder 1,7 % durch das Zerbrechen von Glascylindern entstanden sind. Dieses günstige Verhältnis ist darauf zurückzuführen, dass einfache Sprünge bei guten und nicht zu dünnen Lampengläsern an sich noch ungefährlich sind, Splitterbrüche dagegen im allgemeinen selten vorkommen und, wenn sie eintreten, dem Arbeiter die Gefahr so deutlich vor Augen führen, dass er es an der nötigen Vorsicht selten fehlen lassen wird. Gleichwohl empfiehlt es sich, den Glascylindern die grösste Aufmerksamkeit zuzuwenden und kein Mittel unversucht zu lassen, um die Anzahl der Glasbrüche und die damit verbundene Gefahr nach Möglichkeit herabzumindern.

In letzterer Beziehung wurden nach den Mitteilungen des Berginspektors Kreutz*) auf der Zeche Von der Heydt bei Saarbrücken Versuche mit Jenaer Hartgläsern angestellt, die in Bezug auf die Haltbarkeit dieser Gläser ganz überraschend günstige Resultate lieferten. Denn während auf der genannten Zeche die gewöhnlichen Gläser durchschnittlich nach 16,2 Arbeitsschichten zerbrachen, hatten die Jenaer Hartglascylinder eine durchschnittliche Gebrauchsdauer von 45,2 Arbeitsschichten aufzuweisen, hielten also fast dreimal solange als die gewöhnlichen Lampengläser. Dagegen zeigten sich an den Hartglascylindern Ungleichmässigkeiten in den Dimensionen und Wandstärken, die trotz Aufforderung von dem Fabrikanten nicht beseitigt wurden, und schliesslich dazu führten, die Versuche einzustellen. Auch von anderer Seite ist die ungleichmässige Beschaffenheit der Hartglascylinder, ihre mangelhafte Durchsichtigkeit, die grünliche Färbung und die häufig im Glase vorhandene Streifung getadelt worden. Immerhin sind die wenigstens nach einer Richtung hin so überaus günstigen Erfolge geeignet, zu weiteren Versuchen anzuregen, zumal es kaum einem Zweifel unterliegen kann, dass es dem Fabrikanten schliesslich gelingen wird, die genannten Mängel zu beseitigen, wenn seine Bemühungen in der Aussicht auf einen reichlichen Absatz entsprechende Unterstützung finden.

Neuerdings sind Jenaer Lampengläser, von der Firma Schott

*) Glückauf 1900, No. 1, S. 20.

& Genossen in Jena stammend, auch auf der berggewerkschaftlichen Versuchsstrecke geprüft worden. Lampen, die mit den Gläsern ausgerüstet waren, wurden absichtlich so schief gestellt, dass die Flamme unmittelbar das Glas berührte. Sie wurden ferner abwechselnd sehr hohen und sehr niedrigen Temperaturen ausgesetzt. Auch wurden durch Einblasen brennbarer Schlagwettergemische die Lampenkörbe längere Zeit in Rotglut gehalten. Bei allen diesen Versuchen hielten die Jenaer Gläser Stand, während die gewöhnlichen Gläser sehr bald zersprangen. Infolge dieses günstigen Ergebnisses sind erstere nun auch bereits auf einigen Zechen des rheinisch-westfälischen Industriebezirks in Gebrauch genommen.

Das zur Verminderung der Glascylinderbrüche am meisten angewandte Mittel ist das Einlegen von Compensationsringen, die gleichzeitig dem Zwecke der Abdichtung dienen. Das Verfahren besteht darin, dass zwischen Glascylinder und Lampentopf bezw. Zünddose federnde Messingringe, Asbest-, Leder-, Papp- oder Gummiringe eingeschaltet werden, die bei der Erhitzung des Glases diesem eine Ausdehnung gestatten. Die bislang fast ausschliesslich angewandten Metallringe verlieren durch den Gebrauch ihre federnde Kraft und abdichtende Eigenschaft meist sehr bald; Leder-, Papp- und Gummiringe verbrennen leicht, während die zur Abdichtung, Isolierung und Kompensation sehr gut geeigneten Asbestringe infolge ihres schnellen Verschleisses sich keiner grossen Beliebtheit erfreuen und bisher nur in einigen Tausend Exemplaren verwendet wurden. Um sie widerstandsfähiger zu machen, sind sie neuerdings auf entsprechend geformten Metallringen in der Weise befestigt worden, wie es die Figuren 183 und 184 veranschaulichen.

Bei der Konstruktion Fig. 183 von Friemann & Wolf sind zwei Asbestringe a und a_1 auf einem T-förmig gestalteten Messingring be-

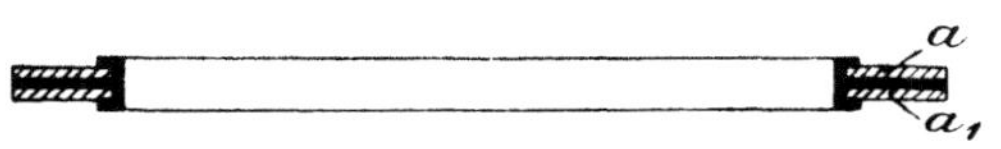

Fig. 183.

Dichtungsring von Friemann & Wolf.

festigt. Dieser Dichtungsring eignet sich für jede Lampenkonstruktion, während die Anordnung von W. Seippel (Fig. 184) nur für Lampen mit aufliegender Zündvorrichtung (z. B. für Seippelsche, Wienpahlsche und Kochsche Lampen) verwendbar ist. Auf dem Deckel d der Zündkapsel ist eine vertikale Ringleiste l durch Anlöten derart befestigt, dass zwischen ihr und dem vorspringenden Rande r der Zündkapsel ein ringförmiger Raum entsteht, in welchen der Dichtungsring a aus Asbest eingelegt wird.

Erwähnt seien hier noch die stählernen Spannringe der Bochumer Metallwarenfabrik (Fig. 185 a und b). Sie werden zwischen den oberen Ge-

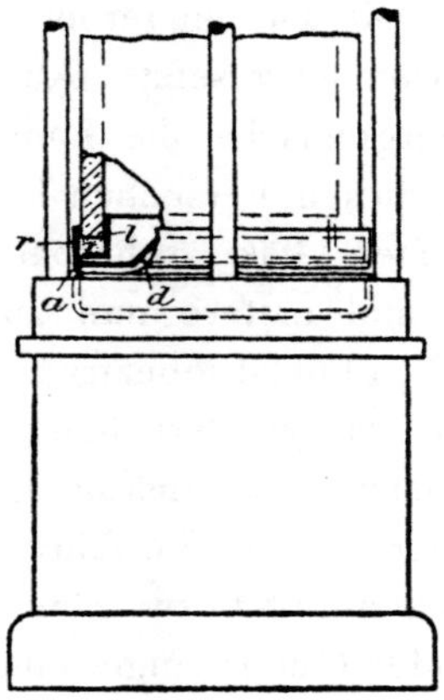

Fig. 184.

Dichtungsring von W. Seippel.

stellring und den Aufsatzring des Korbes eingeschoben, um bei Abnutzung des Schraubengewindes einen festen Verschluss der Lampe zu bewirken.

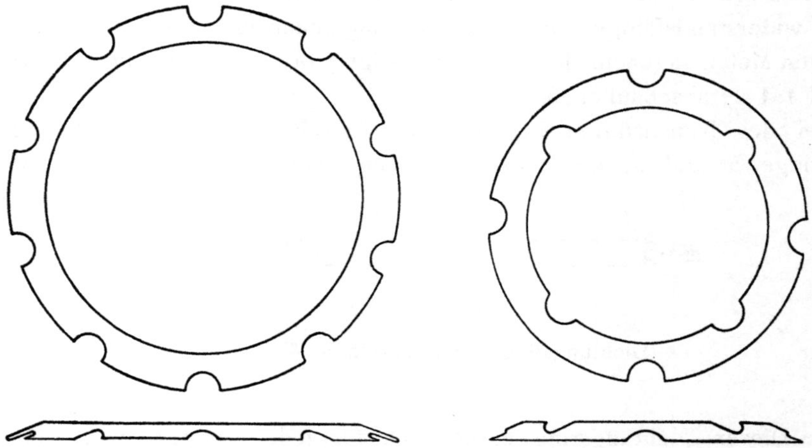

a. Für Lampen mit Doppelkorb. b. Für Lampen mit einfachem Korb.

Fig. 185.

Spannring der Bochumer Metallwarenfabrik.

Eine häufige Ursache der Glasbrüche ist die allzu feste Verschraubung der Lampe, durch welche dem Glascylinder die Möglichkeit, sich beim Erwärmen auszudehnen, trotz der Einschaltung von Kompensationsringen genommen wird. Es ist deshalb zu empfehlen, die Lampe nur so fest zu verschrauben, dass der Glascylinder mit einigem Kraftaufwand noch gedreht werden kann. Den Erfordernissen der Abdichtung kann dessenungeachtet in ausreichendem Masse Rechnung getragen werden.

Um auch zwischen Glascylinder und Drahtkorb eine gute Abdichtung zu haben, werden von W. Seippel ⊔-förmige Messingringe mit Asbesteinlage geliefert, welche in die Aufsatzringe der Drahtkörbe fest eingedrückt sind. Im Übrigen hat man von der Einschaltung eines Abdichtungs- oder Isoliermittels oberhalb des Glascylinders bisher Abstand genommen. Die Frage, ob an dieser Stelle Dichtungsringe zweckmässig sind, ist schwierig zu entscheiden. Dafür sprechen naturgemäss dieselben Gründe, welche auch unterhalb des Glascylinders die Anbringung von Dichtungs- und Kompensationsringen wünschenswert erscheinen lassen, dagegen der Umstand, dass eine direkte Berührung des Glascylinders mit dem gut leitenden Material des meist kühleren Drahtkorbes auf die Abkühlung des ersteren befördernd einwirkt.

IV. Die Drahtkörbe.

1. Allgemeines.

Die über die Drahtkörbe der westfälischen Sicherheitslampen angestellten Ermittelungen haben in Bezug auf die Abmessungen und Eigenschaften derselben überaus grosse Verschiedenheiten ergeben, welche sich keineswegs immer innerhalb der durch die bergpolizeilichen Bestimmungen gezogenen Grenzen bewegen. Nach der Vorschrift der Bergpolizeiverordnung vom $\frac{\text{12. Dezember 1900}}{\text{1. Januar 1902}}$ müssen in Übereinstimmung mit der älteren Verordnung vom $\frac{\text{12. Oktober 1887}}{\text{4. Juli 1888}}$ die Drahtnetze der Sicherheitslampen mindestens 144 gleich grosse Öffnungen je Quadratcentimeter besitzen, während die Drahtstärke nicht weniger als 0,3 und nicht mehr als 0,4 mm betragen darf. Dieser Vorschrift entsprachen die Drahtgewebe allerdings in der Mehrzahl der Fälle, indem die Drahtstärke gewöhnlich 0,33—0,37 mm und die Zahl der Maschen auf 1 qcm 144 beträgt. Hieraus ergiebt sich als Mittelwert eine freie Durchgangsfläche je Quadratcentimeter von 30,9—36,5 qmm und ein Sicherheitsquotient von 7,8—9,5. Im ganzen wechselt dagegen die Drahtdicke von 0,25—0,40 mm, die Zahl der Maschen von 130—196, die freie Durchgangsfläche je Quadratcentimeter von 19,4—51 qmm, der Sicherheitsquotient von 4,5—17,8. Desgleichen schwankt

die Höhe der einfachen Drahtkörbe von 80 bis 110 mm,
der untere Durchmesser derselben von 40 bis 52 mm,
der obere » » » 30 » 46 » ,
die Differenz zwischen unterem und oberem Durchmesser von 0 bis 15 mm.

Ähnliche Unterschiede weisen die doppelten Drahtkörbe auf.

Es schwanken:

die Höhen der Aussenkörbe von 92 bis 110 mm,
die unteren Durchmesser der Aussenkörbe von 44 bis 60 mm,
die oberen » » » » 35 » 55 » ,
die Differenz zwischen unterem und oberem Durchmesser der Aussenkörbe von 0 bis 13 mm.

Ferner die Höhen der Innenkörbe von 75 bis 100 mm,
die unteren Durchmesser der Innenkörbe von 35 bis 50 mm,
die oberen » » » » 27 » 45 » ,
die Differenz zwischen unterem und oberem Durchmesser der Innenkörbe von 3 bis 10 mm.

Endlich schwanken die Abstände zwischen den Deckeln der beiden Drahtkörbe von 4 bis 28 mm,

die seitlichen Abstände zwischen den Korbmänteln unten von 1,0 bis 7,5 mm,
» » » » » » oben » 1,5 » 7,5 » .

Unter diesen Umständen ist es unmöglich, bei der grossen Anzahl der heute in Westfalen gebräuchlichen Lampenformen die Verhältnisse zwischen Inhalt des Glascylinders und demjenigen der ganzen Lampe, sowie zwischen Inhalt und Drahtnetzfläche im einzelnen festzustellen. Es möge daher ein Vergleich zwischen dem kleinsten und dem grössten vorhandenen einfachen Drahtkorbe genügen, um zu zeigen, innerhalb welcher Grenzen sich die für die Leuchtkraft und Sicherheit der Lampe massgebenden Eigenschaften der Drahtkörbe bewegen.

Der kleinste einfache Drahtkorb besass

80 mm Höhe,
40 » unteren } Durchmesser.
34 » oberen }

Der grösste

105 mm Höhe,
52 » unteren } Durchmesser.
44 » oberen }

Hiernach schwankt der Inhalt der einfachen Drahtkörbe von 86 ccm bis 190 ccm und die gesamte Oberfläche von 102 qcm bis 174 qcm. Berechnet man aus der letzteren beispielsweise für ein Drahtgewebe von 144 Maschen und 0,33 mm Drahtdicke die für den Eintritt der frischen Luft und den Austritt der Verbrennungsgase zur Verfügung stehende freie Durchgangsfläche, so findet man, dass dieselbe zwischen 37 und 64 qcm schwankt, während dieselbe Rechnung für die verschiedenen vorhandenen Gewebe sogar Unterschiede von 20 bis 89 qcm ergeben würde. Es sind das sehr bemerkenswerte Verschiedenheiten, welche von grösstem Einfluss auf den Gang der Verbrennung und die Leuchtkraft nicht nur, sondern auch auf die Sicherheit der Lampe sein müssen. Auch werden die Flammenerscheinungen, wenigstens was die Entwickelung der Flamme bei den höheren Prozentsätzen von Grubengas anbetrifft, einigermassen von einander abweichen, sodass die Beseitigung dieser grossen Unterschiede sehr wünschenswert erscheint.

Das für die Lampenkörbe verwendete Material ist teils Eisen- oder Stahl-, teils Messingdrahtgewebe und zwar ist das zahlenmässige Verhältnis derart, dass etwa drei Viertel der im praktischen Gebrauch befindlichen Körbe aus Eisen- oder Stahlgewebe und ein Viertel aus Messinggewebe hergestellt sind. Bei einer grossen Zahl der letzteren ist der Korbdeckel als der von der Hitze der Dochtflamme besonders in Anspruch genommene Teil aus Eisendrahtgewebe angefertigt. In neuerer Zeit werden, zunächst nur versuchsweise, auch Drahtkörbe aus Bronzegewebe benutzt, die im Saarbrücker Bezirk bereits vor einigen Jahren eingeführt wurden und daselbst in Bezug auf Haltbarkeit und Gebrauchsdauer günstige Resultate ergeben haben sollen. Die Bronzekörbe finden vorzugsweise als Aussenkörbe bei Doppelkorblampen Anwendung.

Ferner hat man probeweise Eisendrahtkörbe eingeführt, die galvanisch verzinkt sind. Sie rosten weniger leicht und sind daher wohl haltbarer als die gewöhnlichen Eisendrahtkörbe.

Die Anzahl der mit doppelten Drahtkörben ausgerüsteten Sicherheitslampen betrug im Jahre 1899 nur etwa 20 000 gegenüber 164 000 mit einfachen Körben. Die 20 000 Doppelkörbe verteilen sich auf 45 Zechen und zwar derart, dass 7 Betriebsanlagen (nämlich General Blumenthal I/II und III/IV, Shamrock I/II, Consolidation II, Hibernia, Pluto I und II) ausschliesslich Doppelkörbe anwandten, 20 Betriebsanlagen sie nur für bestimmte Betriebspunkte in Gebrauch hatten und 18 Zechen Doppelkörbe nur versuchsweise benutzten.

Was die Gebrauchsdauer der Drahtkörbe anbetrifft, so ist dieselbe naturgemäss grösseren Schwankungen unterworfen, als diejenige der Glascylinder, schon aus dem Grunde, weil die Entscheidung darüber, ob ein Drahtkorb als abgenutzt anzusehen ist oder nicht, wenn nicht gerade ein Bruch des Gewebes vorliegt, mehr oder weniger von der persönlichen Auffassung des Prüfenden abhängig ist. Die durchschnittliche Gebrauchsdauer der Lampenkörbe schwankt nach Angaben der Zechenverwaltungen zwischen 30 und 400 Schichten und betrug im Durchschnitt sämtlicher Zechen bei einfachen Eisendrahtkörben 117 Schichten und bei einfachen Messingdrahtkörben 102 Schichten.

Zwischen Oel- und Benzinlampen bestehen in dieser Beziehung gleichfalls Unterschiede, indem die Drahtkörbe der ersteren durchschnittlich nach 129 Schichten, die der letzteren infolge der höheren Temperatur der Benzinflamme durchschnittlich nach 111 Schichten unbrauchbar werden.

Für doppelte Drahtkörbe liegen Durchschnittsergebnisse bezüglich der Gebrauchsdauer in grösserem Umfange noch nicht vor. Die Zeche Shamrock I/II, welche seit Anfang des Jahres 1899 doppelte Drahtkörbe allgemein eingeführt hat und für beide Körbe Messinggewebe verwendet, giebt die durchschnittliche Gebrauchsdauer der Innenkörbe zu 63,8 Schichten, die der Aussenkörbe zu 90,15 Schichten an. Diese Ergebnisse stimmen mit denen der Zechen Hibernia, Consolidation II und Pluto, welche teils Eisen-, teils Messinggewebe benutzen, fast genau überein, während die Zeche General Blumenthal für ihre eisernen Innenkörbe eine Gebrauchsdauer von 103 Schichten, für die Aussenkörbe aus Messinggewebe eine solche von 187 Schichten angiebt.

Die Preise der einfachen Drahtkörbe wechseln zwischen 5 und 35 Pf. je Stück und sind bei Messingkörben durchschnittlich etwas höher als bei Eisenkörben. Für doppelte Drahtkörbe werden einschliesslich der Aufsatzringe Preise bis zu 80 Pf. je Stück gezahlt. Es ist ohne weiteres klar, dass bei diesen ausserordentlich grossen Preisunterschieden die Güte der Körbe nicht die gleiche sein kann.

Gegenüber der hohen Bedeutung, welche der Sicherheitslampe bei dem Betriebe einer Schlagwettergrube zukommt, sollte der an und für sich geringfügige Preis der Drahtkörbe keine Rolle spielen. Auch hier muss der Grundsatz gelten, dass nicht dem billigsten, sondern dem besten Angebot der Vorzug zu geben ist. Auch in Bezug auf die Gebrauchszeit der Körbe darf nicht lediglich nach den Grundsätzen der Sparsamkeit verfahren werden. Wenn auf einzelnen Zechen nach deren eigenen Angaben der einzelne Drahtkorb im Durchschnitt 200—400 Schichten auf der Lampe verbleibt, so kann von einer Sicherheit und Brauchbarkeit des Gewebes kaum mehr die Rede sein. Die durchschnittliche Gebrauchsdauer sollte für einfache Drahtkörbe und für Innenkörbe 3 Monate, für Aussenkörbe 4 Monate nicht übersteigen.

In Bezug auf die Dichte der Drahtgewebe haben praktische Erfahrungen in Uebereinstimmung mit den Ergebnissen zahlreicher Versuche zu der Ueberzeugung geführt, dass den Erfordernissen der Sicherheit durch Befolgung der bergpolizeilichen Vorschrift in ausreichendem Masse Rechnung getragen wird, dass also ein Gewebe von 144 Maschen auf 1 qcm und 0,3 bis 0,4 mm Drahtdicke sich am besten bewährt.

2. Die zweckmässigsten Abmessungen der Drahtkörbe.

Ueber die zweckmässigsten Abmessungen der Lampenkörbe sind bereits von der Preussischen Schlagwetterkommission und neuerdings auch auf der berggewerkschaftlichen Versuchsstrecke in Bismarck eingehende Versuche angestellt worden, deren Resultate, soweit sie für die Praxis von Wichtigkeit sind, im Folgenden kurz mitgeteilt werden sollen.

a) Einfache Drahtkörbe.

Bei der Wahl der Korbabmessungen ist naturgemäss in erster Linie den Erfordernissen der Leuchtkraft, in zweiter Linie denjenigen der Sicherheit der Lampe Rechnung zu tragen. Die Versuche mit einfachen Drahtkörben haben nun ergeben, dass die Lichtstärke der Lampe durch das Aufsetzen eines Korbes erst dann Einbusse erleidet, wenn der untere Durchmesser desselben — bei vollständig durch den Aufsatzring bedecktem Korbfuss — unter 36 mm und seine Höhe unter 80 mm herabsinkt. Es sind dieses so geringe Dimensionen, dass sie für die Praxis garnicht in Frage kommen und dass sie selbst von den kleinsten vorhandenen Drahtkörben noch übertroffen werden. Unter diesen Umständen können bei der Bestimmung der Masse des einfachen Korbes die Rücksichten auf die Leuchtkraft ganz ausser Acht gelassen werden und man kann hierbei lediglich nach den Grundsätzen der Sicherheit verfahren.

Als erste Regel ist daher der Konstruktion des Drahtkorbes die Erzielung einer möglichst grossen Drahtnetzoberfläche bei einem möglichst geringen Fassungsraum der Lampe zu Grunde zu legen, d. h. es sind unter Berücksichtigung der gegebenen Verhältnisse die Masse des Korbes so zu wählen, dass das Verhältnis zwischen wirksamer Oberfläche des Korbes in Quadratmillimeter und Inhalt der ganzen Lampe in Kubikmillimeter ein Maximum wird.

Was nun zunächst die Höhe des Drahtkorbes anbetrifft, so ist derselben durch die Erfordernisse der Sicherheit eine obere Grenze nicht gezogen, denn das massgebende Verhältnis zwischen Oberfläche und Inhalt kann sich durch eine Erhöhung des Drahtkorbes nur günstiger gestalten. Die obere Grenze ergiebt sich jedoch von selbst aus der Gesamthöhe der Lampe bezw. des Obergestells, wenn man berücksichtigt, dass zwischen Gestelldeckel und Korbdeckel ein Zwischenraum von mindestens 10 mm verbleiben muss, damit zu jeder Zeit auch während des Gebrauches eine Kontrolle des Drahtkorbes möglich ist.

Nimmt man also die Höhe und das für die Sicherheit nicht wesentliche Verjüngungsverhältnis des Drahtkorbes sowie die Dimensionen des Glascylinders als feststehend an, so lässt sich der untere Durchmesser des Drahtkorbes in einfacher Weise berechnen. Wie dies zu geschehen hat, möge an einem Beispiel gezeigt werden.

Es sei R der zu ermittelnde untere Halbmesser des Drahtkorbes, ferner:

60 mm die Höhe des Glascylinders, die durch den Aufsatzring um 5 mm, also auf 65 mm vermehrt werden möge,
50 mm die lichte Weite des Glascylinders,
105 mm die Höhe des Drahtkorbes, die durch den Aufsatzring um 5 mm, also auf 100 mm vermindert wird,
4 mm die gewählte Differenz zwischen unterem und oberem Halbmesser des Drahtkorbes.

Dann ist die nutzbare Oberfläche des Korbmantels (also ausschliesslich Aufsatzring)

$$= \left[R + (R - 4)\right] \pi \frac{100}{\cos 2^\circ\, 17'\, 20''} \text{ qmm}$$

Die Fläche des Korbdeckels

$$= (R - 4)^2 \pi \text{ qmm.}$$

Der Inhalt des Glascylinders einschliesslich Aufsatzring

$$= 25^2 \pi . 65 \text{ cbmm.}$$

Der Inhalt des Drahtkorbes ausschliesslich Aufsatzring

$$= \left[R^2 + R(R - 4) + (R - 4)^2\right] \pi \frac{100}{3} \text{ cbmm.}$$

Demnach ist das Verhältnis zwischen Oberfläche des Drahtkorbes und Inhalt der ganzen Lampe

$$y = \frac{\left[R + (R - 4)\right] \pi \frac{100}{\cos 2^\circ\, 17'\, 20''} + (R - 4)^2 \pi}{25^2 \pi . 65 + \left[R^2 + R(R - 4) + (R - 4)^2\right] \pi \frac{100}{3}}$$

$$y = \frac{(2R - 4)\, 100{,}08 + R^2 - 8R + 16}{40625 + 100R^2 - 400R + 533}$$

$$y = \frac{R^2 + 192{,}16R - 384{,}32}{100R^2 - 400R + 41158}$$

Es ist nun zu ermitteln, für welchen Wert von R die Funktion

$$y = \frac{R^2 + 192{,}16R - 384{,}32}{100R^2 - 400R + 41158}$$

ein Maximum wird. Dies geschieht im vorliegenden Falle für denjenigen Wert von R, für welchen die Ableitung $\frac{d\,y}{d\,R}$ gleich Null wird, indem eine Prüfung, ob es sich um ein Maximum oder Minimum handelt, hier nicht erforderlich ist. Also:

$$\frac{d\,y}{d\,R} = \frac{2\,R + 192{,}16}{R^2 + 192{,}16\,R - 384{,}32} - \frac{200\,R - 400}{100\,R^2 - 400\,R + 41158} = 0$$

$$(2\,R + 192{,}16)\,(100\,R^2 - 400\,R + 41158)$$

$$- (200\,R - 400)\,(R^2 + 192{,}16\,R - 384{,}32) = 0$$

$$200\,R^3 - 800\,R^2 + 82\,316\,R + 19\,216\,R^2 - 76\,864\,R + 7\,908\,922$$

$$- 200\,R^3 - 38\,432\,R^2 + 76\,864\,R + 400\,R^2 + 76\,864\,R - 153\,728 = 0.$$

$$19\,616\,R^2 - 159\,180\,R = 7\,755\,194$$

$$R^2 - 8{,}1148\,R = 395{,}35$$

$$(R - 4{,}0574)^2 = 395{,}35 + 16{,}462 = 411{,}812$$

$$R - 4{,}0574 = 20{,}293$$

$$R = 24{,}35 \text{ mm.}$$

Das Verhältnis zwischen Oberfläche des Drahtkorbes und Inhalt der Lampe wird demnach ein Maximum, wenn R = 24,35 mm ist. Mit anderen Worten: Die für die Sicherheit der Lampe vorteilhafteste untere Korbweite ist gleich 48,7 mm oder rd. 49 mm, unter der Voraussetzung, dass

1. der Glascylinder eine Höhe von 60 mm und eine lichte Weite von 50 mm besitzt und dass
2. der Drahtkorb 105 mm hoch ist und sein Durchmesser sich um 8 mm nach oben verjüngt.

Jede Aenderung dieser Voraussetzungen bedingt naturgemäss auch einen anderen Wert von R, der indessen für jeden einzelnen Fall nach dem vorstehenden Beispiel mit Leichtigkeit berechnet werden kann. So werden beispielsweise die Durchmesser des Korbes um so geringer sein dürfen, je höher der Korb ist, während umgekehrt mit wachsendem Inhalt des Glaszylinders auch die Korbweite zunehmen muss, und stärker konische Korbformen ebenfalls grössere untere Durchmesser erfordern.

Praktisch lassen sich die Regeln für die Konstruktion des einfachen Drahtkorbes wie folgt zusammenfassen:

1. Der Drahtkorb soll so hoch wie möglich sein, mindestens aber muss seine Höhe 95 mm betragen.
2. Sein unterer Durchmesser muss mit der lichten Weite des Glascylinders annähernd übereinstimmen und darf höchstens um 2 mm hinter derselben zurückbleiben.
3. Die Differenz zwischen unterem und oberem Durchmesser darf 10 mm nicht überschreiten.

Bei der Beurteilung der Frage, ob für einfache Drahtkörbe Eisen- oder Messinggewebe vorzuziehen sind, kommt in Betracht, dass die letzteren infolge ihrer grösseren Wärmeleitungsfähigkeit eine um 2—3 % höhere Lichtwirkung ergeben als Eisengewebe und dass Messing der Einwirkung saurer oder salziger Wasser besser widersteht als Eisen. Dagegen sind die Eisendrahtgewebe den Messingdrahtgeweben in Bezug auf die Durchblasesicherheit entschieden überlegen, und diesem Nachteil gegenüber müssen die praktischen Vorzüge der Messinggewebe in den Hintergrund treten. Ihr Gebrauch ist daher bei Lampen mit einfachem Drahtkorbe, bei denen die Frage der Vermehrung der Leuchtkraft keine wesentliche Rolle spielt, nur dann zu rechtfertigen, wenn die Verhältnisse der Grube unbedingt dazu zwingen.

b) Doppelte Drahtkörbe.

Durch das Aufsetzen oder Einsetzen eines zweiten Drahtkorbes wird die Leuchtkraft der Lampe in jedem Falle vermindert. Die Lichtabnahme kann bis zu 30 % der ursprünglichen Leuchtkraft der Lampe betragen, durch zweckmässige Wahl der Korbformen jedoch bis auf 3 % herabgemindert werden.

Unter diesen Umständen wird man bei der Bestimmung der Korbabmessungen in erster Linie und fast ausschliesslich auf die Erzielung einer möglichst hohen Lichtstärke bedacht sein müssen, den Erfordernissen der Sicherheit aber nur insoweit Rechnung zu tragen haben, als sie sich mit denen der Leuchtkraft in Einklang bringen lassen.

Die Ergebnisse der Untersuchungen, die nach dieser Richtung hin auf der berggewerkschaftlichen Versuchsstrecke angestellt worden sind, lassen sich zu folgenden einfachen Grundsätzen zusammenfassen:

α) In Bezug auf die Leuchtkraft.

1. Je grösser die wirksame Drahtnetzoberfläche des Aussenkorbes ist, um so höhere Lichtstärken können erzielt werden. Doch bedarf dieser Grundsatz insofern einer Einschränkung, als die höchste Leuchtkraft einer Doppelkorblampe bereits erreicht werden kann, wenn die untere Weite des Aussenkorbes 53 mm und seine Höhe 100 mm beträgt.

2. Der Innenkorb vermindert die Leuchtkraft erst dann, wenn seine untere Weite unter 36 mm und seine Höhe unter 90 mm herabsinkt.

3. Je mehr sich der Deckel des Innenkorbes der Dochtflamme nähert, um so dunkler brennt dieselbe.

4. Die Lichtstärke einer Lampe wächst mit zunehmendem seitlichen Abstande zwischen den Korbmänteln; doch kann die höchste Leuchtkraft bereits mit einem Abstande von 8—9 mm erreicht werden. Darüber hinaus findet keine Zunahme der Lichtstärke mehr statt.

β) In Bezug auf die Durchblasesicherheit der Lampe.

1. Unter sonst gleichen Verhältnissen, d. h. gleichen Abständen zwischen Innenkorb und Aussenkorb, ist die Durchblasesicherheit um so grösser, je geringer der Durchmesser des Innenkorbes ist.

2. Ein grosser Abstand zwischen den Deckeln der Körbe ist für die Durchblasesicherheit nachteilig, und zwar lassen Abstände von 8 mm bereits deutlich einen ungünstigen Einfluss erkennen.

3. Die Durchblasesicherheit wächst mit zunehmendem seitlichen Abstande zwischen den beiden Korbmänteln bis zu etwa 8 mm, um hierauf wieder zu sinken.

4. Die höchste Durchblasesicherheit besitzt — gleiche Abmessungen vorausgesetzt — eine Zusammenstellung, bei welcher der Innenkorb aus Eisen-, der Aussenkorb aus Messing- oder Bronzegewebe besteht. Hierauf folgen doppelte Eisendrahtkörbe, dann doppelte Messingdrahtkörbe und an letzter Stelle Doppelkörbe, deren Innenkorb aus Messing- und deren Aussenkorb aus Eisendrahtgewebe hergestellt ist.

Messinggewebe sind infolge ihrer leichten Schmelzbarkeit für Innenkörbe nicht gut geeignet, weil letztere im bewegten brennbaren Schlagwettergemisch einer sehr hohen Temperatur ausgesetzt sind. Dagegen tritt der Vorzug des Messinggewebes, die Wärme besser zu leiten, sehr vorteilhaft in die Erscheinung, wenn es für den Aussenkorb verwendet wird. Das Messinggewebe ist besser als das Eisengewebe imstande, die bei grossem Mantelabstande an sich schon verhältnismässig geringe Wärmemenge abzuleiten, welche auf den Aussenkorb übertragen wird. Infolge des lebhafteren Wärmeausgleiches aber muss dann selbstverständlich auch die Erhitzung des Innenkorbes eine geringere und hiermit die Sicherheit eine höhere sein. Die ungünstigste Zusammenstellung ist daher diejenige, bei welcher der Aussenkorb aus Eisen-, der Innenkorb aus Messinggewebe hergestellt ist, weil in diesem Falle der Innenkorb unter dem Einfluss des die Wärme schlechter leitenden eisernen Aussenkorbes besonders leicht zusammenschmilzt und dann die Sicherung der Lampe allein dem Aussenkorb überlassen bleibt.

Nach Massgabe der vorstehenden Grundsätze lassen sich für die Konstruktion doppelter Drahtkörbe folgende Regeln ableiten:

1. Für die volle Entwickelung der Dochtflamme ist eine untere Weite des Innenkorbes von 38 mm als ausreichend zu erachten. Dieses Mass darf aber auch im Interesse der Sicherheit nicht, oder wenigstens nicht erheblich überschritten werden.

2. Die Höhe des Aussenkorbes muss so gross wie möglich sein, mindestens aber 100 mm betragen. Die obere Grenze ergiebt sich von

selbst aus der Höhe des Lampengestells unter Berücksichtigung des Umstandes, dass zwischen Gestelldeckel und Korbdeckel ein Abstand von mindestens 10 mm für die Abführung der Verbrennungsprodukte und die Ausübung der Kontrolle verbleiben muss.

3. Für den unteren Durchmesser des Aussenkorbes sind die beiden Grenzwerte 53 und 60 mm, wobei zu beachten ist, dass durch Annäherung an die untere Grenze mehr den Anforderungen der Sicherheit durch Annäherung an die obere Grenze mehr den Erfordernissen der Leuchtkraft Rechnung getragen wird.

4. Der Abstand zwischen den beiden Korbdeckeln darf 7 mm nicht übersteigen, soll aber auch nicht bis zur unmittelbaren Berührung vermindert werden.

5. Die beiden Korbmäntel müssen annähernd parallel verlaufen.

6. Der seitliche Abstand zwischen den Korbmänteln muss mindestens 7 mm betragen und darf 11 mm nicht übersteigen. Die höchste Sicherheit liegt bei etwa 8 mm Mantelabstand.

7. Die konische Korbform ist der cylindrischen vorzuziehen, weil die in der Lampe sich abspielenden Vorgänge unten einen weiteren Durchmesser erfordern als oben. Die Abnahme der Korbweite nach oben soll indessen 8 mm nicht übersteigen, damit die Oberfläche des Korbes nicht mehr als unbedingt erforderlich ist, vermindert wird.

8. Für den Aussenkorb ist zweckmässig Messing- oder Bronzegewebe, für den Innenkorb Eisengewebe zu verwenden. Doppelte Eisen- und doppelte Messinggewebe besitzen eine mittlere Sicherheit und sind daher ebenfalls als zulässig zu erachten. Dagegen sind Doppelkörbe, deren Aussenkorb aus Eisen und deren Innenkorb aus Messinggewebe besteht, unzweckmässig und daher vom Gebrauche auszuschliessen.

9. Die Umbördelungen am Deckel und an der Seite des Korbes, sowie die Aufsatzringe, sind zur Erzielung einer möglichst grossen Drahtnetzoberfläche so knapp zu bemessen, als es eine dauerhafte und dichte Verbindung des Gewebes nur eben gestattet.

10. Für die volle Entwickelung der Dochtflamme ist es unbedingt erforderlich, dass der den Innenrand des Glascylinders überragende Teil der unteren Umbördelung des Innenkorbes — das Stück c—d in Fig. 186 und 187 vom Aufsatzringe nicht bedeckt wird, sodass dieser für die Zuführung der Verbrennungsluft besonders wichtige Teil des Drahtgewebes für die Luftzirkulation nutzbar gemacht wird.

Die in den Figuren 186 und 187 in halber natürlicher Grösse dargestellten Doppelkörbe sind unter Berücksichtigung der vorstehenden Regeln für eine lichte Glascylinderweite von 50 mm konstruiert. Sie besitzen folgende Abmessungen:

Fig. 186.

Höhe des Aussenkorbes	104 mm
Unterer Durchmesser des Aussenkorbes	55 »
Oberer » » »	57 »
Höhe des Innenkorbes	98 »
Unterer Durchmesser des Innenkorbes	38 »
Oberer » » »	34 »

Fig. 186. *Fig. 187.*
Doppelkörbe für Glascylinder von 15 mm Weite.

Fig. 187.

Höhe des Aussenkorbes	104 mm
Unterer Durchmesser des Aussenkorbes	60 »
Oberer » » »	53 »
Höhe des Innenkorbes	98 »
Unterer Durchmesser des Innenkorbes	38 »
Oberer » » »	32 »

Die Frage ob für die Sicherheit des Betriebes der Schlagwettergruben der einfache Drahtkorb ausreichend ist oder die Anwendung doppelter Drahtkörbe geboten erscheint, wird am besten und unzweideutigsten durch die Explosionsstatistik beantwortet. In dem 6jährigen Zeitraum von 1894 bis einschliesslich 1899 haben sich im Oberbergamtsbezirk Dortmund 292

Schlagwetterexplosionen ereignet, die nach ihren teils mit Bestimmtheit, teils mit mehr oder minder grosser Wahrscheinlichkeit festgestellten Ursachen geordnet hierunter aufgezählt werden mögen.

Schlagwetterexplosionen in den Jahren 1894–1899.

Tabelle 12.

Unmittelbare Veranlassung der Explosion	Anzahl der Fälle	Prozent
1. Schiessarbeit	62	21,2
2. Grubenbrand	2	0,6
3. Funkenreissen durch niedergehendes Gestein, sowie beim Schrämen	2	0,6
4. Gebrauch offener Grubenlichter	22	7,5
5. Benutzung von Feuerzeug	16	5,4
Summe 1—5	104	35,6
6. Unbefugtes Oeffnen der Sicherheitslampe	21	7,1
7. Zertrümmerung der Sicherheitslampe	20	6,8
8. Springen des Glascylinders der Sicherheitslampe	5	1,7
9. Ankleben brennbarer Substanz am Drahtnetze der Sicherheitslampe	1	0,3
10. Undichte Verschraubung und sonstige Mängel der Sicherheitslampe	17	5,8
Summe 6—10	64	21,9
11. Durchschlagen der Zündpille	6	2,0
12. Durchschlagen der Sicherheitslampe infolge unvorsichtiger Bewegung	78	26,7
13. Durchschlagen der Sicherheitslampe aus unbekannten Ursachen	18	6,1
14. Erglühen des Drahtkorbes oder Durchblasen der Sicherheitslampe	22	7,5
Summe 11—14	124	42,5
Summe 6—14	188	64,4
Gesamtzahl der Fälle	292	100

Es haben also im Oberbergamtsbezirk Dortmund von den stattgehabten Explosionen 64,4 % oder annähernd zwei Drittel (Ziffer 6—14) ihre Entstehung in der Sicherheitslampe, in deren Beschaffenheit und Behandlung gefunden. 21,9 % (Ziffer 6—10) verdanken ihre Entstehung mehr oder weniger gewaltsamen, sowie zufälligen Vorgängen, welche mit der Sicherheit der Lampe in keinem direkten Zusammenhang stehen, dagegen sind 42,5 % (Ziffer 11—14) oder — unter Hinzurechnung eines Teils der bei Ziffer 10 genannten Fälle — annähernd die Hälfte sämtlicher Explosionen lediglich auf die Schwäche des Drahtkorbes zurückzuführen. Dabei ist zu bemerken, dass die Zahl der mit doppelten Drahtkörben versehenen Lampen in der Zeit von 1894—1899 wie auch heute noch verhältnismässig so gering war, dass ihr Einfluss in der Statistik sich nicht wesentlich geltend machen kann.

Die vorstehenden Zahlen beweisen demnach, dass eine Verminderung der Gefahren aus dem Vorkommen schlagender Wetter durch kein Mittel wirksamer herbeigeführt werden kann, als durch eine Verstärkung des Drahtgewebes der Sicherheitslampe, als welche zunächst nur der doppelte Drahtkorb in Frage kommen kann. Namentlich wird dieser Satz Anwendung finden müssen auf die grosse Menge der kleineren Explosionen, welche zwar wegen der geringen Anzahl der im Einzelfalle geforderten Opfer nicht so sehr in die Augen springen wie die Massenexplosionen, die aber doch wegen der Häufigkeit ihres Vorkommens den Hauptteil der Verunglückungen durch schlagende Wetter liefern.

Dass aber der doppelte Drahtkorb für die Verstärkung der Sicherheit das geeignetste Mittel darstellt, ist nicht nur durch zahlreiche Versuche, sondern nachdem nunmehr auf einzelnen Zechen eine mehrjährige Erfahrung vorliegt, auch durch die Praxis bestätigt worden. In dieser Beziehung muss zunächst hervorgehoben werden, dass die Sicherheit gegen das Durchblasen der Lampe bei doppelten Drahtkörben eine zwei- bis dreimal so grosse ist als bei einfachen Körben, indem erstere im Versuchsapparat explosiven Gasströmen von 10—11 m/Sek. Geschwindigkeit noch widerstehen, während die einfachen Körbe bereits bei 4 m/Sek. unsicher werden.

In der Grube werden sich selbstverständlich die Explosionsgrenzen der Lampenkörbe etwas niedriger stellen, weil die grössere Dichte und die meist höhere Temperatur der Grubenluft, sowie die Möglichkeit, dass die Lampe selbst im Augenblick der Gefahr bewegt werden kann, entschieden gefahrvergrössernd wirken. Immerhin wird aber das Verhältnis zwischen der Sicherheit des einfachen Korbes und derjenigen des Doppelkorbes auch in der Grube dasselbe bleiben wie im Versuchsapparat, und es kann daher keinem Zweifel unterliegen, dass der doppelte Drahtkorb in einer grossen Zahl von Fällen noch einen sicheren Schutz gewährt, in denen der einfache Korb bereits längst versagen würde.

Noch mehr aber wird die höhere Sicherheit des Doppelkorbes gegenüber der Durchschlagsgefahr — d. h. in den Fällen von Schlagwetterzündungen, welchen ein Erglühen des Drahtkorbes nicht vorhergeht, — in der Explosionsstatistik sich geltend machen müssen. Denn in dieser Statistik nehmen stets die Durchschläge den breitesten Raum ein. In anbetracht der grossen Gefahr des Durchschlagens der Lampe muss die Anwendung eines zweiten Drahtnetzes schon deshalb für zweckmässig erachtet werden, weil die geringste Unvollkommenheit oder die leichteste Beschädigung des einfachen Netzes, welche dem unbewaffneten Auge kaum erkennbar sind und der gewöhnlichen Aufmerksamkeit entgehen, den wesentlichsten Zweck der Sicherheitslampe vollständig vereiteln.

Kein Bergmann wird daran zweifeln, dass das übliche Abprobieren mit kleiner Flamme in der Hand eines mit schlagenden Wettern vertrauten Arbeiters und mit einer guten Lampe eine sehr einfache und ungefährliche Sache ist. Wenn gleichwohl die Zahl der beim Abprobieren vorgekommenen und durch unvorsichtige Bewegung herbeigeführten Schlagwetterzündungen eine ausserordentlich grosse ist, so geht daraus hervor, dass man in der Praxis mit einer sachgemässen Handhabung der Lampe und mit fehlerfreien Drahtkörben eben nicht rechnen kann. Nichts liegt daher näher als diese in der Schwäche des Menschen und in der Natur der Verhältnisse begründeten Mängel durch eine verstärkte Einrichtung der Sicherheitslampe selbst wieder auszugleichen.

Dass aber die Durchschlagsicherheit der doppelten Drahtkörbe eine mehrfach grössere ist als die des einfachen Korbes, ergiebt sich auch aus der durch Versuche festgestellten Thatsache, dass selbst die gefährlichsten Zündvorrichtungen unter Doppelkörben keine Durchschläge mehr liefern.

Gegenüber der höheren Sicherheit des Doppelkorbes müssen die kleinen Nachteile desselben mit in den Kauf genommen werden.

Dass die Leuchtkraft neuer oder frisch gereinigter Benzinlampen durch günstig zusammengestellte Doppelkörbe nur um zirka 3 % vermindert wird, ist bereits oben erwähnt worden. Der Unterschied ist so gering, dass er durch Höherstellung des Dochtes ohne weiteres ausgeglichen werden kann. Die hohe Leuchtkraft lässt sich aber auch dauernd aufrecht erhalten, wenn für eine gute Reinigung und Pflege der Lampe, für rechtzeitige Erneuerung der Drahtkörbe, des Dochtes und der Topfwatte, sowie für ein gutes Leuchtmaterial Sorge getragen wird. In letzterer Beziehung ist selbstverständlich dem Benzin vor dem Oel der Vorzug zu geben.

Der weitere Vorwurf, dass unter einem doppelten Drahtkorb die Innenzündungen erheblich schlechter funktionieren, mag für minderwertige Zündvorrichtungen zutreffen, bei guten Zündapparaten ist der Unterschied so gering, dass er gegenüber der höheren Sicherheit des Doppelkorbes nicht ins Gewicht fallen kann.

So betrug auf den Zechen General Blumenthal und Shamrock I/II, welche ausschliesslich Wolfsche Benzinlampen mit Doppelkorb verwenden, die durchschnittliche Verbrauchsdauer von 1 Gross Paraffinzündstreifen rund 400 Schichten, während beispielsweise auf der Zeche Graf Bismarck, wo dieselben Lampen aber mit einfachem Drahtkorb in Anwendung stehen, 1 Gross Paraffinzündstreifen in 509 Schichten aufgebraucht wurde.

V. Die Aufsatzringe.

Zur Verbindung zwischen Drahtkorb und Glascylinder dienen fast ausschliesslich die gewöhnlichen Aufsatzringe aus Messingblech, die entweder lose über den Drahtkorb geschoben oder an demselben mittels

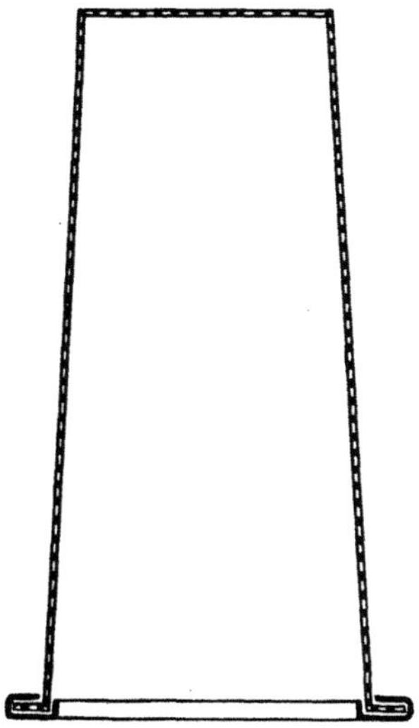

Fig. 188.
Aussenkorb mit Aluminiumringeinfassung.

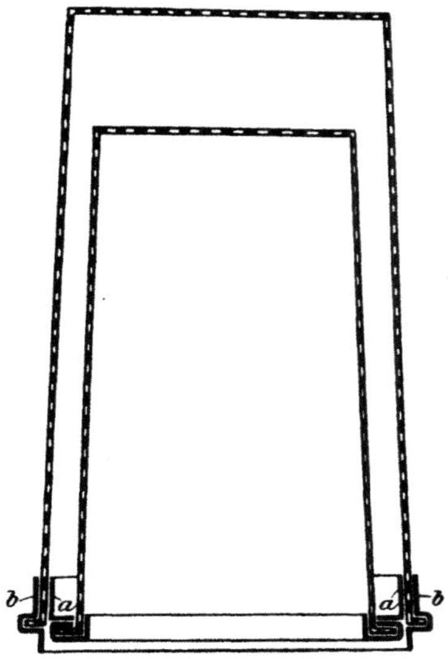

Fig. 189.
Meyerscher Aufsatzring für Doppelkörbe.

kleiner Nieten befestigt werden. Die untere Umbördelung des Drahtkorbes kommt dabei direkt auf den Oberrand des Glascylinders zu liegen. Um an der Berührungsstelle zwischen Glascylinder und Korbfuss eine bessere Abdichtung herzustellen, versieht die Firma Friemann & Wolf neuerdings den letzteren mit einer Aluminiumringeinfassung, wie sie in Figur 188 dargestellt ist.

Die gewöhnlichen Aufsatzringe werden sowohl für einfache wie für doppelte Drahtkörbe verwendet, haben im letzteren Falle aber zur Voraussetzung, dass die untere Weite des Aussenkorbes mindestens um 5 mm geringer ist als der äussere Durchmesser des Glascylinders. Um weitere Aussenkörbe verwenden zu können, sind besondere Ringkonstruktionen erforderlich, deren gebräuchlichste Formen in den Figuren 189 bis 191 dargestellt sind. Der Meyersche Aufsatzring (Fig. 189), hergestellt von der

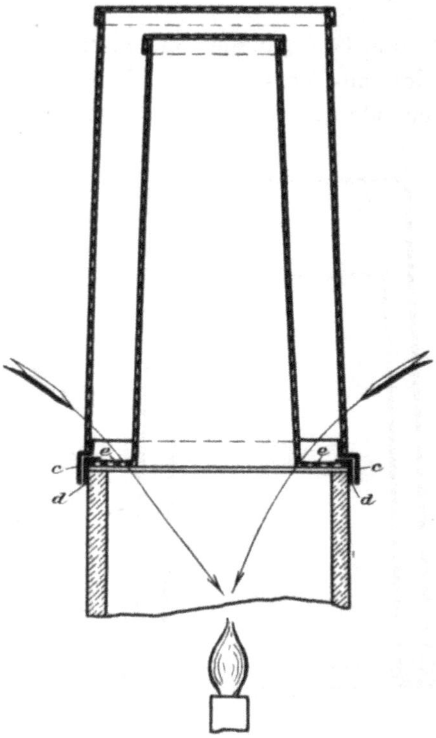

Fig. 190.

Aufsatzring für Doppelkörbe.
(W. Seippel.)

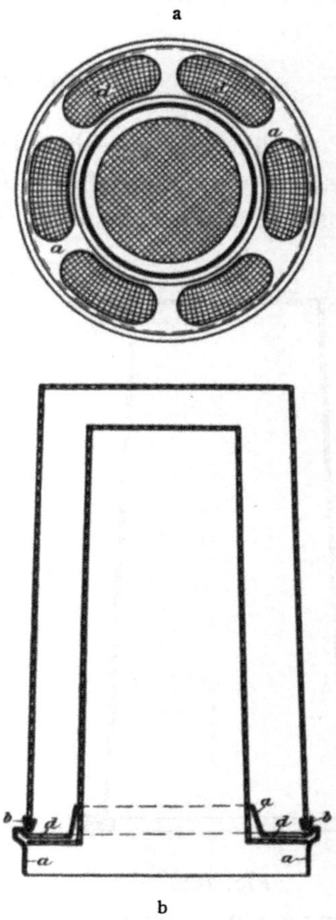

Fig. 191.

Aufsatzring für Doppelkörbe.
(Bochumer Metallwarenfabrik.)

Firma Friemann & Wolf, ist mit dem Aussenkorb fest verbunden und besteht aus zwei Teilen, einem inneren Winkelring a als Widerlager für den Innenkorb und Glascylinder und einem ⅂ förmig gebogenen äusseren Blechring b, dessen horizontaler Teil von dem Gestellmittelring überdeckt wird.

Bei der Seippelschen Anordnung (Fig. 190) ist der Aussenkorb an einen den gewöhnlichen Aufsatzringen ähnlichen Winkelring c angelötet, welcher mit seinem horizontalen Teil unter den Gestellmittelring zu liegen kommt. Der mit der unteren Umbördelung des Innenkorbes fest verbundene Winkelring d überdeckt mit seinem horizontalen Teil nur das Lampenglas, sodass der überragende Teil e des Korbfusses für die Luftzuführung frei bleibt.

Den gleichen Zweck, neben der Verwendung weiter Aussenkörbe den Fuss des Innenkorbes für die Luftcirkulation nutzbar zu machen, verfolgt die Ringkonstruktion der Bochumer Metallwarenfabrik in Bochum. Dieselbe ist in Fig. 191 a und b im Schnitt und in der Draufsicht unter Fortlassung des Aussenkorbes dargestellt. d sind Aussparungen des Innenkorbringes a, welche in Fig. 191 a den Fussrand des Innenkorbes sichtbar werden lassen und den Zutritt der frischen Luft zur Dochtflamme gestatten. b ist der Aussenkorbring, welcher sich beim Zusammenstellen der beiden Körbe gegen den hoch gebördelten Rand des Ringes a anlegt, wodurch eine seitliche Verschiebung der beiden Körbe gegen einander vermieden wird.

VI. Die Zündvorrichtungen.

1. Allgemeines.

Da die Sicherheitslampe beim Gebrauch unter Tage je nach ihrer Konstruktion, nach der geringeren oder grösseren Sorgfalt, mit der sie behandelt wird, sowie nach der Art des angewandten Brennstoffs mehr oder minder leicht erlischt, da ferner bei zunehmendem Grubengasgehalt in der Regel ein Selbsterlöschen erfolgt, so genügt das einmalige Anzünden der Lampe über Tage vor der Anfahrt nicht, sondern es müssen Einrichtungen getroffen werden, welche ein gefahrloses Wiederanzünden unter Tage ermöglichen. Die für die Sicherheit des Grubenbetriebes ausserordentlich bedeutungsvolle Frage über die Art des Wiederanzündens der unter Tage erloschenen Lampen, hat durch die Zündvorrichtungen eine im allgemeinen befriedigende Lösung gefunden.

Mit der Einführung der Innenentzündung, welche ein Wiederanzünden der Lampe in geschlossenem Zustande ermöglicht, haben die Lampenstationen und Reservelampen in der Grube erheblich an Bedeutung verloren; denn während man früher darauf angewiesen war, jede erloschene Lampe gegen eine brennende auszutauschen bezw. die erloschene Lampe an einem ungefährlichen Punkte zu öffnen, anzuzünden und wieder zu verschliessen, sollen heute die Reservelampen nur für zertrümmerte oder aus irgend einem Grunde unbrauchbar gewordene Lampen Ersatz bieten. Die Anzahl der in die Grube mitgeführten Ersatzlampen ist dementsprechend heute auch allenthalben erheblich geringer als früher.

Was die Anzahl der in einer Schicht erlöschenden Lampen anbetrifft, so ist durch sorgfältige Ermittelungen festgestellt worden, dass auf eine Lampenschicht bei Oelbrand 8, bei Benzinbrand 16,5 Zündpillen durchschnittlich verbraucht werden; hieraus ergiebt sich, dass, selbst wenn man $^3/_4$ der verbrauchten Pillen auf Versager und unbenutzt gebliebene Zündstreifenreste rechnet, jede Oellampe durchschnittlich zweimal und jede Benzinlampe durchschnittlich viermal in der Schicht erlischt.

Wenn es auch schwierig ist, nach dieser Richtung ganz zuverlässige Ermittelungen anzustellen, so geht doch soviel aus den angeführten Zahlen hervor, dass das Erlöschen recht häufig vorkommt, und dass ganz besonders mit der Einführung des Benzins als Leuchtstoff die Zündvorrichtungen zu einem wesentlichen und unumgänglichen Bestandteil der Sicherheitslampe geworden sind.

Gegen die Anwendung der Zündvorrichtungen, deren älteste Konstruktionen ausschliesslich Perkussionszündungen waren, wurden anfangs von vielen Fachleuten, z. B. auch von der Preussischen Schlagwetterkommission erhebliche Bedenken geltend gemacht*). Man führte an, dass die Zündvorrichtung im Verein mit dem Benzinbrande die Durchschlagsicherheit der Lampe wesentlich vermindere und war in der Lage, diese Ansicht auf eine Reihe von Schlagwetterexplosionen zu stützen, die sich im Saarbrücker und Rheinisch-Westfälischen Bezirk zugetragen hatten und teils mit Bestimmtheit, teils mit grosser Wahrscheinlichkeit auf den Gebrauch der Zündvorrichtung in ordnungsmässigen Benzinlampen zurückzuführen waren. Dass sich derartige Explosionen ereignet haben, kann allerdings nicht bestritten werden, ihre Zahl ist aber im Laufe der Jahre infolge der mannigfachen Verbesserungen an den Zündvorrichtungen und namentlich seit der Einführung der Paraffinzündbänder erheblich geringer geworden. Auch wird man bei Beurteilung der Frage über die Zweckmässigkeit der Innenzündungen zu berücksichtigen haben, dass die Fälle, in denen Bergleute ihre Rettung der Zündvorrichtung verdanken, unendlich viel zahlreicher sind, als die wenigen Verletzungen und Todesfälle durch Explosionen, welche von der Zündvorrichtung ihren Ausgang genommen haben oder durch sie veranlasst werden können. Es darf ferner nicht übersehen werden, dass beim Vorhandensein einer guten Zündvorrichtung der Bergmann viel seltener Veranlassung hat, die Lampe zu öffnen als ohne dieselbe, und dass ohne Zweifel auch hierdurch eine gewiss nicht geringe Anzahl von Schlagwetterzündungen vermieden wird.

Alles in allem sind die Vorteile der Innenzündung gegenüber ihren

*) Vergl. Schondorff, Perkussionszündung und Benzinlampen. Zeitschr. f. d. B., H. u. S. 1887 S. 331 ff.; ferner Knopp: Die Schlagwetterexplosion auf Grube Langenberg. Glückauf 1887 No. 39, sowie Anlage zum Hauptbericht der Preuss. Schlagwetterkommission Band III S. 186.

Nachteilen so überwiegend, dass ihre Beibehaltung und weitere Einführung bei dem heutigen Stande der Beleuchtungsfrage als selbstverständlich angesehen werden muss. Die Bergpolizeiverordnung vom $\frac{12.\ \text{Dezember}\ 1900}{1.\ \text{Januar}\ 1902}$ hat dementsprechend auch die innere Zündvorrichtung für alle Sicherheitslampen vorgeschrieben.

2. Einteilung der Zündvorrichtungen und Sicherheit derselben.

Je nachdem die Zündapparate in Aussparungen des Lampentopfes oder ganz ausserhalb desselben untergebracht sind, unterscheidet man *hochstehende* und *aufliegende* Zündvorrichtungen. Die ferner übliche Einteilung der Zündvorrichtungen in *Schlag-* und *Reib*zündungen ist nur bezeichnend für die Konstruktion der Vorrichtung und die Art, wie die Zündpille zur Entzündung gebracht wird, nicht aber für die Sicherheit gegen die Durchschlagsgefahr, obwohl vielfach die Ansicht verbreitet ist, dass Reibzündungen eine grössere Sicherheit besitzen als Schlagzündungen. Die Sicherheit einer Zündvorrichtung hängt nicht davon ab, ob die Zündpille durch Schlag oder durch Reibung zur Entzündung gebracht wird, sondern lediglich von der Art des verwendeten Zündstreifens, und es erscheint daher zweckmässig, die Zündvorrichtungen nach diesem die Sicherheit charakterisierenden Gesichtspunkte in

1. *Explosiv- oder Papierbandzündungen,*
2. *Phosphor- oder Paraffinbandzündungen*

einzuteilen.

Dass die sämtlichen Phosphorzündungen zugleich Reibzündungen sind, ist ein in der Natur der Zündstoffe begründeter Nebenumstand, der aber nicht zur Beibehaltung der alten Einteilung berechtigen kann, da es bekanntlich auch Explosivzündungen giebt, bei denen die Zündpille durch Reibung gezündet wird.

Für die *Explosiv*zündungen werden Streifen aus Karton- oder Pergamentpapier verwendet, auf denen Zündpillen aus einer explosiven Masse, meist einem Gemisch von chlorsaurem Kali und *rotem amorphen Phosphor* befestigt sind. Je nachdem derartige Zündstreifen für Schlag- oder Reibzündung bestimmt sind, wird die lose Sprengstoffmenge durch einen Ueberzug von Seidenpapier auf dem Streifen festgehalten, oder die Zündpillenmasse ist mit flüssigem Leim vermischt, sodass sie ohne Ueberzug auf dem Papierstreifen haften bleibt.

Die bei den *Phosphor*zündungen verwendeten Zündpillen bestehen in der Hauptsache aus *krystallinischem, gelbem* Phosphor; sie sind auf schmale, mit Paraffin, Schwefel und chlorsaurem Kali getränkte Leinwandstreifen ein- oder zweiseitig aufgeklebt.

Während bei den Phosphorzündungen der Zündstreifen mit verbrennt und zur Zündung der Dochtflamme beiträgt, bleiben die Papierstreifen der Explosivzündungen unverbrannt und der Docht wird nur durch die Explosionsflamme der Pille gezündet.

Demzufolge sind die Phosphorzündungen sowohl für Benzin- wie für Oelbrand geeignet, während die Explosivzündungen nur für Benzinlampen verwendet werden können.

Bezüglich ihrer Sicherheit gegen die Durchschlagsgefahr sind die Phosphorzündungen den Explosivzündungen erheblich überlegen. Die umfangreichen Untersuchungen, welche auf den Versuchsstrecken in Neunkirchen bezw. Gelsenkirchen-Bismarck mit sämtlichen im Saarbrücker und rheinisch-westfälischen Bezirk im Gebrauch befindlichen Zündvorrichtungen angestellt wurden, haben ergeben, dass Explosiv- oder Papierbandzündungen in Lampen mit einfachem Drahtkorbe verhältnismässig häufig Durchschläge herbeiführen.

In besonderem Masse gilt dies von den Schlagzündungen. Da bei diesen die Zündpillen auf den Streifen mit Seidenpapier überklebt sind, so werden bei der Detonation der einzelnen Pillen stets auch kleine Stücke dieses Papiers in die Lampe geschleudert; diese verbrennen, wenn Schlagwetter vorhanden und durch die Zündung entflammt sind, zum Teil erst im Dochtkorbe und werden dann häufig in brennendem Zustande durch dessen Maschen hindurchgetrieben, sodass nun auch die aussenstehenden Wetter zur Explosion kommen. Die gewaltsame mechanische Einwirkung, die bei der Schlagzündung auf die Zündpillen ausgeübt wird, hat auch eine sehr starke Detonation und ein heftiges Umherspritzen der Zündmasse selbst zur Folge, die dann ebenfalls so gefährlich wird, wie das Seidenpapier.

Bei den Explosivreibzündungen ist die Durchschlaggefahr nicht ganz so gross. Der Seidenpapierüberzug fällt hier fort und die Zündmasse, die durch eine Ritzfeder angerieben wird, verpufft nicht so heftig, wie bei der Schlagzündung, zumal bei geeigneter Zusammensetzung der Zündmasse. Die Lampenfirmen sind bemüht, gerade diese Art der Zündung so zu gestalten, dass sie allen Anforderungen entspricht, denn sie bietet vor der Phosphor- oder Paraffinbandzündung grosse Vorteile. Sie ist billiger, lässt sich leichter in der Lampe anordnen und beschmutzt das Glas weniger. Es kommt noch hinzu, dass die Paraffinbandzündung an den weissen (gelben) Phosphor gebunden ist; dessen Verwendung soll aber wegen seiner grossen Schädlichkeit (Phosphornarkose!) nach Möglichkeit auch für die Sicherheitslampen beschränkt werden. Für andere Zwecke ist seine Verwendung bekanntlich schon durch Reichsgesetz verboten.

Nach eingehenden Versuchen, die in neuester Zeit auf der berggewerkschaftlichen Versuchsstrecke in Gelsenkirchen-Bismarck stattgefunden haben, lässt sich aber eine Durchschlagsicherheit der Explosivreibzündung für Lampen mit einfachem Drahtkorb nicht ohne weiteres erreichen. Beim Anreissen der Zündpillen durch die Ritzfeder wird es sich, auch wenn die Zündmasse noch so milde ist, nie vermeiden lassen, dass kleinere Teile der letzteren abspritzen. Muss nun aber die Flamme der Zündpille, um den Docht zu erreichen und das Benzin daselbst zu entzünden, in das Lampeninnere hinein, also über den Deckel der Zünddose, sprühen, so werden auch die abspritzenden Teilchen der Zündmasse mit in die Lampe gerissen; sind Schlagwetter vorhanden, so entzünden sich diese und reissen, da sie heftig nach oben hin abziehen, die als Funken sichtbaren Teilchen der Zündmasse sofort in den Korb der Lampe. Von einem Zufall hängt es dann ab, ob die glühenden Teilchen durch das Gewebe des Korbes aufgehalten werden, oder ob sie klein und dabei noch heiss genug sind, um in die Maschen ein- oder durch diese hindurch zu dringen und die aussenstehenden Schlagwetter zu entzünden. Dieser Vorgang wird dadurch nicht verhindert, dass die Zündvorrichtung mit einer besonderen Schutzkappe zur Flammenführung versehen wird. Durch eine solche kann zwar erreicht werden, dass, wenn keine Schlagwetter vorhanden sind, die Zündflamme wie auch alle damit aussprühenden Funken innerhalb des Lampenglases bleiben, also nicht in den durch den Drahtkorb geschützten Teil eindringen. Durch die Entzündung und Verbrennung von Schlagwettern wird jedoch in der Lampe, wie in einer Esse, ein so heftiger Luftzug nach oben bewirkt, dass alle brennenden Teile der Zündmasse mitgerissen werden; die Schutzkappe ist dann fast wertlos.

Die Explosivreibzündungen sind bisher alle — mit einer gleich zu erwähnenden Ausnahme — so konstruiert, dass die Flamme der Zündpille in das Lampeninnere hineinsprühen muss, um den Docht zu erreichen. Nach Vorstehendem ist aber eine unbedingte Sicherheit damit nicht zu erreichen. Als ein wesentlicher Fortschritt auf diesem Gebiet ist deshalb die Anordnung anzusehen, welche die Bochumer Metallwarenfabrik ihrer neuesten Lampe (Wiedenfeld-Lampe mit Schlitzbrenner) gegeben hat. Die Wirkungsweise dieser Zündvorrichtung beruht, wie bei allen anderen Explosivreibzündungen, darauf, dass die auf einem Papierstreifen befindlichen Zündpillen mittels einer Triebwelle an einer Ritzfeder vorbeigezogen und durch die Reibung an der Federspitze entflammt werden. Bei der Wiedenfeld-Lampe wird die Zündflamme nun aber nicht unmittelbar auf den in das Lampeninnere hineinragenden Docht geleitet, vielmehr ist der den Docht führende metallene Brenner (Tülle) seitlich mit einem Schlitz versehen (Fig. 192 a u. b), der nach unten in eine kleine runde Oeffnung a endigt. Gegen diese Oeffnung schlägt die Flamme der Zündpille b und entzündet die daselbst ausströmenden Benzingase; an dem Schlitz entlang wird die Flamme alsdann nach oben bis zur Dochtspitze geleitet.

Die Oeffnung in dem Brenner ist so angebracht, dass sie zum Teil unter dem gewölbten Deckel c der Zünddose liegt. Die Flamme der Zündpille braucht also nicht in das Lampeninnere hineinzusprühen, um die Zündung des Dochtes zu bewirken. Hierdurch wird die Gefahr, dass die von der Zündpille ausgehenden Funken durch das Gewebe des Lampenkorbes hindurchdringen und aussenstehende Schlagwetter zünden, wesentlich verringert. Gänzlich funkenfrei bleibt zwar auch die Wiedenfeld-Lampe noch nicht. Dass sie aber thatsächlich einen Fortschritt bedeutet, mag daraus entnommen werden, dass bei fast 1000maliger Bethätigung der Zündvorrichtung in explosiblen Schlagwettergemischen an Lampen mit einfachem Drahtkorb kein Durchschlag erfolgte.

Bei guter Wartung, insbesondere sorgfältiger Reinigung des Brenners, versagt die Zündvorrichtung nur selten.

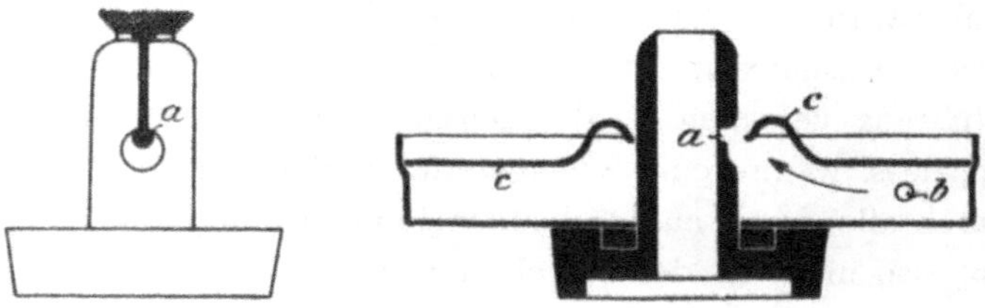

a b

Fig. 192.

Brenner der Wiedenfeld-Lampe.

Im übrigen bieten die Explosiv- oder Papierbandreibzündungen nur unter doppelten Drahtkörben eine ausreichende Sicherheit gegen die Durchschlaggefahr. Die beiden, das Lampeninnere umschliessenden Korbwandungen setzen schon den entzündeten Schlagwettern mehr Widerstand entgegen, sodass diese aus dem Innenkorbe nicht so heftig auspuffen und die Funken der Zündmasse nicht mit solcher Gewalt emporreissen können, wie im einfachen Korb. Dringt aber dennoch ein Funken durch den Innenkorb und zündet die Wetter zwischen beiden Körben, so erreicht er in der Regel die Maschen des Aussenkorbes nicht mehr in so heissem Zustande, dass er auch durch diesen hindurch nun noch die aussenstehenden Wetter zünden könnte.

Als durchaus ungefährlich darf gleichwohl das Anzünden der Sicherheitslampen mit Explosivzündungen in Schlagwettergemischen bei Anwendung doppelter Drahtkörbe nicht angesehen werden. Trotzdem alle Versuche das Gegenteil zu beweisen scheinen, sind im Ostrauer Kohlenrevier*) thatsächlich aus diesem Anlasse Explosionen vorgekommen.

*) Jičinsky, Katechismus der Grubenwetterführung. S. 32.

Dagegen haben die Phosphor- oder Paraffinbandzündungen auch bei Anwendung eines einfachen Drahtkorbes im Versuchsapparat niemals Durchschläge ergeben. Selbst unter einfachen Drahtkörben von erheblich weiterer Gewebeart als der bergpolizeilich zugelassenen konnten Durchschläge mit Phosphorzündungen nicht erzielt werden.

3. Die Explosiv- oder Papierbandzündvorrichtungen.

a) Hochstehende Schlagzündvorrichtungen.

α) Die älteste Zündvorrichtung ist die Wolfsche Perkussionszündung (Fig. 193a u. b), die im Jahre 1883 gleichzeitig mit der Benzinlampe von der Firma Friemann & Wolf eingeführt wurde. Der Zündmechanismus

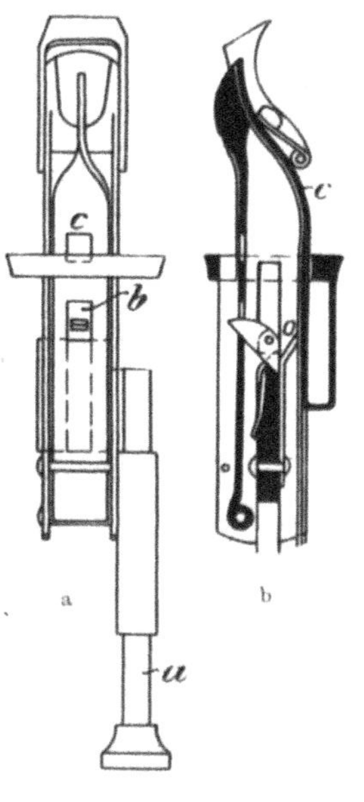

Fig. 193.

Wolfsche Perkussionszündung.

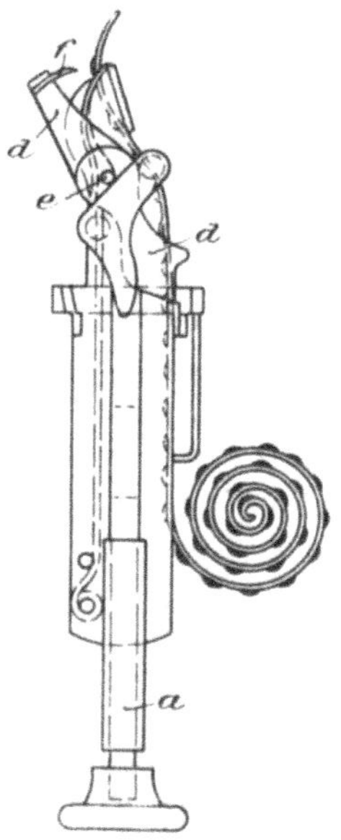

Fig. 194.

Wolfsche Perkussionszündung mit Vorrichtung zum Abschneiden des verbrauchten Zündstreifens.

liegt in einer ovalen Aussparrung des Lampentopfes und wird durch einen kleinen auf dem Topfdeckel angebrachten Wirbel in seiner Stellung festgehalten. Der senkrechte Zündstab a, welcher auf und ab bewegt werden kann, trägt oben einen in einer Führung beweglichen Schlitten, in welchem sich ein um 90° drehbarer kleiner Sperrhaken b befindet. Auf den

Schlitten drückt eine mit zwei übereinander stehenden Schlitzen versehene Schlagfeder c. Befindet sich der Sperrhaken b in dem unteren Schlitz und wird dann der Schlitten vermittelst des Stiftes a in die Höhe bewegt, so bewegt sich die Schlagfeder zunächst in horizontaler Richtung nach links; in dem Augenblick aber, wo der Sperrhaken in den oberen Schlitz einspringt, schlägt die oben hakenförmig gekrümmte Feder gegen einen Zündstreifen bezw. das Gehäuse des Zündapparates, wodurch die Zündpille zur Entflammung gebracht und die stets am Brenner sich entwickelnden Benzingase entzündet werden. Gleichzeitig mit der Aufwärtsbewegung des Stiftes a wird der Zündstreifen um die Entfernung der Zündpillen (etwa 7 mm von Mitte zu Mitte) durch den Sperrhaken b in die Höhe geschoben.

Ein bemerkenswerter Nachteil dieser alten Wolfschen Perkussionszündung besteht darin, dass der verbrauchte Teil des Zündstreifens in den Brennraum der Lampe hineinragt und in demselben aufsteigt. Etwaige Versager können sich daher an der Dochtflamme oder an einer später angeschlagenen Pille entzünden und hierdurch leicht Veranlassung zu Durchschlägen geben. Auch kommt es nicht gerade selten vor, dass der verkohlte Streifen die Dochtflamme berührt und hierdurch ihre Leuchtkraft erheblich herabmindert. Um diese Übelstände zu beseitigen, hat Wolf die Perkussionszündung mit einer Abschneidevorrichtung versehen, deren Konstruktion aus Figur 194 ersichtlich ist. Die Vorrichtung besteht aus einem um den Stift e drehbaren zweiarmigen Hebel d, welcher von dem verlängerten Zündstab a bei dessen Abwärtsbewegung nach rechts gedreht wird und hierbei mittelst der Schneide f den verbrauchten Teil des Zündstreifens entfernt. Durch die Aufwärtsbewegung des Zündstabes a wird der Hebel d wieder nach links bewegt.

Die Wolfsche Perkussionszündung war im Jahre 1899 noch in ca. 16 000 Exemplaren im Gebrauch. Die durchschnittliche Gebrauchsdauer eines Zündstreifens beträgt bei ihr 5,9 Lampenschichten. Da ein Streifen 75 Zündpillen enthält, so werden im Mittel 12,7 Zündpillen je Schicht verbraucht.

β) Die Seippelsche hochstehende Schlagzündvorrichtung (Fig. 195a und b) unterscheidet sich von der Wolf'schen Perkussionszündung hauptsächlich dadurch, dass der Zündstreifen über eine Messingleiste so geführt wird, dass er nicht nach oben in den Lampenraum gelangt, sondern unten im Gehäuse verschwindet. Der in seiner höchsten Stellung gezeichnete Zündstab a trägt oben einen Sperrhaken b, der nur um 90° drehbar ist. Bei der Abwärtsbewegung des Zündstabes transportiert der Sperrhaken das Zündband und drückt gleichzeitig die Schlagfeder c nach rechts. Sobald der Sperrhaken die untere Verzahnung der Schlagfeder passiert hat, schlägt diese nach links und bewirkt die Zündung.

Die Seippelsche hochstehende Schlagzündvorrichtung ist gegenwärtig nicht mehr im Gebrauch. Dasselbe gilt von der

γ) Wolfschen Schlagzündvorrichtung (Fig. 196). Dieselbe ist eine Abänderung der Wolfschen Perkussionszündung und unterscheidet sich von dieser nur dadurch, dass der ganze Mechanismus einschliesslich Zündband in einem rechteckigen Gehäuse untergebracht ist, und der Sperrhaken b das Transportieren des Zündbandes nicht direkt, sondern vermittelst der Feder f besorgt. Die Feder schmiegt sich bei der tiefsten

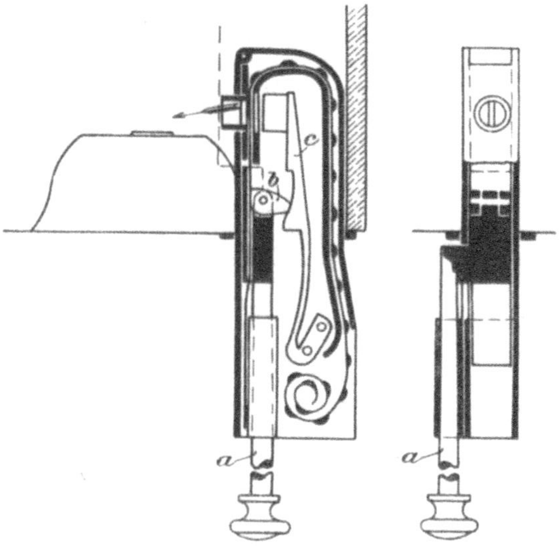

a b

Fig. 195.

Hochstehende Schlagzündvorrichtung von Seippel.

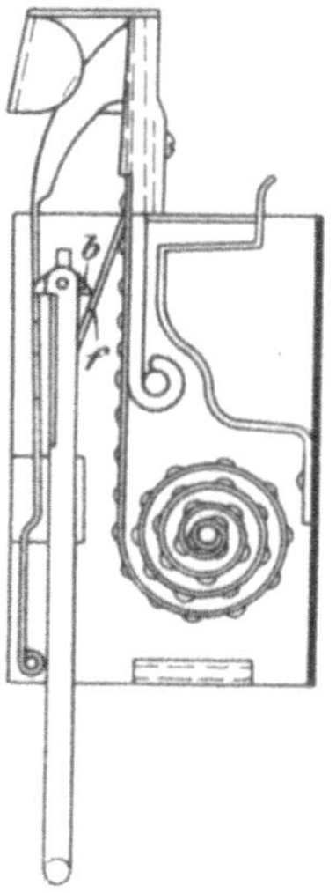

Fig. 196.

Wolfsche Schlagzündvorrichtung.

Stellung des Zündstabes an diesen an und wird bei der Aufwärtsbewegung desselben durch den Sperrhaken b nach rechts gegen das Zündband gedrückt, wodurch letzteres mit nach oben befördert wird.

δ, ε, ζ) Die rotierenden Schlagzündungen von Ed. Krohm & Co. in Gelsenkirchen und von Friemann & Wolf sind in den Figuren 197—199 skizziert. Der um den horizontalen Stift a gewickelte Zündstreifen wird zwischen Hammer b und Amboss c hindurch geführt und auf den Cylinder d aufgerollt; zwei sich rechtwinklig kreuzende Einschnitte des letzteren sind zum Einklemmen des Zündstreifens bestimmt. Auf der Achse des Cylinders sitzt ein Sperrrad e von 6 bezw. 8 Zähnen, welches entweder vermittelst des Zugstabes f (Fig. 197) vom Boden des Topfes aus oder durch einen an der Seite des Lampentopfes angebrachten Wirbel (Fig. 198 und 199) gedreht wird. Durch die Drehung des Sperrrades wird der Hammer angehoben und der Zündstreifen weiter bewegt, bis der Ansatz des Hammers den Zahn passiert hat, der Hammer auf die vorgerückte nächste Zündpille zurückfedert und diese entzündet.

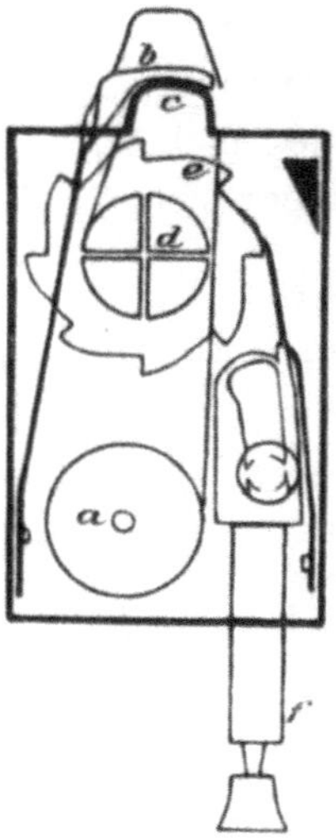

Fig. 197.

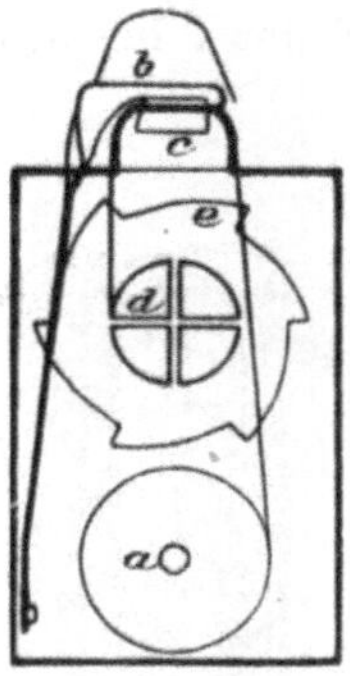

Fig. 198.

Rotierende Schlagzündung von Ed. Krohm.

Von den genannten 3 Zündvorrichtungen stehen nur noch die beiden Krohmschen bei ca. 4200 Benzinlampen in Anwendung. Die Gebrauchsdauer eines mit 75 Pillen versehenen Zündstreifens beträgt bei ihnen durchschnittlich 3,8 Lampenschichten, so dass je Schicht 19,8 Zündpillen verbraucht werden.

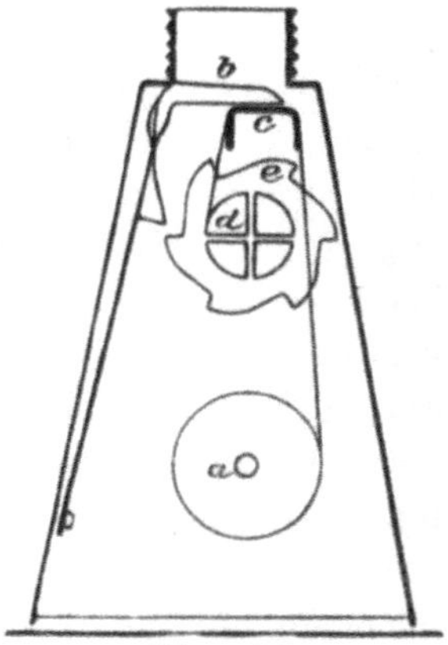

Fig. 199.

Rotierende Schlagzündung von Friemann & Wolf.

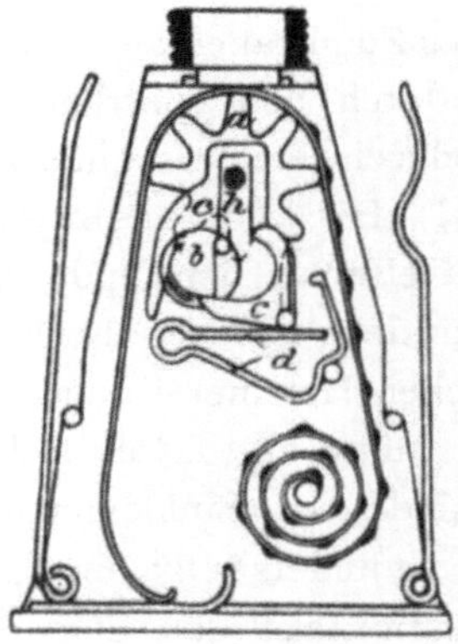

Fig. 200.

Rotierende Schlagzündung von Wolf.

η) Etwas komplizierter ist die Konstruktion der Wolfschen rotierenden Schlagzündung (Fig. 200), die ebenfalls von der Seite des Lampentopfes aus mittelst einer horizontalen Triebwelle in Thätigkeit gesetzt wird. Zum Transportieren des Zündstreifens dient das Zahnrad a, welches mittels eines auf der Triebwelle sitzenden Excenters b in Drehung versetzt wird. Durch dasselbe Excenter wird nach beendigter Drehung des Zahnrades der auf dem Führerstift h gleitende Schlaghammer c nach unten gedrückt, welcher durch die Feder d getrieben nach oben schnellt, sobald das Excenter den unteren Teil des Hammers c passiert hat.

b) Hochstehende Reibzündvorrichtungen.

α) Die Reibzündung von C. Koch in Linden (Fig. 201) arbeitet folgendermassen: Die von der eigentlichen Zündvorrichtung getrennt durch den Topf hindurch geführte vertikale Spindel b wird ver-

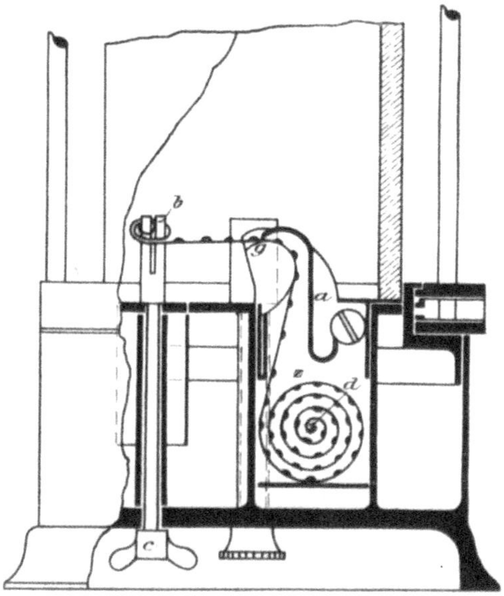

Fig. 201.

Reibzündvorrichtung von C. Koch.

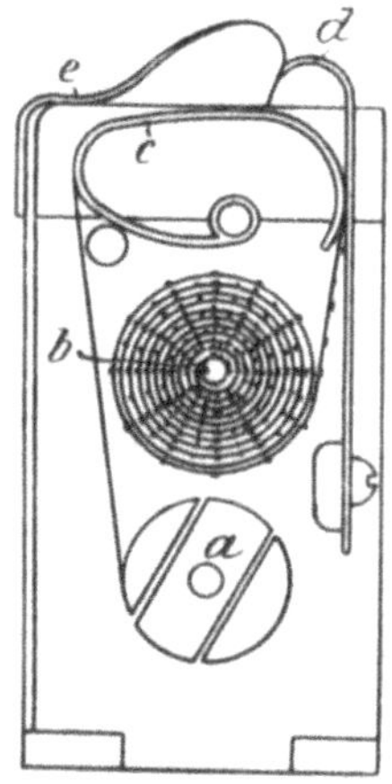

Fig. 202.

Reibzündvorrichtung von Friemann & Wolf.

mittelst der Flügelmutter c vom Boden der Lampe aus gedreht, wodurch das Zündband z vom Stift d ab- und auf die Spindel b aufgerollt wird. Bei dieser Bewegung wird das Band zwischen dem Widerlager g und der Spitze der Ritzfeder a hindurchgezogen, sodass die Zündpillen durch letztere angeritzt und zur Entzündung gebracht werden. Die Zündvorrichtung wird neuerdings auch für Papierstreifen verwendet, während sie ursprünglich nur für Paraffinbänder bestimmt war (vergl. S. 290), bei denen die Paraffinmasse und die Phosphorpillen nicht auf Leinwand-, sondern auf feine Drahtgewebestreifen aufgetragen waren.

β) Die Reibzündvorrichtung von Friemann & Wolf (Fig. 202) wird von der Seite des Lampentopfes aus mittels einer horizontalen Triebwelle, welche an die Streifenrolle a angekuppelt werden kann, bethätigt. Hierdurch wird der Zündstreifen von dem Stift b abgewickelt und zwischen Auflagefeder c einerseits und Anreissfeder d sowie Befestigungsfeder e andererseits hindurchgezogen. Die Zündvorrichtung hat eine grössere Verbreitung nicht gefunden.

c) Aufliegende Schlagzündvorrichtungen.

Die aufliegenden Zündvorrichtungen beruhen im wesentlichen auf demselben Prinzip, wie die hochstehenden, und unterscheiden sich von letzteren hauptsächlich dadurch, dass bei ihnen die Bewegung des Zünd-

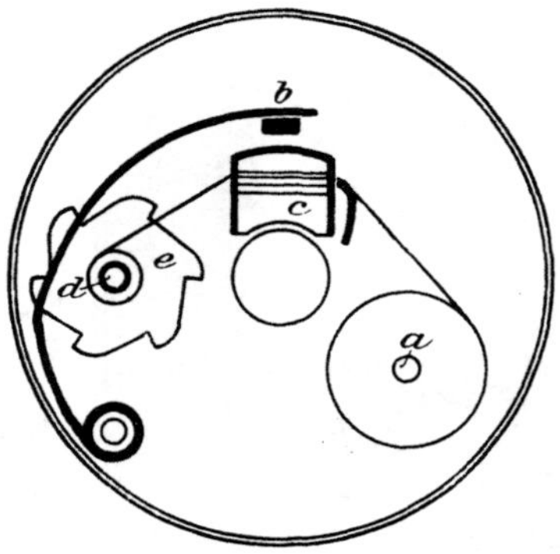

Fig. 203.
Rohlmannsche Schlagzündvorrichtung.

streifens in horizontaler, bei jenen dagegen in vertikaler Richtung erfolgt. Die aufliegenden Zündvorrichtungen sind sämtlich in cylindrischen Messingblechkapseln untergebracht, die dem Lampentopf aufgelagert werden, und mittels eines Deckels bis auf eine kleine, in der Nähe der Dochttülle befindliche Oeffnung verschlossen sind. Der Zündmechanismus wird vermittelst einer vertikal durch den Topf hindurchgeführten Triebwelle von dessen Boden aus in Bewegung gesetzt.

α) Die älteste Schlagzündvorrichtung dieser Art ist die Rohlmannsche Schlagzündvorrichtung (Fig. 203), die zur Zeit nicht mehr im Gebrauch ist. In der Zündkapsel ist ein Stift a senkrecht befestigt. Auf ihn wird der Zündstreifen konzentrisch aufgeschoben, zwischen Federhammer b und dem mit einer Aufschlagrippe versehenen Feuergehäuse c hindurchgeführt und auf die Triebwelle d aufgewickelt. Das Heben und Schlagen des Federhammers wird durch das mit der Triebwelle gekuppelte sechszähnige Rad e bewirkt.

β) Die Seippelsche Schlagzündung (Fig. 204a u. b) unterscheidet sich von der Rohlmannschen nur dadurch, dass Schlaghammer c und Feder f von einander getrennt sind. Sie stand im Jahre 1899 bei ca. 7500 Benzinlampen in Anwendung. Die Gebrauchsdauer eines mit 75 Pillen

a

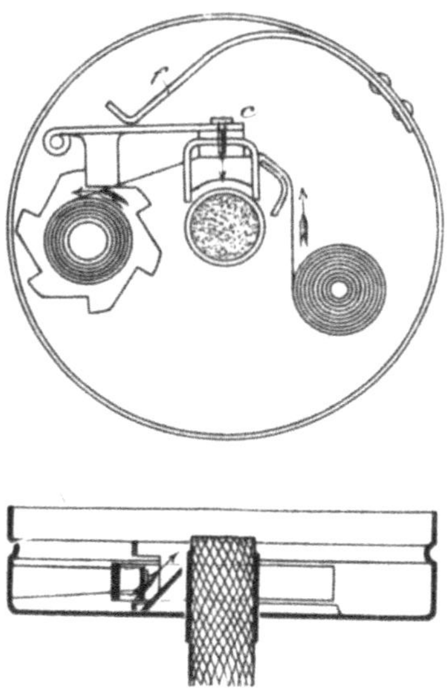

b

Fig. 204.
Seippelsche Schlagzündvorrichtung.

a

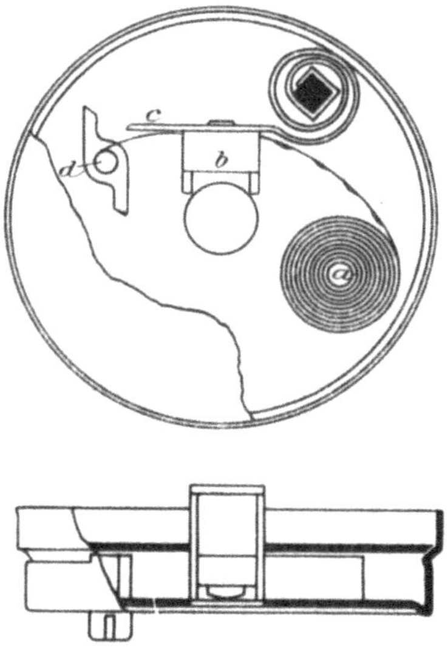

b

Fig 205.
Wienpahlsche Schlagzündvorrichtung.

versehenen Streifens beträgt nach den Angaben der Zechenverwaltungen durchschnittlich 3,8 Lampenschichten, sodass je Schicht im Mittel 19,4 Zündpillen verbraucht werden.

γ) Die Wienpahlsche Schlagzündung (Fig. 205a u. b), die von der Firma W. Wienpahl in Camen und von der Bochumer Metallwarenfabrik in Bochum fabriziert wird, besteht aus dem Federhammer c, dem Streifenstift a, dem Feuergehäuse b und dem Wirbel d. Letzterer ist mit der vertikalen Triebwelle verbunden und dient zur Fortbewegung des Zündstreifens und zum Anheben des Federhammers. Das Feuergehäuse ist mit einer Stahlrippe versehen, gegen die der Federhammer schlägt, sodass die Zündpille zur Entzündung kommt. Das Feuergehäuse ist derart überdacht, dass der Zündstrahl über den Docht hinwegschlagen muss, nicht aber nach oben entweichen kann. An die Stelle der aufwickelnden Achse mit Zahnrad ist bei der Wienpahlschen Zündvorrichtung eine Flügelwelle mit scharfkantigen Flügeln getreten, welche das Zündband unter den Hammer ziehen, indem sie dessen Feder anheben. Das verbrauchte Stück des Streifens wird durch die Flügel sofort abgeschnitten und das Zündband selbst immer um dieselbe konstante Länge fortbewegt. Diese Anordnung ermöglicht auch, längere Zündrollen und zwar mit bis zu 100 Pillen einzusetzen, während die Seippelsche Zündvorrichtung nur Streifen von 75 Pillen zu verwenden gestattet.

Die Wienpahlsche Schlagzündvorrichtung stand im Jahre 1899 bei etwa 4000 Lampen in Anwendung. Die Gebrauchsdauer eines mit 100 Pillen versehenen Zündstreifens betrug durchschnittlich 6,5 Lampenschichten, sodass je Schicht im Mittel 15,3 Zündpillen verbraucht wurden.

d) Aufliegende Reibzündvorrichtungen.

α) Die verbreitetste unter diesen Zündvorrichtungen ist die Seippelsche Reibzündung (Fig. 206a—c). Die auf den Stift b aufge-

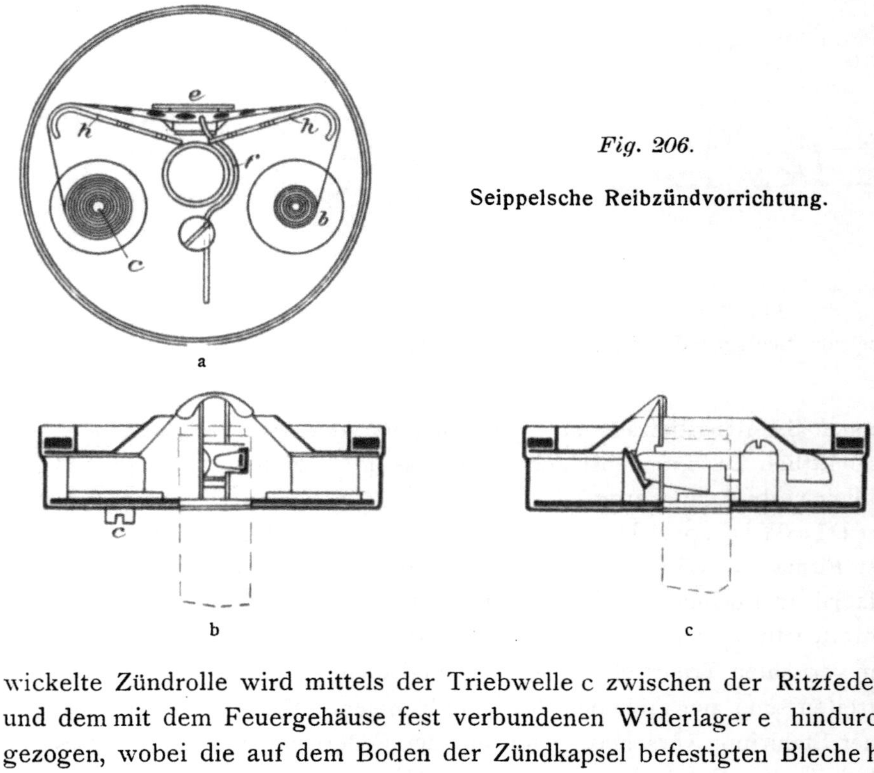

Fig. 206.

Seippelsche Reibzündvorrichtung.

wickelte Zündrolle wird mittels der Triebwelle c zwischen der Ritzfeder f und dem mit dem Feuergehäuse fest verbundenen Widerlager e hindurchgezogen, wobei die auf dem Boden der Zündkapsel befestigten Bleche h h zur Führung dienen.

Neuerdings sind an der Seippelschen Reibzündung die aus Fig. 207 a und b ersichtlichen Aenderungen angebracht worden. Diese bestehen hauptsächlich darin, dass das Widerlager nicht, wie bisher, fest im Feuergehäuse angeordnet ist, sondern beweglich entweder um einen Zapfen schwingend oder in einer Führung gleitend durch eine Spiral- oder Blattfeder gegen die Ritzfeder gedrückt wird. Durch diese Einrichtung ist insofern eine Verbesserung herbeigeführt worden, als die Fortbewegung des Zündbandes sowie auch das Einlegen desselben erleichtert wird, und die Ritzfeder wegen des von dem Widerlager ausgeübten Gegendrucks nicht mehr der genauen Einstellung bedarf. Bei der in Figur 207 a u. b dargestellten Anordnung ist a das Zündband, welches auf den Stift b aufge-

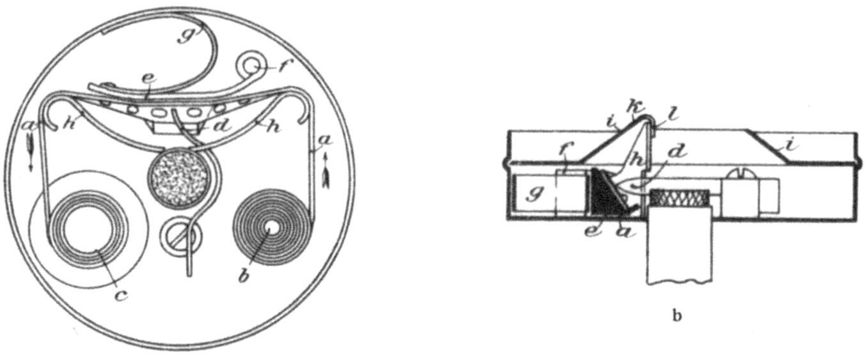

a

Fig. 207.

Neuere Konstruktion der Seippelschen Reibzündvorrichtung.

wickelt ist und mittels der Triebwelle c zwischen Ritzfeder d und Widerlager e hindurchgezogen wird. Dieses Widerlager ist nun bei f drehbar in der Zündkapsel gelagert und wird durch die Blattfeder g beständig gegen die Ritzfeder gedrückt. Die Zeichnung lässt noch die beiden Führungsbleche h h für das Zündband erkennen, die in ihrem mittleren Teil gleichzeitig auch zur Führung der Stichflamme bestimmt sind. Dem gleichen Zweck dient ferner auch ein an der trichterförmigen Wölbung i des Deckels angebrachter Fortsatz k, welcher den Raum zwischen den beiden Führungsblechen h h nach oben abdeckt und die letzteren mit einem nach unten gerichteten Lappen l umgreift.

Ein vereinfachter Seippelscher Zündapparat mit besonderer Schutzkappe, die auf dem Deckel der Zünddose angebracht ist und zur Führung der Stichflamme dient, ist in Fig. 208 a u. b dargestellt.

Die Seippelsche Reibzündvorrichtung stand im Jahre 1899 bei ca. 36 000 Benzinlampen in Anwendung. Die Gebrauchsdauer eines mit 75

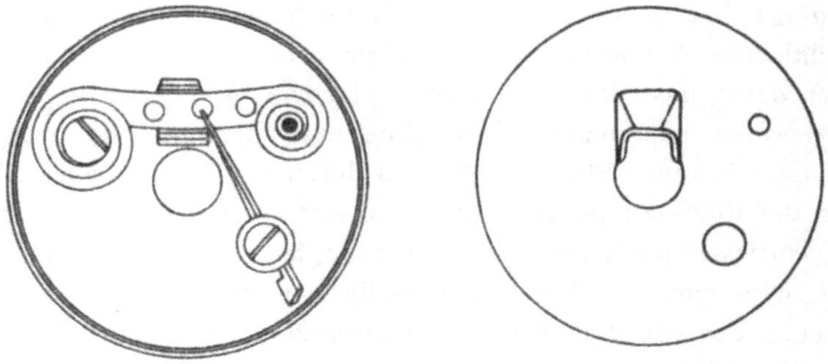

Fig. 208.
Vereinfachte Seippelsche Reibzündung.

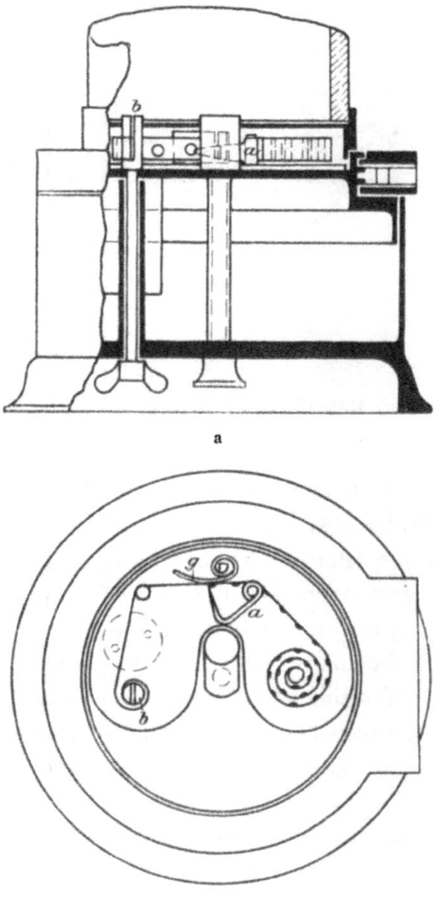

Fig. 209.
Kochsche Reibzündvorrichtung.

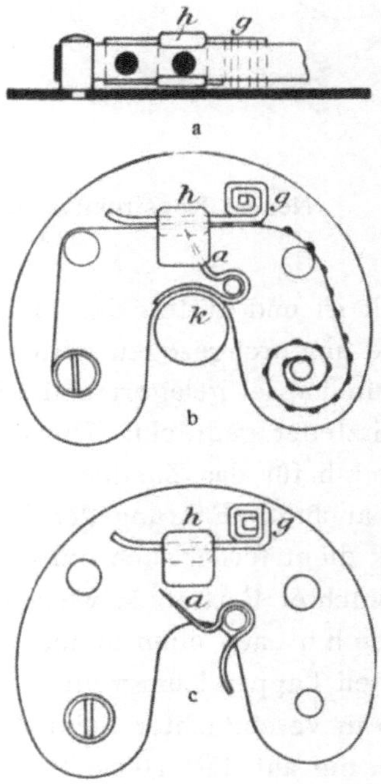

Fig. 210.
Kochsche Reibzündvorrichtung.

Pillen versehenen Streifens betrug durchschnittlich 4,3 Lampenschichten, sodass je Schicht im Mittel 17,4 Zündpillen verbraucht wurden.

β) Die Kochschen Reibzündvorrichtungen (Fig. 209 und 210) beruhen im Wesentlichen auf demselben Prinzip wie die Seippelschen. Die Triebwelle ist hier durchgehend angeordnet und oben als Aufwicklungsrolle b ausgebildet, sodass eine Kuppelung nicht erforderlich ist. Die Zündkapsel besteht aus zwei Teilen, einem flachen Boden, auf dem der Zündmechanismus befestigt ist, und einer ihn überdeckenden zylindrischen Haube, die oben geschlossen ist und nur für die Dochttülle und die Stichflamme der Zündpillen eine Oeffnung freilässt. Das Widerlager g ist als Feder, die Ritzfeder a als Winkel ausgestaltet, sodass der Federstift zugleich zur Führung des Zündstreifens dienen kann. Die zweite Konstruktion von Koch (Fig. 210 a—c) unterscheidet sich von der ersten nur dadurch, dass die Ritzfeder a zum Zwecke bequemer Auswechslung des Zündbandes drehbar um einen Stift gelagert ist und durch die Dochttülle k in gespannter Lage gehalten wird. Ausserdem sind am Widerlager g zur Führung des Zündbandes zwei Lappen h angebracht, von denen der obere gleichzeitig zur Flammenführung bestimmt ist.

γ) Die Wienpahlsche Reibzündvorrichtung stimmt mit der Wienpahlschen Schlagzündung (Fig. 205 auf S. 285) in der Konstruktion vollkommen überein, nur ist an die Stelle der mit scharfen Flügeln versehenen Flügelwelle eine einfache Aufwicklungsrolle getreten, die mit der Triebwelle gekuppelt ist und zur Bewegung des Streifens dient. Der Federhammer dient als federndes Widerlager für den Streifen und drückt diesen gegen einen im Feuergehäuse angebrachten Steg, an dessen rauher Oberfläche sich die Zündpillen bei der Fortbewegung des Zündbandes entzünden.

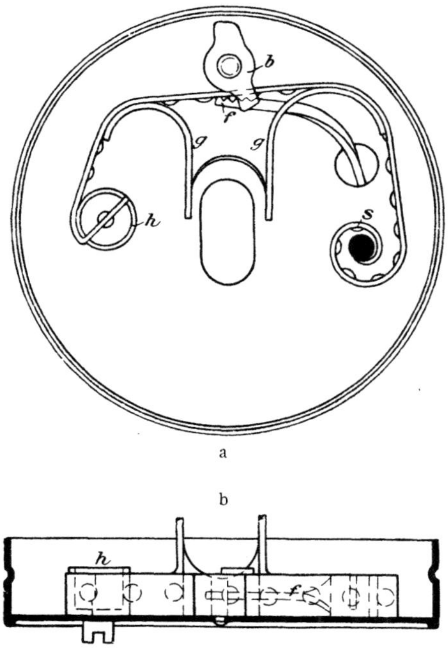

Fig. 211.
Reibzündvorrichtung von Grümer & Grimberg.

δ) Die Reibzündvorrichtung von Grümer & Grimberg (Fig. 211 a u. b). Der um den Stift s gerollte Papierstreifen wird über die beiden Führungen gg nach der Mitnehmerscheibe h geführt und gleitet hierbei über einen federnden Reiber f. Als Widerlager dient ein excentrisches Bund b.

ε) Die Reibzündvorrichtung der Bochumer Metallwarenfabrik (Wiedenfeld-Lampe) ist bereits auf Seite 275 besprochen.

4. Die Phosphor- oder Paraffinband-Zündvorrichtungen.

Die Zündung mittelst paraffinierter, mit Phosphorpillen versehener Streifen ist, wie bereits erwähnt, im Jahre 1893 durch die Firma Friemann & Wolf eingeführt worden. Erst durch diese Erfindung ist es möglich geworden, auch die Öllampen mit Innenzündungen auszurüsten.

Da die Phosphorpillen durch Schlag nicht oder nicht mit Sicherheit entzündet werden, sind sämtliche Phosphorzündungen als Reibzündvorrichtungen ausgebildet. Das Aufwickeln der verbrauchten Teile des Streifens ist hier unmöglich, weil das überstehende Stück desselben bei der Zündung mit verbrennt. Eine Ausnahme hiervon macht nur die Kochsche Zündvorrichtung, bei welcher statt der Leinwandstreifen solche aus Metalldrahtgewebe verwendet werden. Die Phosphorzündungen können ebenso wie die Explosivzündungen in hochstehende und aufliegende eingeteilt werden.

a) Hochstehende Zündvorrichtungen.

α) Die Wolfschen Reibzündvorrichtungen werden in drei Ausführungsformen hergestellt, welche die Bezeichnungen Modell 1893, 1896 und 1897 führen und in den Figuren 212 bis 214 dargestellt sind. Modell 1893 und 1896 unterscheiden sich hauptsächlich nur dadurch von einander, dass die neuere Anordnung etwas kräftiger konstruiert ist als die älteren. Der Zündstreifen befindet sich bei ihnen in einem Stahlblechkästchen a, welches von oben in das Federgehäuse b eingeführt wird und vermittelst der Zugstange z nach unten bewegt werden kann, im übrigen aber durch die Feder b in seiner höchsten Stellung festgehalten wird. Der Zündstreifen wird zwischen einer zweireihigen Zahnstange und einem dreizinkigen Anreisser hindurchgeführt, von denen jene mit dem Federgehäuse, dieser mit dem Streifenkasten fest verbunden ist. Die Zähne der Zahnstange sind nach oben gerichtet, sodass das vordere Ende des Streifens bei der Abwärtsbewegung des Streifenkastens nicht mit herabgleiten kann. Der Anreisser, dessen krallenartige Zinken ebenfalls nach oben gerichtet sind, entzündet die Pille bereits beim Herabziehen im Innern des Gehäuses und nimmt bei seiner Aufwärtsbewegung das brennende Streifenende mit nach oben.

Bei der Konstruktion Modell 1897 sind Streifenkasten und Feder in Fortfall gekommen. Der Anreisser ist hier als gabelförmige Feder ausgestaltet, funktioniert aber im übrigen genau ebenso wie bei Modell 1893 und 1896.

Die Wolfschen Reibzündvorrichtungen standen im Jahre 1899 bei ca. 20000 Öllampen und ca. 76000 Benzinlampen in Anwendung. Die durchschnittliche Gebrauchsdauer eines mit 48 Punkten versehenen Streifens betrug bei Ölbrand 4,5, bei Benzinbrand 3,4 Lampenschichten, sodass je Schicht im Mittel 10,7 bezw. 13,0 Zündpillen verbraucht wurden.

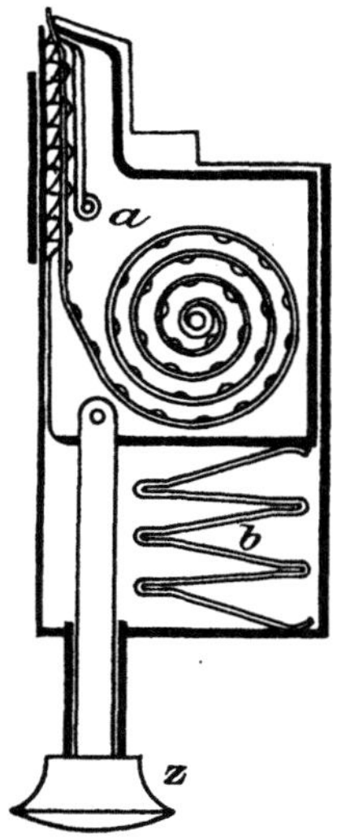

Fig. 212.

Wolfsche Reibzündvorrichtung. Modell 1893.

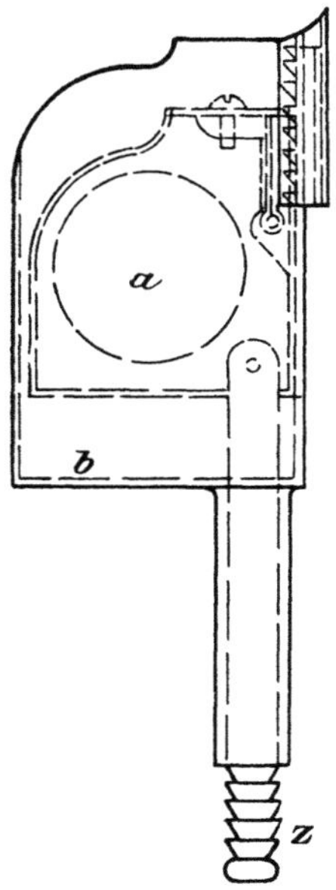

Fig. 213.

Wolfsche Reibzündvorrichtung. Modell 1896.

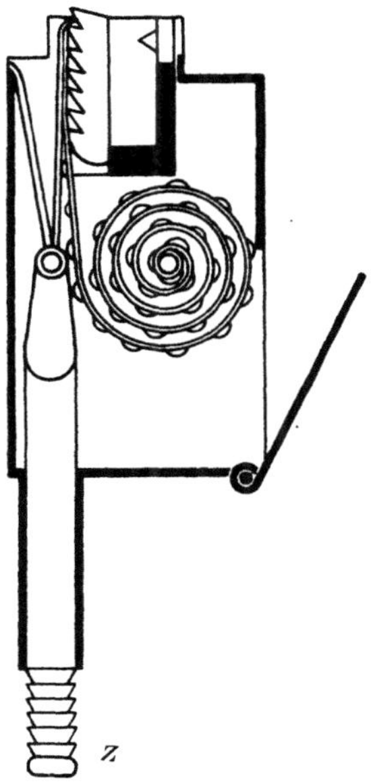

Fig. 214.

Wolfsche Reibzündvorrichtung. Modell 1897.

β) Bei der Seippelschen Reibzündvorrichtung für Öllampen (Fig. 215) befinden sich die feststehende Zahnstange a und der bewegliche Anreisser b auf derselben Seite des Streifens, und letzterer wird zwischen Anreisser einerseits und einer glatten Fläche andererseits hindurchgeführt. Sowohl Zahnstange wie Anreisser sind als Federn ausgestaltet und drücken den Streifen gegen die glatte Fläche. Die Zähne des Anreissers, welche die Zähne der Zahnstange umfassen, sind ebenso wie diese nach oben gerichtet, sodass der Streifen nur aufwärts bewegt werden kann. Die Zündvorrichtung steht nur bei etwa 500 Öllampen in Anwendung.

Neuerdings wird die Seippelsche Zündvorrichtung in der aus Fig. 216 ersichtlichen, einfacheren Form hergestellt.

γ) Die Kochsche Zündvorrichtung für Paraffinstreifen ist mit der auf Seite 90 beschriebenen Kochschen Explosivreibzündung in der Konstruktion identisch. Dieselbe ist, weil der verbrauchte Teil des Zündbandes aufgewickelt werden muss, nur für Drahtgewebe-Streifen geeignet.

Die Zündvorrichtung stand früher auf der Zeche Carolinenglück bei ungefähr 1000 Stück Öllampen in Anwendung.

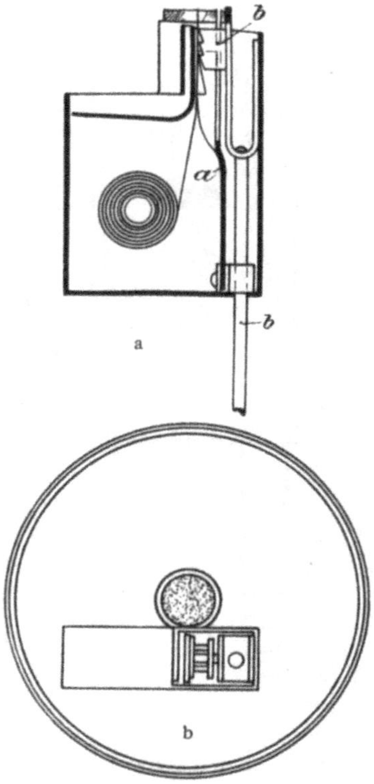

Fig. 215.

Seippelsche Reibzündvorrichtung.

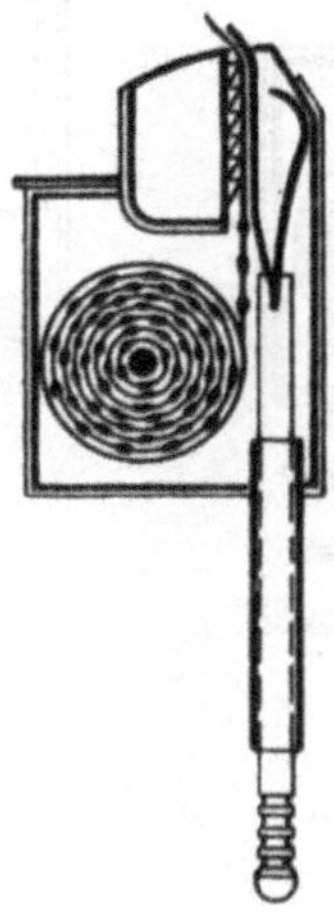

Fig. 216.

Vereinfachte Seippelsche Reibzündvorrichtung.

δ) Die Reibzündvorrichtung der Bochumer Metallwarenfabrik in Bochum (Fig. 217a—f) besteht im wesentlichen aus dem Gehäuse b, in welches der Streifenkasten a von oben eingeschoben werden kann. In letzterem befindet sich ein mit einem Zahne versehenes, federndes Widerlager e, gegen welches sich der Zündstreifen beim Anreissen anlegt. In dem Gehäuse b ist ferner ein federnder, gabelförmig ausgestalteter Anreisser c untergebracht, welcher durch einen Zugstift bewegt wird und am oberen Ende der beiden Zinken je einen scharfen Greifer d aufweist. Ein in der Gabelung des Anreissers vorgesehener Rücken r ist bestimmt, bei der Aufwärtsbewegung des Anreissers das Vorschubrad f für den Zündstreifen im Sinne des Uhrzeigers zu drehen. Dieses Vorschubrad wird durch die Sperrfeder h derart festgehalten, dass es sich nur in der angegebenen Richtung bewegen kann. Auch der Anreisser e steht

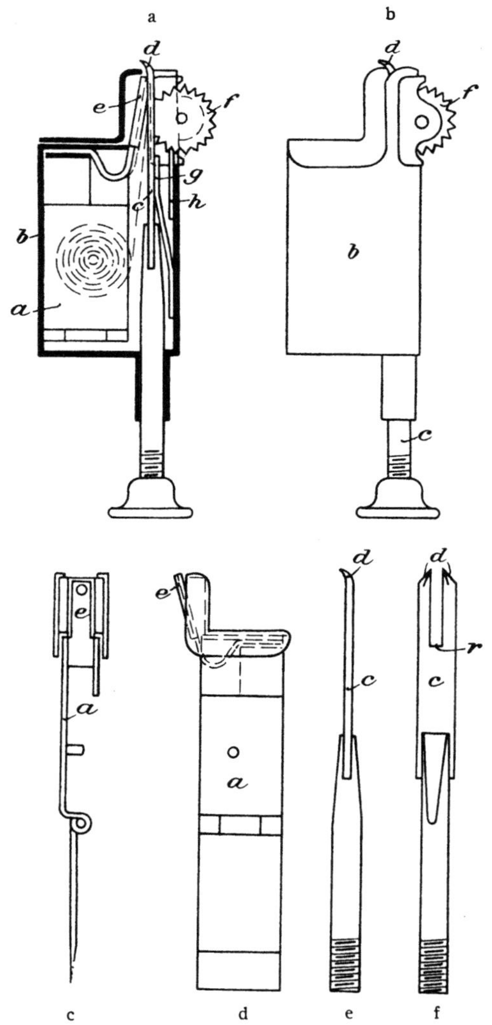

Fig. 217.

Reibzündvorrichtung der Bochumer Metallwarenfabrik.

unter der Einwirkung einer Feder g, die dazu dient, dem Anreisser Führung zu geben. Die Wirkungsweise des Zündapparates ist folgende:

Durch die Abwärtsbewegung des Anreissers wird das federnde Widerlager e zunächst etwas nach links bewegt und hierdurch der Streifen auf einen Augenblick der Einwirkung des Zahnrades f entzogen, sodass er durch den Anreisser solange mit nach unten genommen wird, bis im weiteren Verlaufe der Abwärtsbewegung das Widerlager e ihn wiederum fest gegen das Zahnrad andrückt. In diesem Augenblick bringen die Krallen des Anreissers eine Pille zur Entzündung. Der Anreisser wird hierauf noch etwas weiter herabgezogen, wobei dessen Krallen den Streifen völlig freigeben. Bei der nunmehr folgenden Aufwärtsbewegung des Anreissers kommt der Gabelrücken r zum Eingriff in das Zahnrad f und letzteres wird im Sinne des Uhrzeigers gedreht. Die Radzähne transportieren bei ihrer Drehung gemeinschaftlich mit den Krallen des Anreissers den Zündstreifen aufwärts, sodass die entzündete Stelle ausserhalb des Apparates zur vollen Entflammung gelangen kann.

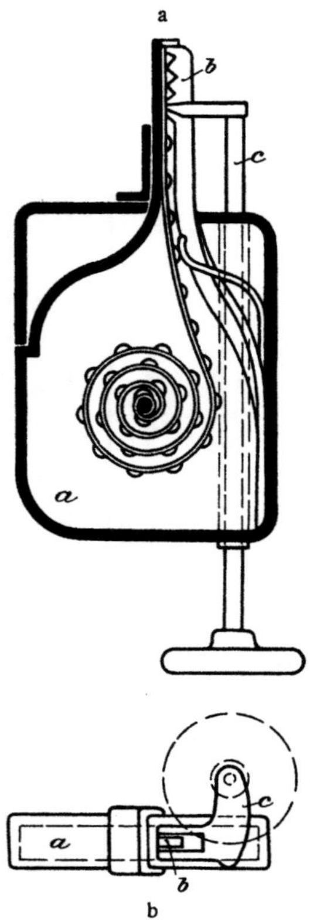

Fig. 218.

Reibzündvorrichtung von Grümer & Grimberg.

ε) Bei der Reibzündvorrichtung für Oellampen von Grümer & Grimberg in Bochum, Patent Freise (Fig. 218a und b) dient der zur Dochtregulierung benutzte Stocher gleichzeitig zur Fortbewegung des Zündbandes. Die Zündvorrichtung besteht aus dem Gehäuse a, dem federnden Reiber b und dem Stocher oder Transporteur c. Letzterer ist ausserhalb der Zündvorrichtung im Lampentopf drehbar und in vertikaler Richtung verschiebbar gelagert und trägt an seinem oberen Ende zwei den Reiber b umfassende Zähne für die Zündvorrichtung und einen dritten den beiden ersten gegenüberliegenden Zahn für die Dochteinstellung. Das Zündband wird mittelst der beiden Zähne des drehbaren Stochers gefasst und an dem federnden Reiber b vorbeigezogen, wodurch die Zündung einer Pille herbeigeführt wird. Die Zündvorrichtung eignet sich auch für Benzinlampen; in diesem Falle kommt, wie in Fig. 218, der dritte, für die Dochtstellung bestimmte Zahn des Stochers in Fortfall.

Die in Fig. 219 a u. b dargestellte, ebenfalls der Firma Grümer & Grimberg in Bochum patentierte Reibzündvorrichtung für Benzinlampen unterscheidet sich von der vorigen nur durch die Anordnung und Wirkungsweise des zur Fortbewegung des Zündbandes dienenden Stiftes f. Derselbe ist in dem Gehäuse der Zündvorrichtung nicht drehbar, sondern nur in vertikaler Richtung verschiebbar gelagert und trägt an seinem oberen Ende ein mit zwei Anreisszähnen versehenes, den Reiber b umfassendes Stäbchen g, welches um etwa 30° in vertikalem Sinne gedreht werden kann. Bei der Aufwärtsbewegung des Stiftes f nimmt das Stäbchen g die in Fig. 219 a gezeichnete horizontale Stellung ein, in welcher es durch die beiden Auflageflächen i und h festgehalten wird, fasst in dieser Stellung das Zündband und transportiert es nach oben, sodass eine Pille gezündet wird. Beim Niederziehen des Stiftes f nimmt das Stäbchen g die in

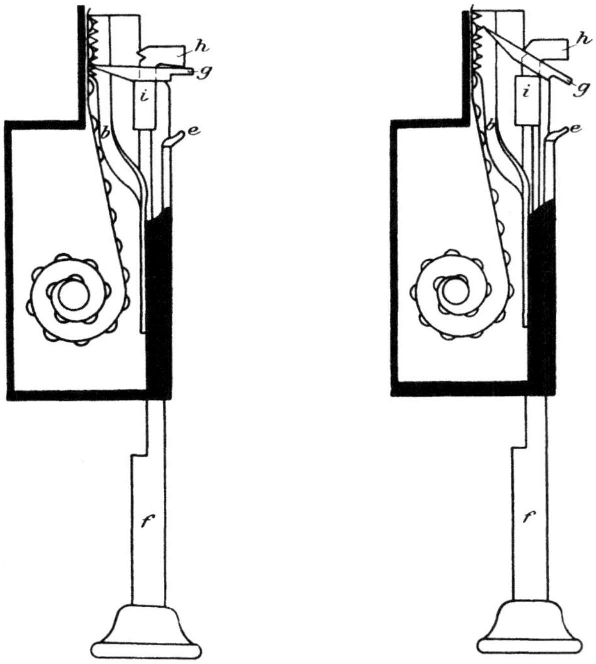

a b

Fig. 219.

Reibzündvorrichtung für Benzinlampen von Grümer & Grimberg.

Fig. 219 b gezeichnete schiefe Lage ein und gleitet dann über die Pillen hinweg ohne sie zur Entzündung zu bringen. Der federnde Ansatz e hat den Zweck, das Stäbchen g nach beendigter Abwärtsbewegung wieder in die horizontale Lage zu bringen.

b) Aufliegende Zündvorrichtungen.

Die einzige Zündvorrichtung dieser Art ist die Seippelsche Paraffinreibzündung für Benzinlampen (Fig. 220 a u. b). Der Zündapparat ist genau so wie die Seippelsche Explosiv-, Reib- und Schlagzündung in einer dem Topfdeckel aufgelagerten cylindrischen Kapsel untergebracht, sodass er ohne weiteres für jede Seippelsche Benzinlampe verwendet werden kann. Die Zündung und Fortbewegung des Zündbandes wird hier durch ein mit scharfen Zähnen versehenes Rädchen a bewirkt, welches zwischen zwei parallel verlaufenden, unter sich fest verbundenen Blechen b b verlagert ist, und von der vertikalen Triebwelle c aus vermittelst der beiden rechtwinklig zu einander stehenden Zahnräder d und e in Bewegung gesetzt wird. Die beiden Bleche b b sind um ein Scharnier f drehbar, werden zum Einlegen des Zündstreifens hochgeklappt und im geschlossenen Zustande durch den Wirbel g festgehalten. Der Zündstreifen

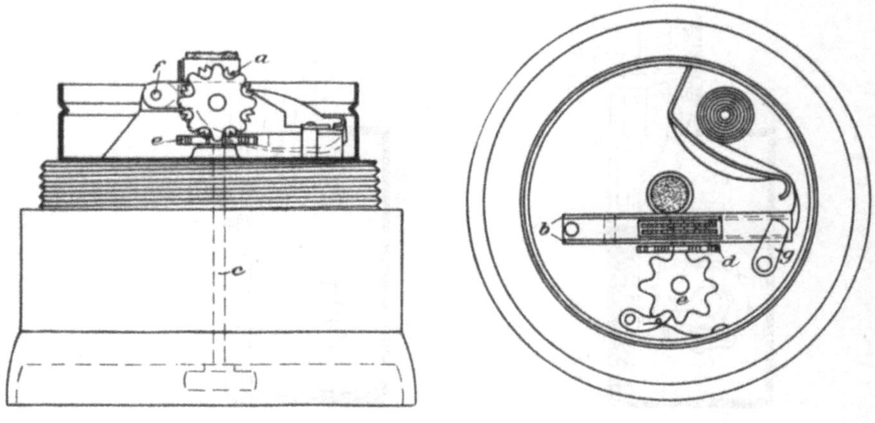

a b

Fig. 220.
Paraffin-Reibzündvorrichtung von Seippel.

wird zwischen dem Zahnrädchen a und einem Widerlager hindurchgeführt, welches dem Boden der Zündkapsel aufgelötet und der Rundung des Rädchens entsprechend geformt ist.

5. Statistisches über Zündvorrichtungen.

Nach den Angaben der Zechenverwaltungen waren im Jahre 1899 im rheinisch-westfälischen Steinkohlenbergbau rund 30 000 Oellampen und 146 000 Benzinlampen mit Innenzündung, ferner 8000 Oellampen ohne solche im Gebrauch. Die 176 000 Zündvorrichtungen verteilten sich nach den verschiedenen Konstruktionen bezw. Fabrikanten wie folgt:

A. Phosphor- oder Paraffinbandzündungen.

1. Wolfsche Reibzündungen für Benzinlampen	76 000	Stück
2. Dieselben für Oellampen	20 000	»
3. Reibzündung Patent Freise für Oellampen von Grümer & Grimberg	9 650	»
4. Kochsche Reibzündung für Benzin- und Oellampen	1 300	»
5. Reibzündung der Bochumer Metallwarenfabrik für Benzinlampen	1 150	»
6. Seippelsche Reibzündung für Oellampen . .	500	»
Summa Paraffinzündungen . . .	108 600	Stück

B. Explosiv- oder Papierbandzündungen.

1. Seippelsche Reibzündung	35 700	Stück
2. Wolfsche Perkussionszündung	16 000	»
3. Seippelsche Schlagzündung	7 500	»
4. Krohmsche Schlagzündung	4 200	»
5. Wienpahlsche Schlagzündung	4 000	»
Summa Explosivzündungen	67 400	Stück

Die Anzahl der Phosphorzündvorrichtungen ist also erheblich grösser als die der Explosivzündungen.

Neben der Sicherheit gegen das Durchschlagen ist das Haupterfordernis einer guten Zündvorrichtung die Zuverlässigkeit der Dochtflammenzündung. Wie sich in dieser Beziehung die einzelnen Konstruktionen zu einander verhalten, ergiebt sich aus der folgenden Uebersicht, deren Zahlen aus den Angaben der Zechenverwaltungen als Durchschnittswerte ermittelt sind.

Tabelle 13.

Bezeichnung der Zündvorrichtung.	Durchschnittliche Gebrauchsdauer eines Zündstreifens. Lampenschichten.	Anzahl der Zündpillen auf einen Streifen	Durchschnittlicher Verbrauch an Zündpillen in 1 Lampenschicht
A. Phosphor- oder Paraffinbandzündungen.			
1. Zündvorrichtung Patent Freise von Grümer & Grimberg für Oellampen	5	28	5,6
2. Wolfsche Reibzündung für Oellampen mit einfachem Drahtkorb	4,5	48	10,7
3. Desgleichen für Oellampen mit doppeltem Drahtkorb	5,5	48	8,7
4. Wolfsche Reibzündung für Benzinlampen mit einfachem Drahtkorb	3,7	48	13,0
5. Desgleichen für Benzinlampen mit doppeltem Drahtkorb	2,8	48	17,1
B. Explosiv- oder Papierbandzündungen.			
1. Wolfsche Perkussionszündung	5,9	75	12,7
2. Wienpahlsche Schlagzündung	6,5	100	15,3
3. Seippelsche Schlagzündung	3,8	75	19,4
4. Krohmsche Schlagzündung	3,8	75	19,8
5. Seippelsche Reibzündung	4,3	75	17,4
6. Kochsche Reibzündung	4,2	75	17,7

Wenn auch der Verbrauch an Zündpillen für die Zuverlässigkeit der Zündvorrichtung nicht allein massgebend ist, so geht aus den vorstehenden Zahlen doch soviel hervor, dass die Phosphorzündungen nach dieser Richtung hin den Explosivzündungen überlegen sind. Der auffallend geringe Verbrauch an Zündpillen bei der unter 1 genannten Grümerschen Reibzündung findet seine Erklärung darin, dass die Phosphorpillen dieses Apparates erheblich grösser sind als die der übrigen unter 2—5 genannten Paraffinbandzündungen. Dem hierdurch bedingten Vorteil einer geringeren Zahl von Versagern steht der Nachteil des stärkeren Beschlagens der Glascylinderwände gegenüber.

In Bezug auf die Verringerung der Leuchtkraft verhalten sich am günstigsten die Explosivschlagzündungen, es folgen die Paraffinbandzündungen, während die Explosivreibzündungen infolge des der Zündpillenmasse beigemengten Klebstoffes die stärksten Beschläge liefern.

VII. Die Lampenverschlüsse.

1. Allgemeines.

Die Erfahrung hat gelehrt, dass das Oeffnen der Sicherheitslampe zum Zwecke des Wiederanzündens beim Versagen der Zündvorrichtung, sowie zur Reinigung und Instandsetzung verschmutzter und unbrauchbar gewordener Lampenteile überaus häufig erfolgt und zwar vielfach an Stellen, an welchen die Gefahr der Entstehung von Explosionen unmittelbar vorliegt. Diese Gefahr wird von unerfahrenen Arbeitern und Beamten häufig unterschätzt. Seit langen Jahren sind daher die Bemühungen darauf gerichtet gewesen, das Oeffnen der Lampe der Willkür des Arbeiters zu entziehen, und wohl alle bergpolizeilichen Verordnungen enthalten jetzt die Bestimmung, dass die Sicherheitslampen vor dem Gebrauch derart zu verschliessen sind, dass sie nicht willkürlich geöffnet werden können, und stellen das unbefugte Oeffnen der Lampe, sowie das Mitführen von Werkzeugen, welche zum Oeffnen oder Schliessen derselben dienen sollen, unter Strafe.

Wiewohl es nun bisher nicht gelungen zu sein scheint, Verschlussvorrichtungen herzustellen, für welche nicht irgend ein Kunstgriff behufs unbemerklichen Oeffnens und Wiederschliessens erfunden worden wäre, so darf man doch von der zwangsweisen Anwendung der Verschlüsse bei allen Sicherheitslampen nicht Abstand nehmen, da es unter den vorhandenen Vorrichtungen doch manche giebt, welche bei ausreichender Kontrolle und rechtzeitigem Ersatz unbrauchbar oder schwach gewordener Teile die Erfüllung des beabsichtigten Zweckes so gut wie sicher stellen. Die an einen guten Verschluss zu stellenden Anforderungen sind folgende:

a) Er muss verhindern, dass die Lampe aus Zufall oder Unachtsamkeit sich von selbst öffnet.

b) Das Oeffnen der Lampe muss erschwert bezw. unmöglich gemacht werden und der Arbeiter dadurch gezwungen werden, mit der Sicherheitslampe überhaupt vorsichtiger umzugehen.

c) Das stattgehabte Oeffnen einer Lampe muss nachträglich durch die Kontrolle nachgewiesen werden können, oder aber es soll das Oeffnen überhaupt nur unter Benutzung solcher Apparate stattfinden können, welche ausschliesslich den damit beauftragten Personen zugänglich sind.

d) Der Verschluss muss eine sichere Gewähr für die wetterdichte Zusammensetzung der einzelnen Lampenteile bieten oder wenigstens so konstruiert sein, dass er der dichten Zusammensetzung nicht hinderlich ist.

Die ausserordentlich grosse Zahl der verschiedenen in Vorschlag gebrachten und patentamtlich geschützten Lampenverschlüsse, unter denen sich einzelne recht sinnreiche Konstruktionen befinden, liefert den Beweis dafür, dass die Bedeutung der Verschlussvorrichtungen häufig überschätzt wird, und dass man sie vielfach für den wichtigsten Teil der Sicherheitslampe hält, von dessen zuverlässiger Wirkungsweise die Sicherheit der Lampe in erster Linie abhängt. Welche Bedeutung dem Lampenverschluss in sicherheitlicher Beziehung thatsächlich zukommt, ergiebt sich aus der auf Seite 266 mitgeteilten statistischen Uebersicht, nach welcher in der Zeit von 1894—1899 7,1 % der Explosionsfälle auf das unbefugte Oeffnen der Lampe zurückzuführen waren. Hieraus erhellt weiter, dass auch die Erfindung eines absolut zuverlässigen Verschlusses eine Lösung der Lampenfrage nicht herbeiführen würde, dass aber andererseits die Wahl des Lampenverschlusses immerhin wichtig genug ist, um einer eingehenden Beachtung gewürdigt zu werden. Unter solchen Umständen wird es an dieser Stelle genügen, eine kurze Aufzählung und Beschreibung der hauptsächlich zur praktischen Anwendung gelangten Verschlüsse zu geben, ohne in eine eingehende Erörterung darüber einzutreten, in wie weit die einzelnen Vorrichtungen den beabsichtigten Zwecken entsprochen haben bezw. zu entsprechen geeignet sind.

2. Einteilung und Konstruktion der wichtigsten Lampenverschlüsse.

Bei den im Ruhrbezirk gebrauchten Lampenkonstruktionen wird das Gestell der Lampe mit dem Lampentopf durch eine Verschraubung verbunden, bei welcher der Topf die Schraubenspindel, der Gestellunterring die Schraubenmutter bildet. Es kommt also darauf an, zwischen Topf und Gestellring eine Verbindung herzustellen, welche nur unter Anwendung schwer zugänglicher Instrumente geöffnet werden kann oder wenigstens eine erfolgte Oeffnung nachher mit Sicherheit erkennen lässt.

Im allgemeinen teilt man die Verschlussvorrichtungen, soweit sie praktische Bedeutung erlangt haben, hinsichtlich ihrer Konstruktion in folgende Gruppen ein:

A) Schraubenstiftverschlüsse.
B) Plomben-Kontrollverschlüsse.
C) Magnetverschlüsse.

Letztere zerfallen wieder in:

a) Magnetankerverschlüsse.
b) Magnetstiftverschlüsse.
c) Magnetbolzenverschlüsse.

Nach den Anfang April 1899 abgeschlossenen statistischen Ermittelungen waren von den im Oberbergamtsbezirk Dortmund vorhandenen 184 000 Sicherheitslampen rund 183 000 mit Verschlüssen versehen, die sich auf die einzelnen Gruppen wie folgt verteilten:

Plombenkontrollverschlüsse	38 000	Stück
Magnetankerverschlüsse	107 000	»
Magnetstiftverschlüsse	36 000	»
Magnetbolzenverschlüsse	2 000	»
Summa	183 000	Stück.

A) Schraubenstiftverschlüsse.

Der einfache Schraubenstiftverschluss von Seippel, der gegenwärtig nicht mehr in Anwendung steht, bedarf einer näheren Beschreibung nicht. Seine Konstruktion ist aus Fig. 221 a und b ohne weiteres ersichtlich.

B) Plombenkontrollverschlüsse.

α) Der einfachste Verschluss dieser Art ist der Schrödersche Nietplombenverschluss (Fig. 222a—c). Am Ober- und Unterteil der Lampe sind zwei winkelförmige Lappen angegossen oder aufgelötet, welche in ihrem horizontalen Teil mit senkrechten Durchlochungen von 3—4 mm Weite versehen sind. Ist die Lampe ordnungsmässig zugeschraubt, so wird eine Bleiplombe durch zwei übereinander stehende Löcher gesteckt, mittels eines geeigneten Nietapparates in senkrechter Richtung zusammengedrückt und sowohl an der oberen wie an der unteren Plombierfläche mit Buchstaben oder anderen Zeichen versehen, welche im Interesse einer wirksamen Kontrolle von Zeit zu Zeit gewechselt werden.

β) Der Verschluss von W. Seippel in Bochum (Fig. 223a und b) ist ein Plombenkontrollverschluss mit einer besonderen patentierten Vorrichtung

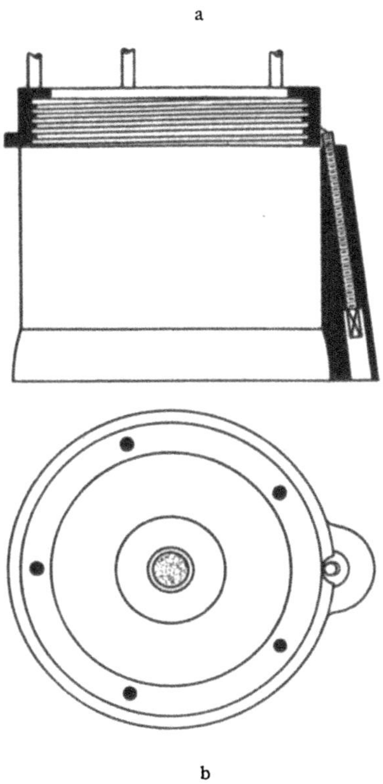

Fig. 221.

Schraubenstiftverschluss von Seippel.

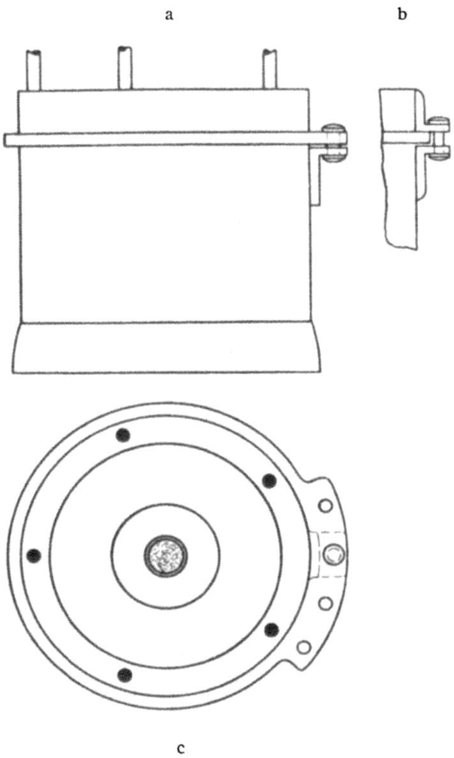

Fig. 222.

Schroederscher Nietplombenverschluss.

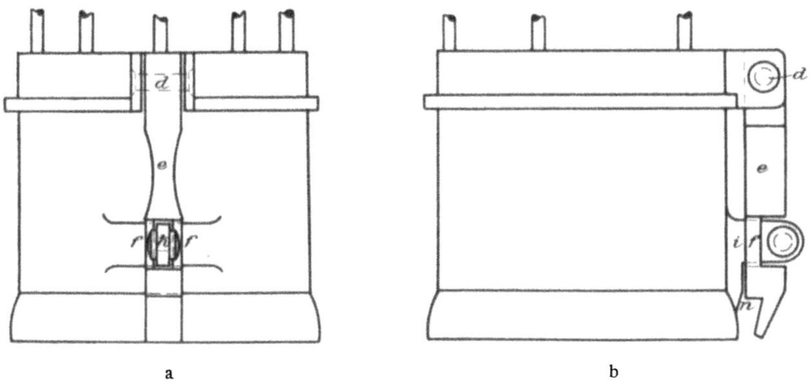

Fig. 223.

Plombenverschluss von Seippel.

zum Oeffnen desselben. An dem Oberteil der Lampe ist ein im Scharnier d drehbarer Ueberwurf e angebracht, dessen Seitenflächen bei f f messerartig abgeschrägt sind. Am Lampentopf befindet sich ein abstehender durchbohrter Lappen i, welcher so beschaffen und in solcher Stellung befestigt ist, dass nach Verschraubung des Oberteils mit dem Lampentopf der Ueberwurf e über den Lappen i geklappt werden kann und zwar so, dass letzterer durch den im Ueberwurf befindlichen Schlitz soweit hervorragt, um in die Durchbohrung h einen konischen Bleiniet stecken zu können. Das Verschliessen der Lampe erfolgt in der üblichen Weise durch

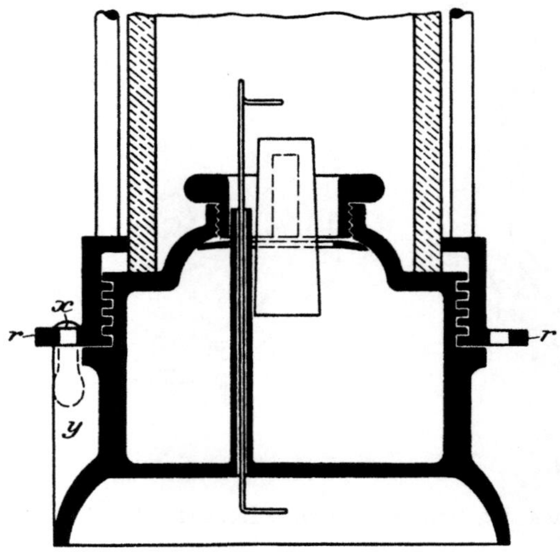

Fig. 224.

Plombenverschluss von Vogelsang.

Plombieren des Bleiniets. Um die Lampe zu öffnen wird ein Hebel oder ein auf einem feststehenden Tisch angebrachtes, passend geformtes Stück Eisen bei n unter den Ueberwurf gebracht und im ersteren Falle der Griff des Hebels, im zweiten die Lampe heruntergedrückt. Dadurch werden die gestempelten Köpfe der Plombe von dem Ueberwurf vermöge seiner messerartigen Seitenflächen durchschnitten, und es kann nunmehr die Lampe geöffnet werden.

γ) Bei dem Vogelsangschen Plombenkontrollverschluss (Fig. 224) ist das Oberteil der Lampe mit einem flachen festen Ring r versehen, welcher auf seinem Umfange 6 mal für die Plomben durchlocht ist. Das Lampenoberteil wird hierbei nicht direkt mit dem Unterteil vernietet, sondern beim Zurückschrauben des Unterteils stösst die Plombe x gegen einen am Unterteil angebrachten Ansatz y, sodass das Losschrauben der Gewinde, sofern nicht der Bleiniet zerstört wird, nur auf $^1/_7$ ihres Umfanges möglich ist.

δ) Bei dem Niepmannschen Verschluss (Fig. 225a und b) findet die Plombierung am Lampenfusse statt, zu welchem Zwecke

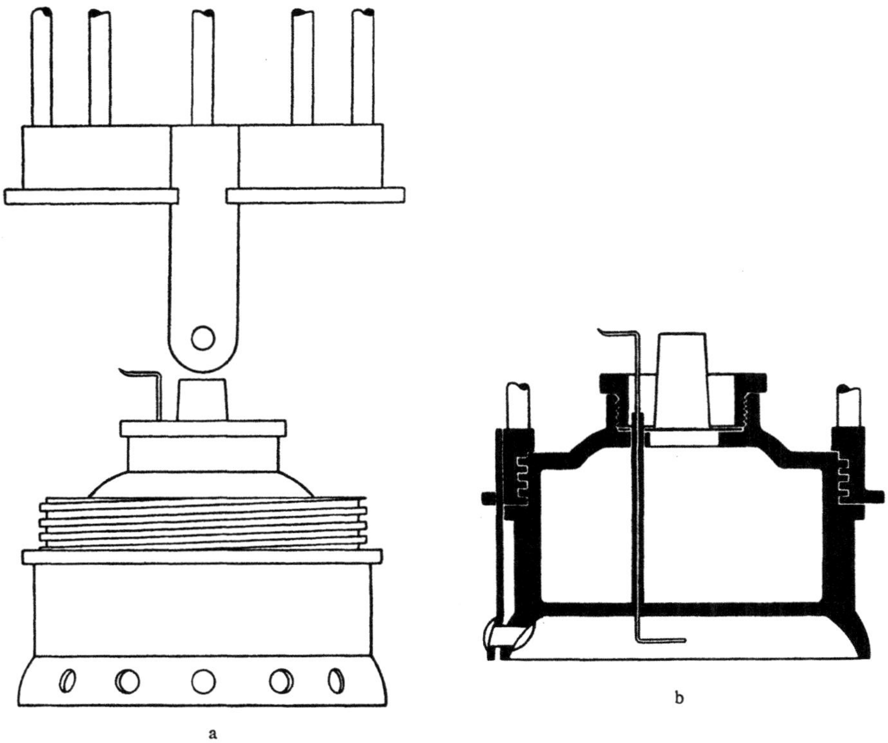

Fig. 225.

Plombenverschluss von Niepmann.

letzterer an seinem Umfange mit einer Reihe von Löchern versehen ist. Die Verbindung mit dem Oberteil wird durch einen 55 mm langen, 15 mm breiten Steg vermittelt.

ε) Der Plombenkontrollverschluss von Friemann & Wolf (Fig. 226). Um den Gestellring a ist ein Stahlband b drehbar angeordnet und mit einem Schlitz c versehen, welcher durch den Arretierstift d Führung und Anschlag erhält. An dem Stahlband ist ein gabelförmiger Ansatz e befestigt, der mit seinen beiden Flügeln im verschlossenen Zustande der Lampe den vertikalen durchlochten Schieber g umfasst. Letzterer kann

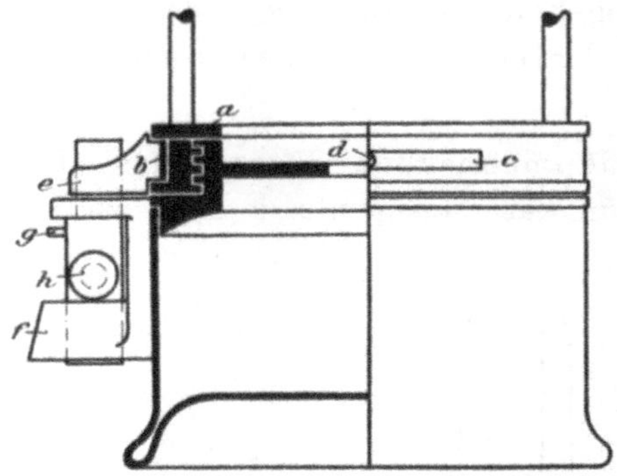

Fig. 226.

Plombenverschluss von Friemann & Wolf.

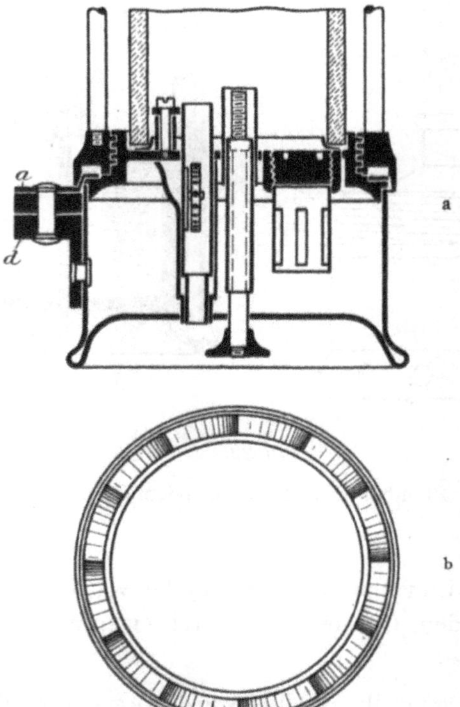

Fig. 227.

Neuer Plombenverschluss mit Stahlzwischenring von Friemann & Wolf.

in dem mit dem Lampentopf fest verbundenen Führungsgehäuse f auf und ab bewegt und durch den Bleiniet h in seiner Höchststellung festgehalten werden. Zum Durchschneiden der Plombenköpfe beim Oeffnen der Lampe können die beiden Seitenflächen des Führungsgehäuses ähnlich wie bei dem Seippelschen Plombenverschluss messerartig abgeschrägt werden.

ζ) Der neue Plombenkontrolverschluss mit Stahlzwischenring von Friemann & Wolf (Fig. 227a—c) unterscheidet sich von den bisher genannten dadurch, dass bei ihm erheblich stärkere Bleinieten verwendet werden, und die Lampe bereits plombiert werden kann, noch ehe das Obergestell auf den Topf aufgeschraubt ist. Zum Verschliessen der Lampe wird zunächst der Stahlring a auf den Lampentopf gelegt und sein durchlochter Ansatz mit der ebenfalls durchlochten am Lampentopf befestigten Plombenhülse d vernietet. Der Stahlring a besitzt ausgestanzte Zähne z (Fig. 227c), welche nach oben hervorstehen und federnd wirken. Der nunmehr aufzuschraubende Gestellring e ist auf seiner unteren Fläche gleichfalls mit Zähnen versehen, sodass die federnden Sperrzähne z des Stahlringes a sich in die Zahntiefen des Gestellringes einlegen und das Oeffnen der Lampe solange verhindern, als die Plombe unversehrt ist.

Der Verschluss gestattet demnach, auch mit fortschreitender Abnutzung der Schraubengewinde die Lampe stets wetterdicht zu verschrauben, ohne die Plombenhülse zu versetzen.

C) Magnetverschlüsse.

Gemeinsam ist allen Magnetverschlüsssen die Federkraft, welche auf bewegliche, verschiedenartig geformte Verschlusskörper einwirkt, diese beim Schliessen der Lampe mit den entsprechenden Teilen der Lampe zum Eingriff bringt und beim Oeffnen der Lampe von einem Magneten überwunden werden muss. Sowohl Verschlusskörper als Feder sind so untergebracht, dass sie bei zusammengesetzter Lampe für jede andere als die magnetische Kraft möglichst unzugänglich sind.

Die Zuverlässigkeit der Magnetverschlüsse hängt demnach in der Hauptsache von der Stärke der durch den Magneten zu überwindenden Federkraft ab. Ist letztere gross genug, um der lebendigen Kraft, welche in dem Verschlusskörper durch einen Schlag gegen die Lampe erzeugt wird, zu widerstehen, so kann die Lampe ohne Anwendung von Gewalt oder Zerstörung eines Verschlussteils nicht geöffnet werden. Selbstverständliche Voraussetzung ist hierbei, dass alle Verschlussteile sich in ordnungsmässigem Zustande befinden und dass Verschlusskörper und Feder für mechanische Hülfsmittel keine Angriffsstelle bieten.

a) Magnetankerverschlüsse.

Bei den Magnetankerverschlüssen besteht der bewegliche Verschlusskörper aus einem oder mehreren drehbaren Hebeln (Ankern), welche in

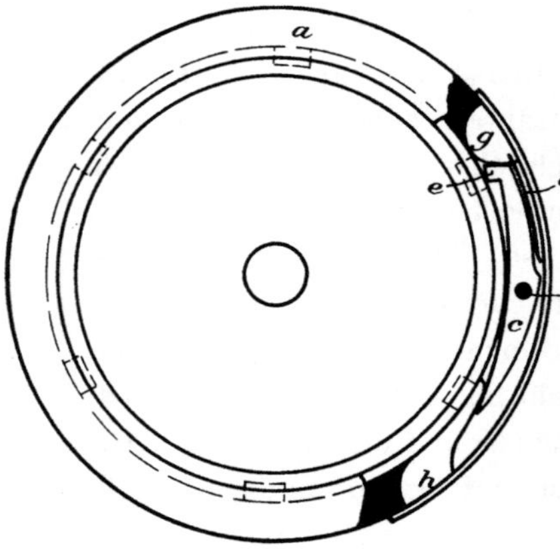

Fig. 228.
(1. Ausführungsform)

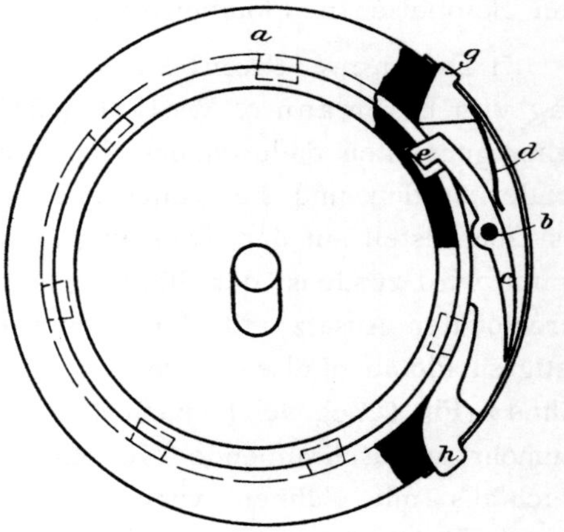

Fig. 229.
(2. Ausführungsform)

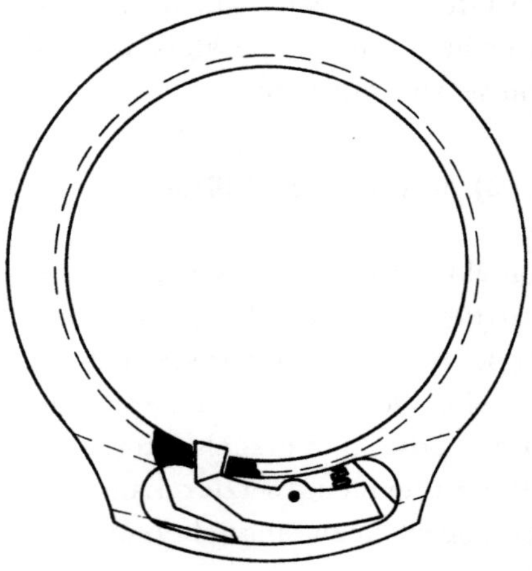

Fig. 230.
(3. Ausführungsform)
Magnetankerverschluss von Friemann & Wolf.

einer Aussparung oder einem kastenartigen Ausbau des Gestellringes horizontal verlagert sind und mit ihrem hakenartigen Ansatz in entsprechend geformte Vertiefungen des Topfgewindes eingreifen. Da somit beim Losschrauben die Vertiefungen des Gewindes immer wieder den

Verschlusshaken passieren, so muss die Lampe, wenn der Verschlusshaken nur einseitig wirkt, fast während der ganzen Dauer des Oeffnens, wenn er zweiseitig wirkt, auch während der Dauer des Schliessens mit dem Magneten in Berührung bleiben. Es ist dies ein Uebelstand, der durch die Magnetstiftverschlüsse teilweise, durch die Magnetbolzenverschlüsse fast ganz beseitigt ist.

Die Magnetankerverschlüsse sind die ältesten Magnetverschlüsse und verdanken ihre Einführung der Firma Friemann & Wolf. Der bekannteste und verbreitetste unter ihnen ist

α) der Magnetankerverschluss von Friemann & Wolf, der in drei Ausführungsformen (Fig. 228—230) hergestellt wird. Die Ausführungsformen 1 und 2 unterscheiden sich von einander nur durch die verschiedene Stärke der Konstruktion. In einer Aussparung des Gestellringes a ist ein um die Achse b drehbarer Verschlussanker c untergebracht, dessen hakenförmiger, zweiseitig wirkender Kopf e durch eine Blattfeder d nach innen gedrückt wird. Das Gewinde des Benzinbehälters ist mit 7 Vertiefungen versehen, in welche beim Aufschrauben des Gestellringes der Kopf e des Ankers greift und so den Verschluss herstellt. Der

Fig. 231.

Hufeisenmagnet zum Oeffnen des Lampenverschlusses.

Raum, in welchem sich die Verschlussvorrichtung befindet, ist nach innen offen und nach aussen hin durch ein Deckschild aus Neusilber- oder aus Messingblech abgeschlossen.

Soll die Lampe geöffnet oder geschlossen werden, so muss ein Hufeisenmagnet (Fig. 231) so an das Deckschild angelegt werden, dass das eine Ende des Magneten den Kopfpol g (Fig. 228 und 229), das andere den Schwanzpol h berührt. Durch die Einwirkung des Magneten wird der Schwanz des Ankers nach innen, der Kopf nach aussen bewegt, sodass letzterer aus der Vertiefung des Topfgewindes zurücktritt und den Verschluss aufhebt.

Bei der neueren Ausführungsform (Fig. 230) ist die Blattfeder durch eine Spiralfeder ersetzt und die Verschlussvorrichtung in einem kastenartigen Ausbau des Gestellringes untergebracht. Der Verschlusskasten ist im Gegensatz zu den beiden älteren Ausführungsformen von allen Seiten geschlossen und besitzt nur auf der Innenseite eine kleine Oeffnung für den Durchgang des Ankerkopfes. Schwanz- und Kopfpol sind der Form des Ankers entsprechend etwas anders gestaltet, als bei den älteren Konstruktionen. Behufs Auswechselns der Verschlussteile kann der Verschlusskasten von unten durch Losschrauben einer Deckplatte geöffnet werden. Die Befestigungsschraube der Deckplatte bildet gleichzeitig die Achse des Ankers und ist so angebracht, dass sie bei zusammengesetzter Lampe durch den Lampentopf verdeckt wird und ohne Anwendung von Gewalt nicht gelöst werden kann.

Die Vorzüge der neueren Konstruktion gegenüber den älteren sind folgende:

1. Die Gewinde des Gestellringes sind nur auf eine kleine Erstreckung hin unterbrochen.
2. Die Verschlussteile sind gegen das Eindringen von Staub und Schmutz besser geschützt als früher.
3. Das Einsetzen neuer Federn ist erheblich vereinfacht, da ein Anlöthen derselben nicht mehr erforderlich ist.
4. Es können, je nachdem permanente oder Elektromagnete verwendet werden sollen, mehr oder weniger kräftige Federn eingesetzt werden, wodurch die Zuverlässigkeit des Verschlusses beliebig gesteigert werden kann.

Der von der Firma Friemann & Wolf für den Spiralfederverschluss gelieferte Elektromagnet besitzt die aus Fig. 232 ersichtliche Anordnung. Der Stromkreis wird durch einen Fusskontakt nur solange Zeit geschlossen, als zum Oeffnen oder Schliessen der Lampe erforderlich ist. Damit die Magnetwickelung nicht durchbrennt, wird als Widerstand eine Glühlampe

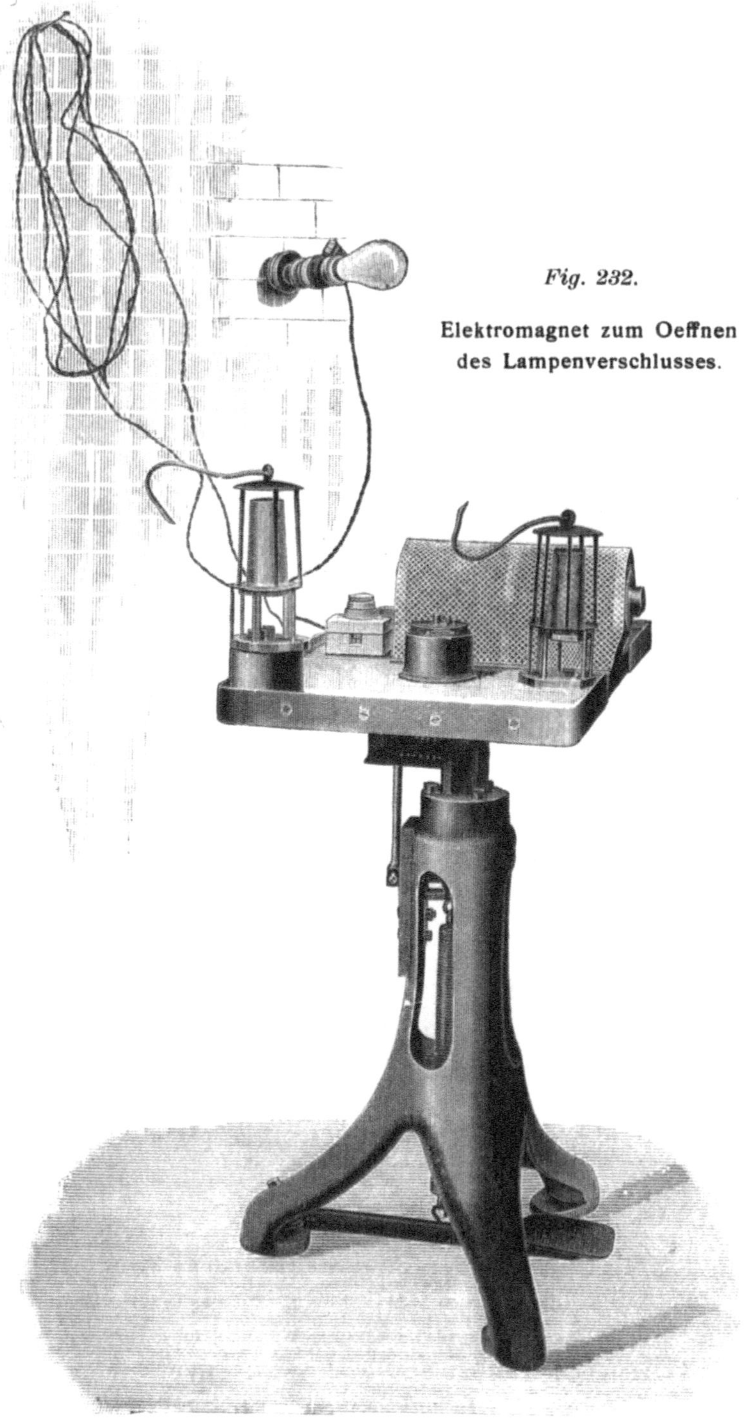

Fig. 232.

Elektromagnet zum Oeffnen des Lampenverschlusses.

von entsprechender Spannung und Kerzenstärke derart eingeschaltet, dass dieselbe nur brennt, wenn der Stromkreis durch den Fusskontakt geschlossen ist.

β, γ) Den älteren Wolfschen Ankerverschlüssen ähnlich ist der von Seippel hergestellte Verschluss (Fig. 233a u. b) und der Doppelankerverschluss von Grümer & Grimberg (Fig. 234a u. b).

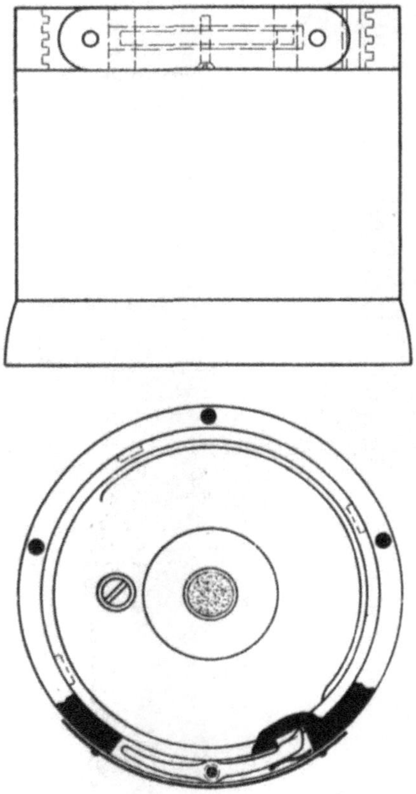

a

b

Fig. 233.

Magnetankerverschluss von Seippel.

δ) Der doppelt wirkende Magnetankerverschluss von Eitner (Fig. 235a u. b), dessen Fabrikation die Firma Friemann & Wolf sich gesichert hat, ist wie der gewöhnliche Wolfsche Magnetankerverschluss eingerichtet, nur findet hier noch eine Verriegelung des Ankers a durch einen Stift b, welcher unter Federwirkung steht, statt. Es ist also zunächst mittels Magnet der Stift b nach oben zu ziehen, bevor der Ankerkopf aus der Schliessnut gleichfalls mittels Magneten entfernt werden kann.

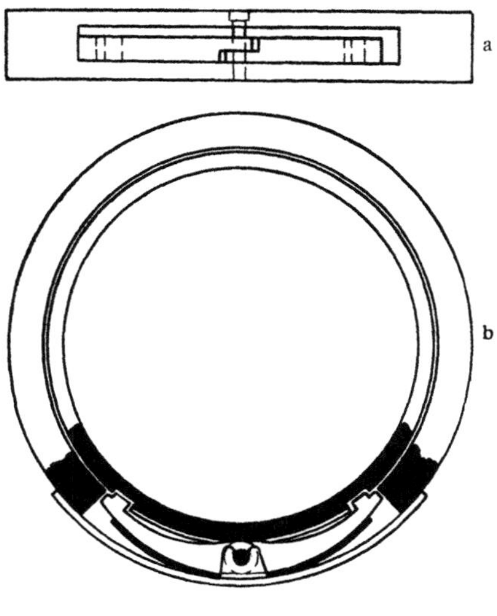

Fig. 234.
Doppelankerverschluss von Grümer & Grimberg.

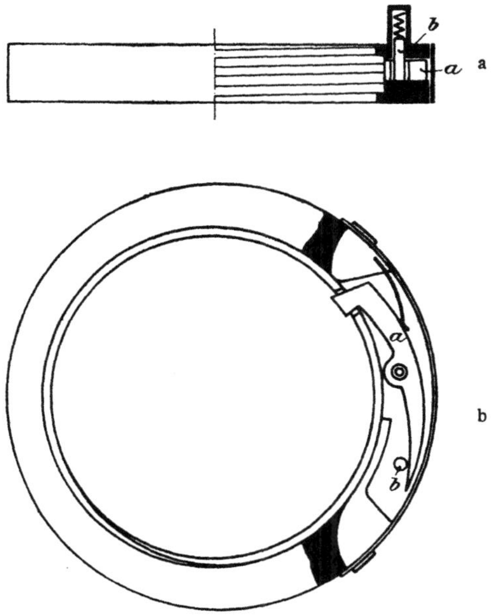

Fig. 235.
Magnetverschluss von Eitner.

Während die in Vorstehendem besprochenen Magnetankerverschlüsse sämtlich horizontal liegende Anker haben, werden neuerdings solche Verschlüsse auch mit stehenden Ankern hergestellt. Hierdurch soll ein unbefugtes Oeffnen der Lampen erheblich erschwert sein.

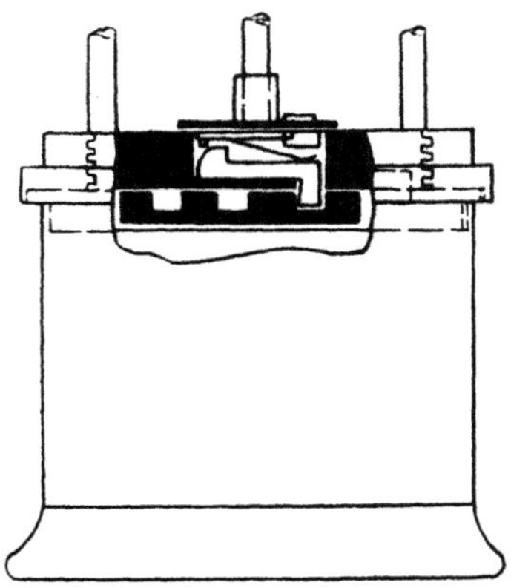

Fig. 236.
Seippelscher Magnetankerverschluss mit stehendem Anker.

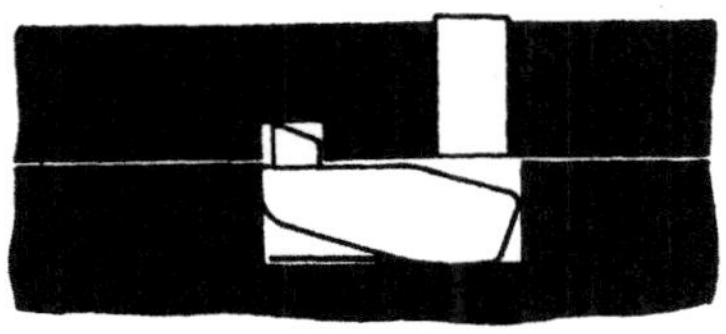

Fig. 237.
Magnetankerverschluss der Bochumer Metallwarenfabrik, System Wiedenfeld.

ε) Der in dieser Weise angeordnete Verschluss von W. Seippel in Bochum (Fig. 236) besteht aus zwei Teilen, nämlich aus dem in der Einfräsung des Schraubenringes lose liegenden Anker, und aus der den Anker von oben verschliessenden Messingdeckplatte mit fester Druckfeder und rundem eisernen Kern. Wird der Magnet auf den runden in der Messingplatte fest sitzenden eisernen Kern geführt, so schnellt der Anker aus seiner Ruhelage nach oben und die Lampe kann geöffnet werden.

ζ) Bei dem Verschluss der Bochumer Metallwarenfabrik, System Wiedenfeld (Fig. 237) ist der Anker ebenfalls lose eingelegt und zwar in eine Einfräsung des Lampentopfes. Der stiftartige Kopf des Ankers greift in entsprechende Löcher des Gestellringes ein. Letzterer trägt auch den festen eisernen Kern, auf den der zum Oeffnen der Lampe dienende Magnet gesetzt wird. Die Feder ist am Anker selbst befestigt.

b) Magnetstiftverschlüsse.

Bei den Magnetstiftverschlüssen besteht der Verschlusskörper aus einem unter Federwirkung stehenden cylindrischen Eisenstift, der mit dem einen Lampenteil durch ein gewöhnlich gleichfalls cylindrisches Gehäuse verbunden ist und in eine entsprechende Aussparung des anderen Lampenteils eingreift. Die Stiftverschlüsse besitzen, soweit sie vertikal angeordnet sind, vor den Ankerverschlüssen den Vorzug, dass sie nicht während der ganzen Dauer des Oeffnens und Schliessens mit dem Magneten in Berührung bleiben müssen; dagegen tragen sie der Abnutzung der Gewinde und der durch sie beeinträchtigten wetterdichten Zusammensetzung der Lampe in geringerem Masse Rechnung als die Ankerverschlüsse. Die bekanntesten hierher gehörigen Konstruktionen sind folgende:

α) die Seippelschen Magnetstiftverschlüsse (Fig. 238—242).

Bei der Ausführungsform Fig. 238 ist an den Benzinbehälter a die Messinghülse b angelötet, in welcher sich der durch die Spiralfeder c in seiner Höchststellung gehaltene Verschlussstift d befindet. Derselbe ragt mit seinem oberen Ende in die am Gestellring der Lampe vorgesehene Aussparung hinein und verhindert ein Oeffnen der Lampe, solange er sich in dieser Stellung befindet. Das untere Ende des Verschlussstiftes schliesst nicht mit dem unteren Ende der Hülse ab, sondern tritt um einige Millimeter in diese zurück, sodass der Stift für Oeffnungsversuche schwer zugänglich ist. Als oberes Widerlager für die Feder dient der am Verschlussstift befindliche Bund g, der sich gegen einen nach innen vorspringenden Rand der Hülse anlegt. Feder und Verschlussstift werden von unten eingesetzt und alsdann das untere Widerlager für die Feder durch einen von unten in die Hülse eingeführten und mit derselben verlöteten Ring m gebildet.

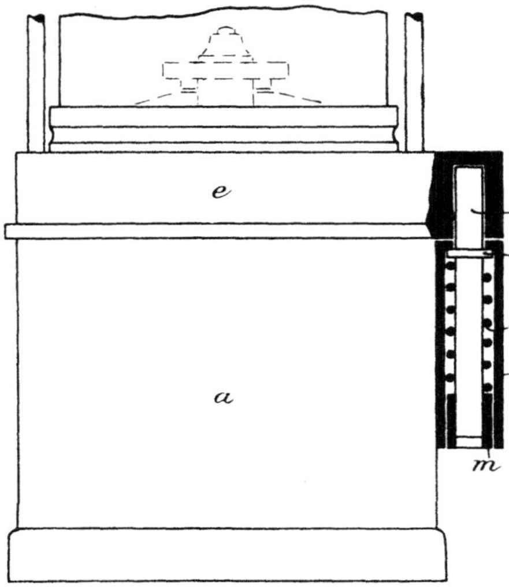

Fig. 238.

Magnetstiftverschluss von Seippel.

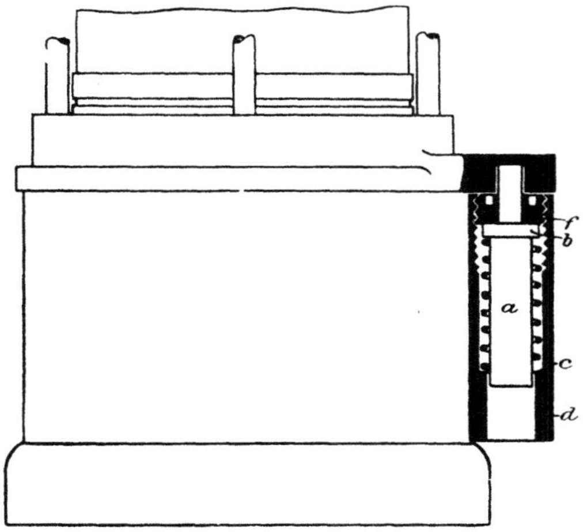

Fig. 239.

Magnetstiftverschluss von Seippel.

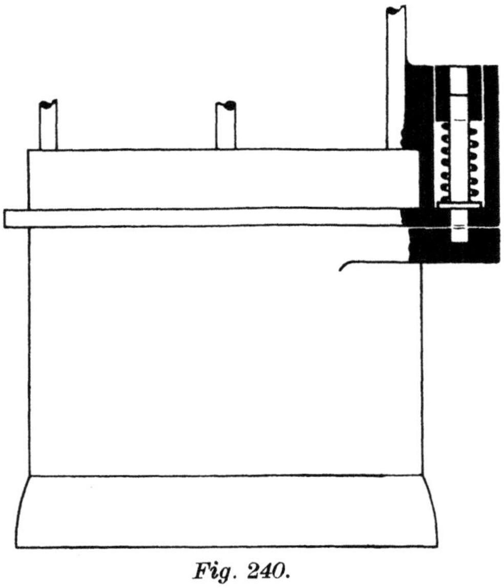

Fig. 240.

Magnetstiftverschluss von Seippel.

Die in Fig. 239 dargestellte Anordnung soll das Einlöten eines Widerlagers ersparen und ein Nachspannen der Feder ermöglichen. Es geschieht dies dadurch, dass die Führungshülse d des Verschlussstiftes a nicht am oberen sondern am unteren Ende einen nach innen vorspringenden Rand c erhält, welcher als unteres Widerlager für die Feder dient. Letztere legt sich mit dem oberen Ende wie bei der vorigen Konstruktion gegen den Bund b des Verschlussstiftes und drückt diesen Bund gegen einen mit Gewinde versehenen und von oben in die Hülse einzuschraubenden Ring f, welcher bei geschlossener Lampe von dem Ansatz des Gestellringes verdeckt wird, also unzugänglich ist. Durch tieferes Einschrauben des Ringes f wird die Feder nachgespannt.

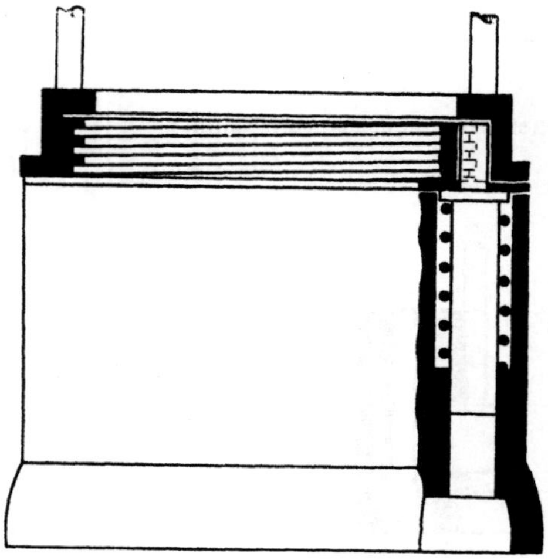

Fig. 241.

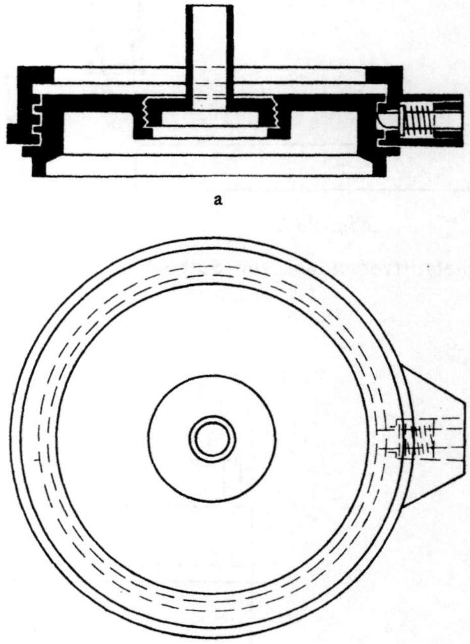

a

b

Fig. 242.

Magnetstiftverschluss von Seippel.

Die in Fig. 240 wiedergegebene Konstruktion, bei welcher die Verschlusshülse nebst Stift und Feder nicht mit dem Lampentopf, sondern mit dem Gestellring verbunden ist, bezweckt, das Oeffnen der Lampe durch Aufschlagen des Lampentopfes unmöglich zu machen.

Bei der Anordnung nach Fig. 241 befindet sich die Verschlussvorrichtung im Innern des Topfes. Stift und Feder können nur herausgenommen werden, nachdem der Topfdeckel vom Benzinbehälter entfernt ist.

Fig. 242a u. b endlich stellt einen Seippelschen Magnetstiftverschluss in horizontaler Anordnung dar. Die Verschlusshülse ist an den Gestellring derart angelötet oder angegossen, dass der Verschlussstift in Aussparungen einschlägt, welche sich an dem Topfgewinde befinden.

Zum Oeffnen der Seippelschen Magnetstiftverschlüsse dienen je nach der Stärke der Feder permanente Magnete in Hufeisenform oder Elektromagnete in Stabform. Die Konstruktion der letzteren ist aus Fig. 243a und b

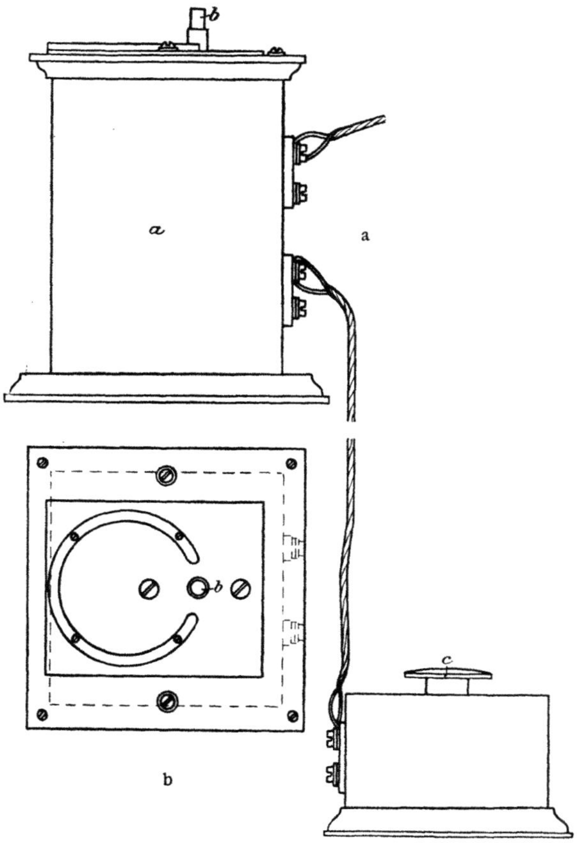

Fig. 243.

Elektromagnet zum Oeffnen der Seippelschen Magnetstiftverschlüsse.

ersichtlich. In dem Innern des Holzkastens a befindet sich ein Solenoid, in dessen Hohlraum ein nach aussen reichender cylindrischer Eisenkern b derart angeordnet ist, dass er durch eine Spiralfeder in seiner Höchststellung festgehalten wird. Die den Verschlussstift enthaltende Hülse wird behufs Oeffnens der Lampe über das obere Ende des Eisenkerns b gestülpt und letzterer nach unten gezogen, indem der Stromkreis mittels des Fusskontaktes c geschlossen wird.

β) Der Kellermannsche Doppelstiftverschluss (Fig. 244).

An dem vertikalen Verschlussstift s, der in der üblichen Weise in einer Hülse geführt und durch eine Feder nach oben gedrückt wird, sind zwei Bunde e und f angebracht, in deren Zwischenraum die aus unmagnetischem Metall hergestellte Spitze eines zweiten horizontalen Ver-

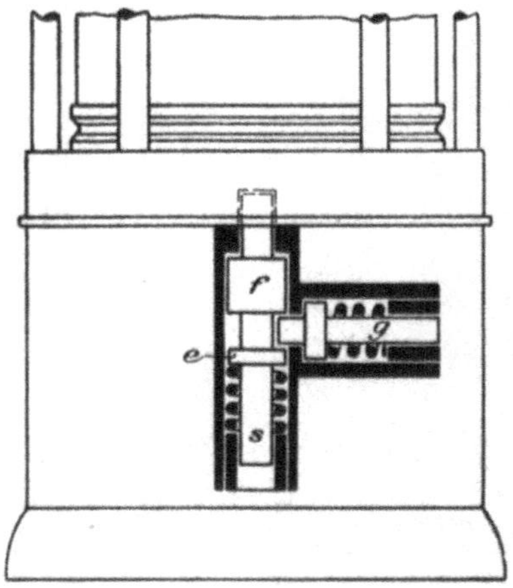

Fig. 244.

Kellermannscher Doppelstiftverschluss.

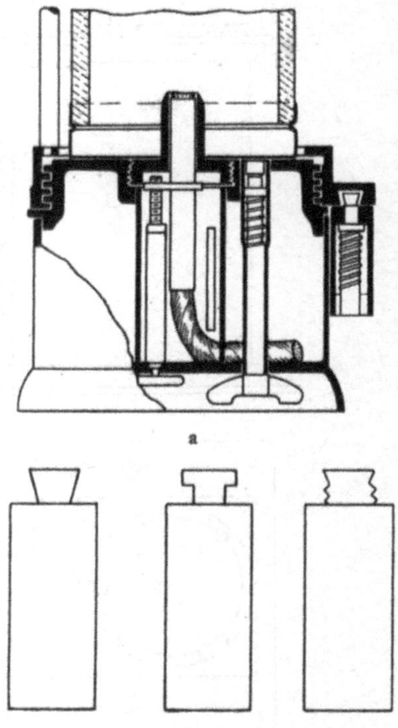

Fig. 245.

Wienpahlscher Magnetstiftverschluss.

schlussstiftes g hineinreicht. Auch dieser Verschlussstift ist in einer Hülse geführt und wird durch eine Feder beständig gegen den Verschlussstift s gedrückt. Das Oeffnen und Schliessen der Lampe geschieht mittelst eines rechtwinklig gebogenen Magneten. Mit dem aufrecht stehenden Schenkel des Magneten wird zunächst der Stift g zurückgezogen, sodass er den Stift s freigiebt, welcher hierauf von dem horizontalen Magnetschenkel niedergezogen wird.

γ) Der Wienpahlsche Magnetstiftverschluss (Fig. 245 a—d), hergestellt von W. Wienpahl in Camen und von der Bochumer Metallwarenfabrik in Bochum, unterscheidet sich von den vorigen dadurch, dass der Kopf des

Verschlussstiftes nicht cylindrisch, sondern konisch, T-förmig oder gerippt (Fig. 245b—d) ausgestaltet ist und in eine gleichfalls konische Aussparung des Gestellringes eingreift. Diese Anordnung des Verschlusskopfes soll das Oeffnen der Lampe durch mehrmaliges Aufstossen unter gleichzeitigem Andrücken des Gestellringes gegen den Verschlusskopf verhindern.

Zum Oeffnen und Schliessen der Lampe dienen je nach der Stärke der Feder permanente oder elektrisch erregte Magnete.

δ) Der Magnetstiftverschluss von Friemann & Wolf (Fig. 246) ist im Innern des Lampentopfes untergebracht. Die Hülse a ist mit einem

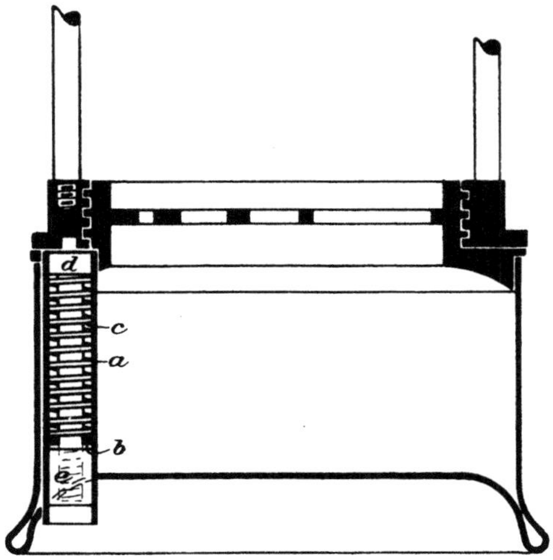

Fig. 246.

Magnetstiftverschluss von Friemann & Wolf.

Vorsprung b versehen, auf welchem die Spiralfeder c ruht, während das obere Widerlager für die Feder durch den am Verschlussstift angebrachten Bund d gebildet wird. Der Verschlussstift ist am unteren Ende mit Gewinde versehen und auf dieses der Angriffspol e aufgeschraubt. Soll der Stift aus der Hülse herausgenommen werden, so muss der Angriffspol abgeschraubt werden. Letzteres ist indessen nur möglich, wenn das obere Ende des Verschlussstiftes festgehalten wird, d. h. wenn die Lampe geöffnet ist, da andernfalls der cylindrische Verschlussstift die Drehbewegung mitmacht.

Für den Eingriff des Verschlusskopfes ist die untere Fläche des Gestellringes entweder mit cylindrischen Aussparungen oder in derselben

Weise wie bei dem Wolfschen Plombenverschluss (Fig. 227) mit Zähnen versehen.

ε) Bei dem Magnetstiftverschluss von Grümer & Grimberg (Fig. 247a und b) ist der Verschlussstift in horizontaler und vertikaler Richtung geteilt und befindet sich in einer von allen Seiten verschlossenen Hülse, die an den Lampentopf angelötet ist. Fig. 247a zeigt den Verschluss bei geschlossener Lampe, Fig. 247b denselben im geöffneten Zustande. Die Teilung des Verschlussstiftes hat den Zweck, das unbefugte Oeffnen der Lampe durch Aufschlagen derselben auf einen festen Gegenstand unmöglich zu machen.

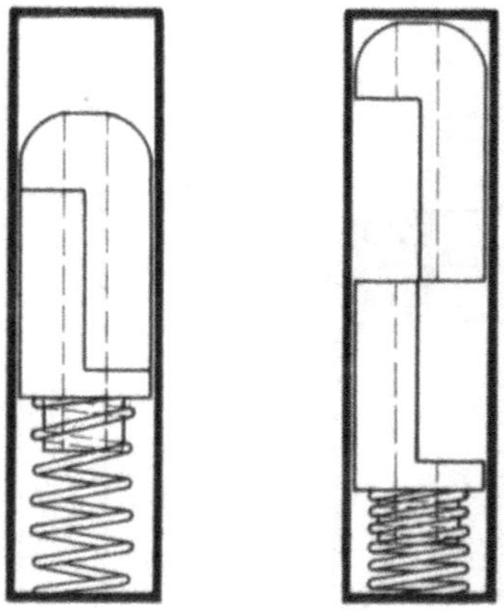

a b

Fig. 247.

Magnetstiftverschluss von Grümer & Grimberg.

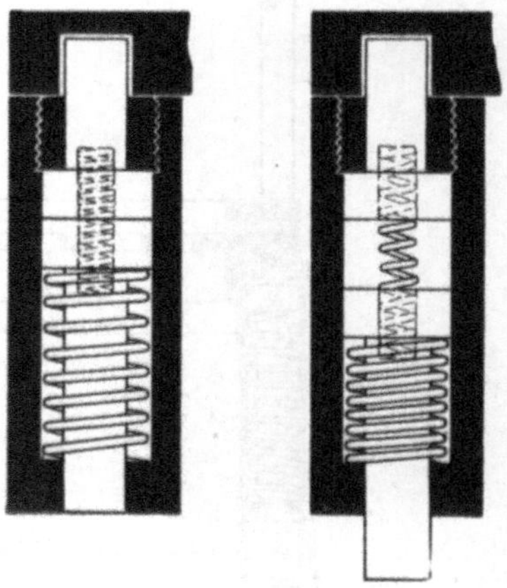

a b

Fig. 248.

Magnetstiftverschluss mit Doppelfeder von Grümer & Grimberg.

ζ) Denselben Zweck verfolgt der Magnetstiftverschluss mit Doppelfeder von Grümer & Grimberg (Fig. 248). Der in einer Hülse befindliche Verschlussstift ist in horizontaler Richtung geteilt und steht unter der Wirkung einer kräftigen Spiralfeder, welche die beiden Teile zusammendrückt und in ihrer Höchststellung festhält. Die beiden einander zugekehrten Enden des Verschlussstiftes sind mit Bohrungen versehen, welche zur Aufnahme einer zweiten Spiralfeder dienen. Letztere ist genügend kräftig, um die obere Hälfte des Verschlussstiftes beim Herabziehen der unteren in der Arretierstellung festzuhalten. Nur mit Hülfe eines Elektromagneten können beide Teile des Verschlussstiftes nach unten gezogen werden.

η) Der horizontale Magnetstiftverschluss der Bochumer Metallwarenfabrik in Bochum (Fig. 249a u. b) ist in einem dem Gestellring angegossenen Verschlusskasten untergebracht. Der Verschlussstift e ist in radialer Richtung innerhalb gewisser Grenzen verschiebbar gelagert; er wird durch eine Blattfeder f nach innen gedrückt und greift mit seinem hakenförmig gebogenen Ende in eine entsprechend geformte Vertiefung des Topfgewindes ein.

c) Magnetbolzenverschlüsse.

Während bei den Anker- und Stiftverschlüssen der Verschlusskörper an einem der beiden zu vereinigenden Lampenteile derart befestigt ist, dass er nur innerhalb gewisser Grenzen bewegt werden kann, ist er bei den Bolzenverschlüssen mit keinem der beiden Lampenteile fest verbunden, sondern wird von aussen her eingeführt. Die Feder wirkt hierbei nicht direkt auf den Verschlusskörper, sondern auf ein bewegliches Zwischenglied, welches den Verschlusskörper (Bolzen) in einer bestimmten Lage derart festhält, dass er dieselbe nur infolge der Einwirkung magnetischer Kraft verändern kann. Der Verschlusskörper ist mit der Feder und dem Zwischenglied entweder zu einem Stück vereinigt oder von beiden getrennt, sodass er beim Oeffnen der Lampe mittelst des Magneten entweder allein oder gemeinschaftlich mit den übrigen Teilen der Verschlussvorrichtung von der Lampe entfernt wird.

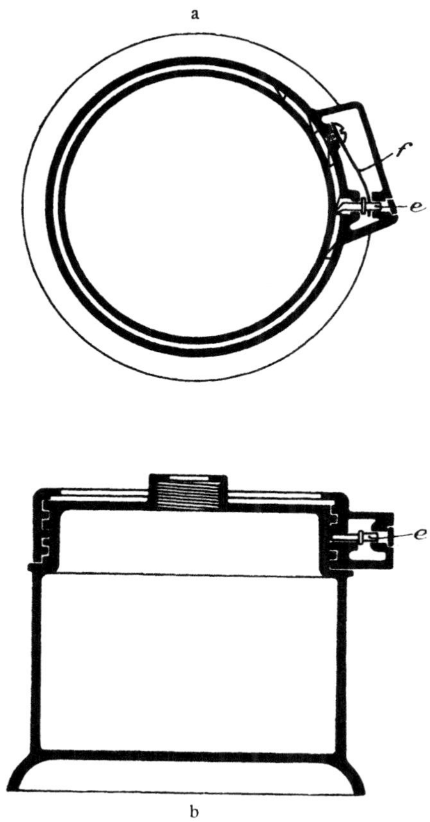

Fig. 249.

Magnetstiftverschluss der Bochumer Metallwarenfabrik.

Die wichtigsten Magnetbolzenverschlüsse sind folgende:

α) Der Debussche Verschluss (Fig. 250), dessen Ausführung durch die Firma Friemann & Wolf erfolgt. In dem Benzinbehälter der Lampe liegt die cylindrische, oben abgeflachte Messinghülse h, welche hinten geschlossen und vorn durch den ringförmigen Einsatz r verengt ist. Nach dem Zuschrauben der Lampe muss die Aussparung a des Gestellringes mit der Hülse korrespondieren, sodass nunmehr durch Einschieben des cylindrischen, oben ebenfalls teilweise abgeflachten Verschlussbolzens b in die Hülse h die beiden Lampenteile fest miteinander verbunden werden können. An dem hinteren Rande des Verschlussbolzens sind über je einer kleinen Blattfeder drei Eisenanker k derart drehbar verlagert, dass sie nach vollendetem Einschieben des Bolzens durch die Federn aus der Aussenwand des Bolzens nach verschiedenen Richtungen herausgedrückt werden und sich mit ihren Köpfen gegen die Innenseite des ringförmigen Einsatzes r anlegen. So lange die Anker in dieser Stellung verbleiben, kann der Verschlussbolzen nicht aus der Hülse herausgezogen werden und verhindert somit das Oeffnen der Lampe. Der Verschlussbolzen ist aus Messing hergestellt, und nur die

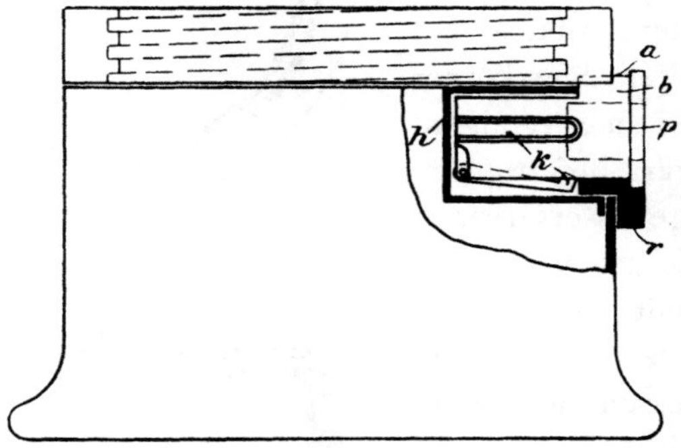

Fig. 250.

Debus-Verschluss.

Anker, Federn und der Angriffspol p für den Magneten bestehen aus Eisen bezw. Stahl. Soll die Lampe geöffnet werden, so wird durch Anlegen eines kräftigen Stabmagneten an die vordere Fläche des Bolzens letzterer entfernt, nachdem vorher gleichfalls unter der Einwirkung des Magneten die drei Anker in das Innere des Bolzens zurückgetreten sind.

Der besondere Vorzug des Debus-Verschlusses liegt, wie ohne weiteres ersichtlich ist, in der schnellen Handhabung desselben.

β) Der Magnetbolzenverschluss der Bochumer Metallwarenfabrik in Bochum (Fig. 251 a—d). Fig. 251 a zeigt die Lampe in geschlossenem Zustande; in Fig. 251 b ist die Wirkung des Magneten dargestellt, der den unter Federwirkung stehenden Verschlussstift herauszieht und dadurch den Verschlussbolzen auslöst; Fig. 251 c zeigt einen Horizontalschnitt der Lampe durch die Achse der Verschlusshülse und Figur 251 d giebt die Vorderansicht des Verschlusses wieder.

Es bedeutet a den Verschraubungsring des Oberteils, b den mit Gewinde versehenen Topfdeckel; c ist eine aus Messingblech gepresste, eine ringförmige Verengung aufweisende Hülse, die in den Lampentopf eingelötet und aus der oben ein Segment ausgeschnitten ist, welches der Aussparung im Verschraubungsring a entspricht; d ist der Verschlussbolzen,

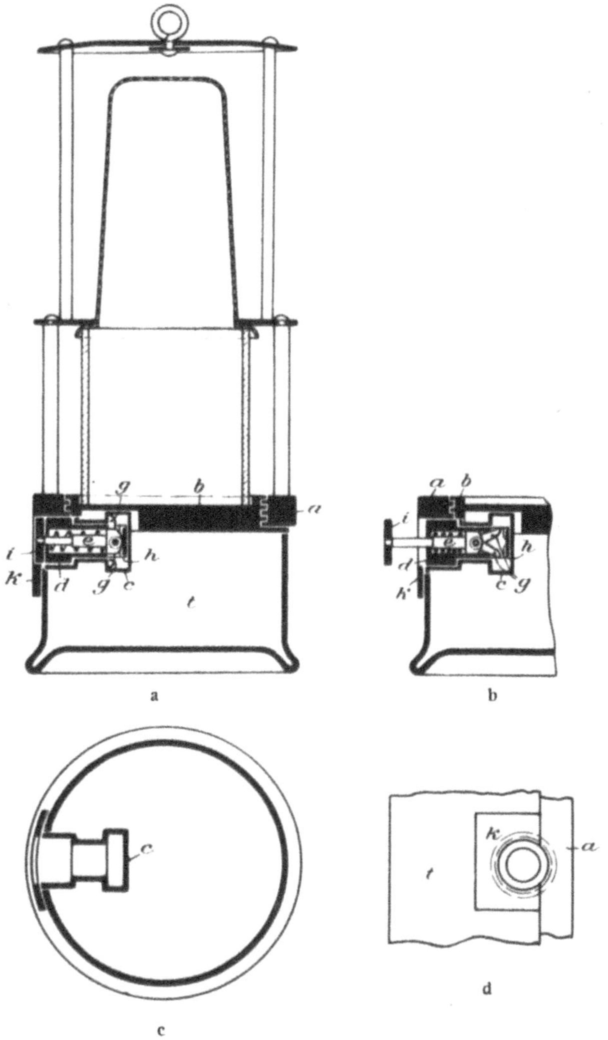

Fig. 251.

Magnetbolzenverschluss der Bochumer Metallwarenfabrik.

der eingeschoben wird und den unter dem Druck einer Spiralfeder stehenden Stift e aufnimmt. An letzterem sind zwei Nasen g g drehbar befestigt, die in der Ruhelage aus zwei Oeffnungen des Verschlussbolzens d, wie aus Fig. 251a ersichtlich, riegelartig heraustreten. Die runde Eisenplatte i ist auf dem Stifte e befestigt und tritt in der Ruhelage in einen kreisförmigen Ausschnitt, der auf den Lampentopf aufgelöteten Platte k soweit zurück, dass sie mit einer Zange oder ähnlichen Hülfsmitteln nicht mehr gefasst werden kann.

Die Wirkungsweise des Verschlusses ist folgende:

Man zieht den Stift e, der, solange der Verschlussbolzen noch nicht eingesteckt ist, vermittelst der Platte i leicht gefasst werden kann, aus dem Verschlussbolzen d heraus. Hierdurch werden die beiden Nasen g g, wie Fig. 251b zeigt, eingezogen, sodass der Verschlussbolzen in die Hülse c eingeführt werden kann. Ist dieses geschehen, und die Platte i losgelassen, so schnellt der Stift e infolge des Federdruckes nach innen, die Nasen g g legen sich, wie aus Fig. 251a ersichtlich, hinter den verengten Teil der Hülse c, und die Platte i tritt soweit in den kreisförmigen Ausschnitt der Platte k bezw. die Aussparung des Verschraubungsringes zurück, dass sie mechanisch nicht mehr gefasst werden kann.

Das Oeffnen der Lampe geschieht dadurch, dass die Eisenplatte i samt dem Stift e unter der Einwirkung eines kräftigen Magneten aus dem Verschlussbolzen herausgezogen wird. Hierdurch entriegelt sich der Verschlussbolzen und folgt dem Zuge des Magneten, die Verbindung der beiden Lampenteile freigebend.

Die Verengung der Hülse c gegenüber ihrem vorderen Teil bezweckt das unbefugte Oeffnen von aussen zu verhindern, welches dadurch versucht werden könnte, dass man die Nasen g g mittels eines dünnen, zwischen Verschlussbolzen und Hülse eingeschobenen Stahlbandes zurückdrückt.

Zum Oeffnen dieses sowie auch anderer Verschlüsse empfiehlt die Bochumer Metallwarenfabrik permanente Hufeisenmagnete, die durch Ansetzen eines sog. Polschuhes an die beiden Polenden des Magneten erheblich verstärkt sind. Der Polschuh hat die in Fig. 252a—c wiedergegebene Form. Er besteht aus den beiden Eisenteilen a a, welche die magnetischen Kraftlinien bis zur Verbindungsstelle der beiden Polschuh-Teile führen. Die Vereinigung der Kraftlinien wird behindert durch die zwischengelegte Scheibe b aus unmagnetischem Metall (Messing, Kupfer etc.). An der Lötstelle besitzt der Polschuh einen zapfenförmigen Ansatz, dessen Stirnfläche die Arbeitsfläche des Magneten bildet. Durch den Polschuh wird erreicht, dass beide Pole auf eine kleine Arbeitsfläche gleichzeitig wirken.

γ) Der Kochsche Magnetbolzenverschluss (Fig. 253a u. b). Die in einem Ansatz des Verschraubungsringes untergebrachten Eisenstifte e e stehen unter der Wirkung von Spiralfedern und sind daher bestrebt, sich einander zu nähern. Sie greifen ein in eine Einschnürung des im Querschnitt kreisrunden Verschlussbolzens s, sodass dieser weder nach innen noch nach aussen bewegt werden kann. Der Verschlussbolzen ragt durch den Verschraubungsring der Lampe hindurch und greift mit seiner Spitze

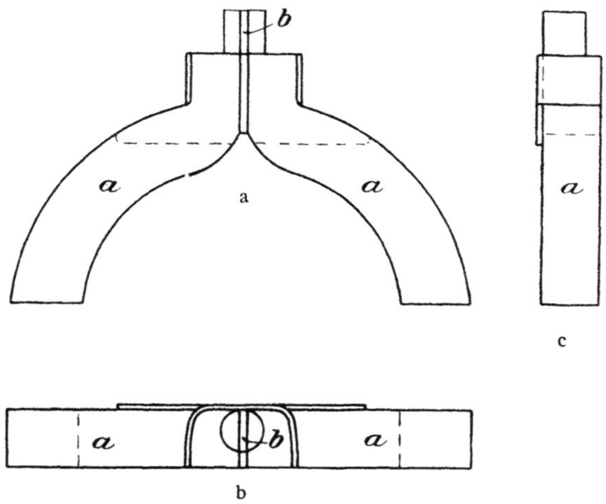

Fig. 252.

Polschuh.

in eine Aussparung des Topfgewindes ein, sodass die Lösung der Verschraubung bei eingestecktem Verschlussbolzen unmöglich ist. Wird nun die Kraft der Federn durch seitlich angelegte Magnete, die auf die Eisen-

Fig. 253.

Kochscher Magnetbolzenverschluss.

stifte ee wirken, aufgehoben, so kann der Verschlussbolzen frei herausgenommen und die Lampe geöffnet werden.

Bei neueren Verschlüssen dieser Art sind die Eisenstifte ee an den Enden konisch abgedreht (Fig. 254); das unbefugte Oeffnen der Lampe soll dadurch noch erschwert werden.

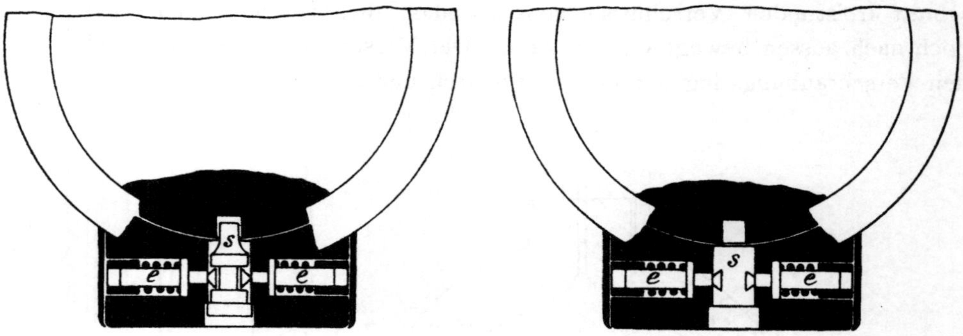

Fig. 254.

Neuere Ausführung des Kochschen Magnetbolzen-Verschlusses.

δ) Der Bolzen-Keilverschluss von Grümer & Grimberg (Fig. 255 a u. b) ist seinerzeit konstruiert worden, um den in Fig. 226 auf S. 302 dargestellten Wolfschen Plombenkontrolverschluss durch einen magnetischen Verschluss zu ersetzen.

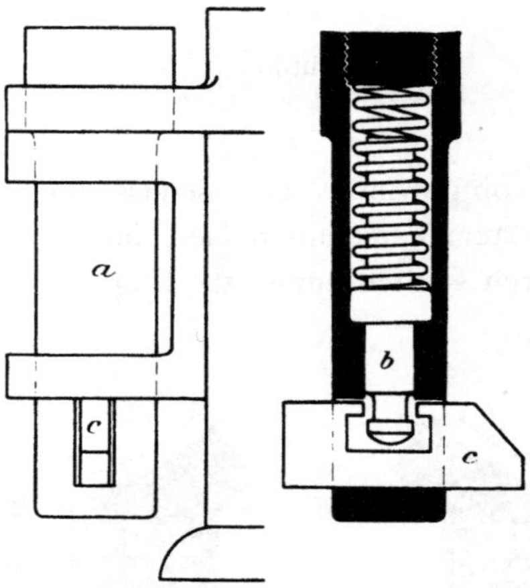

a b

Fig. 255.

Bolzen-Keilverschluss von Grümer & Grimberg.

An den Verschraubungsring des Gestells ist ein durchbohrter Lappen angegossen, während der Lampentopf mit einem ⊐ förmigen Ansatz versehen ist, dessen horizontale Teile gleichfalls, jedoch mit etwas geringerem Durchmesser durchbohrt sind. Der Verschlussbolzen a wird von oben her in die Durchbohrungen eingeführt und mittels eines unten durchgeschobenen Keils c festgehalten. In dem hohlen Verschlussbolzen befindet sich ein unter

Federwirkung stehender Stift b, dessen unteres, knopfartig geformtes Ende in eine entsprechende Aussparung des Keils c eingreift, sodass letzterer weder vorwärts noch rückwärts bewegt werden kann. Durch Anlegen eines Magneten an das obere Ende des Verschlussbolzens wird der Stift b nach oben gezogen, sodass nunmehr der Keil und der Bolzen von der Lampe entfernt werden können.

a

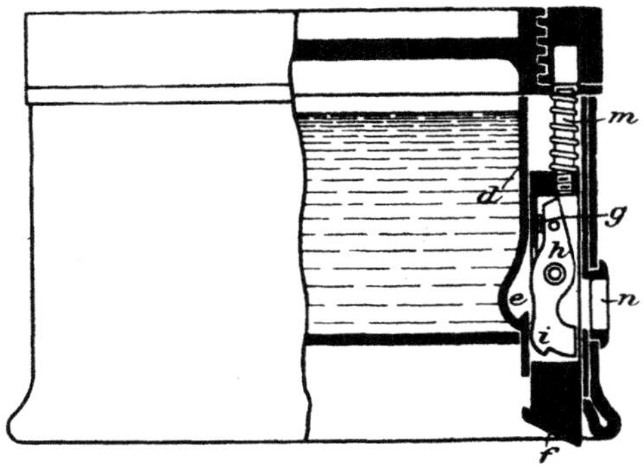

b

Fig. 256.

Magnetbolzenverschluss von Friemann & Wolf.

ε) Der Magnetbolzenverschluss von Friemann & Wolf (Fig. 256a u. b). Fig. 256a zeigt die Lampe in geschlossenem, Fig. 256b im geöffnetem Zustande.

In den Lampentopf ist eine Hülse d eingesetzt, deren innere Seitenwand unten mit einer Erweiterung versehen ist, sodass ein Vorsprung e entsteht. Der in diese Hülse einzuschraubende Verschlussbolzen f besitzt einen drehbaren, unter der Wirkung der Spiralfeder g stehenden Sperranker h, dessen Nase i der Erweiterung der Hülse d entsprechend geformt ist. Der eigentliche Verschlusskörper wird durch den Stift m gebildet, der in den Verschlussbolzen eingeschraubt und mit einer Spiralfeder umgeben ist. Wird der Verschlussbolzen in die Hülse eingeschoben, so greift zuerst der Stift m in eine Ausbohrung des Gestellringes ein; sobald derselbe seine höchste Stellung erreicht hat und die ihn umgebende Feder vollständig gespannt ist, kommt die Spiralfeder g an dem Sperranker zur Wirkung und der untere Teil des Sperrankers greift mit seiner Nase i in den Vorsprung e der Hülse ein. Die den Stift m umgebende Spiralfeder drückt nunmehr den ganzen Verschlussbolzen nach abwärts, sodass der Anker hinter dem Vorsprung fest verriegelt wird.

Zum Oeffnen des Verschlusses setzt man einen Magneten an den am Lampentopf befindlichen Angriffspol n, drückt den Verschlussbolzen in die Höhe, sodass der Sperranker ausgelöst und durch den Magneten angezogen wird. Sobald dieses geschehen ist kann der Verschlussbolzen aus der Hülse entfernt und die Lampe geöffnet werden.

3. Beurteilung der Lampenverschlüsse.

Die Erfahrungen über die vorstehend beschriebenen Verschlussvorrichtungen lassen sich dahin zusammenfassen, dass die gewöhnlichen Schraubenstiftverschlüsse das Oeffnen der Lampe mit den einfachsten Werkzeugen ermöglichen und daher eine Sicherheit gegen unbefugtes Oeffnen überhaupt nicht gewähren. Die verschiedenen Arten der Plombenkontrolverschlüsse entsprechen ihrem Zwecke überall da ziemlich gut, wo seitens der Aufsichtsbeamten eine scharfe Kontrole ausgeübt wird. Am zuverlässigsten haben sich die Magnetverschlüsse erwiesen, indes ist auch bei diesen ein Oeffnen durch Handgriffe irgend welcher Art nicht ausgeschlossen.

Was die drei Arten der Magnetverschlüsse anlangt, so sind dieselben in Bezug auf die Zuverlässigkeit gegen unbefugtes Oeffnen als gleichwertig anzusehen. In der Handhabung am bequemsten sind ohne Zweifel die Magnetbolzenverschlüsse, weil sie das Anlegen eines Magneten nur für einen Augenblick zum Zwecke der Lösung des Verschlussbolzens erfordern. Das Auf- und Zuschrauben der Gewinde, sowie das Einsetzen des Verschlussbolzens erfolgt ohne Hülfe des Magneten. Den grössten Zeitaufwand erfordert das Oeffnen und Schliessen der Lampen bei den Magnetankerverschlüssen und den horizontal angeordneten Stiftverschlüssen, da bei ihnen, wenn sie einseitig wirken, fast während der ganzen Dauer des Oeffnens, wenn sie zweiseitig wirken, auch während des Schliessens der Magnet anzulegen ist. Die vertikalen Stiftverschlüsse bedürfen der Einwirkung des Magneten gewöhnlich nur beim Auf- und Zuschrauben des letzten Gewindeganges.

In Bezug auf Haltbarkeit der einzelnen Verschlussteile sind die vertikalen Stiftverschlüsse allen anderen Konstruktionen überlegen.

Dem Zwecke der wetterdichten Zusammensetzung der Lampe entsprechen am besten die Ankerverschlüsse, die horizontalen und die im Innern des Lampentopfes angeordneten vertikalen Stiftverschlüsse. Die Bolzenverschlüsse sowie die ausserhalb des Lampentopfes angebrachten vertikalen Stiftverschlüsse können in den vorhandenen Ausführungen der Abnutzung der Schraubengewinde nur bis zu einem gewissen Grade Rechnung tragen.

VIII. Die Löschvorrichtungen.

Einen ähnlichen Zweck wie die Verschlüsse verfolgen die hin und wieder getroffenen Einrichtungen, welche ein Erlöschen der Flamme beim Oeffnen der Lampe zur Folge haben und das Wiederanzünden solange verhindern sollen, bis die Lampe vollständig verschraubt ist. Folgende 3 Arten solcher Löschvorrichtungen mögen hier erwähnt werden:

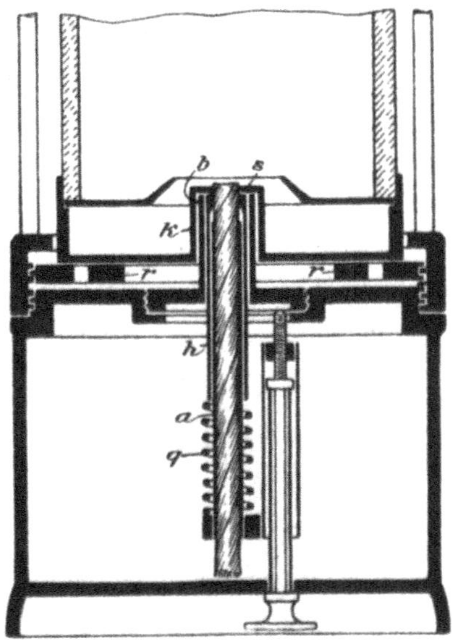

Fig. 257.

Löschvorrichtung von Best.

1. Die Löschvorrichtung von Best (Fig. 257). Sie ist für Seippelsche Benzinlampen mit aufliegender Zündkapsel konstruiert. Zwischen Dochthülse a und Dochttülle b ist eine Löschhülse h eingeschaltet, welche unter

der Wirkung der Spiralfeder q steht und bei geöffneter Lampe durch diese Feder soweit nach oben geschoben ist, dass sie den Docht weit überragt und ein Anzünden desselben verhindert. Wird die Lampe geschlossen, so stösst die Löschhülse mit ihrem oberen Rande unter den Innenvorsprung s der am Boden der Zündkapsel befestigten Kappe k und wird, wie aus

a

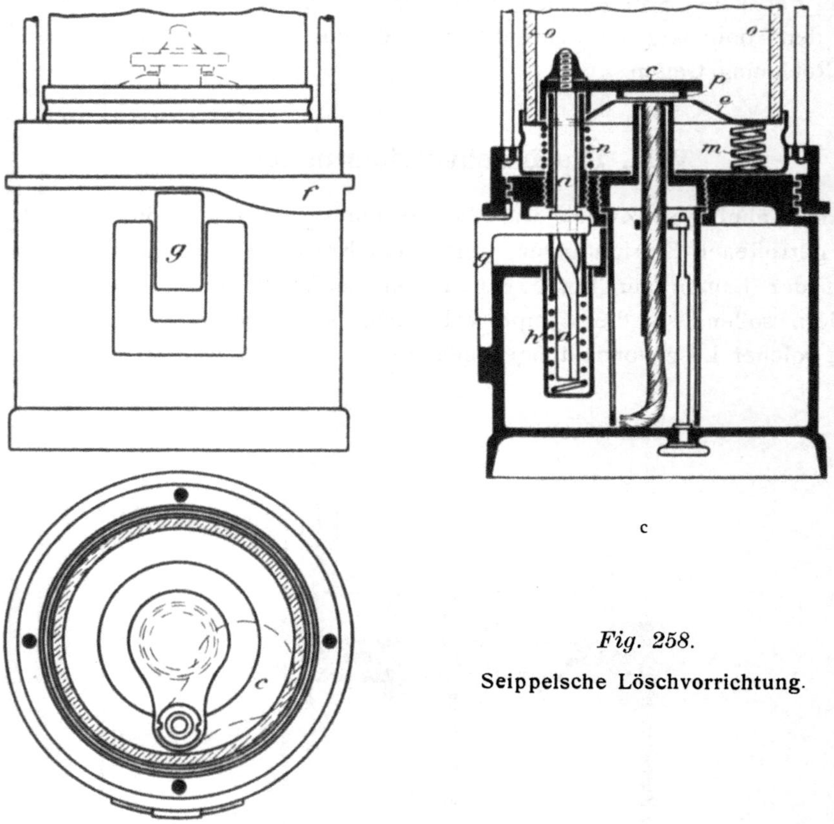

c

b

Fig. 258.

Seippelsche Löschvorrichtung.

der Figur ersichtlich, soweit in den Topf hineingeschoben, das der Docht die Kappe k überragt und die Lampe angezündet werden kann. Zwischen dem Boden der Zündkapsel und dem Topfdeckel ist ein Ring r eingeschraubt, durch welchen die Triebwelle der Zündvorrichtung hindurchgeführt wird, sodass also auch ein selbstthätiges Offengehen der Lampe aus Zufall oder Unachtsamkeit ausgeschlossen ist.

2. Bei der Seippelschen Löschvorrichtung (Fig. 258 a—c), die ebenfalls nur für die Seippelsche Benzinlampe mit aufliegender Zündkapsel bestimmt ist, erfolgt das Auslöschen der Flamme durch Drehung der Löschkappe c um die vertikale Achse a. Der Deckel e der Zündkapsel, welcher

unter der Wirkung der beiden Spiralfedern m und n steht, wird bei geschlossener Lampe durch den Glascylinder o heruntergedrückt und giebt die Löschkappe frei, sodass dieselbe vom Docht entfernt werden kann und das Anzünden der Lampe gestattet. Beim Oeffnen der Lampe wird dagegen der Deckel e durch die beiden Federn nach oben bewegt und umgreift mit seinem zentralen Ausschnitt einen entsprechenden Ansatz p an der Unterseite der Löschkappe c. Die Drehung der letzteren wird bewirkt

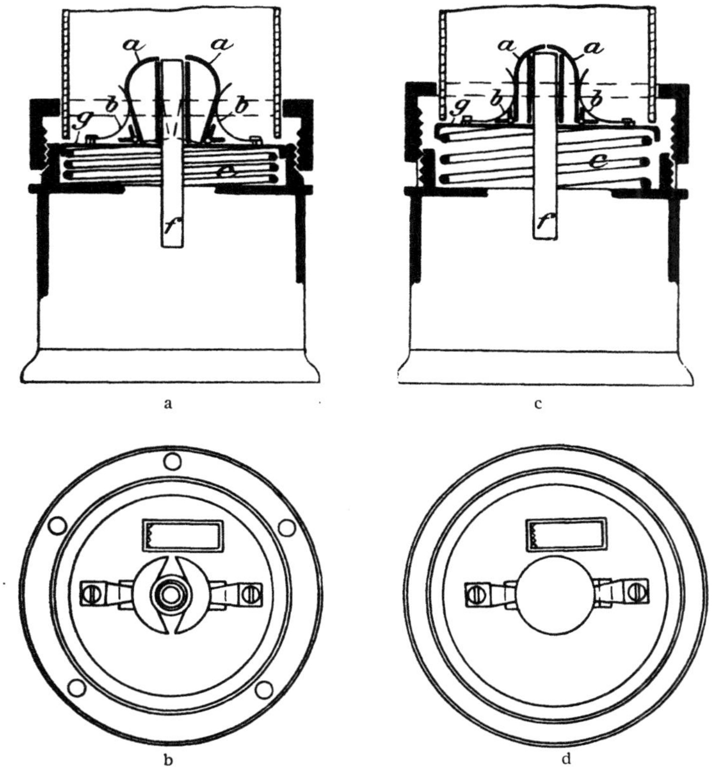

Fig. 259.

Funkesche Löschvorrichtung.

durch den am Verschraubungsring der Lampe angegossenen Ansatz f, welcher am Schluss des letzten Gewindeganges den vertikal geführten Schieber g nach unten drückt und ihn in seiner tiefsten Stellung festhält, solange die Lampe vollkommen geschlossen ist. Der Schieber g ist an seinem horizontalen Teil entsprechend der mit hohem Gewindegang versehenen Achse a durchbohrt und wird bei geöffneter oder nicht vollständig verschraubter Lampe durch die Einwirkung der Spiralfeder h nach oben gedrückt. In dieser seiner Höchstlage hält er die Achse a in einer solchen

Stellung, dass die Löschkappe c den Docht bedeckt. Erst durch die am Schluss der Verschraubung erfolgende Abwärtsbewegung des Schiebers g wird die Löschkappe vom Docht entfernt, nachdem sie vorher von dem Deckel e der Zündkapsel freigegeben worden ist. Die Dochttülle ist also nur, solange die Lampe vollständig verschraubt ist, frei; sie wird sofort beim Beginn des Losschraubens der Lampe von der Löschkappe bedeckt und verbleibt in diesem Zustande, bis die Lampe wieder vollständig verschraubt ist.

3. Die Funkesche Löschvorrichtung (Fig. 259 a—d) besteht aus dem mit den Löschklappen a a versehenen Boden g, welcher auf der dem Lampentopf aufliegenden Spiralfeder c ruht und mittels einer centralen Durchbohrung an der Dochttülle f geführt wird. An dem Boden sind die Löschklappen a a drehbar befestigt; sie werden durch die Blattfedern b b fest gegeneinander gedrückt und bilden in geschlossenem Zustande einen an den Boden g dicht anschliessenden Cylinder mit aufgesetzter Halbkugel. Der Boden ist an der oberen Seite eben und trägt den Glascylinder.

Wird nun der obere Teil der Lampe auf den Topf aufgeschraubt, so wird die Feder c allmählich zusammengedrückt. Die Dochttülle f tritt von unten zwischen die beiden Löschklappen a a und drückt sie nach und nach so weit auseinander, bis die obere Mündung der Tülle völlig frei ist, sodass der Docht entzündet werden kann. Wird dagegen der obere Lampenteil abgeschraubt, so tritt die Dochttülle aus den Löschklappen zurück, die Flamme wird immer kleiner und erlischt, sobald die Klappen sich zusammenlegen, was nach wenigen Umdrehungen der Fall ist.

Die vorstehend beschriebenen Löschvorrichtungen entsprechen insofern dem beabsichtigten Zweck, als sie das Erlöschen der Flamme beim Oeffnen der Lampe mit Sicherheit bewirken, so lange sie sich in ordnungsmässigem Zustande befinden. Dagegen ist es möglich, mittels sehr einfacher Handgriffe, die geöffnete Lampe wieder anzuzünden oder die Vorrichtung ganz ausser Thätigkeit zu setzen. Hierzu genügt beispielsweise das Einbringen eines spitzen Körpers zwischen Löschhülse und Dochttülle (Fig. 257) oder das Losschrauben der Löschkappe (Fig. 258) sowie das Abspreizen der Löschklappen gegen die Dochttülle (Fig. 259). Die Löschvorrichtungen machen daher die Anbringung eines Lampenverschlusses nicht entbehrlich, während andererseits ein zuverlässiger Verschluss die Löschvorrichtung vollkommen erübrigt.

Allgemeinere Verwendung haben diese Einrichtungen nicht gefunden und es lässt sich gegen ihre Wirksamkeit auch mit Recht einwenden, dass sie die Anwendung von Flammenerzeugern zum Wiederanzünden herausfordern.

IX. Die Leuchtstoffe.

Die für die transportable Grubenbeleuchtung in Betracht kommenden Brennstoffe sind Rüböl, Gemische von vegetabilischen Oelen mit Mineralölen und Benzin.

Das gereinigte Rüböl ohne Zusatz mineralischer Oele findet fast nur noch für offene Lampen Anwendung. Rüböl*) vergast nicht vollkommen, da es an und für sich nicht flüchtig ist, sondern durch die eigene Verbrennungswärme einer trockenen Destillation unterworfen wird und daher der Verkohlung unterliegt. Der Brennstoff verändert seine Zusammensetzung durch die zuerst vor sich gehende Verflüchtigung und Verbrennung der leichter vergasbaren Bestandteile, woraus sich die Abnahme der Leuchtkraft im Verlauf der Schicht erklärt. Die verhältnismässig schwere Vergasbarkeit des Oeles, sowie die hohe Entzündungstemperatur der Oelgase haben zur Folge, dass die Basis der Flamme sich stets in unmittelbarer Nähe des Dochtes hält, dessen Spitze umfassend. Durch die unmittelbare Einwirkung der Flammenhitze auf den Docht und durch die kohligen Rückstände, welche das Oel bei seiner Vergasung hinterlässt, bildet sich an der Spitze des Dochtes eine starke Inkrustierung, welche von Zeit zu Zeit entfernt werden muss, zumal sie die Erkennung der Schlagwetter bedeutend erschwert.

Petroleum allein kann als Brennstoff bei der transportablen Beleuchtung nicht verwendet werden, weil weder die offene, noch die Sicherheitslampe im Stande ist, einen Luftzug zu erzeugen, der zur vollständigen Verbrennung der Petroleumgase genügt. Die Folge der unvollkommenen Verbrennung ist starke Russbildung und das Entweichen unverbrannter, äusserst lästiger Gase.

Dagegen haben sich Gemische von Rüböl mit Petroleum gut bewährt, da sie schnell im Docht aufsteigen und bei der Verbrennung wenig Russ entwickeln. Durch den Zusatz von Petroleum wird die Dochtverkohlung vermindert, die Leuchtkraft dagegen vermehrt und längere Zeit konstant erhalten. Die gebräuchlichsten Mischungen, bekannt unter der Bezeichnung »Wetterlampenöl«, sind halb Rüböl und halb gereinigtes Petroleum oder $^1/_3$ Rüböl und $^2/_3$ Petroleum.

Das beliebteste Leuchtmaterial für Sicherheitslampen ist Benzin. Es ist bekanntlich keine bestimmte chemische Verbindung, sondern ein Gemisch verschiedener Kohlenwasserstoffe, von denen jeder ein anderes spezifisches Gewicht, einen anderen Siedepunkt und eine andere Leuchtkraft besitzt, wie aus Tabelle 14 ersichtlich.

*) Jičinsky, Katechismus der Grubenwetterführung, S. 211.

Tabelle 14.

Bestandteile des Benzins, welche sieden bei ° C.	Spezifisches Gewicht 15° C.	Leuchtkraft (Normalkerzen)	Chemische Formel
50—55	0,645	0,95	$C_6 H_{14}$ (5 theor. Möglichkeiten)
55—60	0,656	1,00	
60—65	0,665	1,10	
65—70	0,673	1,15	
70—75	0,683	1,10	
75—80	0,693	1,05	
80—85	0,700	0,95	
85—90	0,707	0,95	
90—95	0,710	0,95	$C_7 H_{16}$ (9 theor. Möglichkeiten)
95—100	0,717	0,90	
100—105	0,724	0,90	
105—110	0,727	0,85	
110—115	0,732	0,80	$C_8 H_{18}$ (18 theor. Möglichkeiten)
115—125	0,740	0,80	

Am besten geeignet für Sicherheitslampen ist ein Benzin, welches bei 15° C. ein spezifisches Gewicht von 0,695 bis 0,705 hat, keine zu leicht flüchtigen unter 60° C. siedenden Bestandteile, aber auch keine schwer flüchtigen enthält. Zu leicht siedendes Benzin erhöht die Durchschlagsgefahr, giebt bedeutende Verdunstungsverluste und ist gefährlicher in der Handhabung, während zu schwer siedende Bestandteile unverbrannt in der Watte zurückbleiben, dieselbe verschmieren und die Saugfähigkeit des Dochtes vermindern. Mit der Zeit wird hierdurch ein Verschmieren der Lampen hervorgerufen und ein trübes Licht, sowie ein unangenehmer durchdringender Dunst verbreitet.

Benzin vergast vollkommen ohne kohlige Ausscheidungen und verursacht deshalb, sowie wegen der niedrigen Entzündungstemperatur seiner Gase und des weiteren Abstandes der Flamme vom Docht auch nur eine ganz unbedeutende Inkrustierung des letzteren. Die ferneren Vorzüge der Benzinlampen gegenüber den Oellampen bestehen darin, dass sie geringere Mengen von Schlagwettern anzeigen, und ein bedeutend helleres, mit gleichbleibender Stärke brennendes Licht geben, wobei die Lampenteile und namentlich die Drahtcylinder weder verschmiert noch verrusst werden.

Der Verbrauch an Leuchtmaterial stellt sich bei Benzinbrand etwas höher als bei Petroleum-Oelbrand. Zur Speisung der normalen Dochtflamme sind je Brennstunde durchschnittlich erforderlich 6 g Benzin oder

$5^1/_4$ g Wetterlampenöl. Der durchschnittliche Verbrauch in einer Lampenschicht beträgt demnach einschliesslich der Verdunstungsverluste während der Nichtbenutzung 65 g Benzin bezw. 49 g Wetterlampenöl. Bei einem Preise von 30 M. für 100 kg Benzin und 35 M. für 100 kg Wetterlampenöl stellen sich hiernach die Leuchtmaterialkosten

für 100 Benzinlampenschichten auf 1,95 M.
» 100 Oellampenschichten » 1,72 »

Erwähnt seien an dieser Stelle die Versuche, die Acetylenbeleuchtung in Schlagwettergruben einzuführen. Die Firma Friemann & Wolf hat nach Angaben des königl. bayrischen Bergmeisters Stuchlik eine Acetylenlampe hergestellt, und zwar zunächst in der aus Fig. 260 ersichtlichen Form. Der Wasserbehälter a umschliesst den Karbidbehälter b konzentrisch und kann an diesem als Achse auf und ab bewegt werden. Wasser- und Karbidbehälter sind durch das Rohr c mit den Oeffnungen e so verbunden, dass das Wasser in b einläuft, sobald der Wasserspiegel über der Höhe der Oeffnungen e steht. Je nachdem man a hoch oder niedrig stellt, fliesst viel oder wenig Wasser zu. Bei ganz tiefer Stellung ist der Wasserzufluss abgesperrt. Durch die biegsame Welle d, die aussen in der Schraube f endigt, kann das Ventil g geschlossen und so die Flamme ausgedreht werden. Dem sich dann noch entwickelnden Gase gestattet die Oeffnung h in der Verschlussschraube des Wasserbehälters einen Ausweg. Im Uebrigen ist die Lampe wie die gewöhnliche Sicherheitslampe eingerichtet, hat Drahtkorb und starkwandigen Cylinder, Magnetverschluss und Zündvorrichtung. Ihr Hauptvorzug ist die grosse Helligkeit, die 4—5 HE beträgt, während die gewöhnlich verwendeten Benzinlampen nur rund 1 HE geben. Beim Kleinschrauben der Flamme zeigt sich schon ein Schlagwettergehalt von 1 % durch Aureolenbildung an.

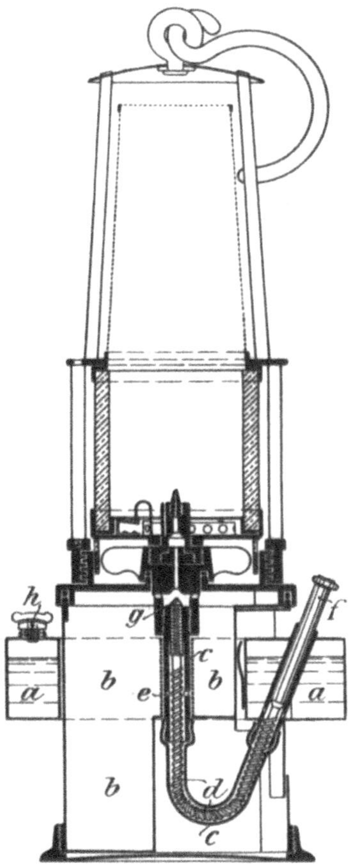

Fig. 260.
Acetylenlampe von Stuchlik.

Neuerdings ist die Lampe in einzelnen Teilen abgeändert. Die zum Ab- und Kleinstellen der Flamme dienende biegsame Welle ist weggelassen; dafür ist ein leicht beweglicher Absperrhahn angebracht.

Bei Versuchen auf der berggewerkschaftlichen Versuchsstrecke hat sich die Lampe in Schlagwettergemischen als sicher erwiesen. Zu Bedenken in dieser Hinsicht giebt nur die als Explosivreibzündung hergestellte Zündvorrichtung Anlass. Durch die Anwendung von doppelten Drahtkörben kann jedoch auch hier Gefahren vorgebeugt werden.

Dagegen bietet die praktische Verwendung der Lampe insofern noch erhebliche Schwierigkeiten, als ein dauernd ruhiges Brennen damit bisher nicht zu erreichen gewesen ist. Dies ist begründet durch den nicht gut zu regelnden Zufluss des Wassers zum Karbid. Wird durch Hochstellen des Behälters Wasser zugegeben, so findet eine so reichliche Gasentwickelung statt, dass ein Flackern der Flamme eintritt. Wenn dann aber der Behälter gesenkt wird, so wird die Flamme infolge zu geringer Gasentwickelung bald so klein, dass von neuem Wasser zugelassen werden muss. Die Lampe bedarf daher, um praktisch brauchbar zu werden, noch sehr der Verbesserung.

X. Die Leuchtkraft der Sicherheitslampen.

Die Leuchtkraft der Sicherheitslampen hängt ab von der Art und Güte des Leuchtmaterials, von den Abmessungen des Dochtes und dem Grade der Durchsichtigkeit des Glascylinders. Die Leuchtkraft frisch gereinigter Benzinlampen mit 7 mm Dochttüllenweite schwankt bei 34 mm Flammenhöhe zwischen 0,80 und 1,15 HE und beträgt gewöhnlich 0,90 bis 1,00 HE (1 HE = 0,833 NK). Mit Oellampen werden je nach der Breite des Dochtes, die zwischen 9 und 16 mm schwankt, bei reinem Rübölbrand bis zu 0,8 bei Rüböl-Petroleumbrand bis zu 0,9 HE erzielt.

Der Glascylinder muss so beschaffen sein, dass die zusammengesetzte Lampe eine um höchstens 4 % geringere Leuchtkraft ergiebt als die offene Dochtflamme. Desgleichen sollen die doppelten Drahtkörbe so konstruiert und bemessen sein, dass sie die Lichtstärke der mit einfachem Korbe versehenen Lampe um höchstens 3 % vermindern. (Vergl. S. 262.)

XI. Die Lampenfüllapparate.

Zum Einlassen des Benzins in die Lampentöpfe werden allgemein die von der Firma Friemann & Wolf eingeführten, in Fig. 261 dargestellten Apparate benutzt, die ein sparsames und gefahrloses Füllen der Sicherheitslampen ermöglichen. Der cylindrische Behälter a, welcher entsprechend der bergpolizeilichen Vorschrift 25 kg Benzin fasst, ist oben mit einer dicht schliessenden Verschraubung versehen. Am unteren Ende sitzen 1 bis 3 Füllvorrichtungen, bestehend aus einem Dreiwegehahn c mit einem Glascylinder b, dessen Inhalt zur vollständigen Füllung eines Lampentopfes ausreicht. Bei Drehung des Griffes d nach oben füllt sich der Glascylinder mit Benzin, indem die in ihm befindliche Luft oder die Benzingase durch das Röhrchen e und die Mündung f entweichen. Mit beendigter Füllung wird die obere Oeffnung des Glascylinders selbstthätig mittels eines Schwimmerventiles geschlossen. Bei

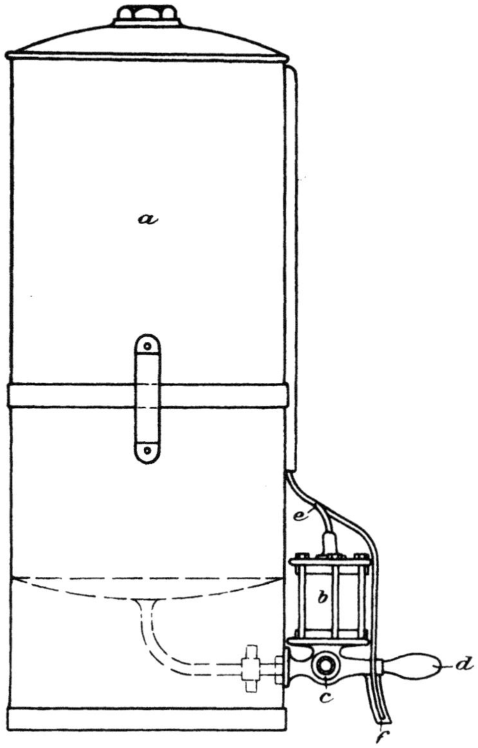

Fig. 261.

Lampenfüllapparat von Friemann & Wolf.

horizontalem Stande des Griffes ist die Verbindung nach dem Hauptbehälter abgeschlossen und läuft das Benzin in den untergehaltenen Lampentopf. Sollte aber die Lampe nicht ganz leer gebrannt sein, und daher nicht der ganze Inhalt des Glascylinders in den Lampentopf aufgenommen werden können, so hört das Ausfliessen des Benzins aus dem Hahne von selbst auf, wenn die Lampe genügende Füllung hat, ohne dass der Hahn geschlossen zu werden braucht, sodass selbst bei Unaufmerksamkeit des Einfüllenden ein Ueberlaufen unmöglich ist. Sobald nämlich das Benzin im Lampentopf soweit gestiegen ist, dass es die Mündung f des Röhrchens e verschliesst, muss der Abfluss des Benzins aus dem Glascylinder b aufhören, weil in denselben Luft von oben her nicht mehr eintreten kann. Für die Entleerung des Benzinbehälters a ist die Zuführung von Luft nicht erforderlich, weil in demselben infolge der Benzinverdunstung stets ein geringer Ueberdruck herrscht.

Eine etwas andere Anordnung zeigt der Benzinfüllapparat von Grümer & Grimberg in Bochum (Fig. 262a und b). Derselbe unter-

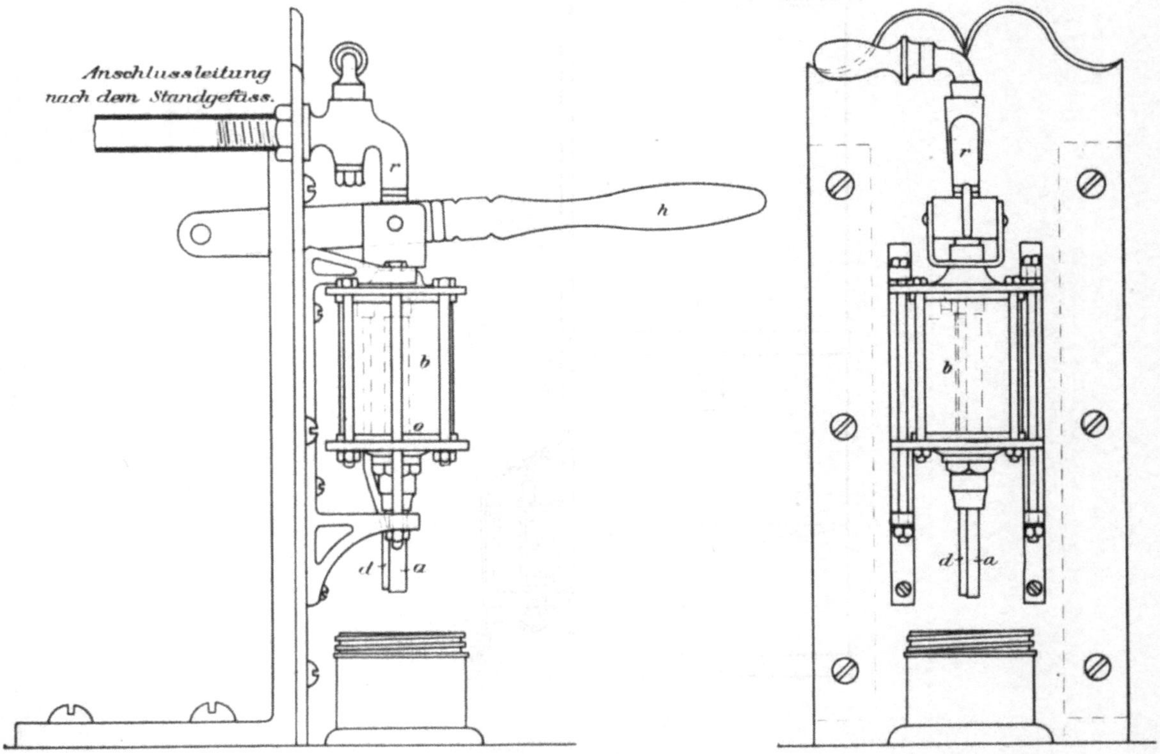

a b

Fig. 262.

Lampenfüllapparat von Grümer & Grimberg.

scheidet sich von dem Wolfschen Füllapparat hauptsächlich dadurch, dass er nicht an ein besonderes Füllgefäss, sondern direkt an das Benzinstandgefäss bezw. an eine Rohrleitung angeschlossen werden kann, die von dem Standgefäss zum Lampenfüllraum geführt ist. Beim Füllen einer Lampe wird der Hebel h und mit ihm gleichzeitig das Füllglas b nach unten bewegt, bis das Abflussrohr a in den Lampentopf eintaucht. Neben dem Abflussrohr befindet sich ein unten offenes Luftröhrchen d, dessen obere Oeffnung in das Füllglas hineinreicht und mit einem Ventil versehen ist. Letzteres ist für den Ein- und Austritt der Luft geöffnet und wird nur durch die im Füllglase aufsteigende Flüssigkeit geschlossen, sobald deren Oberfläche das Ventil berührt. Das Luftröhrchen d hat demnach den Zweck, bei gefülltem Lampentopf den Luftzutritt zur Flüssigkeit im Füllglase abzusperren, während das Ventil den Ausfluss von Benzin durch das Luftröhrchen beim Füllen des Füllglases verhindert. Das feststehende Zuflussrohr r reicht bis in das Füllglas hinein, ist an seinem unteren Ende verschlossen und mit einem Kolben versehen, während zum Ausfluss des Benzins eine dicht über dem Kolben befindliche seitliche Oeffnung dient. Das Abflussrohr a ist durch das Füllglas hindurch geführt und oben mittels einer Stopfbüchse gegen das feststehende Zuflussrohr r abgedichtet, sodass es über letzterem bezw. dem mit ihm verbundenen Kolben auf und ab bewegt werden kann.

Befindet sich das Füllglas in seiner tiefsten Stellung, so liegt der Kolben des Zuflussrohres oberhalb der Oeffnung o, sodass das Benzin aus dem Füllglase in den Lampentopf ausfliessen kann. Durch Anheben des Hebels h kommt die Oeffnung o oberhalb des Kolbens zu liegen. Das Abflussrohr a ist mithin verschlossen, und das Benzin gelangt durch r und o in das Füllgefäss.

XII. Lampenreinigungsapparate.

Das Reinigen der Drahtkörbe, Glascylinder, Lampengestelle und Töpfe erfolgt auf den meisten Zechen des Bezirks von Hand. Doch sind auch auf einer bedeutenden Anzahl meist grösserer Betriebsanlagen mechanische Reinigungsapparate in Gebrauch, die für Hand-, Fuss- oder Motorbetrieb eingerichtet sind. Am meisten verbreitet sind die in den Abbildungen (Fig. 263—266) dargestellten Maschinen von Friemann & Wolf, neben denen noch vereinzelt, z. B. auf den Zechen Shamrock I/II und III/IV, einige von der englischen Firma Ackroyd & Best Ltd. in Morley, Yorkshire hergestellte Apparate zu finden sind.

Die Maschine mit Handkurbelantrieb (Fig. 263) dient nur zum Reinigen der Drahtkörbe. Der zu reinigende Korb wird auf die Innenbürste a gesteckt, während die äussere Reinigung durch die nach unten zu bewegenden Aussenbürsten bb und die Kopfbürste c bewirkt wird.

Bei der in Fig. 264 dargestellten Vorrichtung ist a die Drahtkorbbürste, b und b_1 sind Glascylinderbürsten, während die Cirkularbürste c zum Reinigen der Metallteile des Lampentopfes bestimmt ist.

Fig. 265 stellt einen Apparat dar, welcher entweder durch Fusskurbel und Schnurseilübertragung oder mittels Motoren und Riemenübertragung angetrieben wird. Der Vorgang beim Reinigen ist folgender:

Der zu reinigende Drahtkorb wird auf die geteilte Innenbürste a gesteckt, welche sich den verschiedenen Drahtkorbgrössen gleichmässig fest anpasst. Durch Festhalten des Korbes und Drehung der Bürste wird der

Fig. 263.

Fig. 264.

Lampen-Reinigungsapparate von Friemann & Wolf.

innen anhaftende Kohlenstaub, Russ usw. beseitigt, während durch Abwärtsdrücken des Hebels h die konische Walzenbürste b, welche beweglich gelagert und durch eine lose Buchse auf ihrer Welle verschiebbar angeordnet ist, an die Aussenseite des Drahtkorbes gebracht wird und die

Fig. 265.

Lampen-Reinigungsapparat von Friemann & Wolf.

Fig. 266.

Reinigungsmaschine für Grubensicherheitslampen mit Exhaustor und Elektromotorantrieb.

äussere Reinigung bewirkt. An dem Hebel h ist noch eine Kopfbürste c angebracht, welche zur Reinigung des Korbdeckels dient und dadurch, dass der bewegliche Hebel mit der losen Buchse der Walzenbürste b in

Verbindung steht, gleichfalls bei verschiedenen Drahtkorbgrössen gebraucht werden kann. Die Messingscheibenbürste d ist zur Reinigung der Metallteile bestimmt, während die Reinigung der Lampengläser durch die beiden Cylinderputzer e und f aus Wolle und Borsten bewirkt wird.

Aehnlich der vorigen ist die in Fig. 266 wiedergegebene Maschine von Friemann & Wolf. Auf der Antriebswelle befindet sich ein Elektromotor und ein Exhaustor, welch letzterer dazu bestimmt ist, den beim

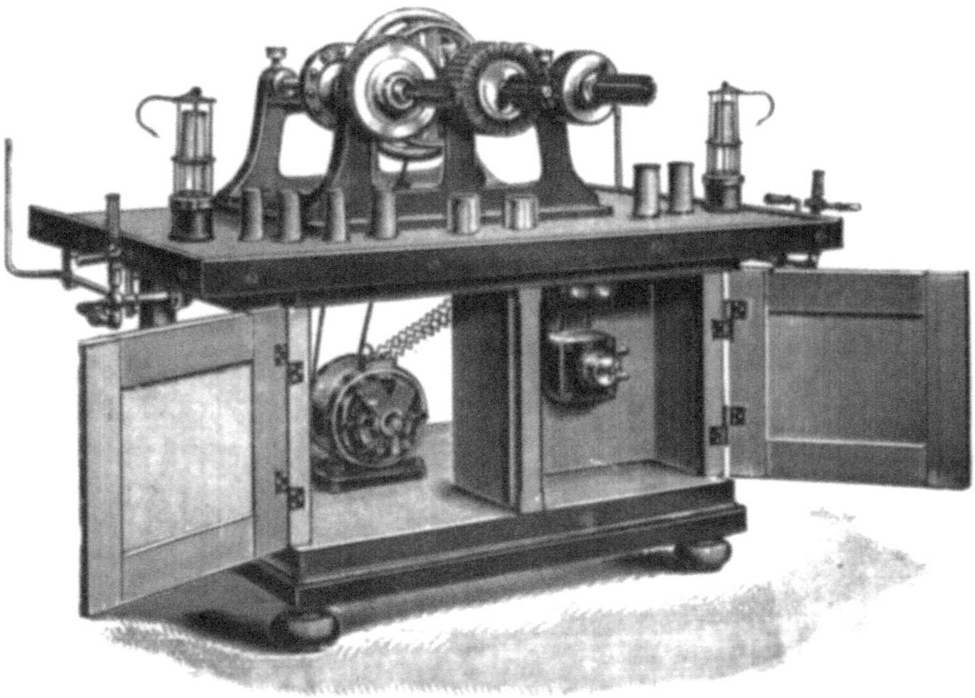

Fig. 267.

Lampen-Reinigungsmaschine, System Schröder, von W. Seippel.

Reinigen der Drahtkörbe und Glascylinder entwickelten Staub abzusaugen. Der Apparat besitzt ausserdem noch für die Aussenreinigung der Glascylinder eine Bürste b, die an der vorigen Maschine fehlt.

Die neueste Reinigungsmaschine von W. Seippel in Bochum (System Schröder) ist in Fig. 267 dargestellt. Sie kann elektrisch oder mit Pressluft angetrieben werden. An beiden Seiten der Maschine sind Dampf- und Presslufthähne angebracht, um die verschmutzten Drahtkörbe und Gläser anzufeuchten und durchzublasen. Ferner sind an der Maschine Einrichtungen getroffen, die auch ein Putzen und Polieren sämtlicher Metallteile der Lampe gestatten.

XIII. Die Lampenprobier- und Anblaseapparate.

Die Lampenprobierapparate haben den Zweck, die wetterdichte Zusammensetzung der Lampe sowie den Grad ihrer Sicherheit gegenüber der Gefahr des Durchblasens und Durchschlagens zu prüfen.

Die älteste hierher gehörige Vorrichtung ist der Wolfsche Probierapparat (Fig. 268), bei welchem die Herstellung explosiver Gas-Gemenge durch die Verdampfung von Benzin bewirkt wird.

Fig. 268.

Wolfscher Lampen-Probierapparat.

Hierzu dienen zwei ineinander gesteckte Cylinder A und B. A ist oben offen und wird auf $^2/_3$ seiner Höhe mit Wasser gefüllt. B ist unten offen und hat auf seiner Decke ein nach dem Innern sich öffnendes Ventil. Oeffnet man dieses durch einen Druck des Fingers und zieht den Cylinder in die Höhe, so füllt sich derselbe mit atmosphärischer Luft. In dem Cylinder A befindet sich ein Rohr F, welches vom Boden aus bis über den Wasserspiegel reicht. Durch dieses Rohr wird die atmosphärische Luft vermöge der Schwere des Cylinders B in den Gasentwickler C gedrückt. Es ist dies ein Behälter, welcher im Innern mehrere, durch Wellblech gebildete, mit aufsaugendem Material angefüllte Abteilungen besitzt. Das mit D bezeichnete Glas wird beim Gebranch mit Benzin gefüllt, der Hahn E geöffnet und das Benzin in den Behälter geleitet. Die beim Sinken des Cylinders B durch den Behälter C von F nach F durchströmende Luft findet infolge der gedachten Anordnung der Wellbleche grosse Verdunstungsflächen vor und tritt mit den Benzindämpfen geschwängert in den Probiercylinder G, welcher aus Blech angefertigt und mit einem Glase zur genauen Beobachtung der Flammenerscheinungen versehen ist. Am unteren Ende hat derselbe schlitzförmige Oeffnungen, welche zum Einströmen atmosphärischer Luft dienen. Die Oeffnungen können durch ein umliegendes Metallband behufs genauerer Regulierung der Luftzufuhr beliebig vergrössert oder verkleinert werden. Im Innern des Probiercylinders befindet sich ein schlangenförmiges Rohr, welches innerhalb der Biegungen mit feinen Löchern versehen ist. Beim Probieren der Lampe wird sie brennend in diese Spirale gestellt, die Hähne F F werden geöffnet, und es treten nun die Benzingase durch die in der Spirale befindlichen kleinen Bohrungen zur Lampe. Ist die letztere fehlerhaft, so werden sich die einströmenden Gase in dem Cylinder G entzünden, während die Flamme einer wettersicheren Lampe bei starker Gaszufuhr erstickt, bei geringeren Mengen aber ähnliche Erscheinungen zeigt wie bei Anwesenheit von Grubengas.

Der Wolfsche Probierapparat war im Jahre 1899 nur noch auf 10 Betriebsanlagen im Gebrauch; die praktischen Erfahrungen, welche man mit dem Apparat gemacht hat, werden durchweg als zufriedenstellend bezeichnet. Die Benutzung desselben beschränkt sich auf die Untersuchung neuer Lampen und auf die Prüfung von Lampen nach stattgehabten grösseren Reparaturen, während eine kontinuirliche Probe beim Schichtwechsel in der Weise, dass jede Lampe vor ihrer Aushändigung an den Arbeiter in den Probierapparat gestellt wird, nirgends stattfindet und bei der Umständlichkeit des Verfahrens auch kaum durchführbar sein dürfte.

Ueber Bauart und Zweck des auf der *berggewerkschaftlichen Versuchsstrecke aufgestellten Versuchsapparates* für Sicherheitslampen wird in dem Abschnitt Versuchsstrecke eingehend berichtet werden.

Die Bergpolizei-Verordnung des Oberbergamts zu Dortmund vom $\frac{12.\ \text{Dezember}\ 1900}{1.\ \text{Januar}\ 1902}$ betreffend die Bewetterung der Steinkohlenbergwerke

a

b

Fig. 269.

Lampen-Probierapparat »Westfalia«.

und die Sicherung derselben gegen Schlagwetter- und Kohlenstaubexplosionen bestimmt in § 43 Ziffer 3, dass jede Lampe vor ihrer Uebergabe an den Arbeiter durch Anblasen mit Druckluft auf Dichtheit der unteren Lampenteile zu untersuchen ist. Um dieser Bestimmung in mög-

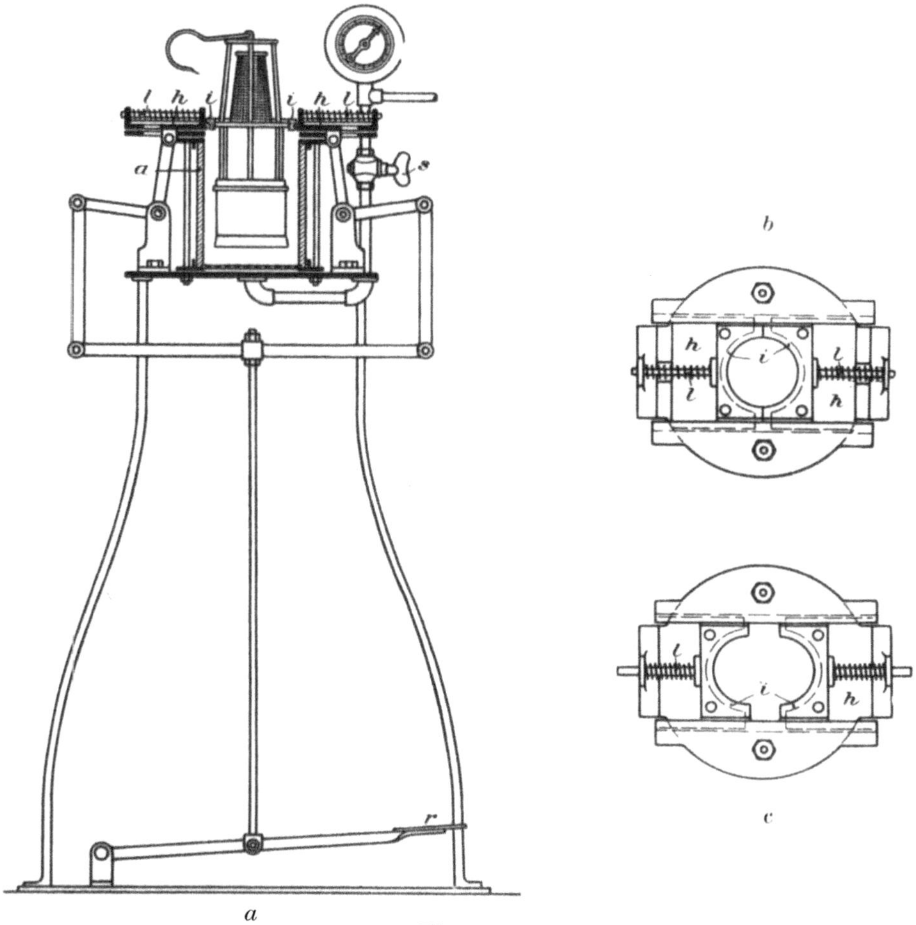

Fig. 270.

Lampen-Anblaseapparat von W. Seippel.

lichst vollkommener und wenig zeitraubender Weise Genüge zu leisten, sind in neuerer Zeit eine Anzahl Apparate konstruiert worden, von denen die wichtigeren im Folgenden kurz besprochen werden mögen.

Die vorhandenen Konstruktionen suchen den beabsichtigten Zweck auf zweierlei Weise zu erreichen. Die Lampen werden entweder in einem geschlossenen Gehäuse bis zum Gestellmittelring einem Luftüberdruck ausgesetzt, sodass nur durch die undichten Stellen der Lampe ein Druckausgleich nach aussen hin stattfinden kann, oder sie werden durch frei austretende gegen die Verbindungsstellen und den Boden gerichtete Luftstrahlen angeblasen.

Zu den Apparaten der ersteren Art gehören:

1. Der Probierapparat »Westfalia« der Armaturen-Manufaktur Westfalia in Gelsenkirchen (Fig. 269 a u. b). Die zu untersuchende Lampe befindet sich bis zum Gestellmittelring in einem vollständig ge-

Fig. 271.

Lampen-Anblaseapparat von Schütz.

schlossenen Raum, sobald durch den Hebel c die aufklappbare Gehäusehülse i gegen die feststehende Hälfte angedrückt wird. Zur Abdichtung sind Gummistreifen k in die bewegliche Gehäusehälfte i eingelegt, während an dem Mittelring h der Lampe die Abdichtung durch den geteilten Gummiring f f erfolgt.

Nachdem der Apparat geschlossen ist, gestattet die Feder l eine weitere Bewegung des Hebels c, wodurch das Lufteintrittsventil b geöffnet wird und die Luft durch das im Boden befindliche Loch e in den Apparat gelangt. Zur Beobachtung der Dochtflamme sind an einer oder beiden Hälften des Gehäuses Glasscheiben m angebracht.

2. Der Apparat von W. Seippel in Bochum (Fig. 270a—c). Das geschlossene Gehäuse wird bei diesem Apparat durch einen in Metallfassung

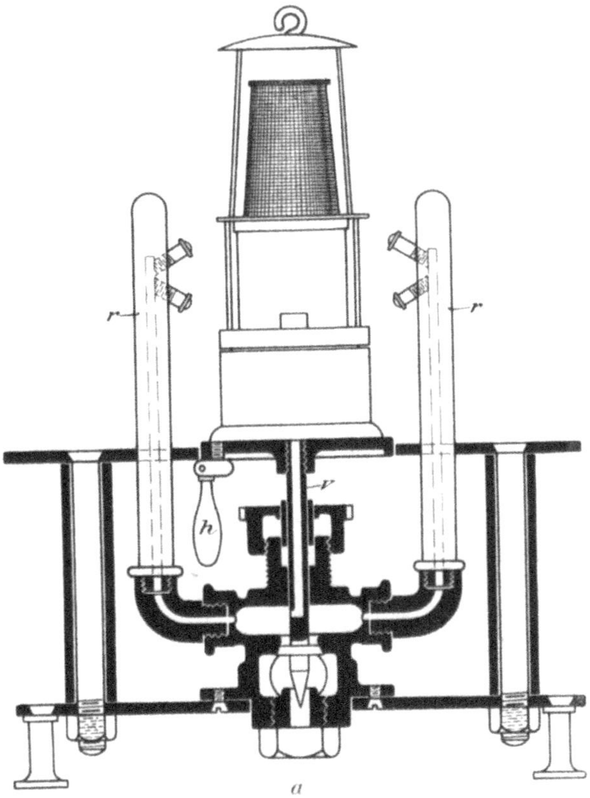

a

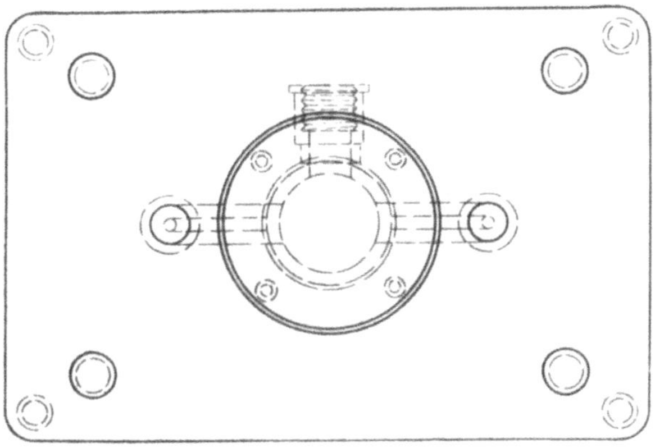

b

Fig. 272.

Altenkampscher Lampen-Anblaseapparat.

liegenden und oben offenen Glascylinder a gebildet. Durch einen Druck auf den Fusshebel r werden zunächst die beiden mit Gummieinlagen i i versehenen Klemmbacken h h auseinandergezogen; nachdem hierauf die Lampe von oben in das Gehäuse eingeführt und der Fusshebel r freigegeben ist, werden die beiden Klemmbacken h h durch die Wirkung der beiden Spiralfedern l l fest gegen den Gestellring der Lampe gedrückt, sodass das Gehäuse nunmehr vollständig geschlossen ist. Der Eintritt der Luft erfolgt durch den Boden des Gehäuses, nachdem der Hahn s geöffnet ist.

Fig. 273 a.

Lampen-Anblaseapparat von Friemann & Wolf.

Zu den Apparaten mit frei austretenden Luftstrahlen gehören:

1. Der Anblaseapparat von Schütz dessen Fabrikation die Rheinische Armaturen- und Maschinenfabrik vorm. Albert Sempell in M. Gladbach übernommen hat.

Die zu prüfende Lampe wird, wie aus Fig. 271 ersichtlich, zwischen den beiden Gehäusehälften hindurchgeschoben und hierbei an der einen Wand durch zwei Rollenpaare geführt, während sie auf der anderen Seite gegen eine Blattfeder drückt und so das unter Federschluss stehende Lufteintrittsventil öffnet. Nach Oeffnung des Ventils tritt die Luft durch den mit zahlreichen Löchern versehenen Boden und zwei Düsenpaare ins Freie; die letzteren sind so angeordnet, dass die ihnen entströmenden Luftstrahlen gegen die Verbindungsstellen der Lampe gerichtet sind.

2. Der Altenkampsche Apparat, dessen Ausführung durch die Firma Eisenberg & Schmöger in Dortmund erfolgt. Wie aus Fig. 272a und b hervorgeht, wird die zu prüfende Lampe auf einen drehbaren und

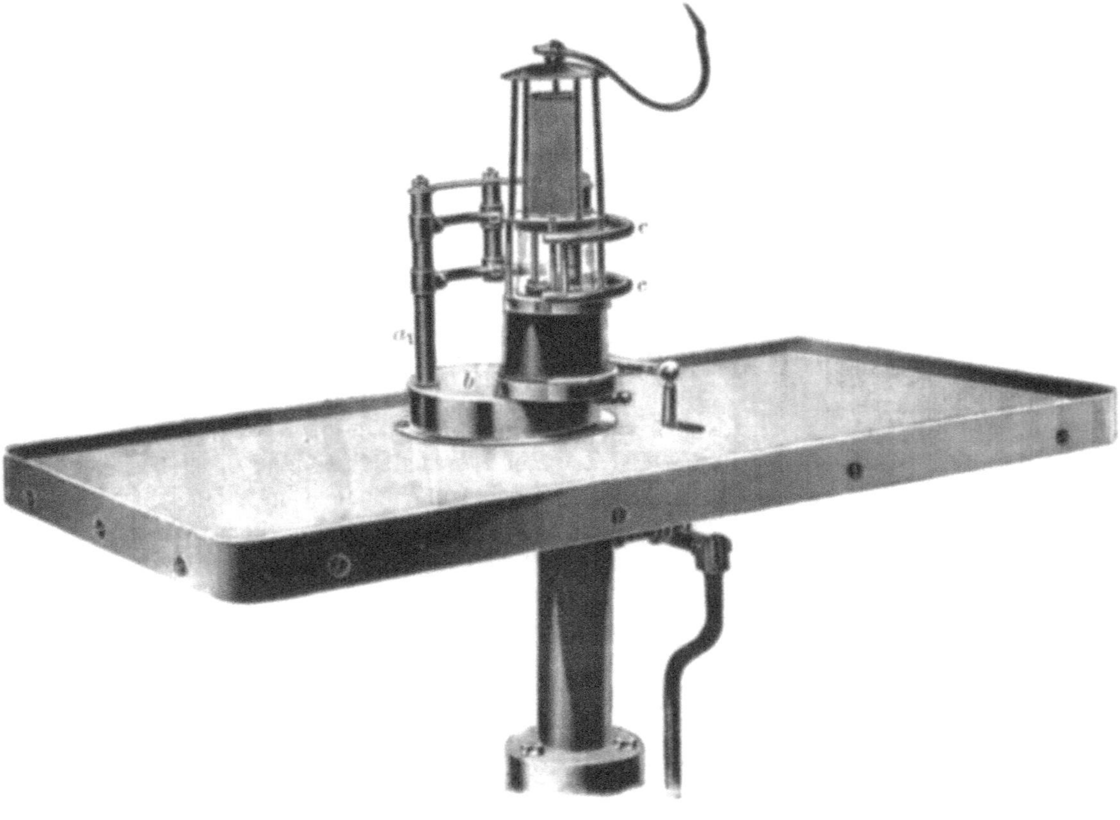

Fig. 273 b.

Lampen-Anblaseapparat von Friemann & Wolf.

in vertikaler Richtung verschiebbaren Teller gesetzt, der durch das Gewicht der Lampe um 6 mm nach unten sinkt und das Lufteintrittsventil öffnet. Die Luft gelangt durch den hohlen Ventilstift v und die beiden seitlichen mit vier Düsen versehenen Röhren r r ins Freie und trifft sowohl den Boden der Lampe als auch die beiden Verbindungsstellen unter und über dem Glascylinder. Die zur vollständigen Prüfung erforderliche halbe Drehung der Lampe wird mittels des am Aufsatzteller angebrachten Handgriffes h bewirkt.

3. Der Anblaseapparat von Friemann & Wolf (Fig. 273 a u. b). Die komprimierte Luft wird mittelst eines Schlauches in die hohle Säule a geführt, welche an ihrem Fussende als Hahnkegel ausgestaltet und in einem Hahngehäuse entsprechend festgelagert ist. An dieser Säule sind ein hohler Bodenteller b, auf welchen die Lampe gestellt wird, sowie zwei gebogene Rohrstücke c c befestigt, sodass diese Teile eine drehbare Thür bilden, welche geöffnet und geschlossen werden kann. Beim Nichtgebrauch ist der Apparat geöffnet (siehe die Abbildungen), während die mit Hahnkegel versehene Säule a in dieser Stellung die Luft absperrt. Durch Niederdrücken des unter der Zugwirkung einer Spiralfeder stehenden Fusshebels wird der Apparat geschlossen und der Hahn geöffnet, sodass die Luft in die beiden Säulen a und a_1, welche mit einander in Verbindung stehen, in die gebogenen Rohrstücke c c einströmen kann. In diese Rohrstücke sind düsenförmige Löcher gebohrt, welche so eingerichtet sind, dass die Luft sowohl nach dem Gestellmittelring als auch nach dem Verschraubungsring bläst. Ausserdem strömt Luft in den hohlen Bodenteller b, welcher mit Löchern versehen ist und bläst die Lampe von unten an.

4. Der Probierapparat von B. Flottmann & Co. in Bochum (Fig. 274a und b). Der cylindrische Oberteil a ist mit dem Unterteil b, dessen Hohlraum c mit der Druckluftleitung in Verbindung steht, verschraubt. Im Innern des Oberteils ist eine vertikale Spindel e drehbar gelagert und mit vier schrägstehenden Flügeln f und einem Bunde g versehen, welch letzterer zum Abschliessen der Luftaustrittsöffnung dient. Am oberen Ende der aus dem Oberteil herausragenden Spindel v ist der Kopf k angebracht, welcher zur Aufnahme der Lampe bestimmt ist.

Tritt die Luft aus dem Unterteil durch zwei in demselben befindliche Düsen h h in den Oberteil unter die Flügel, so hebt sich die Spindel und der Bund g schliesst die Ausströmungsöffnung der Luft ab. Der Apparat befindet sich in dieser Stellung in Ruhe. Wird dann eine Lampe mit einem leichten Druck nach unten aufgesetzt, so senkt sich die Spindel, der Bund g macht die Ausströmungsöffnung frei und die nunmehr durchströmende gegen die Flügel f gerichtete Druckluft bringt die Spindel mit der Lampe in Drehung. Der Luftstrom steigt durch die obere Aussparung der Spindel und das seitliche Rohr r in die Höhe und wirkt gegen den Boden der Lampe, sowie gegen den Unter- und Oberrand des Glascylinders. Beim Abheben der Lampe schliesst sich die Ausströmungsöffnung der Luft wieder selbstthätig, so dass die Spindel in Ruhe gesetzt wird.

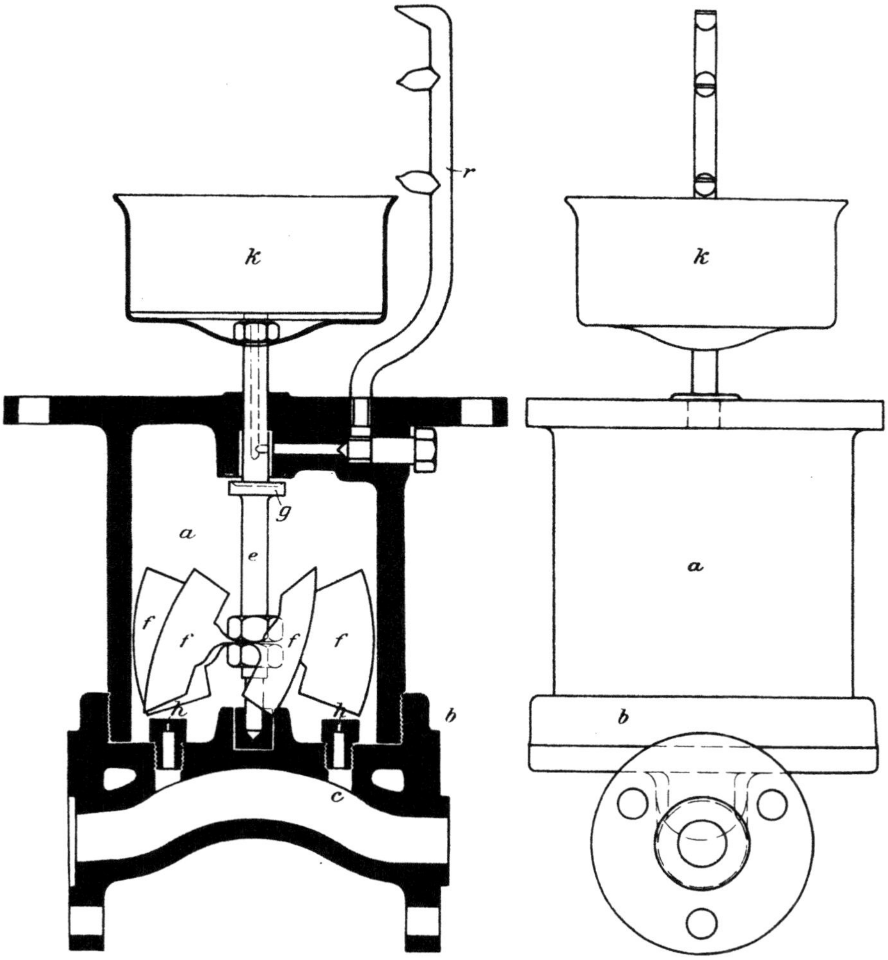

Fig. 274.

Lampen-Anblaseapparat von Flottmann.

In wie weit die vorbeschriebenen Apparate dem beabsichtigten Zwecke entsprechen, ist durch die Praxis bislang noch nicht genügend erprobt worden. Doch steht soviel fest, dass es sehr schwierig ist, den Luftdruck und die Luftmenge zu bestimmen, welche geeignet sind, in jedem gegebenen Falle die schlecht und mangelhaft gedichteten Lampen auszulöschen, die gut gedichteten dagegen brennend zu erhalten. Je nach der Natur des Brennstoffes und der Art der Abdichtung sind Ueberdruck und Ausströmungsquerschnitt der Luft verschieden zu bemessen. Die träge Rübölflamme bedarf erheblich kräftigerer Ursachen zum Erlöschen, als die lose am Docht hängende Benzinflamme.

Die Abdichtung mittels federnder Metallringe, welche für die praktischen Bedürfnisse als ausreichend zu erachten ist, bietet dem Durchgang komprimierter Luft kein nennenswertes Hindernis. Eine derartig gedichtete Lampe wird sich daher im Anblaseapparat wenig anders verhalten als eine völlig undichte Lampe. Auf der anderen Seite wird es häufig vorkommen, dass eine völlig undichte Lampe die Probe besteht, ohne zu erlöschen. Wenn beispielsweise infolge Ueberfüllung der Lampe oder aus anderen Ursachen dem Dochte übermässig viel Benzingase entströmen, kann der Fall eintreten, dass die Flamme vom Docht zwar abgehoben wird, aber im Drahtkorbe weiter brennt und nach Beendigung des Anblasens zum Docht zurückkehrt. Nicht selten kann man auch, namentlich bei Lampen mit aufliegender Zündvorrichtung, die Beobachtung machen, dass die Dochtflamme der von unten eindringenden Luft entgegengehend, sich nach unten richtet und den Zündstreifen verbrennt. Ein Erfolg und eine einigermassen gleichmässige Wirkung ist überhaupt nur zu erzielen, wenn sämtliche Verbindungsstellen der Lampe mit elastischen Stoffen, z. B. Asbest-, Gummi- oder Lederringen abgedichtet sind und die Verschraubung der Lampe fest angezogen ist.

Dabei kann es keinem Zweifel unterliegen, dass die Apparate mit geschlossenem Gehäuse eher geeignet sind, den gedachten Zweck zu erfüllen als die Apparate mit frei austretenden Luftstrahlen.

XIV. Die Lampenkauen.

Für die Einrichtung der Benzinlagerräume und der Lampenkauen sind eine Reihe von Vorschriften massgebend, die von der Bergbehörde bei der Genehmigung jeder Neuanlage besonders erlassen werden. Aus diesen Vorschriften ist besonders hervorzuheben, dass

1. das Reinigen und Füllen der Lampen nur in Räumen geschehen darf, die aus massivem Mauerwerk hergestellt und von den Lagerräumen, sowie von denjenigen Räumen, in denen die Lampen an die Arbeiter abgegeben werden, getrennt sind, und

2. dass die Füll- und Reinigungsräume mindestens 10 m von dem Schachtgebäude und anderen mit diesem zusammenhängenden Gebäuden entfernt sein müssen.

Die Befolgung dieser Vorschrift erfordert eine Dreiteilung oder, sofern Lampen-Reinigungs- und Füllraum gleichfalls von einander getrennt sind, eine Vierteilung der für die Lampenwirtschaft bestimmten Räume. Es sind notwendig:

1. ein Lagerraum für Benzin,
2. ein Lampenfüllraum,
3. ein Aufbewahrungsraum für die Lampen, aus welchem die Abgabe an die Arbeiter erfolgt,
4. ein Lampenreinigungsraum.

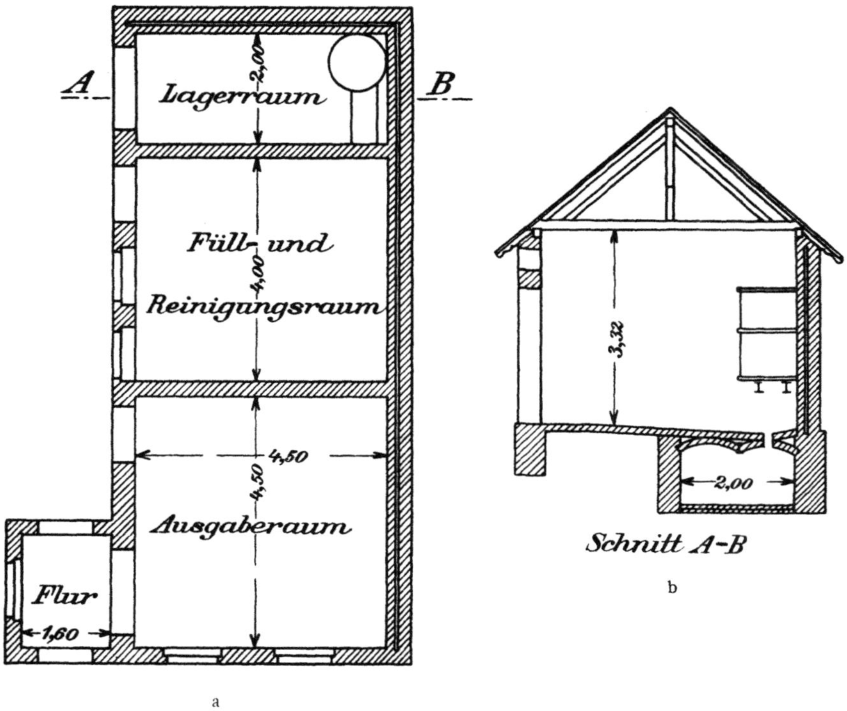

Fig. 275.

Lampenkaue auf Zeche Hannibal.

Auf den meisten Zechen ist die Anordnung derartig getroffen, dass für die Lagerung des Benzins ein besonderes, von allen anderen getrennt liegendes Gebäude vorgesehen ist, während Füll-, Reinigungs- und Aufbewahrungsraum in unmittelbarer Nähe der Mannschaftskaue einander benachbart untergebracht sind.

Häufig ist auch auf dem Zugang von der Mannschaftskaue zum Schacht oder auf der Schachthängebank selbst für die Aufbewahrung und Ausgabe der Lampen ein Raum abgeteilt, während das Füllen und Reinigen der Lampen in einem besonderen Gebäude erfolgt, von dem ein Teil zuweilen auch für die Lagerung des Benzins bestimmt ist. Nur selten sind alle drei bezw. vier Abteilungen gemeinschaftlich in einem besonderen Gebäude untergebracht. Neben den genannten sind noch zahlreiche andere Kombinationen anzutreffen. Bei der grossen Verschiedenartigkeit der Anordnung möge es genügen, einige besonders typische Beispiele an der Hand von Skizzen zu erläutern.

1. Die Lampenkaue auf Schacht II der Zeche Hannibal bei Eickel ist in Fig. 275 a u. b im Grundriss und in einem Querschnitt dargestellt. Die sämtlichen Räume für die Lampenwirtschaft sind in einem besonderen Gebäude vereinigt. Die Aus- und Abgabe der Lampen erfolgt in einer 2 m langen, 1,60 m breiten Vorhalle, die als Durchgang eingerichtet ist.

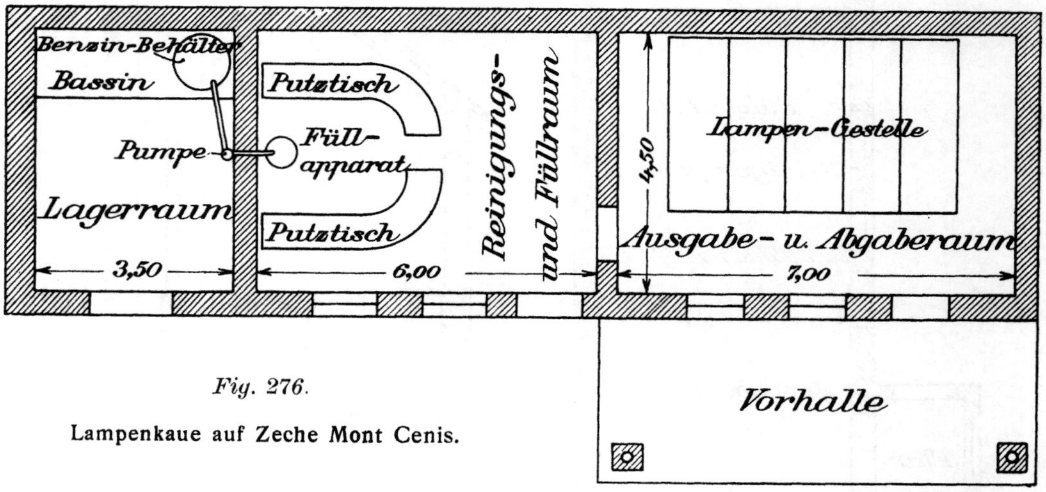

Fig. 276.

Lampenkaue auf Zeche Mont Cenis.

2. Aehnlich der vorigen, nur für grössere Verhältnisse bestimmt, ist die Lampenkaue auf Zeche Mont Cenis, welche in Fig. 276 im Grundriss wiedergegeben ist.

3. Bei der Anlage auf Zeche Mathias Stinnes (Fig. 277) sind die drei Abteilungen gleichfalls mit einander vereinigt, liegen aber nicht in einem isolierten Gebäude, sondern sind der Mannschaftskaue angegliedert und mit dieser durch Schalter direkt verbunden.

4. Derselbe Grundsatz, den Aufbewahrungsraum mit der Mannschaftskaue in direkte Verbindung zu bringen, ist bei der Einrichtung auf Zeche Neu-Iserlohn Schacht II massgebend gewesen. Die Abgabe der Lampen seitens der Arbeiter nach der Schicht erfolgt hier beim Durchgang durch den Flur A (Fig. 278), während die nach der Mannschaftskaue gerichteten Schalter für die Ausgabe der frischen Lampen bestimmt sind.

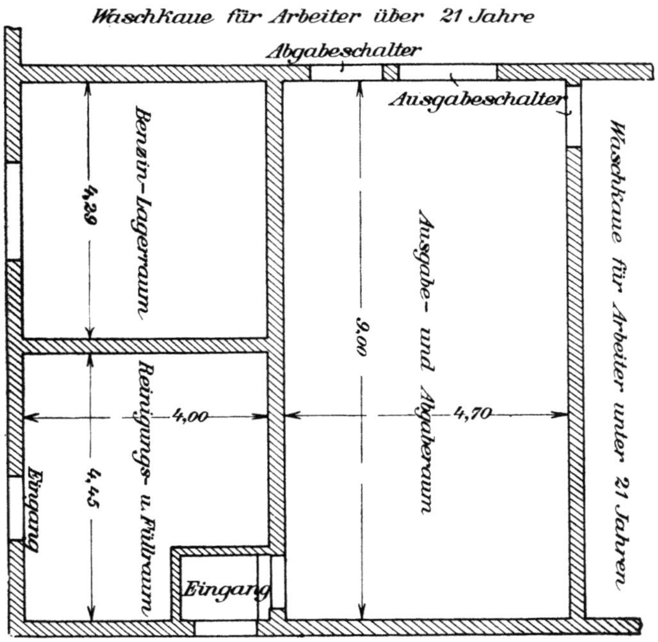

Fig. 277.

Lampenkaue auf Zeche Mathias Stinnes.

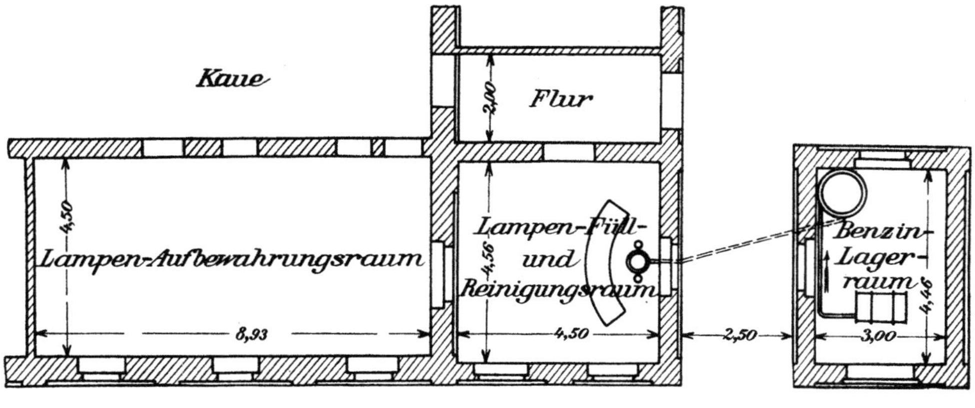

Fig. 278.

Lampenkaue auf Zeche Neu-Iserlohn II.

5. Bei der Lampenkaue auf Zeche Prosper Schacht II (Fig. 279) schliesst sich der Aufbewahrungsraum ebenfalls unmittelbar an die Mannschaftskaue an, ist aber mit letzterer nicht durch Schalter verbunden, sondern als Durchgang eingerichtet. Damit die Ausgabe der Lampen möglichst schnell von statten geht, hat man dem Aufbewahrungsraum eine Länge von 42,5 m gegeben.

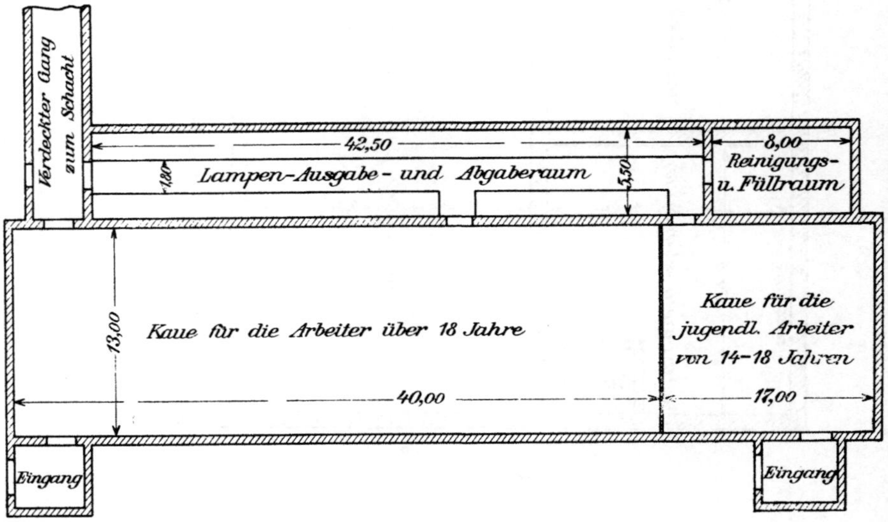

Fig. 279.

Lampenkaue auf Zeche Prosper II.

6. Auf Zeche General Blumenthal III/IV (Fig. 280) bildet der Aufbewahrungsraum gleichfalls einen Durchgang zum Schacht, ist aber abweichend von der Einrichtung auf Zeche Prosper II nicht der Mannschaftskaue angegliedert. Der Reinigungsraum und der Füllraum liegen von einander getrennt zu beiden Seiten eines Treppenflurs, welcher den Zugang zu dem Aufbewahrungsraum bildet.

7. Sehr zweckmässig ist die Anordnung der Lampenkaue auf Zeche Preussen I (Fig. 281). Der Reinigungs- und Füllraum liegt hier im Erdgeschoss, während der Aufbewahrungsraum in der I. Etage im Niveau der Schachthängebank derart angeordnet ist, dass der Zugang von der Mannschaftskaue zum Schacht an der einen, der Rückweg an der anderen Längsseite vorüberführt. Die beiden Etagen sind mit einander durch einen Aufzug verbunden.

8. Bemerkenswert durch die sehr praktische innere Einrichtung des Reinigungs- und Füllraumes ist die Lampenkaue auf Zeche Shamrock I/II bei Herne. Dieselbe ist auf Tafel I im Grundriss und in zwei

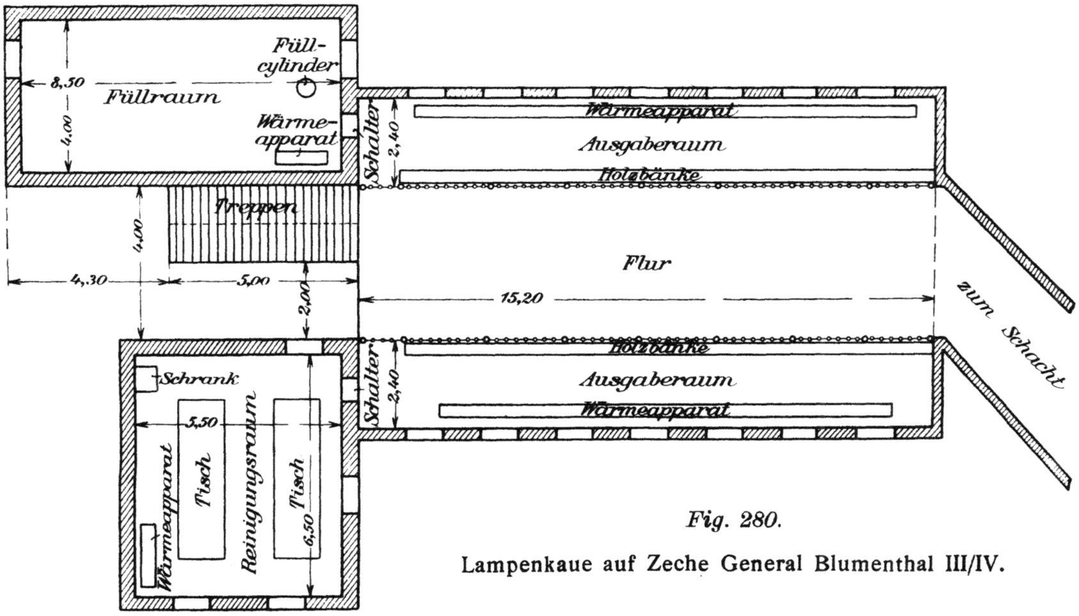

Fig. 280.

Lampenkaue auf Zeche General Blumenthal III/IV.

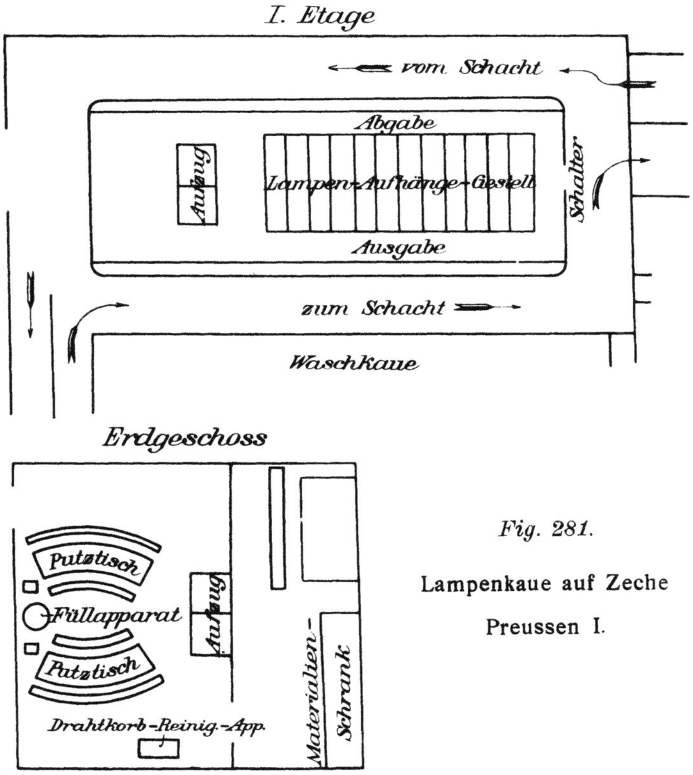

Fig. 281.

Lampenkaue auf Zeche Preussen I.

Längsschnitten dargestellt. Die gebrauchten Lampen gelangen von dem Abgabeschalter A zunächst auf einen hufeisenförmigen Tisch B, an welchem 2 Mann mit dem Oeffnen der Lampen und 4 Mann mit dem Ordnen der Zündvorrichtungen und dem Reinigen der Lampentöpfe und Gestelle beschäftigt sind. An den hufeisenförmigen Tisch schliesst sich der mittels Pressluftmotors betriebene Reinigungsapparat C für Drahtkörbe und Glascylinder an, der von 2 Mann bedient wird. An den nunmehr folgenden Tischen D und E sind 6 weitere Arbeiter stationiert, von denen einer die Lampentöpfe öffnet, je 2 das Einfüllen des Benzins und das Schliessen der

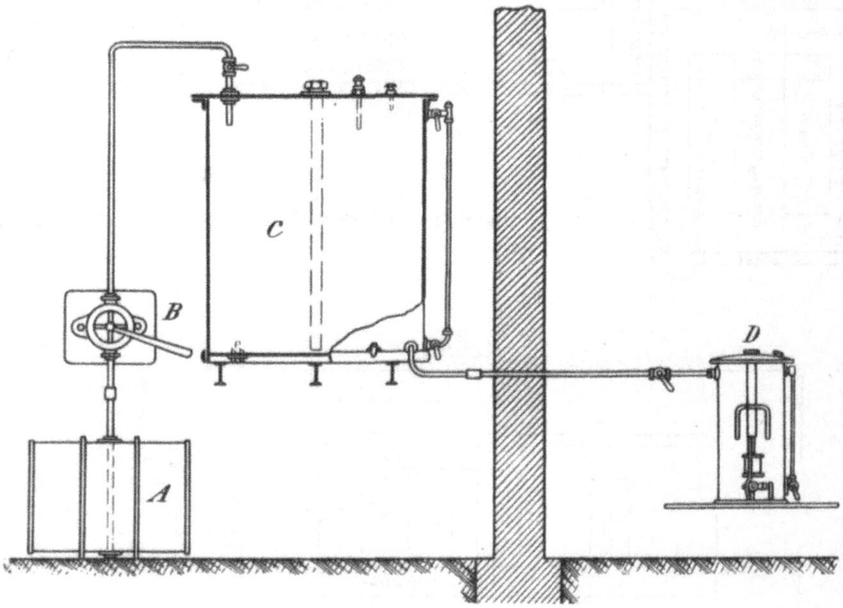

Fig. 282.

Apparat zum Ueberführen des Benzins von den Fässern zu den Füllapparaten.

Lampentöpfe besorgen, während der sechste etwaige Reparaturen notiert und die fertigen Lampenteile in den Aufbewahrungsraum weitergiebt; das Zusammenschrauben und Verschliessen der Lampen geschieht auf dem im Aufbewahrungsraum angebrachten Tisch F. Die weiteren Einzelheiten der Einrichtung ergeben sich aus der Zeichnung.

Die Ueberführung des Benzins von den im Lagerraum aufgestellten Benzinfässern bis zu den Füllapparaten erfolgt auf einer grossen Anzahl von Zechen mittels Rohrleitungen. Eine derartige Anlage, wie sie von der Firma W. Seippel in Bochum hergestellt wird, ist in Fig. 282

Lampenreinigungs- und

Belegschaft unter T
Sicherl

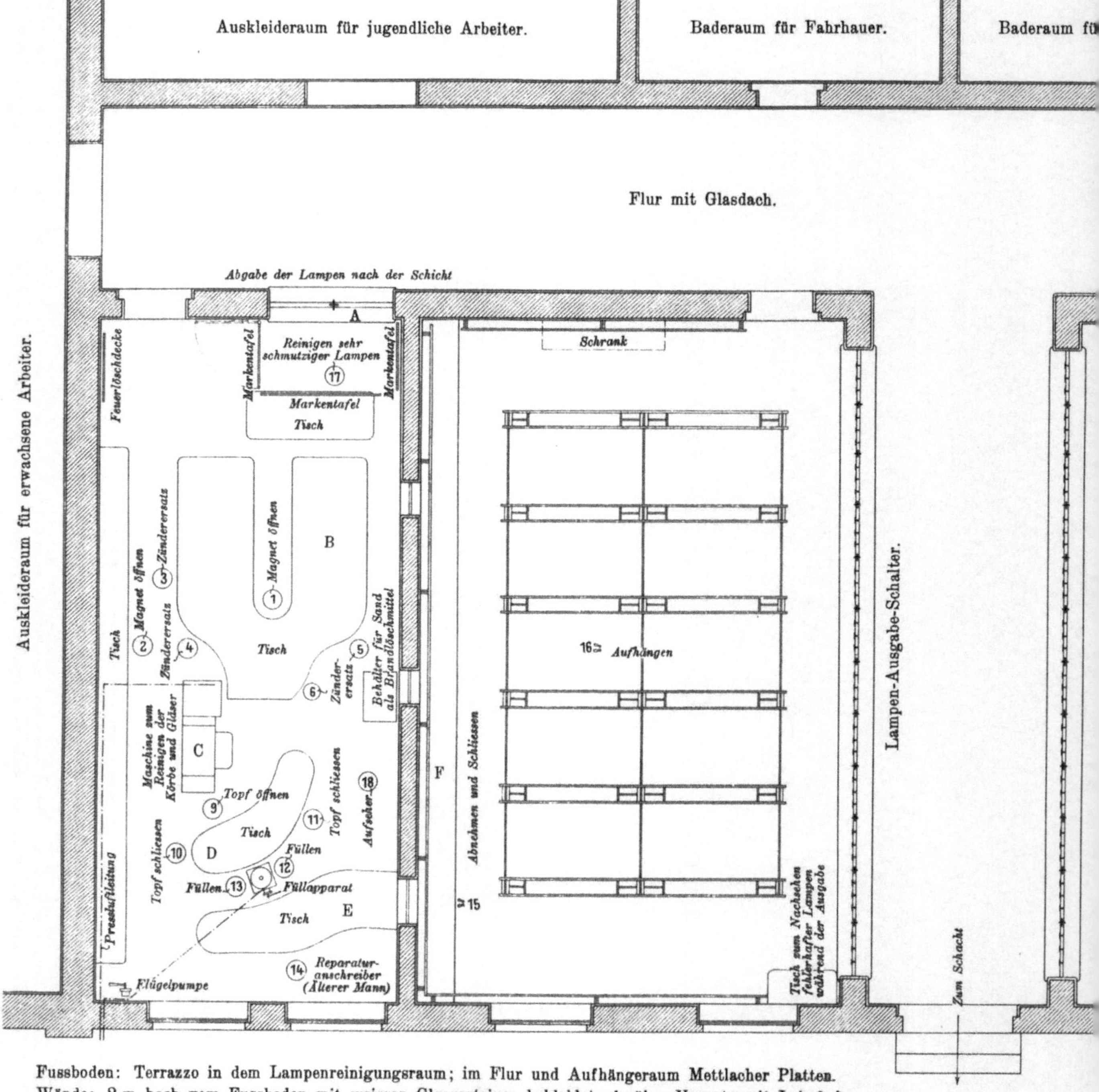

Fussboden: Terrazzo in dem Lampenreinigungsraum; im Flur und Aufhängeraum Mettlacher Platten.
Wände: 2 m hoch vom Fussboden mit weissen Glasursteinen bekleidet; darüber Verputz mit Leimfarbe.
Dach: Holzcement auf Eisenkonstruktion mit Schwemmsteingewölbe.

Verlagsbuchhandlung von Julius Springer in Berlin.

m auf Zeche Shamrock I/II.

s.

pril 1900: **2369 Mann.**

22 **Stück.**

Querschnitt durch den Lampen-Ausgaberaum.

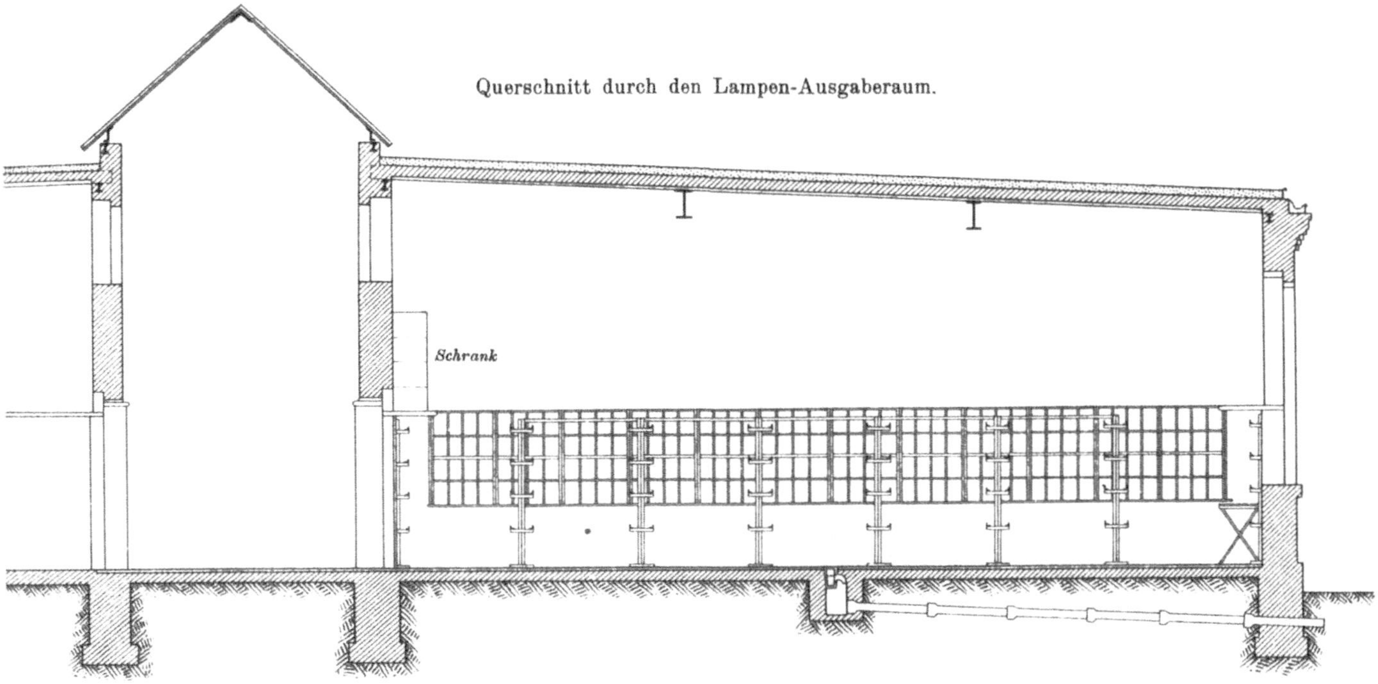

Schnitt durch den Lampenreinigungsraum.

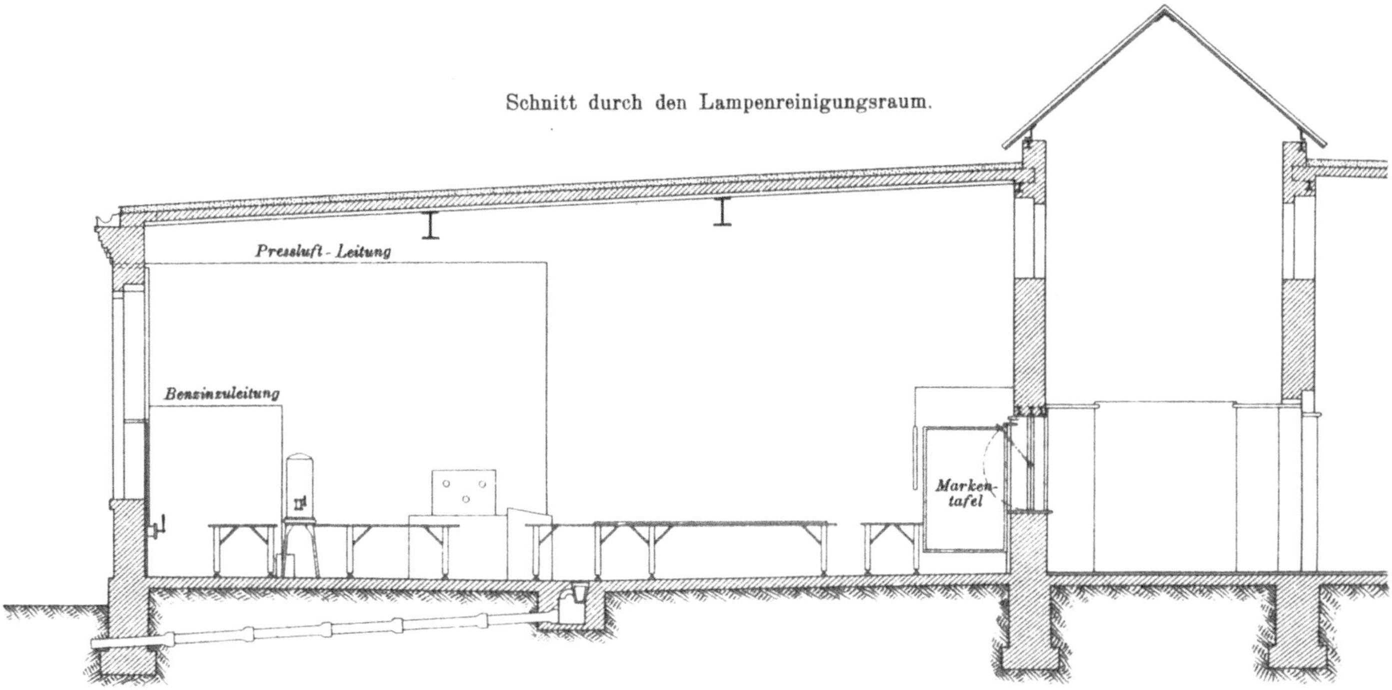

Lith. Anst. v. Bogdan Gisevius in Berlin.

dargestellt. Das Benzin wird mittels einer Flügelpumpe B aus dem Fass A in das Standgefäss C gedrückt und gelangt von hier entweder selbstthätig oder beim Mangel eines ausreichendes Gefälles mittels einer zweiten Flügelpumpe in den Füllapparat D.

XV. Die Kosten der Grubenbeleuchtung.

Nach den Mitteilungen einer grösseren Anzahl von Zechenverwaltungen betragen die Ausgaben für eine Lampe und 100 Schichten durchschnittlich bei Benzinbrand 7,13 M. und bei Oel- bezw. Oel-Petroleumbrand 6,36 M. Von diesen Summen entfallen etwa $^4/_{11}$ auf die Kosten des Leuchstoffes, weitere $^4/_{11}$ auf Löhne für Wartung, Instandhaltung und Reinigung der Lampen, während der Rest von $^3/_{11}$ für Zündstreifen, Gläser, Drahtkörbe und sonstige Ersatzteile aufgewandt wird.

3. Kapitel: Elektrische Grubenlampen.

Von Professor Baum.

I. Allgemeines.

Die elektrische Glühlampe mit ihrem im luftleeren Raum brennenden Leuchtkörper erscheint auf den ersten Blick als eine für den Kohlenbergmann recht begehrenswerte Lichtquelle, weil der abgeschlossene Lichtfaden mit den Wettern überhaupt nicht in Berührung kommt, und die Lampe, solange ihre Hülle nicht durch äussere Einwirkung zertrümmert wird, absolut schlagwettersicher ist, während ja die durch Drahtnetz geschützte Flammenlampe nur einen bedingten Schutz gewährt.

Allerdings liegt in diesem Hauptvorzug der Glühlampe zugleich ein Mangel: Sie zeigt keine Wetter an und warnt deshalb den Bergmann nicht vor entzündlichen oder unatembaren Gasgemischen. Ist aber dieser Fehler so gross, dass er ein dauernder Hinderungsgrund für die Einführung dieses absolut wettersicheren Grubengeleuchtes in den Steinkohlenbergbau sein kann? Nein! Unter den im Ruhrrevier vorwaltenden Verhältnissen würde es genügen, wenn nur die Ortsältesten, Schiessmeister und die Aufsichtsbeamten, also Persönlichkeiten, bei denen man eine grössere Vorsicht und bessere Kenntnis der Schlagwettergefahr voraussetzen darf, Schlagwetter anzeigende Flammenlampen führten, während die Ausrüstung der übrigen Arbeiter mit der elektrischen Lampe vom sicherheitlichen Standpunkte nur zu begrüssen wäre.

Die Möglichkeit, dass die schützende Scheidewand zwischen dem Licht und den Wettern durch Gezähehiebe, durch Steinfall usw. zertrümmert wird, liegt bei der Flammenlampe viel näher als bei der elektrischen. Dort ist die Wandstärke des Cylinders eine beschränkte, weil dickes Glas bei ungleichmässiger Erhitzung, wie si schon bei schiefer Stellung der Lampe eintritt, leichter springt, als dünnes. Während man also den Cylindern der Flammenlampen gewöhnlich nur etwa 5 mm Wandstärke giebt, besteht kein Hindernis, die Schutzglocke elektrischer Lampen 10 mm stark zu nehmen. Noch viel empfindlicher als der Cylinder der Flammenlampe ist aber die feine, auch wegen ihrer grossen Oberfläche leicht Beschädigungen ausgesetzte Drahtgaze des Korbes, dessen schützende Wirkung ja so oft im Betrieb versagt. Weitere Vorzüge der elektrischen Lampe sind, dass sie in jeder Lage brennt, dass sie ein helles, von Menge und Zusammensetzung der Wetter unabhängiges Licht giebt und keine der unangenehmen Begleiterscheinungen aufweist, also nicht schwelt und russt, keine Luft verbraucht, keinen Benzingeruch und keine lästige Wärme von sich giebt. Dazu kommt noch, dass die Reinigung, welche bei Flammenlampen recht kostspielig ist, sich auf ein äusserliches Abwischen beschränkt, dass der Stromverbrauch sehr gering ist und viel weniger Kosten verursacht als der Ankauf von Benzin und Oel, und dass endlich Benzinkeller, Sicherheitsfüllvorrichtungen usw. überflüssig werden.

Alle diese Vorzüge hätten sicherlich längst zu einer regelmässigen Verwendung der elektrischen Lampen im Bergbau geführt, wenn es bisher der Elektrotechnik gelungen wäre, einen dauerhaften, leichten und wenig Raum verbrauchenden Kleinakkumulator zur Verfügung zu stellen. Der Bleisammler, der allein von allen Akkumulator-Systemen Erfolge aufzuweisen hat, bewährt sich als stationäres oder transportables Element in grösserer Ausführung, beispielsweise bei Wagenbeleuchtung usw., recht gut; bei der tragbaren Lampe ist er dagegen einem verhältnismässig schnellen Verschleiss ausgesetzt, der hauptsächlich zwei Ursachen entspringt:

1. den Erschütterungen der Lampe beim stossartigen Aufsetzen, bei einem Fall usw. und

2. der oxydierenden Wirkung der bei dem Laden der Lampe entstehenden Ueberschwefelsäure.

Die mechanischen Erschütterungen lösen die sogenannte aktive Masse von den platten- oder gitterartigen Trägern. Die abbröckelnden Masseteilchen fallen nicht immer auf den Boden des Gefässes, sie überbrücken vielmehr oft die isolierenden Zwischenräume zwischen den verschiedenpoligen

Platten und stellen Kurzschlüsse in der Zelle her, welche den Akkumulator in kurzer Zeit zerstören. Man hat es versucht, ein Abfallen der Masseteilchen dadurch zu verhindern, dass man die einzelnen Platten in Taschen aus Gespinsten organischer Stoffe, z. B. durchlöcherten Celluloid steckte. Die Verwendung derartiger Schutzmittel führte aber so viele andere Missstände im Gefolge, dass man wieder von derselben abgekommen ist. Von gutem Erfolge begleitet war nur die Benutzung der gegen die Säure vollkommen indifferenten Glaswollegewebe bei den mit Gülcherakkumulatoren ausgerüsteten neueren Lampensystemen.

Einzelne Konstrukteure suchen die Wirkung der Stösse auf den Akkumulator dadurch abzuschwächen, dass sie ihn auf Weichgummipuffer setzen oder sonst elastisch verlagern oder aufhängen. Um eine Lösung der Leitungsverbindungen durch die Stösse zu verhindern, verlötet man dieselben oder ordnet elastische Kontaktfedern an.

Einen weit schädigenderen Einfluss als die Wirkung der Stösse übt die Entwickelung der Ueberschwefelsäure beim Laden der Zellen aus, indem sie das in gewöhnlicher Schwefelsäure so schwer lösbare Blei angreift und infolgedessen besonders die Plattenableitungen und Verbindungen zerstört. Man wollte diesem Missstand durch die Herstellung der Leitungsstreifen aus widerstandsfähigerem Material, aus Platin oder platiniertem Metall, begegnen. Doch war diese Massregel trotz der nicht unerheblichen Verteuerung der Lampen nur von einem Teilerfolg begleitet, da die bei der Bewegung oder der Verdunstung des Elektrolyts aus ihm heraustretenden Bleianschlüsse der Platinstreifen trotzdem der Zerstörung durch die Säure preisgegeben waren.

Da die bei der Ladung der brennenden Lampen entstehenden Gase aus der Zelle geführt werden müssen, sind Gasausströmungsöffnungen, durch die leicht flüssiges Elektrolyt ausläuft, nicht zu umgehen. Die Verwendung eines gellatinösen, aus frisch gefällter Kieselsäure hergestellten Elektrolytes oder die Eintränkung der Säure in poröse Stoffe, welche in die Zelle eingeführt werden, gewährt zwar den Vorteil, dass die Säure nicht aus der Zelle treten kann, führt aber eine Reihe so erheblicher Nachteile im Gefolge, dass man auch sie meistens wieder verlassen hat und es vorzieht, die Gasaustrittskanäle mit Stöpseln, Beutelkappen usw. zu verschliessen.

Der rasche Verschleiss der Akkumulatoren hat in Verbindung mit dem grossen Gewicht, der meistens unhandlichen Form der Lampen und ihrer oft nach kurzem Gebrauch stark verringerten Leuchtkraft und Brenndauer einer weitergehenden Verbreitung der Lampen im Ruhrbergbau so hindernd im Wege gestanden, dass die Verwendung sich auf den Gebrauch bei Rettungsarbeiten, Brandabdämmungen usw. beschränkt. Wohl in Berücksichtigung der Unzuverlässigkeit älterer, oft sehr mangelhafter Lampen konstruktionen schreibt die Bergpolizeiverordnung des Oberbergamtes zu Dortmund betr. Bewetterung der Steinkohlenbergwerke vom 12. Dezember 1900 in § 41 für den Gebrauch der elektrischen Lampen, »abgesehen von Fällen, in denen es sich um Rettung verunglückter Personen oder die Abwendung von Gefahren handelt», die Genehmigung des Oberbergamtes vor.

Im Auslande, besonders in Belgien, Frankreich und England hat man in jüngster Zeit weitgehende Versuche mit der Einführung neuer Systeme elektrischer Lampen als Ersatz für die Flammenlampe angestellt, deren Ergebnisse noch nicht abgeschlossen erscheinen. Immerhin machen die erzielten Erfolge und die rastlosen Bestrebungen auch deutscher Firmen es wahrscheinlich, dass die Konstruktion einer allgemein verwendbaren elektrischen Grubenlampe nicht mehr lange auf sich warten lassen wird.

Der neueste Fortschritt ist die Benutzung der Osmiumbirne bei den Lampen von Bohres, Gülcher und der Akkumulatorenfabrik A.-G. Berlin-Hagen. Da der Osmiumfaden bei gleichem Stromverbrauch ein Licht von der doppelten Stärke liefert wie der bisher allgemein gebräuchliche Kohlenfaden und mit 2 Volt Spannung auskommt, wird die Leuchtkraft bezw. Brenndauer beträchtlich erhöht und die Möglichkeit geschaffen, die Lampe mit einer Zelle zu betreiben, was den besonderen Vorteil gewährt, dass die Zahl der Verbindungen, welche bei den mehrzelligen Akkumulatoren drei bis fünf beträgt, auf zwei herabgesetzt wird, und dass der Akkumulator um das Gewicht der Scheidewände zwischen den einzelnen Zellen leichter ausfällt.

II. Die Systeme elektrischer Grubenlampen.

Die erste Entwickelungsstufe des tragbaren elektrischen Grubengeleuchtes waren die mit primären Elementen arbeitenden Lampen, welche, durch die Akkumulatorenlampen vollkommen verdrängt, und mit Rücksicht auf ihren rein historischen Wert in der einleitenden Besprechung nicht berücksichtigt wurden.

1. Lampen mit Primärelementen.

a) Die photo-elektrische Sicherheitslampe System Dumas-Benoit*).

In der Mitte der sechziger Jahre, wo für das Eindringen in unatembare Gase bei Rettungsarbeiten nur die umständlichen und dem Träger äusserst unbequemen Konstruktionen von Flammenlampen mit künstlicher Luftzuführung und Verbrennungsgasabführung zur Verfügung standen (vergl.

---

*) Zeitschrift für das Berg-, Hütten- und Salinenwesen 1865, Band 13B, S. 97 ff.

oben S. 129), war man für jede elektrische Kraftquelle, auch die komplizierteste, dankbar. Das einzige damals bekannte Leuchtmittel der Elektrizität, welches die Franzosen Dumas und Benoit bei ihrer Sicherheitslampenkonstruktion (Fig. 283a u. b) verwenden konnten, war die Geisslersche Röhre. Sie war in einem mit Messingkappen verschlossenen Glasgefäss R untergebracht und durch die Leitungsdrähte p n mit dem In-

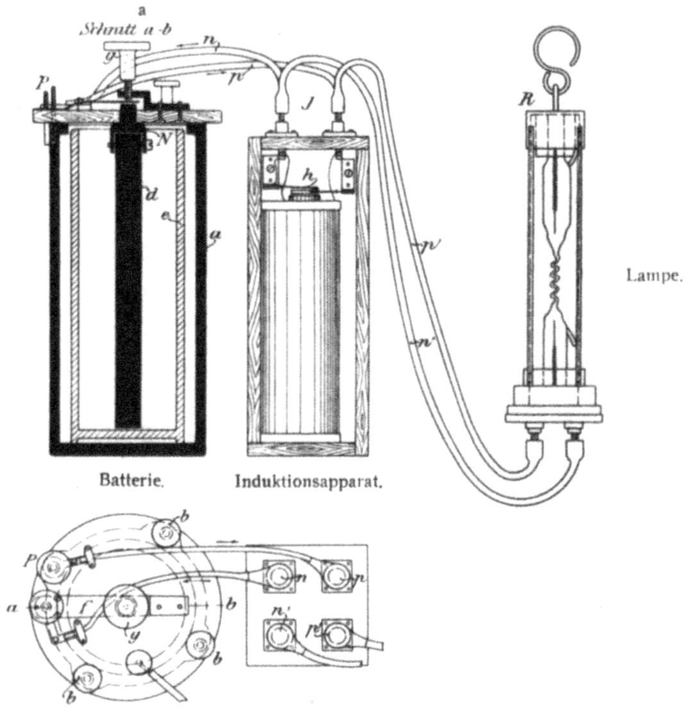

b. Grundriss.

Fig. 283.

Photo-elektrische Sicherheitslampe von Dumas-Benoit.

duktionsapparat J verbunden dessen Stromunterbrecher h ein Wagnerscher Hammer war. Den Strom lieferte ein Zink-Kohle-Element, bestehend aus einem aussen mit Kautschuckstoff überzogenem, innen amalgamiertem Zinkbecher a, einer Thonzelle e und einem Kohlenstab d. Das Gefäss war mit verdünnter Schwefelsäure gefüllt und mit einem hölzernen Deckel verschlossen, welcher die Polklemmen P und N trug. Ein Schraubenkontakt g gestattete es, den Stromkreis der zu dem Induktionsapparat J führenden Drähte n und p zu öffnen und zu schliessen.

Die Lampe wog bei einer sehr geringen Leuchtkraft nicht weniger als 7 kg. Batterie und Induktionsapparat wurden in einer Tasche auf dem Rücken, die Lampe in der Hand getragen.

b) Die Lampe von Trouvé.

Das erste tragbare Geleuchte, welches sich anfangs der achtziger Jahre nach der Erfindung der Edison'schen Glühlampe, hauptsächlich für die Verwendung bei Rettungsarbeiten im Bergbau einbürgerte, war die Trouvé-Lampe (Fig. 284a u. b). Sie setzt sich aus zwei Hauptteilen, einem äusseren Cylinder D, der im Innern zum Batteriegefäss ausgebildet ist und dem über den Stab E gleitenden, ebenfalls cylindrischen Innenteil, zusammen, an dessen Deckel die Kohlen- und Zinkelektroden befestigt sind, während oben der trichterförmige Lampenträger sitzt. Alle drei Hauptteile sind

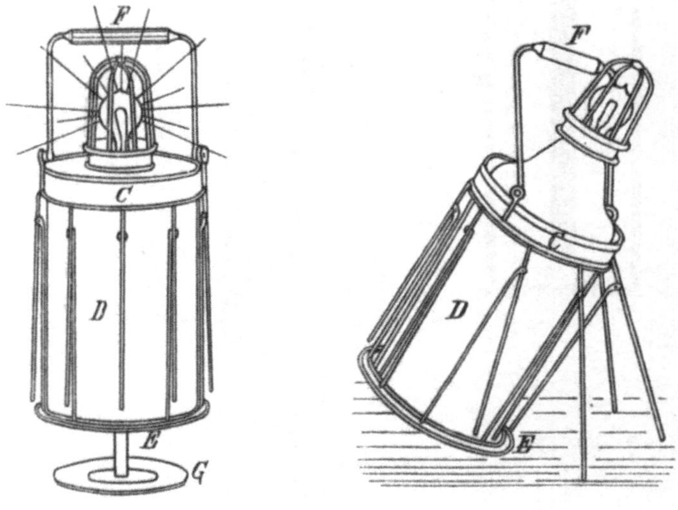

a *Fig. 284.* b

Elektrische Grubenlampe von Trouvé.

aus Hartgummi hergestellt. Das Batteriegefäss weist im Innern eine grössere Anzahl durch radiale Seitenwände begrenzter Zellen auf, in welche je ein Zink- und ein Kohlenstab eintaucht. In der Mitte des Gefässes ist eine durchbohrte Hartgummisäule angeordnet, welche den mit dem Elektrodenträger einerseits und dem Fusse G andererseits verbundenen Stab E aufnimmt. Wird die Lampe auf den Boden aufgesetzt, so sinkt das äussere Batteriegefäss an E so weit herab, dass die mit E starr verbundenen Elektroden aus der stromerzeugenden Chromsäurelösung gehoben werden. Die Tauchbatterie und die Lampe treten also nur in Wirksamkeit, wenn die Lampe an dem Griff F getragen oder aufgehängt wird. Zum Ausschalten braucht man sie nur auf den Boden zu stellen. An dem Gehäuse sind eine Reihe von Drahtstangen angebracht, welche sich beim Aufsetzen der Lampe auf eine unebene Sohle selbstthätig ausspreizen (Fig. 284b) und ein Umfallen verhindern sollen. In gefülltem Zustande hatte die Trouvélampe ein Gewicht von 3,5 kg. Sie lieferte während zweier Stunden ein Licht von $4^1/_2$ N. K. Stärke und kostete über 60 M.

Zu den Nachteilen des grossen Gewichtes, der unhandlichen Form und Grösse, hoher Anschaffungskosten, geringer Brenndauer und einer ungenügenden Widerstandsfähigkeit gegen mechanische Beschädigungen traten bei dieser Konstruktion wie auch bei den anderen mit Primärbatterien arbeitenden Systemen von Blänsdorf, Schanschieff u. a. hohe Unterhaltungskosten. Die Säurefüllung musste nach jedem längeren Gebrauch erneuert werden. Die Zinkstäbe hielten auch nur kurze Zeit vor. Ausserdem verursachte der in jeder Schieflage der Lampe austretende Elektrolyt einen so starken Verschleiss der Elektrodenverbindungen und der Kontakte, dass schon die ersten Akkumulatorenlampen trotz aller Fehler einen grossen Fortschritt in der Entwickelung des Geleuchtes für Rettungsarbeiten darstellten.

2. Akkumulatorenlampen.

Bei den Akkumulatorenlampen lassen sich nach der Verbindung der Birne mit dem Sammlergehäuse drei verschiedene Typen unterscheiden:

a) Lampen, bei denen die Birne über oder unter dem Akkumulator angebracht ist,

b) Lampen, bei denen die Birne seitlich an dem Akkumulator angeordnet ist,

c) Lampen, bei denen die Birne vom Akkumulator getrennt ist.

a) Lampen mit über oder unter dem Akkumulator angeordneter Birne.

Diese Lampenart, für welche die in Fig. 285a u. b dargestellte Lampe von Pollack typisch ist, kommen in ihrer äusseren Form den gewöhnlichen Flammensicherheitslampen am nächsten. Sie bieten den Vorteil, dass sie die dem Bergmann gewohnte handliche Form besitzen und ihr Licht nach allen Seiten werfen. Ist die Glühlampe über dem Akkumulator angebracht, so erhält man eine gute Firstenbeleuchtung, während die Sohle unter der Lampe durch den Schatten des Akkumulatorgefässes verdunkelt wird. Bringt man die Birne dagegen unter dem Akkumulator an, so wird natürlich die Sohle auf Kosten der Firste besser erhellt.

α) Die Pollaklampe.

Eine der ersten Ausführungen dieser Art war die 1891 auf der elektrotechnischen Ausstellung zu Frankfurt a. M. vorgeführte Lampe von

Pollak (Fig. 285a u. b), die auf einer Reihe von Ruhrzechen, z. B. auf den Schächten des Kölner Bergwerksvereins, in Gebrauch stand.

Das viereckige Sammlergefäss aus Hartgummi wird durch eine Scheidewand aus demselben Material in zwei Zellen geteilt, welche die durch Hartgummizwischenlagen von einander isolierten Platten je eines Elements aufnehmen. Die Bleiplatten des Sammlers tragen aufgewalzte, borstenartige Ansätze, welche die aktive Masse festhalten. Der Akkumulator wird durch

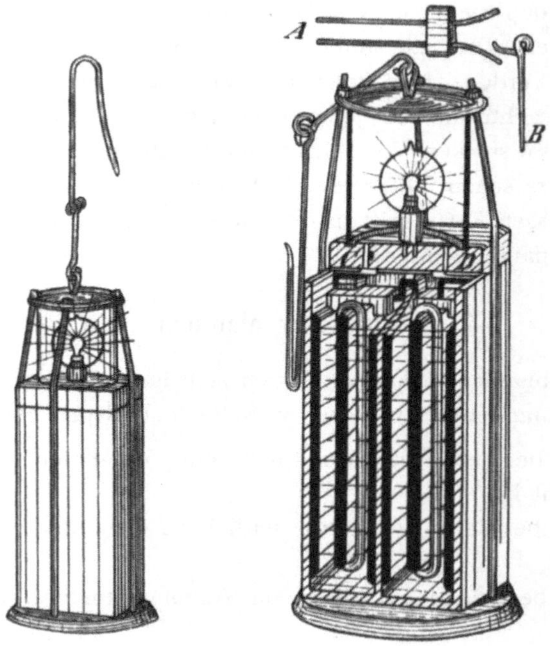

a. Ansicht. b. Schnitt durch den Akkumulator

Fig. 285.

Pollaklampe.

einen aufgeschraubten Hartgummideckel verschlossen, unter welchem zur Vervollständigung der Abdichtung eine Weichgummiplatte liegt. Die freien Pole der hintereinandergeschalteten Zellen sind mit zwei kleinen Säulen aus schwer oxidierbarem Metall verbunden, welche durch die Hartgummiplatte gehen und in zwei kreisförmige Federn auslaufen. Die Enden der Federn sind zu Stiften ausgebildet und durch Bohrungen der Hartgummiplatte geführt, wo sich einer der federnden Stifte direkt an die eine Zuleitung zu dem Glühfaden der Birne legt, während zwischen dem zweiten Stift und dem anderen Kontakt der Birne ein gewisser Zwischenraum verbleibt. Der offene Stromkreis wird, wenn die Lampe in Gebrauch genommen werden soll, durch den Drahtstift B (Fig. 285b) geschlossen, der zwischen die auseinanderstehenden Kontakte geschoben wird. Soll der Akkumulator geladen werden, so wird der Stift B entfernt und die Ladegabel A eingeführt, deren beide Zinken so bemessen sind, dass sie die Elektroden des Sammlers berühren, den Lampenstromkreis aber offen lassen und dadurch verhüten, dass starke, den Glühfaden gefährdende Primärströme durch die Birne gehen.

Ein Cylinder aus dickem Glase und eine auf diesen gelegte Kopfplatte aus Metall schützen die Birne. Der Sammler wird mit dem Lampenaufsatz durch kräftige, mit der Kopf- und Fussplatte verschraubte Metallstäbe, welche zugleich die Seitenkanten des Gehäuses bilden, zusammengehalten.

Bei einem Gewichte der Lampe von nur 1,650 kg soll eine Ladung des Sammlers in der Birne ein Licht von einer 1 N. K.-Stärke während 8—10 Stunden entwickeln.

β) Die Lampe der Akkumulatorenfabrik A.-G. Hagen, Berlin.

Diese Firma bringt seit Anfang der neunziger Jahre eine Lampe in den Handel, welche in der äusseren Form mit der von Pollack grosse Aehnlichkeit besitzt. (Fig. 286.) Der Akkumulator setzt sich aus zwei Zellen zusammen. Die Platten sind nach dem als vorzüglich bekannten Tudorsystem hergestellt und stehen in einem gelatinösen Elektrolyt. Das Hartgummigefäss, welches die beiden Zellen aufnimmt, ist zum Schutze gegen mechanische Beschädigungen mit einem kräftigen Mantel aus emailliertem Eisenblech umgeben. Zwischen dem Sammler und dem aufklappbaren Deckel liegt der Schalter, welcher in üblicher Weise durch Drehung bethätigt wird.

Neuerdings hat die Firma ein Lampensystem mit seitlich angebrachter Glühlampe acceptiert.

γ) Die Lampe der Gülcher-Akkumulatorenfabrik in Berlin.

Die 2 voltige Osmiumbirne ist auf dem Deckel der Lampe (Fig. 287) angebracht und wird durch eine Schutzglocke und ein Bügelkreuz verwahrt. Der Osmiumfaden soll während einer Lebensdauer von 400 bis 500 Stunden ein Licht von 1—1,5 NK geben. Der viereckige Akkumulator enthält 4 Platten, 2 negative und 2 positive. Die positiven bestehen aus dünnen Lagen von Walzblei; bei den negativen wird die aktive Masse durch Gewebe, welches aus Bleidrähten als Kettenfäden und aus Glaswolle als Schussfäden besteht, festgehalten. Der Elektrolyt ist flüssig. Die Füllöffnung des kräftigen Hartgummikastens, welche auch als Abzugsöffnung für die Gase dient, wird durch eine sogenannte Beutelkappe aus

Weichgummi geschlossen. Die Kappe verhindert vermöge ihrer eigenartigen Gestalt den Austritt der Säure auch bei geneigter Lage der Lampe, gestattet aber den Gasen den Abzug, braucht also bei der Ladung nicht abgenommen zu werden. Die Platten sind so bemessen, dass die geladene Zelle eine einkerzige Glühlampe 16, eine anderthalbkerzige 10 Stunden mit Strom versorgen kann. Die Bodenkanten des Zellenkastens werden durch

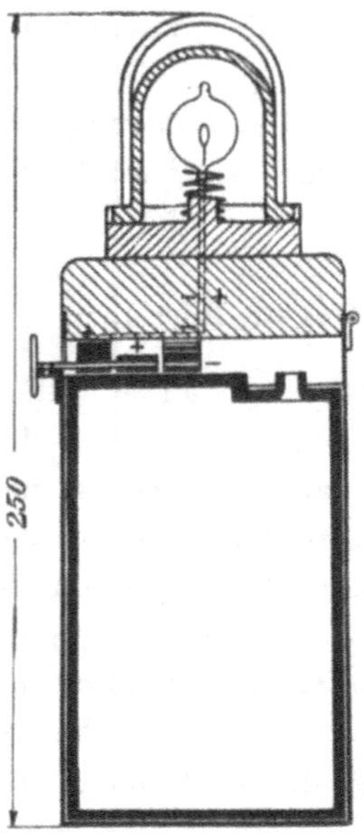

Fig. 286.
Lampe der Akkumulatorenfabrik A.-G. Hagen-Berlin.

Fig. 287.
Lampe der Gülcher-Akkumulatorenfabrik.

einen Belag aus elastischem Weichgummi, welcher mit dem Hartgummi fest verbunden ist, gegen die schädlichen Wirkungen eines zu hastigen Aufsetzens oder eines Falles der Lampe geschützt. Ein in Führungsleisten einschiebbarer Deckel, der beim Laden abgenommen wird, verschliesst den Akkumulator. Da die der Oxydation ausgesetzten Schalterteile, Verbindungsleitungen usw. an dem Deckel sitzen, sind sie den bei der Ladung aus der Zelle entweichenden, mit Säureteilchen geschwängerten Gasen entzogen.

Zellengehäuse und Deckel der Lampe werden nach dem Einschieben des letzteren in die Führungsleisten des Kastens durch eine mit dem

Schalter verblockte Verschlussvorrichtung so verbunden, dass beim Oeffnen oder Schliessen derselben die Lampe selbstthätig aus- bezw. eingeschaltet wird. Der Verschluss wird durch eine Schraube bewirkt, deren Bolzen in einer an dem Deckel befestigten Metallkapsel drehbar angeordnet ist, während die Mutter an dem Gehäuse sitzt. Die Schraube wird bei der Ausgabe der Lampe plombiert.

Lampen dieses Systems sind in neuester Zeit auf einer grösseren Anzahl von Ruhrzechen zur Verwendung gekommen.

δ) **Die Bohreslampe.**

Mit einem dem Gülcherschen ähnlichen Verschluss ist die auf der Düsseldorfer Ausstellung 1902 vorgeführte Lampe, System Bohres (Fig. 288

Ansicht der neuesten Ausführungsform.

Fig. 288.

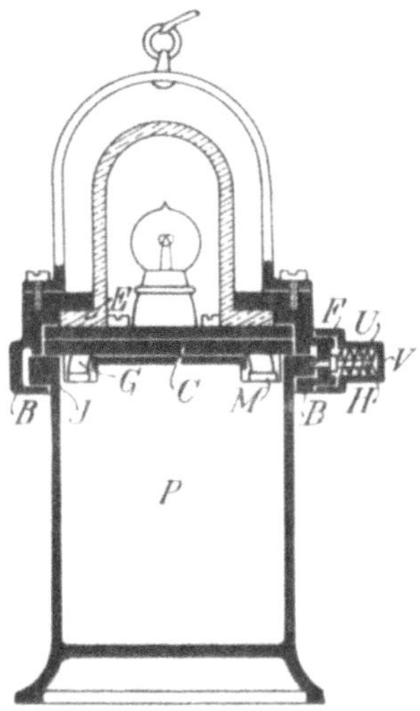

Schnitt durch die Verschlussvorrichtung.

Fig. 289.

Lampe System Bohres mit oberer Birne.

und 289), ausgerüstet, welche von der Firma Friemann & Wolf in Zwickau in den Handel gebracht wird. Der Deckel C wird auf dem Akkumulatorgehäuse P durch die Knaggen B festgehalten, welche den wulstförmigen Rand J übergreifen. Auf der unteren Seite trägt C die Blattfedern G. Sie schleifen bei einer Verdrehung des oberen Lampenteils gegen den untern über die segmentförmigen Kontaktstücke M des Akkumulators. Auf der Kontaktscheibe ist der breite Fuss E der Schutzglocke mit Hülfe einer Gummiunterlage abgedichtet. Deckel und Akkumulatorengehäuse werden durch einen am Deckel sitzenden Magnetverschluss V gesperrt. Er wird durch den in eine Vertiefung des Gehäuserandes eingreifenden eisernen

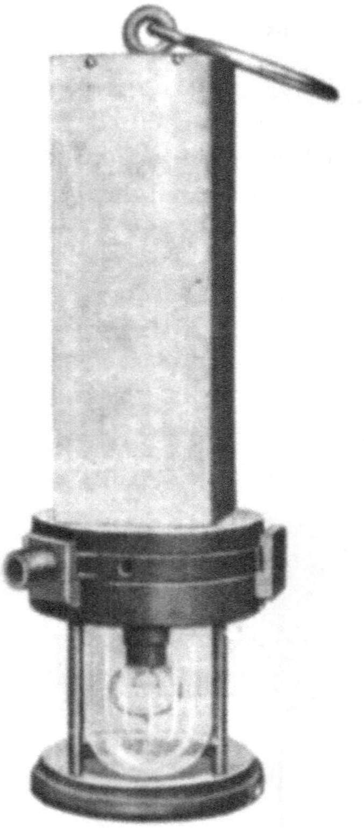

Ansicht der neuesten Ausführungsform.

Fig. 290.

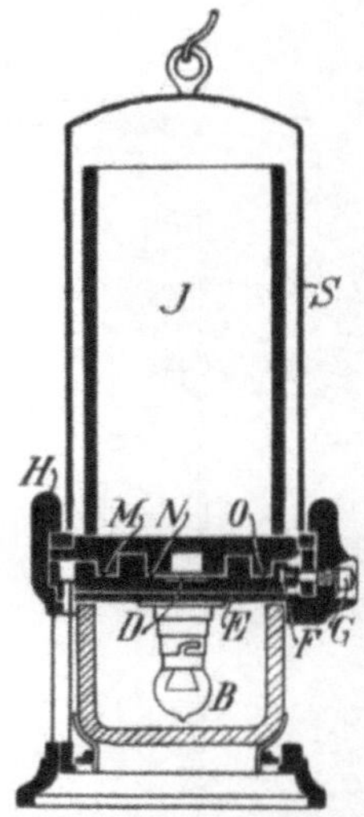

Schnitt durch die Verschlussvorrichtung.

Fig. 291.

Lampe System Bohres mit unterer Birne.

Sperrstift H gebildet, der nur durch einen besonders geformten kräftigen Magneten aus seiner schliessenden Lage gebracht werden kann, in welcher ihn die Feder U festzuhalten sucht.

Bei einem zweiten, ebenfalls in Düsseldorf ausgestellten Modell derselben Lampe (Fig. 290 und 291) hat man besonders auf die Erhellung der Sohle Wert gelegt und deshalb die Birne B an dem Fusse der Lampe und den Akkumulator darüber angeordnet. Die Verbindung der beiden Lampenteile erfolgt in ähnlicher Weise, wie bei der vorbeschriebenen Type durch die Knaggen H. Zum Ein- und Ausschalten verdreht man den oberen Lampenteil, den Akkumulator J mit dem Mantel S, gegen den Lampenfuss und die denselben nach oben abschliessende Kontaktplatte. Die Ein- und Ausschaltbewegung wird in den beiden Endstellungen durch die nur mittelst eines besonderen Schlüssels lösbare Verschlussschraube G begrenzt, welche in einen segmentförmigen Ausschnitt des vorspringenden unteren Randes des Akkumulatorengehäuses eingreift. Von den Anschlusskontakten des Akkumulators hat der positive MO die Form eines Ringes, der negative N die einer flachen Scheibe. Gegen den ersteren legt sich die mit einem Lampenpol in Verbindung stehende Blattfeder F, welche beim Verdrehen der Lampenteile gegen einander auf dem ringförmigen Anschlusskontakt MO schleift. Wird die Drehung beim Einschalten der Glühlampe bis zur Endstellung ausgeführt, so schnappt F über eine an MO befindliche Nase hinweg, und legt sich sperrend davor. Diese Sperrung kann nur durch Zurückdrehen der Schraube G mittels eines Schlüssels und nach Entfernung eines Plombenverschlusses aufgehoben werden.

Als Lichtquelle dient bei der Bohreslampe ebenfalls eine Osmiumbirne, welche durch einen einzelligen Akkumulator gespeist wird.

b) Lampen mit seitlich an dem Akkumulator angebrachter Birne.

Eine seitlich angebrachte Birne wirft ihr Licht auf den Weg, der vor dem Fahrenden liegt, lässt aber der Sohle und der Firste wenig Licht zukommen.

Die Lampe der Akkumulatorenfabrik A.-G. Hagen-Berlin.

Die Lampe dieser Firma ist mit einer (Fig. 292) oder zwei (Fig. 293) an den schmalen Wänden des Akkumulatorenkastens angebrachten Birnen versehen. Die zweite Glühlampe wird eingeschaltet, wenn die erste während des Gebrauches ausbrennt. Das Vorhandensein dieser Reserve beugt der Gefahr eines gänzlichen Versagens der Lampe, welches bei der verhältnismässig geringen Lebensdauer der kleinen Glühlampen leicht eintreten kann, vor.

Den Strom liefert ein zweizelliger Akkumulator, dessen Elektrolyt (verdünnte Schwefelsäure) durch eine indifferente, poröse, nicht gelatinöse Trockenfüllung aufgenommen wird. Die Platten sind Plantéplatten, die nach einem besonderen Verfahren hergestellt sind. Der aus Hartgummi bestehende Sammlerbehälter sitzt in einem massiven Schutzgehäuse aus Aluminium. Dieses leicht oxydierbare Metall ist zum Schutze gegen die schädlichen Einwirkungen der Säure durch einen säurefesten Lackanstrich geschützt. Geschlossen wird das Gehäuse durch einen Deckel mit Gummidichtung. Der Verschluss erfolgt lediglich durch einen plombierbaren Federriegel, eine Schraubenverbindung ist nicht vorhanden.

Die Schaltvorrichtung ist in einem von dem Akkumulator vollkommen getrennten Aluminiumkästchen untergebracht und dadurch der Säureausdünstung entzogen. Die Verbindungsleitungen werden, durch eine Aluminiumleiste gegen mechanische Beschädigungen geschützt, dem Schaltkästchen zugeführt. Die Glühlampen sind durch eine Schutzglocke aus starkem

Mit 1 Glühlampe.

Fig. 292.

Mit 2 Glühlampen.

Fig. 293.

Lampe der Akkumulatorenfabrik A.-G. Hagen-Berlin.

Glas und einen darüberliegenden Metallschutzkorb verwahrt. Zum Zwecke einer hermetischen Abdichtung liegt unter dem Fusse der Schutzglocke ein Weichgummiring, auf welchen die Glocke durch den mit einer Schraube anzuziehenden unteren Rand des Schutzkorbes gedrückt wird. Die Pressschraube ist bei geschlossener Lampe durch den plombierten Federriegel des Gehäusedeckels verdeckt. Ein unbemerktes Oeffnen durch Unbefugte erscheint deshalb ausgeschlossen.

Das Gewicht der Lampe ist ziemlich gross, es beträgt bei der mit einem Lichtkörper ausgerüsteten Type 2,5 kg und wird durch die Anordnung einer zweiten Birne um 0,2 kg vergrössert.

Der Trockenakkumulator soll nach einer Aufladung eine Glühlampe von 0,5 Amp. 12 Stunden lang mit Strom versorgen.

Die Lampe steht auf einer Reihe von Ruhrzechen in Verwendung und hat sich gut bewährt.

Auf der Saarbrücker Grube König hat man Versuche mit diesem System aufgestellt, welche sich einmal darauf erstreckten, die Spannung der betriebsfertigen Lampen allwöchentlich mittels eines Taschenvoltmeters nachzumessen und diejenigen Lampen, welche eine geringere Spannung als 4,25 V. aufwiesen, von neuem zu laden. Dabei wurde die Brenndauer bei einer Spannung von 4,25—4,50 V. zu 10 bis 15 Stunden, die Lichtstärke im Mittel zu 1,2 bis 1,5 Normalkerzen ermittelt.

Sodann wurden die Lampen bei den Grubenfahrten durch die Beamten benutzt behufs Prüfung ihrer Handlichkeit und Dauerhaftigkeit. Die Lampen bestanden diese Probe gut, da sie nicht beschädigt und dem Träger durch ihr Gewicht nicht lästig wurden.

Schliesslich ist eine Lampe auf ihre Sicherheit gegen Entzündung explosibler Gase in der Versuchslutte erprobt worden, wobei gleichfalls durchaus zufriedenstellende Ergebnisse erzielt wurden. Sowohl in einem ruhenden als in einem mit 2—6 m Geschwindigkeit bewegten 8prozentigen Schlagwettergemisch verhielt sich die Lampe beim Ein- und Ausschalten ganz unempfindlich und selbst beim Zerbrechen der Glühbirne (mit einem in die Lutte eingeführten Stösser) konnten keine Explosionen hervorgerufen werden.

c) Lampen mit vom Akkumulator getrennter Birne.

Die Lampen, bei denen die Birne nicht an dem Akkumulator angebracht ist, sondern ähnlich wie bei der Dumas-Benoitlampe mit der Stromquelle durch eine biegsame Leitung verbunden sind, haben bisher im Ruhrrevier noch keine Verwendung gefunden, obwohl sie den Vorteil aufweisen, dass der Akkumulator an einem umgegürteten oder umgehängten Riemen getragen und der Leuchtkörper an dem Fahrhut oder der Kleidung befestigt werden kann, der Träger also beide Hände frei hat.

Diesem Lampensystem gehört auch die dem Oberbergamtsmarkscheider Jahr in Breslau gesetzlich geschützte Ablesungslampe für Grubentheodolite an*).

d) Das Laden der Akkumulatorenlampen.

Das Laden der Lampen erfolgt gewöhnlich im Anschluss an eine stationäre Gleichstromlichtanlage. Da die Ladespannung etwa 2,5 V. für die

*) Glückauf 1898, No. 33, S. 650.

einzelne Zelle, bei einem dreizelligen Akkumulator also etwa 7,5 V. betragen darf, die stationäre Beleuchtungsanlage aber gewöhnlich mit 110 V. arbeitet, so muss die Spannungsdifferenz von einem Vorschaltwiderstand aufgenommen werden. Als solcher dient bei einzelnen Zellen gewöhnlich eine dem Akkumulator vorgeschaltete Glühlampe, welche zugleich die Zelle gegen den Durchgang einer zu hohen Stromstärke sichert. Beispielsweise lässt bei 110 V. Spannung eine Glühlampe von 16 NK. ungefähr 0,8 Amp., eine solche von 32 NK. das doppelte durch. Figur 294 veranschaulicht das Bild einer für das Laden gebräuchlichen Einrichtung und zeigt die Vorschaltung der Glühlampe in der einen Leitung und die Anordnung eines Ausschalters, welcher es gestattet, jederzeit die Ladung zu unterbrechen, in der anderen.

Statt einer Glühlampe von beispielsweise 1,6 Amp. kann man natürlich auch 2 parallel geschaltete von je 0,8 Amp. in den Stromkreis legen.

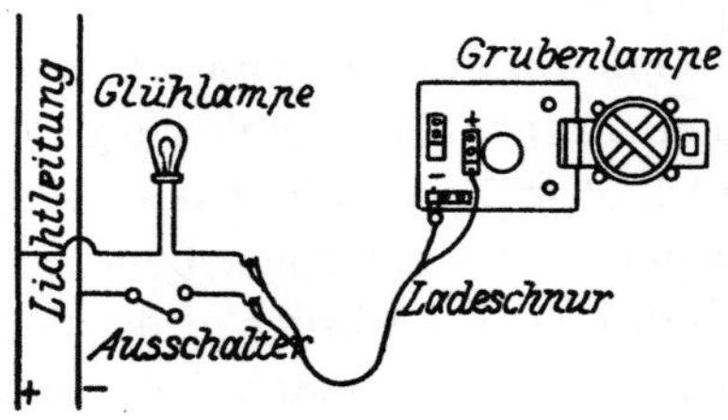

Fig. 294.

Vorrichtung für das Laden von Grubenlampenakkumulatoren von einer Lichtleitung aus.

Für das Laden einer grösseren Anzahl von Lampen bedient man sich der Ladetische (Fig. 295), auf welchen eine Reihe Ständer für die einzelnen Lampen abgeteilt und die notwendigen Nebenapparate (Vorschaltlampen, Strommesser, Ausschalter) angeordnet sind. Das Schaltungsschema einer derartigen grösseren Ladeanlage giebt Fig. 296 wieder.

Die Kontakte des Lampenakkumulators werden mit der Stromquelle durch Steck- oder Stöpselkontakte, Kontaktplatten usw. verbunden. Beim Anschlusse ist darauf zu achten, dass die zu einander gehörigen Pole auch wirklich an einander geschlossen werden. Eine Verwechselung, welche die Stromleistung des Akkumulators namentlich bei Systemen, wo die Zahl und die Ausführung der positiven und negativen Platten verschieden ist, sehr herabsetzen würde, kann leicht durch einfache Verrichtungen an den Ladenbrettern oder -gestellen vermieden werden.

Die für das Aufladen der Gülcherlampen bestimmten Gestelle (Fig. 297) weisen eine Reihe von Vorsprüngen und Aussparungen auf,

Fig. 295.

Ladetisch für 20 Grubenlampen in der Ausführung der Akkumulatorenfabrik A. G. Hagen-Berlin.

in welche entsprechende Nuten und Ansätze des Sammlergehäuses so eingreifen, dass ein Einsetzen des letzteren in falscher Stellung unmöglich ist und immer die richtigen Polplatten von Lampe und Gestell in Berührung kommen müssen.

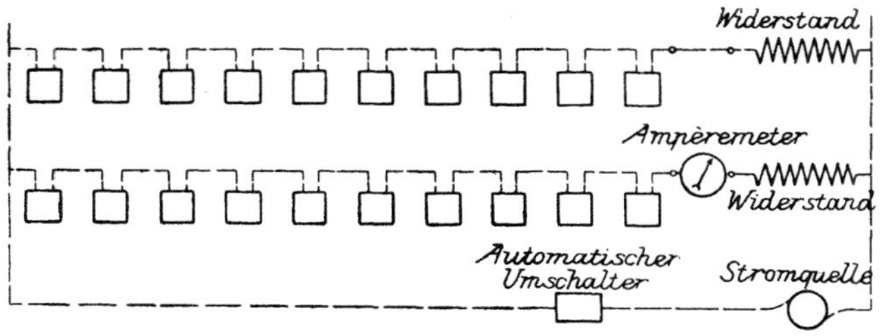

Fig. 296.

Schaltungsschema eines Ladebrettes.

Die Ladezeit und der erforderliche Ladestrom hängen von der Grösse der Zellen ab. Die erstere beträgt bei den gebräuchlichen Systemen 6—8 Stunden. Die Beendigung der Ladung zeigt sich durch starke Gasentwickelung in der Zelle an. Der Ladestrom beträgt bei den Akkumulatoren mit mehreren hintereinander geschalteten Zellen gewöhnlich

1—1,5 Amp., erhebt sich aber bei dem einzelligen verhältnismässig grossplattigen Sammler der Gülcher- und Bohreslampe bis auf 2,5 Amp. max. Dementsprechend vermindert sich hier die Ladespannung auf etwa 2,5 V.

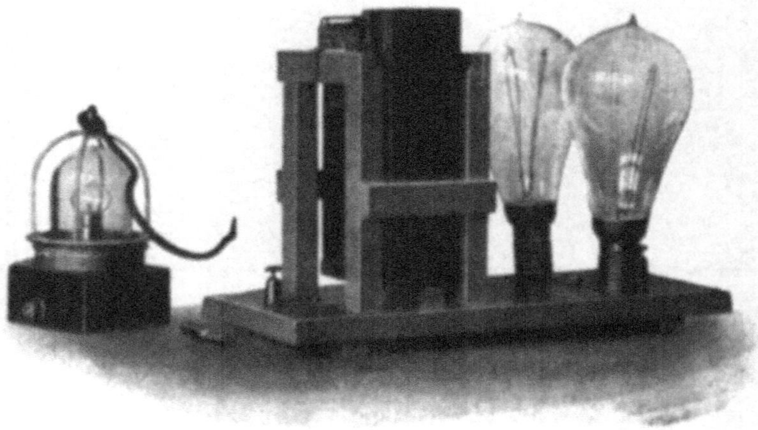

Fig. 297.

Ladegestell für einzelne Gülcherlampen.

Die Gebrauchsfähigkeit der Lampen wird wesentlich dadurch erhöht, dass die Sammler in kürzeren Zwischenräumen von etwa 3 Tagen immer wieder geladen werden.

4. Kapitel: Die stationäre Beleuchtung unter Tage.

Von Berginspektor Fähndrich.

Nach § 41 Ziffer 1 und 2 der Bergpolizeiverordnung vom $\frac{\text{12. Dez. 1900}}{\text{1. Januar 1902}}$ ist der Gebrauch des offenen und des elektrischen Lichtes in einziehenden Schächten allgemein gestattet und nur von der Bedingung abhängig gemacht, dass etwa vorhandener Holzausbau in feuchtem Zustande erhalten wird. In Füllörtern und Maschinenkammern darf dagegen das offene Licht nur in Form von Stand- oder Hängelampen angewendet werden und zwar nur dann, wenn die zu beleuchtenden Räume ausgemauert sind und in unmittelbarer Nähe der einziehenden Schächte liegen.

In den für die stationäre Beleuchtung sonst noch in Betracht kommenden Grubenräumen, den Pferdeställen, Sprengstoffmagazinen, den zur maschinellen Förderung benutzten Querschlägen, den zu den ausziehenden Schächten gehörigen, sowie den nicht ausgemauerten Füllörtern und Maschinenkammern sind im allgemeinen Sicherheitslampen zu gebrauchen und nur mit besonderer Genehmigung des Oberbergamtes können auch hier elektrische Lampen verwendet werden.

Zur stationären Beleuchtung in den Steinkohlengruben des rheinisch-westfälischen Bergbaubezirkes dienen in erster Linie gewöhnliche Petroleumlampen mit Glascylinder, die meist in Glaslaternen untergebracht sind und als Wand- oder Hängelampen verwendet werden. Sie sind namentlich bei Füllörtern die am meisten verbreiteten Beleuchtungsmittel.

Bemerkenswert ist eine Beleuchtungsanlage dieser Art, welche auf den Füllörtern der Zeche Shamrock I/II, und zwar folgendermassen eingerichtet ist*): Die Petroleumlampen sind teils in Laternen von polygonaler, teils in solchen von viereckiger Form untergebracht; die ersteren hängen von oben herab, die letzteren sind am Stosse befestigt. Eincementierte, nach dem Innern des Befestigungsloches hin konisch verstärkte Aufhängekloben sichern gegen ein Herabfallen der Laternen. Die sehr schwer gearbeiteten Laternen besitzen eine grosse Thür, welche nur mit Hülfe eines besonderen, dem Lampenreiniger allein überantworteten Schlüssels geöffnet werden kann und von diesem Mann beim Einsetzen der gereinigten Lampen und beim Putzen der Laternen benutzt wird. In der grossen Thür befindet sich noch ein kleines, nur mit einem einfachen Riegel verschlossenes Thürchen, welches die unbehinderte Einführung der Hand zwecks Regulierung der Flamme erlaubt. Die Lampe oder die Cylinder können durch das kleine Thürchen nicht aus der Laterne entfernt werden. Der Boden der Laterne ist zu einem Gefäss von solcher Grösse ausgebildet, dass bei einem etwaigen Leckwerden des Petroleumbehälters der ganze Brennstoffinhalt reichlich darin Platz finden kann. Bei den Deckenlaternen bewirkt ein im oberen Teil der Laterne angebrachter weisser Steingutschirm die Zurückstrahlung und Verteilung des Lichtes, bei den Stosslaternen wird derselbe Zweck durch einen an der hinteren Laternenwandung aufgeschraubten Glashohlspiegel erreicht.

Die Petroleumbehälter fassen 2 l Petroleum und tragen einen 20linigen Runddochtbrenner (Matadorbrenner). Sämtliche Lampen haben eine Betriebsdauer von 24 Stunden und verbrauchen in dieser Zeit durchschnitt-

*) G. A. Meyer, Feuerschutz, Feuerbekämpfung, Rettungswesen. Festschrift zum VIII. Allgemeinen Deutschen Bergmannstag S. 131 u. 132.

lich je 1,5 l Petroleum. Die Lichtstärke schwankt je nach der Dochtstellung zwischen 20 und 35 Hefnereinheiten.

Fig. 298.

Benzinlaterne von Friemann & Wolf.

Die Anzahl der vorhandenen Lampen ist doppelt so gross als die der Laternen, sodass bei dem während der Nachtzeit stattfindenden Putzen der letzteren an Stelle der ausgebrannten frisch gefüllte und gereinigte Lampen eingesetzt werden können. Die Reinigung und Füllung der Lampen findet nur über Tage und während der Tagesstunden statt; der dadurch erforderlich werdende Transport der Lampen durch den Schacht geschieht in einem verschlossenen und eigens zu diesem Zweck hergerichteten Eisenblechwagen.

Bei der beschriebenen sorgfältigen Wartung, welche nur durch eine bestimmte Person ausgeführt werden darf, soll mit einer solchen Petroleumbeleuchtung ein Lichteffekt erzielt werden, welcher den der Durchschnitts-Glühbirnenbeleuchtung weit übertrifft und sich immer gleichbleibt. Geliefert wurden die Petroleumlaternen von der Firma Gebr. Schneider in Hamm.

An Stelle der Petroleumlaternen mit Glascylinder benutzen einige Zechen — im Jahre 1899 waren es 10 Betriebsanlagen — zur Beleuchtung ihrer Füllörter Petroleum-, Solaröl- oder Benzinlampen mit künstlicher Luftzuführung, d. h. unter Zuführung von komprimierter Luft in den Brenner. Das Leuchtmaterial brennt dann frei wie Gas ohne Glascylinder. Die Pressluft wird entweder durch kleine Centrifugalventilatoren erzeugt, oder unter Anwendung von besonderen Regulierhähnen der Pressluftleitung entnommen. Die betreffenden Lampen sind zum grössten Teil von der Firma Friemann & Wolf geliefert.

4 Zechen des Bezirks verwendeten im Jahre 1899 zur Beleuchtung der Schachtfüllörter die bekannten mit Ligroin oder Gasolin, einem Destillationsprodukt des Petroleums, gespeisten frei brennenden Lampen.

Auf 9 Zechen standen meist von der Firma Friemann & Wolf hergestellte Benzinlaternen in Anwendung, von denen eine Ausführungsform in Fig. 298 wiedergegeben ist. Die Laterne besitzt eine Zündvorrichtung und Dochtstellschraube, deren Handhabung von aussen erfolgt.

Sie wird gewöhnlich am Stosse aufgehängt und ist für diesen Fall mit einer grossen Silberglasblende versehen.

In den zahlreichen Fällen, in denen die Anwendung des offenen und des elektrischen Lichtes nicht gestattet ist oder letzteres nicht zur Verfügung steht, werden gewöhnlich Oel- und Benzin-Sicherheitslampen grösseren Formats zur Beleuchtung der Füllörter, Maschinenkammern usw. benutzt. Die gebräuchlichsten Konstruktionen dieser Lampen sind in den Figuren 299 und 300 dargestellt.

Figur 299 ist eine Magazinlampe für Benzinbrand von W. Seippel in Bochum. Sie ist mit doppeltem Drahtkorb, Zündvorrichtung und, für den Fall der Verwendung als Hängelampe, mit einer vernickelten Blende versehen. Ihre Höhe beträgt ca. 400 mm, während die gewöhnlichen tragbaren Sicherheitslampen nur 260 mm hoch sind.

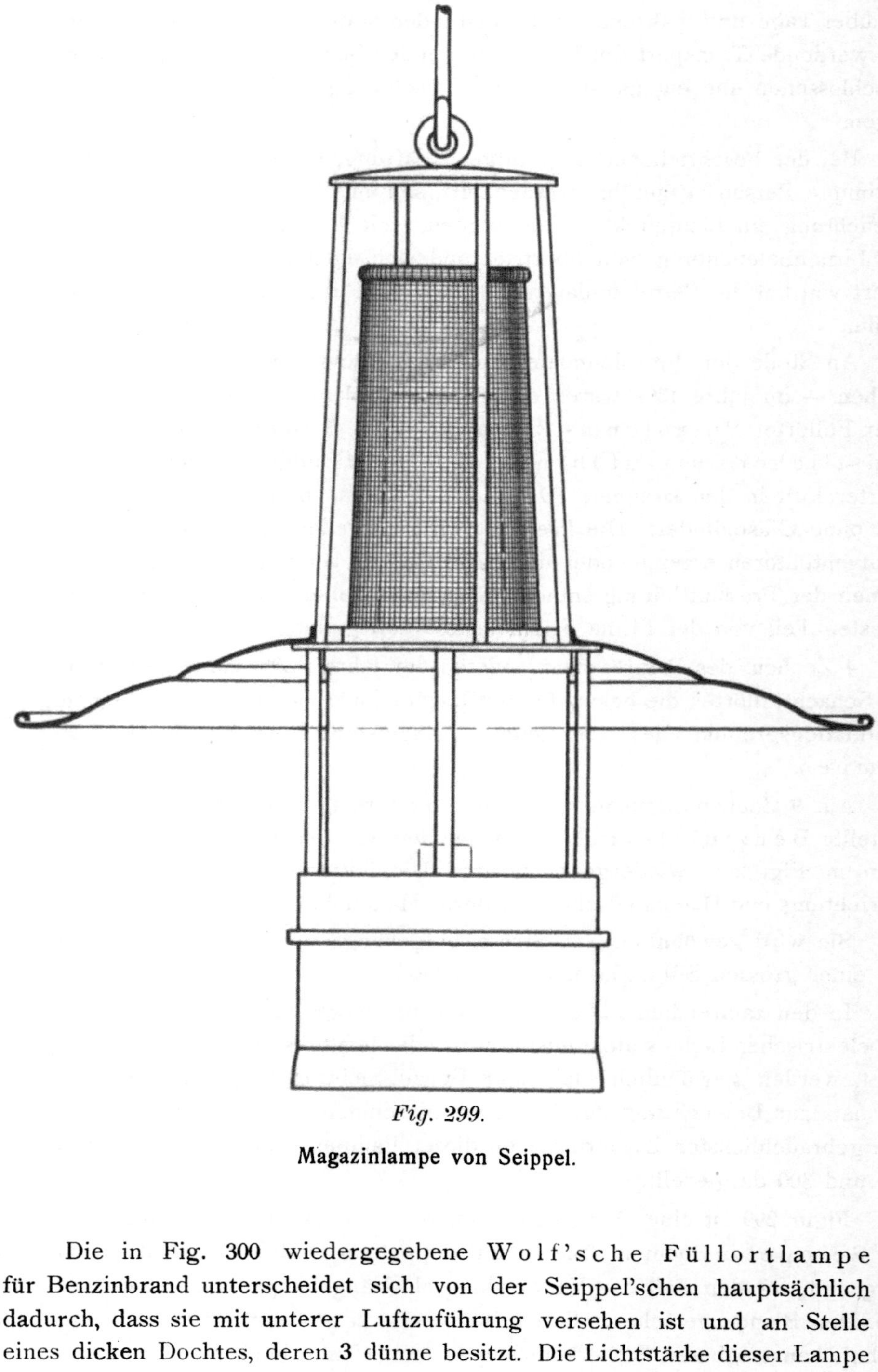

Fig. 299.

Magazinlampe von Seippel.

Die in Fig. 300 wiedergegebene Wolf'sche Füllortlampe für Benzinbrand unterscheidet sich von der Seippel'schen hauptsächlich dadurch, dass sie mit unterer Luftzuführung versehen ist und an Stelle eines dicken Dochtes, deren 3 dünne besitzt. Die Lichtstärke dieser Lampe

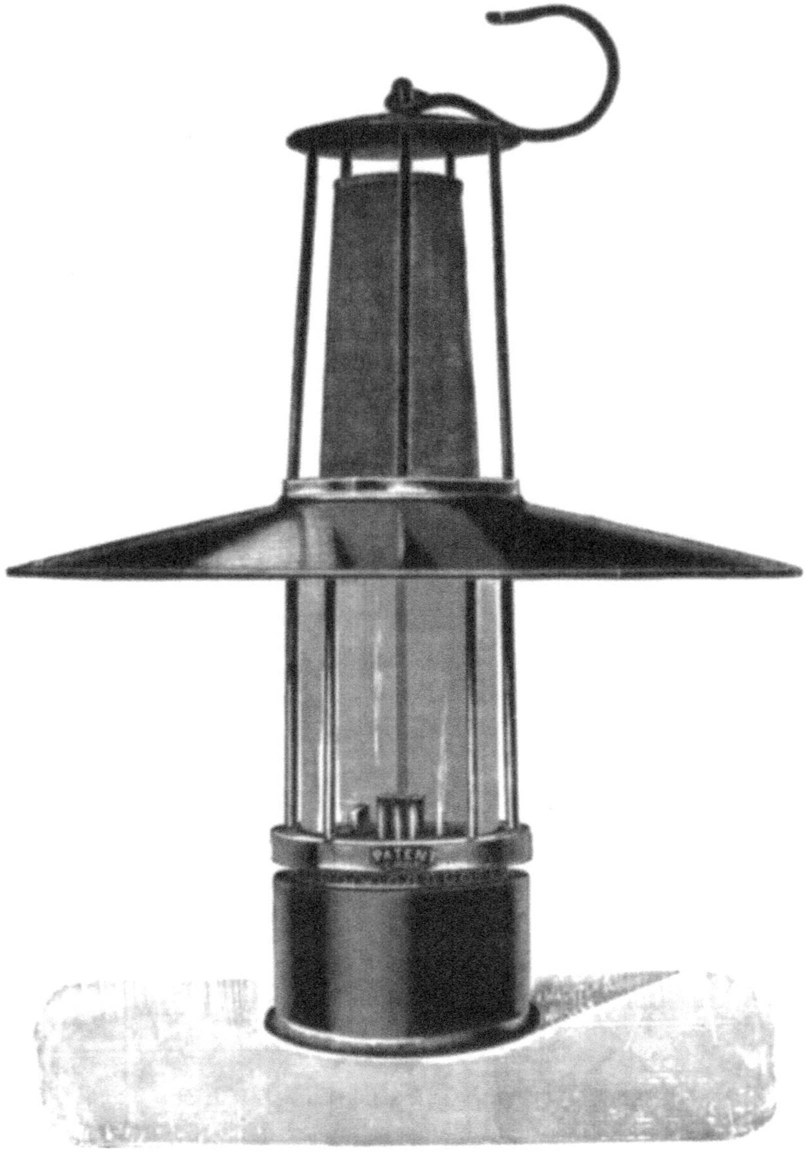

Fig. 300.

Wolf'sche Füllortlampe.

wird zu 10—12 Hefnereinheiten angegeben. Ihre Höhe beträgt 410 mm, ihr Gewicht von 2660 g ist ungefähr doppelt so gross wie das der tragbaren Wolf'schen Sicherheitslampen.

Zu erwähnen ist noch, dass auf den Zechen Hansa und Consolidation Schacht II Füllörter mit G r u b e n g a s u n t e r V e r w e n d u n g A u e r'-

scher Glühstrümpfe mit bestem Erfolge beleuchtet werden. Das Gas wird auf Zeche Consolidation II einem in der Nähe des Schachtes liegenden Flötz entnommen, in welchem ein Ueberhauen von 170 m flacher Höhe oben und unten durch Mauerdämme abgesperrt ist. Zur Beleuchtung des Füllortes genügen zwei Flammen.

In neuerer Zeit hat sich die stationäre Beleuchtung mittels elektrischer Glühlampen mehr und mehr Eingang verschafft, sodass im Jahre 1899 bereits 40 Betriebsanlagen elektrisches Licht unter Tage zur Verfügung hatten und dieses nicht nur zur Beleuchtung von Füllörtern, Maschinenkammern, Magazinen und Pferdeställen, sondern auch für die zur maschinellen Förderung dienenden Querschläge benutzten. Der elektrische Strom wird durch Dynamomaschinen entweder über Tage oder auch in der Grube, in letzterem Falle meist unter Ausnutzung von Wassergefällen mittels Turbinen, erzeugt und den Glühlampen, die mit geeigneten Schutzgittern oder Schutzgläsern ausgerüstet sind, zugeführt, wobei zur Vermeidung von Kurzschluss- und Brandgefahr die Leitungsdrähte gut isoliert sein müssen.

Nach Husmann*) sind zur ausreichenden Beleuchtung einer unterirdischen Maschinenkammer von 250 qm Grundfläche 20 Glühlampen von 16 Normalkerzen, zur Beleuchtung eines Füllortes von ca. 40 qm Grundfläche 5 Glühlampen erforderlich.

5. Kapitel: Die Beleuchtung der Tagesanlagen.

Von Professor Baum.

I. Allgemeines.

Der alte wahre Technikergrundsatz, dass Luft und Licht die Arbeitsleistung des Menschen heben, hat beim Bergbau immer volle Anerkennung gefunden, weil gerade der Bergmann unter Tage die schädliche Beeinflussung der Leistungsfähigkeit durch Wetter- oder Lichtmangel täglich vor Augen hat. Es war also nur natürlich, dass die Ruhrzechen die riesigen Fortschritte der Beleuchtungstechnik in der zweiten Hälfte des abgelaufenen Jahrhunderts mit grösstem Interesse verfolgt und sie, soweit als möglich, in ihre Dienste gestellt haben. Lagen doch auch im Ruhrbezirk eine Reihe

*) Husmann, Beleuchtungswesen im Steinkohlenbergbau, Der Bergbau 1901, No. 32, Seite 7.

von Gründen für einen vermehrten Lichtbedarf vor. Das Tageslicht wird hier durch die vielen Nebel sehr beeinträchtigt, welche in der Winterszeit durchschnittlich 16 Stunden am Tage (von nachmittags 4 Uhr bis morgens 8 Uhr) eine künstliche Beleuchtung der Tagesanlagen notwendig machen.

Dazu kommt eine Reihe anderer aus der Eigenart des Betriebes entspringender Gründe, welche alle »mehr Licht« fordern. An erster Stelle ist zu nennen: Die grosse Ausdehnung der Schachtanlagen mit ihren Separationen, Wäschen, Kokereien, Nebenprodukten- und Briketfabriken, Werkstätten, Verladeplätzen, Rangierbahnhöfen, den grossen Verlese- und Baderäumen der Belegschaft usw. In manchen von diesen Räumen, z. B. in den Separationen müssen Arbeiten, bei denen viel Licht nötig ist, wegen des flotten Betriebs auch zur Nachtzeit vorgenommen werden.

In ihrem Entwickelungsgange hat die Beleuchtung der Tagesanlagen alle die Stufen durchgemacht, auf denen die Gebäude- und Städtebeleuchtung zu ihrer heutigen Vollkommenheit emporgestiegen ist.

II. Das Oellicht.

In den fünfziger Jahren herrschte die Rüböl-Beleuchtung noch vor. Bei dem geringen Umfang der Tagesanlagen auf den alten Zechen kam man mit wenigen stationären Lampen aus, zumal da die Belegschaft ihre Grubenlichter auch über Tage stets mit sich führte.

Waren während der Dunkelheit grössere Arbeiten im Freien auszuführen, so zündete man Kohlen- oder Koksfeuer, meistens in transportabelen Leuchtkörben, an, ein Mittel, welches auch jetzt noch ab und zu angewandt wird, wenn eine andere Lichtquelle fehlt und in der kalten Jahreszeit den Leuten zugleich eine Wärmequelle geschaffen werden soll.

Den ersten Fortschritt bedeutete die Einführung leicht vergasender Brennstoffe, des Petroleums, und der Destillationsprodukte mineralischer Oele. Damit gingen Vervollkommnungen der Brenner Hand in Hand. Der alte Schlitzbrenner wurde durch den Rundbrenner ersetzt, die Luftzuführung verbessert und die Lichtwirkung durch die Anwendung von Reflektoren gehoben.

Irgendwelche bemerkenswerte Spezialkonstruktionen von Petroleum- usw. Lampen für die Beleuchtung der Tagesanlagen sind im Ruhrrevier nicht zur Anwendung gelangt. Als neueste Type ist eine mit Oel, Petroleum, Ligroin, Benzin u. dergl. gespeiste Lampe zu erwähnen, bei der man eine sehr intensive Verbrennung des Leuchtstoffs und eine ihr entsprechende Vermehrung der Helligkeit des Lichtes durch Einblasen von Pressluft in die Dochthaube erzielt.*)

---

*) Vergl. S. 377.

III. Das Gaslicht.

Für den gesteigerten Lichtbedarf, der sich bei dem weiteren Ausbau der Tagesanlagen bald einstellte, erwiesen sich die Petroleumlampen als unzureichend. Ausserdem verursachte die Beschaffung des Brennstoffes, der beständige Ersatz der Dochte, Cylinder usw. und nicht zum mindesten auch die umständliche Wartung grosse Kosten. Dagegen bot die hauptsächlich in den 60er Jahren eingeführte Gasbeleuchtung, welche übrigens auf englischen Gruben schon am Ende des 18. Jahrhunderts und in einzelnen deutschen Städten seit den zwanziger Jahren des 19. Jahrhunderts in Anwendung stand, ganz erhebliche Vorteile. Dochte und Cylinder wurden entbehrlich und das zeitraubende Füllen, Putzen und Einstellen der Lampen mit flüssigem Brennstoff fiel fort. Das Gaslicht schwelte und russte nicht, liess sich leicht regulieren, war also besser und zudem viel billiger als die Oelbeleuchtung. Ferner war der Rohstoff für die Erzeugung der Lichtenergie, die Kohle, auf den Werken vorhanden, das Gas liess sich an einer Centralstelle erzeugen und konnte überall hin verteilt werden. Demgegenüber spielten die nicht unbeträchtlichen Kosten der Gasanstalten, die auf den grösseren Zechen angelegt wurden, und der Rohrnetze keine Rolle. Die Retorten wurden mit Kohle, in einigen Fällen auch mit Kokereigas gefeuert.

Der unmittelbaren Verwendung des Kokereigases zur Beleuchtung stand der Umstand entgegen, dass es über dem einfachen Schnittbrenner nur eine sehr geringe Leuchtkraft entwickelt, wenn es nicht vorher mit Benzol karburiert ist. Diese Erhöhung der Leuchtwirkung verursacht aber beträchtliche Mehrkosten. Einzelne Zechen schreckten vor dieser Verteuerung des Gases nicht zurück, und heute stellen z. B. Erin und Prosper karburiertes Gas in grossen Mengen nicht allein für den Selbstbedarf, sondern auch für die Versorgung der Ortschaften Castrop und Bottrop her.

Im Laufe der Zeit wurden die Gasbeleuchtungsanlagen mit allen den praktischen Neuerungen ausgestattet, welche die Gastechnik während der letzten Jahrzehnte in so reichem Masse gebracht hat. Der einfache, leicht flackernde und viel Gas verbrauchende Schnittbrenner musste anfangs der achtziger Jahre dort, wo man stärkere Lichtquellen benötigte, verbesserten Brennerkonstruktionen, dem Rundbrenner und der Siemens'schen Regenerativlampe Platz machen. Bei der letzteren wurde eine wesentlich verstärkte Lichtausbeute dadurch erzielt, dass Gas und Verbrennungsluft durch die heissen Abzugsgase vorgewärmt wurden. Die Regenerativlampen standen u. a. auf Zeche Dannenbaum in Anwendung, haben aber keine weitere Verbreitung gefunden.

Eine neue Epoche der Gasbeleuchtung setzte anfangs der neunziger Jahre mit der Einführung des Gasglühlichtes ein. Es war ja ein altes Problem, die intensive Lichtausstrahlung vom Gase zur Weissglut erhitzter Körper für Beleuchtungszwecke nutzbar zu machen. Bei der ersten Ausführung dieser Idee, dem Drummond'schen Licht, welches wohl für wissenschaftliche Zwecke Verwendung fand, für die allgemeine Einführung in die Technik aber wegen des umständlichen Apparates, insbesondere wegen des erforderlichen Knallgasgebläses, nicht in Frage kam, hatte man Kalkstifte, Magnesiakämme und dergleichen als Leuchtkörper verwendet. Dr. Auer von Welsbach fand in den seltenen Erden des Thoriums, Lanthans und Didyms viel wirksamere Lichtträger, welche ausserdem den Vorteil boten, dass sie feinzerteilt schon in der Flamme eines Bunsenbrenners bis zur vollen Lichtausstrahlung erglühten.

Diese hochbedeutsame Erfindung kam noch gerade zeitig genug, um die Gasbeleuchtung vor dem Untergange zu retten, der ihr von der erdrückenden Konkurrenz des elektrischen Lichtes drohte. Die Vorteile des Auerlichtes gegen die einfachen Gasbrenner sind kurz folgende:

1. Erhöhte Lichtwirkung bei stark verringertem Gasverbrauch. Nach einem Vortrage von Prof. Lemmer im Elektrotechnischen Verein zu Berlin verhalten sich Gasverbrauch und Lichteffekt bei den verschiedenen Brennerkonstruktionen, wie folgt, zueinander:

Tabelle 15.

Brennerkonstruktion	Für die Hefnerkerzenstunde	
	Gasverbrauch l	Kosten bei Annahme eines Gaspreises von 13 Pf. für das Kubikmeter Pf.
Schnittbrenner	17	0,21
Rundbrenner	10	0,13
Gasglühlicht	2	0,026

Daraus geht hervor, dass der Auerbrenner aus derselben Gasmenge die mehr als 8-fache Leuchtkraft des Schnittbrenners und die 5-fache des Rundbrenners entwickelt.

2. An dem weissglühenden Auerstrumpf kommt das Gas so vollkommen zur Verbrennung, dass eine Verschlechterung der Luft in geschlossenen Räumen, wie sie bei Schnitt- und Rundbrennern oft zu beobachten ist, nicht eintritt.
3. Die Hitzeentwickelung des Auerbrenners ist weit geringer als die der älteren Brennerarten.

Für die Verwendung von Koksofengas zu Beleuchtungszwecken bietet der Auerbrenner den in der Praxis noch wenig ausgenutzten Vorteil, dass er bei entsprechender Bemessung mit nichtkarburiertem Gas ein gutes Licht liefert.

Nachstehend seien die Erwägungen wiedergegeben, die für die unmittelbare Nutzbarmachung des Koksofengases auf diesem Wege sprechen. Ausser zur Beleuchtung wird es hauptsächlich zur Kesselheizung und zum Betriebe von Gasmotoren verwandt.

Am wenigsten wirtschaftlich ist die Verbrennung des Gases unter den Kesseln. Nimmt man für die normale Kesselkohle einen mittleren Heizeffekt von 7500 Kal., für das Koksofengas der Reichgasperiode einen solchen von 3200 Kal. an, so entspricht einem Kilogramm auf dem Roste verbrannter Kohle ein Aequivalent von $\frac{7500}{3200} = 2{,}34$ cbm Gas. Setzt man für normale Kesselkohle einen Preis von 7 M. pro Tonne ein, so berechnet sich der Wert von 1 cbm unter dem Kessel verbrannten Koksofengas zu

$$\frac{700}{2{,}34 \times 1000} = 0{,}29 \text{ Pf.}$$

Der Auerbrenner verbraucht, wie die obenstehende Tabelle angiebt, für die Hefnerkerzenstunde 2 l Leuchtgas von etwa 5000 Kal. Bei Annahme eines Heizwertes von 3200 Kal. würde dieselbe Lichtstärke mit $2 \times \frac{5000}{3200} = 3{,}12$ l Koksgas entwickelt werden.

Setzt man den Wert ein, den das Koksgas bei seiner gegenwärtig noch hauptsächlichsten Verwendung, der Verbrennung unter dem Kessel, erzielt, so berechnen sich die Kosten einer Hefnerkerzenstunde bei Koksgasbetrieb zu $\frac{0{,}29}{1000} \times 3{,}12 \sim 0{,}0009$, also nicht einmal einem tausendstel Pfennig.

Mit Leuchtgas erzeugt würde sich die Hefnerkerzenstunde, wenn man die Gestehungskosten eines Kubikmeters Leuchtgas einschl. aller Nebenausgaben für eine mittelgrosse Zechengasanstalt zu nur 5 Pf. annimmt, auf etwa ein hundertstel Pfennig, also auf das Zehnfache stellen.

Die Verwendung karburierten Koksofengases ist auch nicht viel billiger.

Bei einem Heizwerte des Benzols von etwa 9000 Kal. sind für die Aufbesserung von 1 cbm Koksofengas auf die Heizwirkung der gleichen Menge Leuchtgas $\frac{5000-3200}{9000} = 0{,}2$ kg Benzol im Werte von etwa 4 Pf. erforderlich; das Kubikmeter karburiertes Gas stellt sich also auf $0{,}29 + 4 = 4{,}29$ Pf.

Die kleinen technischen Schwierigkeiten, welche der Verwendung des Kokereiabgases zu Beleuchtungszwecken noch entgegenstehen, werden sich hoffentlich bald beheben lassen.

Die Gasmenge, welche über den Selbstverbrauch einer Zeche hinaus vorhanden ist, kann mittelst des neuerdings eingeführten und bereits technisch und wirtschaftlich gut bewährten Verfahrens in gepresstem Zustande auch nach weiter von den Kokereien entfernten Städten und Ortschaften übertragen und dort für Beleuchtungs- und Heizzwecke — für letztere eignet sich das Koksgas ja ohne weiteres — nutzbar gemacht werden. Bedenkt man, dass die Gasanstalten der Kommunen das Kubikmeter Heizgas nicht unter 10 Pf. abgeben, so wird kein Zweifel mehr daran bestehen, dass die Verbrennung des Koksofengases unter den Kesseln sich nicht mehr mit wirtschaftlichen Grundsätzen vereinigen lässt, und dass namentlich, wenn die Gasmotoren der Konkurrenz der Dampfturbinen nicht standhalten sollten, die Verwendung des Koksofengases zur Beleuchtung und zur Heizung von Räumen, zu metallurgischen Zwecken usw. der einzige Weg einer vorteilhaften Verwendung sein wird. Es sei noch darauf hingewiesen, dass in Amerika grosse Mengen hochwertigen Leuchtgases in Koksöfen hergestellt werden und dass auch in Europa immer mehr Fachleute die Rückkehr von der Retortendestillation zur Gaserzeugung im Koksofen befürworten, aus dem der Engländer Earl von Dundonald das erste Steinkohlengas vor 130 Jahren gewann.

Auf Zechen, wo Gasanstalten fehlen, hat man manchmal nur für vorübergehende Arbeiten kleine Beleuchtungsanlagen für Gas angelegt, welches aus flüssigen Brennstoffen hergestellt wurde. So brannte man früher auf Zeche Dannenbaum Petroleumgas in Regenerativlampen. Für ähnliche Zwecke haben auch die Gasleuchtkörper von Huff u. a., bei denen die heissen Abzugsgase den Brennstoff verdampfen, sowie Acetylenlampen Verwendung gefunden.

IV. Das elektrische Licht.

I. Allgemeines.

So hochbedeutsam das Gas auch für die Innenbeleuchtung der Zechengebäude ist und auch in Zukunft sein wird, für die Erhellung der Plätze um die Schächte, der Rangierbahnhöfe, grosser, hoher Maschinen- und Kauenräume genügen auch die Regenerativlampen und Auerbrenner nicht. Da die Gaslampen wegen der Notwendigkeit des Anzündens nur in bequem erreichbarer Höhe angebracht werden können, die Auerbrenner gewöhnlich nur für etwa 50 Normalkerzen Stärke ausgeführt werden und unter starkem Luftzug, Staub und Regen sehr leiden, eignet sich das Gaslicht für die Beleuchtung hoher Räume, der Zechenplätze und staubiger Betriebsräume, wie der Kohlenseparationen usw. nicht.

Das elektrische Licht, welches anfangs der achtziger Jahre sich einzuführen begann, ist von diesen Fehlern frei. Mit den Bogenlampen lässt sich jede gewünschte Lichtstärke erreichen, sie können in beliebiger Höhe aufgehängt werden. Die Glühlampen sind auch gegen Wind, Wetter und Staub gefeit. Dazu kommen noch eine Reihe anderer Vorteile, die darin gipfeln, dass die Erzeugung und Verteilung der Lichtenergie noch viel einfacher ist als beim Gas.

Die Bedienung der Retorten, der Gasreinigungsapparate usw. erfordert dort Fachpersonal, während die Wartung der Lichtdynamos von jedem einigermassen angelernten Maschinisten ausgeführt werden kann. In neuerer Zeit ist die Erzeugung des Lichtstroms meistens zu einem Nebenbetrieb der Krafterzeugung geworden. Sehr oft dienen dieselben Maschinen und Hauptleitungen der Licht- und Kraftverteilung, wobei sich natürlich die Anlage- und Betriebskosten für die Beleuchtung bedeutend ermässigen. Die Erzeugung des elektrischen Lichtes verursacht auch bei denjenigen Zechen, welchen eine vergasbare Kohle nicht zur Verfügung steht, keinerlei Schwierigkeiten. Auch die Fortleitung und Verteilung der Elektrizität bietet vor der des Gases ganz erhebliche Vorteile. Treten Bodensenkungen in dem Zechengelände ein, so hat man fortwährend mit Brüchen der Röhren und bedeutenden Gasverlusten zu kämpfen. Wenn es jetzt auch durch Benutzung schmiedeeiserner Röhren statt der früher allgemein gebräuchlichen gusseisernen gelingt, die Brüche zu vermeiden, so sind Verengungen des Leitungsquerschnittes durch Quetschungen, Bildung von Wassersäcken usw. im beweglichen Boden nicht zu umgehen. Elektrische Kabel werden durch die Senkungen wenig beeinflusst; im Falle der Not kann man Freileitungen über dem Boden führen. Der Anschluss der elektrischen Lichtkörper, auch der beweglichen, durch die leichten Drähte und biegsamen Schnüre ist viel einfacher und billiger als bei den Gaslampen, wo starre, schwere Röhren, Gummischläuche, Winkel- und Gelenkverbindungen notwendig sind.

Dank dieser Vorzüge hat die elektrische Beleuchtung das Gaslicht auf den Neuanlagen im Ruhrbezirk beinahe vollkommen verdrängt.

Für die Beleuchtung der Zechenplätze und grosser, hoher Räume wählt man Bogenlampen mit ihrem weit zerstreuten Licht, die an besonders lichtnötigen Orten durch Glühlicht unterstützt werden. Einen Fördermaschinenraum erhellt man beispielsweise mit Bogenlampen, den Teufenzeiger und Tachographen beleuchtet man aber mit Glühlampen. Sind in den Räumen, wie in den Wäschen älteren Systems, viele Transmissionen, Balken usw. vorhanden, so zieht man zur Vermeidung von scharfen Schlagschatten in einzelnen Zwischenräumen verteilte Glühlampen dem Bogenlichte vor. Will man grosse Flächen, wie die Lesebänder der Separation intensiv beleuchten, so verwendet man niedrig aufgehängte Bogenlampen. Die weisse Farbe dieses Lichtes ermöglicht in Verbindung mit seiner grossen Helligkeit eine scharfe Unterscheidung von Kohle und Schiefer.

Die Einführung der elektrischen Beleuchtung gestattete es, die Schichten der Separationen, die bei den älteren unzureichenden Beleuchtungsmitteln im Winter sehr verkürzt werden mussten, beträchtlich zu verlängern und dadurch die Leistungsfähigkeit der Anlagen um ein gut Teil zu steigern.

Aehnlich liegen die Verhältnisse beim Rangierbetriebe, der früher bei der mangelhaften Gleisbeleuchtung durch Petroleum- und Gaslampen recht gefährlich war, jetzt aber durch die fast tageshelle Beleuchtung der Bahnhöfe mit Bogenlicht viel sicherer geworden ist.

Die Verleseräume und die Waschkauen werden wie die Maschinenhäuser meistens mit einer gemischten Beleuchtung (Bogen- und Glühlampen) ausgerüstet.

In den Kesselhäusern, Werkstätten, Lampenkauen, Nebenproduktenfabriken, Lager- und Diensträumen sind für die Wahl der Glühlampen ausser der grösseren Verteilungsfähigkeit, der Milde und der leichten An- und Abstellbarkeit des Lichtes Rücksichten auf die Leichtbeweglichkeit des Leuchtkörpers (in Werkstätten und Diensträumen) oder die Feuer- oder Explosionssicherheit (in Benzinfüllräumen, Nebenproduktenfabriken und Lagerräumen) massgebend.

Für die Verwendung elektrischen Lichtes in feuer- und explosionsgefährlichen Räumen hat der Verband deutscher Elektrotechniker neben seinen allgemeinen Vorschriften besondere Bestimmungen*) erlassen. Auf eine Besprechung derselben kann hier nicht näher eingegangen werden, da sie, sobald es die Fortschritte der Technik verlangen, verändert werden.

2. Die Erzeugung des Beleuchtungsstroms.

Die Grundbedingung für die Erzeugung eines ruhigen Lichtes ist eine gleichmässig fliessende Stromquelle. Die störenden Zuckungen der Lampen, die man so oft beobachtet, sind auf Spannungsschwankungen zurückzuführen, die ihrerseits wieder entweder durch einen unregelmässigen Gang der Antriebsmaschine oder starke Belastungsveränderungen im Netze verursacht werden. Der erste Grund trifft für unsere modernen Antriebsmotoren, Dampfmaschinen, Gasmotoren und besonders Dampfturbinen, deren Gleichmässigkeitsgrad durch die präzise Regulatorarbeit sehr erhöht ist, selten zu. Diese Maschinen gleichen sogar bis zu einem gewissen Grade die Belastungsschwankungen im äusseren Stromkreis aus, die sich übrigens

*) Glückauf 1904, S. 278.

gewöhnlich nur wenig geltend machen, wenn die Anlage lediglich der Lichterzeugung dient.

Die meisten Störungen werden durch den Anschluss von Motoren an das Verteilungsnetz verursacht. Die Stärke dieser Einflüsse hängt von dem Grössenverhältnis der Motorleistung zu der Stärke der Zentrale und nicht weniger von dem Betriebszweck der Motoren ab. Werden sie zur Bethätigung von Ventilatoren und ähnlichen gleichmässig belasteten Arbeitsmaschinen verwandt, so sind die Schwankungen gering; hängen aber intermittierend arbeitende Motoren, etwa gar Förderhaspel, Aufzüge usw. mit an dem Beleuchtungsnetz, so treten starke Schwankungen auf, die den Wert des Lichtes sehr vermindern, die Lebensdauer der Glühlampen beeinträchtigen und ein Flackern der Bogenlampen verursachen. Zur Vermeidung dieser Störungen empfiehlt es sich, bei grösserem Lichtbedarf den Beleuchtungsstrom in besonderen Maschinen zu erzeugen und durch besondere, vom Kraftnetz unabhängige Leitungen zu verteilen.

Als Stromart für Lichtanlagen verdient der Gleichstrom unbedingt den Vorzug, weil er in Bogen- und Glühlampen eine beträchtlich höhere Lichtausbeute giebt als der Wechselstrom. Die Gleichstrommaschinen können ausser zur Lichterzeugung, wie z. B. auf Zeche Viktor, zur Erregung etwa vorhandener Drehstromgeneratoren herangezogen werden. Ein wesentlicher Vorteil des Gleichstroms ist seine Aufspeicherungsfähigkeit in Sammlerbatterien, deren Vorzüge für Beleuchtungszwecke im Ruhrkohlenbergbau noch nicht die gebührende Beachtung gefunden haben. Die Akkumulatoren liefern in Glüh- und Bogenlampen ein stetiges, weisses Licht und machen häufig den Betrieb der Beleuchtungsmaschine während der Nacht und dadurch eine Wärterschicht entbehrlich. Infolge der Fortschritte der Akkumulatorentechnik ist der Wirkungsgrad der Batterien ein so hoher geworden, dass der Verlust bei der Ueberführung des Stromes in chemische Energie und Wiedergewinnung aus dieser Form durch den erhöhten Lampenverbrauch und die geringere Lichtausbeute beim direkten Maschinenbetrieb aufgewogen wird. Dabei stellen die Sammler eine jederzeit betriebsbereite Stromquelle dar, die bei einer notwendig werdenden Stillsetzung der Dynamo auch für die Energieabgabe an Gleichstrommotoren in Dienst gestellt werden kann.

Die Unterhaltungskosten der Akkumulatoren sind besonders bei so gleichmässiger Belastung, wie sie dem Lichtbetrieb eigen ist, infolge der Verbesserungen der Plattenkonstruktion so gering, dass die Fabrikanten für eine verhältnismässig kleine Vergütung die dauernde Auswechslung der ersatzbedürftigen Platten übernehmen können.

Wie schon erwähnt, leistet der Wechselstrom als Lichtenergie weniger gute Dienste als der Gleichstrom. Der einzige Vorteil, den er für diesen Zweck aufzuweisen hat, besteht darin, dass er sich mit geringem

Verlust durch einfache, wenig Anlage- und Betriebskosten verursachende Apparate, die Transformatoren, auf jede erforderliche Spannung bringen lässt. Dieser Umstand spielt bei der Beleuchtung von Bergwerksanlagen mit weit auseinander liegenden Betriebsstätten eine grosse Rolle. Hier würden die niederen Gleichstromspannungen — über 500 V. pflegt man bei dem Bau von Gleichstromdynamos aus konstruktiven Gründen nicht zu gehen — sehr hohe Leitungskosten verursachen, ein Missstand, den man durch die Verwendung höher gespannten Wechselstroms leicht umgehen kann. An der Verbrauchsstelle wird der hochgespannte Strom auf die niedere Lampenspannung herabtransformiert. Als Beispiel für eine derartige Anlage sei die ältere, schon anfangs der 90er Jahre angelegte Wechselstromanlage der Zeche Zollverein angeführt.

Im übrigen herrschte in dem letzten Jahrzehnt das Gleichstromlicht vor. Erst gegen Ende der 90er Jahre trat entsprechend der riesig fortschreitenden Einführung und Erweiterung der Drehstromcentralen ein Umschwung zugunsten dieser letzteren Stromart ein, bei der Bogen- und Glühlampen immer zwischen zwei Phasen geschaltet, also ebenso betrieben werden, wie beim einfachen Wechselstrom.

3. Die Lampensysteme.

a) Die Bogenlampen.

Schon im Jahre 1810 beobachtete der englische Physiker Davy die grosse Leuchtwirkung eines zwischen zwei Kohlenspitzen gezogenen elektrischen Lichtbogens. Für die Beleuchtung industrieller Anlagen erlangte die Bogenlampe erst geraume Zeit später, Ende der siebziger Jahre, grössere Bedeutung. Auch hier nutzte der Bergbau die Vorteile des neuen Lichtes bald nach dem Erscheinen der ersten brauchbaren Lampenkonstruktion in weitestem Umfange aus. Heute verbreiten auf unseren Ruhrzechen viele tausende dieser Lampen Tageshelle in der Dunkelheit.

Die Eigenart des Gleichstroms und des Wechselstroms macht sich in einer charakteristischen Form des Lichtbogens geltend.

Der Gleichstrom höhlt die positive Kohle aus und spitzt die negative zu (Fig. 301). Da die erstere doppelt so schnell abbrennt als die letztere, so giebt man ihr, um die Kohlen gleich lang machen zu können, ungefähr den doppelten Durchmesser des negativen Stiftes.

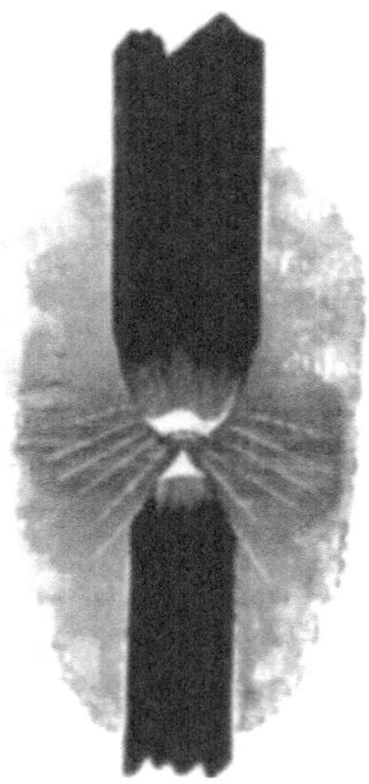

Fig. 301.
Gleichstrom-Lichtbogen.

Der weissglühende Krater der positiven Kohle verstärkt als Reflektor von kleiner, aber hochwirksamer Fläche die nutzbare Leuchtkraft ungemein, indem er die Lichtstrahlen sammelt und nach einer bestimmten Richtung wirft. Da man gewöhnlich den Boden beleuchten will, ordnet man die positive Kohle, wie in Fig. 301, oben an und erreicht dadurch, dass die Strahlen in einem Kegel auf die Erde fallen. Um eine möglichst breite Kegelfläche zu erzielen, hängt man die Gleichstrombogenlampen so hoch auf, als es die Lichtintensität gestattet.

Beim Wechselstrom werden die beiden Kohlen bei jedem Stromwechsel — bei der üblichen Zahl von 50 Perioden in der Sekunde also $2 \times 50 \times 60 = 600$ mal in der Minute — negativ oder positiv und brennen daher in einer der negativen Kohle in Fig. 301 ähnlichen Spitzenform gleichmässig ab. Deshalb liegt hier kein Grund für eine unterschiedliche Wahl der Durchmesser vor. Da die lichtspendenden Flächen zwei mit den Spitzen genäherte Kegelmäntel darstellen, wird das Licht weniger nach unten als nach den Seiten geworfen. Zur Verstärkung der Bodenbeleuchtung muss man einen Reflektor zur Hülfe nehmen. Die Ausnutzung der Seitenstrahlung wird durch eine niedrigere Aufhängung der Lampen gefördert. Der Leuchteffekt ist um 30% geringer als bei Gleichstrom.

Die Kohlen werden durch den Strom, der kleine Teilchen von ihnen losreisst und verdampft, und durch die oxydierende Wirkung des Luftsauerstoffes verzehrt. Beim Gleichstrom lagert der Bogen die an der positiven Kohle in verstärktem Masse abgesprengten Partikel teilweise wieder auf dem negativen Pol ab. Sind die Kohlen nicht homogen, so springen grössere Stückchen ab, die gewöhnlich von einem Aschenteller aufgenommen werden. Die Möglichkeit, dass sie aus der Lampe fallen, nötigt zu Vorsichtsmassregeln gegen Feuersgefahr.

Die Lichtausstrahlung geht in der Hauptsache von den bis zu 4000^0 C. erhitzten weissglühenden Kohlenflächen, daneben aber auch von den im Lichtbogen verbrennenden Kohlenteilchen aus.

Die oxydierende Einwirkung des Luftsauerstoffes auf die weissglühenden Spitzen der Kohlenstäbe ist eine sehr intensive. Sie steigert den Kohlenverbrauch ungemein. Um die Brenndauer der Kohlen zu vergrössern, hat man in den letzten Jahren mit bestem Erfolge den Abbrand durch Beschränkung der Luftzufuhr zu dem Verbrennungsraum zu vermindern gesucht, indem man einen Glascylinder, einen sog. »Sparer«, um den Lichtbogen anordnete (Fig. 302). Die Brenndauer der Kohlenstifte in diesen »Dauerbrandlampen« kann bis zum 25fachen der bei freiem Luftzutritt erreichbaren, von 10 auf 250 Stunden, gesteigert werden. Allerdings brennen diese Lampen nicht so ruhig wie die gewöhnlichen und eignen sich deshalb weniger zur Innenbeleuchtung.

Bei den ältesten Bogenlampen wurden die Kohlenstifte aus Retortenkohlen geschnitten. Später ging man zu dem auch jetzt noch allgemein gebräuchlichen Verfahren über, die Stäbe aus gemahlener Retortenkohle mit einem Zusatz von Bindemitteln zu pressen. Das Herstellungsmaterial ist entweder ein gleichmässiges (Homogenkohlen) oder ein verschiedenartiges, wie bei den Dochtkohlen der Gebrüder Siemens in Charlottenburg u. a., bei denen in das Innere eines cylindrischen Stabes von Homogenkohle ein Kern von besonders präparierter, leicht vergasender und hellleuchtender Kohlensubstanz eingepresst wird. Der obere positive Stift des in Fig. 301 abgebildeten Paares besteht aus Docht-, der untere negative aus Homogenkohle.

Fig. 302.

Dauerbrandbogenlampe der Siemens-Schuckert-Werke.

Eine Errungenschaft der letzten Jahre ist das »Bremer-«, »Effekt-«, »Flamm-« oder »Intensiv-«Bogenlicht, das sich durch die Zusammensetzung und Anordnung der Kohlen, sowie durch das Auseinandertreiben des Bogens mittels eines »magnetischen Blasrohres« von den übrigen Bogenlichtarten unterscheidet. Die Leuchtkraft der hier zur Verwendung kommenden Kohlenstifte wird durch vorherige Imprägnation mit flammenbildenden, färbenden und schlackenbildenden Metallsalzen oder durch Zusatz dieser Substanzen in festem, meistens kalciniertem Zustande zu dem Kohlengemenge beträchtlich gehoben. Um zu verhindern, dass die von der oberen Kohle abtropfende Schlacke auf die untere fällt und das Licht beunruhigt, ordnet man bei den Lampen dieses Systems die Kohlen häufig in einem schrägen Winkel zu einander an (Fig. 303). Man erzielt dadurch einen halbkreisförmigen Bogen, der durch die abstossende Wirkung des Magneten noch auseinander getrieben wird (Fig. 304).

Den Aufbau einer derartigen »Effektbogenlampe« zeigt Fig. 305. Die Schrägstellung der Kohlen gewährt bei Wechselstromlampen den Vorteil einer intensiveren Bodenbeleuchtung.

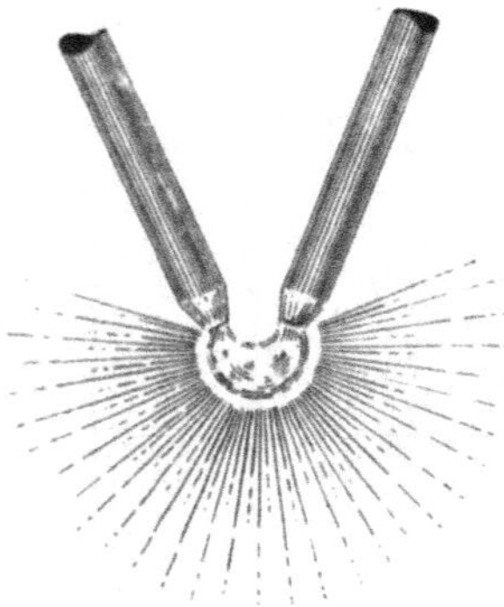

Fig. 303.
Stellung der Kohlen beim Bremerlicht.

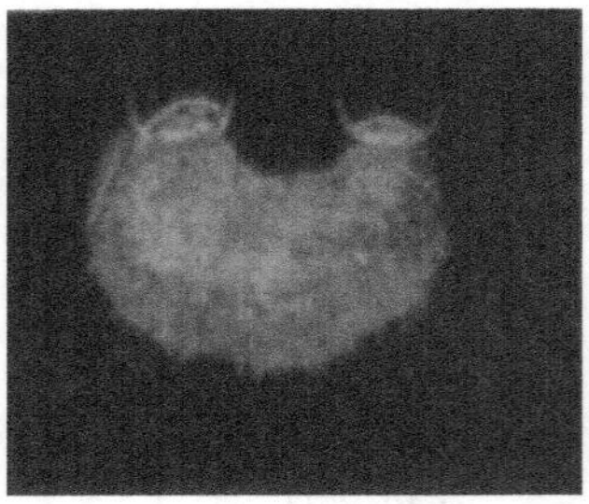

Fig. 304.
Lichtbogen einer Bremerlampe.

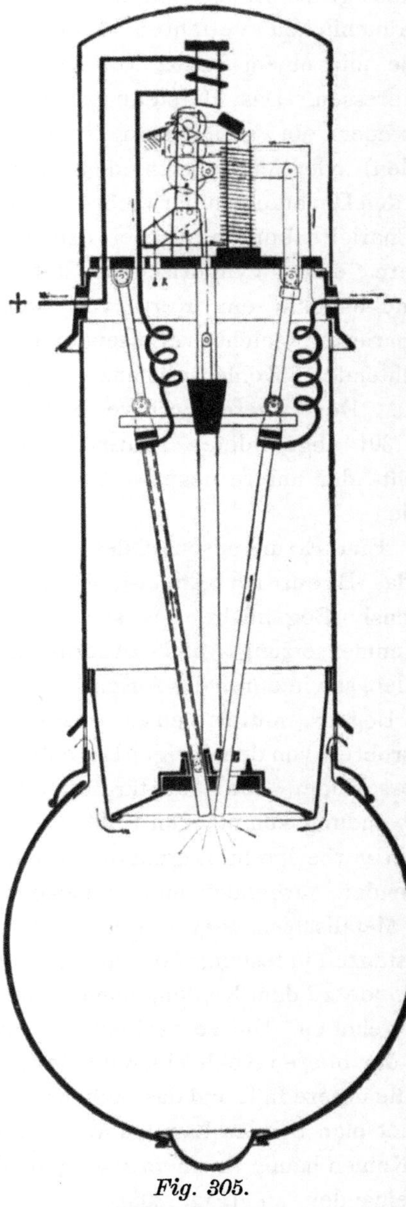

Fig. 305.
Effektbogenlampe mit schräggestellten Kohlen. (Allgemeine Elektrizitäts-Gesellschaft.)

Die normalen Bogenlampen werden für einen Stromverbrauch von 2 bis zu 25 Amp. und Lichtstärken von 100 bis zu etwa 4000 Lichtkerzen ausgeführt. Die den einzelnen Stromstärken entsprechenden Lichtmengen einer offenbrennenden Gleichstromlampe von mittlerer Grösse giebt die nachstehende Tabelle:

Tabelle 16.

Strom-stärke Amp.	Mittlere hemisphär. Lichtstärke HK
6	475
8	751
10	1045
12	1365
15	1946
20	2920

Bei Wechselstrom ist die Lichtausbeute, wie schon erwähnt, über 30 % geringer. Für Bogenlampen mittlerer Stärke kann man bei Gleichstrom ohne grossen Fehler 100, bei Wechselstrom 60 Kerzen für das Ampère annehmen.

Grosse Bogenlampen sind, wie sich aus der Tabelle ergiebt, wirtschaftlicher im Betrieb, lassen aber nicht die Lichtverteilung zu, wie eine Anzahl kleinerer von gleichem Stromverbrauch.

Die Betriebsspannung ist nach der Stromart und der Wahl eines freibrennenden oder abgeschlossenen Lichtbogens ausserordentlich verschieden.

Die offenen Gleichstromlampen arbeiten mit Spannungen von 36 bis 45 V; bei den Wechselstromlampen gehen die Spannungen auf 28 bis 33 V herunter, weil dort die elektromotorische Gegenwirkung des Lichtbogens eine geringere ist. Bei den Effekt-Bogenlampen ist die Spannung um etwa 5 V höher, bei den Dauerbrandlampen steigt sie bis 250 V, wobei sich die erforderliche Stromstärke entsprechend ermässigt.

Die Lichtausstrahlung wird durch die mehr oder minder lichtdurchlässigen Glocken, mit denen man die Kohlenhalter zum Schutz gegen Regen und Wind, sowie zur Verminderung der Blendwirkung und bei den Dauerbrandlampen auch zur Absperrung der Luftzufuhr umgiebt, nicht unwesentlich beeinträchtigt. Es verschlucken Glocken*)

aus klarem Alabasterglas . . . . 15 % des Lichtes,
» Opalglas . . . . 20 % » »
» Milchglas . . . . 30—70 % » »

*) Hoppe, Kostenanschläge für elektrische Licht- und Kraftanlagen. Leipzig 1901.

Das Lichtbedürfnis der Räume und Plätze schwankt natürlich ausserordentlich nach der Natur der Arbeiten, die dort vorgenommen werden. Nach empirischer Ermittlung kommt eine Verteilung von 50 Kerzen auf das qm beinahe dem Tageslicht gleich, bei 10 Kerzen sinkt die Möglichkeit zu lesen auf $^3/_4$ der bei Tageslicht bestehenden, bei 2 Kerzen kann man noch eben sehen. Bei der Verwendung von Bogenlampen muss man auf folgendes Lichtbedürfnis rechnen:

für die Beleuchtung der Zechenplätze . . . . 0,5—1 NK. je qm
» » » » Badekauen . . . . 1—2 » » »
» » » » Separationen, Magazine, Maschinenräume usw. . . . . . 2—4 » » »

Eine Bogenlampe für 8 Amp. Gleichstrom oder 12 Amp. Wechselstrom mit einer Lichtstärke von 500 NK. erleuchtet in einer Höhe von 6—15 m aufgehängt erfahrungsgemäss:

1000—500 qm Zechenplatz,
500—250 » Boden einer Badekaue, eines Werkstattraumes usw.,
250—125 » Bodenfläche in Magazinen, Separationen, Wäschen usw.

Kann man die Lampen nicht so hoch aufhängen, so nimmt die überstrahlte Fläche natürlich ab. Auf Rangierbahnhöfen soll eine Bogenlampe von 10—12 Amp. 80 m Gleislänge erhellen.

Für die günstigsten Lichtpunkthöhen von Bogenlampen verschiedener Stromstärke gelten folgende Erfahrungswerte:

Tabelle 17.

	Stromstärke in Amp.						
	3	4	6	8	9	10	12
Höhe des Lichtbogens über dem Boden . . . . m	2,5—4	2,5—6	3—8	3,5—10	4—11	5—12	6—14

Für eine genügende, nicht also zu starke allgemeine Beleuchtung der verschiedenen Werkstätten rechnet man bei offenen Lampen:

für die Schmiede . . . . 0,1 Amp. je qm
» » Schlosserei,
» » Tischlerei und } . . . . 0,5 » » »
» » Giesserei:

Da die Kohlen allmählich abbrennen und zur Neubildung des Bogens nach jeder Ausschaltung oder Unterbrechung des Lichtes wieder in Kontakt gebracht werden müssen, hat das Regulierwerk der Lampe zwei Aufgaben zu erfüllen:

1. Die Kohlen der Abbrandlänge entsprechend gegeneinander zu schieben,
2. bei jedem Abreissen des Bogens — sei es durch Ausschaltung oder sonstige Vorgänge verursacht, wie beispielsweise durch eine Stromunterbrechung beim Durchbrennen einer Sicherung — die Kohlen zur Neubildung des Bogens mit einander in Kontakt zu bringen und dann sofort wieder auf die normale Bogenlänge auseinander zu ziehen.

In der einfachsten Weise erhält man den gleichmässigen Abstand der Kohlenstäbe dadurch, dass man die obere Kohle sich der unteren durch die eigene Schwere nähern lässt. Bei schräg aufwärts gestellten Kohlen kann man auf diesem Wege sogar eine gegenseitige Annäherung erreichen.

Da die Kohlen infolge der verschiedenartigen Zusammensetzung, der Stromschwankungen usw. nicht gleichmässig abbrennen und auch bei einer Schwächung des Stromes einander genähert werden müssen, reicht die Schwerkraftbewegung allein nicht aus. Ausserdem bedarf man eines besonderen Mittels, um die Stifte nach einer Neubildung des Lichtbogens wieder auseinander zu bringen. Diese Regulierbewegungen werden durch die Kraft vom Lichtstrom beeinflusster Elektromagnete oder Solenoide bewirkt, welche die Kohlen der Spannung entsprechend verschieben, sie bei einem Abreissen des Bogens kurz mit einander in Berührung bringen und dann einen neuen Bogen ziehen. Zu dieser elektrischen Regelung tritt gewöhnlich eine mechanische Feineinstellung.

Je nachdem die Magnetspulen von dem Strom durchflossen werden, unterscheidet man drei Arten von Bogenlampen, die Hauptstrom-, Nebenschluss- und Differentiallampen.

Bei der Hauptstromlampe (Fig. 306) geht der Strom zuerst durch die Wicklung des Reguliermagneten J und dann durch die Kohlenspitzen.

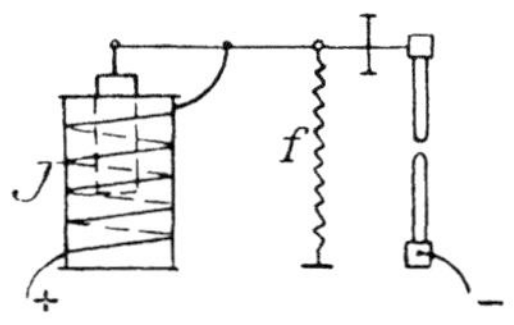

Fig. 306.

Hauptstromlampe.

Eine Feder f zieht die Kohlenspitzen aneinander, dadurch wird der Bogenabstand und mit ihm der Widerstand verringert, wobei die Stromstärke wächst und den Magneten stärker erregt. Seine Anziehungskraft überwindet nun die entgegenwirkende Federkraft und bringt die Kohlenspitzen wieder auf den normalen Abstand auseinander. Seine Regulierwirkung beschränkt sich infolge der Schaltung auf die Stromstärke; Spannungsschwankungen, die andere in demselben Stromkreise liegende Lampen sehr störend beeinflussen, werden nicht hintangehalten. Deshalb lässt sich die Hauptstromlampe nur als Einzellicht brennen. Da der Lichtbogen aber, wie oben bereits erwähnt, nur 28—45 V verbraucht und die übliche Maschinenspannung 110—120 V beträgt, muss die erhebliche Differenz von etwa 80 V durch Widerstände vernichtet werden, was recht unwirtschaftlich ist.

Die Einrichtung der Nebenschlusslampe bezweckt eine Regulierung der Spannungsschwankungen. Die Spule des Reguliermagneten W liegt hier im Nebenschluss zu dem Lichtbogen (Fig. 307). Da die Magnetwickelung nur von einem Teile des Stromes durchflossen wird, stellt man sie aus vielen Windungen eines dünnen Drahtes her, während die Spule der Hauptstromlampe aus wenigen Windungen dicken Drahtes besteht.

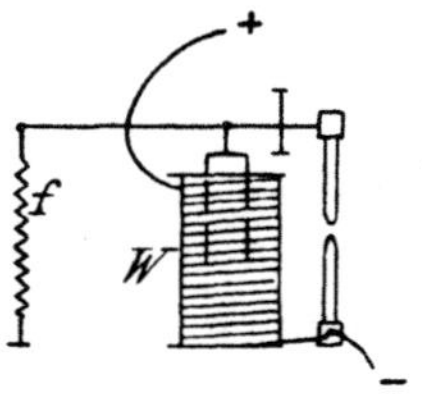

Fig. 307.

Nebenschlusslampe.

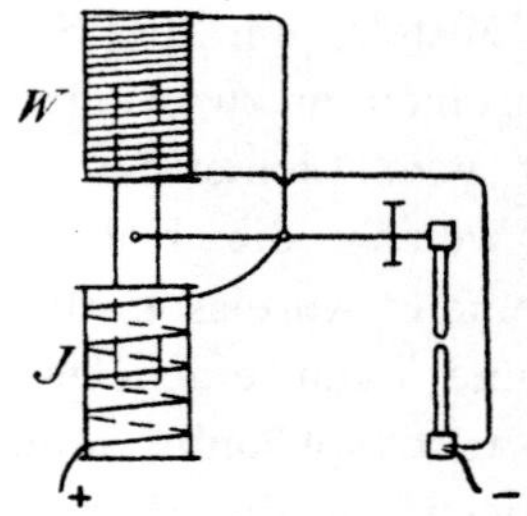

Fig. 308.

Differentiallampe.

Sind die Kohlen der Nebenschlusslampe nicht genügend einander genähert, wird also der Widerstand des Lichtbogens grösser, so fliesst mehr Strom durch die Magnetspule und verstärkt die Anzugskraft des Eisenkerns, der durch das Laufradwerk die Kohlen einander zuschiebt. Ist der Bogenwiderstand zu klein, so werden die Kohlenspitzen durch die Feder f in entgegengesetztem Sinne aus einander gezogen.

Will man auch bei stärkeren Schwankungen des Stromes ein ruhiges Licht erzielen, so müssen die beiden Faktoren der elektrischen Energie, Spannung und Stromstärke, entsprechend dem Widerstande des Bogens beeinflusst werden. Das lässt sich durch die Vereinigung der Hauptstrom- und Nebenschlussregulierung zu der Differentiallampe (Fig. 308) erreichen. Bei ihr wird eine aus dickem Draht gewickelte Spule J von dem ganzen Strome, eine aus dünnem Draht bestehende und dem Lichtbogen parallel geschaltete Spule W von einem Teil des Stroms durchflossen. Die Eisenkerne beider Spulen wirken auf das Regulierwerk ein und stellen die Kohlenstifte sowohl den Strom- als auch den Spannungsschwankungen entsprechend ein.

Von den vielen auf den Ruhrzechen in Gebrauch stehenden Bogenlampensystemen seien nachstehend einige der bemerkenswerten neueren Konstruktionen beschrieben.

Bei der Nebenschluss- und Differential-Seillampe für Gleichstrom von Siemens & Halske A. G. (Fig. 309) werden die

Fig. 309.

Differentialbogenlampe von Siemens & Halske.

beiden Kohlenhalter durch ein Seil getragen, das über eine Schnurrolle gelegt ist. Der obere schwerere Halter setzt durch sein Uebergewicht das Laufwerk in Bewegung und senkt sich, bis die Kohlenspitzen einander berühren. Dann geht ein starker Strom durch die Stifte und das im Strom liegende obere Doppelsolenoid aus dickem Draht, was zur Folge hat, dass die Spule den Eisenkern in sich hinein-, also hochzieht.

Durch den mit dem Kern verbundenen Hebel wird das Laufräderwerk so bethätigt, dass die Kohlenspitzen auseinander gezogen und der Bogen gebildet wird. Erhöht sich durch das Abbrennen der Kohlen der Widerstand des Bogens, so fliesst mehr Strom durch das unter der Hauptspule angeordnete Doppelsolenoid der Nebenschlussregulierung, welches nun die beiden unteren Pole des H-förmigen Eisenkerns in sich hinein, also nach unten zieht. Dabei wird der Uebertragungshebel und das Räderwerk im umgekehrten Sinne wie vorher bethätigt: die Kohlen nähern sich und der Widerstand wird verringert.

Fig. 310.
Gleichstrom-Differentiallampe von Schuckert & Co.

Diese Reguliervorrichtung steht auch bei den Effektbogenlampen der Siemens-Schuckert-Werke in Verwendung. Die Kohlenhalter werden hier nicht durch senkrechte, sondern durch schräg gestellte Stäbe geführt, auf denen sie mit isolierenden Schlitten gleiten.

Bei einem weit verbreiteten Modell (Fig. 310) der nun in den Siemens-Schuckert-Werken aufgegangenen Firma Schuckert & Co. sind die Kohlenhalter mit den Eisenkernen der nebeneinander angeordneten Solenoide direkt vereinigt. Das Verbindungsseil der beiden Halter ist wie bei der vorbeschriebenen Lampe um eine Schnurrolle gelegt.

Eine sehr einfache Lampenregulierung haben die Siemens-Schuckert-Werke neuerdings für die in Fig. 302 S. 391 dargestellte Dauerbrandbogenlampe angenommen. Hier wird die obere Kohle durch einen Klemmring getragen, der an einer Verlängerung des Eisenkerns der Nebenspule sitzt. Im stromlosen Zustand sinkt der Kohlenhalter durch sein Uebergewicht so lange herab, bis der Klemmring sich auf den Deckel des Sparcylinders legt und sich dabei soweit lockert, dass die obere Kohle bis zur unteren feststehenden durchgleiten kann. Beim Einschalten hebt die kräftig erregte Hauptspule ihren Eisenkern an und zieht durch einen mit ihm verbundenen drehbaren Hebel den Kohlenhalter hoch. Unter dem Einflusse des einseitigen Zuges klemmt der Haltering die Kohle fest und nimmt sie mit hoch, wobei der Bogen gebildet wird. Mit dem fortschreitenden Abbrand der Kohlen vermindert sich die Zugkraft der Hauptspule soweit, dass sie den Eisenkern etwas sinken lässt. Der Kohlenabstand wird auf diese Weise dauernd gleich erhalten. Ist die obere Kohle soweit abgebrannt, dass der Ring sich auf den Cylinderdeckel legt, so wird die Klemmung gelockert, und die Kohle gleitet wieder etwas herab, worauf sich der oben geschilderte Vorgang wiederholt.

Mit dem Klemmvorschub arbeitet auch die neue »Liliput»-Dauerbrandlampe der Siemens-Schuckert-Werke, die sehr geringe Abmessungen hat und bei 80 V Spannung mit 2 Amp. 130, mit 3 Amp. 280 Hefnerkerzen während 18 bezw. 13 Stunden liefert. Durch ihr ruhiges Licht macht diese Konstruktion den Glühlampen bei der Beleuchtung von kleineren Räumen Konkurrenz.

Die von der Allgemeinen Elektrizitäts-Gesellschaft gebaute Differentialbogenlampe für Gleichstrombetrieb (Fig. 311 a u. b) weicht von den vorbeschriebenen Ausführungen wesentlich ab.

Die Kohlenhalter hängen an einer Kette, die um eine Scheibe geschlungen ist. Mit der letzteren steht ein Räderwerk von grosser Uebersetzung in Verbindung. Scheibe und Laufwerk werden durch das Gewicht des oberen Kohlenhalters in Bewegung gesetzt. Die Bildung des Lichtbogens erfolgt durch den Hauptstrom-, der Nachschub der Kohlen durch den Nebenschlussmagneten. Der erstere kann durch horizontale Verschiebung eingestellt werden, während die Anzugskraft des letzteren durch die mehr oder minder grosse Anspannung einer entgegenwirkenden Feder reguliert wird.

Der Anker der Hauptspule HS bremst das Laufwerk, wenn die Lampe stromlos ist. Wird sie in den Strom eingeschaltet, so geht der Anker A aus seiner bremsenden Stellung heraus, das Räderwerk beginnt unter der Einwirkung des Uebergewichtes des oberen Kohlenhalters zu arbeiten und die Kohlenspitzen werden aneinander gedrückt, wobei der Bogen entsteht.

Parallel zu dem Bogen ist einerseits der Nebenschlussmagnet NS und eine Unterbrechervorrichtung, bestehend aus der isolierten Hemmklinke H und dem Zahnrade R des Laufwerks, andererseits eine Widerstandsspule WS geschaltet, welche vom Strom durchflossen wird, wenn bei entsprechender Lichtbogenstellung der Anker A die Klinke H von dem Zahnrade R abhebt. Diese Stromunterbrechung wiederholt sich jedes Mal, wenn ein Zahn von R an H abfällt. Sie führt eine momentane Schwächung des Nebenschlussmagneten und Rückwärtsbewegung des Laufwerkes herbei. Diese periodischen Stösse verringern die Reibung an den Lagerstellen der stets in Schwingung erhaltenen beweglichen Teile.

a

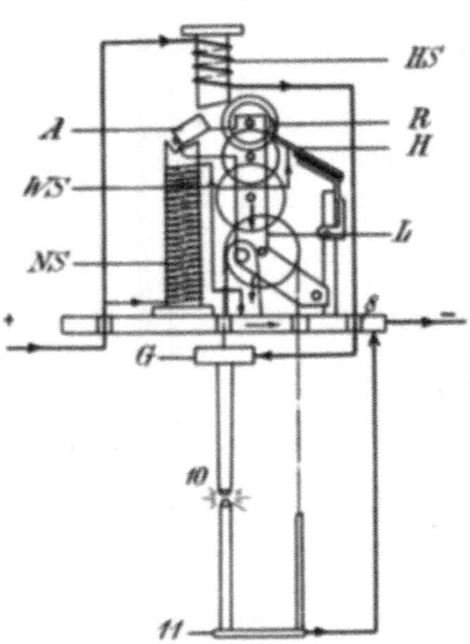

b

Fig. 311a u. b.

Regulierwerk der Nebenschluss- und Differential-Bogenlampen für Gleichstrom. (Allgemeine Elektrizitäts-Gesellschaft.)

Bei den Wechselstrombogenlampen der vormaligen Elektrizitäts-A.-G. Schuckert & Cie. und der Allgemeinen Elektrizitäts-Gesellschaft wird der Kohlennachschub durch kleine Motoren bewirkt.

Das Laufwerk der in Fig. 312 dargestellten Ausführungsform der Schuckertlampe wird durch eine aufrecht stehende Aluminiumscheibe a angetrieben, die zwischen den Polen der hufeisenförmigen Reguliermagnete angeordnet ist.

Die Spule des Magneten E liegt in dem Hauptstromkreise, die von e im Nebenschluss zu dem Lichtbogen. Beide Magneten induzieren in der Scheibe a Wechselströme, die auf sie ein Drehmoment ausüben, wie der Stator eines Kurzschlussankermotors auf den Rotor.

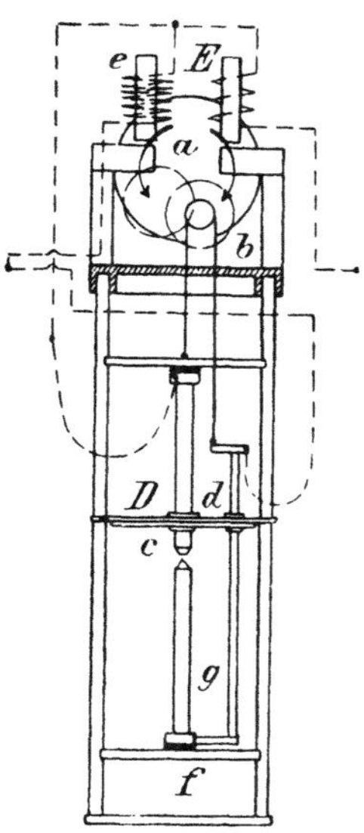

Fig. 312.
Regulierwerk der Wechselstrom-Bogenlampen.
(E.-A.-Ges. vormals Schuckert & Co.)

Bei gutem Lichtbogen halten sich die von den beiden Magneten ausgehenden Drehmomente das Gleichgewicht. Das Regulierwerk beginnt erst zu arbeiten, wenn durch das Abbrennen der Kohlen der Bogen und die Spannung, oder bei der Lichtbogenbildung infolge der Berührung der Kohlen die Stromstärke zu gross geworden sind. In ersterem Falle geht mehr Strom durch den Nebenschlussmagneten, dessen verstärktes Drehmoment die Aluminiumscheibe und das mit ihr gekuppelte Laufwerk so beeinflusst, dass die Kohlen einander genähert werden, bis der normale Bogen und damit ein Gleichgewicht der Drehmomente wieder hergestellt ist.

Wird in dem zweiten Falle die Stromstärke zu stark, so übt der Hauptstrommagnet auf die Scheibe a das entgegengerichtete Drehmoment aus, unter dessen Einwirkung das Laufwerk die Kohlen auseinander zieht

Die Magnete können auch hier durch seitliche Verschiebung vermittelst einer Regulierschraube der Scheibe genähert oder von ihr entfernt und dadurch für die jeweilig vorhandene Spannung und Stromstärke eingestellt werden. Die beiden Kohlenhalter sind in üblicher Weise durch ein Seil verbunden, das über eine von dem Laufwerk vermittelst des Zahnrades b angetriebene Rolle geschlungen ist. Die Kohlen werden bei D und d durch Specksteinringe geführt, mit denen die Durchgangsöffnungen des Reflektors c ausgekleidet sind. c ist an den beiden senkrechten Lampenstäben befestigt, die oben in den Lampensockel eingelassen und unten durch das Querstück f verbunden sind.

Mit einer — wie Fig. 313 zeigt — im Prinzip gleichen Reguliervorrichtung ist die neue Wechselstrom-Differentialbogenlampe der Allgemeinen Elektrizitäts-Gesellschaft ausgerüstet.

Ausser den beschriebenen Konstruktionen stehen im Ruhrrevier noch zahlreiche Bogenlampen anderer Herkunft im Betrieb, deren Regulierung nach einem der vorbeschriebenen Verfahren erfolgt.

Um zu verhindern, dass nach gänzlichem Abbrand der Kohlen der Strom weiter durch die Nebenschlussspirale geht und sie verbrennt, sind

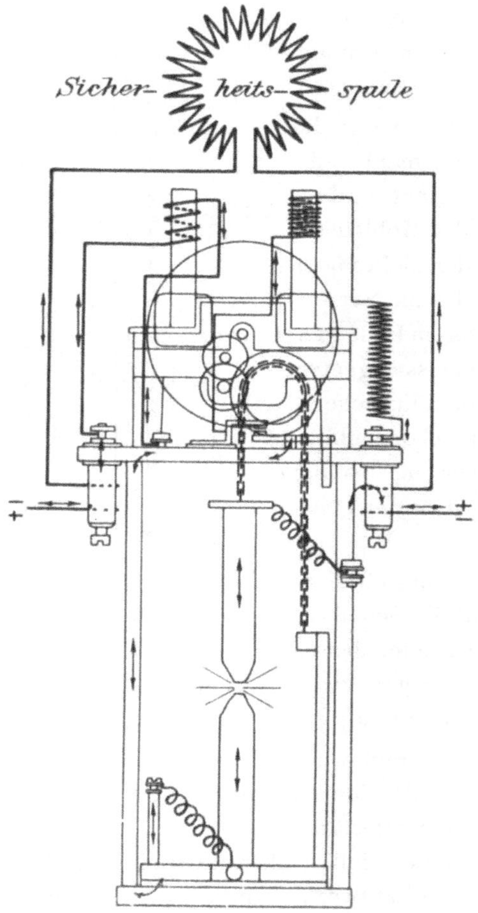

Fig. 313.
Regulierwerk der Differential-Bogenlampe für Wechselstrom.

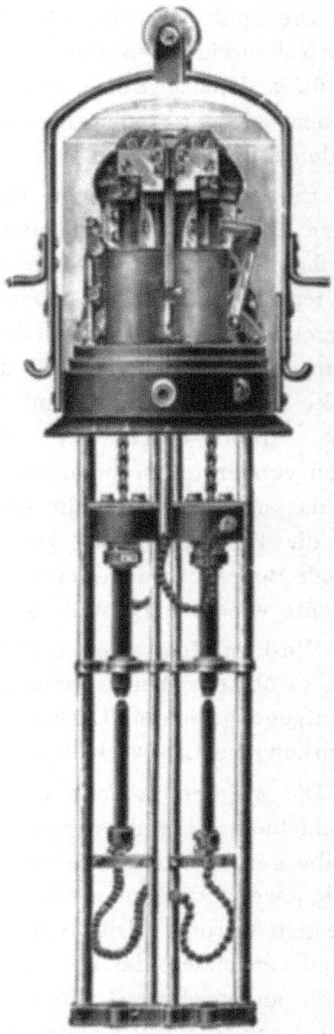

Fig. 314.
Doppellichtbogenlampe.

(Allgemeine Elektrizitäts-Gesellschaft.)

die Lampen mit automatischen Ausschaltern versehen, die beim Abbrennen der Kohlen oder auch schon bei einer übermässigen Erhöhung des Lichtbogenwiderstandes die Lampe aus- und statt ihrer einen Ersatzwiderstand oder eine Sicherheitsspule (Fig. 313) einschalten.

Wie weiter oben bereits erwähnt ist, arbeiten die verschiedenen Bogenlampensysteme mit stark abweichenden Spannungen, die bei den offenen Wechselstromlampen etwa mit 25 V den niedrigsten, bei den normalen Dauerbrandlampen mit 80 V einen mittleren und bei den Bremer- und Reginalampen mit 200—300 V ihren höchsten Wert erreichen.

Die Spannung der Beleuchtungsstromkreise, gewöhnlich 110 oder 220 V, kann durch die Hintereinanderschaltung mehrerer Lampen ausgenutzt oder zum Teil durch Widerstände, bei Wechselstrom auch durch die wirtschaftlicher arbeitenden Drosselspulen aufgezehrt werden. Bei 110 V schaltet man zwei Lampen von je 30—40 V hintereinander und lässt die verbleibende Differenz von 50 bezw. 30 V durch einen Widerstand oder eine Drosselspule aufnehmen. Brennt eine offene Lampe als Einzellicht, so müssen also etwa $^2/_3$ der Spannung vernichtet werden, bei den geschlossenen Dauerbrandlampen mit 70—80 V dagegen nur etwa $^1/_3$.

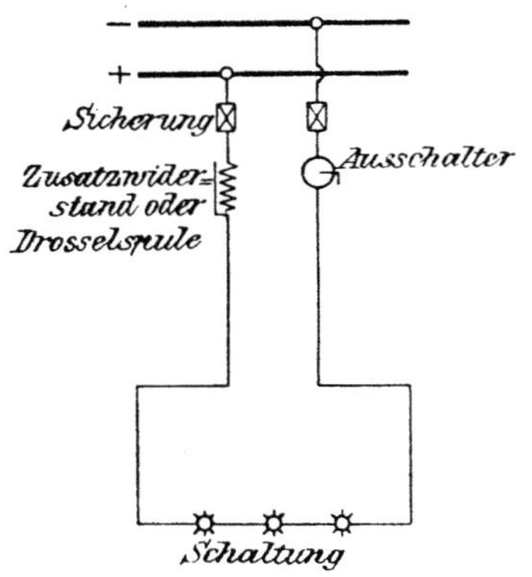

Fig. 315.

Schaltung für 3 Bogenlampen in einem Stromkreis von 220 V.

Eine rationellere Ausnutzung der Spannung wie bei Einzellampen und eine Verringerung der Anlagekosten gegenüber der Beschaffung von zwei vollkommen getrennten Lampen gewähren die in einzelnen Exemplaren auf den Ruhrzechen vertretenen Doppellichtlampen (Fig. 314), die sich aus zwei hintereinander geschalteten und unabhängig voneinander arbeitenden Nebenschluss- oder Differentiallampen zusammensetzen.

Bei Gleichstrom von 220 V schaltet man gewöhnlich 3—6 offene Lampen oder 2 Dauerbrandlampen hintereinander und gleicht den verbleibenden Spannungsunterschied durch Widerstände oder Drosselspulen aus. Ein Schaltungsschema für die Hintereinanderschaltung von drei Lampen und einem Widerstand giebt Fig. 315.

Diese Reihenschaltung hat, abgesehen von der besseren Ausnutzung der Spannung, den Vorteil, dass man Ringleitungen verwenden kann, also zur Verbindung zweier Lampen nur eine Leitung notwendig hat, was für weit ausgedehnte Zechenplätze oft von Wichtigkeit ist.

Diesem Vorzuge steht aber der Nachteil entgegen, dass die Lampen voneinander abhängig sind und sich Unregelmässigkeiten in der Regulierung einer Lampe auch bei den anderen geltend machen. Dazu treten oft noch andere Gründe für die Einzelschaltung, wie die verschiedene Brenndauer der in Innenräumen und im Freien aufgehängten Leuchtkörper sowie

a frei b im Gehäuse

Fig. 316a u. b.

Bogenlampenwiderstand. (Allgemeine Elektrizitäts-Gesellschaft.)

die Möglichkeit des unmittelbaren Anschlusses der Bogenlampen an benachbarte Glühlichtleitungen, die in vielen Fällen dazu führen, dass man der Einzelschaltung auf Kosten der Stromausnutzung den Vorzug giebt.

Die Widerstände werden gewöhnlich durch Drahtspiralen gebildet, die auf einer Rolle aus unverbrennlichem Material (Porzellan, Schiefer usw.) aufgewickelt sind (Fig. 316a u. b). Ein verstellbarer Kontakt gestattet eine dem Spannungsunterschied zwischen Lampen und Netz entsprechende Zahl von Widerstandswindungen einzuschalten. Die Widerstände werden entweder getrennt von den Lampen aufgestellt oder auch, wie bei der Reginabogenlampe (Fig. 317), direkt in sie eingebaut.

Die **Drosselspulen**, deren Verwendung sich bei Wechselstrombogenlampen mehr empfiehlt als die von Widerständen, sitzen auf Kernen, die aus weichen Eisenblechen zusammengesetzt sind (Fig. 318). Der induktive Widerstand, den die Spulen dem durchgehenden Strome bieten, kann durch die Einfügung von mehr oder minder starken Platten magnetisch unwirksamen Materials (z. B. Pressspahn) zwischen die Stossflächen der Eisenkerne den vorhandenen Spannungsverhältnissen angepasst

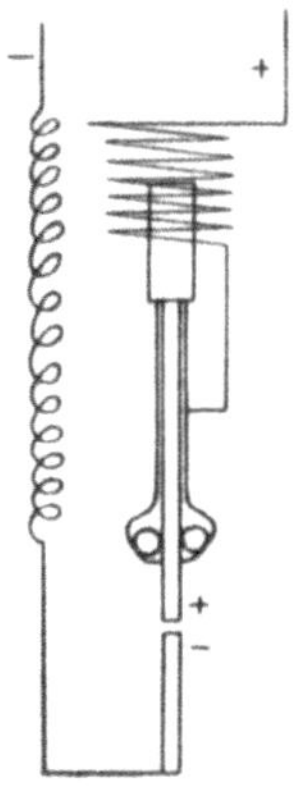

Fig. 317.
Stromlaufschema der Reginabogenlampe.

Fig. 318.
Drosselspule.

werden. Die Ersparnis an Strom, welche die Verwendung von Drosselspulen anstatt der Widerstände gewährt, wird durch folgendes Beispiel beleuchtet:

Bei zwei Bogenlampen für 10 Amp., welche an 115 Volt Netzspannung angeschlossen sind, beträgt

a) bei Anwendung eines Bogenlichtwiderstandes

der Wattverbrauch der Lampen	10 Amp.	× 60 Volt	= 600 Watt	
» » des Widerstands	10 »	× 55 »	= 550 »	
		zusammen	1150 Watt	

b) bei Anwendung einer Drosselspule

der Wattverbrauch der Lampen 10 Amp. × 60 Volt = 600 Watt

» » » Drosselspule ca. . . . . . 70 »

zusammen 670 Watt.

Es wird mithin durch Anwendung der Drosselspule gegenüber dem gewöhnlichen Widerstande eine Kraftersparnis von 180 Watt oder ca. 40 % und dementsprechende Herabsetzung der Betriebskosten erzielt.

Bei Wechselstromanlagen ist durch die Möglichkeit der leichten Transformierung des Stroms auf die Lampenspannung der Weg zu einer wirtschaftlichen Ausnutzung des Stroms gegeben. Die Spannung wird je nach

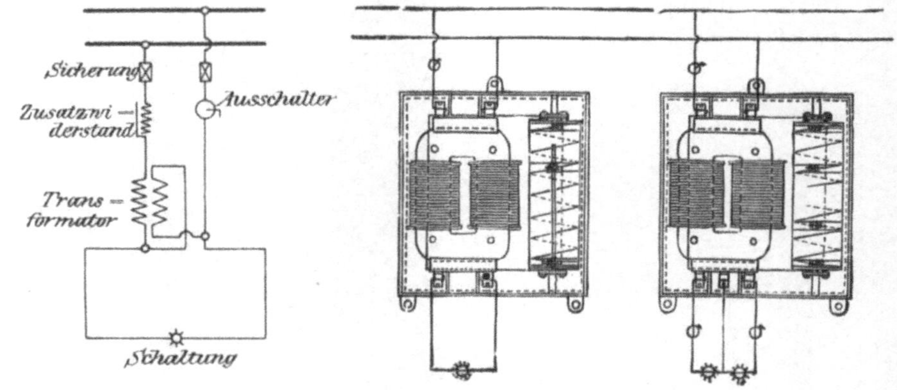

a b c
Transformator mit einer Lampe. Transformator mit zwei Lampen.

Fig. 319 a—c.

Schaltungsschema für Wechselstrombogenlampen mit Transformatorenbetrieb.

den vorliegenden Verhältnissen entweder durch einen Transformator für eine Gruppe von Lampen herabgesetzt (Fig. 319 c) oder es wird jede Lampe mit einem eigenen Transformator versehen, dessen Anordnung im Stromkreise Fig. 319 a u. b veranschaulicht. Von den Transformatoren wird besonders dann Gebrauch gemacht, wenn die Beleuchtung an Kraftnetze angeschlossen wird, deren hochgespannter Strom ohnehin auf niedrige Spannung gebracht werden muss.

Die Aufhängevorrichtungen für Bogenlampen weisen, je nachdem sie an freistehenden Masten, an Gebäuden oder über Durchgängen angebracht werden, eine sehr verschiedenartige Ausführung auf.

Auf den Zechen ist die Aufhängung an Masten (Fig. 320) die verbreitetste. Die Lampe kann an dem Trageseil, das am Mastkopf über zwei Rollen geführt wird, vermittelst eines Windewerkes auf- und niedergezogen werden.

Eine Seilführung verringert die Seitwärtsbewegungen der Lampe auch bei starkem Wind. Der Strom wird durch zwei biegsame Leitungen, die alle Höhenveränderungen der Lampe gestatten, zugeführt.

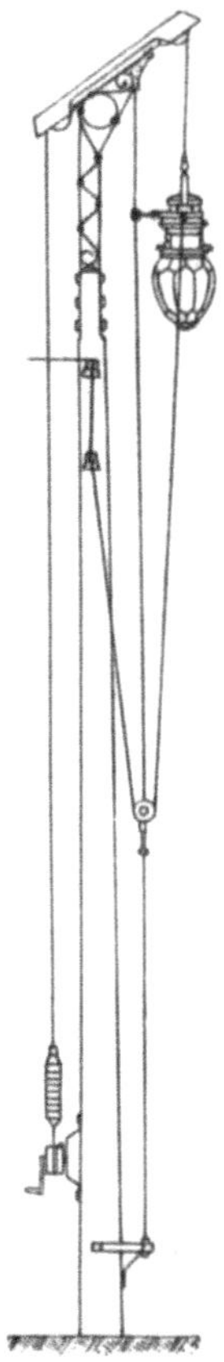

Fig. 320.

Mastenaufhängung für Bogenlampen. (Siemens-Schuckert-Werke.)

Fig. 321.

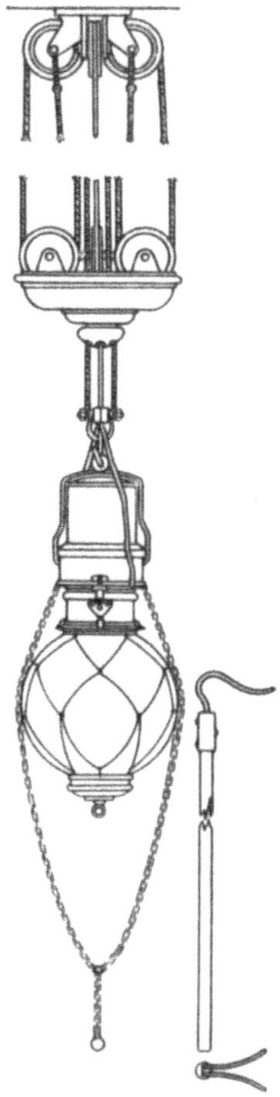

Gegengewichts-aufhängung. Greifer für die Lampe

Fig. 322.

Deckenaufhängungen für Bogenlampen.

Für Innenräume, in denen die Lampe an der Decke aufgehängt werden kann, vereinfacht sich die Vorrichtung zu der in Fig. 321 dargestellten Anordnung.

Fig. 322 giebt eine Doppelrollenaufhängung wieder, bei der das Gewicht der Lampe durch den unteren Rollenträger ausgeglichen wird.

Die Aufhängung der Lampen über Durchgängen u. s. w. erfordert etwas verwickeltere Seil- und Rollenanordnungen, von denen eine typische Ausführung in der sich selbst erklärenden Fig. 323 wiedergegeben ist.

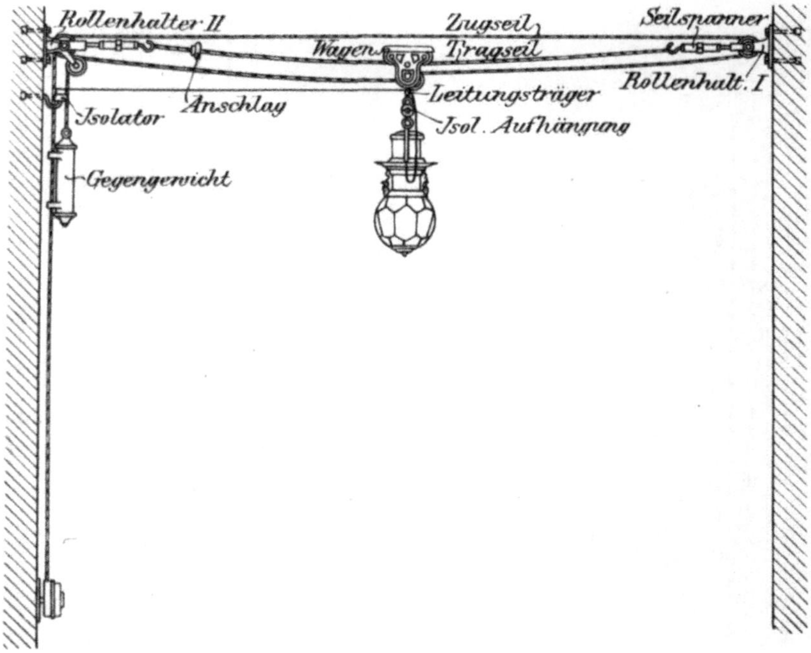

Fig. 323.
Vorrichtung für die Aufhängung von Bogenlampen über Durchgängen Siemens-Schuckert-Werke.

b) Die Glühlampen.

Die Verwendung von Glühlampen auf den Ruhrzechen begann Mitte der achtziger Jahre, kurze Zeit später, als es Edison gelungen war, die Lampen in Formen und zu Preisen herzustellen, die den Massenverbrauch ermöglichten. Ein Hauptverdienst des grossen Elektrotechnikers war der Ersatz der teuren Platinglühdrähte bei den Lampen älterer Ausführung durch die feinen Fäden aus verkohlter Cellulose. Die einfachen Kohlenfadenschleifen seiner ersten Lampen liessen nur Spannungen bis zu höchstens 65 V zu. Später gelang die Herstellung längerer, Spannungen von 110 bis 220 V aufnehmender Fäden, die als mehrfach gewundene Schleifen in die Birnen eingebaut werden (Fig. 324). Als Normalspannung ist heute die von 110 V, als Lichtstärke die von 16 Normalkerzen anzusehen. Lampen von höherer Spannung (bis 220 V) oder grösseren Lichtstärken (25, 32, 50 und 100 NK) sind weit seltener.

Noch mehr als beim Bogenlicht muss bei der Glühlampenbeleuchtung auf gleichmässige Spannung gehalten werden. Nur dann liefert der Glühfaden ein stetiges mildes und weisses Licht. Sinkt die Spannung um einige Hundertstel, so geht die Lichtausstrahlung schon um Zehntel zurück. Ist die Spannung zu hoch, und steigt mit ihr die Fadentemperatur über das Mittel von etwa 1500° C hinaus, so wird die Lebensdauer der Lampe stark herabgemindert, Kohlenteilchen des Glühfadens verdampfen, setzen sich nach der Abkühlung als schwärzender Beschlag auf der Innenfläche der Birne ab und vermindern deren Lichtdurchlässigkeit. Deshalb sollten mit Rücksicht auf die Güte des Lichtes und die Lebensdauer der Lampen alle Massregeln getroffen werden, die geeignet sind, starke Schwankungen der Spannung zu verhindern, wie die Erzeugung des Lichtstroms in eigenen Maschinen, seine Aufspeicherung in Akkumulatoren und die Einschaltung von selbstthätigen Spannungsregulatoren. Die Mehrkosten der Anlage machen sich durch die grössere Lichtausbeute und die verlängerte Gebrauchsfähigkeit der Lampen bezahlt.

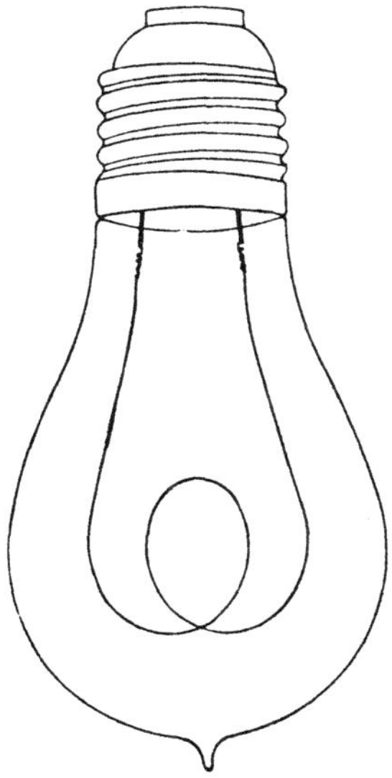

Fig. 324.
Kohlenfadenlampe normaler Ausführung.

Der Stromverbrauch einer Kohlenfadenglühlampe beträgt im Mittel 2,8—4 Watt für die Hefnerkerzenstunde. Die Lampen mit »hoher Oekonomie« d. h. mit geringem Stromverbrauch haben eine kürzere Lebensdauer als die mit »niederer Oekonomie« und höherem Stromverbrauch. Da die ersteren auch unter den Spannungsschwankungen mehr leiden als die letzteren und die Stromkosten auf Kohlenbergwerken weniger ins Gewicht fallen, sind die Lampen mit »geringer Oekonomie« für die Zechenbeleuchtung thatsächlich wirtschaftlicher als die mit »hoher«. Im umgekehrten Verhältnis zu der Gebrauchsdauer, die bei Lampen guter Ausführung etwa 700 Brennstunden beträgt, nimmt die Leuchtkraft ab. Nach ausgedehnten Versuchen geben Lampen mit einem anfänglichen Stromverbrauch von $3^1/_2$ W für die Hefnerkerzenstunde

nach 470 Brennstunden nur mehr 64 %
und » 1000 » » » 45 %

ihrer ursprünglichen Leuchtkraft ab, ein sprechender Beweis für die Notwendigkeit eines rechtzeitigen Ersatzes halb ausgebrannter Lampen.

Die geringen Kosten der Stromerzeugung auf den Zechen haben bisher einer allgemeinen Einführung der neuesten Errungenschaften auf dem Gebiete der Beleuchtungselektrotechnik, der Nernst- und Osmiumglühlampe, hindernd im Wege gestanden. Diese gestatten zwar eine weit bessere Ausnutzung des Stromes und liefern ein helleres Licht als die gewöhnlichen Kohlenfadenlampen, sind aber auch in der Anschaffung viel teurer als erstere.

Hinsichtlich der Anordnung und des Betriebes weicht die Nernstlampe am weitesten von der gewöhnlichen Lampe ab. Sie benötigt keine luftleere Birne, erglüht nicht sofort nach der Einschaltung und

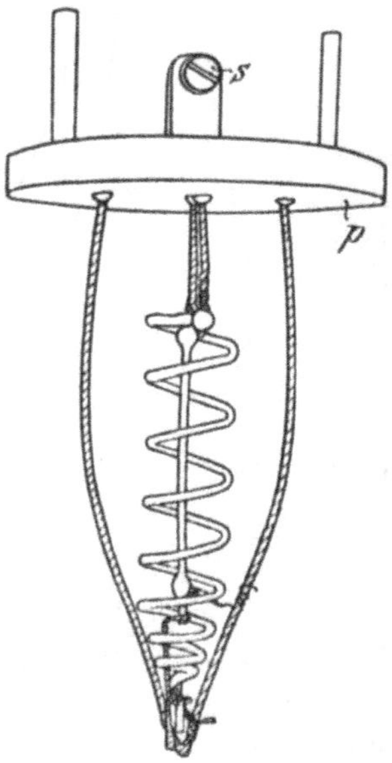

Fig. 325.
Brenner der Nernstlampe (senkrechte Anordnung).

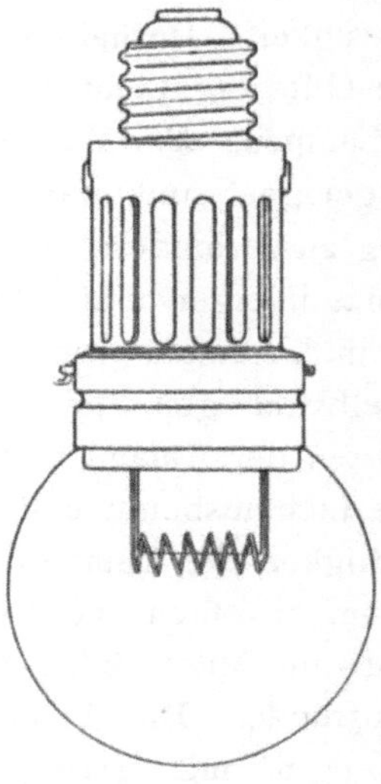

Fig. 326.
Nernstlampe mit wagerechtem Brenner.

weist einen auswechselbaren Brenner auf. Der letztere setzt sich aus dem eigentlichen Leuchtkörper, einem entweder senkrecht (Fig. 325) oder wagerecht (Fig. 326) angeordneten, leitend präparierten Magnesiastäbchen und der um den Leuchtkörper gelegten Heizspirale zusammen. Beide sind parallel geschaltet und durch die Schraube S an einer auf dem Brennersockel p sitzenden Klemme befestigt.

An dem anderen Ende des Leuchtkörpers und der Heizspirale schliesst die Stromrückleitung an. Nach der Einschaltung der Lampe geht der Strom zunächst durch die Heizspirale, die den Leuchtkörper anwärmt. Der Widerstand des letzteren ist im kalten Zustande so gross, dass er keinen Strom durchlässt; erst nach der Anheizung sinkt der Widerstand des Magnesiastäbchens unter den der Heizspirale, was zur Folge hat, dass er nunmehr den grössten Teil des Stromes aufnimmt und dabei in einem schönen hellen Lichte erstrahlt.

Um den Brenner gegen eine übermässige Erhöhung der Spannung zu schützen, ist ihm ein Beruhigungswiderstand vorgeschaltet, der etwa 8 % der Betriebsspannung aufzehrt. Der Widerstand wird in einem über dem Brenner angeordnetem Gehäuse untergebracht. Zur Abhaltung von Staub und Luftzug, sowie zur Dämpfung des grellen Lichtes ist der Brenner mit einer Schutzglocke aus mattem Glase umgeben.

Der Stromverbrauch für die Hefnerkerzenstunde soll bei der Nernstlampe 1,85—2 Watt betragen. Eine 65 kerzige Lampe kostet etwa 13,00 M., ein Ersatzbrenner von durchschnittlich 600 Stdn. Gebrauchsdauer 1,5 M.

Eine experimentelle Untersuchung*) hat ergeben, dass Spannungsschwankungen von 2 % weder auf die Lichtstärke noch auf die Lebensfähigkeit der Lampe einen schädigenden Einfluss ausüben. Der Abfall der Lichtstärke mit der Gebrauchsdauer wurde

nach 255 Stunden zu 20 %
» 325 » » 25 %
» 550 » » 50 % ermittelt.

Die von dem Erfinder des Gasglühlichtes Dr. Auer von Welsbach konstruierte Osmiumglühlampe (Fig. 327) schliesst sich in ihrer Anordnung eng an die Kohlenfadenlampe an. Der einzige Unterschied besteht in der Herstellung des Glühfadens aus Osmium. Dieses seltene Platinmetall wird durch den Strom auf annähernd 2500° C, also etwa 1000° C über die Kohlenfadentemperatur erhitzt, ohne dass es in's Schmelzen kommt.

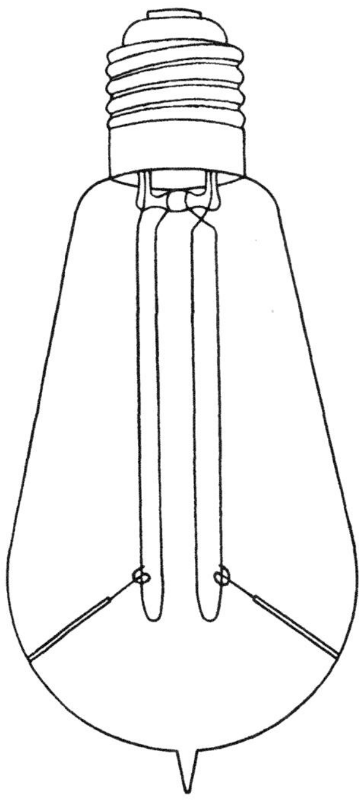

Fig. 327.
Osmiumglühlampe.

In dem weissglühenden Zustande strahlt es ein sehr schönes und mildes Licht aus, das auch von neuen, mit den günstigsten Stromverhältnissen arbeitenden Kohlenfadenlampen bei weitem nicht erreicht wird.

Der Stromverbrauch für die Hefenerkerzenstunde hält sich hier unter 1,5 Watt, ist also noch beträchtlich geringer als bei der Nernstlampe und nur etwa halb so gross als bei der Kohlenfadenlampe. Dabei weist die Osmium-

*) Journal für Gasbeleuchtung, 1904 S. 186 ff.

lampe die sehr hohe Lebensdauer von 1000 Stunden auf und besitzt den Vorzug, dass die Lichtausbeute nach einer so langen Brennzeit nur um etwa 20 % gegen die anfängliche zurückgeht. Spannungsschwankungen beeinflussen Licht- und Lebensdauer nur sehr wenig.

Diesen Vorzügen stehen mehrere kleine Nachteile entgegen, die meistens aus der Verwendung eines Metalls für die Herstellung des Leuchtfadens hervorgehen. Da die Osmiumschleife dem Strome einen viel geringeren spezifischen Widerstand entgegensetzt als der Kohlenfaden der gewöhnlichen Lampe oder gar der Magnesiakörper des Nernstlichtes, lassen sich die Auerschen Lampen trotz der beträchtlichen Glühfadenlänge

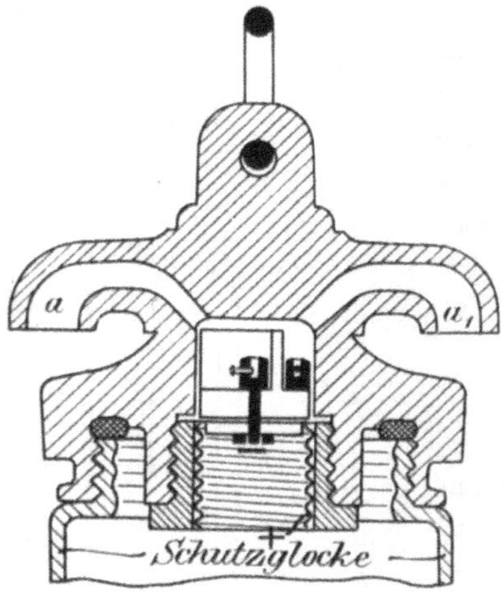

Fig. 328.

Wasser- und luftdichte Porzellanarmatur für Glühlampen.

Fig. 329.

Glühlicht-Handlampe. (Siemens-Schuckert-Werke.)

nicht für Spannungen über 30—40 V ausführen. Bei der üblichen Netzspannung von 110—120 V ist man deshalb genötigt, drei Lampen hintereinanderzuschalten. Da das Osmium in der hohen Temperatur sehr weich wird und sich dann leicht durchbiegt, dürfen die Lampen, obwohl die Fäden durch Haltestäbchen abgefangen sind (Fig. 327), nur in aufrecht hängender Stellung angebracht werden.

Der Preis einer Osmiumlampe, die von der Deutschen Gasglühlicht-Aktien-Gesellschaft in Berlin vertrieben wird, stellt sich bei 32 N.-K. auf 5,50 M. Davon werden 0,75 M. für den ausgebrannten Osmiumfaden zurückerstattet. Die Verbreitung dieser ausgezeichneten Lampe wird leider durch den spärlichen Vorrat an Osmium beschränkt.

Die Installation der Glühlampen auf Bergwerken weicht von der in anderen gewerblichen Anlagen üblichen nicht ab. Als Beleuchtungskörper finden hauptsächlich Pendel und Wandarme Verwendung. Die im Freien, in feuchten, staubigen oder explosionsgefährlichen Räumen aufgehängten Lampen erhalten vielfach luftdicht abschliessende Porzellanarmaturen. Bei der in Fig. 328 dargestellten Ausführung wird der hermetische Abschluss dadurch erreicht, dass die Stromzuleitungen in den Kanälen $a\,a_1$, mit Gummi- oder -Asphaltmasse umgossen werden und die Schutzglocke sich unter dem Druck des Schraubengewindes gegen einen Gummiring legt.

In den Werkstätten, Magazinen, Kesselhäusern usw. benutzt man vielfach mit einem Schutzkorb versehene bewegliche Handlampen (Fig. 329), die durch biegsame Schnüre an die stationäre Leitung angeschlossen werden.

4. Die Kosten der Bogen- und Glühlichtbeleuchtung.

Hinsichtlich der Anlagekosten lassen sich wegen der Verschiedenheit der Lampen- und -Installationskosten allgemein gültige Sätze nicht angeben. Die Stromkosten für die in Betracht kommenden Arten von Bogen- und Glühlicht sind nach den von Professor Lummer gegebenen Sätzen und unter Annahme eines mittleren Selbstkostenpreises vom 0,10 M. für die Kilowattstunde in der nachstehenden Tabelle zusammengestellt.

Tabelle 18.

Lampensysteme		Für die Hefnerkerzenstunde	
		Normalverbrauch in Wattstunden	Stromkosten in Pfennig
Glühlicht	Kohlenfadenglühlampe . .	2,8 - 4	0,028—0,04
	Nernstlampe	2,0	0,02
	Osmiumlampe	1,5	0,015
Bogenlicht	Bogenlampe ohne Glocke	1,0	0,01
	» mit »	1,4	0,014
	Effektbogenlampe.	0,4—0,6	0,004—0,006

Anhang.

Litteratur zum Abschnitt: Beleuchtung.

Von Berginspektor Fähndrich.

Hauptbericht der Preussischen Schlagwetterkommission. Verlag von Ernst & Korn. Berlin 1884. Seite 129—139; 159—163; 213—216.

Anlagen zum Hauptbericht der Preussischen Schlagwetterkommission. Band III mit Atlas. Verlag von Ernst & Korn. Berlin 1886.

Verhandlungen des Centralkomitees der Oesterreichischen Kommission zur Ermittelung der zweckmässigsten Sicherheitsmassregeln gegen die Explosion schlagender Wetter in Bergwerken. Verlag der k. k. Hof- und Staatsdruckerei. Wien.

I. Heft. 1888. Seite 24—26.
II. Heft. 1889. Seite 236—240.
III. Heft. 1890. Seite 216—223.
IV. Heft. 1890. Seite 264—365.
Schlussbericht. 1891. Seite 43—48; 80—93; 126—130.

Mitteilungen des ständigen Komitees zur Untersuchung von Schlagwetterfragen in Mährisch-Ostrau und Segengottes. Verlag der k. k. Hof- und Staatsdruckerei. Wien 1898. S. 147—160.

Haton de la Goupillière. Bericht der französischen Schlagwetterkommission, übersetzt von A. Hasslacher. Verlag von Ernst & Korn. Berlin 1881. S. 82—96.

Kreischer und **Winkler.** Untersuchungen über Sicherheitslampen. Verlag von Ernst Mauckisch. Freiberg 1883

Vorläufiger Bericht der Englischen Grubenunfallkommission, übersetzt von Prof. C. G. Kreischer. Verlag von Ernst Mauckisch. Freiberg 1882.

Schlussbericht der englischen Grubenunfallkommission.

Final report of Her Majesty's commissioners appointed to inquire into accidents in mines. Verlag von Eyre and Spottiswoode. London 1886.

Marsaut. Etude sur la lampe des Mineurs. Bulletin de la soc. de l'ind. min. 2e Sér. Tome 12, S. 321.

Bericht der Belgischen Lampenkommission vom 20. Januar 1868. Annales des travaux publics. Tome 31, S. 306 ff.

Haton de la Goupillière. Cours d'exploitation des mines. Ch. Dunod. Paris 1896. 2e éd.

Ch. Demanet. Der Betrieb der Steinkohlenbergwerke, übersetzt von C. Leybold. Verlag von F. Vieweg & Sohn. Braunschweig 1885. S. 432 ff.

Schondorff, Dr. Die Apparate des Laboratoriums der Preussischen Schlagwetterkommission. Preuss. Zeitschr. f. d. B.-, H.- u. S.-W. 1887, S. 59—97.

Schondorff, Dr. Perkussionszündung und Benzinlampe. Preuss. Zeitschr. f. d. B.-, H.- u. S.-W. 1887, S. 331—335.

L. Volf. Lampenuntersuchungsapparat am Johannschachte in Karwin. Oesterr. Zeitschr. 1901, No. 1.

Gerlach und Lohmann. Durchschlagsversuche mit Zündvorrichtungen in Benzinsicherheitslampen. Preuss. Zeitschr. f. d. B.-, H.- u. S.-W. 1897, S. 249.

Balzer. Beiträge zur Frage der Durchschlagssicherheit innerer Zündvorrichtungen. Preuss. Zeitschr. f. d. B.-, H.- u. S.-W. 1899, S. 323.

J. Mayer. Die Schlagwetterexplosion am Heinrichschachte in M.-Ostrau und einige Versuche mit Sicherheitslampen. Oesterr. Zeitschr. 1900, No. 5—10.

J. Spoth. Verhalten der Wolf'schen Benzinlampe in Schlagwettern bei verschiedenen Mängeln und Beschädigungen und beim Wiederanzünden mittelst der Zündvorrichtung. Oesterr. Zeitschr. 1895, No. 12.

Fähndrich. Die Versuchsstation für Sicherheitslampen auf der berggewerkschaftlichen Versuchsstrecke bei Bismarck i. W. Glückauf 1900, No. 22.

Fähndrich. Durchschlagsversuche mit Innenzündungen. Glückauf 1900, No. 38.

Fähndrich. Ueber den Einfluss der Drahtkorbform auf die Durchschlagssicherheit der Wetterlampen. Glückauf 1901, No. 20.

Fähndrich. Ueber den Einfluss der Drahtkorbform auf die Leuchtkraft der Sicherheitslampen. Glückauf 1900, No. 49.

Fähndrich. Durchblaseversuche mit Sicherheitslampen. Glückauf 1901, No. 23 und 24.

Ch. Heinzerling, Dr. Schlagwetter und Sicherheitslampen. Verlag der J. G. Cotta-schen Buchhandlung. Stuttgart 1891.

M. Mallard. De la théorie des lampes de sûreté. Annales des mines, 7e Sér., Bd. 7, S. 355.

M. G. Arnould. Rapport sur le résultat des expériences faites en Angleterre sur les lampes de sûreté. Annales des travaux publics de Belgique. Tome 26, S. 5 ff.

A. Habets. Moyens d'empêcher les mélanges détonants de faire explosion. Revue universelle des Mines. 1877. I. Vol., S. 114.

M. Morison. Lampe de sûreté. Annales des mines. 6 Sér., Bd. 12, S. 567.

Expériences sur les lampes de sûreté. Bulletin de la Soc. de l'ind. min. I. Sér., Bd. 13, S. 723. 1867.

J. Mayer. Ueber die in neuerer Zeit in den Ostrau-Karwiner Revieren verwendeten Sicherheitslampen. Oesterr. Zeitschr. 1884, S. 589.

Franz Pospišil. Ueber Schlagwetter — Messung und Indikation. Oesterr. Zeitschr. 1895, S. 183—187.

E. Homann. Schlagwetterindikatoren. Oesterr. Zeitschr. 1893, S. 386—388 und 395—397.

G. Pond, Prof. Ueber einen Apparat zur raschen Bestimmung von brennbaren Gasen. Glückauf 1894, No. 30.

J. Mauerhofer. Ueber das Auftreten der Gase in den Kohlengruben und die Bestrebungen zu ihrer praktischen Verwertung. Oesterr. Zeitschr. 1893, S. 299.

Benutzung der Schlagwettergase zur Beleuchtung in M.-Ostrau. Glückauf 1896. No. 49, S. 958.

Husmann. Das Beleuchtungswesen im Steinkohlenbergbau. Bergbau 1901, No. 31 bis 35.

G. A. Meyer. Feuerschutz, Feuerbekämpfung und Rettungswesen. Festschrift zum VIII. Allg. Deutschen Bergmannstage in Dortmund, S. 131 ff. Verlag von Julius Springer. Berlin 1901.

Jaroslav Jičinsky. Katechismus der Grubenwetterführung. Verlag von R. Papauschek. M.-Ostrau 1901. S. 10; 17—23; 31; 35; 210—233.

Verbesserung an offenen Grubenlampen. Glückauf 1898, S. 498.

Offene Petroleumlampen mit künstlicher Luftzuführung. Preuss. Zeitschr. f. d. B.-, H.- u. S.-W. 1888, S. 231. Preuss. Zeitschr. f. d. B.-, H.- u. S.-W. 1887, S. 261.

Bemerkungen über das Zerspringen von Glascylindern bei Sicherheitslampen, Glückauf 1900. No. 1, S. 20.

Calciumcarbid und Acetylen. D. Chem. Ztg. 1896. S. 7; 41; 330; 339; 373.

Karl Thomae, Dr. Das Acetylen und seine Bedeutung als Beleuchtungsmittel. Z. d. V. d. Ing. 1898, S. 491.

Acetylen - Grubensicherheitslampe von Johow. D.R.P. 111 761. Glückauf 1900, No. 35, S. 728.

Ueber Versuche mit Acetylenbeleuchtung in Bergwerken. Glückauf 1902. No. 1, S. 11.

Ueber die Geschwindigkeit der Verpuffung des Acetylens. Glückauf 1899. No. 43.

M. G. Chesneau. Note sur les travaux de la commission du grisou de 1887 à 1900. Annales des mines, livraison de Juin 1900, S. 29 ff.

Schutzmantel an Sicherheitslampen. D. R. P. 69118. Glückauf 1899. No. 43, S. 881.

Doppelmagnetverschluss für Wetterlampen von H. Mandt. Glückauf 1900. No. 35, S. 728.

Arretierbolzen für Magnetverschluss von F. Müller. Glückauf 1900. No. 35, S. 728.

Doppelt wirkender Magnetverschluss von Eitner. Glückauf 1899. No. 46, S. 940.

Belgische Bergpolizeiverordnung über die Verwendung von Benzinsicherheitslampen. Annales des mines Belg. Bd. 6. Lfg. 3, S. 559/61. Glückauf 1901. No. 43, S. 948.

Probierapparat Westfalia für Sicherheitslampen. Glückauf 1901. No. 50, S. 1093.

Löschvorrichtung an Grubensicherheitslampen von Funke. Glückauf 1900. No. 20.

Selbstthätige Löschvorrichtung für Grubenlampen von W. Seippel. Glückauf 1900. No. 52, S. 1096.

Schutzschirm für Sicherheitslampen von G. A. Meyer. Glückauf 1901. No. 2, S. 31.

Zweibolzenverschluss für Wetterlampen von Kellermann. Glückauf 1901. No. 2, S. 25.

Vorkehrung an Sicherheitslampen mit Magnetverschluss zur sicheren Verhütung unbefugten Oeffnens. Glückauf 1900. No. 23, S. 475.

Magnetverschluss von Debus. Glückauf 1899. No. 34, S. 698.

M. G. Arnould. Notice sur un système de fermeture des lampes de sûreté. Annales des travaux publics. Tome 12, S. 255.

Lampes de sûreté. Expériences de la commission Belge et décret rendant la lampe Mueseler obligatoire en Belgique. Bulletin de la Soc. de l'ind. min. 2 Sér. Tome 7, S. 877.

Combes. Traité de l'exploitation des Mines. Paris 1844. Verlag von Coriolan Goënry et vor Dalmont. Bd. 2, Seite 307 und 503.

Report of a committee appointed by the North of England institute of mining engineers to test safety-lamps under certain conditions. Transactions of the North of England Institute. Bd. 17, S. 5.

Note sur une lampe Marsaut à benzine et à rallumeur. Compt. rend. mens de la soc. de l'ind. min. 1899. S. 112.

Emerson Bainbridge. On a new description of safety-lamp. Transactions of the North of England Institute. Bd. 23, S. 15.

William Galloway. On safety-lamps and shot-firing. Transactions of the North of England Institute, Bd. 24, S. 63 und 168.

Carl Cižek. Die Wolfsche Benzinlampe und ihr Verhalten beim praktischen Grubenbetriebe. Oesterr. Zeitschr. 1892, No. 3.

Clowe-Sicherheitslampe mit Wasserstoffgaszuführung zur Prüfung der Grubenwetter. Oesterr. Zeitschr. 1894, S. 315 und 397.

Freisesche Zündvorrichtung für Oel- und Benzin-Sicherheitslampen. Glückauf 1895, S. 1000.

Kochsche Zündvorrichtung. Glückauf 1895, S. 826.

Elektrische Beleuchtung unter Tage auf der Königin Luise-Grube bei Zabrze. Glückauf 1898, S. 807.

Nonne. Ueber Sicherheitslampen. Glückauf 1885, No. 88.

Magnetverschluss von Schondorff. Preuss. Zeitschr. f. d. B.-, H.- u. S.-W. 1832, S. 253.

Die Schondorffsche und Wolfsche Sicherheitslampe. Preuss. Zeitschr. f. d. B.-, H.- u. S.-W. 1884, S. 305 ff.

Hörnecke. Ueber die Sicherheitsmassregeln gegen schlagende Wetter. Preuss. Zeitschr. f. d. B.-, H.- u. S.-W. 1883, S. 279.

Broockmann. Benzin und Benzinsicherheitslampen. Preuss. Zeitschr. f. d. B.-, H.- u. S.-W. 1886, S. 320.

Brenner. Verwertung von Grubengasen. Preuss. Zeitschr. f. d. B.-, H.- u. S.-W. 1889, S. 70.

Versuche mit Rüböl, Antibenzin und Benzin. Preuss. Zeitschr. f. d. B.-, H.- u. S.-W 1892, S. 438.

Die Seippelsche Schlagzündung. Preuss. Zeitschr. f. d. B.-, H.- u. S.-W. 1892, S. 437.

Oelsicherheitslampe Wolf-Schondorff. Preuss. Zeitschr. f. d. B.-, H.- u. S.-W. 1897, S. 225.

P. Fuchs. Ueber einen Gas-Analysator zur fortlaufenden Untersuchung von Grubenluft auf schlagende Wetter. Preuss. Zeitschr. f. d. B.-, H.- u. S.-W 1899, S. 73.

P. Fuchs. Ueber registrierende Beobachtung schlagender Wetter und der Geschwindigkeit von Wetterströmen. Preuss. Zeitschr. f. d. B.-, H.- u. S.-W. 1900, S. 12.

Acetylen-Gasbeleuchtung. Preuss. Zeitschr. f. d. B.-, H.- u. S.-W. 1900, S. 134.

Sprengstoffwesen.

Von Professor H e i s e, ergänzt von Bergassessor B e y l i n g.

1. Kapitel: Die Sprengstoffe.

I. Geschichtliches.

Bis zur Mitte der 60er Jahre des vorigen Jahrhunderts wurde beim rheinisch-westfälischen Steinkohlenbergbau wie überall im Grubenbetriebe für die Sprengarbeit ausschliesslich Schwarzpulver benutzt.

Wenn auch die Schiessbaumwolle schon im Jahre 1845 und das Sprengöl im Jahre 1847 entdeckt waren, so blieben diese Stoffe doch einstweilen für die Sprengarbeit ausser Verwendung. Erst im Jahre 1864 erkannte der schwedische Ingenieur Nobel die wichtige Thatsache, dass der für die Explosion des Sprengöls nötige Schlag durch Entzündung einer kleinen, über dem Sprengöle befindlichen Pulverladung hervorgebracht werden konnte. Bald wurde letztere durch ein verstärktes Zündhütchen — die Sprengkapsel — ersetzt. Von nun an begann der Wettbewerb kräftigerer Sprengstoffe mit dem Schwarzpulver.

Im Jahre 1865 wurden auf einer Reihe westfälischer Zechen, insbesondere auf Constantin der Grosse, Versuche mit flüssigem Sprengöl vorgenommen. Der Erfolg war befriedigend. Im Jahre 1867 bezogen bereits 17 Zechen des Ruhrbezirks regelmässig Sprengöl. Die Anwendung desselben geschah in Blech-, Papier- oder Glaspatronen. In festem Gestein goss man auch wohl das Sprengöl unmittelbar in das Bohrloch. Ueber die Wirkung des Sprengöls wird berichtet, dass sie in festem Gestein, bei fehlendem Schram und vor nasser Arbeit ausgezeichnet gewesen ist. Obwohl der Preis denjenigen des Schwarzpulvers 8 mal übertraf, wurde das Sprengöl mit grossem Nutzen angewandt.

Jedoch regte sich bald nach seiner Einführung berechtigtes Misstrauen gegen den neuen Sprengstoff. Auf einigen Gruben des Ruhrbezirks kamen Unglücksfälle vor, die dadurch veranlasst waren, dass das Sprengöl im Bohrloch nicht vollständig explodierte. Beim Weiterbohren bezw. beim Auskratzen des Bohrloches kam dann der Rest der Ladung zur Explosion, wodurch die betreffenden Leute verletzt wurden. Auch erregten einige Fälle von anscheinend freiwilligerExplosion des neuen Sprengstoffs, die sich anderwärts ereigneten, Bedenken.

Auf fruchtbaren Boden fiel deshalb die weitere Entdeckung Nobels, das Kieselguhr das Nitroglycerin aufzusaugen und festzuhalten im Stande ist. Die Vorteile des Guhrdynamits waren so in die Augen springend, dass es bei seiner Einführung im Jahre 1867 das flüssige Nitroglycerin fast augenblicklich verdrängte. Mit der Zeit nahm das Guhrdynamit langsam an Verbreitung im Steinkohlenbergbau des Ruhrbezirks zu. Es erwies sich bei Gesteinsarbeiten dem Schwarzpulver ebenso überlegen, wie das Sprengöl. Bei der Kohlengewinnung verblieb es bei der Verwendung des Pulvers, weil das Dynamit durch seine kräftige Sprengwirkung die Kohle zu stark zerkleinerte und dem Stückkohlenfall Eintrag that. Auch sonst gab man, wo es möglich war, der grösseren Billigkeit wegen dem Schwarzpulver den Vorzug.

Ueber den verhältnismässigen Verbrauch an Schwarzpulver und Dynamit in den 70er Jahren sind nur Schätzungen möglich. Als Anhalt kann man eine die königlichen Steinkohlenwerke bei Saarbrücken betreffende Angabe aus dem Jahre 1881 nehmen. Es wurden dortselbst auf 1000 t Förderung insgesamt 173 kg Sprengstoffe verbraucht und zwar 170 kg Pulver und 3 kg Dynamit. Unter der Voraussetzung gleicher Verhältniszahlen in demselben Jahre würde sich für den rheinisch-westfälischen Steinkohlenbergbau der Gesamtverbrauch an Schwarzulver auf ca. 4 031 000 kg, derjenige an Guhrdynamit auf ca. 71 300 kg berechnen.

Mehrfache in die Zeit bis zum Jahre 1881 fallende Versuche, Schwarzpulver und Guhrdynamit durch andere Sprengstoffe zu ersetzen, sind ohne dauernden Erfolg geblieben. Für Schwarzpulver suchte man verschiedentlich in den 70er Jahren Sprengsalpeter auf den hiesigen Gruben einzuführen, der bekanntlich auf Salpeterwerken viel gebraucht wird. Trotz des billigeren Preises scheiterte die Einführung an den hygroskopischen Eigenschaften des Sprengsalpeters*). Das Dynamit hat man im Jahre 1870 durch die Sprengstoffe Lithofrakteur**) und Dualin***) zu verdrängen

---

*) Sprengsalpeter entspricht in seiner Zusammensetzung etwa dem Schwarzpulver, nur ist der Kalisalpeter durch Natronsalpeter ersetzt.

**) Lithofrakteur bestand aus:

52 % Sprengöl,
30 % Kieselguhr,
12 % Steinkohlenstaub,
4 % Natronsalpeter,
2 % Schwefel.
100.

***) Dualin bestand aus:

50 % Sprengöl,
30 % Sägemehl,
20 % Kalisalpeter
100.

gesucht. Angeblich sollten dieselben, wie Schwarzpulver, ohne Anwendung einer Sprengkapsel explodieren; jedoch trat die Explosion nicht regelmässig ein. Vor allen Dingen war aber die Leistung des Guhrdynamits besser, sodass sich bei der Verwendung jener Sprengstoffe kein Vorteil herausstellte.

Anfangs der 80er Jahre hat man schliesslich gepresste Schiessbaumwolle als Ersatz für Guhrdynamit versucht. Da aber dieser Sprengstoff stärkere Sprengkapseln und festeren Besatz als das Dynamit erfordert, kamen häufig Versager vor. Die Leistung war der des Dynamits nicht überlegen und die Kosten waren höher, sodass die Schiessbaumwolle bald wieder aus dem Grubenbetriebe verschwand.

Ein Wandel in der unumschränkten Herrschaft des Schwarzpulvers und des Guhrdynamits trat ein, als (wiederum von Nobel) die Entdeckung gemacht wurde, dass Sprengöl mit doppelt nitrierter Cellulose sich zu einer gelatinösen, gallertartigen Masse verbindet, die besonders kräftige Sprengwirkungen besitzt. Aus dieser Erfindung entstanden die Sprengstoffe Sprenggelatine und Gelatine-Dynamit. Die ersten Versuche damit wurden im Ruhrbezirke im Jahre 1881 vorgenommen. Insbesondere hat das Gelatine-Dynamit je länger, desto mehr an Boden gewonnen. Es drängte das Guhrdynamit zurück, weil es billiger und kräftiger als dieses war. Die Sprenggelatine fand geringere Verbreitung, weil sie sich verhältnismässig teuer stellte und eine übermässig zertrümmernde Wirkung besass.

Mittlerweile war eine neue Forderung an die Sprengstoffe herangetreten. Es wurde für gewisse Fälle eine grössere Schlagwettersicherheit verlangt, als sie Pulver und Dynamit bieten konnten. Aus dem Zwange dieser Forderung ist die neuerdings zu grosser Bedeutung gelangte Gruppe der Sicherheitssprengstoffe erwachsen.

Mannigfache Versuche, der Sprengarbeit durch andere Mittel grössere Schlagwettersicherheit zu verleihen, gingen den Sicherheitssprengstoffen voraus. Im Jahre 1883 wurden auf mehreren westfälischen Zechen (wie auch anderwärts) Sprengversuche mit Kalkpatronen gemacht. Feingeriebener gebrannter Kalk war unter hohem Drucke zu Patronen von $2^1/_2$ Zoll Durchmesser mit einem Kanal an der Seite gepresst. Nach Einschieben solcher Kalkpatronen in das Bohrloch wurde ein halbzölliges Eisenrohr eingeführt, das an seinem im Bohrloche steckenden Ende eine Anzahl seitlicher Durchbohrungen trug. Nachdem der Besatz in gewöhnlicher Weise aufgefüllt war, wurde Wasser mittels einer Handpumpe in den Kalk gepresst. Dann wurde die Pumpe abgehängt und das Rohr mit einem Zapfen verschlossen. Die Spannung des sich entwickelnden Wasserdampfes und die eintretende Ausdehnung des Kalkhydrates sollten die Sprengung bewirken. Dieses Verfahren hat aber nirgendwo günstige Erfolge zu verzeichnen gehabt.

Im Jahre 1885 wurden auf den Zechen Bonifacius und Zollverein interessante Versuche vorgenommen, um festzustellen, ob durch Wasserbesatz bei Schwarzpulverschüssen Sicherheit gegen die Schlagwetter- oder Kohlenstaubgefahr geschaffen werden kann. Die Schüsse wurden genau in derselben Weise angesetzt und geladen, wie es auch sonst üblich war. Der Besatz bestand aus kurzen, 10—20 cm langen Patronen, die aus Schweinsdärmen hergestellt waren, welche mit Wasser gefüllt waren. Die Gesamtlänge des so gebildeten Besatzes betrug 13—90 cm, während die Pulverladung höchstens 47 cm lang war. Trotz der bedeutenden Menge des angewandten Wassers bemerkte man bei jedem Schusse hellen Feuerschein und mehrmals sogar einen Feuerregen. In einem Falle wurde festgestellt, dass glühende Funken 21 m weit geflogen waren.

Bessere Ergebnisse erhielt man bei ähnlichen Versuchen mit Guhr- und Gelatine-Dynamit. In grösserem Massstabe wurden solche Versuche z. B. auf den Zechen Germania, Westhausen und Graf Schwerin im Jahre 1893 ausgeführt. Wenn man in der geschilderten Weise Wasserpatronen als Besatz auf die Sprengladung brachte, war nach den Beobachtungen der Grubenbeamten keine Flammenerscheinung mehr wahrzunehmen. Wurde dagegen der Sprengstoff in eine Wasserhülse gesteckt, sodass er rundum von einer verhältnismässig dünnen Wasserschicht umgeben war, so wurden trotz eines daraufgesetzten Lettenbesatzes deutlich Feuererscheinungen sichtbar. Bei letzterer Art des Schiessens war allerdings die Menge des verwendeten Wassers erheblich geringer als bei dem Schiessen mit Wasserbesatz und jedenfalls nicht gross genug, um die Explosionsflamme zu vernichten.

In der Folge ist Wasserbesatz bei Dynamitschüssen im rheinisch-westfälischen Kohlenbezirke mehrfach in Anwendung geblieben.

Die Versuche, die Sprengstoffe durch Anwendung von Keilen zu ersetzen, sind in dem Abschnitte Gewinnungsarbeiten*) besprochen.

Im Jahre 1886 erschienen die ersten eigentlichen Sicherheitssprengstoffe, die mit dem Anspruche auftraten, dass sie ohne Flammenbildung explodierten und Schlagwetter überhaupt nicht zu zünden vermochten. Es waren dies Kohlenkarbonit und Roburit. Wenn sich auch die ersten Hoffnungen nicht verwirklicht haben, so hat doch der mit jenen Sprengstoffen eingeschlagene Weg zu einem sehr erfreulichen Ziele geführt, wie in dem Abschnitte »Die berggewerkschaftliche Versuchsstrecke usw.« näher ausgeführt werden wird.

Die Entwickelung der Sicherheitssprengstoffe hat sich von Anfang an in zwei Gruppen vollzogen, nämlich in derjenigen der Karbonite und

*) Band IV, S. 73.

derjenigen der Ammonsalpetersprengstoffe. Die sog. Wetterdynamite, die aus Dynamit mit einem erheblichen Zusatze vergasbarer Salze (Bittersalz, Natriumbikarbonat u. a. m.) bestehen, haben für den Ruhrbezirk keine Bedeutung erlangt und sind nach kurzem Anlaufe gänzlich wieder verschwunden.*)

Infolge der Begünstigung durch die Bergbehörden wurden die Einführungsschwierigkeiten, mit denen die neuen Sprengstoffe zu kämpfen hatten, verhältnismässig leicht überwunden. Bald folgten andere Sicherheitssprengstoffe, von denen hier insbesondere Dahmenit und Westfalit genannt sein mögen. Durch die im Jahre 1894 beginnende Thätigkeit der berggewerkschaftlichen Versuchsstrecke wurde der Sicherheitsgrad der einzelnen Sprengstoffe ständig überwacht. Die Veröffentlichungen des jeweiligen Leiters der Versuchsstrecke bildeten einen starken Anreiz für die Fabriken, rastlos weiter an der Verbesserung ihrer Erzeugnisse zu arbeiten. Die Namen und Zusammensetzungen der Sprengstoffe wechselten deshalb mehrfach. Am Schlusse des vorigen Jahrhunderts leistete — was füglich behauptet werden darf — auf dem Gebiete der Sicherheitssprengstoffe kein Land der Welt das Gleiche wie Deutschland.

Die im Vorstehenden kurz angedeutete Entwickelung der Sprengstoffe ist eine der Vorbedingungen für das Aufblühen des rheinisch-westfälischen Bergbaues gewesen. Mit Schwarzpulver allein wäre der erforderliche schnelle Betrieb der Gesteinsarbeiten unmöglich gewesen. Wie man gezwungen wurde, immer höhere Dampfspannungen in den Kesseln anzuwenden und immer leistungsfähigere Maschinen aufzustellen, so war es auch ein unabweisliches Bedürfnis geworden, für die Augenblicksarbeit der Sprengung kräftigere Mittel zu finden. Für die Schlagwetter- und Kohlenstaubgruben hing ferner die allgemeine Anwendbarkeit der Sprengstoffe davon ab, dass es gelang, letzteren bis zu einem gewissen Grade Schlagwettersicherheit zu geben.

Beiden Anforderungen hat die Technik in ausreichendem Masse genügt. Auf die Entwickelung der Sicherheitssprengstoffe im Besonderen haben auch die durch die bergpolizeilichen Vorschriften gestellten Anforderungen einen nicht unwesentlichen Einfluss ausgeübt. Denn seit dem 1. Januar 1902 ist auf den Steinkohlenbergwerken im Oberbergamtsbezirk Dortmund die Schiessarbeit nicht nur in der Kohle, sondern auch beim Nachreissen des Nebengesteins und bei Durchörterung von Flötzstörungen nur noch mit Sicherheitssprengstoffen gestattet. Ausnahmen von dieser Vorschrift werden

*) Der Name »Wetterdynamit« wird jetzt auch für andere Sicherheitssprengstoffe angewandt.

nur für ganz besondere Fälle zugelassen. Die Verwendung von Schwarzpulver und Schwarzpulverähnlichen Sprengstoffen aber ist gänzlich untersagt.*)

II. Der Stand des Sprengstoffverbrauchs im Jahre 1898.

Die im Jahre 1898 auf den Steinkohlengruben des Oberbergamtsbezirks Dortmund gebrauchten Sprengstoffe waren:

1. Nicht-Sicherheitssprengstoffe:

   Schwarzpulver;

   Gelatine - Dynamit, Sprenggelatine, Guhrdynamit, Gesteinskarbonit;

2. Sicherheitssprengstoffe:

   Kohlenkarbonit (Wittenberger Wetterdynamit), Kohlenkarbonit I, Kohlenkarbonit II;

   Dahmenit A (Viktoriapulver), Roburit I, Westfalit, Köln-Rottweiler Sicherheitssprengpulver, Ammonkarbonit.

Die chemische Zusammensetzung der wichtigeren Sprengstoffe ist in der folgenden Einzelbesprechung mitgeteilt. Soweit dies nicht der Fall ist, ist die Zusammensetzung in der Anmerkung**) angegeben.

Der Jahresverbrauch von den in Rede stehenden Sprengstoffen ist gewesen:

Schwarzpulver	332 292 kg
Dynamite	2 247 799 »
Sicherheitssprengstoffe:	
Karbonite	426 933 »
Ammonsalpetersprengstoffe	1 026 233 »
	4 033 257 kg.

Von dem Verbrauch an Dynamiten entfielen 97 % auf das Gelatine-Dynamit, während nur 3 % von Sprenggelatine, Guhrdynamit und Gesteinskarbonit gestellt wurden.

Von den Sicherheitssprengstoffen waren für den Ruhrbezirk die wichtigsten: Kohlenkarbonit, Dahmenit A, Roburit I und Westfalit.

---

*) Bergpolizei - Verordnung des Königl. Oberbergamts Dortmund vom 12. Dezember 1900 (§ 38).

**) Sprenggelatine: 93 % Sprengöl, 7 % Kollodiumwolle; Guhrdynamit: 75 % Sprengöl, 25 % Kieselguhr; Gesteinskarbonit: 68 % Sprengöl, 17,5 % Kieselguhr, 10 % Kalisalpeter, 3,5 % Mehl, 1 % Russ.

Bei einer Jahresförderung von 51 001 551 t ergiebt sich, dass auf 1000 t Förderung 79,1 kg Sprengstoffe verbraucht wurden. Im Einzelnen entfielen auf 1000 t Förderung

6,5 kg Schwarzpulver,
44,1 » Dynamite,
28,5 » Sicherheitssprengstoffe.

Der Verbrauch an Schwarzpulver war somit recht geringfügig. Er ist auch noch weiter im Rückgange begriffen. Im Jahre 1897 ist er auf 1000 t Förderung um 1,3 kg höher gewesen. Auch der Verbrauch von Dynamiten im Verhältnis zur Förderung ist von 1897 zu 1898 etwas gefallen, während derjenige der Sicherheitssprengstoffe gestiegen ist.

Wenn man den Gesamtverbrauch an Dynamiten und Sicherheitssprengstoffen durch die Zahl der verbrauchten Sprengkapseln dividiert, so ergiebt sich eine durchschnittliche Schussladung von 328 g. Es kamen also auffallend starke Ladungen zur Anwendung. Für Schwarzpulver werden die Ladungsmengen kaum geringer sein.

Welche Bedeutung der Sprengstoffverbrauch für den rheinisch-westfälischen Steinkohlenbergbau hat, erkennt man am besten aus dem Geldaufwande, der für Sprengstoffe und Zündmittel geleistet wird. Bewertet man das Schwarzpulver mit 0,58 M., das Dynamit mit 1,10 M., die Ammonsalpetersprengstoffe mit 1,30 M. und die Karbonite mit 0,90 M. je kg, so ergiebt sich ein Gesamtwert der im Jahre 1898 verbrauchten Sprengstoffe von 4 383 700 M. Die Kosten der Zündung sind auf etwa 8 Pf. für den Schuss zu schätzen, was bei 13 000 000 Schüssen 1 040 000 M. jährlich ausmacht. Insgesamt dürften also für Sprengstoffe und Zündmittel 5 423 700 M. verausgabt sein, oder auf die Tonne Kohlen 10,6 Pf.

Interessant sind einige Vergleichszahlen, die den Sprengstoffverbrauch auf den belgischen und auf den österreichisch-schlesischen Steinkohlengruben betreffen.

Beim belgischen Steinkohlenbergbau sind im Jahre 1898 bei 22 088 000 t Förderung nur 43 kg Sprengstoffe auf 1000 t Förderung verbraucht worden. Davon entfielen auf Schwarzpulver 23 kg, auf Dynamite und ähnlich brisante Sprengstoffe 14 kg und auf Sicherheitssprengstoffe 6 kg. Wie man sieht, war der Gesamtverbrauch an Sprengstoffen in Westfalen ganz erheblich höher als in Belgien und übertraf letzteren um 84 %. Dagegen ist der Schwarzpulververbrauch in Belgien $3^1/_2$ mal so hoch als der in Westfalen gewesen.

Ueber den Sprengstoffverbrauch auf den Steinkohlengruben in Oesterreichisch-Schlesien liegen leider nur Zahlen für das Jahr 1893 vor. Damals hatten die Sicherheitssprengstoffe noch nicht ihre spätere Bedeutung erlangt. Auf sämtlichen Gruben wurden bei 4 905 226 t Förderung 270 385 kg

Sprengstoffe verbraucht, das sind 55,1 kg auf 1000 t Förderung. Davon entfielen, der damaligen Zeit entsprechend, etwa 80 % auf Dynamite und ähnliche Sprengstoffe. Berechnet man aus der Zahl der verbrauchten Zündmittel und dem Gesamtverbrauche an Sprengstoffen die durchschnittliche Ladungsmenge eines Schusses, so stellt sich diese auf etwa 165 g gegen 328 g in Westfalen.

III. Die einzelnen Sprengstoffe.

Die Einzelbesprechung soll einige für den Ruhrbezirk besonders wichtige und in ihrer Art charakteristische Sprengstoffe umfassen. Im Anschluss daran sollen auch die sonst z. Z. gebräuchlichen Sprengstoffe aufgeführt werden.

1. Schwarzpulver.

Dasselbe wird in verschiedener chemischer Zusammensetzung hergestellt. Ausschlaggebend für Güte und Preis ist der Salpetergehalt. Danach bezeichnet man es als 65, 70 und 75 prozentiges Pulver. Das Letzte ist am stärksten und teuersten. Einige Zusammensetzungen der gebräuchlichsten Sorten folgen hierunter:

Kalisalpeter %	Schwefel %	Kohle %
65 . . .	16,25	18,75
65 . . .	15,00	20,00
70 . . .	13,75	16,25
70 . . .	14,00	16,00
75 . . .	12,00	13,00
75 . . .	10,00	15,00.

Das Pulver wird entweder im gekörnten Zustande oder zusammengepresst zu Patronen mit einem seitlich oder in der Mitte liegenden Zündkanal benutzt. In letzterem Zustande ist es nur vereinzelt in Gebrauch. Zumeist verwendet man gekörntes Pulver, dessen Korn rund oder eckig, poliert oder unpoliert sein kann. Die Bedeutung dieser verschiedenen Bearbeitungsarten liegt darin, dass dadurch die Schnelligkeit der Explosionsvergasung beeinflusst wird. Am langsamsten explodiert das gepresste Pulver, am schnellsten das matte, eckige Korn. Das gepresste Pulver hat ausserdem noch den Vorzug, dass grössere Gewichtsmengen im gleichen Laderaume untergebracht werden können.

Während früher Pulver lose vertrieben und erst auf der Zeche in Patronenhülsen gefüllt wurde, sind nach und nach alle Gruben, so lange sie noch mit Pulver schiessen durften, zum Bezuge des Pulvers in fertigen

Patronen übergegangen. Letztere hatten Durchmesser von 25—36 mm und Längen von 125—350 mm.

Das specifische Gewicht des gekörnten Pulvers ist 1,52—1,55, das des gepressten 1,60—1,85. Bezeichnet man als Ladegewicht das in 1 cbcm des Bohrlochraums thatsächlich unterzubringende Gewicht des Sprengstoffs ausgedrückt in g, so ist dasselbe beim gekörnten Pulver etwa 1,0 und beim gepressten ungefähr 1,3.

Nach praktischen Versuchen, die von den Sprengstoffchemikern Nobel und Abel angestellt worden sind, wird man für das 75 %ige Schwarzpulver mit 12 % Schwefel und 13 % Kohle etwa folgende Zersetzungsgleichung annehmen können:

$$20\,KNO_3 + 10\,S + 30\,C = 6\,K_2CO_3 + K_2SO_4 + 3\,K_2S_3 + 14\,CO_2 + 10\,CO + 10\,N_2.$$

Die Explosionstemperatur berechnet sich für die angenommene Zersetzung auf 2439° und die bei der Explosion von 1000 g frei werdende Wärmemenge auf 577 Kalorien.

Schwarzpulver mit weniger als 75 % Salpeter liefert auf gleiche Gewichtsmengen ein grösseres Gasvolumen. Jedoch ist die Explosionstemperatur und die erzeugte Wärmemenge — somit auch die Arbeitsfähigkeit — geringer. Ein weiterer für die Praxis wichtiger Unterschied liegt darin, dass mit abnehmendem Salpetergehalte die entstehenden Kohlenoxydmengen wachsen.

2. Gelatine-Dynamit.

Gelatine-Dynamit ist eine schmutzig gelbe, durchscheinende gelatinöse Masse, die bei ungefähr + 8° C. gefriert. Die chemische Zusammensetzung wird von allen nach Westfalen liefernden Fabriken gleichmässig innegehalten und stellt sich auf:

62,5 %	Sprengöl,
2,5 »	Schiesswolle,
25,5 »	Natronsalpeter,
8,75 »	Cellulose,
0,75 »	kohlensaures Natron,
100,00	Teile.

Danach ergiebt sich folgende Zersetzungsgleichung*):

$$41{,}3\,C_6H_{10}N_6O_{18} + 0{,}7\,C_{24}H_{31}N_9O_{38} + 91{,}4\,NaNO_3 + 16{,}2\,C_6H_{10}O_5 + 1\,Na_2CO_3 = 316\,CO_2 + 298\,H_2O + 29\,O_2 + 172\,N_2 + 47\,Na_2CO_3.$$

*) Die Zersetzungsgleichung ist ebenso wie bei den folgenden Sprengstoffen theoretisch ermittelt. Ausgeführte Versuche lassen schliessen, dass die wirkliche Explosionszersetzung im wesentlichen der theoretischen entspricht, nicht allein bei Gelatine-Dynamit, sondern auch bei den übrigen brisanten Sprengstoffen.

Dementsprechend beträgt die Explosionstemperatur 2984° C, und 1000 g entwickeln eine Wärmemenge von 1267 Kalorien. Das Ladegewicht des Sprengstoffs ist etwa 1,5.

Das Gelatine-Dynamit wird in Patronen von 21—24 mm Durchmesser und 75 oder 120 mm Länge geliefert. In weiteren Bohrlöchern werden die einzelnen Patronen zusammengedrückt, so dass die Sprengmasse das ganze Bohrloch ausfüllt. Zu oberst kommt die Zündpatrone mit der Sprengkapsel. Für die sichere Explosion des Gelatine-Dynamits genügt Kapsel No. 3 mit 0,54 g Knallquecksilberfüllung.

Gelatine-Dynamit wird vor Gesteinsarbeiten fast ausschliesslich angewandt. In der Kohle und beim Nachreissen des Nebengesteins ist seine Verwendung nicht mehr gestattet.

3. Sicherheitssprengstoffe.

Die Sicherheitssprengstoffe sind anscheinend in ihrer Entwickelung noch nicht zu einem für längere Zeit gültigen Abschluss gelangt. Die beiden hauptsächlichsten Gruppen, die der Karbonite und der Ammonsalpetersprengstoffe, besitzen jede für sich besondere Eigentümlichkeiten und Eigenschaften, welche für alle Sprengstoffe der Gruppe zutreffen.

Die Karbonite bestehen im Wesentlichen aus Gemengen von 25—30 % Sprengöl, 25—35 % Kali- oder Natronsalpeter und 30—40 % Mehl. Das Mehl ist in starkem Ueberschusse vorhanden, so dass nach Massgabe des verfügbaren Sauerstoffs der Kohlenstoff grösstenteils nur zu Kohlenoxyd, nicht aber zu Kohlensäure verbrennen kann. Diese Sprengstoffe liefern somit schädliche Nachschwaden. Wegen des Nitroglyceringehaltes veranlasst der Sprengstoff bei unmittelbarer Berührung Kopfschmerzen. Auch zeigt er den Uebelstand des Gefrierens. Die Sprengwirkung ist nicht sonderlich gross und derjenigen der Ammonsalpetersprengstoffe unterlegen. Dagegen besitzen die Karbonite eine sehr hohe Schlagwettersicherheit, und es ist noch kein Fall bekannt geworden, dass die Sprengarbeit mit Karboniten eine Schlagwetter- oder Kohlenstaubexplosion in der Grube verschuldet hätte.

Die Ammonsalpetersprengstoffe bestehen aus etwa 90 % Ammonsalpeter, der zum kleinen Teil auch durch Kalisalpeter ersetzt ist, 5—10 % eines Kohlenstoffträgers und 0—5 % sonstiger Beimengungen. Die Nachschwaden dieser Sprengmittel sind von geringer Menge und wenig belästigend, weil sie zumeist aus Wasserdampf bestehen. Die Sprengwirkung genügt selbst für zähe Kohle und für nicht allzu festes Gestein. Gegen Stoss und Schlag sind die Ammonsalpetersprengstoffe unempfindlich. Eine Explosionsgefahr besteht, wie mehrfache Brände in Sprengstofffabriken bewiesen haben, selbst dann nicht, wenn grosse Mengen dieser Sprengstoffe in starkem Feuer verbrannt werden. Die Schlagwettersicherheit ist dagegen geringer als bei den Karboniten. Wegen der hygroskopischen Eigenschaften des Ammonsalpeters muss der Sprengstoff besonders gut verpackt sein und darf nicht zu lange in der Grube lagern. Andernfalls nimmt er Feuchtigkeit auf und verliert bald seine Explosionsfähigkeit.

Eine dritte, erst in neuester Zeit entstandene Gruppe umfasst Sprengstoffe, die durch ihren Sprengöl- z. T. auch durch ihren Mehlgehalt den Karboniten ähnlich sind, die andrerseits aber auch in grösseren Mengen Ammonsalpeter enthalten.

Es folgen nun die z. Z. wichtigsten Vertreter der einzelnen Gruppen.

a) Kohlenkarbonit.

Kohlenkarbonit sieht schmutzig weissgrau aus und bildet eine zusammenhaftende, unter Druck zerbröckelnde Masse, die zufolge des Mehlgehaltes wie Brotteich riecht. Es wird von der Sprengstoff A.-G. Carbonit zu Hamburg und, unter dem Namen »Wittenberger Wetterdynamit«, bei genau gleicher Zusammensetzung von der Westfälisch-Anhaltischen Sprengstoff-A.-G. zu Berlin geliefert und besteht aus:

25 %	Sprengöl,
34 »	Kalisalpeter,
39,5 »	Mehl (einschl. 2,5 % Wasser),
1,0 »	Barytsalpeter,
0,5 »	kohlensaurem Natron,
100,0 %.	

Es wird je nach Wunsch in 27, 30 und 35 mm dicken und 125 mm langen Patronen geliefert, die annähernd 100, 120 und 150 g wiegen. Ausserdem sind den Paketen noch halbe Patronen beigefügt. Das Ladegewicht beträgt etwa 1,15.

Die Zersetzungsgleichung berechnet sich wie folgt:

$$144\,C_6H_{10}N_6O_{18} + 880\,KNO_3 + 596\,C_6H_{10}O_5 + 363\,H_2O + 10\,BaN_2O_6 + 12\,Na_2CO_3$$
$$= 1648\,CO_2 + 2342\,CO + 1647\,H_2O + 2416\,H_2 + 877\,N_2 +$$
$$440\,K_2CO_3 + 10\,BaCO_3 + 12\,Na_2CO_3.$$

Hiernach beträgt die Explosionstemperatur 1845° C. Von 1000 g wird bei der Explosion eine Wärmemenge von 628 Kalorien entwickelt.

Für die Sprengarbeit mit Kohlenkarbonit benutzt man in der Regel Kapseln No. 6 mit 1,0 g Knallquecksilberfüllung.

Andere Vertreter dieser Gruppe sind:

Karbonit I, hergestellt von der Sprengstoff-A.-G. Carbonit, Hamburg.

Zusammensetzung:

25,0 % Nitroglycerin,
30,5 » Natronsalpeter,
39,5 » Weizenmehl,
5,0 » Kaliumbichromat.

100,0 %.

Karbonit II, hergestellt von derselben Firma.

Zusammensetzung:

30,0 % Nitroglycerin,
24,5 » Natronsalpeter,
40,5 » Weizenmehl,
5,0 » Kaliumbichromat.

100,0 %.

Phönix I, hergestellt von den Sprengstoffwerken Dr. R. Nahnsen & Co., Hamburg.

Zusammensetzung:

30,0 % Nitroglycerin,
32,0 » Natronsalpeter,
38,0 » Mehl.

100,0 %.

Wetterdynamit II, hergestellt von der Dynamit-A.-G. vorm. Alfred Nobel & Co., Hamburg.

Zusammensetzung:

25,0 % Nitroglycerin,
1,0 » Oel,
32,0 » Natronsalpeter,
34,0 » Mehl,
3,0 » Holzmehl,
5,0 » Alaun.

100,0 %.

b) Dahmenit A.

Dahmenit A, ein von der Castroper Sicherheitssprengstoff-A.-G. zu Castrop hergestellter, eigentlicher Ammonsalpetersprengstoff, ist ein safrangelbes Pulver, das zum Zusammenbacken neigt. Die Patronen müssen deshalb vor dem Fertigmachen des Schusses gewalkt und gedrückt werden.

Der Sprengstoff ist an dem starken Naphthalingeruch leicht kenntlich. Die Patronenhülsen sind mit einem Paraffinüberzug versehen, welcher die hygroskopische Masse vor der Einwirkung der Luft schützen soll. Die Dicke der Patronen beträgt 25—40 mm, ihre Länge 60 und 120 mm. Das Ladegewicht des Sprengstoffs ist etwa 0,88.

Die chemische Zusammensetzung des Dahmenits A ist:

91,3 %	Ammonsalpeter,
6,475 »	Naphthalin,
2,225 »	Kaliumbichromat.
100,00 %.	

Die Zersetzungsgleichung ist:

$$151\,N_2H_4O_3 + 7\,C_{10}H_8 + 1\,K_2Cr_2O_7 =$$
$$70\,CO_2 + 313\,H_2O + 17\,H_2 + 151\,N_2 + 1\,K_2Cr_2O_7.$$

Die Explosionstemperatur berechnet sich auf 2064° C. Die von 1000 g entwickelte Wärmemenge ist 914 Kalorien. Für den Sprengstoff werden Kapseln No. 8 (2 g Knallquecksilberfüllung) benutzt.

Eine Abart des Dahmenits A ist das Viktoriapulver. Die chemische Zusammensetzung, die Explosionszersetzung und die daraus sich ergebenden rechnungsmässigen Grössen, die den Sprengstoff kennzeichnen, sind denen des Dahmenits A vollkommen gleich. Nur die Bearbeitung und Herstellung des Viktoriapulvers sind anders. Nach Fertigstellung des gewöhnlichen Dahmenits A wird nämlich die gepulverte Masse unter starkem Drucke zu Kuchen gepresst. Diese werden alsdann zu Körnern von Jagdpulvergrösse gebrochen. Die Körner bilden das Viktoriapulver. Letzteres zeigt die hygroskopischen Eigenschaften der Ammonsalpetersprengstoffe in geringerem Grade und kann vor allen Dingen je nach dem Grade der Pressung eine erheblich höhere Schlagwettersicherheit als das gewöhnliche Dahmenit A erlangen.

c) Roburit I.

Roburit I, von der Roburitfabrik Witten a. d. Ruhr, G. m. b. H., Witten geliefert, zeigt ein schmutzig weisses, an Sägemehl erinnerndes Aussehen. Es backt beim Lagern etwas, jedoch nicht stark zusammen. Die Patronisierung entspricht ganz derjenigen des Dahmenits A. Roburit I bleibt auch bei längerer Lagerung verhältnismässig gut explosionsfähig.

Die Zusammensetzung ist:

87,5 %	Ammonsalpeter,
7,0 »	Binitrobenzol,
0,5 »	Uebermangansaures Kali,
5,0 »	Schwefelsaures Ammon.
100,0 Teile.	

Die Zersetzungsgleichung ist, wie folgt, aufzustellen:

$$431\ N_2H_4O_3 + 16{,}4\ C_6H_4N_2O_4 + 1\ KMnO_4 + 15\ N_2H_4SO_4 =$$
$$98\ CO_2 + 895\ H_2O + 134\ O_2 + 447\ N_2 + 1\ KMnO_4 + 15\ N_2H_4SO_4.$$

Der Sprengstoff liefert also freien Sauerstoff.

Die Explosionstemperatur beträgt rechnungsmässig 1616° C. 1000 g des Sprengstoffs entwickeln bei der Explosion 612 Kalorien.

Das Ladegewicht des Sprengstoffs ist etwa 0,88. Es werden Sprengkapseln No. 8 gebraucht.

d) Westfalit.

Westfalit, von der Westfälisch-Anhaltischen Sprengstoff-Aktiengesellschaft, Berlin in der Westfalitfabrik, Sinsen hergestellt, sieht weiss mit einem leichten Stiche ins Gelbgraue aus. Es ist ein ausserordentlich feines Pulver, stäubt ziemlich stark und bleibt in der Regel in den Patronen locker. Da es eine höhere Schlagwettersicherheit besitzt, wenn es in nicht paraffinierten Patronenhülsen verschossen wird, kommt es in sogenannten Beutelpatronen in den Handel, d. h. die fertige, nicht paraffinierte Patrone steckt in einer zweiten Papierhülse — dem Beutel —, der seinerseits mit einem Paraffinüberzug versehen ist. Vor dem Fertigmachen des Schusses zerreisst man den Beutel und zieht ihn von der Patrone ab. In nassen Bohrlöchern, wo die Schlagwettergefahr ohnehin geringer ist, lässt man den Beutel auf der Patrone, damit der Sprengstoff vor dem Angriffe des Wassers geschützt bleibt.

Die Zusammensetzung des Westfalits ist:

91 %	Ammonsalpeter,
4 »	Kalisalpeter,
5 »	Harz
100,0 %.	

Die sonach sich ergebende Zersetzungsgleichung ist:

$$687\ N_2H_4O_3 + 24\ KNO_3 + 10\ C_{20}H_{30}O_2 =$$
$$188\ CO_2 + 1524\ H_2O + 699\ N_2 + 108\ O_2 + 12\ K_2CO_3.$$

Auch Westfalit enthält also freien Sauerstoff in den Nachschwaden.

Die Explosionstemperatur berechnet sich zu 1806° C. und die von 1000 g entwickelte Wärmemenge auf 749 Kalorien.

Das Ladegewicht ist etwa 0,85. Für den Sprengstoff werden Kapseln No. 8 und No. 9 (mit 2 bezw. 2,5 g Knallquecksilber) gebraucht.

Unter den Ammonsalpetersprengstoffen sind ferner zu nennen:

Ammonkarbonit, hergestellt von der Sprengstoff-A.-G. Carbonit, Hamburg.

Zusammensetzung:

82,0	%	Ammonsalpeter,
10,0	»	Kalisalpeter,
3,8	»	Nitroglyzerin,
0,2	»	Kollodiumwolle,
4,0	»	Weizenmehl
100,0	%.	

Ammonkarbonit I, hergestellt von derselben Firma.

Zusammensetzung:

75,5	%	Ammonsalpeter,
9,5	»	Kalisalpeter,
7,0	»	Kohlenstoff,
3,8	»	Nitroglyzerin,
0,2	»	Kollodiumwolle,
4,0	»	Stärke
100,0	%.	

Gesteins-Dahmenit, hergestellt von der Castroper Sicherheitssprengstoff-A.-G., Dortmund.

Zusammensetzung:

1,0	%	Binitrobenzol,
12,0	»	Wurzelmehl,
2,5	»	Kaliumbichromat,
84,5	»	Ammonsalpeter
100,0	%.	

Roburit IA, hergestellt von der Roburitfabrik Witten a. d. Ruhr, Witten.

Zusammensetzung:

82,5	%	Ammonsalpeter,
5,0	»	Kalisalpeter,
7,0	»	Binitrobenzol,
5,0	»	Schwefelsaures Ammoniak,
0,5	»	Uebermangansaures Kali
100,0	%.	

Roburit I C, hergestellt von derselben Firma:

Zusammensetzung:

72,5 %	Ammonsalpeter,
10,0 »	Kalisalpeter,
12,0 »	Binitrobenzol,
5,0 »	Schwefelsaures Ammoniak,
0,5 »	Uebermangansaures Kali
100,0 %.	

Roburit II, hergestellt von derselben Firma.

Zusammensetzung:

71,5 %	Ammonsalpeter,
5,0 »	Kalisalpeter,
6,0 »	Roggenmehl,
0,5 »	Uebermangansaures Kali,
5,0 »	Chlornatrium,
12,0 »	Trinitrotoluol
100,0 %.	

Köln-Rottweiler-Sicherheits-Sprengpulver, hergestellt von den Vereinigten Köln-Rottweiler Pulverfabriken, Köln.

Zusammensetzung:

94,0 %	Ammonsalpeter,
4,5 »	Vegetabilisches Oel,
1,0 »	Schwefel,
0,5 »	Barytsalpeter
100,0 %.	

Anagon-Sprengpulver für Kohle, hergestellt von derselben Firma:

Zusammensetzung:

78,5 %	Ammonsalpeter,
17,5 »	Kalisalpeter,
0,5 »	Barytsalpeter,
2,5 »	Verharztes Oel,
1,0 »	Aluminium
100,0 %.	

Anagon-Sprengpulver für Gestein, (kein Sicherheitssprengstoff), hergestellt von derselben Firma.

Zusammensetzung:

84,5 %	Ammonsalpeter,
1,5 »	Kalisalpeter,
0,5 »	Barytsalpeter,
8,0 »	Holzkohle,
5,5 »	Aluminium
100,0 %.	

Vertreter der dritten oben erwähnten Gruppe, die sowohl grössere Mengen Sprengöl wie auch Ammonsalpeter enthalten, sind:

Gelatine-Karbonit, hergestellt von der Sprengstofffabrik-A.-G. Carbonit, Hamburg.

Zusammensetzung:

25,3 %	Nitroglyzerin,
0,7 »	Kollodiumwolle,
6,9 »	Melan (1 Glyzerin : 3,5 Leim),
25,6 »	Kochsalz,
41,5 »	Ammonsalpeter
100,0 %.	

Wettersicheres Gelatine-Dynamit, hergestellt von der Westfälisch-Anhaltischen Sprengstoff-A.-G., Berlin.

Zusammensetzung:

40,0 %	Nitroglyzerin,
1,0 »	Kollodiumwolle,
27,0 »	Ammonsalpeter,
4,0 »	Kalisalpeter,
12,5 »	Fettsaures Salz,
10,0 »	Roggenmehl,
3,5 »	Flüss. Kohlenwasserstoff,
2,0 »	Holzmehl
100,0 %.	

Wettersicheres Gelatine-Dynamit Ia, hergestellt von derselben Firma.

Zusammensetzung:

38,0 %	Nitroglyzerin,
1,0 »	Kollodiumwolle,
25,5 »	Ammonsalpeter,
5,0 »	Kalisalpeter,
2,5 »	Oxalsaures Salz,
14,0 »	Roggenmehl,
4,0 »	Flüss. Kohlenwasserstoff,
10,0 »	Fettsaures Salz
100,0 %.	

IV. Vergleich der besprochenen Sprengstoffe.

Für den Gebrauch der Sprengstoffe im Grubenbetriebe ist die Kenntnis der Menge und Art der Nachschwaden von Wichtigkeit. Nach den in der Einzelbesprechung angegebenen Zersetzungsgleichungen sind in der nachfolgenden Tabelle die Nachschwaden und der feste Rückstand (Rauch) berechnet, wobei angenommen ist, dass die Gase bis zu 15° C. abgekühlt sind und das Wasser in gasförmigem Zustande verblieben ist:

Tabelle 19.

Name des Sprengstoffs	1000 g liefern bei der Explosion an Gasen							1000 g liefern festen Rückstand (Rauch)
	insgesamt	CO_2	H_2O	CO	N_2	O_2	H_2	
	Liter							g
75 proz. Schwarzpulver. . .	296	122	—	87	87	—	—	564
Gelatine-Dynamit	640	248	234	—	135	23	—	166
Kohlenkarbonit	805	149	148	211	79	—	218	245
Dahmenit A	977	124	555	—	268	—	30	22
Roburit I	941	59	535	—	267	80	—	54
Westfalit	982	73	594	—	273	42	—	27

In dieser Zusammenstellung fällt nächst der Verschiedenheit in der Menge der grosse Unterschied in der Zusammensetzung der Nachschwaden auf. Wasserdampf fehlt bei Schwarzpulver völlig, bildet dagegen bei den Ammonsalpetersprengstoffen mit etwa 60 % den Hauptbestandteil der Schwaden. Das Vorwiegen des Wasserdampfes und der geringe feste Rückstand, den die Ammonsalpetersprengstoffe bei der Explosion hinterlassen, erklärt deren bekannte Rauchschwachheit. Das schädliche Kohlenoxyd tritt beim Schwarzpulver und beim Kohlenkarbonit in nicht unbeträchtlichen Mengen auf. Der feste Rückstand (Rauch) ist bei weitem am stärksten beim Schwarzpulver und bildet 56,4 % des ursprünglichen Gewichtes; beim Kohlenkarbonit sind es noch 24,4 und beim Gelatine-Dynamit 16,6 %.

Was die Kraft und die Sprengwirkung der behandelten Sprengstoffe im Verhältnis zu einander betrifft, so handelt es sich hier um eine Frage, die nur schwierig zu beantworten ist. Es kommt dabei auf eine richtige Abwägung verschiedener Umstände an.

Früher hat man gewöhnlich die Kraft der Sprengstoffe nach dem Höchstdruck der Gase beurteilt, der im eigenen Volumen des Sprengstoffes, also etwa im Bohrloche zur Wirkung kommen kann. Ein richtiges

Bild von der Kraft oder Arbeitsfähigkeit der Sprengstoffe wird aber durch die Ergebnisse einer solchen Rechnung nicht gewonnen. Denn die Höhe des erreichbaren Gasdruckes hängt, abgesehen von der Ladungsdichte, nur von der Menge und Temperatur der Gase und dem Volumen des verbleibenden festen Rückstandes ab. Auf die Arbeitsfähigkeit des Sprengstoffes ist aber auch die Art der Gase von Einfluss. Kohlensäure und Wasserdampf besitzen eine höhere specifische Wärme als Stickstoff oder Kohlenoxyd, kühlen sich deshalb schwerer ab oder können bei gleichem anfänglichen Druck und gleicher Temperatur mehr Arbeit als letztere verrichten. Ferner muss bei allen denjenigen Sprengmitteln, die einen beträchtlichen festen Rückstand hinterlassen, der anfängliche hohe Druck der Gase sehr schnell heruntergehen, sobald der Raum, auf dem die Gase ihre Spannkraft ausüben, sich nur wenig vergrössert. Man erhält somit in Verhältnis zueinander sehr verschiedene Rechnungsergebnisse, je nachdem man den Gasdruck entweder für das eigene Volumen des Sprengstoffs oder für einen auf das Doppelte oder Dreifache vergrösserten Raum berechnet.

Wenn man deshalb die Kraft der Sprengstoffe mit einander vergleichen will, ist es richtiger, die Beurteilung auf Grund der Wärmemenge vorzunehmen, die bei der Explosion frei wird und die durch Abkühlung von der Explosionstemperatur bis zur Temperatur der umgebenden Luft nutzbar gemacht werden kann. Die Arbeitsfähigkeit lässt sich so bequem in mkg ausdrücken. Dieses ist in Spalte 2 der folgenden Tabelle geschehen.

Tabelle 20.

1 Name des Sprengstoffes	2 Kraft, entwickelt durch die Explosion von 1000 g, ausgedrückt in mkg	3 10 g Sprengstoff ergeben im Trauzl'schen Bleimörser eine Ausbauchung von cm
70 %iges Schwarzpulver	219 000	—
Gelatine-Dynamit	491 000	556
Kohlenkarbonit	231 000	206
Dahmenit A	341 000	444
Roburit I	220 000	321
Westfalit	274 000	389

Die Spalte 3 der Tabelle giebt schliesslich die thatsächliche Sprengwirkung von je 10 g der Sprengstoffe im Trauzl'schen Bleimörser an. Das Missverhältnis der Zahlen in Spalte 2 und Spalte 3 ist aus der verschiedenen Explosionsschnelligkeit der Sprengstoffe zu erklären.

Für die Beurteilung der Wirtschaftlichkeit bei der Verwendung der einzelnen Sprengstoffe sind weder die Zahlen in Spalte 2 noch diejenigen in Spalte 3 unmittelbar brauchbar. Für die Sprengwirkung in einem bestimmten Gestein kommt es darauf an, dass die Explosionsschnelligkeit in einem gewissen Verhältnisse zur Natur des Gesteins steht. Für weiches, lagenhaftes Gestein ist ein langsam explodierender Sprengstoff am Platze; für zähes festes Gestein ist dagegen eine möglichst grosse Explosionsschnelligkeit erwünscht.

Ueber die Vergasungsschnelligkeit der einzelnen Sprengstoffe sind bisher einwandfreie Zahlen nicht bekannt.

---

2. Kapitel: Die Zündung der Sprengschüsse.

I. Geschichtliches.

Die Zündung der Sprengschüsse geschah anfangs durch einen im Besatze offen gelassenen Zündkanal. Bei Pflockbesatz war dieser Kanal schon im Pflocke vorhanden, während er bei Anwendung von Lettenbesatz mit Hilfe einer Schiessnadel ausgespart wurde. In den Kanal füllte man loses Pulver, oder man schob einen Pulverhalm oder ein Raketchen hinein. Das Anstecken der Pulverschnur erfolgte sodann durch einen Schwefelfaden oder durch Zündschwamm. Wegen der häufigen Verwendung eines Strohhalms zur Aufnahme des Zündpulvers nennt man diese Art der Zündung gewöhnlich Halmzündung.

Die im Jahre 1831 erfundene Bickford'sche Zündschnur wurde in den 40er Jahren von den Engländern auch nach Westfalen gebracht. Obwohl ihre grossen Vorteile insbesondere bei nassen Bohrlöchern unverkennbar waren, brach sie sich wegen der höheren Kosten und der unangenehmen Verbrennungsgase nur langsam Bahn. Erst nachdem seit der Mitte der 60er Jahre die brisanten Sprengstoffe in Aufnahme gekommen waren, zu deren sicherer Zündung die Explosion einer Sprengkapsel innerhalb der Ladung erforderlich ist, gewann die Zündschnur rasch an Bedeutung. Die Annehmlichkeit, Sprengkapsel und Zündschnurende mit einander verbinden und in diesem Zustande in die Sprengladung einführen zu können, um danach ohne weitere Vorkehrungen den Besatz in das Bohrloch zu bringen, war ausschlaggebend. Mit den brisanten Sprengstoffen bürgerte sich deshalb gleichzeitig die Zündschnurzündung ein. Die alte Halmzündung blieb allein auf die Schiessarbeit mit Schwarzpulver beschränkt; je besser und billiger jedoch in der Folge die Zündschnüre wurden, umso mehr verdrängten sie auch bei der Sprengarbeit mit Pulver die Halmzündung. Mit dem Verbot der Verwendung des Schwarzpulvers ist schliesslich seit Beginn dieses Jahrhunderts auch die Halmzündung aus dem rheinisch-westfälischen Kohlenbezirke verschwunden.

Ueber die erste Anwendung der elektrischen Zündung von Sprengschüssen im Ruhrbezirke wird aus dem Jahre 1870 berichtet. Man benutzte damals Funkenzünder und gebrauchte Abegg'sche, Bornhardt'sche oder Nobel'sche Zündmaschinen, die sämtlich nach Art der Elektrisiermaschinen gebaut waren. Die elektrische Funkenzündung wurde in den folgenden Jahrzehnten häufiger angewandt. Jedoch war die Verwendung nicht etwa allgemein, sondern beschränkte sich auf gelegentliche Arbeiten, bei welchen die elektrische Zündung mit besonderem Nutzen verknüpft war. Zum Beispiel ist beim Schachtabteufen diese Zündung gern gebraucht worden, weil der Vorteil, mehrere Schüsse gleichzeitig zu einem beliebig gewählten Zeitpunkte vom sicheren Schutzorte aus abthun zu können, die höheren Kosten und die sonstigen Uebelstände der Funkenzündung reichlich aufwog.

Im Anfange der 90er Jahre wurden die ersten Versuche mit Dynamo- und magnetelektrischen Zündmaschinen und mit den zugehörigen Glüh- oder Spaltglühzündern gemacht. Für die Steinkohlengruben mit ihrer feuchten Luft und den vielfach nassen Strecken boten diese neuen Arten der elektrischen Zündung erhebliche Vorteile. Die Maschinen waren handlicher, weniger empfindlich und versagten seltener den Dienst als die alten reibungselektrischen Zündmaschinen. Es konnten ferner billigere Leitungen für die Stromführung benutzt werden. Infolgedessen sanken die Kosten der elektrischen Zündung, und ihre sonstigen allgemeinen Vorteile (grössere Betriebssicherheit, Rauchlosigkeit usw.) kamen besser zur Geltung. Man fing an, die elektrische Zündung nicht mehr in besonderen Fällen zur Aushülfe, sondern als dauerndes Betriebsmittel zu verwenden. Die Vorbedingungen waren somit vorhanden, dass die seit dem Jahre 1896 aus sicherheitspolizeilichen Gründen einsetzenden Bemühungen der Bergbehörde, der elektrischen Zündung bei der regelmässigen Kohlengewinnung Eingang zu verschaffen, guten Erfolg haben konnten. Die Verbrauchsziffer elektrischer Zünder ist seither in schneller Steigerung begriffen. Im Jahre 1897 sind ungefähr 350 000, im Jahre 1898 etwa 600 000 und im Jahre 1899 bereits 1 100 000 Schüsse auf den Steinkohlengruben des Oberbergamtsbezirks Dortmund elektrisch gezündet worden. Wenn auch diese Ziffern gegenüber der Gesamtzahl aller abgegebenen Schüsse, die auf etwa 13 Millionen geschätzt werden kann, noch gering erscheint, so ist doch der schnelle Fortschritt von Jahr zu Jahr bemerkenswert. In neuester Zeit hat die elektrische Zündung eine noch grössere Verbreitung insbesondere dadurch gefunden, dass der Gebrauch von Stein, Stahl und Schwamm bei der Zündschnurzündung auf Schlagwettergruben erhebliche Gefahren mit sich brachte und deshalb auch bergpolizeilich verboten wurde. Eine grosse Anzahl von Zechen ist infolge dessen jetzt dazu übergegangen, die Schiessarbeit in der Kohle ausschliesslich mit elektrischer Zündung zu betreiben.

Neben der Zündschnur- und der elektrischen Zündung ist hier noch eine besondere Zündmethode zu erwähnen, die um das Jahr 1890 einige Bedeutung auf mehreren rheinisch-westfälischen Steinkohlengruben erlangt hatte. Es war dies eine von Norres in Schalke in den Handel gebrachte Zündung (Fig. 330), die in ihrem Wesen an die in Oesterreich viel benutzte Lauer'sche Reibzündvorrichtung erinnert. Durch den gelochten Boden einer Hülse und eines in der Hülse untergebrachten, ebenfalls gelochten Zündhütchens geht ein Draht, der in einen Haken endigt uud durch einen Schlitz der Hülsenwand nach aussen umgebogen ist. Die Hülse wird unmittelbar in die Zündpatrone gesteckt. Für Dynamit und ähnlich

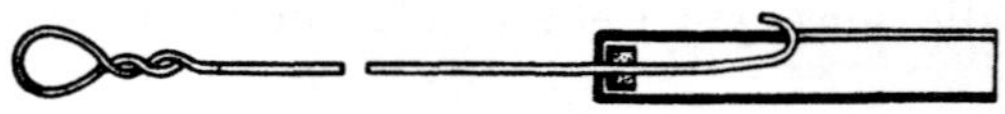

Fig. 330.

Norres'scher-Zünder. (Alte Art.)

explodierende Sprengstoffe wird am offenen Ende der Hülse eine entsprechende Sprengkapsel eingesetzt. Der Draht ist so lang, dass er mit seinem anderen Ende aus dem Bohrloche herausreicht. Er muss beim Besetzen stramm gehalten werden, damit er nicht umknickt und die Schlingen im Besatz festgestampft werden. Nach Fertigstellung des Besatzes wird eine starke Schnur oder ein Strick an das Drahtende geknüpft und damit der Schuss aus der Entfernung abgezogen, wobei sich der Haken aus der Wandung der Hülse löst und beim Durchreissen durch die Reibmasse des Zündhütchens die Entzündung des Schusses veranlasst. Die Zündung bewährte sich insofern gut, als sie billig war und sicher wirkte. Jedoch ereigneten sich beim Besetzen der Schüsse einige Unglücksfälle, die nicht anders erklärt werden konnten, als dass durch unwillkürliches Ziehen am Drahte bereits während des Feststampfens des Besatzes der Draht durch das Zündhütchen gerissen wurde und so die Explosion des Schusses zu Stande kam. Aus Anlass dieser Unfälle wurde die Anwendung der Zünder verboten. Weitere Versuche damit wurden zufolge des einmal erregten Misstrauens auch dann nicht mehr vorgenommen, nachdem der Erfinder ähnliche Sicherungen an dem Zünder angebracht hatte, wie sie bei den erwähnten Lauer'schen Zündern mit gutem Erfolge benutzt werden.

Der erste Misserfolg dieser Zündungsart hat anscheinend auch verhindert, dass die in Oesterreich üblichen, in ähnlicher Weise wie die Norres'schen Zünder gehandhabten Lauer'schen Reib- und Tirrmann'schen Schlagzünder im westfälischen Kohlenbezirke Eingang gefunden haben.

Zur Zeit beherrschen also die Zündschnur und die elektrische Zündung das Feld.

II. Jetziger Stand der Sprengstoffzündung.

1. Zündschnurzündung.

Während Schwarzpulver unmittelbar von den Funken der aussprühenden Zündschnur gezündet wird, bedient man sich bei den brisanten Sprengstoffen der Vermittelung der Sprengkapseln. Diese sind cylin-

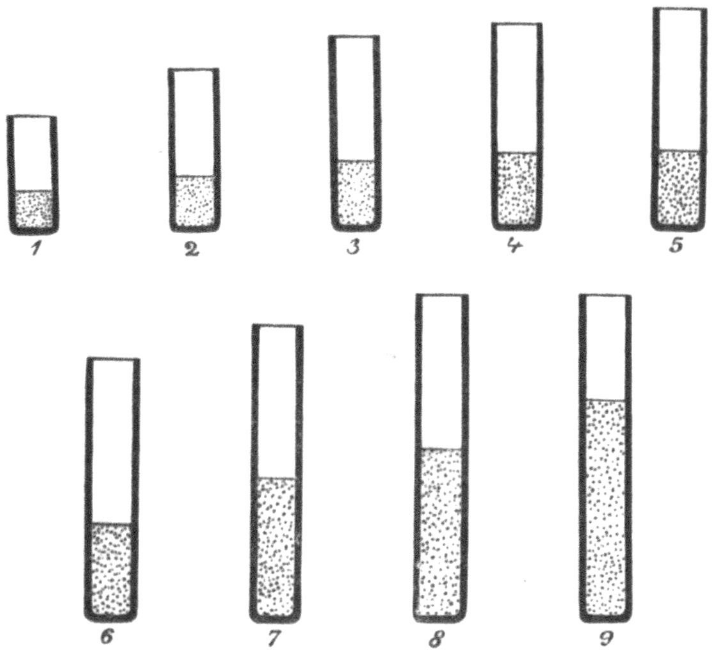

Fig. 331.

Sprengkapseln No. 1—9.

drische, an dem einen Ende geschlossene Kupferhülsen mit einer hauptsächlich aus Knallquecksilber (gewöhnlich 85 % Knallquecksilber und 15 % chlorsaures Kali) bestehenden Füllung. Die lichte Weite der Hülsen entspricht dem üblichen Durchmesser der Zündschnüre. Die Sprengkapseln werden mit dem offenen Ende auf die Zündschnur geschoben, an diese angekniffen und so in die Sprengpatrone versenkt. Je nach der Art des zu zündenden Sprengmittels werden Kapseln von verschiedener Grösse und mit verschiedener Füllung gebraucht (Fig. 331). Man bezeichnet sie mit No. 1—9. Die Gewichtsmengen des Knallsatzes stellen sich wie folgt:

Kapsel-No.:	1	2	3	4	5	6	7	8	9
Gewicht des Knallsatzes in g:	0,3	0,4	0,54	0,65	0,8	1,0	1,5	2,0	2,5

Die in Rheinland-Westfalen gebrauchten Zündschnüre werden von etwa 10 deutschen Fabriken in verschiedener Ausführung geliefert, die nicht nur dem besonderen Verwendungszwecke, sondern auch dem Geschmacke der Abnehmer in reichlichem Masse Rechnung trägt. Die Herkunft der Schnur ist an einem neben der Pulverseele eingesponnenen Erkennungsfaden, der für jede Fabrik eine besondere Farbe besitzt, leicht festzustellen.

Für trockene Arbeiten benutzt man Zündschnüre, deren Pulverseele von einer einfachen Juteumspinnung umhüllt ist. Die Schnur wird entweder getheert oder mit einem Kreideüberzuge versehen. Diese einfachen, billigen Schnüre sind gegen Feuchtigkeit empfindlich und werden bei unachtsamem Besetzen des Schusses leicht verletzt. Besser und bereits für mässig feuchte Arbeitspunkte zu empfehlen sind die mit doppelter Wickelung versehenen Schnüre. Für nasse Arbeiten wird die Umspinnung mit einem Guttapercha-Ueberzuge überdeckt (Guttaperchaschnüre). Für Sprengarbeit unter Wasser wird der Guttapercha-Ueberzug besonders stark gewählt und bei manchen Schnüren noch durch eine darüber gelegte Bandwickelung geschützt. An schlagwettergefährlichen Punkten benutzt man die sogenannten schlagwettersicheren Zündschnüre. Dieselben waren früher ganz aus Baumwollengarn gefertigt.*) Jetzt werden sie mit einer inneren, brennbaren Jutewickelung und einer äusseren, unverbrennlichen Baumwollenumspinnung geliefert. Thatsächlich schlagwettersicher sind freilich diese Schnüre nicht, da nur das seitliche Durchbrennen, aber nicht das gefährliche erste Funkensprühen beim Anzünden der Schnur verhindert wird.

Am meisten werden auf den rheinisch-westfälischen Kohlenzechen die Guttaperchaschnüre und nächstdem die schlagwettersicheren Zündschnüre gebraucht. Die Brenngeschwindigkeit einer guten Schnur beträgt 1 m in 90 Sekunden. Angeliefert wird die Zündschnur in Ringen von je 8 m Länge. Der Preis für einen solchen Ring schwankt je nach der Güte der Ware zwischen 10 und 40 Pf.

Neben den Zündschnüren mit Schwarzpulverfüllung ist verschiedent-

*) Vergl. Seite 504 ff.

lich auch eine von der Westfälisch-Anhaltischen Sprengstoff-Aktien-Gesellschaft gelieferte Zündschnur, deren Seele aus einem nitrierten und mit Salzen getränkten Baumwollenfaden besteht, versucht worden. Durch die Behandlung des Fadens ist erreicht, dass er nicht unter Funkensprühen, sondern nur unter einem schwachen Erglühen fortglimmt. Das Glimmen der Seele ist von einer so schwachen Wärmeentwickelung begleitet, dass zwar die Sprengkapsel mit Sicherheit zur Explosion gebracht wird, dass aber Schlagwetter selbst dann nicht gezündet werden, wenn man durch Aufschneiden der Schnur die Seele zum Teil blossliegend abbrennen lässt. Dagegen besitzt die Schnur einige schwerwiegende Uebelstände. Die Brenndauer ist nicht unter allen Umständen gleichmässig. Auch erlischt die Schnur bei unvorsichtigem Besetzen leicht, z. B. wenn sie an einer Stelle zu stark gepresst wird. Schliesslich hat es sich als gefahrbringend erwiesen, dass das Brennen der Schnur wenig Dampf erzeugt und nur bei aufmerksamer Beobachtung kenntlich ist. In einem Falle glaubte der Schiessmann, dass die Schnur noch gar nicht Feuer gefangen hätte, als schon der Schuss kam und den Mann verletzte. Diese Uebelstände haben bislang die dauernde Einführung der Schnur verhindert.

Das Anzünden der Zündschnüre erfolgte bis vor wenigen Jahren in der Regel mittels Stahl, Stein und Schwamm. Die ersten Funken der entzündeten Pulverseele sprühten dabei unbehindert in die Luft aus. Versuche und mehrfach im Betriebe vorgekommene Explosionsfälle haben gezeigt, dass dies Funkensprühen Schlagwettern gegenüber höchst gefährlich ist.

Die Gefahr wurde noch durch den Umstand erhöht, dass den Bergleuten die Handhabung von Stahl, Stein und Schwamm lästig war, und dass sie deshalb gern zu einfacheren, aber gefährlicheren Mitteln, die Schnur in Brand zu setzen, griffen.

Diese Uebelstände hatten zur Folge, dass die Verwendung von Stein, Stahl und Schwamm allmählich eingeschränkt und dann bergpolizeilich verboten wurde. Die Zündung der Zündschnur darf jetzt nur noch mit besonderen Zündschnuranzündern (sog. Sicherheitszündern) erfolgen*) Im Laufe der letzten Jahre ist eine ganze Anzahl solcher Zündschnuranzünder erfunden worden. Die verschiedenen derartigen Vorrichtungen beruhen sämtlich auf dem Gedanken, in einer auf das zu entzündende Zündschnurende geschobenen, geschlossenen Hülse die Zündung zu bewerkstelligen, wobei die Hülse dazu dient, die zunächst aussprühenden Pulverfunken aufzufangen und deren Austritt in die umgebende Atmosphäre zu verhindern.

*) Bergpolizei-Verordnung des Königl. Oberbergamts Dortmund vom 12. Dezember 1900. (§ 40).

Die Hohendahl'sche Zange (Fig. 332a und b) besteht im wesentlichen aus den kastenförmig gestalteten Schenkeln aa zur Aufnahme der Zündschnur, der Schlagbolzenbüchse b mit Schlagbolzen, Feder und Abdrückvorrichtung und einer Scheere c zum Abschneiden der Zündschnur. Beim Oeffnen der Zange wird die in der Büchse b befindliche Spiralfeder selbstthätig gespannt, wobei gleichzeitig am Schlussstück der Büchse eine zweiarmige Feder d austritt, die bei genügender Oeffnung der Zangen-

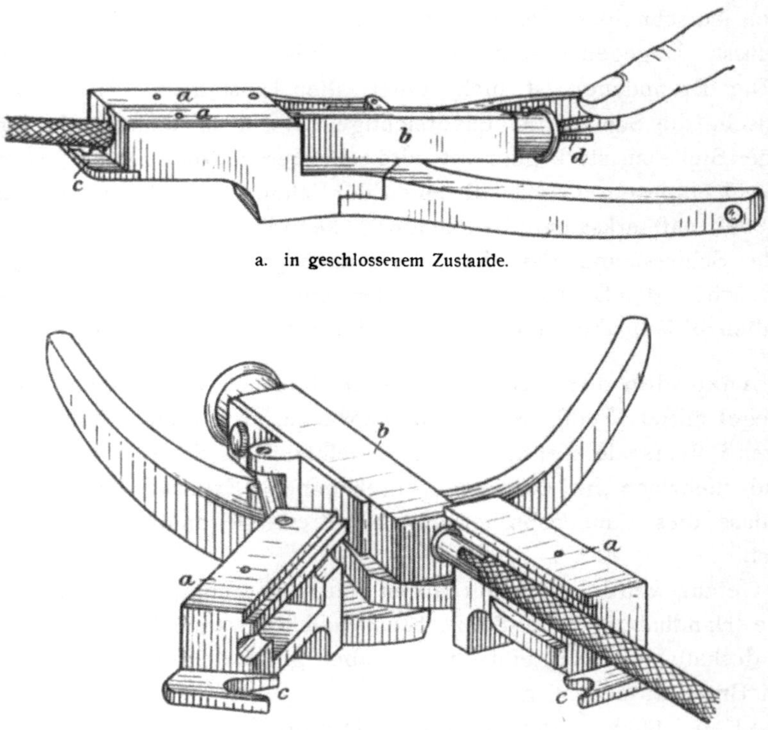

a. in geschlossenem Zustande.

b. in geöffnetem Zustande.

Fig. 332.

Hohendahl'sche Zange.

schenkel in Ruhelage tritt und beim Schliessen der Zange darin verharrt. Die Zündschnur wird, wie Fig. 332b zeigt, mit einem Zündhütchen versehen, in die Zange eingelegt. Nachdem diese geschlossen ist, wird durch einen Druck mit dem Finger auf die Feder d der Schlagbolzen ausgelöst und schnellt, von der Spiralfeder getrieben, gegen das Zündhütchen. Dieses kommt zur Explosion und setzt die Zündschnur in Brand. Ob letzteres geschehen ist, lässt sich mit Sicherheit an den aus den Löchern der Schenkel stark ausströmenden Pulvergasen erkennen. Nach einigen Sekunden darf die Zange von der Zündschnur abgenommen werden, da alsdann ein Aussprühen von Funken nicht mehr stattfindet.

Die Hohendahlsche Zange wurde im Jahre 1896 eingeführt. Im Anfang des Jahres 1898 standen 900 Stück im Oberbergamtsbezirk Dortmund im Gebrauch. Die Zahl der mit diesen Zangen im Jahre 1897 gezündeten Schüsse beträgt etwa 650 000.

Der Meinhardt'sche Schussanzünder ist in Fig. 333a in Ansicht mit geöffnetem Schieber und gespannter Feder, in Fig. 333b im Schnitt mit geschlossenem Schieber und entspannter Feder dargestellt. Nachdem der Schlagbolzen c mittels des Ringes d unter Spannung der Spiralfeder soweit zurückgezogen ist, dass der am Schlagbolzen befindliche Ansatz o

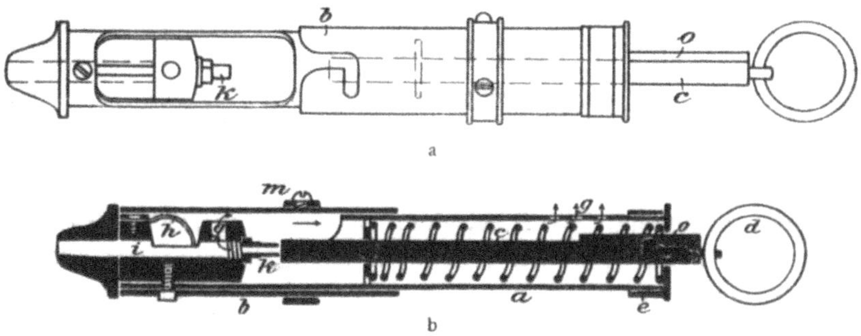

Fig. 333.

Meinhardt'scher Schussanzünder.

aus dem Verschlussdeckel e der Hülse a heraustritt, dreht man den Schlagbolzen ein wenig. Hierdurch kommt der Ansatz o des Schlagbolzens auf den Deckel e zu stehen und hält die Spiralfeder gespannt. Die Zündschnur wird in das Mundstück i geschoben und ein gewöhnliches Zündhütchen auf das Schlagstück k gesetzt. Alsdann wird der Apparat durch den Schieber b geschlossen, was zur Folge hat, dass die Feder h gegen die Zündschnur drückt und diese festhält. Durch eine kleine Drehung am Ringe wird der Schlagbolzen gelöst, der vorschnellt und die Entzündung des Hütchens und der Schnur bewirkt. Die Pulvergase entweichen durch die Löcher g. Kurze Zeit nach dem Anbrennen der Schnur zieht man den Schieber zurück und kann nun die Vorrichtung leicht von der Schnur abstreifen.

Für den Meinhardt'schen Anzünder können sehr kleine, billige Zündhütchen benutzt werden. Im Jahre 1897 war die Zündvorrichtung noch in der Einführung begriffen. Grössere Verbreitung hat sie erst in den folgenden Jahren gefunden.

Bei dem Eckardt'schen Anzünder (Fig. 334) ist in dem hinteren Teile eines kleinen Holzcylinders die von der Wolf'schen Sicherheitslampe her bekannte, umlaufende Schlagzündvorrichtung untergebracht, welche durch einen Knebel von aussen her bethätigt werden kann. Der vordere Teil des Holzcylinders ist für die Einführung der Zündschnur bis

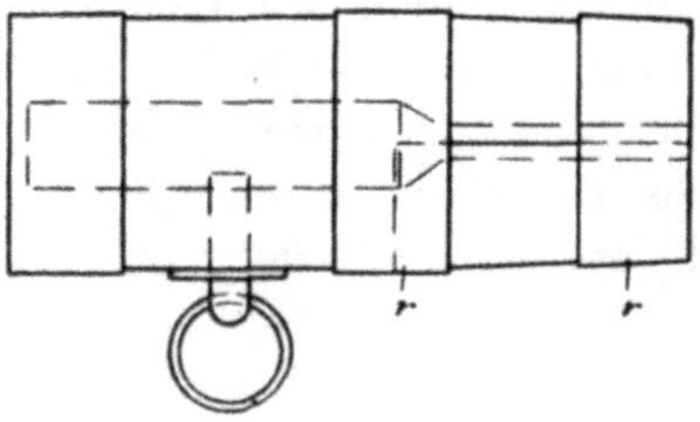

Fig. 334.

Eckardt'scher Anzünder.

zur Zündstelle mit einer entsprechenden Bohrung versehen. Behufs bequemeren Einlegens der Zündschnur ist die eine Hälfte des vorderen Teils abnehmbar eingerichtet. Sie wird nach Einlegen der Zündschnur durch die beiden darüber gestreiften Blechringe r in ihrer Lage gehalten.

Die Handhabung geschieht im Uebrigen wie bei der Hohendahlschen Zange und dem Meinhardtschen Anzünder. Die Vorrichtung war Ende 1897 auf fünf Zechen eingeführt. Die Zahl der damit gezündeten Schüsse ist nicht mit Sicherheit zu schätzen.

Der Rothsche Zünder (Fig. 335). In einer Weissblechhülse c, die an einem Ende offen und am anderen Ende durch einfaches Zusammen-

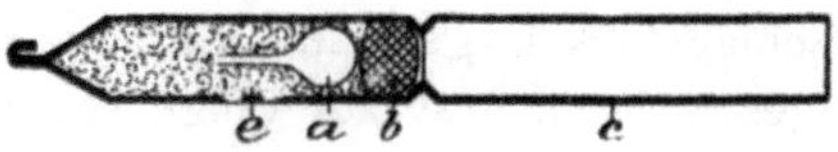

Fig. 335.

Roth'scher Zünder.

kneifen und Umlegen des Bleches geschlossen ist, liegt, in Watte e eingebettet, die kleine mit Schwefelsäure gefüllte Glaskapsel a neben dem mit chlorsaurem Kali und Zucker getränkten Wattepfropfen b. Die Einschnürung der Hülse vor dem Wattepfropfen verhindert das Verschieben oder gar das Herausfallen der einzelnen Teile. Die Zündschnur wird in das offene Ende der Hülse eingeführt und diese mit einer Zange so eingewürgt, dass sie die Schnur rundum ohne Zwischenraum festhält. Zwecks Zündung der Schnur wird die Hülse an der Stelle, wo die Glaskapsel liegt, mit Hülfe einer Zange zusammengequetscht, so dass das Gläschen bricht und sein Inhalt sich über das in dem Wattepfropfen fein verteilte chlorsaure Kali und den Zucker ergiesst. Die dabei entstehende Flamme setzt die Zündschnur in Brand. Der Zünder lässt nur dann Feuer nach aussen durchtreten, wenn die Hülse fehlerhaft hergestellt oder wenn das Anwürgen an die Schnur nicht sorgfältig genug geschehen ist.

Im Jahre 1897 wurden auf den Steinkohlengruben des Oberbergamtsbezirks Dortmund rund 500 000 Stück Roth'scher Zünder verbraucht.

Der Norres'sche Zünder (Fig. 336) besteht aus der Papierhülse a, deren eines Ende zusammengewürgt und durch die Papierwickelung b verstärkt ist, sowie einem gelochten Zündhütchen c mit durchgeführtem Drahte d. Letzterer ist an seinem im Zündhütchen steckenden Ende spiralig aufgedreht und tritt mit dem anderen Ende durch den geschlossenen Boden der Papier-

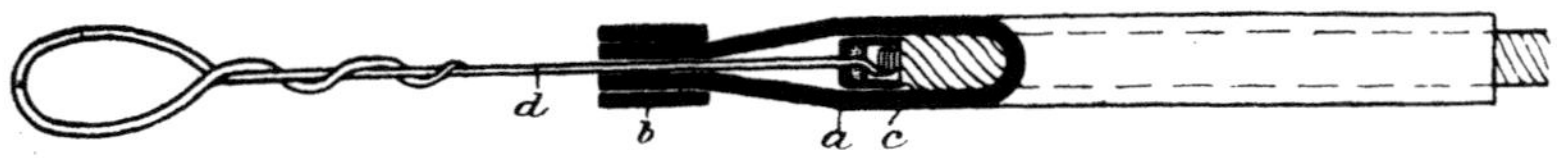

Fig. 336.

Norres'scher Zünder. (Neuere Art.)

hülse nach aussen. Beim Gebrauche wird die Zündschnur möglichst tief in die Hülse eingeführt und darauf der Draht mit kurzem Ruck aus dem Zündhütchen und der Hülse gerissen. Durch die Reibung des Drahtes im Zündhütchen wird dessen Entflammung und diejenige der Zündschnur bewirkt. Die Länge der Papierhülse ist so gewählt, dass die Entzündungsflamme nicht durch den zwischen Hülse und Zündschnur etwa verbleibenden geringen Zwischenraum hindurchschlagen kann.

Der Verbrauch an Norres'schen Zündern im Jahre 1897 stellte sich auf nahezu 1 100 000 Stück.

Im Jahre 1902 hat der Zünder noch einige Verbesserungen erfahren. Beim Herausreissen des Drahtes aus der Hülse kam es häufig vor, dass durch die vom Draht geschaffene Oeffnung kleine Funken, Teilchen des Zündsatzes aussprühten. Um dies zu verhüten, wurde das Ende der im Zündhütchen steckenden Drahtspirale zu einem Knoten verschlungen, der sich beim Anziehen des Drahtes vor das Loch des Hütchens setzt, sodass der Draht jetzt nicht mehr völlig aus dem Zünder herausgerissen werden kann. Ferner wird der Zünder mit einem am Ende des Abziehdrahts befestigten Knebel geliefert, der ein bequemes und kräftigeres Anziehen des Drahtes gestattet.

Da der Norres'sche Zünder sich durch grosse Einfachheit, bequeme Handhabung, sicheres Wirken und schliesslich auch durch gute Lagerfähigkeit auszeichnet, so ist er, insbesondere nach Ablauf der dem Erfinder gewährten Musterschutzfrist, vielfach nachgebildet, dabei auch in einigen Teilen abgeändert worden. Solche Zünder sind die von Faltin in Schalke und Rob. Steeg in Oberhausen.

Beim Faltin'schen Zünder ist das durchlochte Zündhütchen etwas verlängert, damit es nicht umkippen kann. Um ein völliges Herausreissen des Abziehdrahtes zu verhüten, ist dieser am inneren Ende durch Zusammenlöten einiger Windungen verdickt. Zum Festhalten der Zündschnur bei und nach der Bethätigung des Zünders dient ein am Vorderende der Papphülse befestigter besonderer Draht, der um die Schnur gewickelt wird.

Beim Steeg'schen Zünder ist zwischen Zündhütchen und Hülsenende ein Papierpfropfen auf den Abziehdraht geschoben, um ein Durchsprühen des Feuers nach hinten zu verhüten. Ausserdem enthält die Hülse im vorderen Teile einen zum Festhalten der Zündschnur dienenden federnden, gezahnten Flachring.

Fig. 337.
Koch'scher Zünder.

Der Koch'sche Zünder der Bochum-Lindener Zündwarenfabrik (Fig. 337) besteht aus einer Zündkapsel a und einer Blechhülse b mit angelötetem Schirm c Die Kapsel a trägt am Boden den Zündsatz, der durch einen kräftigen Schlag gegen das gezahnte Ende der Hülse b gestossen und dadurch entflammt wird. Die Hülse b nimmt die Zündschnur auf; der Schirm c soll ein Herausschlagen der Flamme verhüten.

Der elektrische Anzünder der Fabrik elektrischer Zünder, Köln (Fig. 338 a und b) ist dem elektrischen Sprengkapselzünder derselben Firma nachgebildet; doch fehlen die Leitungsdrähte, und statt der Sprengkapsel wird die Zündschnur z in die verlängerte Papierhülse g_1 bis in die Nähe des Zündsatzes c geschoben. Die Hülse g dient zum Schutze und zur Verbindung der Teile. Die Kartonpapierschicht a mit den Metallbelegungen b b ragt zungenförmig aus der Hülse g hervor und kann in einen Schlitz des Zündapparates eingeführt werden. Letzterer (Fig. 339 a und b) besteht aus einer Holzbüchse, die ein Hellessen Trockenelement enthält. Durch Druck auf den Knopf a kommen die Kontaktfedern c und d mit den Metallbelegungen bb des Zünders in Berührung; der Strom fliesst durch den Zündkopf, der durch Beimengung eines Metall- oder Kohlenpulvers leitend gemacht ist, und bringt diesen zur Entzündung.

Beim Vergleiche der besprochenen Anzünder mit einander zeigen den Vorteil der grösseren Billigkeit die drei zuerst genannten Vorrichtungen von Hohendahl, Meinhardt und Eckardt, da sie dauernd benutzt werden können und nur die einzelnen Zündhütchen oder Zündstreifen verbraucht werden. Wenn aber mehrere Schüsse gleichzeitig abgethan werden sollen, stösst die Handhabung dieser Anzünder auf Schwierigkeiten. Denn der Schiessmeister soll nach dem Entzünden jeder einzelnen Zündschnur einige Sekunden warten, ehe er die Vorrichtung von der Schnur abzieht und für den nächsten Schuss fertig macht. Es wird das bei mehreren Schüssen

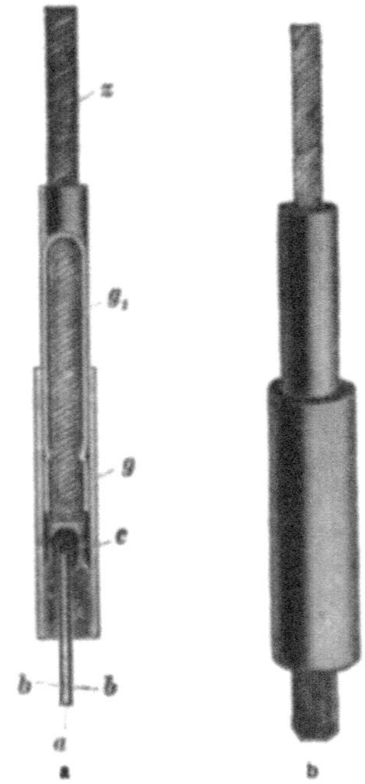

Fig. 338.

Elektrischer Anzünder.

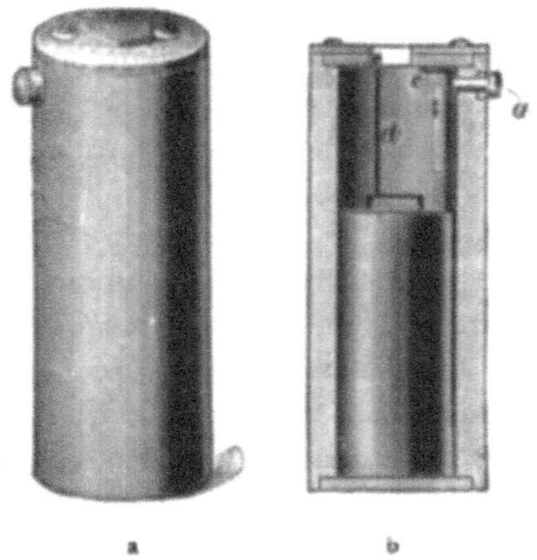

Fig. 339.

Zündapparat.

(Fabrik elektrischer Zünder, Köln.)

selbst für ruhige Leute kaum durchführbar sein. Für solche Fälle sind die teureren Zünder mehr angebracht, die in fertigen Hülsen geliefert werden und nach der Zündung auf der Schnur verbleiben. Sie werden auf die Schnüre sämtlicher Schüsse aufgesetzt, und der Schiessmeister braucht nur ehe er sich entfernt, schnell hintereinander die einzelnen Zünder zu bethätigen.

Es sind mehrfach noch andere Zündschnur-Anzünder vorgeschlagen worden, die aber bisher keine dauernde Verwendung gefunden haben.

2. Elektrische Zündung.

Die elektrische Zündung wird auf den rheinisch-westfälischen Steinkohlengruben unter wesentlich verschiedenen Bedingungen gebraucht. Bei der Kohlengewinnung wird in der Regel immer nur ein Schuss für sich abgefeuert. In Anbetracht der oftmaligen Wiederkehr des Zündungsgeschäftes werden deshalb an die Einfachheit, Zweckmässigkeit und Billigkeit der elektrischen Einzelzündungen besonders hohe Anforderungen gestellt.

Für die Arbeiten im Gestein wird elektrische Zündung zum gleichzeitigen Abthun mehrerer Schüsse gebraucht (Mehrzündung). In der Regel handelt es sich dabei um wichtigere Arbeiten, wie Schachtabteufen oder Querschlagsbetrieb. Die hier angewendete elektrische Zündung muss vor allen Dingen zuverlässig sein, und es kommt weniger auf grösstmögliche Billigkeit an.

Entsprechend diesen verschiedenen Anforderungen haben sich Einzel- und Mehrzündung verschieden entwickelt.

Für Einzelzündung steht fast ausschliesslich die Spaltglühzündung in Gebrauch. Nur vereinzelt wird für diesen Zweck die eigentliche Glühzündung benutzt.

Bei den Spaltglühzündern sind die Polenden nicht, wie bei den Glühzündern, durch ein Platindrähtchen mit einander verbunden, sondern der Zündsatz ist selber durch einen beigemengten, leitenden Stoff (Graphit, Kohlenstaub, Metallpulver) stromführend gemacht. Der Widerstand, den ein solcher Zündsatz dem elektrischen Strom bietet, ist erheblich höher als der eines Platindrähtchens und schwankt je nach der Art der Zündmaschine, für die der Zünder bestimmt ist, in weiten Grenzen. Die üblichsten Zünder dieser Art besitzen einen Widerstand, der zwischen 500 und 20 000 Ohm liegt. Bei gewissen Zündern geht er aber auch bis zu 100 Ohm und darunter herab.

Fig. 340 zeigt einen Spaltglühzünder, wie er von der rheinisch-westfälischen Sprengstoff-Aktiengesellschaft, Köln geliefert wird. Die um-

Fig. 340.

Spaltglühzünder der rhein.-westfälischen Sprengstoff A.-G.

sponnenen Drähte a sind an dem einen Ende zusammengedreht und auf einige Millimeter Länge von der Umhüllung befreit. Um das zusammengedrehte Ende ist eine Papierhülse b gelegt. Die blanken Polenden sind durch die Oeffnungen eines Vulkanfiberplättchens c geführt und umgebogen, wodurch eine sehr gleichmässige Polstellung erreicht ist. Die zweite auf dem Zünderende befestigte Papierhülse d überragt die Polenden um einige Millimeter und bildet so einen Laderaum, der zur Aufnahme des Zündsatzes f dient. Das offene Ende der Hülse d ist mit einem Wachsseidenplättchen überklebt. Die Sprengkapsel e ist angekniffen und ausserdem an der Verbindungsstelle mit den Papierhülsen verkittet.

Von etwas abweichender Art sind die Spaltglühzünder der früheren Firma N. Schmitt & Co., Küppersteg, jetzt Fabrik elektrischer Zünder, G. m. b. H., Köln, mit Fabriken in Troisdorf und Küppersteg (Fig. 341 a u. b), die ebenfalls viel in Gebrauch stehen. Die eisernen Zünderdrähte a sind so in einen schmalen Papierstreifen b gewickelt, dass zwischen ihnen nur die einfache Papierstärke liegt (s. Fig. 341 a). Die Seitenkanten des Streifens sind von aussen um die Drähte herumgeschlagen. Das Ganze ist zu einem

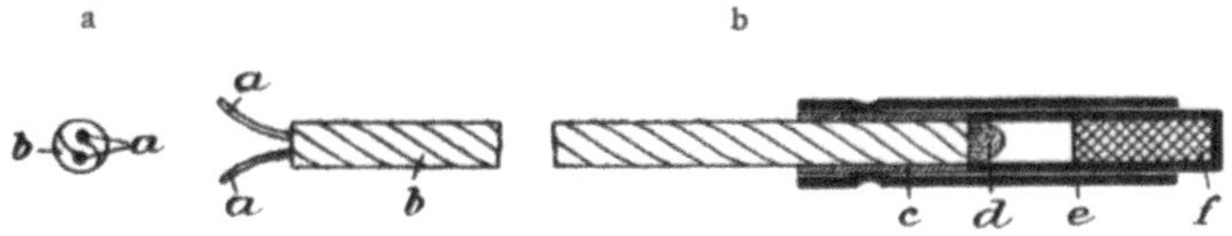

Fig. 341.

Spaltglühzünder von Schmitt & Co.

festen aber biegsamen, runden Schafte verdreht, der mit Theer behandelt, geglättet und poliert ist. Aus diesem Schafte ragen einerseits die beiden Pole, andererseits die Drahtenden zwecks Anschlusses an die Zündleitung heraus. Ueber den Polenden befindet sich der feste Zündsatz d, der in feuchtem Zustande aufgebracht und danach erhärtet ist. Die Papierhülse c bildet gemeinsam mit der zweiten Papier- oder Messinghülse e einen Schutz für den Zündsatz. Die Sprengkapsel f wird ähnlich wie beim Gebrauche der Zündschnur von dem Bergmann erst beim Fertigmachen des Schusses mit dem Zünder in Verbindung gebracht, indem sie einfach in die Hülse e eingeschoben wird. Auf besonderes Verlangen der Zechen werden die Zünder auch mit Kapseln geliefert, welche in den Hülsen festgeklebt sind.

Fig. 342 zeigt den gegenwärtig sehr viel verwendeten Spaltglühzünder »Sirius« der Fabrik elektrischer Zünder, Köln, in der meist gebräuchlichen Form mit konischer Papphülse ohne Sprengkapsel. Der Zündkörper besteht aus einem beiderseitig mit Metall belegten Kartonstreifen als Isolator, auf den nach Art eines Zündholzes der Zündsatz aufgebracht ist. An die beiden als elektrische Pole dienenden Metallbelegungen sind die Zünderdrähte angelötet. Das Zündköpfchen samt den Lötstellen ist mit einem wasserdichten Ueberzuge versehen und dann innerhalb einer Schwefel-Cementmasse so in die Hülse eingegossen, dass nur die Spitze des Zündkopfes heraussteht.

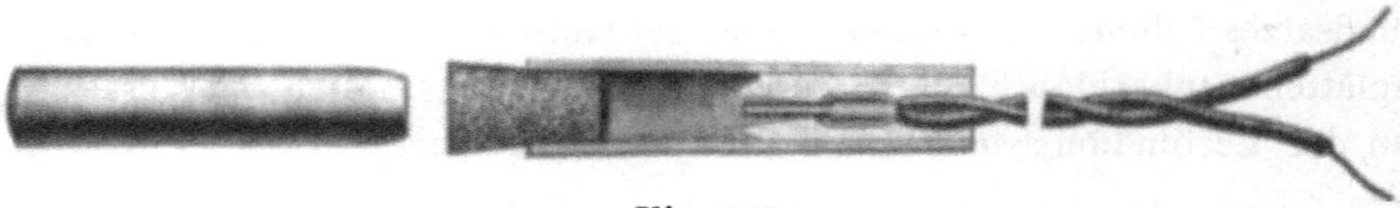

Fig. 342.

Spaltglühzünder »Sirius«.

Alle Spaltglühzünder können leicht auf Stromführung und Widerstand geprüft werden. Versager sind deshalb, falls in der herstellenden Fabrik genügende Sorgfalt angewendet wird, so gut wie ausgeschlossen. Auf der berggewerkschaftlichen Versuchsstrecke in Bismarck wurde in dieser Hinsicht, zum Teil unter erschwerten Leitungsverhältnissen, eine Reihe von Versuchen vorgenommen. Bei 4500 Zündern wurde nur ein einziger Versager ermittelt.

Als Leitungen für die Einzelzündung benutzt man, wo die Trockenheit der Strecken es irgend gestattet, blanke Eisendrähte. Dieselben bleiben dauernd vor dem Arbeitspunkte liegen und werden nur entsprechend dem Vorrücken der Arbeit nachgezogen. Wenn die Spaltglühzünder einen niedrigen Widerstand besitzen, wie es bei einer Zünderart der Firma Schmitt & Co. der Fall ist, so können selbst in nassen Strecken ohne Gefahr des Versagens der Schüsse blanke Eisendrähte gebraucht werden. Mit gutem Erfolge verwendet man auf Shamrock I/II statt einfacher Drähte die Litzen abgeworfener Bremsseile. Solche Leitungen sind sehr dauerhaft, wegen des grossen Eisenquerschnitts gut leitend und zufolge der deckenden Oxydationsschicht sogar bis zu einem gewissen Grade isoliert. Dieses Beispiel der Verwendung dicker Eisendrähte verdient daher Nachahmung. Wo isolierte Leitungen nötig sind, benutzt man in der Regel Doppelkabel, bei denen die beiden umsponnenen Drähte oder ein umsponnener und ein blanker Draht zu einem Strange — dem Doppelkabel — vereinigt sind.

Die für die Einzelzündung gebrauchten Maschinen sind kleine, elektromagnetische Maschinchen oder Magnetinduktionsapparate.

Bei den ersteren (Fig. 343) wird in dem magnetischen Felde zweier Hufeisenmagnete a ein mit Längswickelungen b armierter I-Anker c durch Zahnstangen- oder Kurbelantrieb in schnelle Umdrehung versetzt. Der erzeugte Wechselstrom fliesst unmittelbar durch die Zündanlage und bringt die Sprengkapsel zur Explosion. Die Figuren 345 und 346 zeigen das äussere Aussehen dieser Maschinchen. Diejenige mit Kurbelantrieb wiegt 2 kg und ist in den Maassen 150 : 170 : 95 mm ausgeführt. Die Zahnstangenmaschine wiegt 1,5 kg und misst 110 : 110 : 70 mm. Je nach dem Widerstande der angewandten Zünder ist die Dicke der Drähte in den Wickelungen verschieden. Damit schwankt auch der innere Widerstand der Maschinen, der von 3 Ohm bis zu 300 Ohm betragen kann Nur wenn die Widerstandsverhältnisse der Maschinen mit denjenigen der Leitung und der Zünder im Einklang stehen, ist ein sicheres und zuverlässiges Arbeiten der elektrischen Zündung möglich.

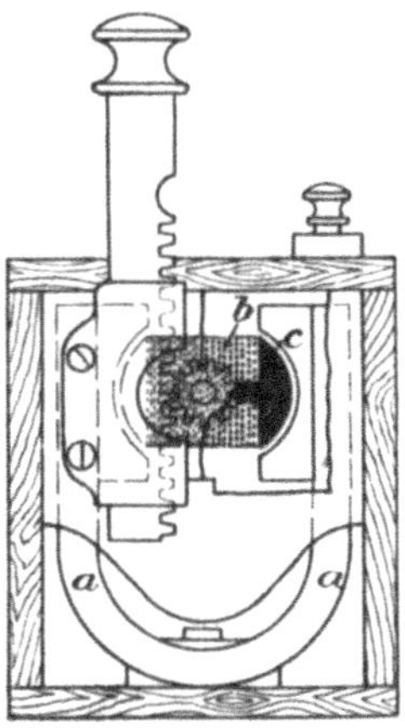

Fig. 343.

Schnitt durch eine elektromagnetische Zündmaschine für Einzelzündung.

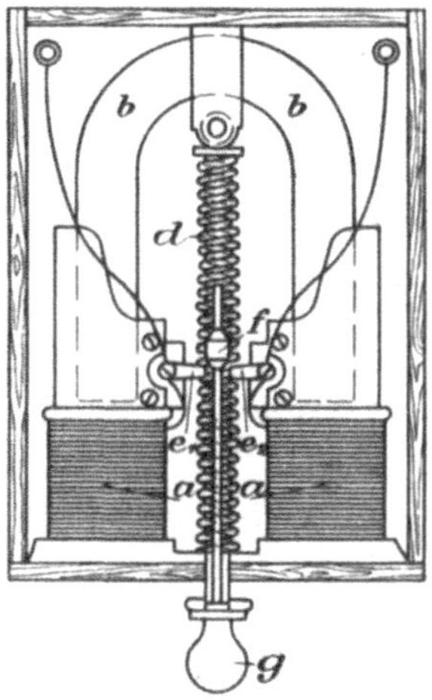

Fig. 344.

Magnetinduktionsapparat für Einzelzündung.

Ein verhältnismässig sehr kleines und handliches Zündmaschinchen ist der Magnetinduktionsapparat, der in den Figuren 344 und 347 dargestellt ist. Mittels des Griffes g kann man unter Zusammendrücken der Spiralfeder d den Hufeisenmagneten b soweit nach unten ziehen, dass seine Pole in die mit Drahtwickelungen versehenen, hohlen Polschuhe a zu liegen kommen. Lässt man den Griff g los, so schnellt die Spiralfeder d den Magneten b wieder in die gezeichnete Lage zurück. Infolge der Bewegung der Magnetpole in den Polschulen entsteht in den Drahtwickelungen ein elektrischer Strom, der im Anfange vermöge der Schleiffedern e_1 e_2 und der Wulst f kurz geschlossen ist, in dem Augenblicke aber, wo der Magnet aus den Polschuhen heraustritt, dadurch unterbrochen wird, dass der Griff g mittels eines Anschlages die auf einer Stange sitzende Wulst f aus den stromführenden Schleiffedern e_1 e_2 herausschiebt. Der Strom muss nun, durch den Extrastrom verstärkt, durch die Zündleitung gehen.

Die Maasse dieses Maschinchens sind 150:90:28 mm bei einem Gewichte von nur 800 g. Es kann somit leicht in jede Tasche gesteckt werden. Leider sind bei der hohen Spannung des von dem Maschinchen gelieferten Induktions- und Extrastromes für alle nicht völlig trockenen

Fig. 345.

Fig. 346.

Elektromagnetische Zündmaschinen für Einzelzündung.

Fig. 347.

Magnetinduktionsapparat zur Einzelzündung.

Strecken isolierte Zündleitungen notwendig, da andernfalls leicht Stromverluste eintreten. Dieser Umstand ist einer grösseren Verbreitung des Apparates hinderlich.

Seit Mitte 1899 hat man auch Trockenelemente zur Zündung von Spaltglühzündern mit niedrigem Widerstande eingeführt. Die Erfolge sind recht befriedigende.

Jedenfalls geht die Entwickelung der Einzelzündung nach der Richtung hin, dass wegen der Vorteile einer billigen, blanken Eisendrahtleitung die Zünder mit niedrigem Widerstande und die entsprechenden Zündmaschinen immer mehr an Boden gewinnen.

Für die Mehrzündung stehen fast nur eigentliche Glühzünder (Brückenglühzünder) und zu einem sehr geringen Teile auch Funkenzünder in Gebrauch.

Bei den Glühzündern sind die beiden Polenden durch ein äusserst dünnes Platindrähtchen mit einander verbunden, welches durch den elektrischen Strom ins Glühen gebracht wird und so den Zündsatz entzündet. Der Widerstand des Platindrähtchens wird auf etwa 1 Ohm bemessen. Die Strommenge, die nötig ist, um das Drähtchen zum Glühen zu bringen, ist ungefähr $^1/_4$ Ampère. Figur 348 zeigt einen Glühzünder der Firma Siemens & Halske. Es bedeuten:

a die beiden Zünderdrähte,
p das die Polenden verbindende Platindrähtchen,
b einen Papierbund,
f langfasrige, um das Platindrähtchen gewickelte Schiessbaumwolle,
e die Sprengkapsel.

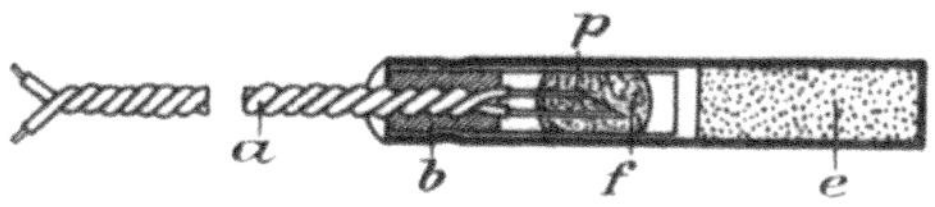

Fig. 348.
Glühzünder von Siemens & Halske.

Der Brückenglühzünder »Vulkan« der Fabrik elektrischer Zünder, Köln (Fig. 349) unterscheidet sich von dem Spaltglühzünder »Sirius« (vergl. S. 453) in seiner Konstruktion nur dadurch, dass die beiden Polflächen durch ein Glühdrähtchen verbunden sind, welches bei dem Durchgang des Stromes bis zur Entzündung des umliegenden Zündsatzes erwärmt wird.

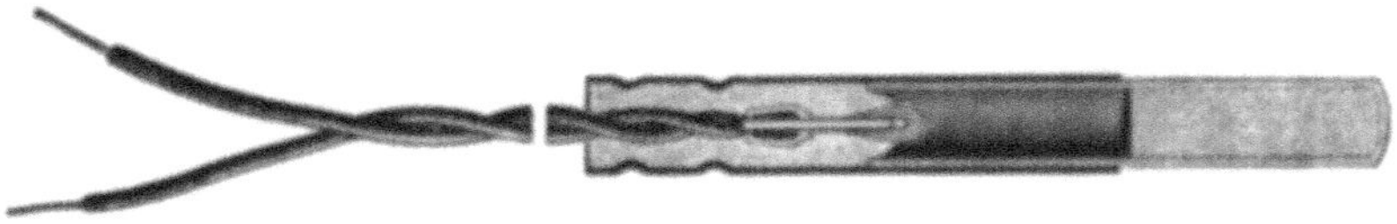

Fig. 349.
Brückenglühzünder »Vulkan«.

Eine besondere Art der Glühzünder sind die Zeitzünder, welche ermöglichen, dass die gleichzeitig gezündeten Schüsse mit kurzen Zeitunterschieden nach einander kommen. Sie stehen allerdings bisher nur wenig im Gebrauch. Bei den Zeitzündern (Fig. 350) ist zwischen Zündsatz z und

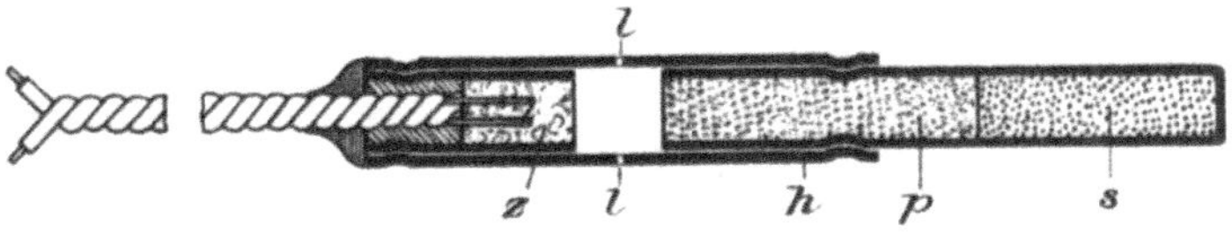

Fig. 350.
Elektrischer Zeitzünder.

Sprengkapsel s eine Säule langsam brennenden Pulvers p oder auch ein Stückchen Zündschnur eingeschaltet. Je nach der Länge der Pulversäule und der Art des Pulvers kann die Explosion der Sprengkapsel und somit des Schusses um 2—5 Sekunden verzögert werden. Zum Entweichen der

Pulvergase nach Einleitung der Zündung sind in der Messinghülse h einige Löcher l angebracht.

Da es sich bei den Glühzündern um beträchtlichere Elektrizitätsmengen handelt, dürfen die Leitungen nur einen geringen Widerstand besitzen. Man verwendet in der Regel isolierte Kupferdrähte, die umsponnen und zu einem Doppelkabel vereinigt sind. Auf Zeche Shamrock I/II benutzt man statt dessen die schon bei der Einzelzündung besprochenen starken Eisendrahtlitzen auch für die Zwecke der Mehrzündung mit vollem Erfolg.

Als Zündmaschinen für Glühzündung stehen vorzugsweise dynamoelektrische Maschinen in Anwendung, bei denen der Extrastrom mit zu Hilfe genommen wird. Der Antrieb geschieht mittels Kurbel oder Zahnstange. Die Figuren 351 und 352a und b zeigen das Aussehen solcher Maschinen. Beim Vorhandensein einer Kurbel geschieht die Handhabung

Fig 351.

a b

Fig. 352.

Dynamoelektrische Zündmaschinen für Glühzündung.

so, dass man die Kurbel zunächst nach oben dreht und sie alsdann durch Niederdrücken mit dem vollen Körpergewichte möglichst schnell herumdreht. Bei der Maschine mit Zahnstange wird letztere kräftig nach oben gerissen, während man mit den Füssen auf den vorspringenden unteren Rand der Maschine tritt. Bei der Einleitung der Drehbewegung ist der innere Stromkreis geschlossen. Wenn die Kurbel unten oder die Zahnstange oben angelangt, also eine gewisse Drehgeschwindigkeit erreicht ist, wird der innere Stromkreis dadurch unterbrochen, dass eine Feder, die so lange auf einer auf der Achse befestigten Scheibe schleift und den Strom führt, vor einen sektorähnlichen Ausschnitt der Scheibe zu liegen kommt und dadurch stromlos wird. Nun fliesst der durch den Extrastrom verstärkte Strom durch den äusseren Stromkreis und bringt die Zündung zu Wege.

Die Funkenzündung, die in vereinzelten Fällen noch für die Zwecke der Mehrzündung benutzt wird, ist bereits zu einem gewissen Stillstande in ihrer Entwickelung gelangt. Es werden hierfür fast nur Bornhardt'sche Sprengkapseln benutzt. Zwei mit Guttapercha überzogene Kupferdrähte (Fig. 353) sind an dem einen Ende zusammengedreht und mit einer Zunge scharf abgeschnitten, so dass durch die zwischenliegende Guttaperchaschicht die von dem elektrischen Funken zu überspringende Unterbrechung gebildet wird. Das so hergerichtete, gemeinschaftliche Ende der Drähte taucht in einen Zündsatz z ein, welcher die obere Ausfüllung der mit dem Knallsatze k versehenen, kupfernen Spreng-

Fig. 353.

Elektrischer Funkenzünder von Bornhardt.

kapsel k bildet. Der Verschluss des Zünders ist durch einen wasserdichten, langsam erhärtenden Kitt und durch Ankneifen der Kapsel bei c hergestellt. Die Leitungen müssen für die Funkenzündung wegen der hohen Spannung der Reibungselektrizität gut isoliert sein. Doppelkabel sind wegen der Unzuverlässigkeit der Isolation nicht anwendbar.

Als Zündmaschinen werden die bekannten Bornhardt'schen oder Nobel'schen reibungselektrischen Maschinen benutzt, deren Abbildungen nahezu in alle bergtechnischen Lehrbücher übergegangen sind und deshalb einer Erläuterung nicht bedürfen.

Die Zukunft der elektrischen Zündung wird für die rheinisch-westfälischen Gruben nicht der Funkenzündung gehören, weil diese zufolge der hohen Spannung der angewandten Elektricität für Schlagwettergruben nicht ganz unbedenklich ist und weil vor allen Dingen die reibungselektrischen Maschinen gegen Feuchtigkeit zu empfindlich sind.

Die berggewerkschaftliche Versuchsstrecke und Versuchsanstalt für Sicherheitslampen in Gelsenkirchen-Bismarck i. W.

Von Professor Heise, ergänzt von Bergassessor Beyling.

I. Geschichtliches.

Im September 1892 beantragte der Generaldirektor der Bergwerks-Gesellschaft Hibernia, Bergrat Behrens zu Herne, bei dem Vorstand der Westfälischen Berggewerkschaftskasse, dass im rheinisch-westfälischen Kohlenbezirke »eine Versuchsstrecke zum Zwecke der Anstellung von Versuchen über das Verhalten von Sicherheitssprengstoffen dem Kohlenstaub und Schlagwettern gegenüber, über die Sicherheit von Zündvorrichtungen usw. baldmöglichst hergestellt werde.« Nach den einleitenden Verhandlungen und Vorarbeiten bewilligte die Generalversammlung der Westfälischen Berggewerkschaftskasse am 2. März 1894 die für die Errichtung der Versuchsstrecke notwendigen Geldmittel, welche auf 15 000 M. veranschlagt waren. Mit dem Bau der Versuchsstrecke wurde der Bergassessor Winkhaus beauftragt. Als Platz für die Versuchsstrecke war von der Verwaltung der Zeche Consolidation bei Schalke auf dem Schachte I der Gesellschaft ein geeignetes Gelände zur Verfügung gestellt worden. Bei der Errichtung der Strecke wurde in der Hauptsache die auf der Königlichen Steinkohlengrube König bei Neunkirchen errichtete Anlage zum Muster genommen. Im August 1894 konnte der Betrieb der Strecke eröffnet werden, und die regelmässigen Schiessversuche nahmen damit ihren Anfang.

Im Sommer 1896 trat in den Arbeiten eine längere Unterbrechung ein. Die Zeche Consolidation gebrauchte für eine Erweiterung der Tagesanlagen unumgänglich den Platz, den die Versuchsstrecke bisher inne hatte, bot dagegen in dankenswerter Weise auf einer alten Halde der ihr gehörigen Schachtanlage III/IV bei Bismarck i. W. (früher Braubauerschaft) einen neuen für die Streckenanlage geeigneten Platz an. Bei der so notwendig gewordenen Verlegung der Versuchsstrecke wurde zur Richtschnur genommen, die eigentliche Strecke und ihre innere und äussere Ausstattung thunlichst unverändert zu lassen, um für die Fortsetzung der früheren Versuche die alten Versuchsbedingungen zu behalten. Auf ihrer neuen Betriebsstätte ist die Versuchsstrecke seit Herbst 1896 ununterbrochen in Betrieb gewesen.

Am 20. Juli 1898 beschloss der Vorstand der Westfälischen Berggewerkschaftskasse auf Anregung des Oberbergamts zu Dortmund die

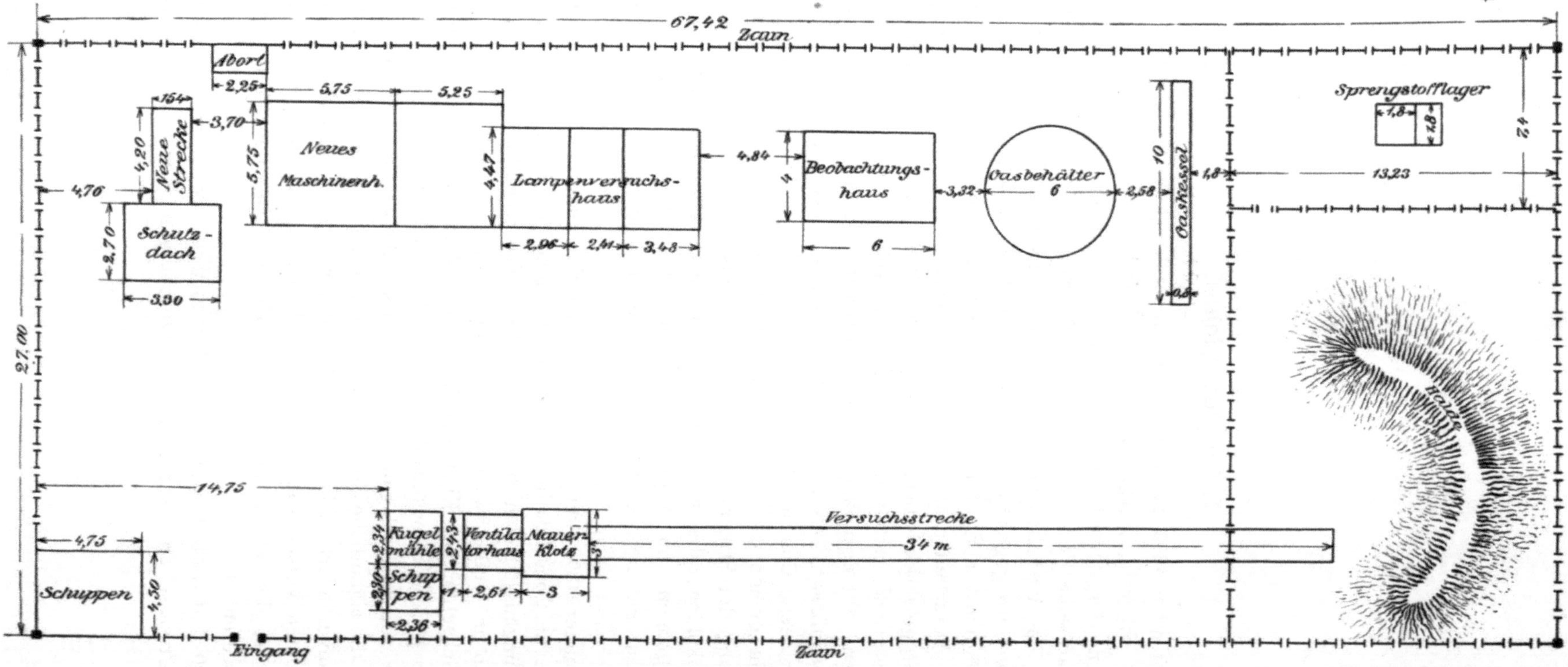

Fig. 354.

Lageplan der berggewerkschaftlichen Versuchsstrecke zu Bismarck i. W. Massstab 1 : 300.

Versuchsstrecke durch Errichtung einer Versuchsanstalt für Sicherheitslampen zu erweitern. Bereits im Jahre 1885 waren durch die Preussische Schlagwetterkommission in dem berggewerkschaftlichen Wetterlaboratorium zu Bochum Versuche mit Sicherheitslampen vorgenommen worden. Die Frage, ob die neue Versuchsanstalt dem Wetterlaboratorium zu Bochum oder der Versuchsstrecke Bismarck anzugliedern sei, wurde in letzterem Sinne entschieden, weil man Wert darauf legte, die Versuche nach Möglichkeit der Praxis anzupassen und ausschliesslich mit natürlichem Grubengas zu arbeiten. Während die Beschaffung des Gases im Wetterlaboratorium zu Bochum mit ausserordentlichen Schwierigkeiten verknüpft gewesen wäre, standen auf der Versuchsstrecke natürliche Gase in reichlicher Menge zur Verfügung. Mit dem Bau der Versuchsanstalt wurde Ende 1898 begonnen. Die Fertigstellung und Inbetriebnahme geschah im Sommer 1899. Als Vorbild für den Bau dienten die in Neunkirchen, Zwickau, Mährisch-Ostrau und Karwin vorhandenen ähnlichen Anlagen, deren bewährteste Teile übernommen und durch einige Neuerungen ergänzt wurden.

II. Beschreibung der Gesamtanlage.

Die Versuchsstrecke befindet sich z. Z. auf der eingeebneten Fläche einer etwa 8 m hohen Berghalde. Wie der Lageplan (Fig. 354) zeigt, ist der Platz rechteckig mit 60 bezw. 26,5 m langen Seiten. Er ist von einem 3 m hohen dichten Bretterzaun umgeben. Zu der eigentlichen Versuchsstrecken-Anlage gehören das Beobachtungshaus, die Strecke mit dem Mauerklotz, die beiden Gebäude für das Dampfmaschinchen nebst Ventilator und für die Kugelmühle, der Gasvorratskessel und das besonders eingezäunte Sprengstofflager. Zur Versuchsanstalt für Sicherheitslampen gehören das Lampenversuchshaus und der Gasbehälter. Die Schlagwetter-, Dampf- und Wasserleitungen, welche die Anlage mit der Zeche und die einzelnen Teile der Anlage unter einander verbinden, sind auf dem Lageplan nicht zur Darstellung gebracht.

Die Versuchsstrecke selber (Fig. 355 a—c) ist den unterirdischen Verhältnissen nach Möglichkeit angepasst. Sie ist 34 m lang und hat elliptischen Querschnitt. Ihre lichte Höhe beträgt 1,85 und ihre lichte Breite 1,35 m. Die Streckenwandungen bestehen aus einem dreifachen, insgesamt 60 mm dicken Bohlenbelag aus besonders ausgesuchtem, astfreiem Holze der amerikanischen Pechkiefer. Die Bohlenzimmerung wird durch kräftige, elliptische Streckenbögen aus I-Eisen zusammengehalten, die in Abständen von 400—600 mm aufgestellt sind. Um eine vollkommene Dichtigkeit der Streckenwandungen zu erzielen, wurden die 150 mm breiten Bohlen um je $1/3$ ihrer Breite in den einzelnen Lagen gegen einander versetzt (vergl. Fig. 355 b) und vor dem Zusammennageln dick geteert.

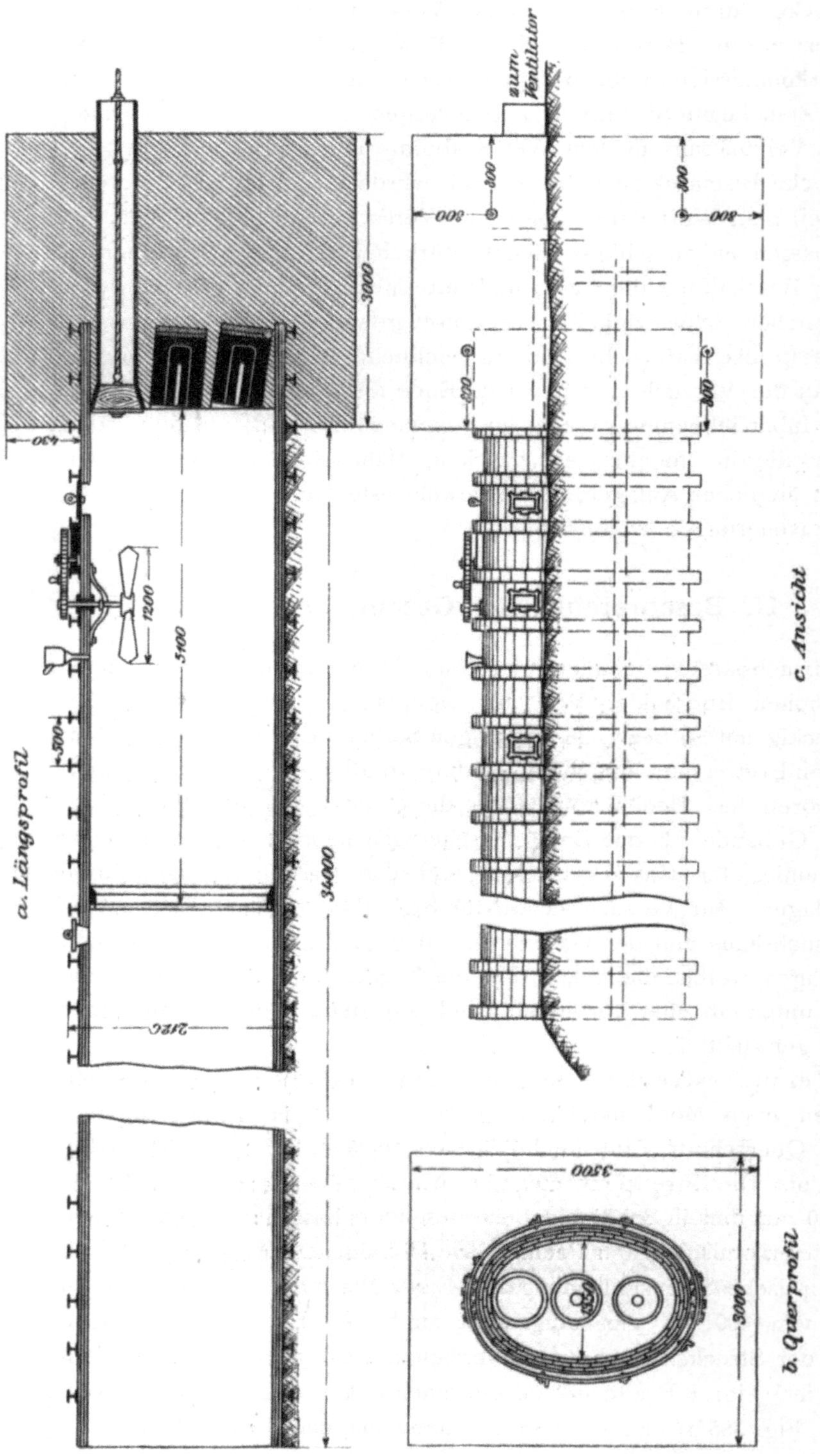

Fig. 355.

Berggewerkschaftliche Versuchsstrecke zu Bismarck i. W. Massstab 1 : 75.

Fig. 356.
Ansicht der Versuchsstrecke zu Bismarck i. W.

Bei der oben erwähnten Verlegung der Strecke wurde dieselbe für die Ueberführung durch Sägeschnitte, die rechtwinkelig zur Streckenachse um die Streckenrundung liefen, in zehn tonnenförmige Streckenteile zerlegt. An der neuen Betriebsstätte wurden die einzelnen Teile sorgsam an einander gepasst und ausgerichtet. Die Schnittlinien wurden von aussen durch Uebernageln einer dreifachen Lattenverschalung, die den Raum zwischen je zwei I-Eisenringen gerade ausfüllt, verbunden und abgedichtet. Diese Stellen sind auf der photographischen Abbildung (Fig. 356) deutlich sichtbar. Von innen wurden die Schnittlinien durch einen 100 mm breiten und 8 mm starken, durch Schrauben befestigten Flacheisenring überdeckt.

Die Strecke ist an einem Ende offen. Mit dem anderen Ende steht sie in einem Mauerblocke von 3,5 m Höhe, 3 m Länge und 3 m Breite, und zwar derart, dass die Strecke auf 1 m Länge innen und aussen von dem Cementmauerwerke umfasst ist. Zur Herstellung einer möglichst starren Verbindung zwischen Strecke und Mauerklotz sind ausserdem noch drei kräftige Winkeleisen an der Aussenseite der ganzen Streckenzimmerung sowie drei Flacheisen an den ersten fünf Streckenbögen angeschraubt und mit ihren umgebogenen Enden 2 m tief im Mauerwerk verankert.

Um die Widerstandsfähigkeit der Strecke zu erhöhen, ist sie soweit in die Haldenmasse eingegraben, dass die Fenster eben sichtbar bleiben. Die fensterlose Streckenseite ist durch einen nahezu bis zur Scheitellinie der Strecke reichenden Damm gänzlich überdeckt. Um den Schall der Schüsse zu dämpfen, ist die Streckenmündung von einem Rundwall umgeben, der ziemlich steil nach allen Seiten ansteigt. Die Böschung ist so stark, dass die Scheitellinie der Strecke in gerader Richtung verlängert bei etwa 6 m Entfernung von der Mündung den Wall trifft, der sich von hier noch etwa 1 m höher erhebt.

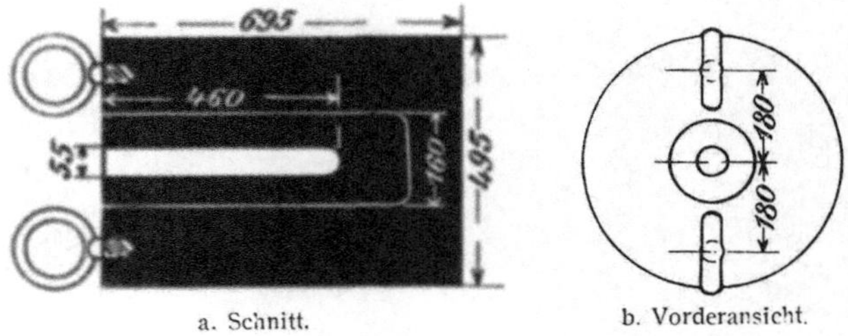

a. Schnitt. b. Vorderansicht.

Fig. 357.

Schiessmörser.

Im Innern der Strecke sind in dem durch den Mauerblock gebildeten Ortsstosse Löcher für 2 Tiegelgussstahlmörser ausgespart. Die zur Verwendung kommenden, 695 mm langen Schiessmörser (Fig. 357a u. b) bestehen aus einem Kern harten Stahles von 165 mm Durchmesser, auf welchem ein Mantel von 495 mm äusserem Durchmesser warm aufgezogen ist. Der Kern enthält das zum Abgeben der Schüsse bestimmte Bohrloch von 460 mm Tiefe und 55 mm Weite. Die beiden am Mörser befindlichen Tragringe sollen die Handhabung desselben beim Ein- und Ausbau erleichtern. Die Mörser liegen nicht wagerecht, sondern etwas geneigt in den Löchern, sodass ihre verlängerten Bohrlochsachsen in 10 m Entfernung vom Ortsstosse die Streckenfirste treffen. Zwischen der Hinterwand der Mörser und dem Mauerwerk sind 35 mm starke Gummischeiben und 50 mm starke Weidenholzplatten eingelegt.

Die in der Firste der Strecken angebrachten, mit Stöpseln verschliessbaren Oeffnungen dienen als Sicherheitsventile. Denselben Zweck erfüllt eine in der Nähe des Ortsstosses befindliche Einsteigeöffnung von ovalem Querschnitt, die mit einem aufklappbaren Eisendeckel verschliessbar ist. Bei Versuchen mit Schlagwettern werden sämtliche Oeffnungen in der Firste der Explosionskammer mit starkem Papier abgedichtet.

Zur Herstellung der Explosionskammer (Fig. 358) für Schlagwetterversuche ist in 5,10 m Entfernung vom Ortsstosse ein Ring aus Winkeleisen eingebaut, der mit Dornen versehen ist. Auf diese wird ein Schirm aus festem Packpapier aufgesteckt und mittels eines zweiten, abnehmbaren Eisenringes festgeklemmt. Auf diese Weise wird ein Raum von genau 10 cbm Inhalt abgesperrt.

Behufs Bewetterung der Strecke nach Abgabe eines Schusses ist in dem Mauerblocke ein unmittelbar unterhalb der Streckenfirste mündendes, gusseisernes Rohr von 400 mm lichtem Durchmesser eingemauert, welches nach aussen mit einem Pelzerschen Ventilator von 500 mm Flügeldurchmesser in Verbindung steht und im Innern der Strecke durch einen Holzstopfen verschlossen werden kann. Dieser Holzstopfen ist der konisch ausgedrehten Mündung des Rohres genau angepasst und derart angebracht, dass er vom anderen Ende des Rohres aus gehandhabt werden kann. Es ist deshalb nicht notwendig, zur Herstellung der Verbindung zwischen Ventilator und Strecke nach Abgabe des Schusses die Strecke zu betreten. Auch bei den stärksten Nachschwaden nimmt die Ventilation der Strecke nur etwa 6—7 Minuten in Anspruch.

Die Beobachtung der in der Strecke sich abspielenden Vorgänge wird durch 15 Beobachtungsfenster ermöglicht, welche auf einer Seite der Strecke in $^3/_4$ Höhe derselben angebracht sind. Die Fenster besitzen lichte Maasse von 120 : 230 mm und werden aus 25 mm starken Spiegelglasscheiben gebildet, die von kräftigen Eisenrahmen eingefasst sind. Die Fenster sind nach innen mit Asbest, nach aussen durch 18 mm starke Gummirahmen abgedichtet, welche gleichzeitig als Puffer dienen und so einem Zerspringen der Scheiben vorbeugen. Die gegenseitigen Abstände der Fenster betragen in der Nähe des Mauerblocks etwa 1 m und nehmen nach der Mündung der Strecke bis $2^1/_2$ m zu.

Fig. 358.

Explosionskammer der Versuchsstrecke.

Den Fenstern gegenüber, in 15 m Entfernung, steht das Beobachtungsgebäude (Fig. 359). Dasselbe besitzt auf der der Strecke zugekehrten Seite einen schiessschartenähnlichen, durch starke Glasscheiben verschlossenen Schlitz, durch welchen die ganze Länge der Strecke von einem einzigen Beobachter übersehen werden kann.

Die Zündung der Schüsse geschieht auf elektrischem Wege mittels einer im Beobachtungsgebäude aufgestellten Zündmaschine, von der aus zwei isolierte Kupferdrähte nach der Strecke führen.

Das für die Versuche gebrauchte Grubengas entstammt verlassenen und abgedämmten Bauen eines Fettkohlenflötzes der Zeche Consolidation III/IV, welches in einem stark gestörten Teile des Grubenfeldes angefahren wurde und bezüglich seiner Lage in der bekannten Flötzreihe nicht mit Sicherheit bestimmt ist. In dem Flötze ist von der III. nach der II. Sohle ein Aufhauen getrieben, von dem aus mehrere Abbaustrecken angesetzt sind. Da sich das Flötz als unbauwürdig erwies, wurden die Baue aufgegeben und durch Mauerdämme abgesperrt. Der Raum hinter den Dämmen ist mit Schlagwettern erfüllt, die einen Druck von 35 mm Wassersäule über dem in der Grube herrschenden Drucke besitzen. Eine 43 mm weite Rohrleitung, welche in den oberen Damm eingemauert ist, führt die Schlagwetter durch den Schacht zu Tage und der Versuchsstrecke zu. In die Rohrleitung ist eine kleine Dampfdüse eingebaut, durch deren Strahl

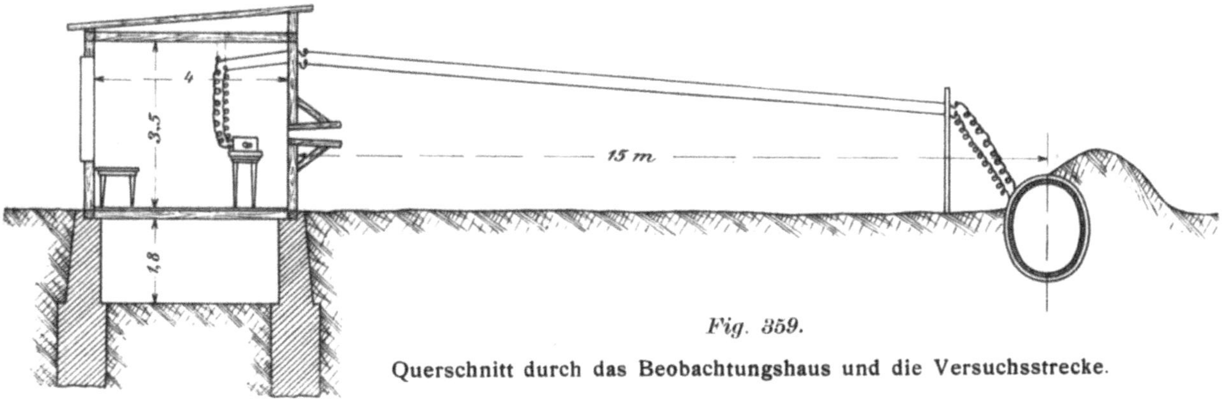

Fig. 359.
Querschnitt durch das Beobachtungshaus und die Versuchsstrecke.

man die Geschwindigkeit des Schlagwetterstromes beliebig beschleunigen kann. Der Dampf schlägt sich alsbald in dem in die Rohrleitung eingeschalteten Gaskessel (vergl. Fig. 354 a. S. 464) nieder; das diesem Kessel entströmende Gas ist daher vollkommen kühl und vom Dampfe befreit.

Das Grubengas wird in einem Gasbehälter von 80 cbm Fassungsraum aufgespeichert. Die Glocke dieses Behälters ist derart belastet, dass sie das Gas unter einem Ueberdruck von 150 mm Wassersäule hält. Um den im Gase vorhandenen Kohlensäuregehalt (5—7 $^0/_0$) herabzumindern, ist zwischen Gaskessel und Gasbehälter ein Gasreiniger eingeschaltet, welcher im Keller des Beobachtungshauses aufgestellt ist. Er besteht aus einem gusseisernen Kasten von rechteckiger Form und etwa 2 cbm Fassungsraum und ist oben mittels einer in Wasser eintauchenden Glocke luftdicht verschlossen. In dem unteren Teil des Kastens sind drei horizontale Holzhürden angebracht, auf denen gebrannter Kalk in etwa nussgrossen Stücken ausgebreitet ist. Das Grubengas tritt von unten in den Reinigungskasten ein, durchstreicht die Kalklagen und giebt dabei etwa 3 $^0/_0$ Kohlensäure ab. Für die Versuche sowohl in der Versuchsstrecke wie in der Lampenlutte wird das Gas dem Gasbehälter entnommen. Vor dem Eintritt in die Versuchsstrecke gehen die Wetter nochmals durch den Gasreiniger, geben dabei die Kohlensäure bis auf $^3/_4$ oder 1 % ab und strömen dann durch eine im Beobachtungshause stehende Gasuhr, die zur Messung der Schlagwetter beim Einlassen in die Strecke dient.

Um eine möglichst schnelle und innige Mischung der in die Kammer eintretenden Gase mit der darin befindlichen Luft zu bewirken, wird ein in der Strecke angebrachtes Flügelrad von aussen mittels eines Zahnradgetriebes in Umdrehung versetzt. Dieses Flügelrad ruft eine kreiselnde Bewegung des Gasgemisches in der Kammer hervor. Vielfache Versuche haben bewiesen, dass hierbei schnell eine gründliche Diffusion der Gase erzielt wird. Das Flügelrad dient ferner zur Aufwirbelung des Kohlenstaubes im Explosionsraum. Zu diesem Zwecke ist in der Streckenfirste ein über den Flügeln mündendes Rohr eingebaut, auf welches ein trichterförmiges Gefäss gesetzt wird. Aus diesem wird der Kohlenstaub auf die in Umdrehung versetzten Flügel unmittelbar aufgegeben. Einer Zerstörung der aus Holz bestehenden Flügel durch die Explosionswirkung wird dadurch vorgebeugt, dass man dieselben vor Abgabe des Schusses genau in die Richtung der Streckenachse bringt. Thatsächlich kommt es alsdann nur selten vor, dass die Flügel ersetzt werden müssen.

Um für die laufenden Schiessversuche einen Kohlenstaub von ganz gleichmässiger Beschaffenheit zu erhalten, wird der Staub durch Vermahlen der Förderkohle von dem Fettkohlenflötze P der Zeche Consolidation III/IV hergestellt. Das Mahlen geschieht mittels einer Kugelmühle. Das Sieb, durch welches der Staub fallen muss, ist sehr fein und besitzt etwa 1250 Maschen auf ein qcm. Die Zusammensetzung des Staubes wurde im berggewerkschaftlichen Laboratorium wie folgt ermittelt:

70,8 %	Koksausbeute,
28,0 %	Gasgehalt,
1,2 %	Wasser,
100,0	Teile.

Der Aschengehalt stellte sich auf 6,6 %.

Das Lampenversuchshaus schliesst sich mit fast 5 m Abstand an das Beobachtungshaus der Versuchsstrecke an (vergl. Fig 354 a. S. 464) und ist bei einer Gesamtlänge von 14 m und einer Breite von 4,47 bezw. 5,75 m in drei Zimmer eingeteilt. Der erste Raum mit der Versuchslutte dient gleichzeitig als Büreau, in dem zweiten ist ein Apparat für Schlagwetteranalysen aufgestellt und eine Dunkelkammer für Lichtmessungen abgeteilt, während der dritte Raum für die Aufbewahrung der Versuchslampen, Drahtkörbe usw. bestimmt ist.

Der eigentliche Lampenversuchsapparat ist eine sog. Schondorff'sche Versuchslutte, die auf Tafeln II und III dargestellt ist. Der Apparat

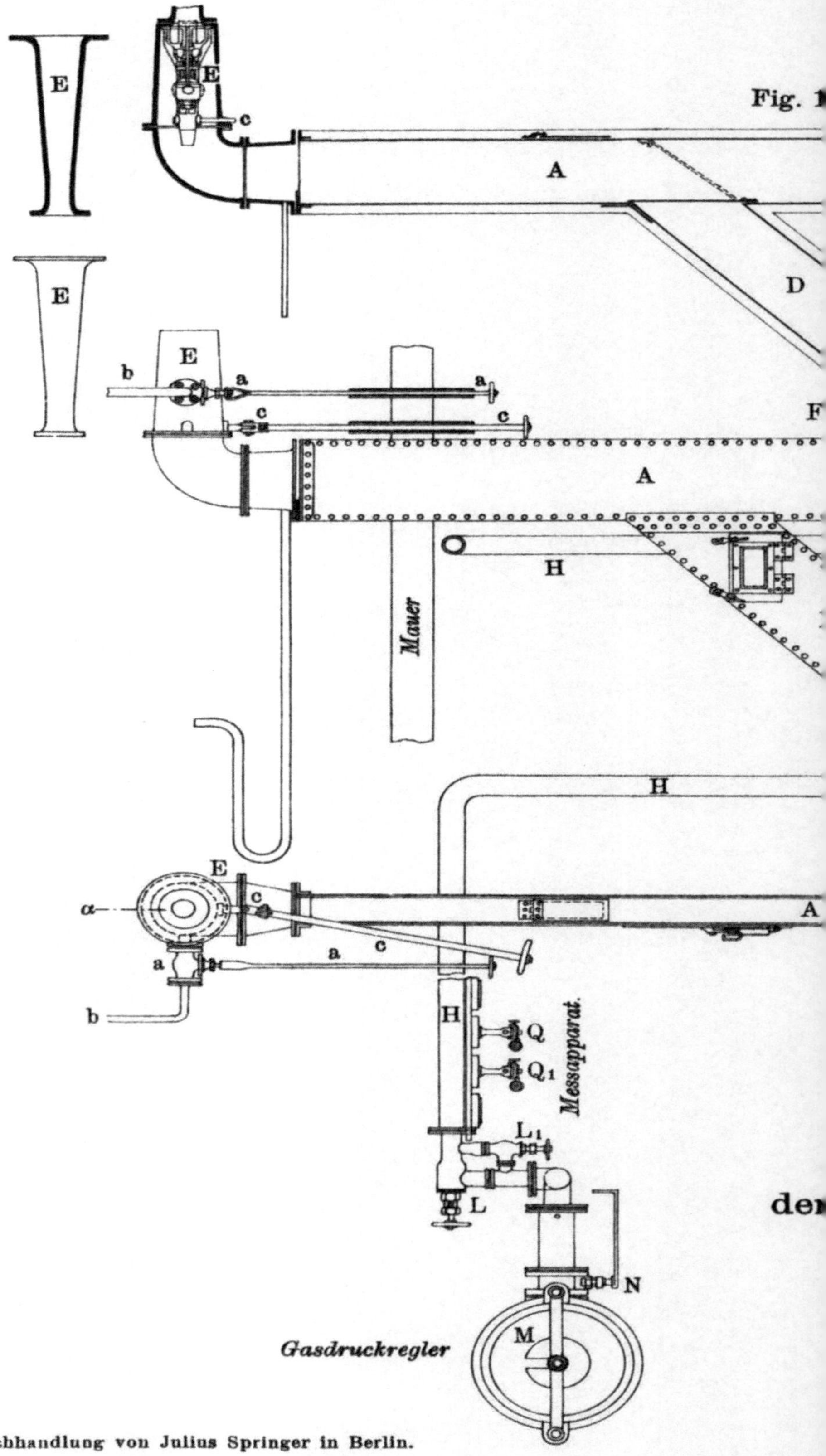

Verlagsbuchhandlung von Julius Springer in Berlin.

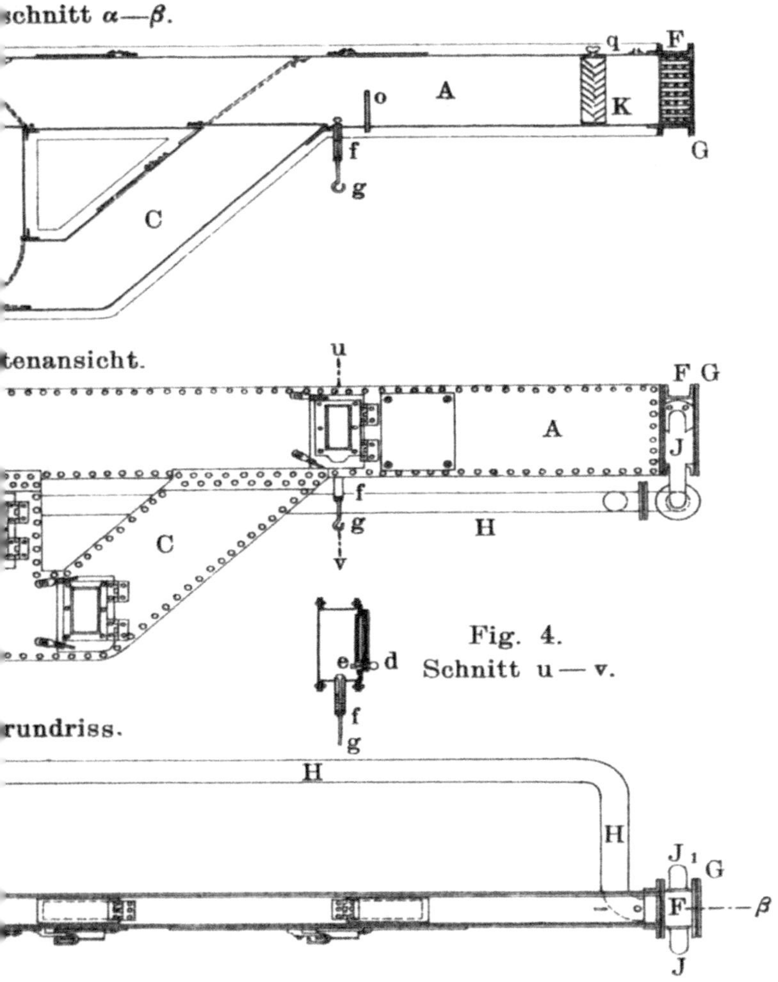

npen-Untersuchungsapparat
-werkschaftlichen Versuchsstrecke
zu Bismarck i. W.
Maßstab 1 : 30.

Lith. Anst. v. Bogdan Gisevius in Berlin.

besteht aus einer 4,5 m langen, horizontal gelagerten Lutte A von rechteckigem Querschnitt, 26 cm lichter Höhe und 12 cm lichter Breite. Für die obere und untere Luttenwand sind U-Eisen, für bei beiden Seitenwände 5 mm starke Eisenbleche verwendet worden, die mit den U-Eisen durch eine kräftige Vernietung verbunden und an den Berührungsflächen gegen den Zutritt der äusseren atmosphärischen Luft durch Verstemmen sorgfältig abgedichtet sind.

Zur Bewegung der Gasgemische in der Lutte dient ein Körting'scher Dampfstrahlventilator E, der mit einem Ueberdruck von 5 Atmosphären betrieben wird und bei einer Depression von 1000 mm Wassersäule als Höchstleistung in der Minute 30 cbm der verdünnten Luft, also 27 cbm Luft von atmosphärischem Drucke anzusaugen vermag. Mit der Lutte ist der Strahlapparat durch ein aufwärts gebogenes, aus zwei Teilen bestehendes, gusseisernes Knierohr verbunden. Der an die Lutte sich anschliessende Teil desselben ist mit einem Wassersack und einem Abflussrohr versehen, durch welche der Eintritt von Kondenswassern in die Lutte verhindert wird.

Die Einstellung des Strahlapparates erfolgt je nach der beabsichtigten Wettergeschwindigkeit mittels eines Ventiles a, welches in die Dampfleitung b unmittelbar vor dem Apparat eingebaut ist. Da indessen mit dem Dampfventil allein eine vollkommen gleichmässige Bewegung der Wettergemische nicht erreicht werden kann, so ist der Strahlapparat ausserdem noch mit einem Spindelventil c ausgerüstet, welches durch ein Zahnstangengetriebe auf- und niederbewegt wird und das Düsensystem mehr oder weniger öffnet bezw. schliesst, sodass hierdurch die Leistung des Ventilators genau und schnell reguliert werden kann.

In der Mitte ihrer Länge besitzt die Lutte drei an der Unterseite sich abzweigende, unten sich vereinigende Luttenschenkel B, C und D, welche die Gasströme in vertikaler und geneigter (auf- und absteigender) Richtung gegen die Lampen zu führen gestatten. Die Richtungsänderung der Gasströme erfolgt in der im Vertikalschnitt angegebenen Weise durch Ein- und Umlegen eiserner Klappen, welche zur Abdichtung mit Gummiplatten unterlegt sind.

An der Vorderwand der Lutte und der Abzweigungen sind vier mittels Thüren verschliessbare Oeffnungen angebracht, durch welche die Versuchslampen und Umlegeplatten in die Lutte eingeführt werden bezw. der Zutritt zu den Klappen ermöglicht wird. Die Thüren sind aus 5 mm starkem Eisenblech hergestellt und mit einem rechteckigen Ausschnitt versehen. Auf der Vorder- und Rückseite der Thüren sind eiserne Rahmen aufgeschraubt, die zur Aufnahme von zwei 12 bezw. 6 mm starken Glasscheiben sowie der zugehörigen Gummidichtungen bestimmt sind, sodass eine genaue und gefahrlose Beobachtung der im Lutteninnern stehenden oder hängenden Lampen möglich ist.

Im übrigen ergiebt sich die Konstruktion der Beobachtungsfenster aus dem Schnitt u—v (Fig. 4 auf Tafel II). Durch das untere Ende der zu dem horizontalen Luttenteil gehörigen Thür ist ein drehbarer Bolzen d geführt, welcher innen mit dem Kopfstück e versehen ist. Letzteres umfasst den seitlichen Wirbelring der mit umlaufender Zündvorrichtung versehenen Lampen, und ermöglicht so die Zündung der Lampe im Innern der Lutte. Die in die Unterwand der Lutte eingeschraubte Vorrichtung f dient in ähnlicher Weise zur Zündung derjenigen Lampen, deren Zündvorrichtungen von unten in Thätigkeit gesetzt werden. Der Bolzen g kann sowohl gedreht als auch abwärts gezogen werden und wird in letzterem Falle durch eine Feder selbstthätig wieder in seine ursprüngliche Stellung zurückgebracht.

Um die Wirkungen der Explosionen abzuschwächen, sind an der Oberwand des horizontalen Luttenteils A bezw. des geneigten Schenkels C vier aus eisernen Klappen bestehende Sicherheitsventile angebracht, die mit Gummiplatten abgedichtet und um Scharniere beweglich sind. Zur Entnahme von Gasproben ist in die untere Luttenwand ein Röhrchen eingeschraubt, welches mit dem einen Ende bis in die Mitte der Lutte reicht, während das andere Ende beim Nichtgebrauch durch einen Gummistopfen verschlossen ist.

An dem hinteren Ende der Lutte ist der Gasmischkasten F und an diesem das Luftdiaphragma G angeschraubt, durch welche das Grubengas und die atmosphärische Luft in den Apparat eingeführt werden. Der Gasmischkasten besteht aus einem Hohlkörper, dessen aus Messingblech hergestellte Böden durch 24 in der Längsrichtung der Lutte liegende kupferne Röhrchen von 16 mm Weite verbunden sind. Jedes dieser Röhrchen besitzt in seiner Wandung 12 Löcher von 3 mm Durchmesser. Das in der Rohrleitung H herangeführte Grubengas steigt in den beiden lotrechten Rohrschenkeln J und J_1 auf, tritt in den Innenraum des Mischkastens ein, um hierauf in dünnen Strahlen in die Kupferröhrchen auszuströmen und sich der durch die Röhrchen streichenden atmosphärischen Luft beizumengen. Zur Herbeiführung einer möglichst vollkommenen Mischung von Luft und Gas sind 23 cm vom Mischkasten entfernt zwei Reihen gegen einander versetzter Eisenplatten K in die Lutte eingebaut, durch welche der Gasstrom sich hindurchwinden muss. Die hierbei auftretenden Wirbelungen bringen ein vollkommen gleichmässiges Gemisch zu stande.

Das Luftdiaphragma G besteht aus einer 4 mm starken Messingplatte, deren 24 gleich weite Löcher genau entsprechend den Kupferröhrchen des Mischkastens auf den Querschnitt der Lutte symmetrisch verteilt sind. Das für gewöhnlich verwendete Diaphragma besitzt Löcher von 11 mm Durchmesser und ergiebt bei einer Höchstleistung des Injektors von 12 m

Luftgeschwindigkeit in der Sekunde eine Depression von **375** mm Wassersäule.

Der Zutritt der Gase in den Gasmischkasten wird durch zwei in die Rohrleitung H eingeschaltete Spindelventile L und L_1, von denen das grosse für die grobe, das kleine für die genauere Einteilung bestimmt ist, geregelt. Die Schrauben, welche die Kegel der Spindelventile bewegen, sind durch Stopfbüchsen vollständig abgedichtet.

Das in dem Gasbehälter angesammelte Grubengas wird zunächst mittels einer 20 m langen und 75 mm weiten Rohrleitung einem Gasdruckregler M zugeführt, dessen Einrichtung aus der Zeichnung auf Tafel III ohne Weiteres klar wird. Der Druckregler hat, da vor dem Gasdiaphragma stets ein gleichmässiger Druck herrschen muss, den Zweck, kleinere Druckschwankungen auszugleichen, die beim Nachsinken der Glocke des Gasbehälters nicht vollständig zu vermeiden sind. In dem Abzugsrohr des Druckreglers ist eine Drosselklappe N angebracht, die beim Eintritt einer Explosion in der Lutte sofort geschlossen wird. Hierdurch soll einer Wiederholung der Explosionen in der Lutte und dem Weiterbrennen der ausströmenden Schlagwetter vorgebeugt werden.

An dem Punkte, wo sich das Gasrohr H an das 100 mm weite Abzugsrohr des Druckreglers anschliesst, ist das Gasdiaphragma O, eine mit einer 35 mm weiten Bohrung versehene Messingplatte, eingebaut.

Die angewandte Messmethode beruht auf der gesetzmässigen Beziehung zwischen den Druckunterschieden und den Durchflussgeschwindigkeiten beim Ausströmen der Gase aus Oeffnungen in einer dünnen Wand. Da sowohl die atmosphärische Luft wie das Grubengas vor ihrem Eintritt in den Apparat im Verhältnis zum Querschnitt der Lutte bezw. der Gasleitung enge Oeffnungen durchströmen, so ist man jederzeit im Stande, aus den Druckdifferenzen bei den beiden Platten das augenblickliche Mischungsverhältnis abzuleiten, oder umgekehrt durch entsprechende Aenderung dieser Druckunterschiede jedes gewünschte Mischungsverhältnis und jede gewünschte Geschwindigkeit herzustellen.

Die beiden zur Messung der Druckunterschiede benutzten Wassermanometer Q und Q_1 sind auf Tafel III in der Vorderansicht dargestellt. Sie bestehen aus einer Glasröhre h und einem Wasserbehälter i, deren untere Oeffnungen durch einen dickwandigen Gummischlauch mit einander verbunden sind. Die vertikale Glasröhre h, welche stets eine unveränderlich feste Stellung beibehält, besitzt oben eine nahezu horizontale Ausbiegung (Neigung 1 : 10) und trägt in der Mitte der letzteren eine Marke. Der Wasserbehälter i ist mit einem Schlitten s fest verbunden und kann mit diesem in vertikaler Richtung verschoben werden. Dabei gleitet der Schlitten auf der mit Centimetereinteilung versehenen prismatischen Messplatte p, welche oben in einem Kugelgelenke hängt und durch drei unter ihr befindliche Stellschrauben nach einem an ihrer Rückseite befestigten Senkel vertikal eingestellt werden kann.

Mit dem Schlitten s ist durch eine Schwanenhalsfeder ein zweiter Schlitten s_1 verbunden, an welchem sich die Klemmvorrichtung k und die zur feineren Einstellung dienende Mikrometerschraube r befinden. Endlich trägt noch der Schlitten s ein in Spitzen drehbares Plättchen mit einer kurzen Millimetereinteilung, welche neben der Centimetereinteilung auf der Messplatte die vertikale Verschiebung des Wasserbehälters auf Millimeter abzulesen und nötigenfalls noch auf $^1/_{10}$ mm abzuschätzen gestattet.

Der für die Messung der Wettergeschwindigkeit bestimmte Druckmesser Q ist mit dem einen Schenkel an den in die obere Luttenwand eingeschraubten Rohrstutzen q (Tafel II Fig. 1) angeschlossen, während der andere Schenkel offen ist, also mit der atmosphärischen Luft in Verbindung steht. Er giebt demnach unmittelbar die durch den Dampfstrahlapparat in der Lutte erzeugte Depression und hiermit die Gesamtgeschwindigkeit an, mit der das jeweilige Versuchsgemisch (Luft + Gas) die Lutte durchströmt. Denn der Rohrstutzen q ist an einem Punkte angebracht, wo das der Lutte zugeführte Grubengas bereits mit der atmosphärischen Luft vermischt ist.

Der für den Gaszufluss bestimmte Druckmesser Q_1 ist mit seinen beiden Schenkeln an die Rohrstutzen R und R_1 angeschlossen, welche zu beiden Seiten des Gasdiaphragmas in die Gaszuleitung eingeschraubt sind; er giebt demnach direkt den Spannungsabfall an, den die Gase beim Durchgang durch das Diaphragma erleiden.

Die für die verschiedenen Geschwindigkeiten von 1—12 m in der Sekunde innezuhaltenden Depressionen wurden unter Berücksichtigung der durch den Gaszufluss eintretenden Spannungsänderungen einzeln durch Versuche ermittelt und in Tabellen zusammengestellt. Hierbei wurde zur Messung der Stromgeschwindigkeit ein auf ein Lampengestell aufgesetztes Casellasches Anemometer verwendet, das mit einer selbstthätigen Ein- und Abstellvorrichtung versehen ist und den in einer Minute zurückgelegten Weg genau angiebt. Mit dieser besonderen Anordnung des Anemometers sollte dem Einfluss Rechnung getragen werden, welchen die Versuchslampen infolge der Verengung des Luttenquerschnitts auf die Geschwindigkeit des Gasstromes ausüben.

Um ferner den Methangehalt eines Mischungsstromes von bekannter Geschwindigkeit aus dem am Gasdiaphragma herrschenden Druckunterschiede bestimmen zu können oder umgekehrt um die Depression ermitteln zu können, welche zur Herstellung eines bestimmten Mischungsverhältnisses in einem Gasstrome von bekannter Geschwindigkeit erforderlich ist, muss zunächst der Methangehalt der im Gasbehälter angesammelten Grubengase durch Analyse festgestellt werden. Aus dem

Schnitt durch den Gasdruckregler.

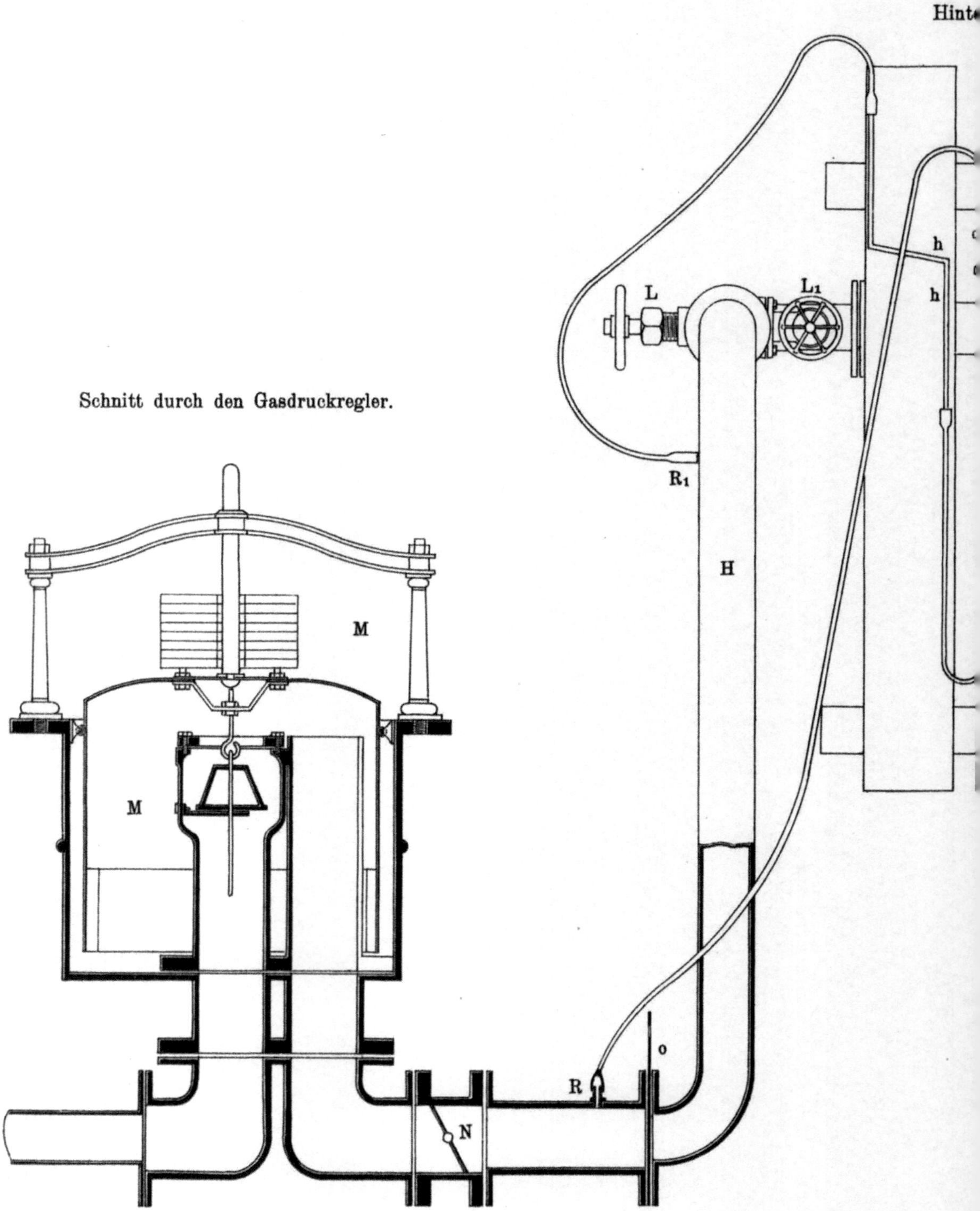

Verlagsbuchhandlung von Julius Springer in Berlin.

Messapparates.

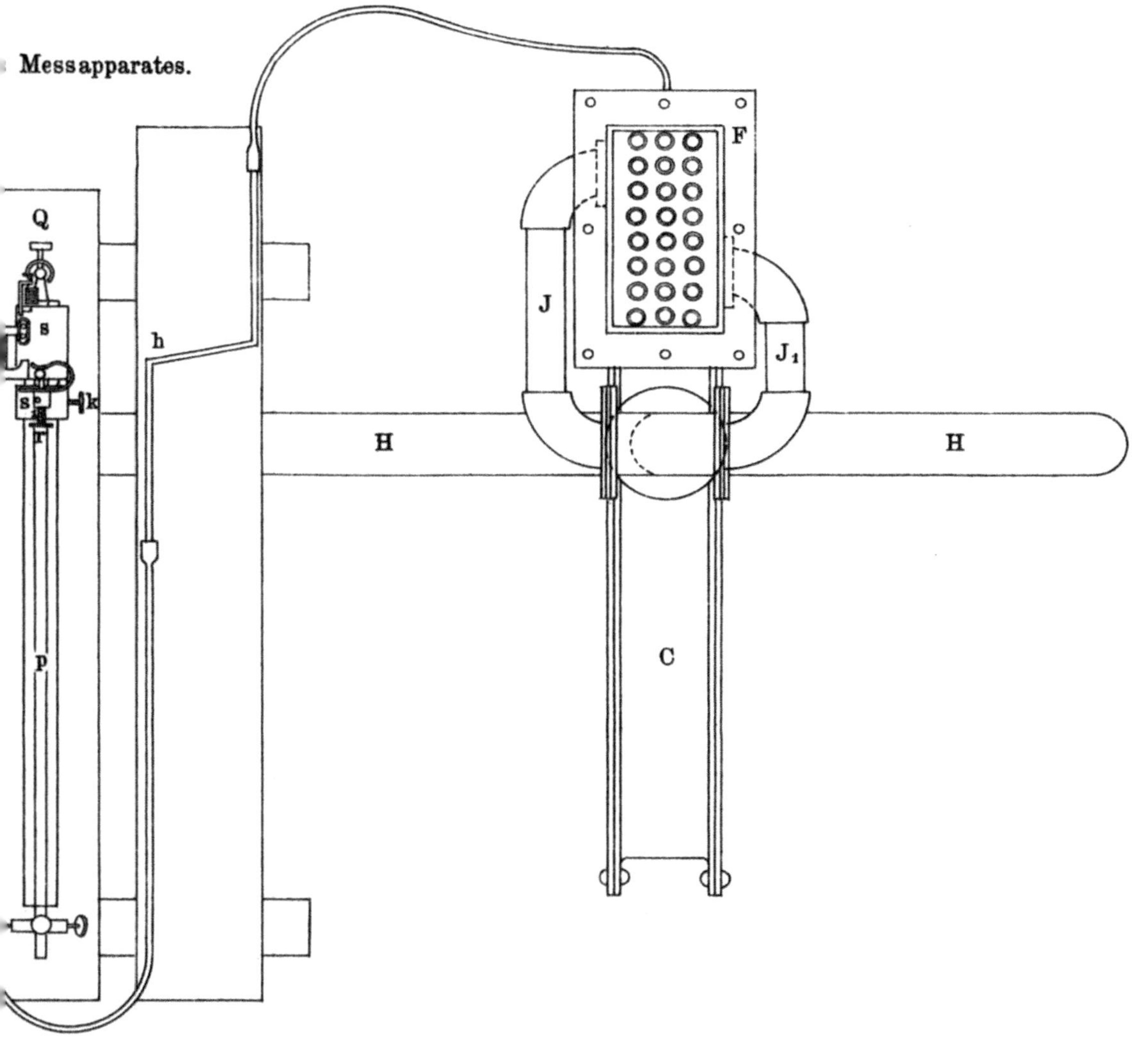

Lampen-Untersuchungsapparat

berggewerkschaftlichen Versuchsstrecke

zu Bismarck i. W.

Maßstab 1:10.

Lith. Anst. v. Bogdan Gisevius in Berlin.

Methangehalt der Behältergase lässt sich alsdann nach dem von Dr. Schondorff im Band 35 Seite 48 ff. der Zeitschrift für das Berg-, Hütten- und Salinenwesen angegebenen Verfahren das Volumen reinen Methans berechnen, das bei einem bestimmten Druckunterschiede das Diaphragma durchströmt oder umgekehrt der Druckunterschied ermitteln, welcher für den Durchgang eines bestimmten Volumens reinen Methans nötig ist.

Diese Druckunterschiede wurden für Versuchsgemische von 1—13 % Methangehalt und 1—12 m Geschwindigkeit berechnet und in Tabellen zusammengestellt, und zwar wurden die Berechnungen für jeden zu erwartenden Prozentgehalt der Behältergase besonders ausgeführt.

Die Zusammensetzung der für die Schiess- und für die Lampenversuche benutzten Grubengase und insbesondere der Gehalt an Methan hat starken Schwankungen unterlegen. Beispielsweise enthielt das Grubengas im Sommer 1896 68,5 % Methan und 6 % Kohlensäure, während sich im Sommer 1899 die entsprechenden Zahlen auf 51 % Methan und 5 % Kohlensäure stellten. Bisweilen ist bei starker Inanspruchnahme der Methangehalt noch niedriger gewesen.

III. Sprengstoff-Versuche.

Bei der ersten, der Versuchsstrecke gestellten Aufgabe, das Verhalten der Sprengstoffe gegenüber Schlagwettern und Kohlenstaub näher zu untersuchen, kam es darauf an, Vergleichswerte bezüglich der Sicherheit der verschiedenen Sprengstoffe zu schaffen. Es sollte also ermöglicht werden, auf Grund der Versuche eine Beurteilung der verschieden hohen Sicherheit der einzelnen Sprengstoffe mit annähernder Richtigkeit vorzunehmen.

Für diesen Zweck wäre es an und für sich wünschenswert gewesen, die Sprengstoffe etwa auf die Art in der Versuchsstrecke zu erproben, wie sie thatsächlich im Grubenbetriebe gebraucht werden. Leider stehen dem aber unüberwindliche Schwierigkeiten entgegen. Es ist ganz unmöglich, die in der Praxis vorkommenden, nach der Art des Gesteins, der Kohle, des Auftretens der Schlagwetter und des Kohlenstaubes, des Besatzes, der Vorgabe, der räumlichen Verhältnisse des Arbeitspunktes usw. so überaus verschiedenen Verhältnisse nachzuahmen. Man kann nur künstliche, von der Praxis abweichende Versuchsbedingungen schaffen, die alsdann wenigstens den Vorteil haben, dass sie gleichmässig gehalten werden können.

Bisher sind drei verschiedene Versuchsbedingungen für das Abthun der einzelnen Schüsse erprobt worden und mehr oder weniger zur Anwendung gekommen. Die Schüsse wurden entweder

1. unbesetzt aus dem Bohrloche des Schiessmörsers, oder

2. mit Lettenbesatz versehen aus dem Bohrloche des Mörsers abgethan, oder
3. es wurden auf einer Unterlage ruhende, im übrigen frei im Explosionsgemische liegende Patronen zur Explosion gebracht.

Die unter 1. genannte Versuchsreihe hat die bei weitem grösste Schusszahl aufzuweisen. Die beiden anderen Versuchsreihen haben sich, wie aus der späteren Besprechung der Versuche hervorgeht, für den erstrebten Zweck der Arbeiten weniger bewährt.

Bei allen Versuchsreihen wurde an dem Grundsatze festgehalten, mit jedem Sprengstoffe eine Reihe von Schüssen mit regelmässig ab- oder zunehmenden Gewichtsmengen abzugeben, um die grösste Ladungsmenge zu ermitteln, die noch ohne Gefahr der Zündung des Explosionsgemisches abgefeuert werden kann. Es zeigte sich hierbei bald, dass dem Ergebnisse eines einzelnen Schusses nur ein beschränkter Wert beizumessen ist. Es kommt häufig vor, und besonders ist dies in der Nähe der Sicherheitsgrenze eines Sprengstoffs der Fall, dass eine gewisse Ladung bei einem Schusse oder auch bei mehreren keine Zündung des Explosionsgemisches verursacht, während sofort darauf ein Schuss mit gleich grosser oder sogar geringerer Ladung eine Zündung bewirkt. Jede Versuchsreihe muss deshalb, wenn sie zur Beurteilung geeignet sein soll, eine grössere Anzahl von Schüssen umfassen. Auf der berggewerkschaftlichen Versuchsstrecke wurde in den letzten Jahren die Richtschnur angenommen, dass die Sicherheit einer Sprengstoffladung erst dann als nachgewiesen gilt, wenn mindestens 5 Schüsse mit der betreffenden Ladungsmenge eine Zündung des Explosionsgemisches nicht mehr ergeben haben. Es werden zwar auch bei diesem Verfahren noch nicht alle Versuchsfehler ausgeglichen, doch sind die Ergebnisse der auf dieser Grundlage durchgeführten Versuchsreihen bereits in befriedigender Weise gleichmässig. Um durch äussere Verhältnisse (Wetter, Barometerdruck, Nässe der Strecke) nicht den einen Sprengstoff vor dem anderen in Vorteil zu setzen, wurde Wert darauf gelegt, die einzelnen Sprengstoffe möglichst im Wechsel mit einander zu versuchen.

Die Sicherheit der Sprengstoffe wurde in der Regel gegenüber verschiedenen, explosiblen Staub- und Gasgemischen erprobt. Es wurden benutzt

a) Kohlenstaubaufwirbelungen ohne Schlagwetterbeimengung oder solche in einem $2^1/_2$prozentigen Schlagwettergemische,
b) explosible Schlagwettergemische mit $5^1/_2$—9 % Methan mit oder ohne Kohlenstaubaufwirbelungen.

Das unter a zuerst genannte Versuchsgemisch sollte über die Gefährlichkeit der Sprengstoffe gegenüber Kohlenstaub allein Aufschluss geben. Es wurden also bezüglich des Explosionsgemisches etwa diejenigen Verhältnisse zu Grunde gelegt, welche auf schlagwetterfreien, jedoch Kohlenstaub führenden Gruben und an schlagwetterfreien Arbeitspunkten in Schlagwettergruben thatsächlich vorkommen können. Der Kohlenstaubaufwirbelung wurden sodann in dem zweiten, unter a aufgeführten Versuchsgemische bis zu $2\frac{1}{2}$ % CH_4 zugesetzt, um Explosionsatmosphären zu schaffen, die bei der Sprengarbeit in der Grube ohne Kenntnis der Bergleute leicht vorkommen können, selbst wenn ein Abprobieren des Arbeitspunktes auf Schlagwetter mittels der gewöhnlichen Sicherheitslampe vorangegangen ist.

Das Versuchsgemisch b schliesslich sollte die gefährlichsten, in der Versuchsstrecke möglichen Bedingungen zum Massstabe der Sicherheit der Sprengstoffe machen.

Es konnte nicht ausbleiben, dass bei den vergleichenden Schiessversuchen mit den in der Praxis gebrauchten Sprengstoffen einzelne Fragen auftauchten, deren nähere Untersuchung oder Lösung im praktischen oder wissenschaftlichen Interesse wünschenswert erschien. Es wurden deshalb mehrere Versuchsreihen mit eigens zu diesem Zwecke hergestellten Sprengstoffmischungen durchgeführt, wobei manche wichtige Erfahrung neu gesammelt wurde. Teilweise nach derselben Richtung hin zielten auch diejenigen Arbeiten, die sich mit der Feststellung der Kraft und Explosionsschnelligkeit der Sprengstoffe und dem Zusammenhange dieser Grössen mit der Sicherheit der Sprengstoffe befassten.

Es mögen nun die Besprechungen der einzelnen Versuchsreihen folgen.

1. Schiessversuche aus dem Bohrloche des Mörsers ohne Besatz.

Die Unterbringung der Sprengstoffladung in dem Bohrloche ist bei diesen Versuchen nicht ganz gleichmässig gehandhabt worden. In der ersten Zeit wurden zwei besondere Versuchsreihen durchgeführt, wobei in dem einen Falle die Sprengladung soweit in das Bohrloch gebracht wurde, dass der vordere Rand der Zündpatrone mit der Bohrlochsmündung abschnitt, und in dem anderen Falle vor dem Sprengstoffe noch eine mehr oder weniger lange Bohrlochpfeife verblieb. Gegenüber Kohlenstaubaufwirbelungen übte — wenn auch nicht bei allen Sprengstoffen gleichmässig — die Pfeife einen sichernden Einfluss aus, während ein solcher gegenüber explosiblen Schlagwettergemischen nicht in Erscheinung trat.

Sehr bald stieg die Sicherheit der Sprengstoffe derartig, dass mit immer grösseren Ladungen geschossen werden musste. Diese konnten schliesslich nur noch mit Mühe in dem Bohrlochsraum untergebracht werden. Bei den Versuchen in den letzten Jahren wurde deshalb auf das jedesmalige Vorhandensein einer Bohrlochspfeife verzichtet. Die Patronen wurden, soweit angängig, hintereinander in das Bohrloch geschoben. Hatten dieselben hintereinander nicht mehr Platz, was gewöhnlich der Fall war, so wurden die überschiessenden Patronen neben den zuerst eingeführten in das Bohrloch gebracht, dessen Durchmesser (55 mm) hierfür genügend weit ist.

Die folgenden Tabellen geben ein Bild davon, wie sich die Sicherheit und die Zusammensetzung der Sicherheitssprengstoffe seit der Inbetriebnahme der Versuchsstrecke geändert haben. In der Spalten-Ueberschrift ist

Sicherheitssprengstoffe aus den Jahren 1894—1895.

Tabelle 21.

Name	Zusammensetzung	Verhalten bezüglich der Sicherheit	
		Bedingung a	Bedingung b
Dahmenit	93,3 % Ammonsalpeter, 4,8 » Naphthalin, 1,6 » chlorsaures Kali, 0,1 » Chlorammon, 0,2 » schwefelsaures Ammon.	unsicher mit 250 g	unsicher mit 250 g
Progressit	89,1 % Ammonsalpeter, 4,7 » salzsaures Anilin, 6,0 » schwefelsaures Ammon, 0,2 » Schmutz.	unsicher mit 300 g	unsicher mit 380 g
Roburit	79,2 % Ammonsalpeter, 17,8 » Binitrolbenzol, 0,3 » Salmiak und schwefelsaures Ammon, 2,7 » Feuchtigkeit (infolge langen Lagerns der Probe)	unsicher mit 152 g	unsicher mit 122 g
Sekurit	37,0 % Ammonsalpeter, 34,0 » Kalisalpeter, 29,0 » Mono- und Binitrolbenzol.	unsicher mit 50 g	unsicher mit 150 g
Westfalit	94,0 % Ammonsalpeter, 5,4 » Harz, 0,4 » schwefelsaures Ammon, 0,2 » Chlorammon und Schmutz.	unsicher mit 174 g	unsicher mit 200 g
Wetterdynamit	52,9 % Sprengöl, 14,4 » Kieselguhr, 32,7 » Bittersalz.	unsicher mit 200 g	unsicher mit 50 g
Kohlenkarbonit	25,0 % Sprengöl, 34,0 » Kalisalpeter, 39,5 » Mehl, 1.0 » Barytsalpeter, 0,5 » Doppeltkohlens. Natron.	sicher bis 600 g	sicher bis 600 g

Sicherheitssprengstoffe aus dem Jahre 1898.

Tabelle 22.

Name	Zusammensetzung	Verhalten bezüglich der Sicherheit	
		Bedingung a	Bedingung b
Dahmenit A	91,3 % Ammonsalpeter, 6,475 % Naphthalin, 2,225 » Doppeltchromsaures Kali.	sicher mit 550 g, unsicher mit 600 g	sicher mit 450 g, unsicher mit 500 g
Köln-Rottweiler Sicherheits-Sprengpulver	93,0 % Ammonsalpeter, 4,9 » Oel, 1,2 » Schwefel, 0,9 » Barytsalpeter.	sicher mit 500 g, unsicher mit 550 g	sicher mit 200 g, unsicher mit 250 g
Roburit I	87,5 % Ammonsalpeter, 7,0 » Binitrobenzol, 0,5 » übermangansaures Kali, 5,0 » schwefelsaures Ammon.	sicher mit 450 g, unsicher mit 500 g	sicher mit 300 g, unsicher mit 350 g
Westfalit	91,0 % Ammonsalpeter, 4,0 » Kalisalpeter, 5,0 » Harz.	sicher mit 550 g, unsicher mit 600 g	sicher mit 350 g, unsicher mit 400 g
Viktoriapulver (gepresst und gekörnt)	wie Dahmenit A.	sicher bei allen angewandten Ladungsmengen (600—700 g)	sicher bei allen angewandten Ladungsmengen (600 – 700 g).
Kohlenkarbonit (Wittenberger Wetterdynamit)	25,0 % Sprengöl, 34,0 » Kalisalpeter, 39,5 » Mehl, 1,0 » Barytsalpeter, 0,5 » Kohlensaures Natron		
Kohlenkarbonit I	25,0 % Sprengöl, 30,5 » Natronsalpeter, 39,5 » Mehl, 5,0 » Doppeltchromsaures Kali.		
Kohlenkarbonit II	30,0 % Sprengöl, 24,5 » Natronsalpeter, 40,5 » Mehl, 5,0 » Doppeltchromsaures Kali.		

unter »Bedingung a« nach der oben gegebenen Erklärung zu verstehen, dass Kohlenstaubaufwirbelungen ohne oder höchstens mit $2^1/_2$ % Grubengasbeimischung die Explosionsatmosphäre bildeten, während mit »Bedingung b« explosible Schlagwettergemische von $5^1/_2$—$9^1/_2$ % CH_4 gemeint sind.

Des Vergleiches halber mögen noch die Ladungsmengen von Gelatine-Dynamit und Schwarzpulver folgen, die unter den gleichen Versuchsbedingungen Zündungen der Explosionsatmosphäre ergeben:

Gelatine-Dynamit zündet Kohlenstaubaufwirbelungen mit 50 g und ist sicher mit 40 g. Es zündet Schlagwettergemische noch mit 5 g.

Schwarzpulver (mit einer Sprengkapsel zur Explosion gebracht) zündet Kohlenstaubaufwirbelungen mit 90 g und ist sicher mit 80 g. Schlagwettergemische werden durch die kleinsten Ladungsmengen zur Entzündung gebracht.

Ueberblickt man die Ergebnisse, so fällt auf, dass die Sicherheit der Sicherheitssprengstoffe in den wenigen Jahren des Bestehens der berggewerkschaftlichen Versuchsstrecke bedeutend gewachsen ist. Leider ist das Bild insofern unvollständig, als bei den ersten Schiessversuchen die thatsächlich sicheren Ladungen der Sprengstoffe nicht durch mehrere hinter einander abgegebene Schüsse (wie bei der Tabelle aus dem Jahre 1898) festgelegt sind. Andernfalls würde sich der Vergleich für die älteren Sicherheitssprengstoffe noch ungünstiger gestalten. Immerhin ist der Unterschied auch ohnedies gross genug. Während im Jahre 1894 sämtliche Sicherheitssprengstoffe bis auf eine Ausnahme schon in Ladungen von 100—340 g Kohlenstaubaufwirbelungen zündeten, war die Sicherheit im Jahre 1898 so weit gestiegen, dass unter derselben Versuchsbedingung die früheste Zündung mit 450 g eintrat. Ein grosser Teil der Sprengstoffe zündete aber in Ladungen von 600—700 g selbst explosible Schlagwettergemische nicht mehr. Es ist das ein ausserordentlicher Erfolg, der zum guten Teile auf Rechnung der Versuchsstrecke und der regelmässigen Veröffentlichung der Versuchsergebnisse zu setzen ist.

Lehrreich ist ferner der Vergleich der Sicherheitsgrenzen bei den Sicherheitssprengstoffen und bei Dynamit und Schwarzpulver. Von diesen genügen wenige Gramm, um Schlagwetter zur Entzündung zu bringen. Von jenen sind mindestens mehrere hundert Gramm schwere Ladungen nötig, und zum Teil tritt die Zündung der Schlagwetter selbst dann noch nicht ein.

Die unmittelbare Beobachtung des Streckeninneren bei den in Rede stehenden Schiessversuchen hat gelehrt, dass Flammenerscheinungen bei der Explosion aller Sprengstoffe mehr oder weniger stark sichtbar sind. Dynamit und Pulver liefern besonders kräftige Explosionsflammen, während die Sicherheitssprengstoffe kürzere Stichflammen entwickeln. Noch deutlicher sind die Flammenerscheinungen sichtbar, wenn man die Sprengstoffpatronen an freier Luft statt im Bohrloche des Schiessmörsers explodieren lässt.

Die neuesten Schiessergebnisse (1903/1904), die mit den früheren zum Teil nicht übereinstimmen, sind in folgender Tabelle wiedergegeben:

Sprengstoffe aus den Jahren 1903—1904.

Tabelle 23.

Lfd. No.	Name des Sprengstoffs	Fabrikant	Zusammensetzung (nach Angabe des Fabrikanten)	Sicher bis zu g Ladung	Zündung bei g Ladung
1	Kohlenkarbonit	Sprengstoff A. G. CarbonitHamburg, Fabrik Schlebusch	25,0 % Nitroglycerin 34,0 » Kalisalpeter 38,5 » Weizenmehl 1,0 » Lohmehl 1,0 » Barytsalpeter 0,5 » Soda	*) 1000	—
2	Karbonit I	dgl.	25,0 % Nitroglycerin 30,5 » Natronsalpeter 39,5 » Weizenmehl 5,0 » Kaliumbichromat	*) 1000	—
3	Karbonit II	dgl.	30,0 % Nitroglycerin 24,5 » Natronsalpeter 40,5 » Weizenmehl 5,0 » Kaliumbichromat	850	900
4	Ammonkarbonit	dgl.	82,0 % Ammonsalpeter 10,0 » Kalisalpeter 3,8 » Nitroglycerin 0,2 » Kollodiumwolle 4,0 » Weizenmehl	550	600
5	Ammonkarbonit I	dgl.	75,5 % Ammonsalpeter 9,5 » Kalisalpeter 7,0 » Kohlenstoff 3,8 » Nitroglycerin 0,2 » Kollod umwolle 4,0 » Stärke	350	400
6	Gelatine-Karbonit	dgl.	25,3 % Nitroglycerin 0,7 » Kollodiumwolle 6,9 » Melan (1 Glycerin : 3,5 Leim) 25,6 » Kochsalz 41,5 » Ammonsalpeter	500	550
7	Wittenberger Wetterdynamit	Westf. - Anhaltische Sprengstoff A. G., Berlin, Fabrik Haltern	25,0 % Nitroglycerin 34,0 » Kalisalpeter 38,5 » Roggenmehl 1,0 » Holzmehl 1,0 » Barytsalpeter 0,5 » Natronbikarbonat	*) 1000	—
8	Westfalit	dgl.	91,0 % Ammonsalpeter 4,0 » Kalisalpeter 5,0 » Harz	—	**) 50

*) Von Ladungen über 1000 g wurde Abstand genommen, um die Strecke nicht allzu heftigen Erschütterungen auszusetzen.

**) Mit Ladungen unter 50 g wurde nicht geschossen, weil die Ermittelung der Sicherheitsgrenze zwecklos erschien.

Fortsetzung von Tabelle 23.

Lfd. No.	Name des Sprengstoffs	Fabrikant	Zusammensetzung (nach Angabe des Fabrikanten)	Sicher bis zu g Ladung	Zündung bei g Ladung
9	Wettersicheres Gelatine-Dynamit	Westf.-Anhaltische Sprengstoff A. G., Berlin, Fabrik Haltern	40 % Nitroglycerin 1,0 » Nitrocellulose 27,0 » Ammonsalpeter 4,0 » Kalisalpeter 12,5 » Fettsaures Salz 10,0 » Roggenmehl 3,5 » Flüss. Kohlenwasserstoff 2,0 » Holzmehl	300	350
10	Wettersicheres Gelatine-Dynamit Ia	dgl.	38,0 % Nitrolgycerin 1,0 » Nitrocellulose 25,5 » Ammonsalpeter 5,0 » Kalisalpeter 2,5 » Oxalsaures Salz 14,0 » Roggenmehl 4,0 » Flüss. Kohlenwasserstoff 10,0 » Fettsaures Salz	500	550
11	Phönix I	Sprengstoffwerke Dr. R. Nahnsen & Co., Hamburg	30,0 % Nitroglycerin 32,0 » Natronsalpeter 38,0 » Mehl	700	750
12	Wetterdynamit II	Dynamit-Aktiengesellschaft vorm. Alfred Nobel & Co., Hamburg, Fabrik Schlebusch	25,0 % Nitroglycerin 1,0 » Oel 32,0 » Natronsalpeter 34,0 » Mehl 3,0 » Holzmehl 5,0 » Alaun	*) 900	—
13	Dahmenit A	Castroper Sicherheitssprengstoff-Aktiengesellschaft, Dortmund, Fabrik Castrop	91,300 % Ammoniaksalpeter 6,475 % Naphthalin 2,225 » Dopp. chromsaures Kali	350	400
14	Gekörntes Dahmenit A (Viktoriapulver)	dgl.	vergl. Ziffer 13	350	400
15	Gesteins-Dahmenit	dgl.	1,0 % Binitrobenzol 12,0 » Wurzelmehl 2,5 » Kaliumbichromat 84,5 » Ammonsalpeter	350	400

*) Von Ladungen über 900 g wurde Abstand genommen, weil der Schiessmörser schadhaft zu werden drohte.

Fortsetzung von Tabelle 23.

Lfd. No.	Name des Sprengstoffs	Fabrikant	Zusammensetzung (nach Angabe des Fabrikanten)	Sicher bis zu g Ladung	Zündung bei g Ladung
16	Roburit I A	Roburitfabrik Witten a. d. Ruhr	82,5 % Ammonsalpeter 5,0 » Kalisalpeter 7,0 » Binitrobenzol 5,0 » Schwefelsaures Ammoniak 0,5 » Uebermangansaures Kali	500	550
17	Roburit I C	dgl.	72,5 % Ammonsalpeter 10,0 » Kalisalpeter 12,0 » Binitrobenzol 5,0 » Schwefelsaures Ammoniak 0,5 » Uebermangansaures Kali	250	300
18	Roburit II	dgl.	71,5 % Ammonsalpeter 5,0 » Kalisalpeter 6,0 » Roggenmehl 0,5 » Kaliumpermanganat 5,0 » Chlornatrium 12,0 » Trinitrotoluol	350	400
19	Köln-Rottweiler Sicherheitssprengpulver	Vereinigte Köln-Rottweiler Pulverfabriken, Köln, Fabrik Hamm a. d. Sieg	94,0 % Ammonsalpeter 4,5 » Vegetabil. Oel 1,0 » Schwefel 0,5 » Barytsalpeter	—	*) 50
20	Anagon - Sprengpulver für Kohle	dgl.	78,5 % Ammonsalpeter 17,5 » Kalisalpeter 0,5 » Barytsalpeter 2,5 » Verharztes Oel 1,0 » Aluminium	500	550
21	Anagon - Sprengpulver f. Gestein (kein Sicherheitssprengstoff)	dgl.	84,5 % Ammonsalpeter 1,5 » Kalisalpeter 0,5 » Barytsalpeter 8,0 » Holzkohle 5,5 » Aluminium	—	*) 50
22	Grisoutite couche (für Kohle)	Société fançaise des poudres de sureté	95,5 % Ammonsalpeter 4,5 » Trinitronaphtalin	350	400
23	Grisoutite roche (für Gestein)	dgl.	91,5 % Ammonsalpeter 8,5 » Binitronaphtalin	150	200

*) Von Ladungen über 900 g wurde Abstand genommen, weil der Schiessmörser schadhaft zu werden drohte.

2. Versuche zur Feststellung des Einflusses von Besatz.

Für die Ausführung von Schiessversuchen mit Besatz erwies sich das Bohrloch von 55 mm Durchmesser und 460 mm Tiefe des sonst benutzten Mörsers als nicht geeignet. Man liess daher einen neuen Schiessmörser anfertigen, dessen Länge 930 mm und dessen Durchmesser 495 mm betrug. Das Bohrloch erhielt einen Durchmesser von 40 mm und eine Tiefe von 750 mm. In einem solchen Bohrloche konnten die im Grubenbetriebe gebrauchten Sicherheitssprengstoffe mit ihrem üblichen Patronendurchmesser in Ladungen von 450—500 g untergebracht werden, wobei für einen Besatz von 150 mm Länge noch genügender Raum verblieb. Als Besatz verwandte man plastischen Letten, der in der Form von in Papier gewickelten Nudeln vom Durchmesser des Bohrlochs, also in demselben Zustande wie auch unter Tage gebraucht wurde. Der Besatz wurde mit Hülfe eines hölzernen Stampfers fest gegen die Ladung gepresst und dann mit Hand gestampft. Es wurde grosse Sorgfalt darauf verwandt, dass der Besatz bei den verschiedenen Versuchen stets möglichst gleichmässig in dem Bohrloche untergebracht war.

Die erste Versuchsreihe wurde mit Gelatine-Dynamit durchgeführt. Bei Anwendung des geschilderten Besatzes wurden Kohlenstaubaufwirbelungen mit Ladungen von 250 g und 7 proz. Schlagwettergemische mit Ladungen von 200 g zur Zündung gebracht, während ohne Besatz Zündungen unter den entsprechenden Bedingungen, wie oben gezeigt, schon bei 50 g und 5 g eingetreten waren. Als man statt des Lettenbesatzes einen 150 mm hohen Besatz aus trockenem Kohlenstaub anwandte, traten Zündungen des Kohlenstaubes ein, wie sie auch ohne Besatz zu erwarten gewesen wären.

Einer zweiten Versuchsreihe wurde das Westfalit (älterer Zusammensetzung) unterworfen. Unter Anwendung des Lettenbesatzes konnten mit Ladungen von 400—500 g weder Zündungen von Kohlenstaubaufwirbelungen noch von 7 proz. Schlagwettergemischen erzielt werden, während solche ohne Besatz schon bei Ladungen von 250 und 150 g eintraten. Zufolge der hohen angewandten Ladungsmengen und der durch den Besatz verstärkten Wirkungsfähigkeit des Sprengstoffs wurde der Mörser bald zerstört.

An und für sich hätte es wünschenswert erscheinen müssen, die Schiessversuche mit Besatz fortzuführen und auf sämtliche Sicherheitssprengstoffe auszudehnen. Denn einerseits ist der Bergmann in der Grube verpflichtet, ebenfalls Besatz auf die Schussladung zu bringen, und andererseits lässt sich annehmen, dass die Explosionszersetzung des Sprengstoffes unter Besatz ähnlich derjenigen bei wirklichen Sprengungen und im grossen und ganzen bei allen Schüssen gleichmässig verlaufen wird. Zweifellos wäre deshalb eine solche Versuchsreihe gut geeignet, die Sicherheit der Sprengstoffe mit einander zu vergleichen.

Die Schiessversuche mit Dynamit und Westfalit hatten aber ein so starkes Ansteigen der Sicherheit der Sprengstoffe unter dem Einflusse des Besatzes erwiesen, dass Zündungen der Schlagwettergemische durch die in der Versuchsstrecke anwendbaren Ladungsmengen der Sicherheitssprengstoffe überhaupt als unwahrscheinlich gelten mussten. Einer entsprechenden Erhöhung der Ladungen stand die Rücksicht auf die Haltbarkeit der Versuchsstrecke und des Schiessmörsers im Wege. Der Zweck der Versuche, die verschieden hohe Gefährlichkeit der Sprengstoffe festzustellen, war also auf diesem Wege nicht erreichbar. Deshalb musste das Schiessen ohne Besatz den Vorzug verdienen, selbst auf die Gefahr hin, dass diese Versuchsbedingung nicht in demselben Masse einwandfrei, wie das Schiessen mit Besatz ist. Von der Neubeschaffung eines besonderen Schiessmörsers zur Fortsetzung der Versuche mit Besatz wurde somit abgesehen.

3. Schiessversuche mit freiliegenden Patronen.

Bei den in Frankreich und Oesterreich angestellten Schiessversuchen mit Sicherheitssprengstoffen hat man vielfach frei liegende Sprengstoffpatronen in dem Schlagwettergemische explodieren lassen, um nach dem Ergebnisse die Sicherheit zu beurteilen. Es erschien somit auch für die berggewerkschaftliche Versuchsstrecke angebracht, diese Versuchsmethode mit derjenigen der aus dem Mörser abgegebenen, unbesetzten Schüsse zu vergleichen.

Die Versuche wurden derart ausgeführt, dass die betreffende Patrone, frei auf einem quer durch die Strecke gelegten Brette ruhend, ohne jede Bedeckung zur Explosion gebracht wurde. Sollten mehrere Patronen gleichzeitig explodieren, so wurden sie bündelförmig vereinigt und durch eine darum gewundene Schnur zusammengehalten, oder aber die Sprengmasse wurde in eine einzige grössere Patrone gefüllt. Es wurde für sämtliche Sicherheitssprengstoffe nur eine Versuchsreihe mit der Bedingung durchgeführt, dass gleichmässig ein 8proz. Schlagwettergemisch zur Anwendung kam.

Das Ergebnis war, dass man mit allen Sicherheitssprengstoffen Zündungen erhielt. Es zündete:

Dahmenit A	in Ladungen	von	100	g
Köln-Rottweiler Sich.-Sp.-P.	»	»	100	»
Roburit I	»	»	120	»
Westfalit	»	»	50	»
Viktoriapulver	»	»	450	»
Kohlenkarbonit	»	»	480	»
Kohlenkarbonit I	»	»	500	»
Kohlenkarbonit II	»	»	350	»

Vor allen Dingen fällt hierbei auf, dass die angewandte Versuchsmethode im Vergleiche zu den Schüssen aus dem Mörser ganz erheblich leichter Zündungen des Schlagwettergemisches im Gefolge hat. Die Versuchsbedingungen dürften für den einzelnen Sprengstoff thatsächlich die schärfsten sein, die denkbar sind.

Dagegen erheben sich schwerwiegende Bedenken gegen die Brauchbarkeit der gelieferten Vergleichswerte. Man sieht nämlich, dass dieselben von den beim Schiessen aus dem Mörser festgestellten erheblich abweichen. Während bei jener Versuchsreihe von den gepulverten Ammonsalpetersprengstoffen Dahmenit A sich am sichersten erwies, scheint es bei dieser Versuchsreihe Roburit I zu sein. Während dagegen aus dem Mörser verschossen das Köln-Rottweiler Sicherheitssprengpulver und Roburit I die ungünstigsten Ergebnisse lieferten, that es hier das Westfalit.

Welche Versuchsmethode verdient nun den Vorzug? Die Antwort kann nicht schwer sein. Es ist klar, dass die Explosion einer im Bohrloche des starren, dem Gasdrucke standhaltenden Mörsers eingeschlossenen Sprengladung leichter, gründlicher und vollkommener vor sich gehen muss, als wenn der Sprengstoff frei liegt und unter der mechanischen Wirkung der Explosion zerstäubt und fortgeschleudert werden kann. Manchmal lässt sich die ungenügende Zersetzung des freiliegend zur Explosion gebrachten Sprengstoffs aus dem schwachen Knall und dem unangenehmen Geruche der Nachschwaden unmittelbar folgern. Manchmal findet man auch nach Abgabe des Schusses an den Wandungen der Strecke unzersetzte Sprengstoffreste als Staubbelag vor. Derartige Schüsse zünden natürlich auch bei unverhältnismässig hohen Ladungen die Schlagwetter nicht. Als mehrere Male mit demselben Sprengstoffe, der sich freiliegend offenbar nicht nöllig zersetzt hatte und deshalb auffallend sicher war, sofort Schiessversuche aus dem Mörser vorgenommen wurden, explodierte der Sprengstoff tadellos, lieferte angenehmere Nachschwaden und ergab in demselben Masse Zündungen des Schlagwettergemisches, wie sie nach den früheren Untersuchungen zu erwarten waren.

Die Auffassung, dass manche Sprengstoffe freiliegend nicht mit voller Kraft- und Wärmeentwickelung zur Explosion kommen, wurde, wie weiter unten gezeigt werden wird, noch durch eine andere Versuchsreihe bestätigt, die auf die Feststellung der Kraft der verschiedenen Sprengstoffe gerichtet war.

Somit lässt sich der Schluss ziehen, dass das Schiessen mit freiliegenden Patronen nicht geeignet ist, das Schiessen aus dem Mörser behufs Vergleichung mehrerer Sprengstoffe auf ihre Sicherheit zu ersetzen. Wenn auch die Benutzung eines Stahlmörsers manche Unzuträglichkeiten mit sich führt, so sind doch dieselben nicht so bedeutend, dass sie gegen die erheblichen Fehler, die beim Schiessen mit freiliegenden Patronen zufolge der unvollkommenen Zersetzung der Sprengstoffe mit unterlaufen, sehr ins Gewicht fallen können. Nur wenn beim Schiessen aus dem Mörser keine Zündungen des Schlagwettergemisches mehr zu erzielen sind, wird man zweckmässig den schärferen, aber unzuverlässigeren Massstab des Schiessens mit freiliegenden Patronen anwenden dürfen.

Als zusammenfassendes Ergebnis der Schiessversuche unter den verschiedenen Bedingungen lässt sich der Satz aufstellen, dass alle Sicherheitssprengstoffe nur bis zu einem gewissen Grade sicher sind und bei Verschärfung der Bedingungen und besonders bei erhöhten Ladungen gefährlich werden. Kein Sicherheitssprengstoff hat sich bei den Versuchen thatsächlich als schlagwettersicher erwiesen. Man wird sogar mit Recht noch weiter gehen und sagen können, dass auch gegenüber Kohlenstaub ohne Schlagwetterbeimengung jeder Sprengstoff unsicher ist. Die Gesamtheit der Versuche lässt deutlich erkennen, dass eine Kohlenstaubaufwirbelung zwar etwas schwerer als ein explosibles Schlagwettergemisch zur Entzündung kommt, dass aber eine durchgreifende Verschiedenheit in den Zündungsbedingungen nicht vorhanden ist. Bei entsprechender, verhältnismässig geringer Erhöhung der Ladungsmengen treten die Kohlenstaubzündungen mit derselben Regelmässigkeit wie die Schlagwetterexplosionen ein.

4. Schiessversuche mit einem aus Ammonsalpeter und Binitrobenzol zusammengesetzten Sprengstoffe bei wechselnden Mengenverhältnissen der Bestandteile.

Hiermit wurde die Reihe derjenigen Versuche eröffnet, die ein mehr theoretisches Interesse beanspruchen. Es sollte nachgeprüft werden, ob die Annahmen der sogenannten französischen Theorie für einen bei uns gebrauchten Ammonsalpetersprengstoff zutreffen. Nach dieser Theorie hängt bekanntlich die Sicherheit des Sprengstoffs von seiner Explosionstemperatur ab. Ammonsalpeter allein explodiert rechnungsmässig bei einer Temperatur von 1130° C. Durch Zusatz von Binitrobenzol steigt die Explosionstemperatur bis etwa 2200° C, bei welcher Grenze das zugesetzte Binitrobenzol (17 %) für die völlige Verbrennung des aus dem Ammonsalpeter bei der Zersetzung frei werdenden Sauerstoffs gerade ausreicht.

Es wurden 5 Mischungsverhältnisse gewählt und deren Explosionstemperaturen berechnet, wie aus folgender Tabelle in den Spalten 2—4 ersichtlich. In Spalte 5 sind die Mindestladungen angegeben, die 7 procentige Schlagwettergemische noch zur Explosion gebracht haben und in Spalte 6 die Sprengwirkung der betreffenden Mischung im Trauzl'schen Bleimörser.

Tabelle 24.

1. Lfde. No.	2. Ammonsalpeter %	3. Binitrobenzol %	4. Explosions-temperatur ° C.	5. Ein 7 procent. Schlagwetter-gemisch wurde gezündet durch Ladungen von g	6. 10 g ergaben eine Ausbauchung des Bleimörsers von cbcm
1	83	17	2 200	50	470
2	86	14	2 047	100	457
3	89	11	1 870	150	456
4	92	8	1 696	350	365
5	95,25	4,75	1 482	500	290

Die Tabelle zeigt deutlich, dass die Sicherheit dieses Sprengstoffs mit Zunahme des Gehaltes an Binitrobenzol und mit dem Steigen der Explosionstemperatur abnimmt. Andererseits ist auch ersichtlich, dass die Sprengwirkung im Bleimörser mit Abnahme des Binitrobenzolgehaltes rasch sinkt. Das Verhalten der Explosionsschnelligkeit kommt in der Zusammenstellung nicht zum Ausdruck.

5. Versuche betreffend den Einfluss der paraffinierten Patronenhülsen.

Die Ammonsalpetersprengstoffe werden mit Ausnahme des in Staniolpapier verpackten Köln-Rottweiler Sicherheitssprengpulvers in Patronenhülsen in den Handel gebracht, die wegen des hygroskopischen Verhaltens der Sprengmasse mit Paraffin überzogen sind. Es zeigte sich, dass das paraffinierte Patronenpapier von Einfluss auf die Sicherheit der Sprengstoffe sein kann. Bei manchen Sprengstoffen sinkt die Sicherheit bei Anwendung der paraffinierten Patronenhülsen bedeutend. Z. B. wurden von den älteren Zusammensetzungen der Sprengstoffe Westfalit, Dahmenit und Progressit Kohlenstaubaufwirbelungen durch Ladungen von 200 bezw. 250 bezw. 350 g gezündet, wenn paraffinierte Papierhüllen zur Anwendung kamen, während eben dieselben Sprengstoffe bei nicht paraffiniertem Papier noch in Ladungen von je 500 g sicher waren. Das neuere Roburit I zündete in Paraffinpatronen Kohlenstaub in Ladungen von 500 g und war, in gewöhnlichem Papier verpackt, noch mit Ladungen von 600 g sicher. Andererseits lassen manche Sprengstoffe, z. B. Dahmenit A, die eine verhältnismässig hohe Sicherheit besitzen, den schädigenden Einfluss des Paraffins nicht erkennen.

Diese merkwürdige Erscheinung dürfte mit der Entzündungsgefährlichkeit des Paraffins im Zusammenhange stehen. Anscheinend kann dieses bei der Explosion des Sprengstoffs selbständig zur Entflammung kommen und dann seinerseits die Zündung des Kohlenstaubes oder der Schlagwetter einleiten. Der die Sicherheit herabsetzende Einfluss des Paraffins wird sich also bei denjenigen Sprengstoffen zeigen, die bei der Explosion die Paraffinmasse zu vergasen und zu entzünden vermögen, während er bei sichereren Sprengstoffen, die das Paraffin unentzündet lassen, nicht in die Erscheinung tritt.

Die hierbei mitwirkenden Verhältnisse sind jedoch noch nicht genügend nach allen Richtungen hin untersucht.

6. Versuche betreffend den Einfluss der mechanischen Bearbeitung der Sprengstoffe.

Bei den vielen auf der berggewerkschaftlichen Versuchsstrecke angestellten Schiessversuchen trat mehrfach die eigentümliche Thatsache zu Tage, dass zeitweise einzelne Sprengstoffe vorzügliche Schiessergebnisse hinsichtlich ihrer Schlagwettersicherheit lieferten, jedoch später ohne erkennbaren Grund an Sicherheit erheblich einbüssten. Die chemische Zusammensetzung war in diesen Fällen ganz unverändert geblieben. Diese Beobachtungen konnten schliesslich nicht anders mehr erklärt werden, als dass die Sicherheit des Sprengstoffs von seiner Bearbeitung bei der Fabrikation beeinflusst wird. Eigens in dieser Richtung angestellte Versuche ergaben, dass der Einfluss der mechanischen Bearbeitung des Sprengstoffs auf die Sicherheit überraschend gross ist.

Für die Versuche wurde zufolge des Entgegenkommens der Roburitfabrik zu Witten der Sprengstoff Roburit I benutzt. Wenn man diesen in der früher üblichen Bearbeitung den Schiessversuchen unterwarf, so war er gegenüber Kohlenstaub nur mit Ladungen bis 450 g sicher. Bei nachträglicher, sorgfältigster Mahlung des Sprengstoffs ergaben Ladungen bis 600 g keine Zündungen mehr. Die Sicherheitsgrenze lag wahrscheinlich noch höher, doch konnten grössere Ladungsmengen nicht erprobt werden. Benutzte man dagegen die noch gar nicht vermahlene, roh gebrochene Sprengstoffmischung, so wurden Kohlenstaubaufwirbelungen sogar mit Ladungen von 200 g gezündet. Es sind das Unterschiede von grosser Bedeutung, die aber noch nicht einmal die ganze mögliche Verschiebung der Sicherheitsgrenzen bei einer und derselben Sprengstoffmischung umfassen. Wenn man nämlich den auf das feinste und innigste vermahlenen Sprengstoff nachträglich unter hohem Drucke presst und die entstandenen Kuchen zu Körnern bricht, so nimmt die Sicherheit dieses so hergestellten Sprengstoffs zu. Er hat in diesem Zustande selbst 8 prozentige Schlagwettergemische in Ladungen von 600 g nicht mehr gezündet.

Was hier an dem Beispiele des Roburits I nachgewiesen ist, scheint sich teilweise auch für andere Sicherheitssprengstoffe zu bestätigen. Soviel steht fest, dass für alle Sicherheitssprengstoffe die sorgfältigste und feinste Vermahlung und Mischung der Bestandteile notwendig ist und dass von dieser Voraussetzung die Sicherheit zum wesentlichen Teile abhängt. Wie für Roburit I, so ist auch für Dahmenit A durch Versuche bewiesen, dass durch nachträgliches Pressen und Körnen des Stoffes die Sicherheit weiter erhöht werden kann.

Wenn man also früher allein von der chemischen Zusammensetzung die Sicherheit des Sprengstoffs abhängig glaubte, so ist diese Anschauung dahin zu berichtigen, dass auch die mechanische Bearbeitung, die der Sprengstoff erfahren hat, von Wichtigkeit ist und dass man je nach der Herstellung unter Umständen einem und demselben Sprengstoffe einen sehr verschiedenen Grad von Sicherheit geben kann.

7. Die rechnungsmässigen Explosionstemperaturen und die Sicherheit der Sprengstoffe.

In Frankreich, Russland und z. T. in Belgien wendet man zur Beurteilung der Sicherheit der Sprengstoffe die Rechnung an und schliesst aus der Höhe der rechnungsmässigen Explosionstemperatur unmittelbar auf die Sicherheit, indem man annimmt, dass je niedriger die Explosionstemperatur, um so höher die Sicherheit des Sprengstoffs sei. Führt man dieselben Rechnungen für die deutschen Sicherheitssprengstoffe durch und vergleicht man die Explosionstemperaturen mit den in der Versuchsstrecke thatsächlich festgestellten Sicherheitsgraden, so gelangt man zu interessanten Schlüssen. Die folgende Tabelle giebt ein Bild hiervon:

Tabelle 25.

Name des Sprengstoffs	Explosions-temperatur	Ein 8 procentiges Schlagwettergemisch		Kohlenstaubaufwirbelungen mit $2^1/_2$ % CH_4	
		wurde gezündet	wurde nicht gezündet	wurden gezündet	wurden nicht gezündet
		durch Ladungen von		durch Ladungen von	
	° C.	g	g	g	g
Dahmenit A	2 064	500	450	600	550
Köln-Rottw.-Sicherheits-Sprengpulver	1 774	250	200	550	500
Roburit I.	1 616	350	300	500	450
Westfalit	1 806	400	350	600	550
Viktoriapulver . . .	2 064	—	700	—	—
Kohlenkarbonit. . .	1 845	—	900	—	900
Kohlenkarbonit I. .	1 868	—	725	—	—
Kohlenkarbonit II .	1 821	—	735	—	—

Man sieht zunächst, dass die Explosionstemperaturen der deutschen Sicherheitssprengstoffe sämtlich verhältnismässig niedrig sind und unter der Grenze von 2200° bleiben, die nach Ansicht der französischen Schlagwetterkommission von einem Sicherheitssprengstoff nicht überschritten werden darf. Im Uebrigen scheint aber die Höhe der Explosionstemperaturen einen Schluss auf die Sicherheit der Sprengstoffe im Verhältnis zu einander nicht zuzulassen. Die höchste Explosionstemperatur besitzt Dahmenit A. In seinem pulverförmigen Zustande ist es aber keineswegs gefährlicher, sondern eher sicherer als die übrigen Ammonsalpetersprengstoffe. Im gepressten und gekörnten Zustande, als Viktoriapulver, besitzt es gar einen ungewöhnlich hohen Grad von Sicherheit. Roburit I weist die niedrigste Explosionstemperatur auf, ohne dass es den übrigen Sprengstoffen an Sicherheit überlegen wäre. Die sehr sicheren Karbonite besitzen mittlere Explosionstemperaturen, und von ihnen steht Kohlenkarbonit II, das sich beim Schiessen mit freiliegenden Patronen als das unsicherste erwies, mit der Explosionstemperatur am niedrigsten.

Man hat keinen ernsthaften Grund, daran zu zweifeln, dass die Schiessversuche in der Versuchsstrecke brauchbare Ergebnisse behufs Vergleichung der verschiedenen Gefährlichkeit der Sprengstoffe liefern. Alle Erfahrungen würden gegen solchen Zweifel sprechen. Danach muss man also annehmen, dass die rechnungsmässigen Explosionstemperaturen nicht unmittelbar einen Massstab für die Sicherheit bilden. Für diese Annahme spricht auch das Verhalten der Sprengstoffe bei verschiedener mechanischer Bearbeitung, deren Einfluss in der Rechnung nicht zur Geltung kommen kann. Andererseits wird die oben mitgeteilte Beobachtung, dass für eine bestimmte Sprengstoffart bei wechselnden Mischungsverhältnissen und gleichbleibender Verarbeitung die Gefährlichkeit mit dem Steigen des Kohlenstoffgehaltes und der Explosionstemperatur wächst, hierdurch nicht berührt.

8. Versuche betreffend die Sprengwirkung.

Zur Ermittelung der Sprengwirkung hat man sich auf der berggewerkschaftlichen Versuchsstrecke gewöhnlich der Trauzl'schen Bleimörserprobe bedient. Dieselbe wird in Bleicylindern, die mit einem Bohrloche versehen sind, ausgeführt. In dem Bohrlochtiefsten wird eine bestimmte Menge des zu untersuchenden Sprengstoffs zur Explosion gebracht. Die hierdurch bewirkte Erweiterung des Hohlraumes (die Ausbauchung) dient als Maass für die Sprengwirkung des Sprengstoffs.

Die auf der berggewerkschaftlichen Versuchsstrecke benutzten Bleimörser sind 240 mm hoch und besitzen einen Durchmesser von 140 mm. Das Bohrloch von 25 mm Durchmesser ist 145 mm tief und an der Mündung für die etwaige Anbringung eines Verschlusses erweitert. Das Blei besteht aus bestem raffiniertem Weichblei. Die Versuche wurden teils mit, teils ohne Verschluss ausgeführt. Bei den Versuchen mit Verschluss

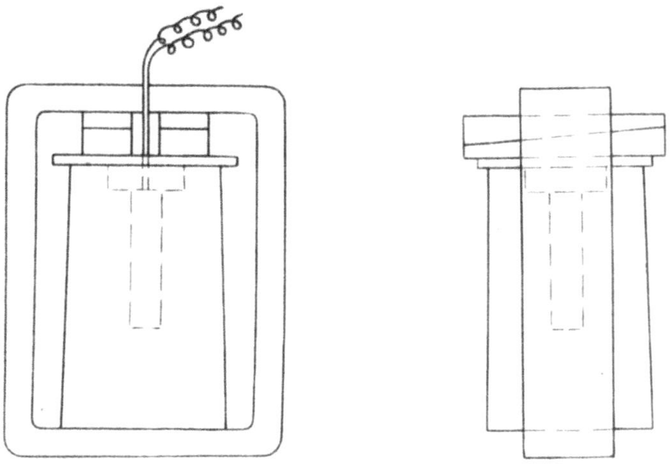

Fig. 360.

Trauzl'scher Bleimörser in dem Eisenrahmen verkeilt.

wurde der Bleicylinder, nachdem der Schuss mit Sand besetzt und die obere Erweiterung des Bohrloches durch eine Stahlplatte mit Asbestunterlage geschlossen war, in einen schmiedeeisernen Rahmen gestellt. Eine

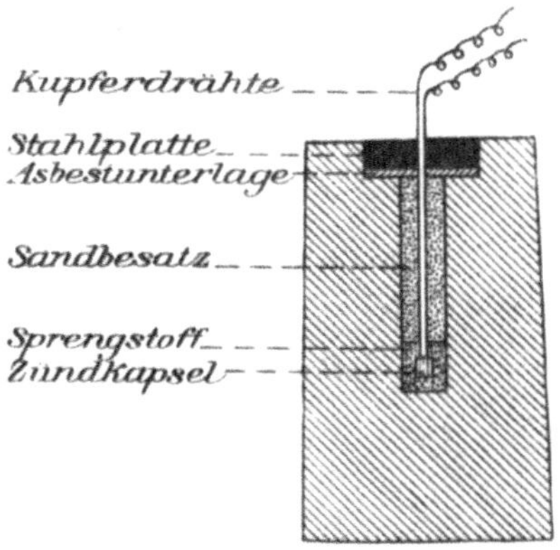

Fig. 361.

Schnitt durch einen Trauzl'schen Bleimörser.

auf den Cylinder gelegte eiserne Platte wurde mit Hülfe zweier Doppelkeile fest angetrieben. Danach wurde der Sprengstoff durch elektrische Zündung, deren Leitungsdrähte durch Löcher der Verschlussplatten geführt waren, zur Explosion gebracht. Die Figuren 360 und 361 zeigen einen Bleicylinder in dem Eisenrahmen verkeilt, bezw. im Schnitt. Für die Versuche ohne Verschluss wurde als Besatz die abgemessene Menge von 50 cbcm trockenem, abgesiebtem Sand auf die Sprengladung aufgefüllt.

Die zur Benutzung kommende Sprengstoffmenge wurde möglichst sorgfältig abgewogen und in kleine Patronenhülsen aus Staniol gefüllt, die einen solchen Durchmesser besassen, dass sich das Patrönchen mit der hineingesteckten, elektrischen Sprengkapsel gerade noch in das Loch schieben und bis in das Tiefste niederdrücken liess. Die verwandten Kapseln hatten stets eine Füllung von 2 g Knallquecksilber. Nach Abgabe des Schusses wurde das Loch von den Rückständen des Besatzes gereinigt und die Erweiterung des Hohlraumes durch Einfüllen von Wasser mittels geaichter Messgefässe gemessen.

Die einzelnen Versuchsreihen wurden in der Regel mit je 10 g der verschiedenen Sprengstoffe durchgeführt. Mit jedem Sprengstoffe wurden 4—5 Versuche angestellt, um ein zutreffendes Mittel bei den natürlichen Schwankungen und unvermeidbaren Fehlern der Einzelversuche zu gewinnen.

Die Ergebnisse der Versuche ohne und diejenigen mit Verschluss des Mörsers weichen nicht erheblich von einander ab. Es sei deshalb hierunter nur eine Reihe der ersteren mitgeteilt. Je 10 g der Sprengstoffe ergaben (im Mittel von je 5 Versuchen) folgende Ausbauchungen des Bleicylinders

Dahmenit A	444	cbcm
Köln-Rottweiler Sicherheits-Sprengpulver .	342	»
Roburit I	321	»
Westfalit	389	»
Viktoriapulver	338	»
Kohlenkarbonit	206	»
Kohlenkarbonit I	231	»
Kohlenkarbonit II	246	»
Gelatine-Dynamit	556	»
Guhrdynamit	473	»
Sprenggelatine	770	»

Figur 362 zeigt anschaulich, wie sich die Wirkung der Explosion im Bleimörser äussert. Für die Aufnahme des Bildes sind die Bleicylinder nach Abgabe des Schusses durchgesägt worden. Von den auf den Cylindern vermerkten Sprengstoffen — es handelt sich um eine Versuchsreihe aus dem Jahre 1895 — waren im allgemeinen 10 g und nur beim Schwarzpulver 25 g als Schiessladung benutzt worden. Es fällt hierbei die stark birnenförmige Gestalt der Ausbauchung bei den brisanten

Sprengmitteln gegenüber der flaschenförmigen, durch Schwarzpulver erzielten Ausbauchung auf. Ferner ist die verschwindend geringe Wirkung des Pulvers in der zähen Bleimasse bemerkenswert, was sich aus der verhältnismässig langsamen Kraftäusserung des Pulvers erklärt. Auch für die übrigen Sprengstoffe muss die Ausbauchung umso grösser sein, je schneller die Explosionsvergasung des betreffenden Stoffes vor sich geht. Die thatsächlich erzielte Ausbauchung hängt also einerseits von der Kraft, andererseits von der Schnelligkeit des Explosionsvorganges ab.

Fig. 362.

Photographie durchgesägter Bleimörser.

Bei der Trauzl'schen Sprengprobe ist ferner zu beachten, dass die Ausbauchung des Bleimörsers durch einen kräftigen Sprengstoff unverhältnismässig grösser als durch einen minder kräftigen sein muss, weil mit der Ausbauchung die Wandstärke und Widerstandsfähigkeit des Mörsers abnimmt. Je kräftiger also ein Stoff ist oder je grösser seine Ladung, eine desto grössere Wirkung muss er im Verhältnis zur angewandten Gewichtsmenge ergeben. Um richtige Vergleichswerte für die Wirkung der Sprengstoffe auf die Bleimasse zu erhalten, müsste man daher diejenigen Ladungsmengen zu ermitteln suchen, die im Bleimörser gleiche Ausbauchungen zur Folge haben, und sodann die Ladungen selber in Vergleich stellen. Für drei von den oben angeführten Sprengstoffen ist das geschehen. Gleiche Ausbauchungen wurden erzielt von

10 g Gelatine-Dynamit,
21,5 g Kohlenkarbonit,
13 g Dahmenit A.

Setzt man also die Sprengwirkung des Gelatine-Dynamits im Blei = 1, so würden sich dazu die Wirkungen des Kohlenkarbonits und des Dahmenits A wie 0,465 und 0,770 verhalten. Aber auch diese Zahlen können für die Praxis nur dann brauchbar sein, wenn man gleiche Explosionsschnelligkeiten der versuchten Sprengstoffe voraussetzt.

Nach einem anderen Verfahren sollte die Sprengwirkung der verschiedenen Sprengstoffe nach der Stauchung beurteilt werden, welche unter die Sprengpatrone gesetzte Bleicylinder durch die Explosion erleiden. Die Ausführung dieser Versuche ist nach Fig. 363 leicht verständlich. Auf einer eisernen Unterlage ruhen zwei übereinander gesetzte Bleicylinder von je 40 mm Durchmesser und 30 mm Höhe. Auf den

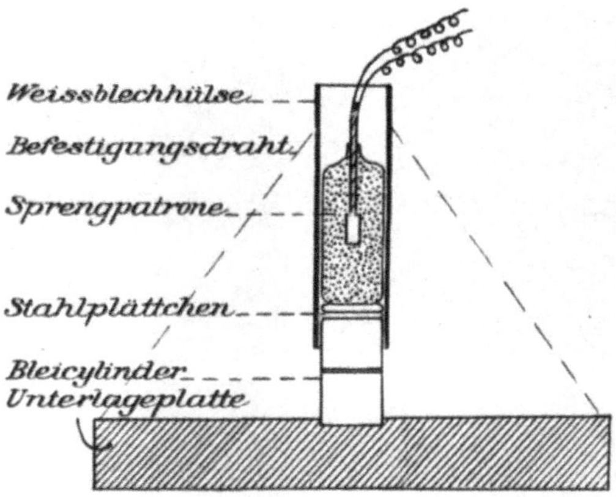

Fig. 363.

Stauchcylinder.

oberen Bleicylinder werden 2 je 4 mm starke Stahlplättchen von ebenfalls 40 mm Durchmesser gelegt. Ueber die Stahlplättchen und den oberen Bleicylinder wird eine Weissblechhülse von 41 mm lichtem Durchmesser gestülpt, welche die Sprengpatrone in sich aufnimmt. Nach Abthun des Schusses soll aus der Stauchung der Bleicylinder auf die Kraft des Sprengstoffes geschlossen werden. Es ist das ein Verfahren, das von Militärbehörden mit Erfolg angewandt wird, um die Wirkung frei explodierender Sprengmassen auf ihre Unterlagen zu erproben.

Die bei den vorgenommenen Versuchen erhaltenen Stauchungen waren im allgemeinen unregelmässig und bei manchen Sprengstoffen, z. B. bei Gelatine-Dynamit und Roburit I so schwach und ungleichartig, dass es offensichtlich war, dass die Stauchungen weder der Kraft der Sprengstoffe noch ihrer Wirkung im Trauzl'schen Bleimörser auch nur annähernd entsprachen. Es konnte sich nur um unvollkommene Explosionen handeln. Da es für die bergmännischen Zwecke ausschliesslich auf die Wirkung der in Bohrlöchern fest eingeschlossenen Sprengstoffe ankommt, wurden die Versuche als für den vorliegenden Zweck ungeeignet wieder aufgegeben. Sie sind aber insofern wichtig, als sie ihrerseits ebenfalls bewiesen haben, dass nicht bei allen Sprengstoffen auf eine vollkommene Explosionszersetzung an freier Luft zu rechnen ist und dass man deshalb bei den die Sicherheit der Sprengstoffe betreffenden Versuchen besser aus dem Mörser als mit freiliegenden Patronen schiesst.

9. Versuche betreffend die Explosionsschnelligkeit.

Zur besseren Kenntnis des Explosionsvorganges erschien es wichtig, Aufschluss über die Explosionsschnelligkeit der verschiedenen Sprengstoffe zu erhalten. Dieselbe unmittelbar zu messen war zu schwierig. Leichter schien es möglich, brauchbare Verähltniszahlen durch Vergleichung der bei der Explosion zur Entladung kommenden chemischen Energie und der Sprengwirkung im Bleimörser zu erhalten.

Die Gesamtenergie der Explosion oder die Kraft des Sprengstoffs lässt sich, wie bereits im Abschnitt »Sprengstoffe« Seite 439 gesagt ist, berechnen. In einzelnen Fällen mag es zweifelhaft sein, ob die Explosionszersetzung der rechnungsmässigen entspricht. Immerhin werden die Fehler der Rechnung sich ziemlich gleichmässig bei den verschiedenen Sprengstoffen geltend machen. Besonders wird dies bei denjenigen Sprengstoffen der Fall sein, die eine einander ähnliche Zusammensetzung haben, z. B. bei den Ammonsalpeter-Sprengstoffen oder den verschiedenen Karboniten.

Bei der Trauzl'schen Probe kommt, wie schon bemerkt, ein umso grösserer Teil der bei der Explosion frei werdenden Energie zur Wirkung, je grösser die Explosionsschnelligkeit ist. Bei langsamer Explosion können die Gase ungenützt aus dem Bleimörser entweichen.

Auf Grund dieser Ueberlegungen wurden aus der rechnungsmässigen Kraft der Sprengstoffe diejenigen Gewichtswengen bestimmt, die einer Kraftleistung von 2500 mkg entsprechen. Die so ermittelten Gewichtsmengen der verschiedenen Sprengstoffe müssten bei gleicher Brisanz gleiche Ausbauchungen im Bleimörser ergeben. Anderenfalls sind die Abweichungen auf den Einfluss der Explosionsschnelligkeit zurückzuführen, und die unter diesen Umständen erhaltenen Zahlen für die Ausbauchung wird man als Brisanzzahlen bezeichnen können.

Die folgende Zusammenstellung giebt die für jeden Sprengstoff angewandte Gewichtsmenge und die erhaltenen Brisanzzahlen an:

Tabelle 26.

Name des Sprengstoffs	Ladung entsprechend einer Kraftleistung von 2500 mkg g	Ausbauchung in cbcm (Brisanzzahlen)
Dahmenit A	7,33	320
Köln-Rottweiler Sicherheits-Sprengpulver	9,43	335
Roburit I	11,36	368
Westfalit	9,12	368
Viktoriapulver	7,33	254
Kohlenkarbonit	10,82	233
Kohlenkarbonit I	10,46	246
Kohlenkarbonit II	10,78	284

10. Bemerkungen zur Theorie der Sicherheitssprengstoffe.

Wenn man die wichtigsten Ergebnisse der im Vorstehenden besprochenen Versuche und Rechnungen zusammenstellt, so erhält man folgendes Bild:

Tabelle 27.

1	2	3	4	5	6	7	8
Sprengstoff	Explosionstemperatur Grad C.	Wärmemenge entwickelt durch 1000 g Kalorien	Kraft entwickelt durch 1000 g gk	Ausbauchung im Bleimörser erzielt durch 10 g cbcm	Für 2500 mkg Arbeitsleistung sind nötig g	Die einer Arbeitsleistung von 2500 mkg entsprechende Gewichtsmenge (Spalte 6) ergibt eine Ausbauchung im Bleimörser von cbcm	Grad der Sicherheit
						Brisanzzahlen	
Dahmenit A .	2064	914	341 000	444	7,33	320	II a
K.-Rottw. Sich.-Spr.-Pulv. . .	1774	725	265 000	342	9,43	335	II b
Roburit I . . .	1616	612	220 000	321	11,36	368	II b
Westfalit . . .	1806	749	274 000	389	9,12	368	II b
Viktoriapulver	2064	914	341 000	338	7,33	254	I
Kohlenkarbonit	1845	628	231 000	206	10,82	233	I a
Kohlenkarbonit I . . .	1868	652	239 000	231	10,46	246	I b
Kohlenkarbonit II . . .	1821	633	232 000	246	10,78	284	I c

Die Spalten 1 bis 7 der Tabelle bedürfen nach dem bereits Gesagten keiner besonderen Erklärung. Nur bezüglich der Spalte 8, die den verhältnismässigen Grad der Sicherheit der einzelnen Sprengstoffe angiebt, ist eine Erläuterung notwendig. Es sind 2 Gruppen von verschiedener Sicherheit unterschieden. Gruppe I ist dadurch gekennzeichnet, dass unbesetzt aus dem Mörser abgegebene Schüsse von 600—700 g Ladung 8procentige Schlagwettergemische in der berggewerkschaftlichen Versuchsstrecke nicht zur Entzündung bringen. Bei Gruppe II treten unter den gleichen Versuchsbedingungen Zündungen ein. Innerhalb der Gruppen sind die sicheren Sprengstoffe mit a bezeichnet. Die Zusätze b und c deuten eine geringe Abnahme der Sicherheit an. Innerhalb der Gruppe I haben diese Verschiedenheiten nur durch Schiessversuche mit freiliegenden Patronen festgestellt werden können. Bei der Unsicherheit dieser Proben ist von einer Einreihung des Viktoriapulvers in die Karbonite wegen der Verschiedenheit in Zusammensetzung, Verarbeitung und Patronisierung Abstand genommen.

Bei der Betrachtung der Tabelle tritt wieder deutlich die bereits besprochene Thatsache vor Augen, dass bei den in Rede stehenden Sprengstoffen die Höhe der Explosionstemperaturen einen Massstab für die Sicherheit nicht abgiebt. Ist deshalb die französische Theorie über den Einfluss der Explosionstemperatur falsch? Man würde zu weit gehen, wenn man das annehmen wollte. Es ist bisher nicht gelungen, einen Sicherheitssprengstoff herzustellen, dessen Explosionstemperatur über der von der französischen Schlagwetterkommission ermittelten Grenze von 2200° liegt. Dieser Umstand allein zwingt dazu, die Theorie nicht zu verlassen. Ueberdies ist sie durch genug Versuche gestützt, als dass man den Einfluss der Explosionstemperatur überhaupt leugnen dürfte. Wohl aber wird man zu dem Schlusse gedrängt, dass neben der Explosionstemperatur noch andere Umstände und Bedingungen auf die Gefährlichkeit der Sprengstoffe gegenüber Schlagwettern und Kohlenstaub einwirken.

Es liegt der Gedanke nahe, dass neben der Flammentemperatur die mehr oder minder grosse Wärmemenge, die bei der Explosion frei wird, eine Rolle spielt. Man könnte sich den Vorgang so denken, dass durch die entwickelte Wärme das Schlagwettergemisch zunächst vorgewärmt und in diesem Zustande leichter als bei gewöhnlicher Temperatur gezündet wird. Durch eine solche Annahme würde auch die festgestellte, steigende Gefährlichkeit der wachsenden Ladungen erklärt werden. Diese Erklärung scheint deshalb für den einzelnen Sprengstoff zuzutreffen. Sie versagt aber sofort, wenn man mehrere Sprengstoffe verschiederartiger Zusammensetzung mit einander vergleicht.

Wie man aus der Spalte 3 der Tabelle 27 ersieht, entwickelt das Viktoriapulver die grösste Wärmemenge und besitzt doch eine Sicherheit I. Grades. Ferner entwickeln 900 g Kohlenkarbonit etwa doppelt soviel Wärme als 400 g Westfalit oder Roburit I. Trotzdem sind 900 g Kohlenkarbonit aus dem Mörser verschossen sicher gegenüber Schlagwettern, während 400 g Westfalit oder Roburit I Zündungen ergeben. Daraus folgt, dass die frei werdende Wärmemenge keinen ausschlaggebenden Einfluss auf die vergleichsweise Sicherheit der Sprengstoffe ausübt.

Es ist dies übrigens eine Widerlegung der vielfach verbreiteten Anschauung, dass Kraft und Sicherheit des Sprengstoffs im umgekehrten Verhältnisse stehen. Die genannten Beispiele beweisen, dass sich sehr wohl grosse Wärmeentwicklung oder, was dasselbe heisst, starke Kraft mit hoher Sicherheit vereinigen lässt.

Von den Eigenschaften des Sprengstoffs, die sonst noch für die Sicherheit in Frage kommen können, bleibt die Explosionsschnelligkeit, über die in Spalte 7 der Tabelle Verhältniszahlen angegeben sind. Vergleichen wir nun die Brisanzzahlen mit der Sicherheit der Sprengstoffe.

Kohlenkarbonit mit seiner niedrigen Brisanzzahl von 232 ist wohl der sicherste Sprengstoff, den wir haben. Sehr nahe dabei stehen mit ihrer Explosionsschnelligkeit Kohlenkarbonit I und Viktoriapulver. Entsprechend dürfte auch die Sicherheit der genannten Sprengstoffe zu bewerten sein. Etwas brisanter (Verhältniszahl 284) und gefährlicher ist Kohlenkarbonit II. Die Sprengstoffe mit einer Sicherheit I. Grades haben also Brisanzzahlen, die zwischen 233 und 284 schwanken.

Erheblich höher mit ihrer Brisanz stehen die gepulverten Ammonsalpetersprengstoffe, deren Sicherheit als eine solche II. Grades angenommen ist. Auch hier finden wir, dass der sicherste Sprengstoff, Dahmenit A, die niedrigste Brisanzzahl (320) hat, während die weniger sicheren Sprengstoffe mit den Brisanzzahlen bis 368 ansteigen.

Jedenfalls ist der Zusammenhang zwischen Explosionsschnelligkeit und Sicherheit der Sprengstoffe so in die Augen fallend, dass es schwer ist, daran zu zweifeln.

Eine Erklärung für die angenommene Wirkung der Explosionsschnelligkeit ist nicht unschwer anzugeben: die Explosion der Sprengstoffpatrone geschieht so plötzlich, dass um den Sprengstoff herum eine heftige Verdichtung und Zusammenpressung der Atmosphäre eintreten muss. Die plötzliche Verdichtung ist von einer starken Erwärmung begleitet, die beispielsweise bei adiabatischer Pressung der Luft auf 200 Atmosphären 1060°, also bereits mehr als die Entzündungstemperatur der Schlagwetter, beträgt. Bei einem sehr brisanten Sprengstoffe wird die mechanische Stossarbeit der Explosionsgase stärkere Pressungen der umgebenden Luft zur Folge haben als bei einem langsam explodierenden Sprengstoffe, dessen Gase mehr schiebend wirken.

Nach den Feststellungen der französischen Schlagwetterkommission gehört zu den Vorbedingungen eines Sicherheitssprengstoffes, dass er explodiert und nicht deflagriert und ferner, dass seine Explosionstemperatur nicht mehr als 2200° beträgt. Man hat daraus den Schluss gezogen, dass der Sicherheitssprengstoff mit sinkender Explosionstemperatur an Sicherheit gewinnt. Nach den besprochenen Untersuchungen darf man unter ausdrücklicher Anerkennung jener Vorbedingungen weiter hinzusetzen, dass die Sicherheit bei den im westfälischen Bezirke gebrauchten Sprengstoffen mit Ermässigung der Explosionsschnelligkeit wächst.

11. Schiessversuche mit Gelatine-Dynamit in Wasserpatronen.

Bei diesen Versuchen war Gelatine - Dynamit in 23 mm starken Patronen in wasserdichten, mit Wasser gefüllten Papier- oder Blechhülsen von 35 mm Durchmesser untergebracht, wobei der Sprengstoff von den beiden geschlossenen Enden etwa 50 mm entfernt lag. Zwei derartige, aus dem Mörser ohne sonstigen Besatz abgegebene Schüsse mit Dynamit-Ladungen von 190 und 260 g zündeten das 8procentige Schlagwettergemisch nicht. Ebensolche Patronen wurden, horizontal auf Holzblöcken ruhend, zur Explosion gebracht. In 9procentigen Schlagwettergemischen erhielt man erst mit 250 g Dynamit Explosionen.

Diese Versuche bestätigten die schon früher auf anderen Versuchsstrecken festgestellte Thatsache, dass der Wasserbesatz die Sicherheit einer Sprengstoffladung bedeutend erhöht.

12. Schiessversuche mit Knallgaspatronen.

Von der grossen Zahl derjenigen Sprengstoffe, die auf der berggewerkschaftlichen Versuchsstrecke erprobt wurden, aber nicht zur Einführung in die Praxis gelangten, erregen nur die Knallgaspatronen ein allgemeines Interesse.

Das von Dr. Ochsé in Köln angegebene Verfahren, wonach diese Knallgaspatronen hergestellt wurden, bestand im Wesentlichen darin, dass man in einer geschlossenen Hülse Wasser durch den elektrischen Strom zersetzte, das erzeugte Gas aber nicht abströmen, sondern unter fortgesetzter Zerlegung des Wassers sich selber stark zusammenpressen liess. Der für die Zerlegung des Wassers benutzte Behälter — eine Stahlhülse von 180 mm Länge, 30 mm Durchmesser und $2^1/_2$ mm Wandstärke — diente später als Sprengpatrone. Der Inhalt einer solchen Hülse war 80 ccm. Die Füllung der Patrone bestand aus 22,5 g destilliertem Wasser, dem der besseren Leitungsfähigkeit wegen 2,5 g chemisch reine Natronlauge zugesetzt waren. Von der Wasserfüllung wurden etwa 20 g Wasser durch den elektrischen Strom zerlegt. Das erzeugte Knallgas stand dann in der

Hülse unter einem Drucke von 450 Atmosphären. Die Hülsen waren vor der Benutzung auf 1200 Atmosphären geprüft.

Für die Ausführung der Sprengarbeit wurde die Patrone an zwei elektrische Zünddrähte angeschlossen, in üblicher Weise in das Bohrloch gebracht und besetzt. Die Explosion wurde dadurch bewirkt, dass man von einer der vorher zur Zerlegung des Wassers benutzten Elektroden zur anderen einen elektrischen Funken mittels einer Nobel'schen oder Bornhardt'schen Zündmaschine überspringen liess. Sollten mehrere Patronen in einem Bohrloche zur Anwendung kommen, so wurden sie sämtlich einzeln durch Hintereinschaltung in den Stromkreis eingeschlossen.

Die auf Zeche Mont Cenis vorgenommenen Sprengversuche hatten ergeben, dass thatsächlich mit solchen Knallgaspatronen ausreichende Wirkungen sich erzielen lassen. Bei den Versuchen auf der berggewerkschaftlichen Versuchsstrecke zeigte sich aber, dass die erhoffte Schlagwettersicherheit nicht vorhanden war. Schon die Explosion einer einzigen Patrone, die in einem 8—13 cm weiten Papier- oder Eisenrohr untergebracht wurde, entzündete regelmässig das Schlagwettergemisch. Es kann das bei der hohen, zwischen 3400 und 3500° C. liegenden Explosionstemperatur nicht auffallen.

Auf Grund der Versuchsergebnisse hat der Erfinder die Arbeiten zur Ausnützung des Verfahrens aufgegeben. Auch für den Fall, dass die Versuche günstiger ausgefallen wären, dürfte die praktische Verwendbarkeit der Erfindung noch nicht als erwiesen gegolten haben. Freilich ist der Gedanke verlockend, unmittelbar auf der Grube mit wenig Kraftaufwand durch die vorhandenen elektrischen Maschinen den Bedarf an Sprengmitteln herstellen zu können. Dem steht aber gegenüber, dass das Verfahren wahrscheinlich durch die Kosten der Stahlhülsen sehr verteuert worden wäre. Auch dürfte der Beweis noch zu erbringen gewesen sein, dass die unter einem inneren Drucke von 450 Atmosphären stehenden, geladenen Patronen nicht an sich schon eine Gefahr für die mit ihnen umgehenden Mannschaften bilden.

IV. Versuche betreffend Schlagwettersicherheit der Zündmittel.

Diese Versuche erstreckten sich auf Sprengkapseln, Zündschnüre und elektrische Zündmaschinen.

1. Versuche mit Sprengkapseln.

Bezüglich der elektrischen Sprengkapseln wurde festgestellt, dass sie gegenüber Schlagwettern nicht gleichmässig sicher sind. Mit den Bornhardt'schen Sprengkapseln (Stärke No. 8) wurden etwa 150 Versuche gemacht, wobei dieselben zum Teil freihängend in der Strecke, zum Teil in der Mündung des Mörser-Bohrlochs zur Explosion gebracht wurden. Es wurde hierdurch das explosible Schlagwettergemisch nicht ein einziges Mal gezündet. Elektrische Stabzünder dagegen ergaben unter den gleichen Verhältnissen häufiger Zündungen. Dieses Verhalten hat jedoch keine sonderliche Bedeutung. Denn dieselben Sprengkapseln, die freihängend Schlagwetter zu entzünden vermögen, sind, wie durch weitere Versuche festgestellt wurde, bei der Explosion innerhalb der Sprengstoffpatrone ungefährlich und beeinflussen die Sicherheit des Sprengstoffs nicht. Die neuerdings fast allgemein benutzten Sprengkapseln für Spaltglühzündung (Kapselstärke No. 8 aus den Fabriken in Troisdorf und Küppersteg) haben bei 30 Versuchen, freihängend im Schlagwettergemische zur Explosion gebracht, keine Zündung desselben ergeben.

2. Versuche mit Zündschnüren.

Bezüglich der Zündschnüre, deren Gefährlichkeit gegenüber Schlagwettern bekannt ist, sind nur wenige aber wichtige Versuche aus besonderem Anlass gemacht worden. Mehrere Fabrikanten hatten, um das seitliche Durchbrennen der Schnur zu verhüten, Schnüre mit einer doppelten, unverbrennlichen Baumwollenwickelung in den Handel gebracht. Diese Schnüre erwiesen sich aber unter gewissen Umständen als unzuverlässig und gefährlich. In 7 bekannt gewordenen Fällen, bei welchen 1 Arbeiter getötet und 7 Leute schwer verletzt worden sind, geschah es nämlich, dass ganz kurze Zeit nach dem Entzünden der Schnur mittels der darauf angekniffenen Norres'schen oder Roth'schen Zünder der Sprengschuss explodierte. Zur Aufklärung dieser Vorkommnisse wurde auf der Versuchsstrecke mit den fraglichen Zündschnüren eine Reihe von Versuchen vorgenommen. Wurde eine solche Schnur mit unbrennbarer Wickelung nach dem Anzünden an irgend einer Stelle fest eingeklemmt und diese Klemmung solange durchgeführt, bis die Verbrennung der Pulverseele die Druckstelle überschritten hatte, so platzte fast regelmässig die Schnur jenseits der Druckstelle unter Aussprühen von Funken und mit lautem Knall auf. Zuweilen wurde hierbei ein mehr oder weniger langes Stück der Zündschnur zur Explosion gebracht, und es brannte alsdann die Schnur ruhig weiter. Es kam auch vor, dass sich die Explosion auf das ganze, bis 1 m lange, unabgebrannte Zündschnurende ausdehnte, wobei unter heftigem Knall Funkengarben auf der ganzen Länge der Zündschnur sowie am äussersten Ende derselben heraussprühten, also ein plötzlicher Durchschlag des 1 m langen Stückes erfolgte.

Aehnlich beschleunigte Brenngeschwindigkeiten kommen bei Schnüren, deren äussere Umhüllung durch Verbrennung ganz oder teilweise zerstört wird, nicht vor. Die Pulvergase können in solchem Falle seitlich oder rückwärts entweichen, der Gasdruck innerhalb der Schnur steigt daher nicht bis zu einem solchen Grade an, dass dadurch die Brenngeschwindigkeit des Pulvers beschleunigt wird.

Die gefährlichen Schnüre sind zufolge der Versuche aus dem Grubenbetriebe wieder verschwunden.

3. Versuche mit elektrischen Zündmaschinen.

Die Versuche mit den elektrischen Zündmaschinen sollten über die Schlagwettersicherheit der elektrischen Zündung Aufschluss geben. Zur Zeit der Vornahme der Versuche waren in Westfalen mehrere Arten elektrischer Zündmaschinen eingeführt. Es waren dies

1. die reibungselektrischen Maschinen von Bornhardt in Braunschweig und von der Aktien-Gesellschaft »Dynamit Nobel« in Wien;
2. kleine magnetelektrische Maschinen für Glühzündung von Siemens & Halske in Berlin und für Spaltglühzündung von der Roburitfabrik in Witten (Ruhr),

Dass die Hochspannungsfunken der unter 1. genannten Maschinen bei unachtsam gelegter Leitung Schlagwetter zu zünden vermögen, war bekannt. Die Versuche erstreckten sich deshalb nur darauf, ob auch die kleinsten Schliessungsfunken Zündungen hervorrufen können. Benutzt wurde eine Nobelsche Maschine, die für 15 Schuss bestimmt war. Es ergab sich, dass Funken von nicht mehr als $^1/_2$ mm Länge ungefährlich sind. Bei Funken von 1 mm Länge tritt dagegen bereits Zündung ein.

Die unter 2. genannten Zündvorrichtungen erzeugen Wechselströme. Je nach der Art der benutzten Zünder haben die Zündmaschinen einen verschiedenen inneren Widerstand und liefern verschieden hohe Spannungen. Die folgende Tabelle giebt die näheren Verhältnisse der den Versuchen unterworfenen Maschinenarten an:

Tabelle 28.

Bezeichnung der Maschine	Zahl der gleichzeitig abzugebenden Schüsse	Die Maschine erzeugt eine Spannung von Volt	Die Maschine besitzt einen inneren Widerstand von Ohm
Glühzündmaschine von Siemens & Halske	1	6	0,8
desgl.	2	14	3,1
desgl.	10	34	4,5
Maschine der Roburitfabrik für Spaltglühzündung	1	61	292

Bei der geringen Spannung, welche die Maschinen gemäss der Zusammenstellung überhaupt zu liefern vermögen, ist es ausgeschlossen, dass Schliessungsfunken an dem Zündungsstromkreis auftreten. Denn für die geringsten Schliessungsfunken ist eine Spannung von mindestens 500 Volt notwendig.

Funken können beim Gebrauche dieser Maschinen aus zufälligen Ursachen nur äusserst selten vorkommen, nämlich dann, wenn während des Drehens der Kurbel der äussere Stromkreis dadurch unterbrochen wird, dass zwei bisher in leitender Berührung stehende Drahtenden von einander entfernt werden. Es entstehen dann Oeffnungsfunken. Bei den Versuchen ergab sich, dass die in obiger Zusammenstellung zuerst genannte Glühzündmaschine, deren Spannung nur 6 Volt beträgt, schlagwettersicher ist, dass dagegen die Oeffnungsfunken der anderen Maschine sowohl ruhende wie strömende Schlagwettergemische zu zünden vermögen.

Die Versuche zeigen mehr, wie gefährlich unter Umständen geringe Funken werden können, als dass sie für die Gefährlichkeit der Zündmaschinen im allgemeinen sprächen.

V. Versuche betreffend die Explosionsgefährlichkeit des Kohlenstaubes.

Der Zweck der Versuche war, festzustellen, ob und bis zu welchem Grade die verschiedenen Kohlenstaubsorten gefährlich sind. Die Versuche wurden in der Art angestellt, dass man aus dem Bohrloche des Schiessmörsers unbesetzte Gelatine-Dynamitschüsse abfeuerte und die kleinsten Ladungsmengen ermittelte, welche den in die Strecke gestreuten und aufgewirbelten Kohlenstaub noch zur Entzündung brachten. Die verschiedenen hierbei ermittelten Ladungsmengen konnten unmittelbar als Massstab für Gefährlichkeit der verschiedenen Staubsorten dienen, unter der Voraussetzung, dass die Ladungsmengen im umgekehrten Verhältnisse mit der Gefährlichkeit des Staubes wachsen oder fallen. Nebenher wurden selbstverständlich auch die Flammenlängen beobachtet. Bei den Versuchen wurde für eine möglichst gleichmässige Durchführung Sorge getragen.

Die in die Untersuchungen einbegriffenen Kohlenstaubsorten entnahm man den verschiedensten Flötzgruppen und Bergrevieren. Der Gasgehalt der untersuchten Staubsorten betrug von 6,6 bis 45,7 % und bildete bis auf eine grössere Lücke zwischen 7,6 und 17,3 % eine fortlaufende, ziemlich vollständige Reihe. Da es nicht möglich war, die verschiedenen Staubsorten unter Tage in genügender Menge zu sammeln, benutzte man Staub, welcher mit Hilfe einer Kugelmühle aus der in Stückform beschafften Kohle künstlich hergestellt worden war. Die grosse Feinheit des in der Kugelmühle gebrauchten Siebes mit etwa 1250 Maschen auf 1 qcm bot Gewähr dafür, dass die Beschaffenheit der verschiedenen Staubsorten möglichst gleichmässig war und dem in der Grube etwa auftretenden Staub an Feinheit gleichkam.

Eine Uebersicht der erzielten Ergebnisse ist in Tabelle 29 mitgeteilt. Dieselbe führt unter No. 1—18 die Reihe der untersuchten Staubsorten von Flötzen des Ruhrkohlenbeckens vom liegendsten Magerkohlenflötz bis zum gasreichsten Flötze, einem Cannelkohlenflötze der Gaskohlengruppe, nach dem Gasgehalt (Spalte 8) geordnet auf. Die einzelnen Spalten bedürfen keiner besonderen Erklärung.

Als das hauptsächlichste bei den Versuchen erzielte Ergebnis ist hervorzuheben, dass sämtliche Kohlenstaubsorten durch ausblasende, unbesetzte Gelatine-Dynamitschüsse bei genügend grosser Sprengladung zur Entzündung gebracht werden können. Die Grösse der zur Einleitung einer Kohlenstaubentzündung notwendigen Ladung ist für die verschiedenen Staubsorten verschieden. Sie wechselt, wie ein Blick auf die Spalte 10 der Tabelle zeigt, zwischen 50 und 150 g. Die versuchte Magerkohle bedurfte, um zur Entzündung gebracht zu werden, Mindestbeladungen von etwa 150 g, Esskohle von 75—100 g, Fett- und Gaskohle von 50 und 75 g und die gasreichsten Flamm- und Kannelkohlen wiederum von 100 g. Im Allgemeinen sind die Staubsorten mit etwa 22—35 % Gasgehalt am leichtesten entzündlich, während die Staubsorten mit einem darunter und darüber liegenden Gasgehalte weniger gefährlich sind.

Was die beobachteten Flammenlängen betrifft, so bieten sie nach Spalte 11 und 12 der Tabelle keine besonders auffallenden Unterschiede. Im grossen und ganzen geben die am leichtesten entzündlichen Staubsorten auch die grössten Flammenlängen, wie ja erwartet werden muss. Im Uebrigen hängen die Flammenlängen, wie durch eine Reihe besonderer Versuche festgestellt ist, von der angewandten Sprengstoffmenge, der zur Streuung oder Aufwirbelung gekommenen Staubmenge und von der Feuchtigkeit der Streckenwandungen ab. Da der letztere Umstand sich einer genauen Beurteilung entzieht, darf man den angegebenen Flammenlängen nur eine beschränkte Bedeutung beimessen.

Das Bild einer Kohlenstaubzündung in der Versuchsstrecke ist je nach der Beschaffenheit des Staubes recht verschieden. Die charakteristische Eigentümlichkeit einer Magerkohlenstaub-Entzündung besteht darin, dass die entwickelte Flamme langsam fortschreitet, aber verhältnismässig lange sichtbar bleibt, nachdem sie schon ihre grösste Ausdehnung gewonnen hat. Bei den Staubsorten der Ess- und Fettkohle schreitet die Flamme mit grösserer Geschwindigkeit fort. Sie wälzt sich gleichsam durch das Streckeninnere und erlischt, sobald sie ihre grösste Länge erreicht hat. Bisweilen tritt bei diesen Staubsorten die Erscheinung auf, dass die Flamme zurückschlägt und an einem Punkte, den sie bereits überschritten hatte, wieder sichtbar wird. Mit weiterem Steigen des Gasgehaltes des Kohlen-

Ergebnisse der Versuche betr. die Explosionsgefährlichkeit von Kohlenstaub. Tabelle 29.

1	2	3	4	5	6	7	8	9	10	11	12	13	14	15
Laufende No.	Bezeichnung der Flötze	Bergrevier	Zusammensetzung				Auf aschenfreie Substanz		Kleinste Ladung Gelat.-Dynamit mit Zündung	Länge der Flamme bei kleinster Ladung	Länge der Flamme bei 150 g Ladung	Schlagwetter-beimengung	Kleinste Ladung Gelat.-Dynamit mit Zündung	Flammenlänge
			Gas	Koks	Wasser	Asche	Gas	Koks						
			%	%	%	%	%	%	g	m	m	%	g	m
1	Liegendstes Magerkohlenflötz	Werden	6,6	92,5	0,9	3,6	7,0	93,0	150	14	14	$2^1/_4$	100	13
2	Flötz Mausegatt	Süd-Essen	7,6	91,1	1,3	3,5	8,0	92,0	150	13	13	—	—	—
3	Flötz im Liegenden von Sonnenschein	West-Dortmund	17,4	82,3	0,3	6,4	18,6	81,4	75	14,5	19	—	—	—
4	Flötz Sonnenschein	Süd-Bochum	19,7	78,8	1,5	2,6	20,5	79,5	75	16,5	17	$2^1/_2$	50	19
5	Flötz der Esskohlenpartie	West-Essen	17,3	81,5	1,2	19,1	20,7	79,3	100	11	13	$2^1/_4$	75	11
6	Flötz Sonnenschein	West-Essen	19,8	79,4	0,8	4,5	20,9	79,1	75	14	20	$2^1/_4$	50	16
7	Flötz Sonnenschein	Herne	21,2	78,0	0,8	1,4	21,7	78,3	50	16	23	$2^1/_4$ 1	35 35	24 15
8	Flötz Röttgersbank	Herne	24,3	75,0	0,7	2,0	25,0	75,0	50	16	24	—	—	—
9	Fettkohlenflötz	Herne	24,5	74,7	1,1	3,5	25,7	74,3	50	13	22	—	—	—
10	Flötz Röttgersbank (gemahlener Staub)	Gelsenkirchen	25,4	73,7	0,9	3,4	26,5	73,5	50	14	24	$2^1/_4$	35	17
10a	desgl. (gesammelter Staub)	Gelsenkirchen	20,1	78,2	1,7	8,3	22,3	77,7	50	15	23	$2^1/_4$	35	17
11	Fettkohlenflötz	Herne	27,1	72,0	0,9	2,1	27,9	72,1	50	16	22	—	—	—
12	Fettkohlenflötz	Gelsenkirchen	23,1	75,3	1,6	18,9	30,0	70,0	75	12	20	—	—	—
13	Fettkohlenflötz	Herne	27,8	71,2	1,0	12,8	32,2	67,8	50	13	22	$2^1/_4$	35	19
14	Gaskohlenflötz	Gelsenkirchen	31,4	66,5	2,1	1,8	32,7	67,3	75	16	24	$1^1/_2$	50	19
15	Gaskohlenflötz	Herne	34,5	64,4	1,1	3,7	36,2	63,8	50	13	22	—	—	—
16	Gasflammkohlenflötz	Herne	35,8	62,4	1,8	3,2	37,7	62,3	50	16,5	19	$2^1/_4$ 1	35 35	21 13
17	Hangendstes Gasflammkohlenflötz	Recklinghausen	?	?	?	?	40,3	59,7	100	14	16,5	$2^1/_4$	75	18
18	Cannelkohlenflötz	Gelsenkirchen	45,7	53,5	0,8	6,0	49,0	51,0	100	12,5	?	$2^1/_4$ $2^1/_4$	75 50	19 11

staubes steigt auch die Heftigkeit der Flammenentwickelung. Die Flamme bewegt sich stossweise und die Erscheinung nähert sich einer eigentlichen Explosion. Die Nachschwaden sind am dichtesten bei den gasreicheren Kohlen. Schwarze, dicke Wolken entquellen hierbei allen Oeffnungen der Strecke, während bei den Staubentzündungen der Magerkohle die Schwaden geringer sind und ihre Farbe mehr bleigrau ist.

Auf die Koksbildung ist ausschliesslich die Backfähigkeit der verschiedenen Kohlenstaubsorten von Einfluss. Dementsprechend sind keine sichtbaren Koksspuren bei den gasärmsten, den Magerkohlen, und bei den gasreichsten, den Gasflammkohlen zu finden. Die stärksten Koksbildungen bis zu handgrossen Krusten weisen die Ess- und Fettkohlen, weniger starke Krusten die Gaskohlen auf.

Um den Einfluss geringprozentiger Schlagwettergemische auf die Entzündungsgefährlichkeit der verschiedenen Kohlenstaubsorten zu ermitteln, wurden mit den meisten derselben Versuche bei Gegenwart von 1—2¼ % CH_4 angestellt. Hierüber geben die Spalten 13—15 der Tabelle 29 Auskunft. Es geht daraus hervor, dass Schlagwetterbeimengungen von nur 1—2¼ % die Gefährlichkeit des Staubes wesentlich erhöhen, was sich in dem Herabgehen der kleinsten, noch zündenden Ladungsmengen und in der Vergrösserung der Flammenlängen ausspricht.

In Spalte 6 ist der natürliche Wassergehalt der verschiedenen untersuchten Staubsorten angegeben. Die bestehenden Unterschiede von 0,3—2,8 % scheinen ohne Einfluss auf die Entzündungsgefährlichkeit des Staubes zu sein. Um die Bedeutung eines höheren Wassergehaltes festzustellen, wurden abgewogene Mengen des Staubes No. 14 der Tabelle mit wachsenden Mengen Wassers recht innig gemischt und in die Strecke gestreut. Nachstehend sind die erhaltenen Ergebnisse geordnet aufgezählt. Die Ladungen geben die kleinsten Mengen Gelatine-Dynamit an, mit welchen noch eine Entzündung des angefeuchteten Staubes erzielt wurde.

Tabelle 30.

Wassergehalt %	Ladung g	Flammenlänge m
4,2	100	11
8,3	100	11
12,6	100	11
13,3	100	11
15,0	150	19
18,2	150	9
19,4	200	9
25,8	250	13
31,15	300	12

Die Ergebnisse sind auf den ersten Blick überraschend. Zu beachten ist, dass sie in trockener Strecke erhalten wurden. Ganz anders gestaltet sich das Bild, wenn die Streckenwandungen selbst gründlich benetzt werden. Man kann alsdann sogar trockenen Kohenstaub aufwirbeln, ohne eine Entzündung desselben mit den üblichen Ladungen Gelatine-Dynamit zu erhalten. Bei einer grossen Anzahl derartiger Versuche, wobei Ladungsmengen von 250—300 g Dynamit zur Anwendung kamen und die gefährlichsten Fettkohlenstaubsorten in trockenem Zustande aufgewirbelt wurden, blieb die Zündung regelmässig aus, wenn die Streckenwandungen unmittelbar vor der Staubstreuung bespritzt worden waren. Der Nutzen der Berieselung scheint also weniger darin zu liegen, dass der vorhandene Staub durch Wasser unexplosibel gemacht wird, als darin, dass die Entstehung und Fortpflanzung der Kohlenstaubexplosion durch die schnelle Abkühlung jeder Flamme an den nassen Streckenwandungen hintangehalten wird.

Wenn die Nässe der Streckenwandungen die Gefährlichkeit des Kohlenstaubes vermindert, so gibt es andererseits Umstände, welche die Entzündlichkeit des Staubes unter der Wirkung ausblasender Schüsse erhöhen. In der Versuchsstrecke wurden vor dem Schiessmörser in der Schussrichtung feste Widerstände eingebaut, so dass bei Abgabe des Schusses die mit Kohlenstaub geschwängerte Luft zwischen Mörser und Widerstand zufolge der Erschwerung des Abflusses der Gase eine starke Stauchung erleiden musste. Unter diesen Bedingungen wurden noch Kohlenstaubexplosionen mit Bildung von Koks durch Ladungen von nur 10 g Gelatine-Dynamit erzielt.

Es beweist dies, dass die Gefährlichkeit des Kohlenstaubes ebenso wie die Sicherheit der verschiedenen Sprengstoffe nicht als feststehende Werte betrachtet werden dürfen, sondern nur für die ganz bestimmten Verhältnisse der Versuchsstrecke zutreffend sind. Unter Tage werden sich also etwaige, ausblasende Schüsse verschieden verhalten, je nachdem das Bohrloch in der Streckenrichtung oder quer dazu gerichtet ist und je nach den sonstigen, räumlichen Verhältnissen des Ortes.

Schliesslich mag an dieser Stelle noch das eigenartige Verhalten ausblasender Schwarzpulverschüsse gegenüber Kohlenstaub besprochen werden. Mit einer Sprengkapsel aus dem Mörser der Versuchsstrecke ohne Besatz verschossen, bewirkt das Schwarzpulver von 70—80 g Ladung an Kohlenstaubexplosionen. Verschiesst man es dagegen mit einer Zündschnur ohne Sprengkapsel, so treten Zündungen erst bei 250 g Ladung ein. Das Verhältnis wird wieder ungünstiger, wenn man bei Anwendung der Zündschnur etwa 10 cm hohen, trockenen Lettenbesatz auf die Pulverladung füllt und feststampft. Auf solche Weise abgethane Schüsse ergaben schon bei 200 g Ladung Kohlenstaubzündungen. Das Schwarzpulver verhält sich also dem Kohlenstaub gegenüber um so gefährlicher, je schneller es entweder unter der Einwirkung einer Sprengkapsel oder unter dem bei Anwendung von Besatz rasch ansteigenden Gasdrucke explodiert.

VI. Versuche betreffend die Entzündlichkeit von Schlagwettergemischen und Kohlenstaubaufwirbelungen durch die Wirkungen der Elektrizität.

Durch die Anwendung der Elektrizität entstehen in Schlagwettergruben Gefahren besonderer Art, die darin beruhen, dass an sich ungefährliche Vorgänge wie Bruch einer Glühlampe, Funkenbildung, Erglühen von Drähten, Abschmelzen von Sicherungen u. s. w. die Ursache von Explosionen werden können. Ueber den Umfang und die Bedeutung dieser Gefahren waren bisher eingehende Versuche nicht gemacht worden. Die hierüber in der Litteratur verstreuten Angaben waren unzuverlässig und die ausgesprochenen Anschauungen widerstritten einander.

Um über die einschlägigen Verhältnisse Klarheit zu schaffen, fasste der Vorstand der Westfälischen Berggewerkschaftskasse im Jahre 1897 den Beschluss, auf der berggewerkschaftlichen Versuchsstrecke entsprechende Versuche vornehmen zu lassen. Bei Ausführung dieser Versuche beteiligte sich die Firma Siemens & Halske, Aktien-Gesellschaft in Berlin-Charlottenburg, in anzuerkennender Weise, indem sie einen eigenen Ingenieur ihres Versuchsfeldes entsandte und die nötigen Maschinen und Apparate leihweise hergab. Der bei den Versuchen zur Verwendung gekommene elektrische Strom wurde gemäss besonderer Vereinbarung dem Leitungsnetze der Bochum-Gelsenkirchener Strassenbahnen entnommen. Er wurde z. T. unmittelbar benutzt, z. T. wurde mittels desselben auf der Versuchsstrecken-Anlage ein Motor von 10 PS gespeist. Durch Letzteren konnten verschiedene Gleich- und Wechselstromdynamos angetrieben werden, die Ströme verschiedener Spannung und Stärke lieferten.

1. Versuche mit Glühlampen.

Einige Vorversuche sollten feststellen, inwieweit nackte, glühende Kohlenfäden eine Gefahr in entzündlichen Schlagwettergemischen bedeuten. Hierbei zeigte sich, dass weissglühende Kohlenfäden ohne weiteres Schlagwetter zünden und dass die Zündung spätestens im Augenblicke des Durchbrennens eintritt, auch wenn dabei eine Funkenbildung zufolge der geringen Stromstärke und Spannung ausgeschlossen erscheint.

Trotz dieser ungünstigen Ergebnisse fielen die eigentlichen Versuche mit wirklichen Glühlampen, die brennend in entzündlichen Schlagwettergemischen zerbrochen wurden, bei manchen Lampengattungen über Erwarten günstig aus. Es erwiesen sich hierbei:

a)	2	kerzige Lampen	für	6	Volt	und	**0,8**	Ampère	als	unsicher,
b)	10	»	»	65	»	»	0,46	»	»	sicher,
c)	16	»	»	65	»	»	**0,77**	»	»	unsicher,
d)	16	»	»	100	»	»	0,50	»	»	sicher,
e)	16	»	»	150	»	»	0,33	»	»	sicher,
f)	25	»	»	110	»	»	**0,73**	»	»	unsicher,
g)	25	»	»	150	»	»	0,58	»	»	sicher,
h)	25	»	»	220	»	»	0,38	»	»	sicher,
i)	35	»	»	100	»	»	**1,00**	»	»	unsicher,
k)	50	»	»	100	»	»	**1,50**	»	»	unsicher,
l)	100	»	»	100	»	»	**3,00**	»	»	unsicher.

Aus der Zusammenstellung geht hervor, dass in den gegebenen Grenzen die Gefährlichkeit der Lampen nicht mit der Lichtstärke und nicht mit der Spannung, sondern ausschliesslich mit der Stromstärke steigt. Stromstärken bis etwa 0,6 Ampère sind noch ungefährlich.

Um die Gründe dafür zu verstehen, ist zu beachten, dass von der angewandten Stromstärke die Dicke des für die Lampengattung benutzten Kohlenfadens abhängt. Beim Bruche einer Glasbirne strömt in das stark erhitzte, nahezu luftleere Lampeninnere die äussere, verhältnismässig kalte Luft ein und kühlt sich infolge der plötzlichen Ausdehnung noch mehr ab. Dadurch wird die Temperatur des glühenden Fadens soweit herabgemindert, dass bei manchen Lampen sogar eine völlige Verdunkelung für einige Augenblicke eintreten kann. Gleich darauf glüht der Faden, wenn er sonst unverletzt geblieben ist, wieder auf, um nach kurzer Zeit durchzubrennen. Wenn nun in dem Augenblicke, wo das Glas zertrümmert wird und der Faden abgekühlt ist, letzterer gleichzeitig zerbricht, so reicht bei gewissen Lampengattungen die Temperatur des Kohlenfadens nicht mehr aus, um die Schlagwetter zur Entzündung zu bringen.

Wenn also eine Lampe zufolge ihrer geringen Stromstärke einen genügend dünnen Kohlenfaden besitzt, der beim Zutritt der Luft sich sofort stark abkühlt, so ist in zweiter Linie für die Schlagwettersicherheit der Lampe erforderlich, dass thatsächlich der Kohlenfaden bei der Zertrümmerung der Lampe zerbricht.

Der Bruch des Kohlenfadens ist nicht bei allen Lampen mit gleicher Sicherheit zu erwarten. Bei den niedervoltigen Lampen, die kurze, dicke und somit dauerhafte Kohlenfäden besitzen, gelingt es ziemlich oft, die Glasbirne durch einen vorsichtig geführten Schlag ohne Beschädigung des Kohlenfadens zu zertrümmern. Aus diesem Grunde allein schon können solche Lampen, die ja als Akkumulatorenlampen für Grubenzwecke Verwendung finden, nicht sicher sein.

Dagegen ist bei denjenigen Lampen, die bei einer Spannung von mindestens 65 Volt einen verhältnismässig langen Kohlenfaden und eine grosse Glasbirne besitzen, der Bruch des Fadens zugleich mit der Zertrümmerung der Birne bei allen Versuchen mit der grössten Regelmässigkeit eingetreten. Bei schwachen Schlägen ist es öfters vorgekommen, dass der spröde Faden in der Lampe brach, ohne dass die Glasbirne beschädigt wurde, während es bei eigens zu diesem Zwecke auch ausserhalb der Versuchskammer vorgenommenen Versuchen nie gelang, die Glasbirne durch einen Schlag unter Erhaltung des Fadens zu zertrümmern. Geringe Verletzungen der Glasglocke (Abbrechen der Spitze, Sprung) sind, wie besondere Versuche gezeigt haben, bezüglich der Schlagwettergefahr unbedenklich, wenn nur die Birne als solche erhalten bleibt. Unter Tage wird eine Zertrümmerung der Lampe ohne Beschädigung des Fadens durch die Zufälle des Bergbaues besonders dann als ausgeschlossen erscheinen müssen, wenn die Lampenbirne noch durch eine Schutzglocke aus hartem Glase umgeben ist.

Bei Beachtung aller Vorsichtsmassregeln dürfte eine gut ausgeführte, fest angebrachte Beleuchtung durch hochvoltige Glühlampen sicherer als jede andere Beleuchtungsart an schlagwettergefährlichen Betriebspunkten sein.

2. Versuche mit Bogenlampen.

Die Bogenlampen wurden an der Decke der Versuchskammer aufgehängt und ohne Glasglocke auf ihr Verhalten gegenüber:

1. Kohlenstaubaufwirbelungen in schlagwetterfreier Atmosphäre
2. Kohlenstaubaufwirbelungen in einem nicht entzündlichen Schlagwettergemische und
3. entzündlichen Schlagwettergemischen

geprüft.

Trotz angewandter Stromstärken bis zu 30 Ampère konnten Kohlenstaubaufwirbelungen allein oder solche in nicht explosiblen Schlagwettergemischen (4—5 $^0/_0$ CH_4) weder bei Wechsel- noch bei Gleichstrom zur Zündung gebracht werden. Dagegen wurden explosible Schlagwettergemische regelmässig auch bei kleinen Lichtbögen in dem Augenblicke gezündet, wo die Lampe in Thätigkeit gesetzt wurde.

Bogenlampen sind somit in Schlagwettergruben n i c h t anwendbar.

3. Versuche betreffend Oeffnungsfunken bei Ausschaltung von Strömen.

Für die Versuche wurden Stromkreise benutzt, die nicht allein nach der Stromstärke, sondern auch nach der Spannung und Selbstinduktion verschieden waren. Ferner geschah die Ausschaltung und somit die Funkenerzeugung mit verschiedenen Ausschaltern, bei denen die Stromunterbrechung teils sehr schnell mit Federn, teils langsam mit der Hand vor sich ging. Die Ergebnisse fielen entsprechend den verschiedenen Versuchsbedingungen sehr verschieden aus.

Ein Glühlampenausschalter für 4 Ampère mit rascher Stromunterbrechung gestattete bei 100 Volt Spannung im Stromkreise das gefahrlose Ausschalten von Strömen von 0,5—1,0 Ampère Stärke. Bei einer Stromstärke von 2 Ampère trat Zündung der Schlagwetter ein. Der Stromkreis, mit dem gearbeitet wurde, ist als Lampenstromkreis ohne besondere Selbstinduktion zu kennzeichnen.

Ein zweipoliger Ausschalter für 25 Ampère mit sehr schneller Stromunterbrechung durch Federn ergab in einem ähnlichen Stromkreise erst Zündungen bei einer Stromstärke von mehr als 4 Ampère. Die umfangreichsten Versuche wurden mit einem Ausschalter für 15 Ampère gemacht, dessen über Kontakte gleitender Hebel beliebig rasch bewegt werden konnte. Beim schnellen Ausschalten eines durch Gleichstrom gespeisten Lampenstromkreises von 100—150 Volt Spannung traten die ersten Zündungen bei 1,75 Ampère Stromstärke ein. Wurde langsam ausgeschaltet und so der Funke künstlich zu einem Lichtbogen verlängert, so erfolgte die Zündung bereits bei 1,2 und 1,5 Ampère. Noch wesentlich ungünstiger gestaltete sich das Ergebnis, als in den Stromkreis eine aussergewöhnlich hohe Selbstinduktion (in Form einer Maschinenwickelung) eingeschaltet wurde. Unter diesen Bedingungen wurde eine Zündung mit nur 0,11 Ampère Stromstärke erzielt.

Ein Quecksilberausschalter für 50 Ampère ergab in einem Lampenstromkreise Zündung bei 1,0 Ampère.

Die Ausschaltung der Kurzschlussströme von Akkumulatoren, die eine Spannung von 4—8 Volt besassen, war noch bei Stromstärken von 20—25 Ampère ungefährlich.

Fasst man die Ergebnisse zusammen, so sieht man, dass die Stromstärke allein keinen Massstab für die Gefährlichkeit der Oeffnungsfunken abgiebt. Unter sonst gleichen Verhältnissen nimmt zwar mit der Stromstärke die Gefährlichkeit der Oeffnungsfunken zu. Im übrigen aber spielen die anderen Bedingungen des Stromkreises eine ebenso grosse oder grössere Rolle als die Stromstärke. Nächst der letzteren ist es die Spannung, die in Betracht kommt. Sie ist es vornehmlich, die den

Oeffnungsfunken befähigt, die gefährlichen Lichtbögen zu bilden. Die Spannung kann durch die Selbstinduktion umsomehr ersetzt werden, als die bei der Stromunterbrechung auftretende Induktionsspannung die eigentliche Betriebsspannung um ein Vielfaches übertrifft. Schliesslich sind auf die Gefährlichkeit der Funken die Art der Ausschalter und die Schnelligkeit des Ausschaltens von Einfluss.

Bei der Verschiedenartigkeit dieser Verhältnisse ist es nicht möglich, die Gefährlichkeit der Oeffnungsfunken in festen Regeln anzugeben.

4. Versuche mit Sicherungen.

Es wurden verschiedenartige Sicherungen in Schlagwettergemischen durchgeschmolzen. Die Versuche lehrten, dass alle nicht luftdicht verschlossenen Sicherungen gefährlich sind. Selbst eine Hochspannungssicherung aus Blei für nur 0,85 Ampère Stromstärke ergab eine Schlagwetterzündung, als sie bei 100 Volt Spannung im Stromkreise durchgeschmolzen wurde.

Alle Sicherungen müssen deshalb an schlagwettergefährlichen Punkten luftdicht eingeschlossen werden.

5. Versuche mit Anlasswiderständen.

Die an den Anlasswiderständen beim Bethätigen des Schalthebels auftretenden Funken sind in der Regel klein, können aber doch, wie die vorgenommenen Versuche zeigten, gefährlich werden. Es ist deshalb nötig, die funkengebenden Teile des Anlasswiderstandes für Schlagwettergruben luftdicht einzuschliessen oder schlagwettersicher zu kapseln.

Das Erglühen von Drahtspiralen in den Widerständen ist, so lange kein Durchbrennen erfolgt, als Gefahr nicht anzusehen. Bei den Versuchen wurden 4 Manganinspiralen von je $2^1/_2$ mm Dicke 12 Minuten lang auf heller Rotglut erhalten, ohne dass eine Zündung der ruhenden oder auch in kreiselnde Bewegung versetzten Schlagwettergemische eingetreten wäre. Jedoch muss der Widerstandskörper so gebaut sein, dass nicht etwa die beim Glühen sich durchbiegenden Spiralen mit einander in Berührung kommen, wodurch Kurzschluss und Funkenbildungen entstehen.

Da es bei den Anlasswiderständen schliesslich vorkommen kann, dass die Kontakte auf ihren Berührungsflächen ins Erglühen geraten, wurden mehrere diesbezügliche Versuche gemacht. Danach scheint das Erglühen der Kontakte sowohl von Kohle auf Kupfer als auch von Kohle auf Kohle ohne Gefahr zu sein. Bei den Versuchen befanden sich die stark erhitzten Kontakte, bei denen sich die Glut an einzelnen Pünktchen bis zur Weissglut steigerte, insgesamt 43 Minuten lang in explosiblen Schlagwettergemischen, ohne eine Zündung zu verursachen. Die fortwährende

Temperatur-Erniedrigung der glühenden Berührungsflächen durch Wärmeleitung nach den kalten Teilen der Bürsten dürfte der Grund für die auffallende Sicherheit sein.

6. Versuche mit Elektromotoren für Gleich- und Drehstrom.

Die Versuche begannen mit einem kleinen Gleichstrommotor von $^1/_2$ PS für 110 Volt. Derselbe war mit Kohlenbürsten ausgestattet. Bei einer die Funkenbildung begünstigenden Bürstenstellung ergab der Motor, in explosiblem Gemische in Gang gesetzt, sofort eine Zündung. Bei sachgemässer Einstellung der Bürsten zeigte sich, dass die kleinen, in normalem Betriebe auftretenden Funken keine Zündung hervorriefen, dass aber wohl der beim Anlassen einsetzende Stromstoss, der mit stärkerer Funkenbildung verbunden war, Zündung verursachte. Die Versuche wurden mit einem grösseren Gleichstrommotor von $6^1/_2$ PS und 150 Volt wiederholt. Die Bürsten waren möglichst funkenlos eingestellt. Nach Füllung der Versuchskammer mit einem explosiblen Schlagwettergemische wurde der Motor angelassen und mehrfach ruckweise durch Anziehen eines Bremshebels bis zu $5^1/_2$ PS belastet. Die hierbei auftretenden kleinen Funken brachten weder bei Anwendung von Kupferdraht- noch von Kohlenbürsten eine Zündung hervor.

Ein noch günstigeres Bild boten die Drehstrommotoren. Einer derselben von 5 PS und 110 Volt war mit Schleifringen versehen und wurde insofern unter erschwerenden Bedingungen geprüft, als während des Betriebes bei einer Belastung von $1^1/_2$ PS die eine Bürste mittels einer Schnur von dem Schleifringe 30 Mal abgehoben wurde. Obwohl hierbei kleine Funken sichtbar waren, erfolgte keine Zündung. Ein anderer, ganz ähnlicher Drehstrommotor mit Handgegenschaltung zeigte bei Bethätigung der Ausschaltungsvorrichtung ebenfalls Funken, die jedoch bei 150 Versuchen, während der Motor mit $3^1/_2$ PS belastet war, die Schlagwetter nicht zündeten. Versuche mit einem Drehstrommotor, der eine luftdicht abgeschlossene Centrifugalgegenschaltung besass, ergaben, wie zu erwarten war, keine Zündung.

7. Versuche mit glühenden Drähten.

Glühende Drähte zeigten sich, wie es sich schon bei den Anlasswiderständen ergeben hatte, gegenüber Schlagwettergemischen verhältnismässig sicher, wenn nicht der Oeffnungsfunke beim Durchschmelzen hinzutrat. Eisendraht muss schon eine gewisse Dicke besitzen und nahe bis zum Schmelzpunkte erhitzt werden, wenn er Zündung der Schlagwetter bewirken soll. Eisendrähte von 0,4 mm Dicke konnten ohne Zündung der

Schlagwetter durchgeschmolzen werden, wenn der Oeffnungsfunke durch eine Nebenschlussleitung vermieden wurde. Kupferdraht zündete nur beim Durchschmelzen infolge des entstehenden Oeffnungsfunkens.

Lichtbogen in einer Kohlenstaubbettung. Es sollte untersucht werden, wie ein Lichtbogen sich verhält, der in unmittelbare Berührung mit Kohlenstaub kommt. Es wurde deshalb ein 20 cm langer Eisendraht von 1,35 mm Dicke auf seine ganze Länge 1—2 cm tief in Kohlenstaub gebettet und durch den elektrischen Strom zum Erglühen und Durchschmelzen gebracht. Es bildete sich im Kohlenstaub ein langer und starker Lichtbogen, der um sich herum den Staub zur hellen Flamme entzündete und letztere fortwährend neu anfachte. Währenddessen wurde über dem Lichtbogen mehrfach Kohlenstaub aufgewirbelt, ohne jedoch eine stärkere Ausbreitung der Flamme in die Atmosphäre, geschweige denn eine Explosion des Staubes zu erzielen. Schlagwetter kamen bei diesem Versuche nicht zur Anwendung.

Die Funken eines Gasanzünders, der nach Art eines Influenzmaschinchens gebaut, vielfach zum Anzünden der Leuchtgasflammen benutzt wird, zündeten Schlagwetter nicht. Die damit erreichbaren Funkenlängen stellten sich auf 3—4 mm.

8. Schlussfolgerungen.

Aus den Versuchen hat sich ergeben, dass dasjenige Mass elektrischer Energie, welches unter Umständen fähig sein kann, Schlagwetter zur Entzündung zu bringen, ausserordentlich gering ist. Eine nähere Feststellung dieses Masses ist unmöglich, da es nicht nur auf die Energiemenge allein, sondern auch auf die Art ihrer Auslösung (durch Oeffnungs- und Schliessungsfunken, Lichtbögen, glühende Kohlenfäden und Drähte) und sonstige Nebenumstände ankommt. Nur für einen Stromkreis, dessen Verhältnisse genau bekannt sind, kann man thatsächliche Angaben über die Grenzen der Sicherheit bei gewissen Arten der Energie-Umwandlung machen. Jedenfalls sind alle sichtbaren Funken von vornherein zu fürchten. Erst der Versuch kann über die etwaige Ungefährlichkeit mancher Funkengattungen entscheiden.

Selbständige Kohlenstaubexplosionen scheinen, wenn nicht ganz besonders gefährliche Staubsorten sich anders verhalten, durch die Wirkungen der Elektrizität allein unmöglich zu sein.

GPSR Compliance

The European Union's (EU) General Product Safety Regulation (GPSR) is a set of rules that requires consumer products to be safe and our obligations to ensure this.

If you have any concerns about our products, you can contact us on ProductSafety@springernature.com

In case Publisher is established outside the EU, the EU authorized representative is:

Springer Nature Customer Service Center GmbH
Europaplatz 3
69115 Heidelberg, Germany

Batch number: 10684808

Printed by Printforce, the Netherlands